高等学校“十三五”规划教材

W U J I H U A X U E

无机化学

第二版

展树中　李　朴　主编

华南理工大学无机化学教研室　组织编写

化学工业出版社

·北京·

本书根据大学本科无机化学教学的基本要求编写，全书共13章，包括化学结构的基本原理（原子结构、分子结构、晶体结构）、化学反应与化学平衡（电离平衡、沉淀溶解平衡、氧化还原平衡和配位平衡）及元素化学的基本知识。在充分体现无机化学课程的系统性、基础性的同时，也注重对无机化学的应用和发展加以适当介绍。本书以60学时的理论教学为基点，可以根据不同的教学要求做相应的调整，既能适应短学时无机化学教学的要求，又能满足较长学时教学的需要。

本书可供高等学校化学化工类、材料类、食品类、轻工类、冶金类、生物工程等专业作为教材使用，亦可作为相关专业的教学参考书。

图书在版编目（CIP）数据

无机化学/展树中，李朴主编；华南理工大学无机化学教研室组织编写. —2版. —北京：化学工业出版社，2018.8（2022.10重印）
高等学校“十三五”规划教材
ISBN 978-7-122-32580-8

Ⅰ.①无… Ⅱ.①展…②李…③华… Ⅲ.①无机化学-高等学校-教材 Ⅳ.①O61

中国版本图书馆CIP数据核字（2018）第149285号

责任编辑：窦　臻　　文字编辑：林　媛
责任校对：边　涛　　装帧设计：张　辉

出版发行：化学工业出版社（北京市东城区青年湖南街13号　邮政编码100011）
印　　装：大厂聚鑫印刷有限责任公司
787mm×1092mm　1/16　印张21½　彩插1　字数547千字　2022年10月北京第2版第5次印刷

购书咨询：010-64518888　　售后服务：010-64518899
网　　址：http://www.cip.com.cn
凡购买本书，如有缺损质量问题，本社销售中心负责调换。

定　　价：49.80元

前　言

本教材是为了满足少学时无机化学教学的需求而编写。第一版（2010年）教材使用以来，受到学生和同行的好评，同时也提出了有益的见解。根据各方面的反馈意见，无机化学教研室进行了全面的总结。在原来教材的基础上，做了适当的修改和补充，具体内容包括：

（1）基本保持第一版的框架和特色，在内容上进行了适当的调整、补充和完善。

（2）为满足读者获取无机化学学科发展新信息的需求，又增加了一些新兴研究领域的介绍，并提供了相关的参考文献。例如在第3章中，增加了准晶体的内容；在第8章中，补充一些超分子方面的内容和应用；在第9章中，对石墨烯加以介绍；在第11章中，修正和补充了一些有关有机金属化学方面的内容和知识。

（3）在各章之后适当增加了一些思考题和习题。

本书以60学时的理论教学为基点，可以根据不同的教学要求做相应的调整，既能适应短学时无机化学教学的要求，又能满足较长学时教学的需要。书中标有“*”号的为选学内容。

再版教材由展树中和李朴主编。全书的策划、审定由展树中负责，统稿、复核由李朴完成。参加编写的人员有，李朴（绪论，第1、第2章）、魏小兰（第3章）、李白滔（第4章）、邹智毅（第5、第6、第7章）、展树中（第8、第11、第12、第13章）、章浩和王湘利（第9、第10章）。本书也参考了一些院校教材和公开发表的材料内容，在此对相关人员和单位深表感谢。化学工业出版社为本书的编辑出版做了大量的工作，在此谨向他们致以诚挚的谢意。

限于编写水平，本书难免有不妥之处，敬请同行和读者批评指正。

编者于华南理工大学

2018年3月

第一版前言

时代在前进，科学在迅猛发展。如何更好地反映化学学科发展的新成就，使化学的教学更能适应化学可学性和新世纪人才培养的需要，是高等学校的使命和目标。随着高等学校教学改革的进一步深入，专业培养计划总学时的减少，化学学科课程的学时数减少势不可挡，对老师的教和学生的学带来很大的冲击，无机化学教学面临的问题更为严重。无机化学是化学化工类和一些非化学化工专业（环境、生物、材料、轻工、食品等）学生入校后的第一门化学基础课，《无机化学》教材的质量直接影响到学生的学习积极性和学习效率。同时无机化学课的教学还起到承前启后的作用，一方面承担和启发学生从中学到大学学习方法和思维方式的过渡，另一方面好的无机化学教材是学生学好大学化学课程的重要保证。

现今无机化学教材种类繁多，但存在的不足是教材内容与讲课学时不匹配，造成学生负担过重。为了适应新时代发展的需要，全面培养和提升学生的综合素质和创新能力，为社会培养有用人才，我们特编写了本教材。

本书编写人员都来自无机化学教学第一线，多年来他们一直承担无机化学教学工作，同时又都工作在科研第一线，使新编《无机化学》既注重经典化学理论的教学，又能使基础化学知识与现代科研成果紧密地结合起来。本书在汲取国内外同类教材优点的同时还具有以下特点。

1. 注重教材的可读性和可讲授性。教材内容由浅入深，循序渐进，让学生能读懂，便于自学。例如，在原子结构一章中，内容编写以史话方式，遵循从德谟克里特的原子概念、道尔顿的原子论、汤姆逊的均匀模型、卢瑟福的行星模型、玻尔的原子理论到现代量子力学模型的原子结构认识过程。同时引入有关原子结构的相关概念和理论，使枯燥的内容具有可读性和可讲授性。

2. 一条主线贯穿教材始终。长期以来人们总认为无机化学的内容比较分散，不易系统掌握。本书把结构因素（原子结构、分子结构、晶体结构）—化学平衡（电离平衡、沉淀平衡、氧化还原平衡和配位平衡）—元素部分连成一线，围绕主线精编各章内容，阐述物质的性能与其结构之间的关系。从而使学生能以一个整体思想来学习无机化学，更容易理解和掌握。

3. 适应学科发展，适当更新教材内容。教材给人们的印象如果是一成不变，也就无法调动教师和学生的教学积极性。为适应时代发展的需要，本书在重视基础教学内容的同时，还特别注意无机化学中不断出现的新理论、新反应和新方法，及时反映无机化学前沿领域的新成果。例如，在晶体结构一章，比较详细地介绍晶体的生长、结构、晶体性能与其结构的关系以及实际中的应用。

4. 密切联系生产生活实际，拓展学生的知识面。引入周围的实际事例到新编教材，有助于学生建立应用的概念，提高学生学习的积极性。元素部分列举了一些实例，使理论知识和现实问题的解决相结合。

5. 学科前沿内容的引入。学生最感兴趣的是新东西，新编教材本着这一思路引入学科前沿内容。配位化学是无机化学的一个重要分支，元素部分把配位化学理论贯穿始终。

6. 本书以60学时的理论教学为基点，可以根据不同的教学要求做相应的调整，既能适应短学时无机化学教学的要求，又能满足较长学时（例如 70 学时）教学的需要。书中标有“*”号的为选学内容。

本教材由古国榜、展树中、李朴主编。全书的策划、审定由古国榜负责，具体内容的选定、定稿由展树中负责，统稿、复核由李朴完成。参加编写的人员有，李朴（绪论，第 1、2 章）、魏小兰（第 3 章）、李白滔（第 4 章）、邹智毅（第 5、6、7 章）、展树中（第 8、11、12、13 章）、章浩和王湘利（第 9、10 章）。本书编写也参考了兄弟院校教材和公开发表的有关内容，在此对有关的作者和出版社深表感谢。

限于时间短，书中难免存在不妥之处，敬请同行和读者批评指正。

编　者

2010 年 5 月

目　录

绪　论

0.1　化学的发展和展望

0.1.1　化学在社会发展中的作用和地位

化学是在分子、原子、离子层次上研究物质的组成、性质、结构及反应规律的一门科学。因此，化学与人类之间有着十分密切的关系。火的发现和使用，就是人类认识的第一个化学现象。原始人类正是在懂得了使用火之后才由蛮荒走进文明，随后又逐渐掌握了铜、铁等金属的冶炼，烧制陶瓷，酿造，染色，造纸，火药等与化学过程相关的工艺，并在此过程中了解了一些物质的性质，积累了一些有价值的化学实践经验。17 世纪中叶以后波义耳(R. Boyle）科学元素说的提出，以及道尔顿（J. Dalton）的原子论、阿伏加德罗(A. Avogadro）分子假说的确立，门捷列夫（Д. И. Менделеев）元素周期表的发现……逐渐使化学从一门经验性、零散性的技术发展成为一门有自己科学理论的、独立的科学，并形成了无机化学、有机化学、分析化学、物理化学四大分支学科。

19 世纪末 20 世纪初，由于 X 射线、放射性和电子、中子的发现，打开了探索原子和原子核结构的大门，以量子化学为基础的原子结构和分子结构理论揭示了微观世界的奥秘，使化学在研究内容、研究方法、实验技术和应用等方面取得了长足的进步和深刻的变化，化学的发展迈入了现代化学的新时期。化学的研究从宏观深入到微观，从定性走向定量、从描述过渡到推理、从静态推进到动态。化学形成了以说明物质的结构、性质、反应以及它们之间的相互关系及变化规律的较为完整的理论体系。

化学研究的方法和分析测试的手段越来越现代化。现代化的实验技术如超高压、超低温、超高真空、超临界、等离子体及光、声、电等在化学反应中的应用，使一些反应能够在极端条件下进行，从而合成出许多在常规条件下难以制备的新化合物。各种光谱仪、色谱仪、质谱仪、核磁共振仪、热谱仪、能谱仪、电子显微镜等高精度、高灵敏度、多功能、全自动的现代分析仪器能够准确地测定化合物的物相、组成、含量及结构。高新技术的使用使化学家不但有能力合成、模拟出大量自然界已有的物质，还创造出了数以千万计的自然界中不存在的新物质，甚至能够根据化学原理设计、制备出具有特殊功能的新化合物，为人类的生存、发展和进步奠定了丰厚的物质基础。

化学研究的范围也在不断扩大，除原有的四大分支学科，又形成了高分子化学、环境化学、化学工程等学科，并通过这些二级学科的相互渗透、交叉及与其他学科的融合，不断分化产生新的分支学科和边缘学科，如配位化学、金属有机化学、生物无机化学、量子有机化学、化学计量学、生物电化学、等离子体化学、超分子化学、界面化学、仿生化学，以及星际化学、地球化学、海洋化学、材料化学和能源化学等，使化学从单一的学科向综合性学科的方向发展。

化学基础研究的发展也推动着化学工业的进步，使与化学相关的工农业各领域均相应地得到了很大的进展。例如在世界经济发展中占重要地位的石油化工工业，从炼油生产各类油品，到裂解得到分子量较小的碳氢化合物等基本有机化学品，都离不开催化，催化剂和催化反应已成为石油化工的核心技术。高分子化学的发展促成了三大合成材料——塑料、纤维、橡胶工业的崛起，为人类的衣、住、行以及日常生活提供了丰富多彩的各类材料。涤纶、尼龙、腈纶等合成纤维已超过羊毛和棉花成为纺织业的主要原料，氯丁橡胶、顺丁橡胶、异戊橡胶等合成橡胶的性能和产量已超过天然橡胶，性能优良、用途广泛、品种繁多的塑料在人们的生活中扮演着十分重要的角色，以至于汽车、轮船、飞机的制造，各种机械零件的加工，电机、机器的生产也需要大量的工程塑料。这三大合成材料的总产量已超过全部金属的产量，现今世界已被称为是聚合物时代。又如，随着世界人口的增多，粮食短缺问题日益严重，而粮食的增产离不开优质的化肥。廉价的铁催化剂的发现使合成氨的大规模工业化生产得以实现，满足了农业生产对氮肥的需求。除此之外，与人类健康息息相关的医药工业的发展也与化学紧密相关，化学工作者在医药的开发和研制中肩负着重要的使命，化学合成药物在医药工业中占据着主导的地位。而其他在国民经济中起重要作用的行业和部门如能源、航天航空、军事、原子能工业、现代通讯技术、IT 业、交通、建筑、生物技术等的快速发展都需要化学为之提供物质基础。种种这些都说明化学已成为现代科学技术和社会生活的一个枢纽，是“一门满足社会需要的中心科学”。

展望未来，社会的进一步发展必将对化学提出新的更高的要求。化学学科也将顺应发展的需要，通过化学家的努力继续担当起“中心科学”的重任。面对人口增长、资源匮乏、能源短缺、环境恶化等问题，化学在解决粮食短缺、开发新能源、合理利用资源、提供性能优良的新材料以及在消除污染，保障人类的生存质量和生存安全等方面继续发挥举足轻重的作用。

0.1.2 无机化学的发展和展望

无机化学是研究元素及其化合物的结构、性质、反应、制备及其相互关系的一门化学分支。

无机化学是最古老的化学分支。无论是古代实用化学阶段的陶瓷、酿造、炼金术，还是最初期的冶金、医药业的出现，人类最早从事的化学活动，几乎都是在无机化学的范畴内。近代无机化学的建立，实际上标志着近代化学的创立。化学中最重要的一些概念和规律，如元素、分子、定比定律和元素周期律等，大都是无机化学早期发展过程中形成和发现的。

目前无机化学仍是化学科学中最基础的部分，并已形成了一套自己的理论体系，如原子结构理论、分子结构理论、晶体结构理论、酸碱理论、配位化学理论等。当今的无机化学把最新的量子力学成就作为阐述元素和化合物性质的理论基础，也力图以热力学和动力学的知识去揭示无机反应的机理；强调运用分子设计和分子工程思想于新型化合物的合成及特殊物质聚集状态的研究，重视从分子和超分子层次阐明功能性无机物质的结构与性能关系。无机化学的研究方向也不再是仅仅针对元素及其化合物的性质，而是运用无机化学的知识去探索、解决诸如新材料、新能源、生命奥秘、环境保护等一系列具有重大理论和实践意义的问题。

无机化学还是最有发展前景的化学分支之一。自 20 世纪 40 年代以来，无机化学步入复兴时期，其标志是配合物化学的迅速发展和广泛应用，并由此派生出多个交叉的边缘学科，如无机化学与有机化学交叉形成了有机金属化学；无机化学与固体物理结合形成了无机固体化学；无机化学向生物学渗透形成了生物无机化学等。可以预见，无机化学以其现代的实验技术和科学理论为基础，立足于天然资源的开发、新型材料的合成，高新技术的广泛应用，将在科学发展和社会进步的进程中，发挥愈来愈重要的作用。

以下对无机化学的新兴领域如有机金属化学、超分子化学、生物无机化学、无机固体化学和功能配合物化学作简要介绍。

0.1.2.1 有机金属化学

有机金属化学是研究有机金属化合物的一个化学分支。所谓有机金属化合物，是指含有金属-碳（M—C）键的一类化合物，如二茂铁 $(C_5H_5)_2Fe$、蔡司盐 $K[PtCl_3(C_2H_4)] \cdot H_2O$ 及 $Ni(CO)_4$ 等。因此，有机金属化学是有机化学和无机化学相互渗透的交叉领域，是当今无机化学最为活跃的研究领域之一。

有机金属化学之所以引起化学家的兴趣，除了它们的结构和化学键有许多独到之处以外，还因为它们有很多重要的用途，其中最突出的是用作催化剂。例如，广泛地用作乙烯或丙烯均相聚合的工业催化剂——Ziegler-Natta 催化剂，就是以烷基铝作为其催化体系的基础。除此之外，有机金属化合物在半导体、医药、农药、能源等方面也有着重要的用途。

0.1.2.2 超分子化学

超分子化学是研究两种或两种以上的化学物种通过分子间的非共价相互作用（范德华力、氢键、离子键、配位作用、π-π 堆积力、疏水亲脂力等）缔合而成的复杂有序且具有特定功能的超分子体系的化学。超分子是指由两个以上的分子亚单位通过自组装而形成的具有特定结构与功能的分子聚集体。它不是分子的简单聚集，其结构和特性与组成它们的分子组分的聚集性质不同。超分子具有识别、转化和输运三大基本功能，如图 0-1 所示。

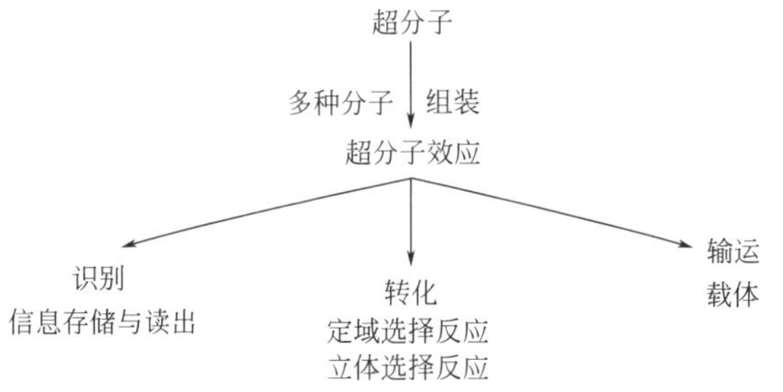

图 0-1 超分子的三大基本功能

超分子体系在生命现象中尤为普遍。众多生物过程如底物与受体蛋白的结合，酶反应，多蛋白复合物的组装，基因密码的存储、读出和转录都和超分子体系奇妙的结合方式（分子的相互作用）密切相关。因此，超分子化学是化学、物理，特别是和生物学高度交叉的学科。

超分子化学的兴起，改变了化学家两个传统的观念：一是弱相互作用在一定的条件下可通过加和与协同转化为强的结合能；二是通过组装过程可使超分子体系具有新的禀性，分子不再是保持物性的最小单位。因而使人们对分子的认识更加全面，更加深刻。化学家们所做的努力是在分子水平上进行分子设计、有序组装甚至复制出一些新型的分子型材料，如具有分子识别能力的高效专一的新型催化剂，新型有效的药物，集成度高、体积小、功能强的分子器件（分子导线、分子开关、分子信息存储元件等），生物传感器以及很多具有光、电、磁、声、热学特性的材料。

0.1.2.3 生物无机化学

生物无机化学是无机化学与生物化学相互渗透发展而成的一门新型学科，其研究对象主要是有生物功能的金属和生物配体以及由它们构成的含金属（和少数非金属）的生物分子，并应用无机化学的原理和方法研究生物活性物质的结构-性质-生物功能三者之间的关系，确定生物化学反应的机理，并在此基础上进行生物模拟和药物合成工作等。近年来，生物无机化学取得了令人瞩目的成就和发展。随着化学科学与生命科学的日益融合，生物无机化学呈现出了大量有创新潜力的发展方向，包括：无机化合物与生物大分子的相互作用和引起的结构功能变化研究；金属蛋白和金属酶的结构、功能和模拟酶研究；细胞层次的生物无机化学研究；化合物在重大疾病防治和作用机理的研究；无机仿生材料和固体生物无机化学的研究等。

0.1.2.4　无机固体化学

无机固体化学是涉及物理、化学、晶体学及各种技术学科的边缘学科，其研究范围包括：单晶、多晶、微晶、玻璃、陶瓷、薄膜、涂料、低维化合物、复合材料、超细粉末、金属、合金等。目前，无机固体化学对无机固体化合物的合成、组成、结构、相图、价态与光、电、磁、热、声、力学及化学活性等化学、物理性能和理论展开了广泛而深入的研究，并在很多领域中（如高温超导体、激光、发光、高密度存储、永磁、固体电解质、结构陶瓷、太阳能利用与传感等）取得了重要的应用。通过大量的基础与应用的研究工作，探讨无机固体化合物的组成、结构与性能的关系，宏观和微观的关系，整体与局部的关系，以期达到根据所需要的给定性能，设计出在组成与结构上符合要求、具有特殊功能的无机固体材料的目的。

0.1.2.5　功能配合物化学

自瑞士化学家 A. Werner 奠定配位化学基础以来，特别是在现代结构化学理论和近代物理实验方法的推动下，配位化学已发展成为一个内容丰富、成果丰硕的学科，并广泛用于工业、农业、生物、医药等领域。通过深入的研究与探索，进一步揭示功能配合物的作用机理。图 0-2 展示了一种具有光催化产氢性能的镍配合物（$[Ni(i\text{-}mnt)_2]^{2-}$，i-mnt：2,2-二氰基乙烯-1,1-二硫化物）的催化机理。

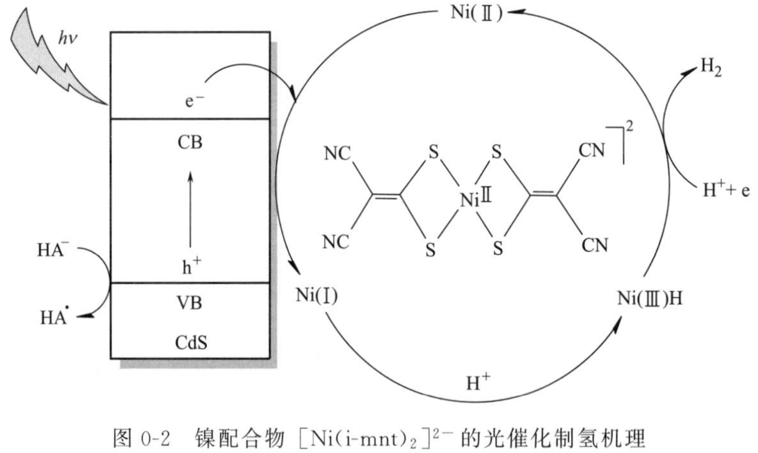

图 0-2　镍配合物 $[Ni(i\text{-}mnt)_2]^{2-}$ 的光催化制氢机理

0.2　化学的计量

0.2.1　物质的量

由于化学反应是分子与分子之间的反应，参与反应的各种分子在数量上存在一定的简单比例关系，例如：

$$2H_2 + O_2 \longrightarrow 2H_2O$$

反应中，2 个 H_2 分子与 1 个 O_2 分子结合成 2 个 H_2O 分子，它们之间在分子数量上存在 2∶1∶2 的关系。因此，化学中，通常采用“物质的量”来表示某物质的数量，以符号 n 表示，单位是摩尔（mol）。

1mol 某物质表示有 6.023×10^{23}（阿伏加德罗常数）个该物质的粒子（例如，分子、原子、离子或一些“特定”的粒子）。1mol 某物质的质量称为该物质的摩尔质量，以符号 M 表示，单位为 $g \cdot mol^{-1}$。按此定义，物质的摩尔质量在数值上等于该物质的分子量。因此物质 B 的物质的量 n_B 为：

$$n_B = \frac{W_B(g)}{M(g \cdot mol^{-1})} \tag{0-1}$$

式中，W_B 表示物质 B 的质量，g。

例如，H_2SO_4 的分子量为 98.0。10.0g 硫酸，以 H_2SO_4 表示时的物质的量为：

$$n(H_2SO_4) = \frac{10.0g}{98.0g \cdot mol^{-1}} = 0.102mol$$

如果特定的“粒子”是 $\frac{1}{2}H_2SO_4$，则其物质的量为：

$$n\left(\frac{1}{2}H_2SO_4\right) = \frac{10.0g}{49.0g \cdot mol^{-1}} = 0.204mol$$

由此可知，同样质量的一种物质，以不同的特定“粒子”表示物质的量时，其数值是不同的。所以物质的量必须注明其“粒子”的符号，才有真实的含义。

在混合物中，某组分物质 B 的物质的量与混合物的物质的量之比称为物质 B 的物质的量分数（又称摩尔分数），以符号 x_B 表示，有：

$$x_B = \frac{n_B}{n_{总}} \tag{0-2}$$

式中，n_B 表示物质 B 的物质的量，mol；$n_{总}$ 表示混合物的物质的量，mol。

例如，某一系统含有 1mol N_2 和 3mol H_2，则有

$$N_2 \text{ 的摩尔分数 } x(N_2) = \frac{1mol}{(1+3)mol} = 0.25$$

$$H_2 \text{ 的摩尔分数 } x(H_2) = \frac{3mol}{(1+3)mol} = 0.75$$

混合物中，各组分物质的摩尔分数之和等于 1，即

$$\sum_B x_B = 1$$

0.2.2 浓度

某物质 B 的物质的量浓度为物质 B 的物质的量 n_B 除以混合物的体积 V，通常简称为物质 B 的浓度，以符号 c_B 表示，单位为 $mol \cdot L^{-1}$。即

$$c_B = \frac{n_B}{V} \tag{0-3}$$

例如，$c(H_2SO_4) = 0.1mol \cdot L^{-1}$，即指 1L 溶液中含有 0.1mol H_2SO_4。

物质 B 的质量摩尔浓度是指溶液中溶质 B 的物质的量 n_B 除以溶剂的质量 m，以符号 m_B 表示，单位为 $mol \cdot kg^{-1}$。即

$$m_B = \frac{n_B}{m} \tag{0-4}$$

例如，$m(H_2SO_4)=0.1mol \cdot kg^{-1}$，即指1kg水（溶剂）中含有0.1mol H_2SO_4。

应该注意的是，物质的量浓度（或浓度）的数值是随温度的变化而变化的，因为温度不同时，溶液的体积也将不同。而质量摩尔浓度的数值不受温度的影响。

【例 0-1】 在25℃时，9.47%（质量分数）硫酸溶液的密度为$1.0603\times10^3 kg \cdot m^{-3}$。求该硫酸溶液：①质量摩尔浓度；②物质的量浓度；③H_2SO_4的摩尔分数。

解 ① H_2SO_4的质量摩尔浓度为：

$$m(H_2SO_4)=\frac{0.0947kg}{98\times10^{-3}kg \cdot mol^{-1}\times(1-0.0947)kg}=1.067mol \cdot kg^{-1}$$

② H_2SO_4的物质的量浓度为：

$$c(H_2SO_4)=\frac{0.0947kg\times1.0603kg \cdot L^{-1}}{98\times10^{-3}kg \cdot mol^{-1}\times1kg}=1.024mol \cdot L^{-1}$$

③ H_2SO_4的摩尔分数为：

$$x(H_2SO_4)=\frac{0.0947kg\times18\times10^{-3}kg \cdot mol^{-1}}{98\times10^{-3}kg \cdot mol^{-1}\times(1-0.0947)kg+0.0947kg\times18\times10^{-3}kg \cdot mol^{-1}}$$
$$=0.01885$$

0.2.3 理想气体状态方程、分压和分压定律

0.2.3.1 理想气体状态方程

对于一定的理想气体[1]来说，气体的压力（p）、体积（V）和温度（T）三者之间存在如下关系（理想气体状态方程）：

$$pV=nRT \tag{0-5}$$

式中，R称为摩尔气体常数，$R=8.314Pa \cdot m^3 \cdot K^{-1} \cdot mol^{-1}$；$n$为气体的物质的量，mol；$p$为气体的压力，Pa；$V$为气体的体积，$m^3$；$T$为气体的热力学温度，K。

在常温常压下，一般的真实气体可近似地用理想气体状态方程[式(0-5)]进行计算。但在一些特殊条件下，如低温或高压时，由于真实气体与理想气体有较大的差别，式(0-5)必须进行修正，方可使用。

0.2.3.2 分压和分压定律

在科学实验和生产实际中，常遇到由几种气体组成的气体混合物。实验研究表明，只要各组分气体之间互不反应，就可视为互不干扰，就像各自单独存在一样。在混合气体中，某组分气体B所产生的压力称为该组分气体的分压，以符号p_B表示，单位Pa。它等于在温度相同条件下，该组分气体B单独占有与混合气体相同体积时所产生的压力。事实上，不可能测量出混合气体中某组分气体的分压，而只能测出混合气体的总压$p_{总}$。

若混合气体是由A、B两种气体组成，气体A、B的物质的量分别为n_A、n_B，混合气体的总的物质的量为：

$$n_{总}=n_A+n_B \tag{0-6}$$

在温度为T时，混合气体的体积为V，总压为$p_{总}$，根据理想气体状态方程，有

$$p_{总}V=n_{总}RT \tag{0-7}$$

将式(0-6)代入 $p_{总}V=(n_A+n_B)RT$

[1] 理想气体是指严格遵循有关气体基本定律的气体。从微观的角度来看，理想气体是分子本身的体积和分子间的作用力都可以忽略不计的气体。

$$=n_{A}RT+n_{B}RT$$

所以

$$p_{总}=\frac{n_{A}RT}{V}+\frac{n_{B}RT}{V} \tag{0-8}$$

由分压的定义可知，气体 A 和气体 B 的分压分别为：

$$p_{A}=\frac{n_{A}RT}{V} \tag{0-9}$$

$$p_{B}=\frac{n_{B}RT}{V} \tag{0-10}$$

将式(0-9)、式(0-10) 代入式(0-8)，得

$$p_{总}=p_{A}+p_{B}$$

由此可知，混合气体的总压力等于该混合气体中各组分气体的分压之和，这就是分压定律。即

$$p_{总}=p_{1}+p_{2}+\cdots=\sum_{B}p_{B} \tag{0-11}$$

根据式(0-7) 和式(0-10)，可以整理得

$$\frac{p_{B}}{p_{总}}=\frac{n_{B}}{n_{总}}=x_{B} \tag{0-12}$$

或

$$p_{B}=p_{总}\frac{n_{B}}{n_{总}}=p_{总}x_{B} \tag{0-13}$$

因此，混合气体中某一组分气体 B 的分压 p_{B} 也等于混合气体的总压 $p_{总}$ 与气体 B 的摩尔分数 x_{B} 的乘积。

0.2.3.3 分体积和分体积定律

在混合气体的计算中经常会遇到分体积和体积分数的问题。混合气体中组分 B 的分体积是指该组分气体单独存在并具有与混合气体相同温度和压力时所占有的体积。分体积用 V_{B} 表示。与分压类似，在一定温度和压力下，混合气体中组分 B 的分体积也等于混合气体总体积 $V_{总}$ 与组分气体 B 的摩尔分数 x_{B} 的乘积。即

$$V_{B}=V_{总}x_{B}=V_{总}\frac{n_{B}}{n_{总}} \tag{0-14}$$

同样，在一定温度和压力下，混合气体的体积等于各组分气体的分体积之和。这一规律就叫做分体积定律。即

$$V_{总}=V_{1}+V_{2}+\cdots=\sum_{B}V_{B} \tag{0-15}$$

在生产和科学实验中，常用体积分数（或体积百分数）来表示混合气体的组成。某组分气体的体积分数 φ_{B}（或体积百分数）等于其分体积与混合气体的总体积之比（或再乘 100%）。

$$\varphi_{B}=\frac{V_{B}}{V_{总}} \tag{0-16}$$

根据式(0-13) 和式(0-14)，可以整理出：

$$\frac{p_{B}}{p_{总}}=\frac{V_{B}}{V_{总}}=\frac{n_{B}}{n_{总}} \tag{0-17}$$

【例 0-2】 有一煤气罐容积为 100L，27℃时压力为 500kPa，经气体分析，煤气中含 CO

的体积分数为0.600，H_2 的体积分数为0.100，其余气体的体积分数为0.300，求此储罐中CO、H_2 的物质的量。

解 解此题的关键就是要先求出 $n_{总}$。

已知：$V=100L=0.100m^3$，$p_{总}=500kPa=5.00\times10^5Pa$，$T=(273+27)K=300K$

根据 $p_{总}V_{总}=n_{总}RT$，有

$$n_{总}=\frac{p_{总}V_{总}}{RT}=\frac{5.00\times10^5Pa\times0.100m^3}{8.31Pa\cdot m^3\cdot K^{-1}\cdot mol^{-1}\times300K}=20.1mol$$

$$\frac{n_B}{n_{总}}=\frac{V_B}{V_{总}} \qquad n_B=n_{总}\frac{V_B}{V_{总}}$$

储罐中CO、H_2 的物质的量分别为：

$$n(CO)=20.1mol\times0.600=12.1mol$$

$$n(H_2)=20.1mol\times0.100=2.01mol$$

本题亦可先求出 $V(CO)$、$V(H_2)$，然后根据 $p_{总}V_B=n_BRT$ 求出 $n(CO)$、$n(H_2)$。

思考题

1. 试述化学在科学技术及社会生活中的地位。
2. 试述现代无机化学的发展背景。
3. 何为物质的量、物质的量分数？
4. 物质的量浓度与质量摩尔浓度的表示方法，两者有何不同？
5. 简述下列概念：

分压　　分压定律　　分体积　　分体积定律

习　题

1. 计算下列各物质的物质的量：

① 53g Na_2CO_3　② 80g NaOH　③ 9g Al　④ 98g　H_2SO_4

2. 在常温下取NaCl饱和溶液10.00mL，测得其质量为12.003g，将溶液蒸干，得NaCl固体3.173g。求：

① NaCl饱和溶液的物质的量浓度；

② NaCl饱和溶液的质量摩尔浓度；

③ NaCl饱和溶液中NaCl的物质的量分数。

3. 100kPa时，2.00L空气中含有20.8%的 O_2 和78.2%的 N_2，恒温下将容器的体积缩小至1.25L，试分别计算此时 O_2 和 N_2 的分压和分体积。

4. N_2 储罐的温度为227℃，压力为500kPa；O_2 储罐的温度为27℃，但不知压力。两罐以旋塞相连，打开旋塞，平衡后测得气体混合物的温度为127℃，总压力为400kPa。试求混合前的压力是多少？

5. 在37℃时，把0.20mol A气体和0.50mol B气体注入一体积为100L的密封的真空容器中，并保持温度不变。试问混合平衡后，容器的总压力是多少？(假设两种气体在混合后均无液化)

6. 将10g Zn加入到100mL盐酸溶液中，产生的 H_2 在20℃及100kPa条件下进行收集，体积为2.0L。20℃时，饱和水蒸气压力为2.33kPa。问：

① H_2 的分压是多少？

② 气体干燥后，体积是多少？

7. 在等温条件下，计算下列情况混合气体的总压力和各组分气体的摩尔分数。

① 把中间开关打开，让其自动混合；

② 把中间开关打开，将容器Ⅱ的 CO_2 全部压缩到容器Ⅰ中。

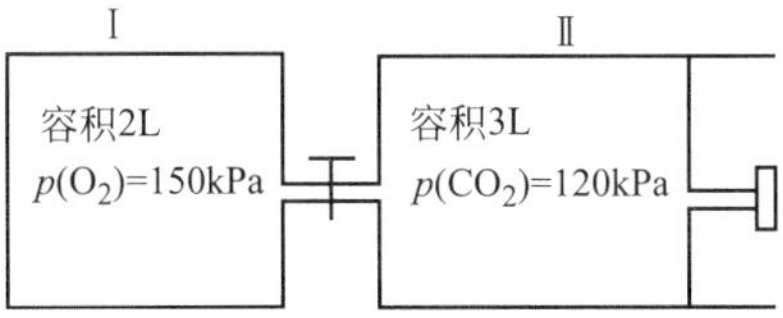

1　原子结构与元素周期系

1.1　原子结构的认识历程

1.1.1　经典的原子核模型

“原子”一词来源于希腊语，意为不可再分割。早在公元前5世纪前后，古希腊哲学家德谟克里特（Demokritos）就曾提出世间万物皆由“原子”组成。19世纪初，道尔顿（J. Dalton）在其建立的近代原子论中也认为：任一种元素都是由原子组成，原子不可再分割；同种元素的原子具有相同的原子质量和性质，不同种类元素的原子有不同的质量和性质；不同元素的原子以一定的整数比结合成化合物。道尔顿的原子学说能够较满意地解释化学反应中所遵循的质量关系。然而，19世纪末，物理学上的三项重大发现（电子、α粒子和放射性），推翻了原子不可再分割的旧观念，使人们对物质世界的认识进入了一个更深的层次。

1897年，英国物理学家汤姆逊（J. J. Thomson）通过对阴极射线管放电现象的研究，发现了带负电荷的电子，而且确定电子是原子的组成部分。1903年，汤姆逊提出了均匀的原子结构模型，即原子像一球体，直径约10^{-8}cm，球体中均匀分布着带正电的部分，电子在该正电的海洋中运动。然而，该模型提出不久就被新的实验否定了。

1911年，英国物理学家卢瑟福（E. Rutherford）等用高速飞行的α粒子去轰击极薄的金箔，发现绝大多数α粒子径直穿过金箔，而有很少数的α粒子产生了较大角度的偏斜，极个别的粒子甚至被完全弹了回来。这一实验现象显然无法通过汤姆逊的原子结构模型加以解释。根据实验结果，卢瑟福提出了行星式带核的原子模型，认为原子中绝大部分的空间是空的，其中存在一极小的原子核，原子核的直径约为10^{-12}cm，它集中了原子的正电荷和几乎全部的质量；原子中的电子在核外空间绕核高速运动，原子核和电子通过静电引力聚合在一起。随后，卢瑟福的学生莫塞莱（H. G. J. Moseley）通过对不同元素的X射线谱的研究，测定了元素原子的核电荷数。同时，也证明了元素的原子序数等于原子核所带的正电荷数，从而有力地支持了卢瑟福的带核模型。

卢瑟福的原子模型在当时的确能够解释一些实验现象，但用经典物理学去考察卢瑟福的原子模型时却遇到了困难。首先，绕核运动的电子应不断辐射出电磁波，能量将不断减少，运动半径也将越来越小，电子必将会坠落到原子核上，导致原子坍塌。而事实上原子是一非常稳定的体系。另外，电子绕核高速运动，放出的能量应是连续的，如此得到的原子光谱也应是连续的带状光谱，但实验得到的原子光谱却是不连续的线状光谱。如最简单的氢原子光谱，在可见光区观察到的是四条分立的谱线，如图1-1所示。从谱线的位置可以确定发射光的波长和频率，从而确定其能量。

1.1.2　氢原子光谱的玻尔模型

1900年，德国物理学家普朗克（M. Plank）在解释黑体辐射时提出了能量量子化概念。他认为，物质吸收或辐射的能量是不连续的，是按照一个基本量或基本量的整数倍吸收或辐射能量，即能量是量子化的，这种能量的最小单位被称为能量子，或简称为量子。量子的能

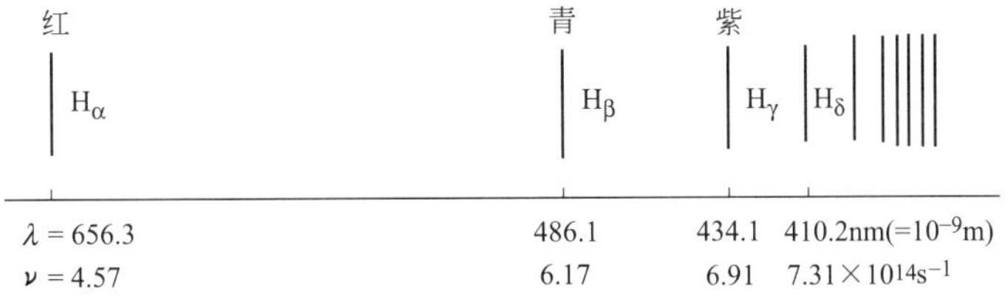

图 1-1 氢原子可见光谱

量与辐射的频率成正比。

$$E=h\nu$$

式中，E 为量子的能量，J；ν 为频率，s^{-1}；h 为普朗克常数，$h=6.626\times10^{-34}J\cdot s$。

物质吸收或辐射的能量为：

$$E=nh\nu \tag{1-1}$$

式中，n 为正整数，$n=1$，2，3，…

1913 年，丹麦物理学家玻尔（N. Bohr）在前人工作的基础上，运用普朗克能量量子化的概念，提出了关于原子结构的假设，即玻尔模型，其中心思想是：

① 电子在原子核外特定的轨道上运动，这些轨道的半径和能量是确定的。电子在这些特定的轨道上运动时，既不吸收能量，也不放出能量，原子处于稳定的状态，称为定态。每一定态具有一定的能量（能级）E，其中能量最低的定态称为基态，其余的定态称为激发态。如图 1-2 所示。

② 当电子从一种定态 E_1 跃迁至另一种定态 E_2 时，将吸收或放出能量。能量的变化可以用电磁波的形式表示，电磁波的频率为 ν。

$$\Delta E=E_2-E_1=h\nu \tag{1-2}$$

当 $E_2>E_1$ 时，电子吸收能量，称为激发；当 $E_2<E_1$ 时，电子放出能量。

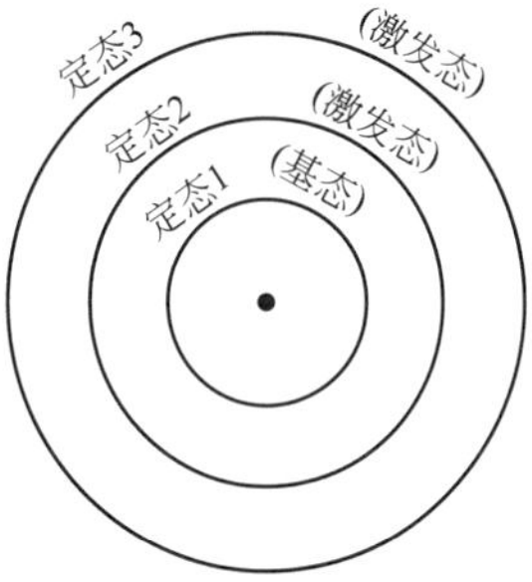

图 1-2 氢原子定态假设示意图

玻尔根据以上假设，应用经典力学的方法，计算了氢原子各个定态的轨道和能量。氢原子的轨道半径为：

$$r=a_0n^2(n=1,2,3,\cdots) \tag{1-3}$$

式中，a_0 为玻尔半径，即 $n=1$ 时的氢原子轨道半径，$a_0=52.9pm$。

氢原子定态的能量为：

$$E=-B\frac{1}{n^2}(n=1,2,3,\cdots) \tag{1-4}$$

式中，$B=13.6eV=2.179\times10^{-18}J$，相当于基态氢原子核外电子的能量。

将式(1-4) 代入式(1-2)，可得

$$\Delta E=B\left(\frac{1}{n_1^2}-\frac{1}{n_2^2}\right)=h\nu$$

$$\nu=\frac{B}{h}\left(\frac{1}{n_1^2}-\frac{1}{n_2^2}\right)=\frac{2.179\times10^{-18}}{h}\left(\frac{1}{n_1^2}-\frac{1}{n_2^2}\right)$$

当电子从 $n_2=3$，4，5，6 能级跳回到 $n_1=2$（第二能级）时，在可见光区就可以观察到四条谱线。

由此可见，玻尔模型较成功地解释了氢原子光谱的不连续性，而且还提出了原子轨道能级的概念，明确了原子轨道能量量子化的特性。但人们进一步对原子结构进行研究发现玻尔模型还存在着局限性，它不能解释多电子原子发射的原子光谱，也不能解释氢原子光谱的精细结构等。究其原因，在于玻尔模型虽然引入了量子化的概念，但却未能摆脱经典力学的束缚。因为微观粒子的运动已不再遵循经典力学的运动规律，它除了能量量子化外，还具有波粒二象性的特征。

1.2 量子力学模型对核外电子运动状态的描述

1.2.1 核外电子运动的波粒二象性

光在传播的过程中会产生干涉、衍射等现象，具有波的特性；而光在与实物作用（光的吸收、发射等）时所表现的特性又具有粒子的特性，这就是光的波粒二象性。

1924 年德布罗依（de Broglie）在光的波粒二象性的启发下，大胆地预言了微观粒子的运动也具有波粒二象性，并给出了德布罗依关系式：

$$\lambda=\frac{h}{P}=\frac{h}{mv} \tag{1-5}$$

式中，波长 λ 代表物质的波动性；动量 P、质量 m、速率 v 代表物质的粒子性。德布罗依关系式通过普朗克常数将物质的波动性和粒子性定量地联系在一起。

1927 年，戴维森（C. J. Davisson）等通过电子衍射实验证实了德布罗依的假设。电子衍射实验如图 1-3 所示。

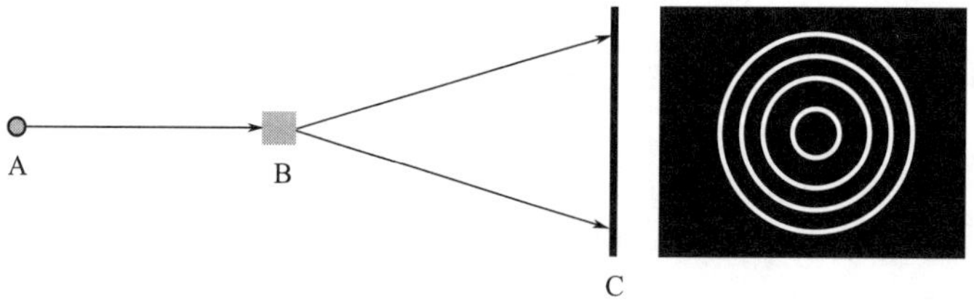

图 1-3 电子衍射示意图

经加速后的电子束从 A 点射出，通过起光栅作用的晶体粉末 B 后，投射到屏幕 C 上。从屏幕上可以观察到明暗相间的环纹，说明电子运动与光相似，也具有波动性。以后用 α 粒子、中子、原子及分子等微观粒子进行实验，都可以观察到类似的衍射现象，从而证实了微观粒子运动的确具有波动性。一般将微观粒子产生的波称为物质波或德布罗依波。当然微观粒子的波动性不同于经典力学中波的概念。

那么物质波究竟是一种什么样的波呢?

电子衍射实验表明，用较强的电子流可在短时间内得到电子衍射环纹；若用很弱的电子流，只要时间够长，也可以得到衍射环纹。假设用极弱的电子流进行衍射实验，电子是逐个通过晶体粉末的。因为电子具有粒子性，开始时只能在屏幕上观察到一些分立的点，且点的位置是随机的。经过足够长时间，有大量的电子通过晶体粉末后，在屏幕上就可以观察到明暗相间的衍射环纹，从而呈现出波动性。

由此可见，微观粒子的波动性是大量粒子统计行为形成的结果，它服从统计规律。在屏幕上衍射强度大的地方（明条纹处），波的强度大，电子在该处出现的机会多或概率高；衍射强度小的地方（暗条纹处），波的强度小，电子在该处出现的机会少或概率低。因此微观粒子的波动性实际上是在统计规律上呈现出的波动性。具有波动性的微观粒子虽然没有确定的运动轨迹，但在空间某处波的强度与该处粒子出现的概率成正比。

微观粒子具有波粒二象性，其运动状态就应该用量子力学来描述。

1.2.2 核外电子运动状态的近代描述

1.2.2.1 波函数和原子轨道

机械波的运动状态可以用数学函数式，即波函数 ψ 来描述。微观粒子具有波粒二象性，其运动状态也可用波函数 ψ 来描述。1926 年，奥地利物理学家薛定谔(E. Schrödinger)首先提出了微观粒子运动的波动方程，称为薛定谔方程。

薛定谔方程是量子力学的基本方程：

$$\frac{\partial^2\psi}{\partial x^2}+\frac{\partial^2\psi}{\partial y^2}+\frac{\partial^2\psi}{\partial z^2}=-\frac{8\pi^2 m}{h^2}(E-V)\psi$$

式中，x、y、z 为微观粒子的空间坐标；E 为系统的总能量；V 为系统的势能；m 为微观粒子的质量；h 为普朗克常数；ψ 为波函数，它是空间位置的函数。

求解薛定谔方程就是解出其中的波函数 ψ 和与之相对应的能量 E，以了解电子运动的状态和能量的高低。由于具体求解薛定谔方程的过程涉及较深的数理知识，超出了本课程的要求，本书在这里不做介绍，只是定性地讨论该方程的解，以了解原子核外电子的运动状态。

为了方便求解，通常把薛定谔方程中的直角坐标(x,y,z)转换成球极坐标(r,θ,ϕ)，即将表达式 $\psi(x,y,z)$ 转化成 $\psi(r,\theta,\phi)$❶。

再利用数学方法将 $\psi(r,\theta,\phi)$变换为：

$$\psi(r,\theta,\phi)=R(r)Y(\theta,\phi) \tag{1-6}$$

式中，$R(r)$是波函数的径向部分，只与电子离核的距离 r 有关；$Y(\theta,\phi)$是波函数的角度部分，只与 θ、ϕ 两个角度有关。

求解薛定谔方程，可以得到很多个解，但并不是每一个解都能够满足量子力学的要求。因此为了求得具有特定物理意义的解，在解方程的过程中引入了三个参数 n、l_i 和 m_i。这些参数在量子力学中称为量子数。为了使求得的解能够合理地表示核外电子运动的稳定状态，各量子数的取值限定为：

主量子数 $n=1, 2, 3, \cdots$，正整数；

轨道角动量量子数 $l_i=0, 1, 2, \cdots, (n-1)$，共可取 n 个数值；

磁量子数 $m_i=0, \pm1, \pm2, \pm3, \cdots, \pm l_i$，共可取$(2l_i+1)$个数值。

由此可见，n、l_i、m_i 三个量子数的取值不是任意的，m_i 的取值受 l_i 的限制，l_i 的取值受 n 的限制。

---

❶ 直角坐标与球极坐标的关系：

$x=r\sin\theta\cos\phi$

$y=r\sin\theta\sin\phi$

$z=r\cos\theta$

$r=\sqrt{x^2+y^2+z^2}$

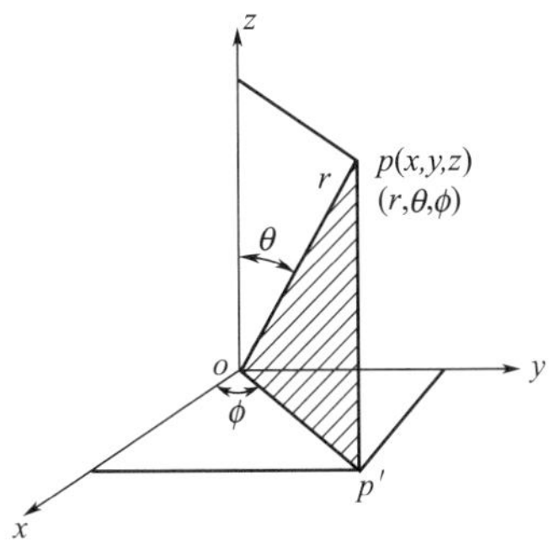

这三个量子数 n、l_i、m_i 的组合可得到一个波函数 $\psi(n,l_i,m_i)$，它代表原子中电子在核外运动的某种状态。在量子力学中把这种单电子波函数称为原子轨道函数，简称为原子轨道。电子的每一种运动状态（原子轨道）都有与之相应的确定的能量。

应明确指出的是，量子力学中的原子轨道与玻尔理论或经典力学中轨道的概念有着本质的区别，后者指的是有确定轨迹的轨道（如玻尔理论中某个确定的圆形轨道），而量子力学中的原子轨道则是描述核外电子的一种空间运动状态，并无特定的轨迹。

1.2.2.2　概率密度与电子云

在光的传播理论中，波函数 ψ 表示电场或磁场的大小，$|\psi|^2$ 与光的强度即光的密度成正比。量子力学中，具有波粒二象性的电子在原子核外运动时，虽然没有特定的运动轨迹，但是，可以用统计规律（即用概率波）来描述电子的波动性。电子在空间某处出现的机会的大小称为概率。概率的大小与光传播理论中的强度大小是对应的。可用 $|\psi|^2$ 表示核外电子在空间出现的概率密度。概率密度 $|\psi|^2$ 的意义为电子在原子核外空间某处单位体积内出现的概率，即

$$\text{概率}=\text{概率密度}\times\text{体积}$$

因此概率密度反映了电子在空间的概率分布。形象化描述概率密度的图形就称为“电子云”，它是用小黑点的疏密来表示的。小黑点少而稀的地方表示概率密度小，单位体积内电子出现的机会少；小黑点多而密的地方表示概率密度大，单位体积内电子出现的机会多。图 1-4 所示为氢原子的 1s 电子云。它在核外呈球形，离核越近，单位体积内电子出现的机会越大。

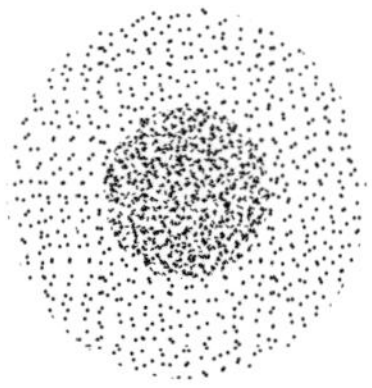

图 1-4　氢原子 1s 电子云

1.2.2.3　四个量子数

(1) 主量子数 n　主量子数 n 确定电子离原子核距离的远近，主量子数也是决定电子运动时能量高低的主要因素，n 越大，电子离核的平均距离越远，能量越高。常将同一主量子数的各轨道并为一个电子层，例如：$n=1$，称为第一电子层；$n=2$，称为第二电子层……n 相同的电子称为同层电子。在光谱学中用一些符号表示电子层，其对应关系为：

主量子数 n	1	2	3	4	5	6	7	…
电子层	K	L	M	N	O	P	Q	…

(2) 轨道角动量量子数 l_i❶　轨道角动量量子数 l_i 与波函数的角度函数有关，决定电子轨道运动的角动量。通常将同一电子层中 l_i 值相同的电子（即 n、l_i 值均相同的电子）并为同一亚层。在光谱学中，习惯用光谱符号表示相对应的 l_i 值：

l_i	0	1	2	3	4	…
光谱符号	s	p	d	f	g	…

例如，$n=1$ 时，$l_i=0$，可表示为 1s，称为 1s 亚层；$n=2$ 时，$l_i=1$、0，分别表示为 2s、2p，称为 2s、2p 亚层……这种表示的符号叫做组态符号。

n	1	2		3			4				…
l_i	0	0	1	0	1	2	0	1	2	3	…
组态符号	1s	2s	2p	3s	3p	3d	4s	4p	4d	4f	…

❶ 轨道角动量量子数以前称为角动量量子数，用符号 l 来表示。

在多电子原子中，轨道角动量量子数 l_i 还与原子轨道的能量有关。在同一电子层中 l_i 值越大，轨道的能量越高。即：$E_{ns}<E_{np}<E_{nd}$。

轨道角动量量子数 l_i 还确定了原子轨道和电子云的角度分布形状。s 亚层呈球形分布，p 亚层呈哑铃形分布，d 亚层呈花瓣形分布。如图 1-6 所示。

（3）磁量子数 m_i　磁量子数 m_i 确定原子轨道和电子云在磁场作用下在空间的伸展方向。在 $l_i=0$ 时，$m_i=0$，所以 s 轨道和电子云只有一个伸展方向，即 s 亚层只有一个原子轨道；$l_i=1$ 时，$m_i=0$、±1，p 轨道和电子云有三个伸展方向：p_x、p_y、p_z，p 亚层有三个原子轨道；$l_i=2$ 时，$m_i=0$、±1、±2，d 轨道和电子云有五个伸展方向：d_{xy}、d_{xz}、d_{yz}、$d_{x^2-y^2}$、d_{z^2}，d 亚层有五个原子轨道；f 亚层有七个伸展方向，即有七个原子轨道。

（4）自旋角动量量子数 s_i[1]　以上三个量子数都是在解薛定谔方程时引入的量子化条件，它们都与实验结果相符。但当用高分辨率的光谱仪观察氢原子光谱时，发现原来的一条谱线是由两条靠得很近的谱线组成的，说明这是两个不同的状态。为了解释这一现象，又引入了第四个量子数——自旋角动量量子数 s_i，即电子除了绕核运动之外，还存在自旋运动。电子的自旋运动状态用自旋角动量量子数来描述，由于电子有两个相反的自旋方向，因此，自旋角动量量子数 s_i 只有两个取值：$+\frac{1}{2}$ 和 $-\frac{1}{2}$，也可用向上或向下的两个箭头表示，即“↑”和“↓”。

斯脱恩（O. Stern）和日勒契（W. Gerlach）通过电子自旋实验证实了电子自旋运动的存在，如图 1-5 所示。

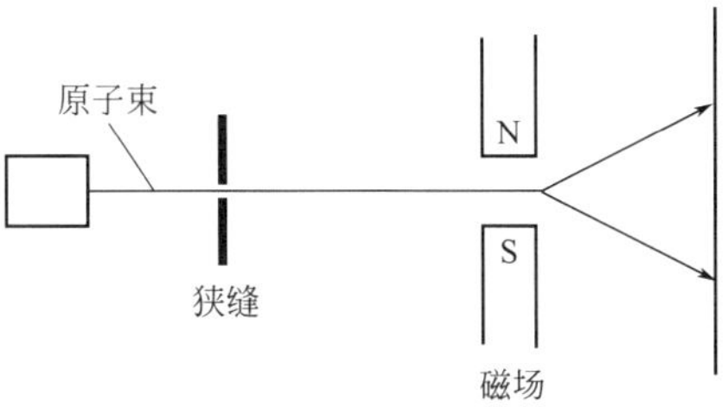

图 1-5　电子自旋实验示意图

综上所述，n、l_i、m_i 这三个量子数可以确定一个空间运动状态，即一个原子轨道。而要确定原子轨道上电子的运动状态就还需要考虑自旋角动量量子数 s_i。也就是说，如要完整地表示原子核外每一个电子的运动状态，必须用四个量子数来描述，缺一不可。而且这四个量子数的取值和组合不是任意的，要受量子数取值规则的限制。四个量子数与原子轨道的关系列于表 1-1 中。

表 1-1　量子数和原子轨道的关系

主量子数 n	1	2		3			4				…
电子层符号	K	L		M			N				…
轨道角动量量子数 l_i	0	0	1	0	1	2	0	1	2	3	…
亚层符号	1s	2s	2p	3s	3p	3d	4s	4p	4d	4f	…
磁量子数 m_i	0	0	0 ±1	0	0 ±1	0 ±1 ±2	0	0 ±1	0 ±1 ±2	0 ±1 ±2 ±3	…
亚层轨道数	1	1	3	1	3	5	1	3	5	7	…
自旋角动量量子数 s_i	↓↑	↓↑	↓↑	↓↑	↓↑	↓↑	↓↑	↓↑	↓↑	↓↑	…
亚层可容纳的电子数	2	2	6	2	6	10	2	6	10	14	
电子层轨道数 n^2	1	4		9			16				…
电子层可能容纳的电子数 $2n^2$	2	8		18			32				…

[1] 自旋角动量量子数以前称为自旋量子数，用符号 m_s 来表示。

1.2.2.4　原子轨道和电子云的形状

波函数 ψ 在球面空间随 r、θ、ϕ 连续变化时的分布图形就是原子轨道的图像。但由于波函数的数学表达式比较复杂，难以用适当的图形描绘原子轨道的空间形状。因此，只在平面上画出波函数中的角度部分 $Y(\theta,\phi)$ 随角度 θ 和 ϕ 变化的分布图形，并称为原子轨道的角度分布图，简称原子轨道的形状。如图 1-6(a)所示。

将 $|\psi|^2$ 的角度部分 $|Y|^2$ 随 θ、ϕ 变化作图，可得到电子云的角度分布图，如图 1-6(b)所示。

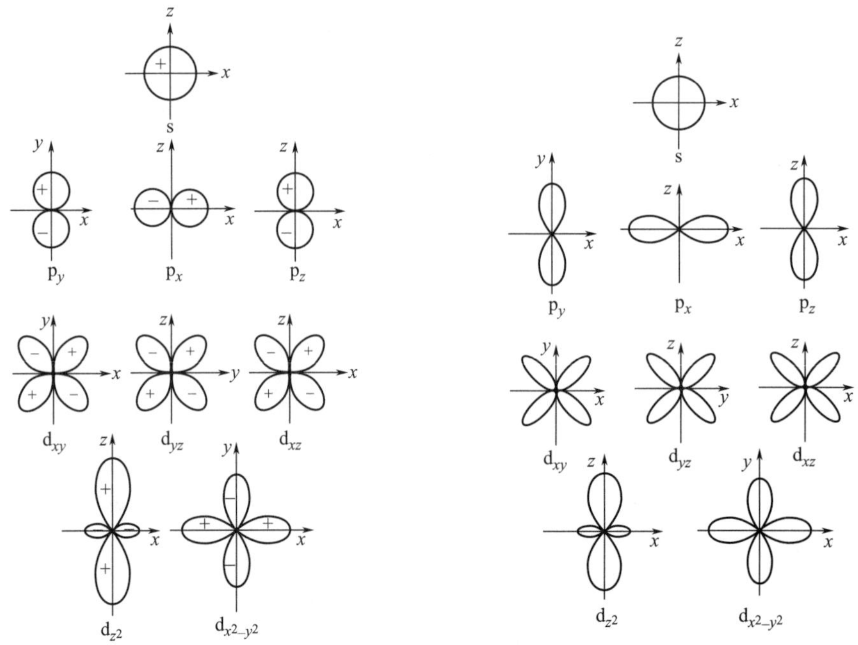

(a) 原子轨道角度分布图　　(b) 电子云角度分布图

图 1-6　角度分布图（剖面）

由图 1-6 看出，s、p、d 原子轨道和电子云的角度分布图的图形分别为球形、哑铃形和花瓣形。原子轨道角度分布图有“+”、“-”号，它只代表原子轨道角度部分的正、负值，并不代表波函数取值的正、负，也不代表电荷的正、负。原子轨道角度分布图的正、负号在讨论共价键的形成等问题时是十分重要的。

电子云的角度分布图因为 $|Y|^2>0$，故均为正值（通常不标出），另外由于 $|Y|$ 值小于1，$|Y|^2$ 值就更小，所以电子云的角度分布图的图形比原子轨道的角度分布图的图形要“瘦”一些。

1981 年，瑞士苏黎世 IBM 研究所科学家 G. Binning 和 H. Rohrer 成功研制出了扫描隧道显微镜(STM)，可以测出原子的三维图像，从此人们可直观地观察原子在物质表面的排列状态。

1.3　原子的核外电子排布

1.3.1　多电子原子的能级

由于氢原子或类氢离子（如 He^+、Li^{2+} 等）的原子核外只有一个电子，只存在核与电子云之间的作用力，因此决定氢原子或类氢离子原子轨道能量高低的只有主量子数 n，即 n 相同的各轨道能量相同，n 越大，能量越高。

$$E_{2p}<E_{3p}<E_{4p}$$

$$E_{3s}=E_{3p}=E_{3d}$$

而多电子原子中，原子核外的电子不止一个，除了核与电子之间的吸引力之外，还有电子与电子之间的排斥力，因此原子轨道的能量除了与主量子数 n 有关外，还与轨道角动量量子数 l_i 有关。

由于目前还不能通过精确求解薛定谔方程来确定多电子原子的原子轨道能量，只能根据多电子原子的光谱数据，进行分析、归纳，总结出一些近似的结果。

美国化学家鲍林(L. Pauling) 根据光谱实验的结果，总结出了多电子原子中各轨道能级相对高低的一般情况，如图 1-7 所示。图中每一个小圆圈代表一个原子轨道，并按能级的高低进行排列，能量相近的能级组成一个能级组（图中方框内各原子轨道能量相近，构成一个能级组)。能级组之间能量相差较大。

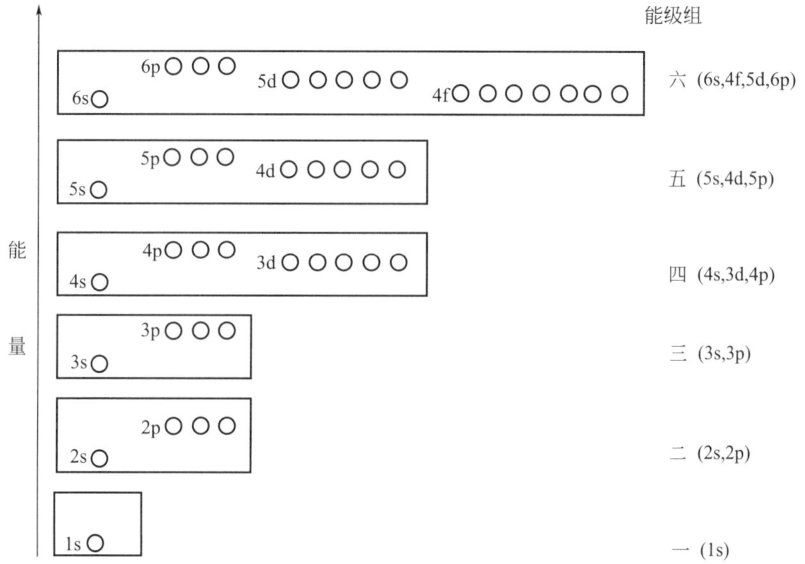

图 1-7 鲍林近似能级图

从图 1-7 可以看出：n 和 l_i 都相同时，原子轨道的能量也相同，这些能量相同的原子轨道称为等价轨道或简并轨道。如 np 亚层有三个等价轨道，nd 亚层有五个等价轨道，nf 亚层有七个等价轨道。

当 n 相同，l_i 不相同时，l_i 值越大，轨道能量越高，例如：

$$E_{ns}<E_{np}<E_{nd}<E_{nf}$$

当 n 不同，l_i 相同时，n 值越大，轨道能量越高，例如：

$$E_{2p}<E_{3p}<E_{4p}$$

$$E_{3d}<E_{4d}<E_{5d}$$

当 n 和 l_i 都不相同时，可能出现某些主量子数较大的轨道的能级反而比主量子数小的轨道的能级要低，即发生"能级交错"现象。例如：

$$E_{4s}<E_{3d}$$

这是因为在多电子原子中，电子不仅受到原子核的吸引，同时也受到其他电子（尤其是内层及同层的电子）的排斥作用❶，削弱了原子核对外层电子的吸引力，从而使多电子原子的能级产生交错现象。

鲍林近似能级图只是近似地反映了多电子原子中轨道的能量高低顺序，并假定所有元素原子的轨道能量高低次序是一样的。但事实上原子轨道能量高低的次序是随原子序数的增加而变化的，美国化学家科顿(F. A. cotton)的能级图就反映了原子轨道能量与原子序数之间的关系。如图 1-8 所示。

从图 1-8 可见：图中 ns、np、nd、nf 等能级从左侧同一点开始，表明氢原子的轨道能量只决定于主量子数，n 越大，能量越高。当原子序数 Z 增加时，各亚层能量下降的幅度为：ns＞np＞nd＞nf。在 nd、nf 曲线上出现近似的平台，且随着 n 增大，平台增长，于是出现能级交错；对每一元素的原子来说，内层(≤$n-2$）轨道能量，n 越大者，能量越高，当 n 相同时，l_i 越大者，能量越高，所以内层轨道的能量顺序是：1s＜2s＜2p＜3s＜3p＜3d＜4s＜4p＜4d＜4f，这个顺序表现在图 1-8 中的右侧。

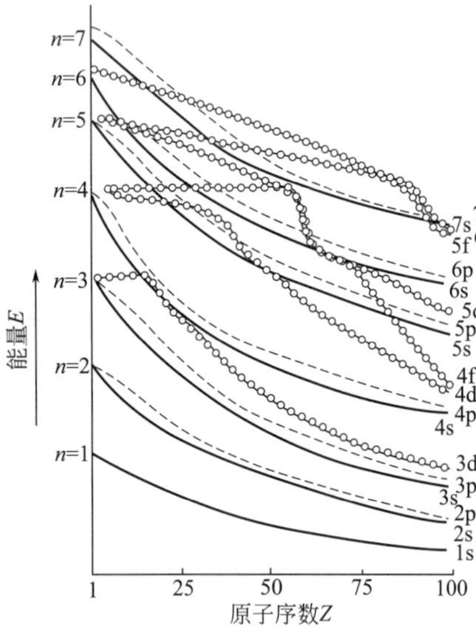

图 1-8　原子轨道能量与原子序数的关系

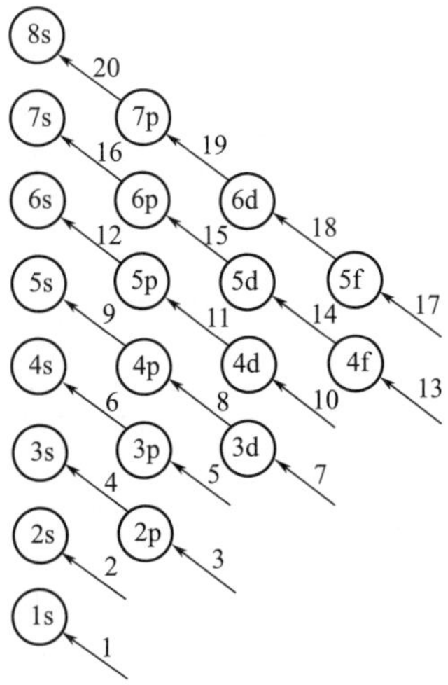

图 1-9　基态原子排布电子的顺序

1.3.2　核外电子排布规律

原子核外的电子都有各自的运动状态，它们的排布应遵循以下三个原则。

（1）泡利(W. Pauli）不相容原理　泡利不相容原理指出：一个原子中不可能存在四个量子数完全相同的两个电子。即每一个原子轨道最多只能容纳两个自旋方向相反的电子。

由此可知：主量子数为 n 的电子层，其原子轨道的总数为 n^2 个，该层能容纳的最多的电子数为 $2n^2$ 个。

（2）能量最低原理　能量最低原理规定：在不违背泡利不相容原理的前提下，电子的排布方式应使得系统的能量最低，即电子应尽可能优先占据能量最低的轨道。因此在排布电子时，电子依据近似能级图的能级顺序由低到高依次布入原子轨道。如图 1-9 所示，按照箭头所指示的顺序，将电子逐个布入原子轨道中。

---

❶　在多电子原子中，由于原子核对电子的吸引作用，使电子靠近原子核，但电子和电子之间的排斥作用，却使电子远离原子核。某一电子由于受其他电子的排斥作用，而削弱了核对该电子的吸引力，这种现象就称为屏蔽效应。

（3）洪德(F. Hund）规则　洪德规则为：在等价轨道上排布的电子将尽可能分占不同的轨道，而且自旋方向相同。例如，碳原子有 6 个电子，其电子排布式为 $1s^2 2s^2 2p^2$。根据洪特规则，两个 2p 电子的排列应是(↑)(↑)( )，而不是(↑↓)( )( )或(↑)(↓)( )。

因为当一个轨道上已占有一个电子时，要使另一电子与之配对，必须克服电子与电子之间的排斥力，所需的能量叫做电子成对能。这样，就会使得系统的能量增加，不符合能量最低原理。

根据光谱实验得到的结果，还可总结出一个规律：当等价轨道处于半充满(p^3、d^5、f^7)或全充满(p^6、d^{10}、f^{14})的状态时，原子所处的状态较稳定。这些状态可以看作是洪德规则的特例。

根据上述三个原则，可以写出各元素基态原子的电子层结构。原子的电子层结构一般有以下三种表示方式。

① 电子排布式。以原子核外各亚层的分布情况来表示。例如：

$$_{15}P \quad 1s^2 2s^2 2p^6 3s^2 3p^3$$

$_{26}Fe$ 按照电子布入轨道的顺序是：$1s^2 \rightarrow 2s^2 \rightarrow 2p^6 \rightarrow 3s^2 \rightarrow 3p^6 \rightarrow 4s^2 \rightarrow 3d^6$。

但由于在写基态原子的电子层结构时，应将同一电子层（主量子数相同）的各亚层写在一起，并由小到大依次进行排列。所以，整理后的电子排布式为：

$$_{26}Fe \quad 1s^2 2s^2 2p^6 3s^2 3p^6 3d^6 4s^2$$

$_{53}I$ 按照电子布入轨道的顺序是：$1s^2 \rightarrow 2s^2 \rightarrow 2p^6 \rightarrow 3s^2 \rightarrow 3p^6 \rightarrow 4s^2 \rightarrow 3d^{10} \rightarrow 4p^6 \rightarrow 5s^2 \rightarrow 4d^{10} \rightarrow 5p^5$。整理后的电子排布式为：

$$_{53}I \quad 1s^2 2s^2 2p^6 3s^2 3p^6 3d^{10} 4s^2 4p^6 4d^{10} 5s^2 5p^5$$

由于参与化学反应的只是原子的外层电子，内层电子构型一般不变，因此，可以用“原子实”来表示原子的内层电子构型。当内层电子构型与稀有气体的电子构型相同时，就用以方括号括起来的该稀有气体的元素符号来表示原子的内层电子构型，并称为原子实。这样上述$_{15}P$、$_{26}Fe$、$_{53}I$ 的电子排布式可表示为：

$$_{15}P \quad [Ne]3s^2 3p^3$$
$$_{26}Fe \quad [Ar]3d^6 4s^2$$
$$_{53}I \quad [Kr]4d^{10} 5s^2 5p^5$$

有些元素如$_{24}Cr$、$_{29}Cu$ 的电子构型例外，这是为了满足洪德规则特例的要求。如$_{24}Cr$ 的电子排布式为：$[Ar]3d^5 4s^1$，而不是 $[Ar]3d^4 4s^2$；$_{29}Cu$ 的电子排布式为：$[Ar]3d^{10} 4s^1$，而不是 $[Ar]3d^9 4s^2$。

化学上，将电子最后布入的能量最高的能级组中的轨道合称为外围电子层，它实际上是按原子实书写电子排布式时，原子实以外的部分。在外围电子层上的电子排布称为外围电子构型。表 1-2 列出了一些元素原子的外围电子构型。

表 1-2　某些元素原子的外围电子构型

元　素	电子排布式	外围电子构型	元　素	电子排布式	外围电子构型
$_4Be$	$[He]2s^2$	$2s^2$	$_{53}I$	$[Kr]4d^{10}5s^2 5p^5$	$4d^{10}5s^2 5p^5$
$_{15}P$	$[Ne]3s^2 3p^3$	$3s^2 3p^3$	$_{80}Hg$	$[Xe]4f^{14}5d^{10}6s^2$	$4f^{14}5d^{10}6s^2$
$_{24}Cr$	$[Ar]3d^5 4s^1$	$3d^5 4s^1$	$_{95}Am$	$[Rn]5f^7 7s^2$	$5f^7 7s^2$

② 轨道排布式。用“□”“○”“__”来表示原子轨道的排布情况。例如：

$_{15}$P [Ne]

$_{24}$Cr [Ar]

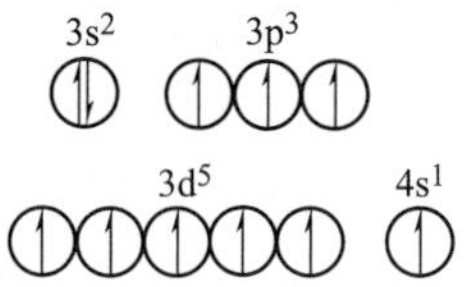

轨道排布式可以直观地将洪特规则表示出来。

③ 以四个量子数 n、l_i、m_i 和 s_i 来表示原子核外的电子。如$_{15}$P 的外围电子构型可表示为：$\left(3,0,0,+\frac{1}{2}\right)$、$\left(3,0,0,-\frac{1}{2}\right)$、$\left(3,1,1,+\frac{1}{2}\right)$、$\left(3,1,0,+\frac{1}{2}\right)$、$\left(3,1,-1,+\frac{1}{2}\right)$。

表 1-3 列出了原子序数 1～110 元素基态原子的电子层结构。

表 1-3 原子的电子层结构（基态）①

周 期	原子序数	元素符号	电子层结构
1	1	H	$1s^1$
	2	He	$1s^2$
2	3	Li	[He]$2s^1$
	4	Be	[He]$2s^2$
	5	B	[He]$2s^2 2p^1$
	6	C	[He]$2s^2 2p^2$
	7	N	[He]$2s^2 2p^3$
	8	O	[He]$2s^2 2p^4$
	9	F	[He]$2s^2 2p^5$
	10	Ne	[He]$2s^2 2p^6$
3	11	Na	[Ne]$3s^1$
	12	Mg	[Ne]$3s^2$
	13	Al	[Ne]$3s^2 3p^1$
	14	Si	[Ne]$3s^2 3p^2$
	15	P	[Ne]$3s^2 3p^3$
	16	S	[Ne]$3s^2 3p^4$
	17	Cl	[Ne]$3s^2 3p^5$
	18	Ar	[Ne]$3s^2 3p^6$
4	19	K	[Ar]$4s^1$
	20	Ca	[Ar]$4s^2$
	21	Sc	[Ar]$3d^1 4s^2$
	22	Ti	[Ar]$3d^2 4s^2$
	23	V	[Ar]$3d^3 4s^2$
	24	Cr	[Ar]$3d^5 4s^1$
	25	Mn	[Ar]$3d^5 4s^2$
	26	Fe	[Ar]$3d^6 4s^2$
	27	Co	[Ar]$3d^7 4s^2$
	28	Ni	[Ar]$3d^8 4s^2$
	29	Cu	[Ar]$3d^{10} 4s^1$
	30	Zn	[Ar]$3d^{10} 4s^2$
	31	Ga	[Ar]$3d^{10} 4s^2 4p^1$
	32	Ge	[Ar]$3d^{10} 4s^2 4p^2$
	33	As	[Ar]$3d^{10} 4s^2 4p^3$
	34	Se	[Ar]$3d^{10} 4s^2 4p^4$
	35	Br	[Ar]$3d^{10} 4s^2 4p^5$
	36	Kr	[Ar]$3d^{10} 4s^2 4p^6$

续表

周　期	原子序数	元素符号	电子层结构
5	37	Rb	[Kr]$5s^1$
	38	Sr	[Kr]$5s^2$
	39	Y	[Kr]$4d^1 5s^2$
	40	Zr	[Kr]$4d^2 5s^2$
	41	Nb	[Kr]$4d^4 5s^1$
	42	Mo	[Kr]$4d^5 5s^1$
	43	Tc	[Kr]$4d^5 5s^2$
	44	Ru	[Kr]$4d^7 5s^1$
	45	Rh	[Kr]$4d^8 5s^1$
	46	Pd	[Kr]$4d^{10}$
	47	Ag	[Kr]$4d^{10} 5s^1$
	48	Cd	[Kr]$4d^{10} 5s^2$
	49	In	[Kr]$4d^{10} 5s^2 5p^1$
	50	Sn	[Kr]$4d^{10} 5s^2 5p^2$
	51	Sb	[Kr]$4d^{10} 5s^2 5p^3$
	52	Te	[Kr]$4d^{10} 5s^2 5p^4$
	53	I	[Kr]$4d^{10} 5s^2 5p^5$
	54	Xe	[Kr]$4d^{10} 5s^2 5p^6$
6	55	Cs	[Xe]$6s^1$
	56	Ba	[Xe]$6s^2$
	57	La	[Xe]$5d^1 6s^2$
	58	Ce	[Xe]$4f^1 5d^1 6s^2$
	59	Pr	[Xe]$4f^3 6s^2$
	60	Nd	[Xe]$4f^4 6s^2$
	61	Pm	[Xe]$4f^5 6s^2$
	62	Sm	[Xe]$4f^6 6s^2$
	63	Eu	[Xe]$4f^7 6s^2$
	64	Gd	[Xe]$4f^7 5d^1 6s^2$
	65	Tb	[Xe]$4f^9 6s^2$
	66	Dy	[Xe]$4f^{10} 6s^2$
	67	Ho	[Xe]$4f^{11} 6s^2$
	68	Er	[Xe]$4f^{12} 6s^2$
	69	Tm	[Xe]$4f^{13} 6s^2$
	70	Yb	[Xe]$4f^{14} 6s^2$
	71	Lu	[Xe]$4f^{14} 5d^1 6s^2$
	72	Hf	[Xe]$4f^{14} 5d^2 6s^2$
	73	Ta	[Xe]$4f^{14} 5d^3 6s^2$
	74	W	[Xe]$4f^{14} 5d^4 6s^2$
	75	Re	[Xe]$4f^{14} 5d^5 6s^2$
	76	Os	[Xe]$4f^{14} 5d^6 6s^2$
	77	Ir	[Xe]$4f^{14} 5d^7 6s^2$
	78	Pt	[Xe]$4f^{14} 5d^9 6s^1$
	79	Au	[Xe]$4f^{14} 5d^{10} 6s^1$
	80	Hg	[Xe]$4f^{14} 5d^{10} 6s^2$
	81	Tl	[Xe]$4f^{14} 5d^{10} 6s^2 6p^1$
	82	Pb	[Xe]$4f^{14} 5d^{10} 6s^2 6p^2$
	83	Bi	[Xe]$4f^{14} 5d^{10} 6s^2 6p^3$
	84	Po	[Xe]$4f^{14} 5d^{10} 6s^2 6p^4$
	85	At	[Xe]$4f^{14} 5d^{10} 6s^2 6p^5$
	86	Rn	[Xe]$4f^{14} 5d^{10} 6s^2 6p^6$

续表

周　期	原子序数	元素符号	电子层结构
	87	Fr	[Rn]$7s^{1}$
	88	Ra	[Rn]$7s^{2}$
	89	Ac	[Rn]$6d^{1}7s^{2}$
	90	Th	[Rn]$6d^{2}7s^{2}$
	91	Pa	[Rn]$5f^{2}6d^{1}7s^{2}$
	92	U	[Rn]$5f^{3}6d^{1}7s^{2}$
	93	Np	[Rn]$5f^{4}6d^{1}7s^{2}$
	94	Pu	[Rn]$5f^{6}7s^{2}$
	95	Am	[Rn]$5f^{7}7s^{2}$
	96	Cm	[Rn]$5f^{7}6d^{1}7s^{2}$
	97	Bk	[Rn]$5f^{9}7s^{2}$
	98	Cf	[Rn]$5f^{10}7s^{2}$
7	99	Es	[Rn]$5f^{11}7s^{2}$
	100	Fm	[Rn]$5f^{12}7s^{2}$
	101	Md	[Rn]$5f^{13}7s^{2}$
	102	No	[Rn]$5f^{14}7s^{2}$
	103	Lr	[Rn]$5f^{14}6d^{1}7s^{2}$
	104	Rf	[Rn]$5f^{14}6d^{2}7s^{2}$
	105	Db	[Rn]$5f^{14}6d^{3}7s^{2}$
	106	Sg	[Rn]$5f^{14}6d^{4}7s^{2}$
	107	Bh	[Rn]$5f^{14}6d^{5}7s^{2}$
	108	Hs	[Rn]$5f^{14}6d^{6}7s^{2}$
	109	Mt	[Rn]$5f^{14}6d^{7}7s^{2}$
	110	Ds	[Rn]$5f^{14}6d^{8}7s^{2}$

① 表中单框中的元素是过渡元素，双框中的元素是镧系或锕系元素。

从表 1-3 可以看出，大多数元素的电子层结构都满足核外电子排布的三个规则，只有少数例外，如$_{41}$Nb、$_{44}$Ru、$_{45}$Rh、$_{46}$Pd、$_{78}$Pt 以及一些镧系和锕系元素，这些元素的电子层结构式都是由光谱实验得出的结果。目前还不能得到圆满的解释，说明相关的理论还需要完善和发展。所以在遇到理论与实验有出入时，应以科学的态度，尊重实验事实。

1.4　原子的电子层结构和元素周期系

元素周期律就是元素性质随原子序数递增而呈周期性的变化。由于元素的核电荷增加，使原子的电子层结构呈现出周期性，所以决定元素性质的最根本的原因是原子的电子层结构。

1.4.1　原子的电子层结构与周期的划分

随着原子序数的递增，由于原子的最外电子层结构呈现出周期性的变化，每一“新”的电子层开始，就出现“新”的周期。因此，周期表中元素所在的周期就等于该元素原子的电子层数或最外电子层的主量子数 n，也等于最大能级组的序数。比如，$_{19}$K 的电子排布式为 $1s^{2}2s^{2}2p^{6}3s^{2}3p^{6}4s^{1}$，其电子层数为 4，最外层 4s 的主量子数 $n=4$，最高能级组的序数也为 4，因此钾元素在第 4 周期。

某一周期所能容纳的元素数目就等于相应能级组的各个亚层轨道所能容纳的电子数目。比如，第一能级组为 1s 亚层，有 1 个轨道，只能容纳 2 个电子，所以第 1 周期只有 2 种元素，为特短周期；第二能级组为 2s、2p 亚层，有 4 个轨道，可容纳 8 个电子，所以第 2 周期有 8 种元素，依此类推。见表 1-4。

表 1-4 各周期元素的数目与新填充亚层的关系

周期	能级组	新布入的亚层（能级组）	元素数目	周期	能级组	新布入的亚层（能级组）	元素数目
1	一	1s	2	5	五	5s 4d 5p	18
2	二	2s 2p	8	6	六	6s 4f 5d 6p	32
3	三	3s 3p	8	7	七	7s 5f 6d 7p	32
4	四	4s 3d 4p	18				

1.4.2 原子的电子层结构与族的划分

本书采用的分族方法是 1988 年由 IUPAC 建议的方法，即以长周期为分族基础，不分 A、B 族，将周期表中的 18 个列，以阿拉伯数字代替罗马数字，作为族号，从左到右，依次为第 1 族至第 18 族，这样可使外围电子构型与元素所在的族号密切地联系起来，表 1-5 是现代周期表的一种形式。

表 1-5 现代元素周期表①

族 / 周期	1	2	3	4	5	6	7	8	9	10	11	12	13	14	15	16	17	18
1	1 H																	2 He
	s区		过渡元素(d区)										p区					
	ⅠA	ⅡA	ⅢB	ⅣB	ⅤB	ⅥB	ⅦB	ⅧB			ⅠB	ⅡB	ⅢA	ⅣA	ⅤA	ⅥA	ⅦA	ⅧA
2	3 Li	4 Be											5 B	6 C	7 N	8 O	9 F	10 Ne
3	11 Na	12 Mg											13 Al	14 Si	15 P	16 S	17 Cl	18 Ar
4	19 K	20 Ca	21 Sc	22 Ti	23 V	24 Cr	25 Mn	26 Fe	27 Co	28 Ni	29 Cu	30 Zn	31 Ga	32 Ge	33 As	34 Se	35 Br	36 Kr
5	37 Rb	38 Sr	39 Y	40 Zr	41 Nb	42 Mo	43 Tc	44 Ru	45 Rh	46 Pd	47 Ag	48 Cd	49 In	50 Sn	51 Sb	52 Te	53 I	54 Xe
6	55 Cs	56 Ba	*71 Lu	72 Hf	73 Ta	74 W	75 Re	76 Os	77 Ir	78 Pt	79 Au	80 Hg	81 Tl	82 Pb	83 Bi	84 Po	85 At	86 Rn
7	87 Fr	88 Ra	**103 Lr	104 Rf	105 Db	106 Sg	107 Bh	108 Hs	109 Mt	110 Ds	111 Rg	112 Uub	113 Uut	114 Uuq	115 Uup	116 Uuh		

内过渡元素(f区)															
*镧系元素	57 La	58 Ce	59 Pr	60 Nd	61 Pm	62 Sm	63 Eu	64 Gd	65 Tb	66 Dy	67 Ho	68 Er	69 Tm	70 Yb
**锕系元素	89 Ac	90 Th	91 Pa	92 U	93 Np	94 Pu	95 Am	96 Cm	97 Bk	98 Cf	99 Es	100 Fm	101 Md	102 No

① 以往国际上存在着两种惯例：一种是美国化学会(CAS)采用的形式，把第 3 列（钪族）至第 12 列（锌族）划为 B 族，其余为 A 族，这是我国教科书中经常采用的方法。其缺点是把 A 族分为两块，B 族的第ⅠB 族，ⅡB 族排在第ⅧB 族之后，缺乏完整性和连贯性。另一种是以前 IUPAC 建议使用的形式，从第 1 列至第 10 列划为 A 族，其中 8、9、10 列统称为ⅧA 族，第 11 列至第 18 列划为 B 族，这种方法虽然完整性较好，但与电子构型联系不明显。

注：1. 用阿拉伯数字表示的族号，是 1988 年由 IUPAC 建议的；用罗马数字表示的族号，是以前通常采用的，其中第ⅧB 族原称Ⅷ族，第ⅧA 族原称零族。

2. 常见周期表中 f 区元素包括：$_{58}$Ce→$_{71}$Lu，$_{90}$Th→$_{103}$Lr。近期光谱研究表明，f 区元素应从$_{57}$La→$_{70}$Yb，$_{89}$Ac→$_{102}$No。而 71 号 Lu 和 103 号 Lr 的价电子层结构分别是 $4f^{14}5d^{1}6s^{2}$ 和 $5f^{14}6d^{1}7s^{2}$，它们最后一个电子布入的分别是 5d 和 6d 亚层。这与 f 区元素为最后一个电子布入$(n-2)$f 亚层的定义不符，且 f 亚层最多也只能容纳 14 个元素。所以，把$_{71}$Lu、$_{103}$Lr 分别作为 6、7 周期 d 区第一个元素排在第 3(ⅢB)族才合理。

元素所在的族号就等于其外围电子层上的电子的总数（He、镧系、锕系元素除外）。例如，$_{24}Cr$ 的外围电子构型是 $3d^54s^1$，有 6 个电子，所以 Cr 在第 6 族；$_{35}Br$ 的外围电子构型是 $3d^{10}4s^24p^5$，有 17 个电子，所以 Br 在第 17 主族。但对于短周期元素（第 2 周期 B 到 Ne，第 3 周期 Al 到 Ar）的族号应是外围电子层上电子的总数，再加 10。例如，$_8O$ 的外围电子构型是 $2s^22p^4$，有 6 个电子，所以 O 应在第 16 族。

1.4.3 原子的电子层结构与元素的分区

元素周期表可根据元素的外围电子构型分为 s、p、d 和 f 四个区❶。如图 1-10 所示。

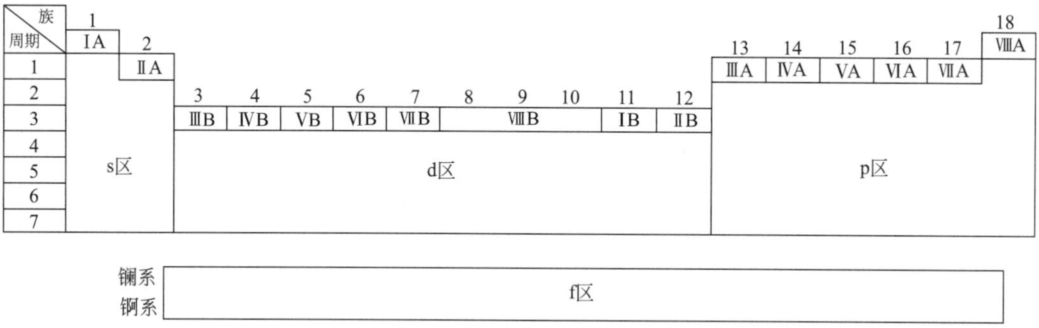

图 1-10 长式周期表元素分区示意图

s 区元素：最后一个电子布入 ns 亚层的元素称为 s 区元素。包括第 1(ⅠA)族和第 2(ⅡA)族元素。

p 区元素：最后一个电子布入 np 亚层的元素称为 p 区元素。包括第 13～18(ⅢA～ⅧA)族元素。除 H、He 的外围电子构型为 $1s^{1\sim2}$ 外。

d 区元素：最后一个电子布入 $(n-1)d$ 亚层的元素称为 d 区元素。包括第 3～12(ⅢB～ⅧB、ⅠB、ⅡB)族元素。

f 区元素：最后一个电子布入 $(n-2)f$ 亚层的元素称为 f 区元素。包括镧系和锕系元素。

各区元素随原子核电荷递增而递增的电子布入的亚层以及外围电子构型的特点列于表 1-6。

表 1-6 元素的分区与外围电子构型

分区	s 区	p 区	d 区	f 区
递增的电子布入的亚层	ns	np	$(n-1)d$	$(n-2)f$
外围电子构型	ns^{1-2}	$ns^2np^{1\sim6}$ 或 $(n-1)d^{10}ns^2np^{1\sim6}$	$(n-1)d^{1\sim10}ns^{0\sim2}$	$(n-2)f^{0\sim14}(n-1)d^{0\sim1}ns^2$

1.5 元素通论

1.5.1 元素性质与元素的原子结构

元素的性质如原子半径、电离能、电子亲和能、电负性等决定于元素的原子结构，当元素原子的核外电子层排布随原子序数递增呈周期性变化时，元素性质也随之呈周期性变化。

1.5.1.1 *原子半径*

由于电子在原子核外的运动是概率分布的，因而没有明显的界限，这样就很难确定原子

❶ 也有人主张分为 s、p、d、ds 和 f 五个区，将 d 区中第 11、12 族划为 ds 区。

的实际大小。但组成物质的原子之间是以化学键的形式结合的，可通过实验测得相邻两原子原子核之间的距离（核间距），所以核间距就被形象地认为是这两个原子的半径之和。通常根据原子之间形成化学键的类型不同，将原子半径分为：共价半径、金属半径和范德华(J. D. Van der Waals)半径。当两相同原子形成共价键时，其核间距的一半就是共价半径；金属晶体中相邻原子的核间距的一半为该金属原子的金属半径；而第 18（ⅧA）族元素（稀有气体）由于是单原子分子，它们只能靠范德华力（即分子间力，参见 2.6 节内容）接近，所测得的半径为范德华半径。表 1-7 列出了周期表中各元素的原子半径。

表 1-7 周期表中各元素的原子半径[①]/pm

H 37																	He 122
Li 152	Be 110											B 88	C 77	N 70	O 66	F 64	Ne 160
Na 186	Mg 160											Al 143	Si 117	P 110	S 104	Cl 99	Ar 191
K 227	Ca 197	Sc 161	Ti 145	V 132	Cr 125	Mn 124	Fe 124	Co 125	Ni 125	Cu 128	Zn 133	Ga 122	Ge 122	As 121	Se 117	Br 114	Kr 198
Rb 248	Sr 215	Y 181	Zr 160	Nb 143	Mo 136	Tc 136	Ru 133	Rh 135	Pd 138	Ag 144	Cd 149	In 163	Sn 141	Sb 141	Te 137	I 133	Xe 217
Cs 265	Ba 217	Lu 173	Hf 159	Ta 143	W 137	Re 137	Os 134	Ir 136	Pt 136	Au 144	Hg 160	Tl 170	Pb 175	Bi 155	Po 153	At	Rn

La 188	Ce 183	Pr 183	Nd 182	Pm 181	Sm 180	Eu 204	Gd 180	Tb 178	Dy 177	Ho 177	Er 176	Tm 175	Yb 194

① 其中金属元素为金属半径，稀有气体为范德华半径，其余元素为共价半径。

随着原子序数的递增，元素的原子半径也呈周期性变化。

同一周期（18 族元素除外）中，随着原子序数的递增，s 区和 p 区元素的原子新增加的电子布入最外电子层上，核对外层电子的吸引力增强，原子半径逐渐减小。d 区元素的新增电子排在次外层$(n-1)$d 轨道上，内层电子对外层电子的排斥（屏蔽）作用较大，削弱了核对外层电子的吸引力，因而原子半径从左到右只是略有减小。而到了第 11(ⅠB)、12(ⅡB)族，由于$(n-1)$d 轨道完全充满，内层电子的排斥作用明显增大，外层电子受核的吸引力明显降低，结果原子半径反而有所增大。

f 区元素，从左到右过渡时，新增电子排在$(n-2)$f 轨道上，外层电子受到的内层电子的排斥作用更强，使原子半径减小的幅度更少。但镧系元素从镧到镱，再到第 3 族的镥，原子半径总共减少了 15pm，镧系元素的这种原子半径缩小的现象称为镧系收缩。镧系收缩的幅度虽然不大，但却使得镧系以后的第 5 周期、第 6 周期同族的过渡元素的原子半径非常接近，如锆和铪（第 4 族）、铌和钽（第 5 族）、钼和钨（第 6 族）。造成锆和铪、铌和钽、钼和钨的性质非常相似，在自然界中常共生在一起，并且难以分离。

同族的 s 区和 p 区元素，从上到下，由于电子层数增加，原子半径呈明显增大的趋势。而同族 d 区元素，原子半径自上而下有所增大，但增大的幅度不大，也不规律。第 5、6 周期的同族元素，由于镧系收缩，它们的原子半径很接近。

1.5.1.2 电离能

气态原子在基态时失去一个电子成为+1 价气态离子所需要的能量称为第一电离能(I_1)。气态+1 价离子再失去一个电子成为气态+2 价离子所需要的能量叫做第二电离能

(I_2)。依次类推，还有 I_3，I_4…对于同一元素的原子各级电离能依次增大，即 $I_1 < I_2 < I_3$…这是因为从正离子中电离出电子远比从中性原子中电离出电子困难得多。例如：

$$Mg(g) - e \longrightarrow Mg^{+}(g) \qquad I_1 = 738kJ \cdot mol^{-1}$$

$$Mg^{+}(g) - e \longrightarrow Mg^{2+}(g) \qquad I_2 = 1450kJ \cdot mol^{-1}$$

$$Mg^{2+}(g) - e \longrightarrow Mg^{3+}(g) \qquad I_3 = 7740kJ \cdot mol^{-1}$$

电离能的大小反映了原子失去电子的难易程度。电离能愈小，电子愈容易失去，元素的金属性愈强。表 1-8 列出了元素的第一电离能。一般书中未标明的电离能数据通常是指第一电离能。

表 1-8 元素的第一电离能/$kJ \cdot mol^{-1}$

H 1312																	He 2373
Li 513	Be 899											B 801	C 1086	N 1402	O 1314	F 1681	Ne 2080
Na 495	Mg 737											Al 577	Si 786	P 1011	S 1000	Cl 1251	Ar 1520
K 419	Ca 589	Sc 631	Ti 658	V 650	Cr 653	Mn 717	Fe 759	Co 758	Ni 737	Cu 745	Zn 906	Ga 579	Ge 762	As 947	Se 941	Br 1139	Kr 1351
Rb 403	Sr 549	Y 616	Zr 660	Nb 664	Mo 685	Tc 702	Ru 711	Rh 720	Pd 805	Ag 731	Cd 868	In 558	Sn 708	Sb 834	Te 869	I 1008	Xe 1170
Cs 375	Ba 502	Lu 523	Hf 680	Ta 761	W 770	Re 760	Os 840	Ir 880	Pt 870	Au 890	Hg 1007	Tl 590	Pb 716	Bi 704	Po 812	At 926	Rn 1036

在同一周期中，从左到右元素的原子半径逐渐减小，核对外层电子的吸引力逐渐增强，元素的电离能呈增大趋势。d 区元素由于电子布入次外层，而内层电子的排斥作用，使得原子半径减小缓慢，核对外层电子的吸引力增加不明显，电离能增加不显著且没有规律。稀有气体由于具有较稳定的电子层结构，在同一周期元素中第一电离能最大。虽然同一周期元素的第一电离能有增大的趋势，但中间仍稍有起伏。如，Be 和 Mg 由于 ns 亚层上的电子已成对，与相邻元素相比，它们的电离能稍大一些。N 和 P 由于 np 亚层上的电子已经半充满，具有较稳定的结构，因而它们的电离能也比相邻元素的电离能稍高一点。

在 s 区、p 区的同族元素中，从上到下电离能减少。这是因为随着电子层数增多，原子半径明显增大，核对外层电子的吸引力减弱的缘故。

值得注意的是，d 区元素原子的轨道能级按照近似能级图是 $(n-1)d > ns$，电子先布入 ns 轨道后布入 $(n-1)$d 轨道。但在原子电离时，则总是先电离出最外层的电子。例如，Fe 的外围电子构型为 $3d^6 4s^2$，电离时先失去 4s 上的两个电子，所以 Fe^{2+} 的外围电子构型是 $3d^6 4s^0$，而不是 $3d^4 4s^2$。原因是基态阳离子的轨道能量与基态原子的轨道能量不同。根据对光谱数据的研究，可归纳出如下经验规律：

基态原子外层电子布入原子轨道的顺序为：$\rightarrow ns \rightarrow (n-2)f \rightarrow (n-1)d \rightarrow np$

价电子电离的顺序：$\rightarrow np \rightarrow ns$

或 $\rightarrow ns \rightarrow (n-1)d$

1.5.1.3 电子亲和能

气态原子在基态时获得一个电子成为 −1 价气态离子所放出的能量称为第一电子亲和能(Y_1)。同样也有第二电子亲和能(Y_2)，但由于 −1 价离子要得到电子，必须克服电子之间的排斥力，因而需要吸收能量。一般在没有特别注明的情况下，指的都是第一电子亲和能。

$$O(g)+e \longrightarrow O^-(g) \qquad Y_1\text{❶}=-141.855\text{kJ} \cdot \text{mol}^{-1}$$

$$O^-(g)+e \longrightarrow O^{2-}(g) \qquad Y_2=+780\text{kJ} \cdot \text{mol}^{-1}$$

表 1-9 列出了部分元素的电子亲和能的数据。由于电子亲和能的测定比较困难，一般常用间接方法计算得到，因此，数据不全且准确度较低。

表 1-9 元素的电子亲和能/kJ·mol^{-1}

H −72.77								He +48.2
Li −59.6	Be +48.2		B −26.7	C −121.9	N +6.75	O −141.0	F −328.0	Ne +115.8
Na −52.9	Mg +38.6		Al −42.5	Si −133.6	P −72.1	S −200.4	Cl −349.0	Ar +96.5
K −48.4	Ca +28.9	…	Ga −28.9	Ge −115.8	As −78.2	Se −195.0	Br −324.7	Kr +96.5
Rb −46.9	Sr +28.9	…	In −28.9	Sn −115.8	Sb −103.2	Te −190.2	I −295.1	Xe +77.2

从表 1-9 可以看出，非金属元素的电子亲和能均为负值（代数值较小），说明非金属元素易得到电子；而金属元素的电子亲和能数值则是代数值较大的，有些甚至是正值，说明金属元素不易得到电子。

电子亲和能的大小反映了元素的原子得电子的难易程度。同周期元素中，从左到右，原子半径逐渐减小，最外层电子数逐渐增多，易再得到电子结合形成 8 电子稳定结构。因此，元素的电子亲和能（代数值）呈逐渐减小的趋势，至卤素达到最小值。氮族元素由于其原子的外围电子构型为 ns^2np^3，是半充满的稳定结构，得电子的能力较弱，电子亲和能的代数值较大。碱土金属的原子半径大，且外围电子构型为 ns^2，稀有气体原子的外围电子构型为稳定的 ns^2np^6 结构，因而，它们都难得到电子，其电子亲和能均为正值（得电子时需吸收能量）。

同族 s 区、p 区的元素中，从上到下的规律性不如同周期变化的规律性明显，但电子亲和能的代数值总的趋势是增大的。而第 16(ⅥA)族 O 元素和第 17(ⅦA)族 F 元素的电子亲和能的代数值均大于同族的 S 元素和 Cl 元素的电子亲和能。这是因为 O 和 F 的原子半径小，电子密度大，电子间的排斥力较大，以致原子在得电子时放出的能量较少。而 S 和 Cl 的原子半径大一些，同层中还有空的 d 轨道可容纳电子，电子间的排斥力小，因而形成负离子时放出的能量较多。

1.5.1.4 电负性

电子亲和能和电离能各自都只从一个侧面反映了原子得失电子的能力。为了全面衡量分子中原子争夺电子的能力，1932 年，鲍林首先提出了元素电负性的概念。元素的电负性是指原子在分子中吸引电子的能力，用 χ 来表示。由于确定电负性数值的方法不同，得到的电负性数值也有差别。目前通常采用的是鲍林的电负性标度❷。表 1-10 列出了鲍林标度的元素电负性数值。

❶ 在化学热力学中，吸收能量取正值，放出能量取负值（见 4.1.1 节）。本书电子亲和能的取值与之相同。但有的书则将放出能量的电子亲和能用正值表示，使用时应注意。

❷ 鲍林以键能为标度电负性的依据，指定 $x(H)=2.1$，通过相关的计算与对比，得出 $x(F)=3.9$。后有人建议 $x(F)=4.0$，则 $x(H)=2.2$。

表 1-10 元素的电负性

H 2.20																
Li 0.98	Be 1.57											B 2.04	C 2.55	N 3.04	O 3.44	F 3.98
Na 0.93	Mg 1.31											Al 1.61	Si 1.90	P 2.19	S 2.58	Cl 3.16
K 0.82	Ca 1.00	Sc 1.36	Ti 1.54	V 1.63	Cr 1.66	Mn 1.55	Fe 1.8	Co 1.88	Ni 1.91	Cu 1.90	Zn 1.65	Ga 1.81	Ge 2.01	As 2.18	Se 2.55	Br 2.96
Rb 0.82	Sr 0.95	Y 1.22	Zr 1.33	Nb 1.60	Mo 2.16	Tc 1.9	Ru 2.28	Rh 2.2	Pd 2.20	Ag 1.93	Cd 1.69	In 1.78	Sn 1.96	Sb 2.05	Te 2.10	I 2.66
Cs 0.79	Ba 0.89	Lu 1.2	Hf 1.3	Ta 1.5	W 2.36	Re 1.9	Os 2.2	Ir 2.2	Pt 2.28	Au 2.54	Hg 2.00	Tl 2.04	Pb 2.33	Bi 2.02	Po 2.0	At 2.2

从表 1-10 可以看出，元素的电负性也是呈周期性变化的。同一周期元素从左到右，随着原子序数递增，电负性递增；同一族元素中，从上到下，s 区和 p 区元素的电负性随电子层数增多，原子半径增大，电负性递减。d 区元素的电负性变化的规律不明显。

元素电负性的大小可以衡量元素金属性和非金属性的强弱。通常，金属元素的电负性小于 2.0，非金属元素的电负性大于 2.0。

1.5.1.5 氧化态

为了说明化合物中某一元素的原子与其他元素原子化合的能力，可用氧化态来表征。氧化态（有关氧化态的详述，参见 6.1.1 节）定义为：当分子中原子之间的共用电子对被指定属于电负性较大的原子后，各原子所带的形式电荷数就是氧化态。

元素原子参加化学反应时，通常通过得失电子或共用电子等方式达到最外电子层为 2、8 或 18 个电子的较稳定结构。在化学反应中参与形成化学键的电子称为价电子。价电子所在的亚层统称为价层。原子的价电子层结构是指价层的电子排布式，它能反映出该元素原子的电子层结构的特征。但价层上的电子并不一定都是价电子，例如，$_{29}Cu$ 的价电子层结构为 $3d^{10}4s^1$，其中 10 个 3d 电子并不都是价电子。有时价电子层结构的表示形式会与外围电子构型不同，例如，$_{35}Br$ 的价电子层结构为 $4s^2 4p^5$，而其外围电子构型为 $3d^{10}4s^2 4p^5$。

价电子的数目取决于原子的外围电子构型。对于 s 区、p 区元素来说，外围电子构型为 $ns^{1\sim2}$、$ns^2np^{1\sim6}$ [或$(n-1)d^{10}ns^2np^{1\sim6}$]，它们最外层电子是价电子，其最高氧化态等于最外层 ns 和 np 亚层上电子数的总和（O 和 F 元素除外）。

对于 d 区元素，外围电子构型为 $(n-1)d^{1\sim10}ns^{1\sim2}$，未充满的次外层 d 电子也可能是价电子，它们的最高氧化态等于 $(n-1)$d 电子 [已达到 $(n-1)d^{7\sim10}$除外] 与 ns 电子数目之和。

表 1-11 列出了 d 区元素可能的最高氧化态。

表 1-11 d 区元素可能的最高氧化态

族号	3(ⅢB)	4(ⅣB)	5(ⅤB)	6(ⅥB)	7(ⅦB)
价电子构型	$(n-1)d^1ns^2$	$(n-1)d^2ns^2$	$(n-1)d^3ns^2$	$(n-1)d^5ns^1$	$(n-1)d^5ns^2$
最高氧化态	+3	+4	+5	+6	+7
族号	8(ⅧB)	9(ⅧB)	10(ⅧB)	11(ⅠB)	12(ⅡB)
价电子构型	$(n-1)d^6ns^2$	$(n-1)d^7ns^2$	$(n-1)d^8ns^2$	$(n-1)d^{10}ns^1$	$(n-1)d^{10}ns^2$
最高氧化态	+8	+6	+4	+3	+2

1.5.2 元素的存在及形式

到目前为止，已发现的化学元素有112种，其中92种为天然元素，但由于锝和钷两元素没有稳定的同位素，因此在自然界中实际存在的只有90种。地球上这些元素以游离态或化合态的形式存在于大气、水体、生物体、地壳及地球的内部（地幔、地核）。

地球被由混合气体组成的大气所包围。大气的组成通常用体积分数（或质量分数）来表示，洁净大气的平均组成列于表1-12中。

表1-12 大气的平均组成（未计入水蒸气）

气体	体积分数/%	质量分数/%	气体	体积分数/%	质量分数/%
N_2	78.09	75.51	CH_4	2.2×10^{-4}	1.2×10^{-4}
O_2	20.95	23.15	Kr	1.1×10^{-4}	2.9×10^{-4}
Ar	9.34×10^{-1}	1.28	N_2O	1×10^{-3}	1.5×10^{-4}
CO_2	3.14×10^{-2}	0.046	H_2	5×10^{-4}	3×10^{-5}
Ne	1.82×10^{-3}	1.25×10^{-3}	Xe	8.7×10^{-6}	3.6×10^{-5}
He	5.2×10^{-4}	7.2×10^{-5}	O_3	1×10^{-6}	3.6×10^{-5}

地球大气的主要成分是游离态的N_2、O_2以及稀有气体，它们占整个大气组分的99.97%，而且主要集中在自地表至90km的范围内。

地球表面的70%被海洋所覆盖，海水是地球水的主体，其中溶解了大量的固体和气体物质。海水的化学组成及存在形式列于表1-13中。

表1-13 海水的化学组成

元素	质量分数/%	元素的存在形式	元素	质量分数/%	元素的存在形式
O	85.7	H_2O,O_2,SO_4^{2-}	K	3.9×10^{-2}	K^+
H	10.8	H_2O	Br	6.6×10^{-3}	Br^-
Cl	1.9	Cl^-	C	2.8×10^{-3}	HCO_3^-,H_2CO_3,CO_3^{2-}
Na	1.04	Na^+	Sr	8×10^{-4}	Sr^{2+},$SrSO_4$
Mg	0.13	Mg^{2+},$MgSO_4$	B	4.6×10^{-4}	$B(OH)_3$,$B(OH)_2O^-$
S	8.9×10^{-2}	SO_4^{2-}	Si	3×10^{-4}	$Si(OH)_4$,$Si(OH)_3O^-$
Ca	4×10^{-2}	Ca^{2+},$CaSO_4$	F	1.3×10^{-4}	F^-

海水中除了含有丰富的Cl^-、Na^+、Mg^{2+}、SO_4^{2-}、Ca^{2+}和K^+外，还含有微量的Zn、Cu、Mn、Ag、Au、Ra等数十种元素，它们多以无机盐的形式存在于海水中，或沉积在海底。

目前已发现在生命体中存在60～70种元素，其中大部分为金属元素。对6000多种动植物体进行分析，得到地球生命物质的平均成分，列于表1-14中。

表1-14 地球生命物质的平均成分

元素	质量分数/%	元素	质量分数/%	元素	质量分数/%
O	70.0	Si	0.2	Ba	3×10^{-2}
C	18.0	P	7×10^{-2}	Cl	2×10^{-2}
H	10.5	S	5×10^{-2}	Br	2×10^{-2}
Ca	0.5	Na	5×10^{-2}	Mn	1×10^{-2}
K	0.3	Al	5×10^{-2}	B	1×10^{-2}
N	0.3	Mg	4×10^{-2}	Fe	1×10^{-2}

在人体中有 12 种必需的宏量元素：O、C、H、N、Ca、P、S、K、Na、Cl、Mg、Si；13 种微量元素：Fe、F、Zn、Cu、Br、V、Mn、I、Cr、Se、Sn、Mo、Co。宏量元素占人体总重的 99.95%以上。

地壳约为地球总重的 0.7%，元素在地壳中的含量用质量分数或原子分数表示，称为丰度。表 1-15 列出了地壳中含量最多的十种元素的丰度。这十种元素占了地壳总质量的 99.2%。地壳中元素的丰度随原子序数增加呈现减少的趋势。相邻元素中，原子序数为偶数的元素丰度较大，奇数的元素丰度较小。

表 1-15　地壳中主要元素的丰度

元素	质量分数/%	元素	质量分数/%
O	48.6	Na	2.74
Si	26.3	K	2.47
Al	7.73	Mg	2.00
Fe	4.75	H	0.76
Ca	3.45	Ti	0.42

分布在地壳中的很多元素都能形成化学组成确定的矿物，按化学组成的不同，一般分为自然元素、卤化物、硫化物、氧化物、含氧酸盐五大类。表 1-16 列出了地球上常见元素的存在形式。

表 1-16　地球上常见元素的存在形式

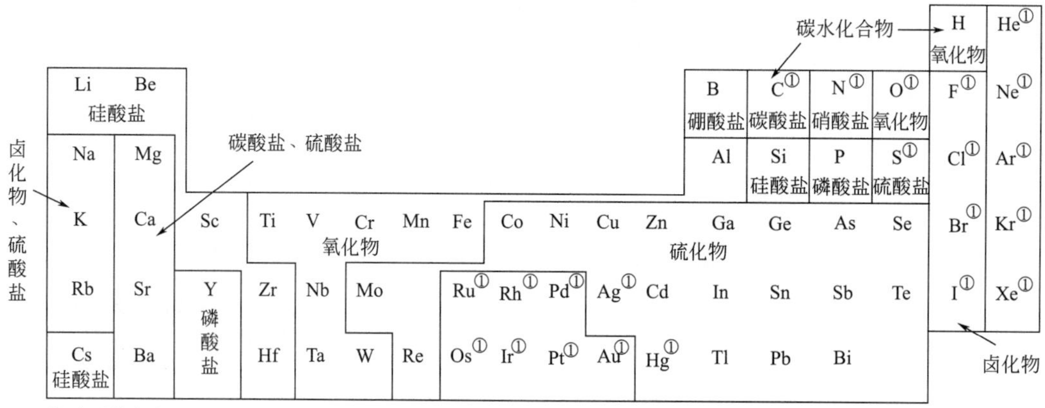

① 表示游离态。

活泼性较差的元素可以游离态的形式存在，如自然硫、石墨、金刚石等非金属元素，及自然金、银、铜、汞、铂系金属等金属元素。碱金属、碱土金属、铝、铁、银、汞等金属可与卤族元素形成卤化物矿。锡、铅、锑、铋等 p 区元素和钒、钼、铁、镍、铜、银、锌、汞等 d 区元素可形成硫化物矿。铝、硅、锡、砷、锑、铋等 p 区元素钛、锆、锰、铁等 d 区元素和钍、铀等 f 区元素则可独立形成氧化物矿。硼、碳、硅、氮、磷、硫、碘等 p 区元素和钒、铌、铬、钼、钨等 d 区元素能够形成相应的含氧酸盐矿。

思　考　题

1. 玻尔理论有哪几点主要假设？它说明了什么问题？此理论有什么缺点？
2. 量子力学怎样描述电子在原子中的运动状态？一个原子轨道要用哪几个量子数来描述？
3. 下列概念有何异同？

① 基态和激发态；

② 电子云和原子轨道；

③ 概率密度和电子云；

④ 波函数 ψ 和 $|\psi|^2$；

⑤ 波函数和原子轨道；

⑥ $|\psi|^2$ 和电子云。

4. 如何理解原子核外电子运动无固定轨道可循？

5. 下列说法是否正确，为什么？

① 电子云图中黑点越密的地方电子越多；

② p 轨道的角度分布为“8”字形，表明电子沿“8”字形轨道运动；

③ 磁量子数为零的轨道，都是 s 轨道；

④ 一个原子不可能存在两个运动状态完全相同的电子；

⑤ 若一个原子的主量子数为 3，则它处于基态时只有 s 电子和 p 电子。

6. 说明四个量子数的物理意义和取值要求，并说明 n、l_i、m_i 之间的关系。描述一个原子轨道要用哪几个量子数？

7. 原子轨道的角度分布图和电子云的角度分布图有何异同？

8. 量子数 $n=4$，$s_i=+\frac{1}{2}$时，可允许的电子数最多是多少？

9. 鲍林的原子轨道近似能级图与科顿的原子轨道能级图有什么不同？

10. 碳原子的外围电子构型为什么是 $2s^2sp^2$，而不是 $2s^12p^3$？为什么碳原子的两个 2p 电子是成单而不是成对的？

11. 在 3s、$3p_x$、$3p_y$、$3p_z$、$3d_{xy}$、$3d_{xz}$、$3d_{yz}$、$3d_{x^2-y^2}$、$3d_{z^2}$ 轨道中：

① 对于氢原子，哪些是等价轨道？

② 对于多电子原子，哪些是等价轨道？

12. 试说明原子序数为 13、17、27 的各元素中 4s 和 3d 能级的能量哪一个更高？

13. 为什么铜原子的外围电子构型是 $3d^{10}4s^1$，而不是 $3d^94s^2$？

14. 为什么周期表中 1～4 周期的元素数目，分别是 2、8、8、18，而根据 $2n^2$ 计算每层电子最大容量为 2、8、18、32？

15. s 区、p 区、d 区和 f 区元素的原子结构有何特征？

16. 由下列元素在周期表中的位置，给出元素的名称、元素符号及价电子层结构。

① 第三个稀有气体；

② 第 4 周期的第 6 个过渡元素；

③ 电负性最大的元素；

④ 4p 轨道半充满的元素；

⑤ 4f 轨道填 4 个电子的元素。

17. 试根据原子结构理论预测，第 8 周期将有多少种元素？

18. 什么是镧系收缩？镧系收缩对原子半径有何影响？

19. 什么是元素的电离能和电子亲和能？其数值大小与元素的金属性、非金属性之间有何联系？

20. 比较大小并简要说明原因。

① 第一电离能：O 与 N，Cd 与 In，Cr 与 W；

② 第一电子亲和能：C 与 N，S 与 P。

21. 何谓电负性？电负性大小说明元素什么性质？

22. Cl 和 Mn 的价电子数均为 7，它们的最高氧化态也均为+7，但 Cl 是非金属元素，而 Mn 却是金属元素，试从原子结构加以解释。

习　题

1. 写出下列各组中缺少的量子数：

① $n=?$　$l_i=2$　$m_i=0$　$s_i=+\frac{1}{2}$

② $n=2$　$l_i=?$　$m_i=-1$　$s_i=-\frac{1}{2}$

③ $n=4$　$l_i=2$　$m_i=0$　$s_i=?$

④ $n=3$　$l_i=1$　$m_i=?$　$s_i=-\frac{1}{2}$

2. 下列各组量子数哪些是不合理的，为什么？

① $n=2$　$l_i=1$　$m_i=0$

② $n=3$　$l_i=2$　$m_i=-1$

③ $n=3$　$l_i=0$　$m_i=0$

④ $n=3$　$l_i=1$　$m_i=+1$

⑤ $n=2$　$l_i=0$　$m_i=-1$

⑥ $n=2$　$l_i=3$　$m_i=+2$

3. 多电子原子中，当量子数 $n=4$ 时，有几个能级？各能级有几个轨道？最多能容纳多少个电子？

4. 写出具有电子构型为 $1s^2 2s^2 2p^3$ 的原子中各电子的全套量子数。

5. 指出与下列各种亚层相对应的主量子数（n）及轨道角动量量子（l_i）的数值，并说明每一亚层所包含的轨道数是多少。

3p　　4f　　5d　　6s

6. 硫原子中的一个 p 轨道电子可用以下任何一套量子数描述：

① 3，1，0，$+\frac{1}{2}$；　② 3，1，0，$-\frac{1}{2}$；③ 3，1，1，$+\frac{1}{2}$；

④ 3，1，1，$-\frac{1}{2}$；　⑤ 3，1，−1，$+\frac{1}{2}$；　⑥ 3，1，−1，$-\frac{1}{2}$。

若同时描述硫原子的 4 个 p 轨道电子，可以采用哪四套量子数？

7. 某元素在 $n=5$ 的电子层上有 7 个 d 电子，试推测该元素的原子序数，并指出在 5d 轨道上成单电子的数目。

8. 写出原子序数分别为 13、19、27、33 元素的原子的电子排布式，并指出它们各属于哪一区、哪一族、哪一周期？

9. 从下列原子的价电子层结构，推断元素的原子序数，指出它在周期表中所处的区、族和周期以及最高氧化态。

$4s^2$　　$3d^2 4s^2$　　$4s^2 4p^3$

10. 具有下列电子构型的元素位于周期表哪一区？是金属还是非金属？

ns^2　　$ns^2 np^6$　　$(n-1)d^5 ns^2$　　$(n-1)d^{10} ns^1$

11. 已知元素 A 的原子，电子最后布入 3d 轨道，最高氧化态为+4；元素 B 的原子，电子最后布入 4p 轨道，最高氧化态为+5。回答下列问题：

① 写出 A、B 两元素原子的电子排布式；

② 根据电子排布，指出它们在周期表中的位置（周期、族、区）。

12. 写出下列离子的电子排布式：

S^{2-}　I^-　K^+　Ag^+　Pb^{2+}　Mn^{2+}　Co^{2+}

13. 原子核外出现第一个 $l_i=3$ 的电子的元素原子序数是多少？

14. 某元素最高氧化态为+6，最外层电子数为 1，原子半径为同族中最小的，试写出：

① 原子的电子排布式；

② 原子的价电子层结构；

③ +3 价离子的价电子层结构。

15. 满足下列条件之一的各是什么元素？

① 某元素+2 价阳离子和氟的电子构型相同；

② 某元素+3 价阳离子和氟的−1 价阴离子的电子构型相同；

③ 某元素+2 价阳离子的 3d 轨道为半充满。

16. 与稀有气体 Kr 处在同一周期的某元素原子失去 3 个电子后，在轨道角动量量子数为 2 的轨道上的电子恰好半充满。试推测该元素的原子序数，指出元素的名称，并写出该元素原子的核外电子排布式。

17. 现有一金属元素，它有 4 个电子层并有 6 个单电子，试推出它的元素符号及在周期表中的位置，并写出该元素的价电子层结构。

18. 若元素最外层仅有一个电子 $(4, 0, 0, +\frac{1}{2})$，试问：

① 符合上述条件的元素有几种？原子序数各为多少？

② 写出相应元素原子的电子排布式，并指出其在元素周期表中所处的位置。

19. 下表列出的是元素原子核外电子排布的结果，指出各电子层的电子数是否有误，并说明原因。

元素的原子序数	K	L	M	N	O	P
19	2	8	9			
22	2	10	8	2		
30	2	8	18	2		
33	2	8	20	3		
60	2	8	18	18	12	2

20. 现有第 4 周期的 A、B、C 三种元素，其价电子数依次为 1、2、7，其原子序数按 A、B、C 顺序增大。已知 A、B 次外层电子数为 8，而 C 的次外层电子数为 18。根据这些条件判断：

① 哪些是金属元素？

② C 与 A 的简单离子是什么？

③ 哪一元素的氢氧化物的碱性最强？

④ B 与 C 两元素能形成何种化合物？试写出化学式。

21. 已知 A、B、C、D 四种元素，其中 A 为第 4 周期元素，它与 D 元素能形成原子比为 1∶1 化合物。B 为第 4 周期 d 区元素，其最高氧化态为+7。C 与 B 同周期，并具有相同的最高氧化态。D 为所有元素中电负性最大的元素。

① 试填充下表

元素	元素符号	价电子层结构	周期	族	区	金属或非金属
A						
B						
C						
D						

② 推测 A、B、C、D 四种元素电负性的高低。

22. 某一周期（其稀有气体原子的最外层电子构型为 $4s^2 4p^6$）中有 A、B、C、D 四种元素，已知它们的最外电子层上的电子数分别为 2、2、1、7；A、C 的次外层上的电子数为 8，B、D 次外层上的电子数为 18。问 A、B、C、D 是哪几个元素？

23. A、B、C 三种元素的原子最后一个电子填充在相同的能级组的轨道上，B 的核电荷数比 A 大 9 个单位，C 的质子数比 B 多 7 个；1mol 的 A 单质同酸反应置换出 1g H_2，同时转化为具有氩原子的电子层结构的离子。判断 A、B、C 各为何种元素，A、B 与 C 反应时生成的化合物的分子式。

24. 利用元素的电子层结构解释：为什么从 Ca 到 Ga 原子半径减小的程度比从 Mg 到 Al 的大？

25. Be 原子的第一、二、三各级电离能（$I_1 \sim I_3$）分别为 899kJ・mol^{-1}、1757kJ・mol^{-1}、1.484×10^4 kJ・mol^{-1}。解释各级电离能逐渐最大并有突跃的原因。

26. 为什么第二周期中 N 的第一电离能比它前后相邻的 C 和 O 的都要大？

27. 试推断 116 号元素：

① 钠盐的化学式；

② 简单氢化物的化学式；

③ 最高氧化态的氧化物的化学式；

④ 该元素是金属还是非金属。

2 分子结构

分子由原子组成，化学键是组成分子的原子之间一种较强的相互作用力，根据作用力的不同，化学键可分为：离子键、共价键和金属键。此外，分子与分子之间还存在着较弱的作用力，即分子间力。分子间力的强度虽然小于化学键，但它对物质的物理性质起着关键性的作用。

2.1 化学键的发展史

1916 年，德国科学家柯塞尔（W. Kossel）从稀有气体性质与结构比较稳定的事实出发，首先提出了离子键模型。他认为稀有气体的化学性质之所以稳定，是由于它们的原子外层具有 8 电子的稳定结构。不同原子在化合成分子时，为了达到稳定的稀有气体结构，首先通过原子间得、失电子分别形成负、正离子，两者再由静电引力（离子键）相互吸引形成分子（离子型化合物）。

柯塞尔的离子键理论能够较好地解释活泼的金属原子和活泼的非金属原子形成分子时的情况，例如，NaCl 分子的形成：

$$\mathrm{Na}\cdot+{}^{\times}\overset{\times\times}{\underset{\times\times}{\mathrm{Cl}}}{}^{\times}_{\times}\longrightarrow \mathrm{Na}^{+}+{}^{\times}_{\times}\overset{\times\times}{\underset{\times\times}{\mathrm{Cl}}}{}^{\times}_{\times}{}^{-}$$

但对解释 H_2、O_2、N_2 等由相同原子组成的分子的形成时则无能为力。就在柯塞尔提出离子键的同一年，美国化学家路易斯（G. N. Lewis）提出了类似的化学键理论，他认为元素的原子不仅可以通过得失电子，还可以通过共享电子对的方式来形成稳定的稀有气体的结构（即八隅体规则）。这种以共用电子对的方式形成的化学键，就称为共价键。例如，HCl 分子的形成：

$$\mathrm{H}\cdot+{}^{\times}\overset{\times\times}{\underset{\times\times}{\mathrm{Cl}}}{}^{\times}_{\times}\longrightarrow \mathrm{H}{}^{\times}_{\times}\overset{\times\times}{\underset{\times\times}{\mathrm{Cl}}}{}^{\times}_{\times}$$

路易斯的共价键理论虽然提出了共价键的概念，对分子结构的认识前进了一步。但是它只能解释一些简单共价分子的形成，不能解释有些能稳定存在的非八隅体分子，如 BF_3（B 的外围有 6 个电子）、PCl_5（P 的外围有 10 个电子）。而且对某些分子的特性也难以做出解释。例如，根据八隅体规则，SO_2 的结构式为 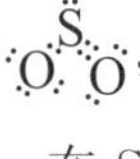，其中 S 原子与一个 O 原子以单键结合，与另一个 O 原子应以双键结合，但事实上，在 SO_2 分子中两个 S—O 键是完全等同的。又如 NO、NO_2 分子中都存在单电子，应该是不稳定的，但这两种物质都是可以稳定存在的氮氧化合物。此外，路易斯的共价键理论也不能说明共价键的本质和分子的几何构型。

1927 年，德国物理学家海特勒（W. Heitler）和伦敦（F. London）用量子力学处理 H_2 分子，提出了价键理论（VB 法），从而奠定了现代共价键理论的基础，阐明了共价键的本质。1931 年鲍林又提出了杂化轨道理论，对分子的几何构型作出了解释。1932 年美国化学家密立根（R. S. Mulliken）和德国化学家洪德（F. Hund）从另一角度提出了分子轨道理论（MO 法），即着眼于分子的整体，讨论电子在分子内部的运动状态，成功地解释了许多分子的性质及反应性能等问题。

2.2 价键理论

2.2.1 共价键的形成

以 H_2 的形成为例，当两个 H 原子相互靠近欲形成 H_2 分子时，有两种情况：

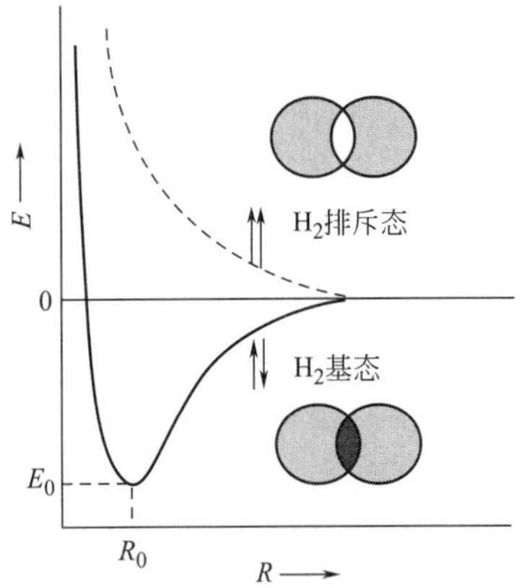

图 2-1 H_2 能量曲线

① 若两 H 原子所带的电子自旋方向相反，两原子核间的电子概率密度增大，当核间距（两原子核之间的距离）达到平衡距离（R_0）时，核间的电子概率密度最大，核对电子的吸引力最强，因而形成了稳定的 H_2 分子，这种状态称为吸引态（基态）。如图 2-1 所示。

② 若两 H 原子所带的电子自旋方向相同，原子核间的电子概率密度减小，系统的能量升高，不能形成稳定的 H_2 分子，这种状态称为排斥态（激发态）。如图 2-1 所示。

氢原子的玻尔半径是 $a_0=52.9$pm，而实际测得的 H_2 分子的核间距 74pm<(52.9×2)pm，说明在形成 H_2 分子时，两 H 原子的原子轨道发生了重叠，即原子轨道重叠是共价键形成的本质。

2.2.2 价键理论的要点

1930 年，鲍林和斯莱特（J. C. Slater）等把海特勒-伦敦用量子力学处理 H_2 分子的结果推广到其他分子体系，从而发展和建立了价键理论。其要点如下：

① 成键两原子相互靠近时，只有自旋反向的电子可以配对形成共价键。

② 两原子在形成共价键时，只有能量相近、而且同号的原子轨道才能发生有效重叠，重叠的程度越大，形成的共价键越稳定（最大重叠原理），即成键三原则。

所谓同号的原子轨道重叠是指重叠时原子轨道的“+”与“+”、“−”与“−”重叠，此为有效重叠。而“+”与“−”的重叠则是无效重叠。由于 p、d、f 原子轨道都有一定的方向性，因而它们必须沿着一定的方向进行有效重叠。如图 2-2 所示。其中的零重叠亦为无效重叠。

2.2.3 共价键的特征

由于在形成共价键时，成键原子之间需要共用未成对电子，一个原子有几个未成对电子，就只能和几个自旋方向相反的电子配对成键，即原子形成共价键的数目是有限的。所以共价键具有饱和性。

成键原子的原子轨道进行重叠时，在满足有效重叠的基础上，为使系统能量降至最低，还应尽可能沿着重叠程度最大的方向进行重叠，这就使得共价键具有一定的方向性。

2.2.4 共价键的类型

按形成共价键时，原子轨道重叠的方式不同，共价键有 σ 键和 π 键两种类型。

2.2.4.1 σ 键

当两成键原子沿着键轴（连接两原子核的直线）方向靠近，如果原子轨道采取“头碰头”的形式进行重叠，形成的共价键称为 σ 键。σ 键原子轨道的重叠部分沿键轴方向旋转任何角度，轨道的形状、大小、符号均不变。若以 x 轴为键轴，s-s、s-p_x、p_x-p_x 的重叠形成 σ 键。如图 2-2(a)、(b)、(c) 所示。σ 键的电子云密集在键轴处。如图 2-3(a) 所示。

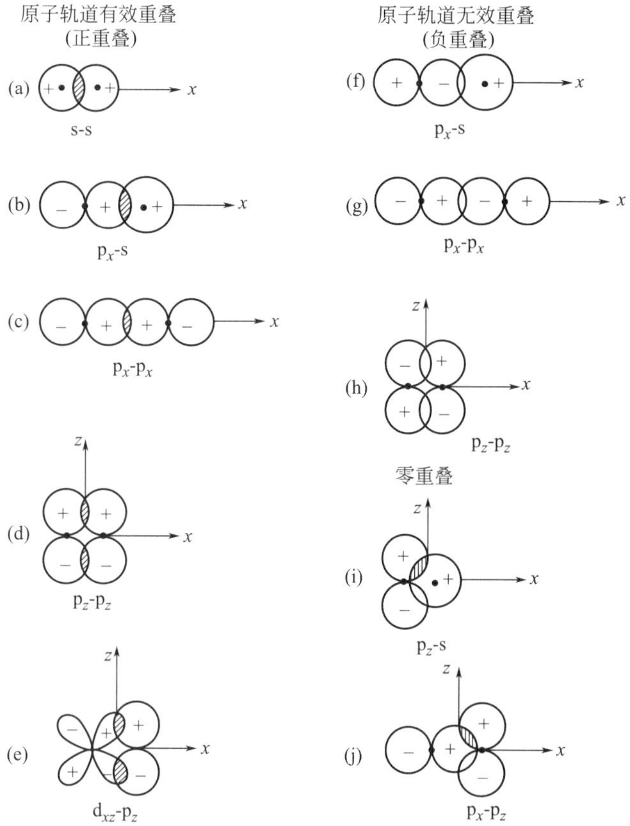

图 2-2 原子轨道重叠的几种方式

（图中 · 为核所在的位置）

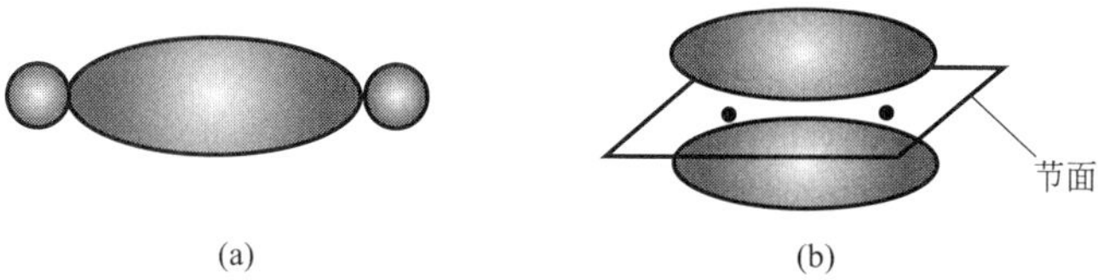

图 2-3 σ 键和 π 键电子云分布示意图

2.2.4.2 π 键

当两成键原子沿着键轴方向靠近，其原子轨道采取“肩并肩”的形式重叠，形成的共价键称为 π 键。π 键原子轨道的重叠部分对等地分布在包括键轴在内的平面（节面）的上、下两侧，形状、大小相同，符号相反。若以 x 轴为键轴，p_z-p_z、d_{xz}-p_z 的重叠可形成 π 键。如图 2-2(d)、(e) 所示。π 键的电子云密集在节面的上、下两侧，而节面上电子的概率密度为零。如图 2-3(b) 所示。

通常“头碰头”重叠的程度比“肩并肩”重叠要大，所以 σ 键比 π 键更稳定。

一般共价单键是一个 σ 键；双键是一个 σ 键和一个 π 键；三键是一个 σ 键和两个 π 键。例如，N_2 分子，N 的价电子层结构为 $2s^2 2p^3$，有三个未成对的 p 电子（$2p_x^1$、$2p_y^1$、$2p_z^1$），当两个 N 原子沿键轴（x 轴）靠近时，形成 $\sigma(p_x$-$p_x)$、$\pi(p_y$-$p_y)$ 和 $\pi(p_z$-$p_z)$ 三个共价键，如图 2-4 所示。

2.2.5 键参数

键参数是用以表征化学键性质的物理量。常见的键参数有键能、键长和键角。利用键参数可以判断分子的几何构型及热稳定性等。

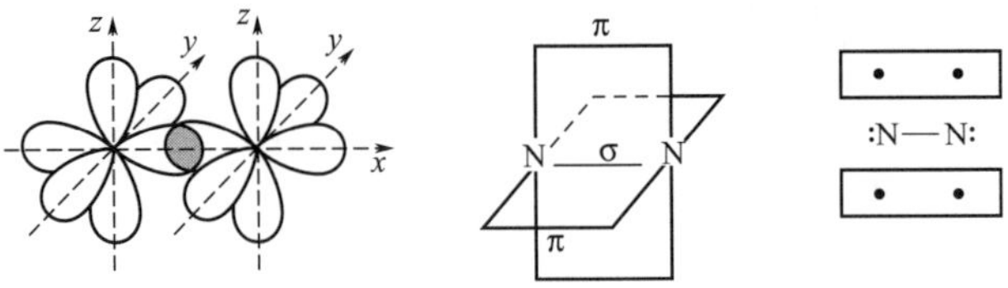

图 2-4 N_2 分子中的三键示意图

2.2.5.1 键能 (E_B)

键能是衡量化学键强弱的物理量，它表示拆开一个键或形成一个键的难易程度。键能 E_B 的定义为：在 298.15K 和 100kPa 的条件下，拆开 1mol 键所需要的能量，单位是 $kJ \cdot mol^{-1}$。键能愈大，表明共价键愈牢固，由该化学键形成的分子也就愈稳定。

对双原子来说，在上述温度、压力的条件下，将 1mol 理想气体拆开为理想气态原子所需的能量称为离解焓 $\Delta_D H_m^{\ominus}$❶，也就是键能 E_B。例如：

$$H_2(g) \longrightarrow 2H(g) \qquad E_B(H—H)=\Delta_D H_m^{\ominus}=436kJ \cdot mol^{-1}$$

对于多原子分子来说，将气态分子拆开为气态原子，要经过多次离解，每一次离解都有一个离解焓，此时的键能就不再等于离解焓，而是等于离解焓的平均值。如 H_2O 分子有两个等价的 O—H 键，由光谱实验得知，由于离解的先后次序不同，O—H 键的离解焓是有差别的。

$$H_2O \longrightarrow H(g)+OH(g) \qquad \Delta_D H_m^{\ominus}(1)=501.9kJ \cdot mol^{-1}$$

$$+) \quad OH \longrightarrow H(g)+O(g) \qquad \Delta_D H_m^{\ominus}(2)=423.4kJ \cdot mol^{-1}$$

$$H_2O \longrightarrow 2H(g)+O(g) \qquad \Delta_D H_m^{\ominus}=\Delta_D H_m^{\ominus}(1)+\Delta_D H_m^{\ominus}(2)$$

$\Delta_D H_m^{\ominus}$为 $H_2O(g)$离解为 H(g)和 O(g)的总离解焓。此时 O—H 键的键能为：

$$E_B(O—H)=\frac{\Delta_D H_m^{\ominus}}{2}=\frac{501.9+423.4}{2}=462.7kJ \cdot mol^{-1}$$

表 2-1 列出了一些常见共价键的平均键能。

由相同的原子形成的共价键的键能有：E_B(单键)<E_B(双键)<E_B(三键)。而且，E_B(单键)$\neq \frac{1}{2}E_B$(双键)$\neq \frac{1}{3}E_B$(三键)。

例如，$E_B(C—C)=356kJ \cdot mol^{-1}$；$E_B(C═C)=598kJ \cdot mol^{-1}$；$E_B(C≡C)=813kJ \cdot mol^{-1}$。

2.2.5.2 键长 (l) 和键角 (θ)

分子中两成键原子间作用力达到平衡时，原子核间的平均距离称为键长。键和键之间的夹角称为键角 (θ)。键角和键长是表征分子几何构型的重要参数。键长和键角的数据可通过分子光谱、X 射线衍射等实验测得。常见共价键的键长可见表 2-1。表 2-2 列出了一些分子的键长、键角和分子的几何构型。

在不同的分子中，两原子间形成相同类型的化学键时，其键长是基本相同的。相同原子形成的共价键的键长，单键>双键>三键，如表 2-1 中的 C—C、C═C、C≡C 的键长。通常键长越短，键能越大，如表 2-1 中的 F—H、Cl—H、Br—H、I—H。

对于双原子分子，分子的几何构型总是直线形；对于多原子分子，分子的几个构型则要根据原子在空间的排列情况而定。

---

❶ 严格来讲应为键焓 $\Delta_B H_m^{\ominus}$，焓的定义见第 4 章。

表 2-1 一些常见共价键的键能和键长

键	键长/pm	键能/kJ·mol^{-1}	键	键长/pm	键能/kJ·mol^{-1}
H—H	74	436	C—H	109	412
O—O	146	146	N—H	101	388
S—S	205	264	O—H	96	463
F—F	144	155	F—H	92	565
Cl—Cl	199	242	B—H	123	293
Br—Br	228	193	Si—H	152	318
I—I	267	151	S—H	136	338
C—F	127	484	P—H	143	322
B—F	126	548	Cl—H	127	431
I—F	191	191	Br—H	141	366
C—N	147	305	I—H	160	299
C—C	154	348	N—N	146	163
C═C	134	612	N═N	125	409
C≡C	120	837	N≡N	110	946

表 2-2 一些分子的键长、键角和分子的几何构型

分子式	键长(实验值)/pm	键角(实验值)	分子几何构型	
H_2O	96	104.5°	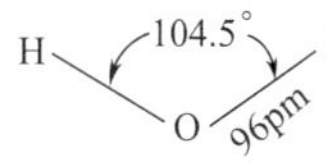	V形
CO_2	116	180°	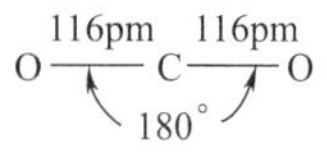	直线形
NH_3	101	107.3°	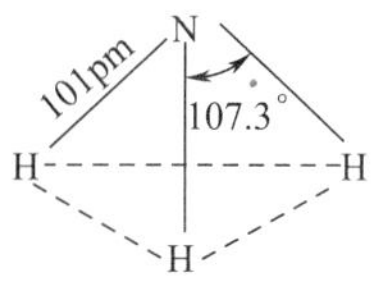	三角锥形
CH_4	109	109.5°	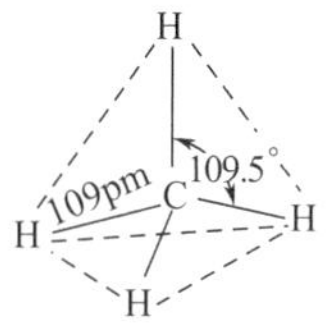	四面体形

2.3 杂化轨道理论与分子的几何构型

2.3.1 杂化轨道理论的要点

价键理论较好地解释了双原子分子的共价键的形成，但是却无法解释多原子分子的几何构型，例如，$BeCl_2$、BCl_3、CH_4，它们的几何构型如图 2-5 所示。其中，Be、B、C 原子都利用了 s 电子和 p 电子形成共价键，每个分子中各键的键长均是相等的。根据 p 轨道的方向性，分子中应出现 90°的键角，而上述分子的键角却均大于 90°。而且根据价键理论，CH_4

分子中，C原子只有两个未成对电子，应该只能形成两个共价键，但事实上 CH_4 分子中存在四个共价键。

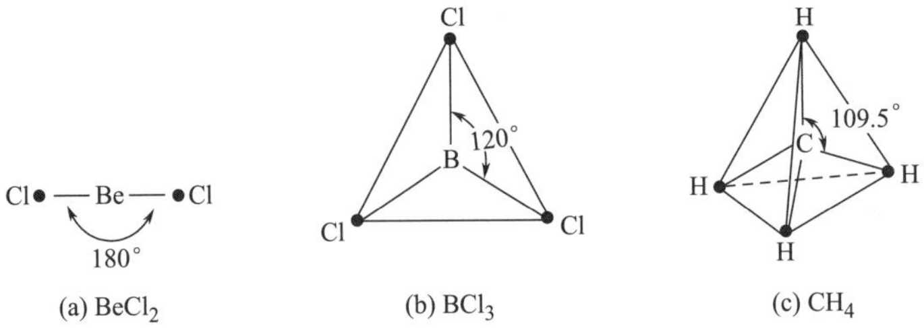

图 2-5　$BeCl_2$、BCl_3、CH_4 的几何构型

为了解释这些现象，1931年鲍林在价键理论的基础上，根据电子的波动性和波的叠加原理提出了杂化轨道理论。其要点如下：

① 一个原子和周围原子成键时，其价层的若干个能量相近的不同类型的原子轨道（s、p、d）经过叠加，重新分配能量和调整伸展方向，组合成新的利于成键的轨道，这个过程称为原子轨道的杂化，简称为杂化，形成的新轨道称为杂化轨道。

② 有几个原子轨道进行杂化，就形成几个新的杂化轨道。

③ 杂化轨道比原来未杂化的原子轨道具有更强的成键能力，形成的化学键更牢固，生成的分子更稳定。

由 s 和 p 轨道组合形成杂化轨道的过程称为 s-p 杂化，最常见的 s-p 杂化类型有：sp、sp^2 和 sp^3，相对应的杂化轨道为 sp、sp^2 和 sp^3 杂化轨道，下面分别加以介绍。

2.3.2　s 和 p 原子轨道的杂化

2.3.2.1　sp 杂化

原子在形成分子时，由同一原子的一个 ns 轨道与一个 np 轨道进行杂化的过程叫做 sp 杂化。可形成两个 sp 杂化轨道。sp 杂化轨道的形成过程见图 2-6。

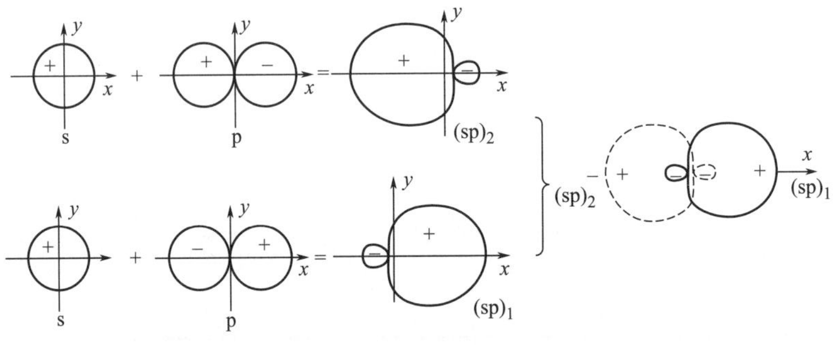

图 2-6　sp 杂化轨道形成示意图

当 s 轨道（波函数角度部分值均为正值）和 p 轨道（波函数角度部分值一半为正，另一半为负）叠加（杂化）时，正与正叠加时，叠加区域增大；正与负叠加时，叠加区域缩小。所以 sp 轨道一头大（正值区），一头小（负值区），与纯粹的 p 轨道相比，具有更强的成键能力。

Be 原子的基态价电子层结构为 $2s^2$。成键时，Be 原子的 1 个 2s 电子激发到 2p 轨道上，成为激发态 $2s^12p^1$。与此同时，Be 原子的 2s 轨道与一个 2p 轨道（有一个电子占据）进行 sp 杂化，形成两个 sp 杂化轨道：

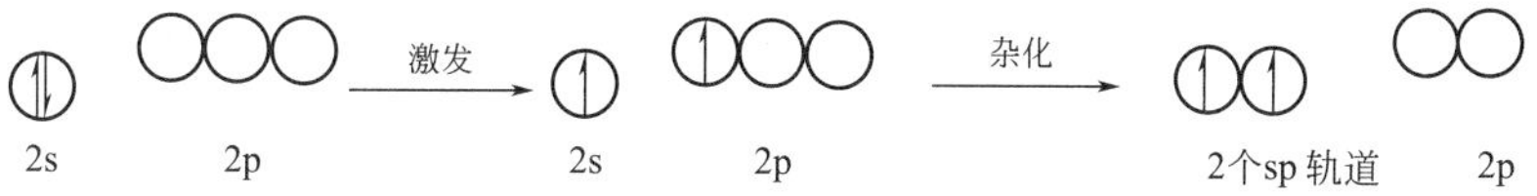

其中每一个 sp 杂化轨道中都含有$\frac{1}{2}$s 和$\frac{1}{2}$p 成分。这两个 sp 杂化轨道间的夹角为 180°，并且各有一个电子。成键时，两个 sp 杂化轨道都以比较大的一头与 Cl 原子的有一个电子占据的 3p 轨道重叠，形成两个 σ 键。因而 $BeCl_2$ 分子为直线形，两个 Be—Cl 键的键长和键能均相同。如图 2-5(a) 所示。

2.3.2.2 sp^2 杂化

原子在形成分子时，由同一原子的一个 *n*s 轨道与两个 *n*p 轨道进行杂化的过程叫做 sp^2 杂化。可形成三个 sp^2 杂化轨道。

例如，BCl_3 分子，其中 B 原子的基态价电子层结构为 $2s^2 2p^1$。成键时，B 原子的一个 2s 电子被激发到 2p 轨道上，成为激发态 $2s^1 2p^2$。与此同时，B 原子的一个 2s 轨道与两个 2p 轨道（各有一个电子占据）进行杂化，形成三个 sp^2 杂化轨道：

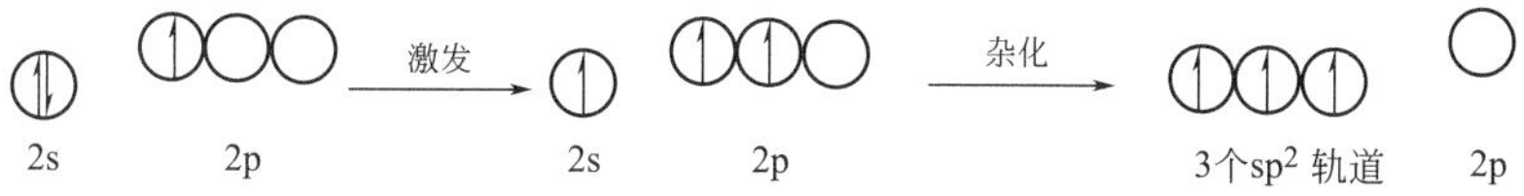

其中每一个 sp^2 杂化轨道中都含有$\frac{1}{3}$s 和$\frac{2}{3}$p 成分。这三个 sp^2 杂化轨道间的夹角为 120°，并且各有一个电子，如图 2-7 所示。成键时，B 原子的这三个 sp^2 杂化轨道分别与三个 Cl 原子的有一个电子占据的 3p 轨道重叠，形成具有平面三角形结构的 BCl_3 分子。如图 2-5(b) 所示。

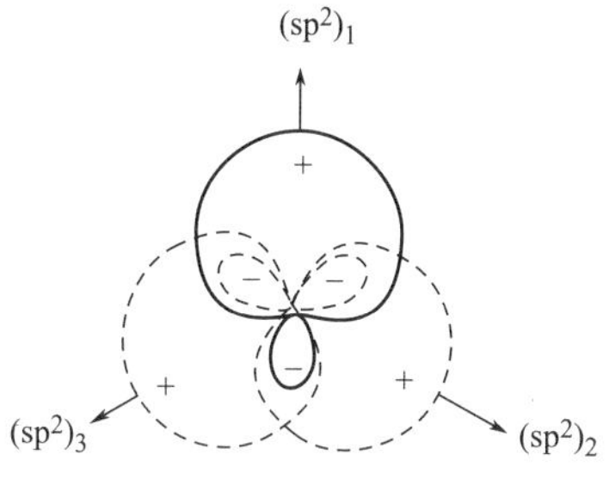

图 2-7 sp^2 杂化轨道

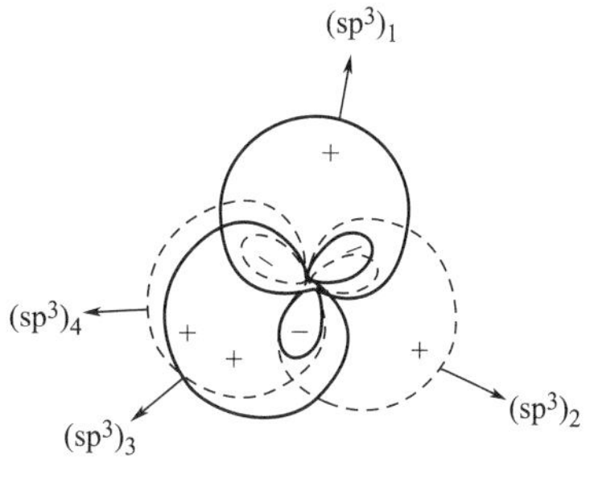

图 2-8 sp^3 杂化轨道

2.3.2.3 sp^3 杂化

原子在形成分子时，由同一原子的 *n*s 轨道与三个 *n*p 轨道进行杂化的过程叫做 sp^3 杂化。可以形成四个 sp^3 杂化轨道。

例如，CH_4 分子，其中 C 原子的基态价电子层结构为 $2s^2 2p^2$，激发后成为 $2s^1 2p^3$，再进行 sp^3 杂化，形成四个 sp^3 杂化轨道：

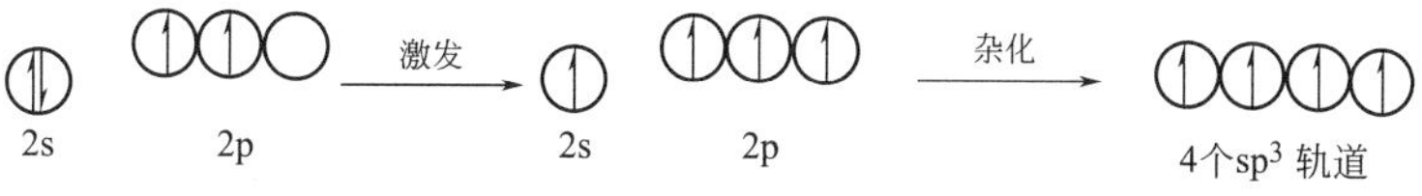

其中每一个 sp^3 杂化轨道中各含有$\frac{1}{4}$s 和$\frac{3}{4}$p 成分。这四个 sp^3 杂化轨道间的夹角为 109.5°，并各带有一个电子。如图 2-8 所示。成键时，C 原子利用这四个 sp^3 杂化轨道分别与四个 H 原子的 1s 轨道重叠，形成具有正四面体结构的 CH_4 分子。如图 2-5(c) 所示。

2.3.2.4 不等性杂化

以上讨论的三种类型的 s-p 杂化中，每种杂化类型形成的杂化轨道都具有相同的能量，所含的 s 及 p 的成分相同，成键能力也相同，这样的杂化称为等性杂化，形成的杂化轨道为等性杂化轨道。

如果 s-p 杂化之后，形成的杂化轨道的能量不完全相等，所含的 s 及 p 成分也不相同，这样的杂化就称为不等性杂化，形成的杂化轨道称为不等性杂化轨道。例如，NH_3 和 H_2O 分子中的 N、O 原子就是以不等性 sp^3 杂化轨道成键的。由于 N、O 原子的价层分别有 5 个和 6 个电子，而参与杂化的原子轨道只有四个，只能形成四个 sp^3 杂化轨道，这样有的杂化轨道上必然会被孤电子对所占据，而被孤电子对占据的杂化轨道所含的 s 成分比单个电子占据的杂化轨道略大，更靠近中心原子的原子核，对成键电子对具有一定的排斥作用。

在 NH_3 分子中，N 原子的基态价电子层结构为 $2s^22p^3$，其杂化过程如下：

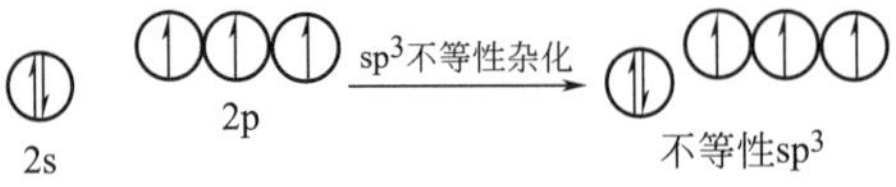

成键时，三个 sp^3 杂化轨道的单电子分别与三个 H 原子的 1s 电子配对，形成三个 σ 键，而另一个含孤电子对的杂化轨道则没有参与成键，由于它离 N 原子核更近，对成键电子对产生排斥作用，而使 N—H 键之间的键角小于 109.5°，氨分子呈三角锥形结构，如图 2-9(a) 所示。

H_2O 分子中，O 原子的基态价电子层结构为 $2s^22p^4$，其杂化过程为：

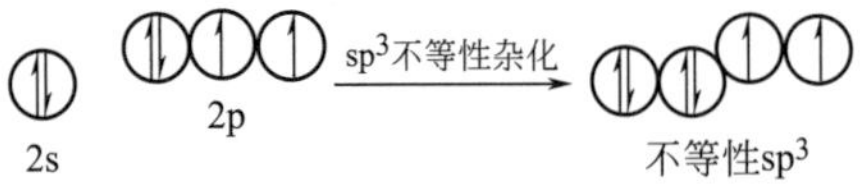

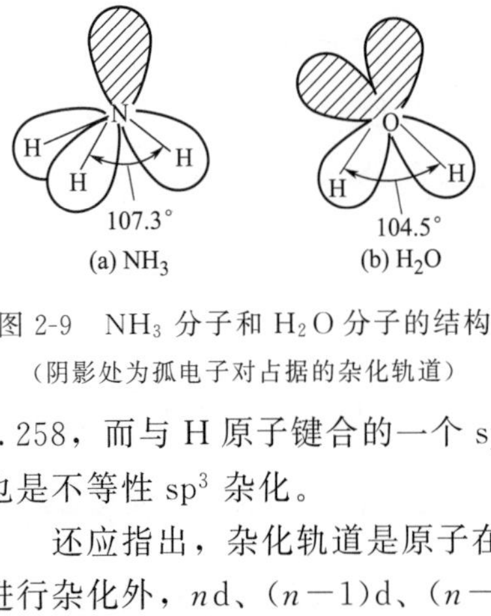

图 2-9 NH_3 分子和 H_2O 分子的结构

（阴影处为孤电子对占据的杂化轨道）

其中两个 sp^3 杂化轨道的单电子分别与两个 H 原子的 1s 电子形成两个 σ 键，另两个含孤电子对的杂化轨道没有成键，它们对成键电子对的排斥作用更大，使 O—H 键之间的键角更小。水分子呈 V 字形结构。如图 2-9(b) 所示。

由于键合的原子不同，也可以引起中心原子的不等性杂化。例如，$CHCl_3$ 分子中，C 原子进行 sp^3 杂化，与 Cl 原子键合的三个 sp^3 杂化轨道，每个含 s 成分为 0.258，而与 H 原子键合的一个 sp^3 杂化轨道的 s 成分为 0.226，所以 $CHCl_3$ 分子中 C 原子也是不等性 sp^3 杂化。

还应指出，杂化轨道是原子在成键时为适应成键需要而形成的。除了上述 ns、np 可以进行杂化外，nd、$(n-1)$d、$(n-2)$f 原子轨道也可以参与杂化。具体进行何种类型的杂化，应视具体成键要求而定。

20 世纪 50 年代我国化学家唐敖庆教授提出 f 轨道参与杂化的新概念，并推导出包括 f 轨道在内的等性杂化轨道夹角的计算公式。70 年代中期以来，鲍林和他的学生重新对杂化轨道理论做了一系列定量的研究。杂化轨道理论已从定性或半定量地说明一些分子结构过渡到定量地阐明结构化学的有关问题。杂化轨道理论可以看作是价键理论的发展和补充。

表 2-3 概括了杂化轨道与分子几何构型的关系。对于含有双键或三键的分子，其分子几何构型由 σ 键决定。

表 2-3 杂化轨道与分子几何构型

杂化轨道类型	等性杂化			不等性杂化		
	sp	sp^2	sp^3	sp^3		
参加杂化的轨道	1 个 s,1 个 p	1 个 s,2 个 p	1 个 s,3 个 p	1 个 s,3 个 p		
杂化轨道数	2	3	4	4		
成键轨道夹角 θ	180°	120°	109.5°	$90°<\theta<109.5°$		
空间构型	直线形	平面三角形	(正)四面体	三角锥形	V 字形	四面体
实例	$BeCl_2$,$HgCl_2$	BF_3,BCl_3	CH_4,$SiCl_4$,SiF_4	NH_3,PH_3	H_2O,H_2S	$CHCl_3$,CH_3Cl
中心原子	Be,Hg	B	C,Si	N,P	O,S	C

*2.4 价层电子对互斥理论

分子的几何构型，除了可以用杂化轨道理论来说明外，还可以用价层电子对互斥理论（VSEPR）来说明。这个理论是 1940 年由英国科学家西奇威克（N. V. Sidgwick）和美国科学家鲍威尔（H. M. Powell）首先提出，随后被加拿大科学家吉莱斯皮（R. J. Gillespie）和尼霍姆（R. S. Nyholm）进一步整理而成。

2.4.1 价层电子对互斥理论的要点

① 可以用 AX_nE_m 来表示分子或离子，其中 A 代表中心原子；X 为配位原子（与中心原子键合的原子）；n 为配位原子的数目；E 为中心原子价层上的孤电子对，与成键电子对相比，它在价层上占有较大的空间；m 为孤电子对的数目。价层电子对包括中心原子 A 的价层内成键电子对和孤电子对。

② 分子的几何构型主要决定于其中心原子价层上的电子对数目。由于价层上电子对之间的互斥作用，使得它们彼此之间尽可能远离，以保持系统斥力最小，能量最低。

③ 若把中心原子的价层看作是圆球面，那么从空间构型可知，按照表 2-4 所示的电子对的排布方式，是价层上各电子对距离最远时的情况。此时，电子对间的排斥力最小，系统的能量最低，形成的分子最稳定。

表 2-4 价层电子对的空间构型

价层电子对数	2	3	4	5	6
价层电子对的空间构型	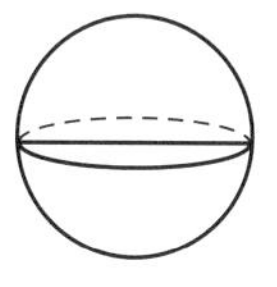	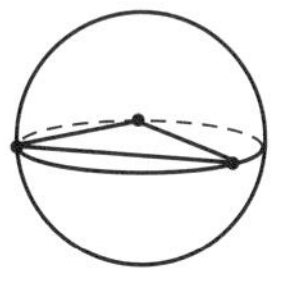	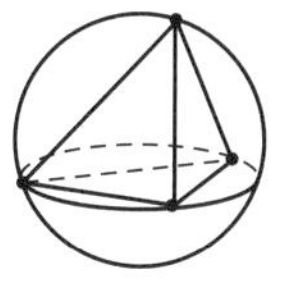	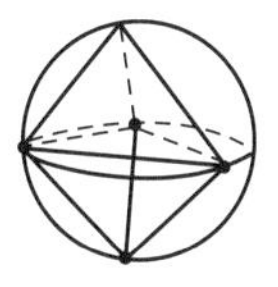	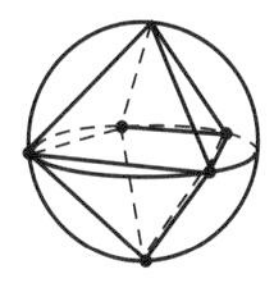
	直线形	平面三角形	四面体	三角双锥	八面体

2.4.2 预言分子的几何构型

对于 AX_nE_m 型分子可按以下步骤确定其几何构型：

（1）确定中心原子的价层电子对数目　中心原子的价层电子对数目可用以下经验公式来确定。

$$价层电子对数目(VP)=\frac{N_A+N_X+Q}{2}$$

式中，VP 为中心原子的价层电子对数目；N_A 为中心原子的价电子数；N_X 为配位原子提供的用于成键的价电子数，若 O、S 作配位原子，其提供的价电子数作为零计；Q 为离子所带的电荷数，若是负离子取正值，若是正离子则取负值。当出现单电子时，单电子算作一对，如$\frac{9}{2}=5$。例如：

分子	中心原子	N_A	N_X	Q	VP	n	m	分子类型
BF_3	B	3	3×1	0	$\frac{3+3\times1}{2}=3$	3	0	AX_3
NF_3	N	5	3×1	0	$\frac{5+3\times1}{2}=4$	3	1	AX_3E
CO_3^{2-}	C	4	0	+2	$\frac{4+3\times0+2}{2}=3$	3	0	AX_3
NH_4^+	N	5	4×1	−1	$\frac{5+4\times1-1}{2}=4$	4	0	AX_4

(2) 推测中心原子价层电子对的排布方式　根据计算出的中心原子的价层电子对数目和表 2-4，推测该分子或离子的中心原子价层电子对的空间构型。

若孤对电子数目 $n=0$，分子的几何构型与价层电子对的空间构型相同。

若孤对电子数目 $n\neq0$，分子的几何构型与价层电子对的空间构型不相同。

(3) 推测 AX_nE_m 分子的几何构型　根据表 2-5 推测出分子的几何构型。在推测 AX_nE_m 分子大致的几何构型时，可忽略重键和单键的区别，把重键当作单键处理。

表 2-5　VSEPR 理论预言的价层上电子对的排布与分子的几何构型

分子类型	价层上电子对数目			价层电子对的空间构型	分子的几何构型	实　例
	成键电子对	孤电子对	总数			
AX_2	2	0	2	X——A——X	直线形	$BeCl_2$
AX_3	3	0	3	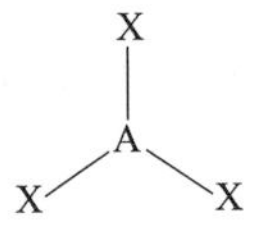	平面正三角形	BF_3
AX_2E	2	1	3	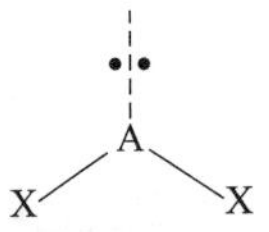	V 形	$SnCl_2$
AX_4	4	0	4	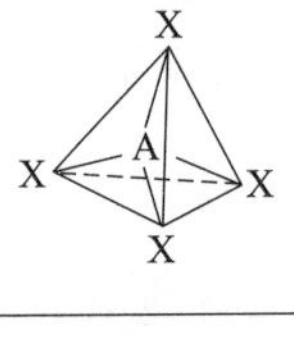	正四面体形	CCl_4
AX_3E	3	1	4	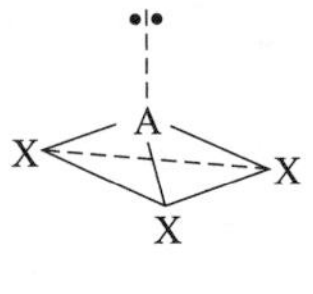	三角锥形	NF_3

续表

分子类型	价层上电子对数目			价层电子对的空间构型	分子的几何构型	实 例
	成键电子对	孤电子对	总数			
AX_2E_2	2	2	4	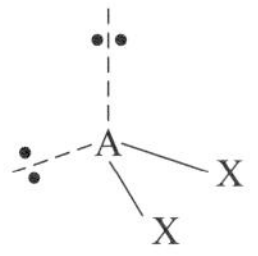	V 形	H_2O
AX_5	5	0	5	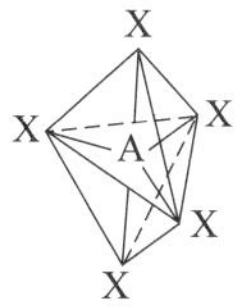	三角双锥体形	PCl_5
AX_4E	4	1	5	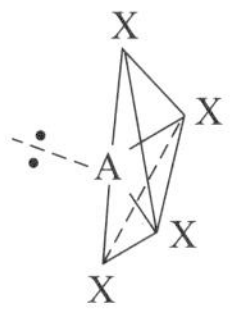	四面体形	SF_4
AX_3E_2	3	2	5	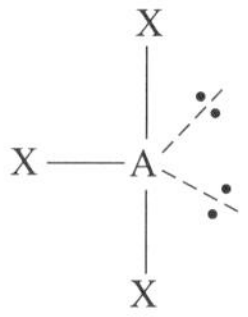	T 形	ClF_3
AX_2E_3	2	3	5	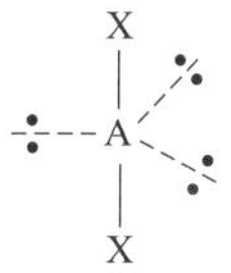	直线形	XeF_2
AX_6	6	0	6	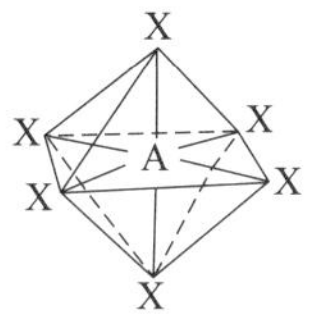	八面体形	SF_6
AX_5E	5	1	6	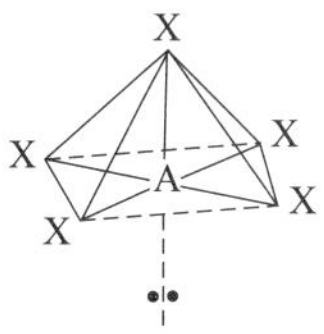	四棱锥形	IF_5
AX_4E_2	4	2	6	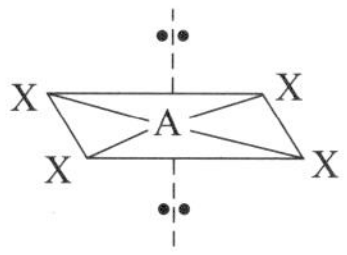	平面四方形	XeF_4

影响 AX_nE_m 分子的几何构型的因素有价层电子对之间的排斥力大小、配位原子和中心原子的电负性等。

用B. P. 表示成键电子对，L. P. 表示孤电子对。价层电子对之间的排斥力的顺序是：

L. P. -L. P. ＞L. P. -B. P. ＞B. P. -B. P.

例如，XeF_4 属于 AX_4E_2 型分子，它可能的几何构型有两种。如图 2-10 所示。比较分子中斥力大小时，先列出各种可能构型中角度较小（通常是 90°）的三种电子对之间（L. P. -L. P. 、L. P. -B. P. 、B. P. -B. P.）作用力的数目，并进行比较。由图 2-10 可以看出构型（a）中没有孤电子对与成键电子对间的作用力，构型（b）中孤电子对与成键电子对间的作用力数为 1，显然构型（a）的斥力最小，所以 XeF_4 分子的几何构型是平面四方形。

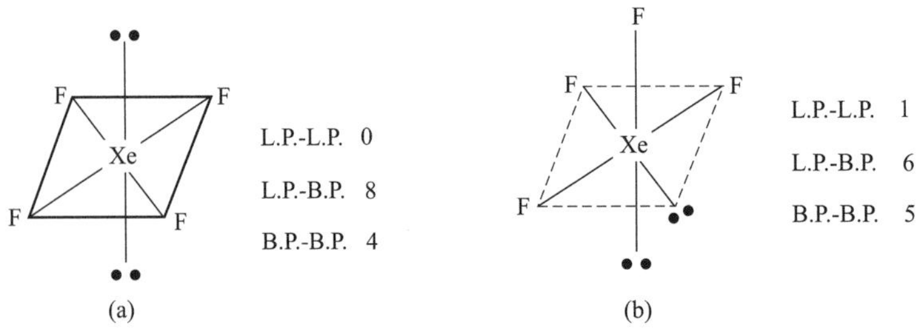

图 2-10　XeF_4 分子可能具有的两种几何构型

中心原子不同，而配位原子相同的分子，中心原子的电负性越大，其键角越大。例如，电负性：N＞P＞As，NH_3 的键角∠HNH＝107.3°，PH_3 的键角∠HPH＝93.3°，AsH_3 的键角∠HAsH＝91.8°。

中心原子相同，而配位原子不同的分子，配位原子的电负性越大，其键角越小。例如，电负性：Cl＞Br，PCl_3 的键角∠ClPCl＝100.3°，而 PBr_3 的键角∠BrPBr＝101.5°。

另外，多重键虽然不影响分了的几何构型，但多重键的存在对键角会有一定的影响，排斥作用的大小通常是：三键＞双键＞单键。

价层电子对互斥理论和杂化轨道理论，从不同的角度来确定分子的几何构型，所得结果大致相符。价层电子对互斥理论是建立在静电模型和大量分子几何构型实验事实的基础上，可以不需要考虑原子轨道的杂化及键合的作用，较简便、直观地判断分子或离子的几何构型，但它也有一定的局限性。价层电子对互斥理论只适用于孤立的简单分子或离子，不适用于固体和复杂的无机分子、离子、自由基、配合物以及很多有机分子等。对具有明显极性的碱土金属卤化物（如 CaF_2、SrF_2、BaF_2 等）的几何构型为 V 形，而非直线形的事实无法解释。而且价层电子对互斥理论只能定性描述分子的几何构型，缺乏定量计算基础，无法定量地确定分子或离子的键长和键角，对分子中共价键的形成和稳定性也不能作出预测和解释，因而，价层电子对互斥理论在化学键理论中只是一近似的模型。

*2.5　分子轨道理论

价键理论可以直接利用原子的电子层结构简要地说明共价键的形成和特性，以及共价键的本质。方法直观，易于接受，但由于价键理论在讨论共价键时，只考虑了未成对电子，而且只是自旋方向相反的电子两两配对才能形成稳定的共价键，将成键电子对定域在两成键原子之间。这就使得它在应用上受到限制，对许多分子的结构和性质不能做出解释。例如，用价键理论来处理 O_2 分子，由于 O 原子有两个未成对的 2p 电子，O_2 分子中应配对形成一个

σ 键和一个 π 键，不应有未成对电子存在，将 O_2 分子置于磁场中，应呈反磁性❶，但事实上，O_2 分子却是顺磁性物质，这说明 O_2 分子中一定存在未成对电子。又如，有些含奇数电子的分子或离子，NO、NO_2、H_2^+ 等是能够稳定存在的。这些都不能通过价键理论做出合理的解释。于是分子轨道理论日渐引起了人们的重视。分子轨道理论把分子看作一个整体，较全面地反映了分子内部电子的各种运动状态，不仅解决了价键理论不能解释的问题，而且提出了单电子键、三电子键、多中心键及 σ 轨道、π 轨道等概念。特别是 20 世纪 50 年代以后，计算机技术的迅速发展，使很多复杂的分子体系的计算得以实现，尤其在解释一些分子的结构和性能方面更显示出其优越性，对研究新反应，合成新化合物等都具有很好的指导作用。

2.5.1 分子轨道理论的要点

① 电子在整个分子中运动，电子的运动状态可以用波函数 Ψ 及自旋状态来描述。Ψ 就称为分子轨道。

② 分子轨道是由原子轨道线性组合而成，原子轨道的组合遵循能量相近、同号原子轨道进行有效重叠和最大重叠原理。

③ 有 n 个原子轨道进行组合，就产生 n 个分子轨道，其中半数$\left(\frac{1}{2}n\right)$的分子轨道的能量比原子轨道的能量低，称为成键（分子）轨道，有半数$\left(\frac{1}{2}n\right)$的分子轨道的能量比原子轨道的能量高，称为反键（分子）轨道。

④ 电子在分子轨道上排布时，遵循能量最低原理、泡利不相容原理和洪德规则。分子的总能量等于各电子能量之和。

2.5.2 分子轨道的形成

原子轨道经线性组合可形成分子轨道。当原子轨道沿着连接两原子核的轴线（键轴）靠近时，若以“头碰头”的形式重叠产生的分子轨道称为 σ 分子轨道，简称 σ 轨道；若以“肩并肩”的形式重叠产生的分子轨道称为 π 分子轨道，简称为 π 轨道。下面就原子轨道重叠组合成分子轨道的类型加以描述。

2.5.2.1 s-s 原子轨道组合

一个原子的 ns 原子轨道与另一原子的 ns 原子轨道重叠可得到两个 σ 分子轨道，其中一个能量较低的称为成键 σ 轨道，以 σ_{ns}表示，另一个能量较高称为反键 σ 轨道，以 σ_{ns}^*表示。如图 2-11 所示。

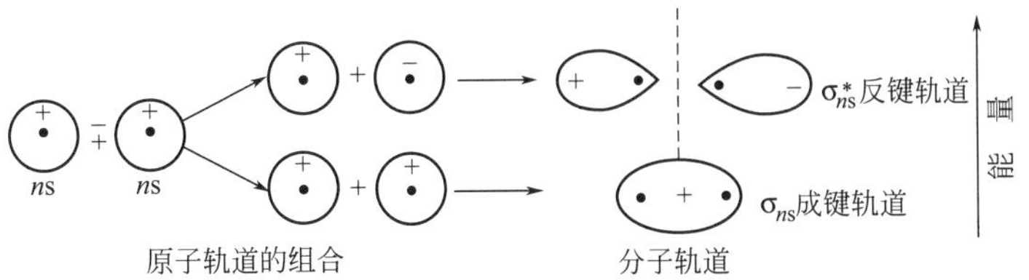

图 2-11 s-s 原子轨道组合分子轨道示意图

由图 2-11 可见，成键 σ 轨道的电子云在两原子核之间分布密集，原子核对电子的吸引

---

❶ 物质的磁性是指它在外磁场中所表现的性质。能被外磁场吸引的为顺磁性物质，其分子含有未成对电子；若被外磁场排斥的为反磁性物质，其分子不含有未成对电子。

力增强，使形成的化学键更稳定，有利于增强分子的稳定性；而反键 σ 轨道的电子云在两原子核之间的分布很少，核对电子的吸引力较弱，不利于形成稳定的化学键。

2.5.2.2 p-p 原子轨道组合

p 轨道在空间有 p_x、p_y、p_z 三种取向，当两原子沿 x 轴（键轴）方向彼此靠近时，np_x 与 np_x 原子轨道以“头碰头”的形式重叠，形成沿键轴对称分布的成键 σ_{np_x} 轨道与反键 $\sigma^*_{np_x}$ 轨道，如图 2-12 所示。

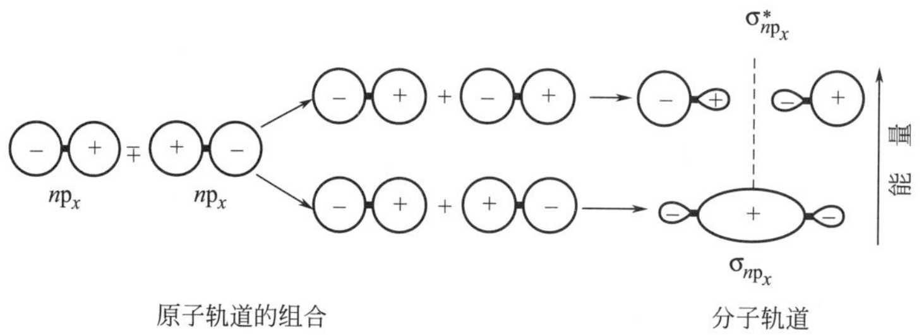

图 2-12 p-p 原子轨道组合形成 σ 轨道示意图

除此之外，两个原子的 np_y 和 np_y 还以“肩并肩”的形式重叠，形成成键 π_{np_y} 轨道和反键 $\pi^*_{np_y}$ 轨道，如图 2-13 所示。

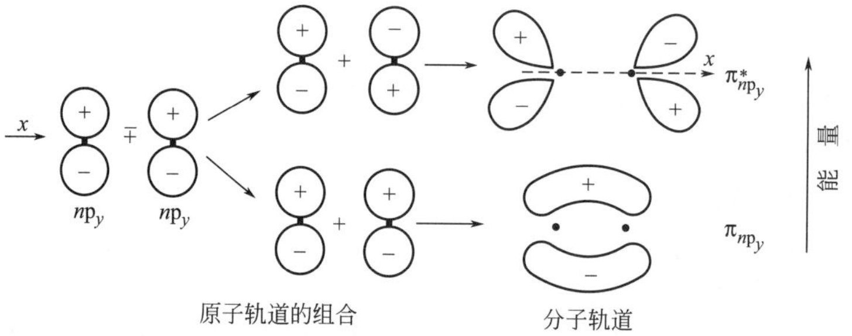

图 2-13 p-p 原子轨道组合形成 π 轨道示意图

同样，两原子的 np_z 和 np_z 原子轨道也可以“肩并肩”的形式重叠，形成成键 π_{np_z} 轨道和反键 $\pi^*_{np_z}$ 轨道。π_{np_y} 和 π_{np_z} 轨道，$\pi^*_{np_y}$ 和 $\pi^*_{np_z}$ 轨道，形状相同、能量相等，是两组简并轨道。

2.5.3 分子轨道的能级

2.5.3.1 同核双原子分子的分子轨道能级图

分子轨道的能量可以通过光谱实验来确定。图 2-14 列出了第一、第二周期元素形成的同核双原子分子的分子轨道能级次序。其中图 2-14(a) 是 O_2、F_2 的分子轨道能级顺序。即

$$\sigma_{1s}<\sigma^*_{1s}<\sigma_{2s}<\sigma^*_{2s}<\sigma_{2p_x}<\pi_{2p_y}=\pi_{2p_z}<\pi^*_{2p_y}=\pi^*_{2p_z}<\sigma^*_{2p_x}$$

而图 2-14(b) 是 N 元素及 N 之前的第一、二周期元素形成的同核双原子分子的分子轨道能级顺序。即

$$\sigma_{1s}<\sigma^*_{1s}<\sigma_{2s}<\sigma^*_{2s}<\pi_{2p_y}=\pi_{2p_z}<\sigma_{2p_x}<\pi^*_{2p_y}=\pi^*_{2p_z}<\sigma^*_{2p_x}$$

O_2 和 F_2 分子轨道能级顺序与第一、二周期其他元素的同核双原子分子的分子轨道能级顺序不同的原因在于：O、F 原子的 2s 和 2p 轨道的能量差较大，可以不考虑 2s 与 2p 轨道的组合，而其他双原子分子中原子的 2s 轨道与 2p 轨道的能量差不大，因此原子轨道组合成分子轨道时，除考虑 2s-2s、2p-2p 之间的相互作用外，还要考虑 2s-2p 之间的作用，2s 与 2p 轨道组合的结果，使得 σ_{2p_x} 轨道的能量升高，以至于高于 π_{2p_y} 和 π_{2p_z} 轨道的能量。

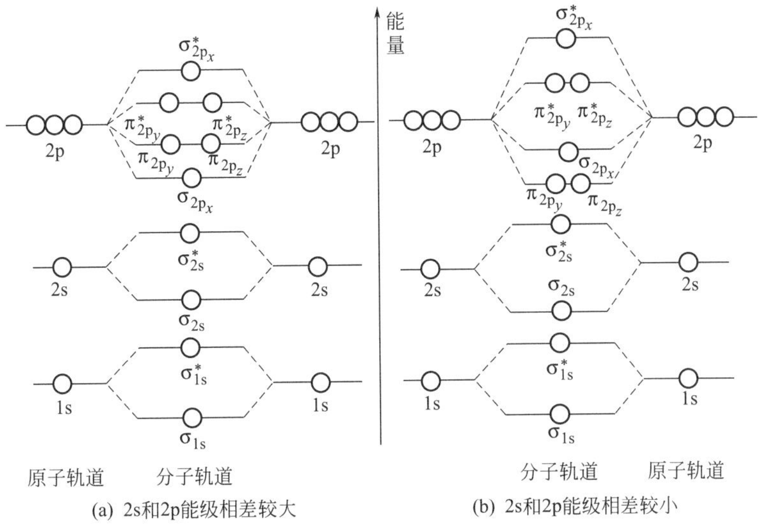

图 2-14 同核双原子分子的分子轨道能级图

2.5.3.2 键级

分子轨道理论中，常用键级来判断分子的稳定性。键级定义为：

$$键级=\frac{成键电子的数目-反键电子的数目}{2}$$

键级越大，净成键电子数越多，成键作用就越大，原子间的结合力越牢固，分子越稳定。若键级为零，表示不能形成稳定的分子。但需注意的是，键级只能够粗略地估计分子稳定性的相对大小，事实上键级相同的分子的稳定性可能仍有一定的差别。

2.5.4 分子轨道理论的应用实例

（1）H_2^+、H_2 分子的结构 H_2 分子由 2 个 H 原子组成，H 原子的电子构型为 $1s^1$，所以 H_2 分子的电子总数为 2，这 2 个电子以自旋方向相反的方式布入 σ_{1s} 分子轨道。H_2 的电子排布式（或电子构型）为：$H_2[(\sigma_{1s})^2]$。因无未成对电子，H_2 呈反磁性。H_2 的键级$=\frac{2-0}{2}=1$。在 H_2 分子中存在一个 σ 键，其结构式为：H—H。

H_2^+ 的电子排布式为：$H_2^+[(\sigma_{1s})^1]$。其中存在一个单电子，H_2^+ 呈顺磁性。H_2^+ 的键级$=\frac{1-0}{2}=0.5$。在 H_2^+ 中存在一个单电子 σ 键，其结构式为：$[H \cdot H]^+$。

（2）He_2^+、He_2 分子的结构 He_2^+ 中有 3 个电子，其电子排布式为：$He_2^+[(\sigma_{1s})^2(\sigma_{1s}^*)^1]$。其中存在一个单电子，$He_2^+$ 呈顺磁性。He_2^+ 的键级$=\frac{2-1}{2}=0.5$。在 He_2^+ 中存在一个由一对 σ 电子和一个 σ^* 电子形成的三电子 σ 键。He_2^+ 的结构式为：$[He \vdots He]^+$。

He_2 分子中有 4 个电子，其电子排布式为：$He_2[(\sigma_{1s})^2(\sigma_{1s}^*)^2]$。$He_2$ 的键级$=\frac{2-2}{2}=0$，所以 He_2 分子不能稳定存在。

（3）N_2 分子 由于 N 原子的电子构型为 $1s^22s^22p^3$，所以在 N_2 分子中有 14 个电子。N_2 的电子排布式为：

$$N_2[(\sigma_{1s})^2(\sigma_{1s}^*)^2(\sigma_{2s})^2(\sigma_{2s}^*)^2(\pi_{2p_y})^2(\pi_{2p_z})^2(\sigma_{2p_x})^2]$$

因为 σ_{1s} 和 σ_{1s}^* 轨道上的电子是内层电子，可用符号 KK 来表示，其中每一个 K 代表 K 层原子轨道上的 2 个电子。这样 N_2 分子的电子排布式就可表示为：

$$N_2[KK(\sigma_{2s})^2(\sigma_{2s}^*)^2(\pi_{2p_y})^2(\pi_{2p_z})^2(\sigma_{2p_x})^2]$$

因无未成对电子，N_2 呈反磁性。N_2 的键级$=\dfrac{8-2}{2}=3$。在 N_2 分子中对成键起作用的主要是：$(\pi_{2p_y})^2$、$(\pi_{2p_z})^2$ 和 $(\sigma_{2p_x})^2$，它们在 N_2 分子中形成了两个 π 键和一个 σ 键，N_2 的结构式为：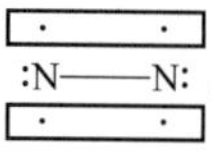

。

其中每一个 N 原子各有一孤电子对，这是因为 $(\sigma_{2s})^2$ 和 $(\sigma_{2s}^*)^2$ 的作用相互抵消，原来分属于两个 N 原子的两对 2s 电子，仍为这两个 N 原子所有。一条短线代表一个 σ 键，长方框内的电子表示 π 电子，表示一个 π 键。

（4）O_2 分子　由于 O 原子的电子构型为 $1s^2 2s^2 2p^4$，所以在 O_2 分子中有 16 个电子，其电子排布式为：

$$O_2[KK(\sigma_{2s})^2(\sigma_{2s}^*)^2(\sigma_{2p_x})^2(\pi_{2p_y})^2(\pi_{2p_z})^2(\pi_{2p_y}^*)^1(\pi_{2p_z}^*)^1]$$

其中存在两个单电子，O_2 呈顺磁性。O_2 的键级$=\dfrac{8-4}{2}=2$。在 O_2 分子中对成键起作用的主要是：$(\sigma_{2p_x})^2$ 形成一个 σ 键；$(\pi_{2p_y})^2$ 和 $(\pi_{2p_y}^*)^1$、$(\pi_{2p_z})^2$ 和 $(\pi_{2p_z}^*)^1$ 形成两个三电子 π 键。O_2 的结构式为：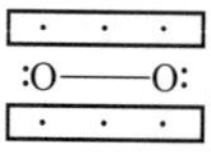

。

其中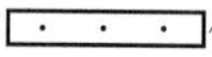代表三电子 π 键。由于三电子 π 键中有一个反键 π^* 电子，抵消了一部分成键 π 电子的作用，所以三电子 π 键稳定性小于双电子 π 键。

与价键理论一样，分子轨道理论也是以量子力学原理为基础处理分子结构和性质的近似方法。虽然价键理论有一定的局限性，但它直观地反映原子间的相互作用，易于确定分子的几何构型。分子轨道理论克服了价键理论的缺点，着眼于分子的整体，单电子进入分子轨道，只要系统的总能量降低就可以成键，应用范围更为广泛，其缺点是计算较复杂，描述分子的几何构型不够直观。因此两种理论各有长短，可互为补充，为更好地理解共价键的形成和解释分子的结构及性质提供理论依据。

2.6 分子间力

分子间力就是分子与分子之间的相互作用力，它的强度弱于化学键，一般只有几至几十千焦每摩尔。分子间力主要影响物质的物理性质，如熔点、沸点、汽化热、熔化热、溶解度、黏度、表面张力等。正是由于分子间力的存在，才使得气态物质可凝聚成液态，液态物质可凝固成固态。分子间力最早是由荷兰物理学家范德华提出的，因此又称为范德华力。1930 年伦敦（London）用量子力学原理阐明了分子间力的本质就是电吸引力。

为了更好地理解分子间力，先介绍分子的极性。

2.6.1 分子的极性

分子中包含有带正电荷的原子核和带负电荷的电子，由于正、负电荷的数目相等，所以分子呈电中性。但正、负电荷在分子中的分布对于不同的分子会有所不同。分子正电荷分布的重心为“正电荷中心”，负电荷分布的重心为“负电荷中心”。正、负电荷中心重合的分子就是非极性分子，如 H_2 分子，如图 2-15(a) 所示；正、负电荷中心不重合的分子就是极性分子，如 HCl 分子，如图 2-15(b) 所示。

分子的极性大小，可用偶极矩（μ）来衡量。如果正、负电荷中心的电量为 q，两中心的距离为 l（见图 2-16），则偶极矩定义为：$\mu = ql$。

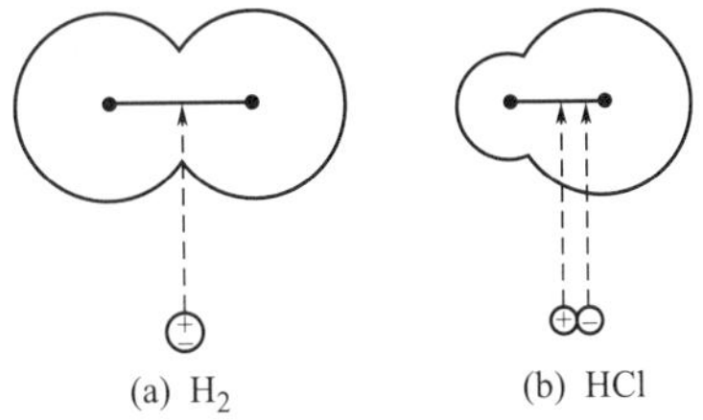

图 2-15　H_2 分子和 HCl 分子的电荷分布示意图

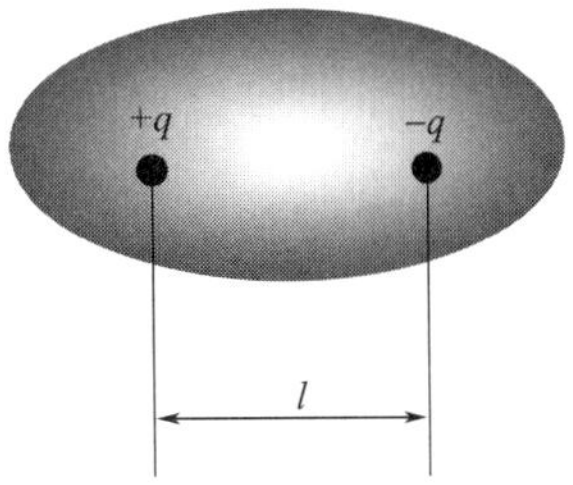

图 2-16　分子的偶极矩

偶极矩是矢量，单位为 C・m。

对于双原子分子来说，如果形成分子的原子不相同，共用电子对会偏向电负性大的原子，形成极性共价键（极性键），分子的正、负电荷中心不重合，是极性分子（$\mu \neq 0$）；如果形成分子的原子相同，形成的共价键无极性（非极性键），分子亦无极性（$\mu = 0$）。因而，双原子分子的极性与键的极性一致。例如，H_2 分子中，H—H 键是非极性键，所以 H_2 是非极性分子，$\mu(H_2) = 0$；HF 分子中，H—F 键是极性键，所以 HF 是极性分子，$\mu(HF) \neq 0$。

而对多原子分子来说，分子的极性不仅与键的极性有关，还与分子的几何构型有关。例如，BCl_3 和 NH_3 分子中 B—Cl 键和 N—H 键都是极性键，但由于 BCl_3 是平面三角形结构，键的极性相互抵消，所以 BCl_3 是非极性分子，$\mu(BCl_3) = 0$。而 NH_3 是三角锥形结构，键的极性不能抵消，NH_3 是极性分子，$\mu(NH_3) \neq 0$。

表 2-6 列出了一些分子的偶极矩和分子的几何构型。

表 2-6　一些分子的偶极矩与分子几何构型

分子	偶极矩/$\times 10^{-30}$C・m	分子几何构型	分子	偶极矩/$\times 10^{-30}$C・m	分子几何构型
H_2	0	直线形	SO_2	5.28	V 形
N_2	0	直线形	$CHCl_3$	3.63	四面体形
CO_2	0	直线形	CO	0.33	直线形
CS_2	0	直线形	O_3	1.67	V 形
CCl_4	0	正四面体形	HF	6.47	直线形
CH_4	0	正四面体形	HCl	3.60	直线形
H_2S	3.63	V 形	HBr	2.60	直线形
H_2O	6.17	V 形	HI	1.27	直线形
NH_3	4.29	三角锥形	BF_3	0	平面三角形

从表 2-6 可以看出，结构为对称的直线形、平面正三角形、正四面体形的多原子分子的偶极矩为零，为非极性分子；而结构为 V 形、四面体、三角锥形的多原子分子的偶极矩不为零，为极性分子。

2.6.2　分子的极化和变形性

前面所讨论的极性分子和非极性分子，只是考虑了孤立分子的电荷分布情况。如果将分子置于外加电场中，则分子的内部结构就会发生变化，其性质也将受到影响。

若将非极性分子置于外加电场中，由于受外电场正、负极的作用，原来重合的正、负电荷中心发生了位移，正电荷中心偏向电场的负极，负电荷中心偏向电场的正极。分子发生了变形，产生了极性。这种在外加电场的作用下产生的偶极称为诱导偶极，其过程称为分子的

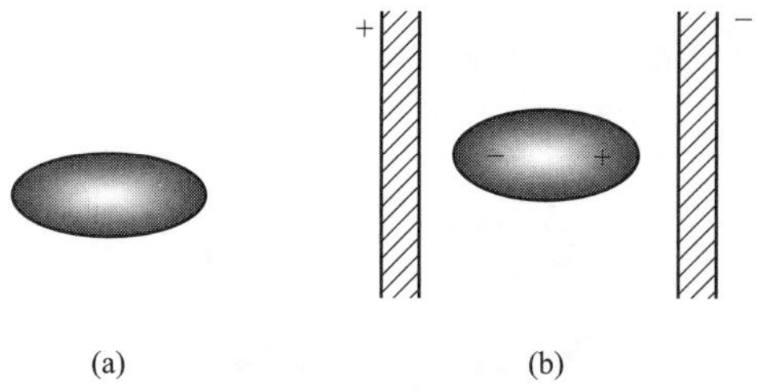

图 2-17 非极性分子在电场中的极化

极化，如图 2-17 所示。电场越强，分子变形越甚，诱导偶极越大。当外加电场消失时，诱导偶极也消失，分子又变为非极性分子。若外加电场的强度相同，由于不同分子的变形性不同，产生的诱导偶极也不相同。分子的变形性与分子的结构、分子的大小有关。若分子结构相似，变形性就主要取决于分子的大小，分子越大，其变形性就越大。

对于极性分子来说，其自身就存在着偶极，称为固有偶极或永久偶极。气态的极性分子在空间无规律地运动着，若将极性分子也置于外加电场中，在外加电场的作用下，分子的正极偏向电场的负极，分子的负极偏向电场的正极。所有的极性分子都依电场的方向而取向，该过程叫做分子的定向极化。同时在外电场的作用下，分子也会发生变形，产生诱导偶极。所以，极性分子在外电场中的偶极是固有偶极与诱导偶极之和，分子的极性也进一步加强，如图 2-18 所示。

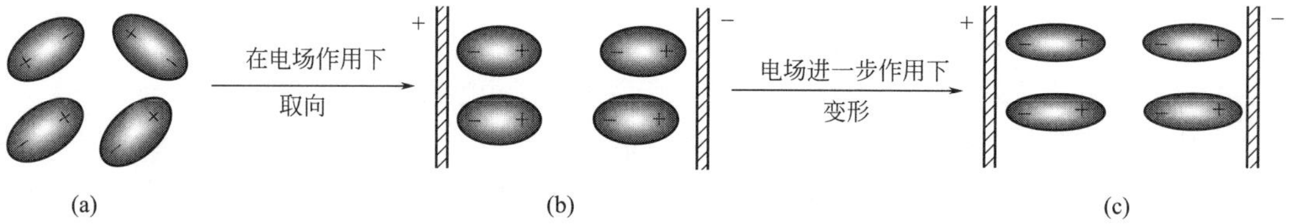

图 2-18 极性分子在电场中的极化

分子的极化不仅能在外电场的作用下产生，当分子之间发生相互作用时也会产生极化作用。

2.6.3 分子间力

2.6.3.1 取向力

由于极性分子存在着固有偶极，当极性分子相互靠拢时，同极相斥，异极相吸，使得分子发生相对位移，并尽可能位于异极相邻的位置，这种由于极性分子固有偶极的取向而产生的分子间相互作用力，叫做取向力，如图 2-19 所示。

取向力的大小与极性分子的偶极矩及分子间的距离有关。分子的极性越大，取向力越大；分子间的距离增大，取向力减弱。此外，当温度升高时，分子的热运动加剧，破坏了分子的有序排列，降低了取向的趋势，取向力将会减小。

取向力只存在于极性分子与极性分子之间。

2.6.3.2 诱导力

当极性分子与非极性分子相互作用时，由于极性分子的偶极所产生的电场的作用，使非极性分子的正、负电荷中心发生相对位移，从而产生了诱导偶极。另外，产生的诱导偶极又使极性分子偶极间的距离进一步加大，增强了极性分子的极性。这种由极性分子的固有偶极与诱导偶极产生的相互作用，称为诱导力，如图 2-20 所示。

诱导力随分子的极性，以及分子的变形性增大而增大，当分子间的距离增大时，诱导力会迅速减弱。

诱导力除存在于极性分子和非极性分子之间外，还存在于极性分子之间。因为极性分子与极性分子相互靠近，在发生取向的同时，也会相互极化，使双方变形，从而产生诱导偶极，并使得分子的偶极矩增大。

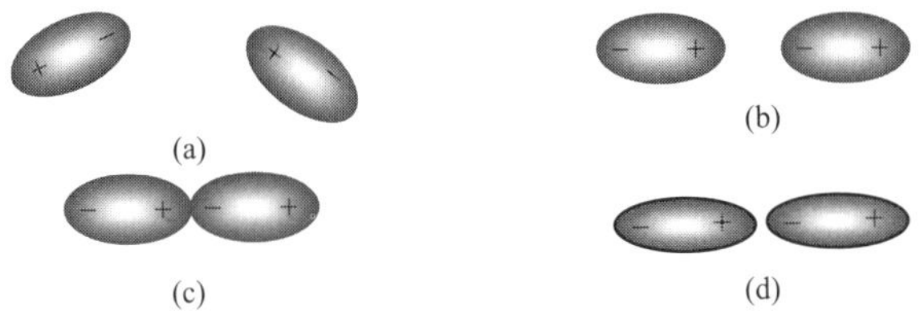

图 2-19　极性分子之间产生取向作用和诱导作用示意图

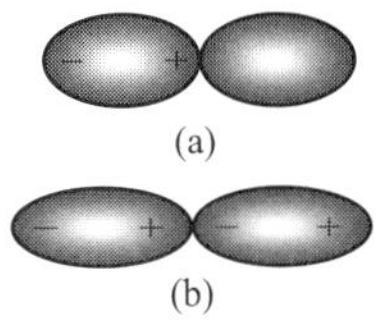

图 2-20　极性分子与非极性分子之间产生诱导偶极示意图

2.6.3.3　色散力

非极性分子没有偶极矩，它们之间似乎不会有相互作用存在。但由于分子中的电子是在不停地运动着的，原子核也在不停地振动着，在某一瞬间，分子中的正、负电荷中心会发生瞬时不重合，从而产生了瞬时偶极，且这瞬时偶极必然处于异极相邻的状态。瞬时偶极存在的时间很短，但由于电子和原子核不停地运动，使瞬时偶极不断地产生，异极相邻的状态不断地重现着，从而使得分子间始终存在着这种相互作用。这种由于瞬时偶极的作用而产生的分子间作用力称为色散力，见图 2-21 所示。

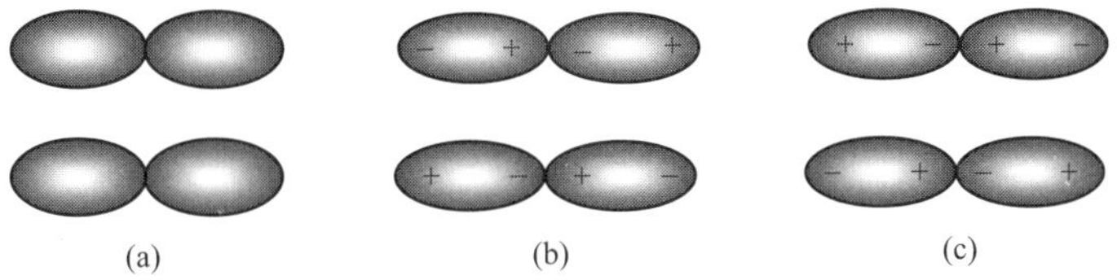

图 2-21　非极性分子之间产生瞬时偶极示意图

色散力主要与分子的变形性有关。分子的变形性越大，色散力越强。

色散力产生于核与电子作相对位移时产生的瞬时偶极，而在极性分子中也存在着瞬时偶极，所以色散力除了存在于非极性分子之间，也存在于极性分子之间，以及极性分子与非极性分子之间。

综上所述，分子间力包括取向力、诱导力和色散力，它们均为电性引力，既无方向性，又无饱和性。对大多数分子而言，色散力起着主要的作用，只有极性很大，且分子间存在氢键的分子，取向力才占主要地位，如 H_2O。诱导力一般是很小的。

色散力≫取向力＞诱导力

分子间力的作用范围不大，一般在 300～500pm 之间，小于 300pm 时，分子间作用力迅速增大，大于 500pm 时，分子间作用力会显著减弱。表 2-7 列出了一些分子的分子间作用能。

表 2-7　一些共价分子间作用能的分配（20℃时，分子间距离为 400pm）

分子	偶极矩 /$\times10^{-30}$C·m	取向力 /kJ·mol^{-1}	诱导力 /kJ·mol^{-1}	色散力 /kJ·mol^{-1}	总计 /kJ·mol^{-1}
HI	1.27	0.005	0.025	5.62	5.58
HBr	2.60	0.019	0.060	2.59	2.74
HCl	3.60	0.274	0.079	1.54	1.89
CO	0.33	0.00005	0.0008	0.99	0.991
NH_3	4.29	1.24	0.15	0.37	2.76
H_2O	6.17	2.79	0.15	0.69	3.63

分子间力对物质的物理性质影响较大。分子间力越大，物质的熔、沸点越高，硬度越大。一些结构相似的同系列物质，相对分子质量越高，分子的变形性越大，色散力越强，其熔、沸点就越高。例如，F_2、Cl_2、Br_2、I_2 分子的熔、沸点依次升高，是因为它们的相对分子质量依次增大，分子的变形性依次增加，因而色散力也依次增强的缘故。

分子间力对液体的互溶以及固、气态非电解质溶解在液体中的溶解度也有一定的影响，溶质和溶剂间的分子间力越大，溶解度也越大。

2.7 氢键及其现代意义

图 2-22 绘出了一些同族元素氢化物的熔点、沸点变化曲线。从图 2-22 中可以看出，除了 HF、H_2O、NH_3 的熔点、沸点反常高外，其余同系列物质的熔点、沸点的变化规律，都可以用分子间力来解释。而 HF、H_2O、NH_3 的异常，是因为在它们的分子间除了分子间力外，还存在着氢键。

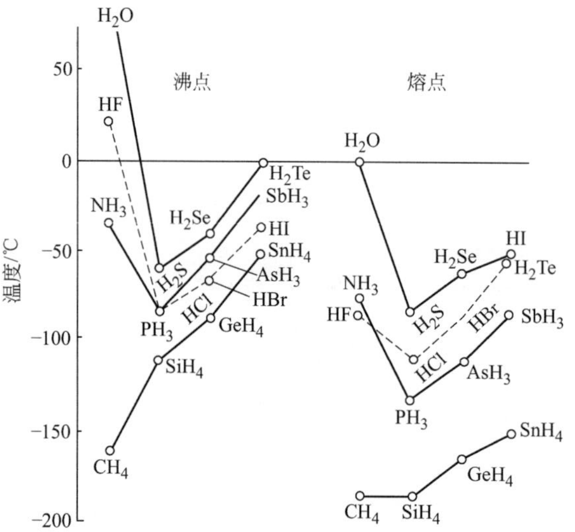

图 2-22 一些同族元素氢化物的熔点、沸点的变化规律

氢键是由电负性大的原子 Y 以其孤电子对吸引强极性键 H—X 中的 H 原子形成的，通常表示为 Y---H—X。例如，HF 分子中，F 原子的电负性很大，H—F 键的共用电子对强烈地偏向 F 原子，使得 H 原子几乎呈质子状态（裸核）。而 H 原子半径又很小，H 原子的正电荷密度很大。当另一个 HF 分子中有含孤电子对的 F 原子从一定方向靠近时，就可以形成氢键，F---H—F，如图 2-23 所示。

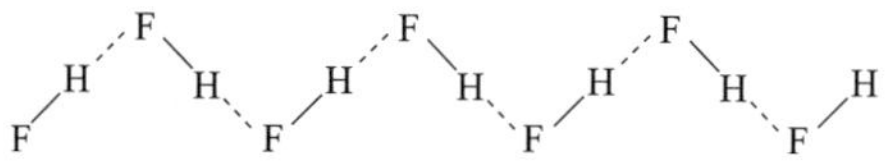

图 2-23 固体 HF 中氢键的结构

不同分子之间也可以形成氢键。例如，氨和水分子之间、水和乙醇分子之间。

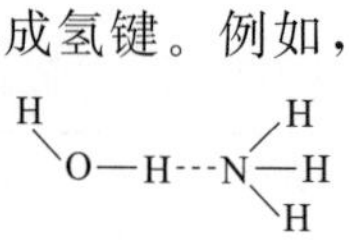

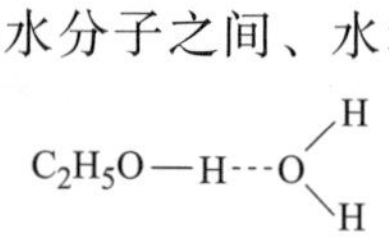

为了便于氢键 Y---H—X 的形成，要求 X 和 Y 都应是电负性很大、体积较小的原子，通常是 F、O、N 原子。X、Y 可以是相同的原子，也可以是不同的原子。通常氢键的键能一般在 $40kJ \cdot mol^{-1}$ 以下，远小于共价键的键能，与较强的分子间力相近。

氢键具有方向性和饱和性。这是由于 X、Y 都是电负性很大的原子，对电子的吸引力较大，带有较多的负电荷，而氢原子的半径又很小，为使 X、Y 原子离得最远，只有当 Y---H—X尽可能在同一直线上时，X、Y 间的排斥力最小，形成的氢键最强，故氢键具有方向性。又因为 H 原子的半径很小，在已形成氢键 Y---H—X 的情况下，很难再容纳另一个半径大的原子，即 H—X 只能与一个 Y 原子相结合，所以氢键具有饱和性。

氢键除了存在于分子之间，有些分子内也有氢键存在，例如，HNO_3、邻羟基苯甲酸等分子（见图 2-24）。

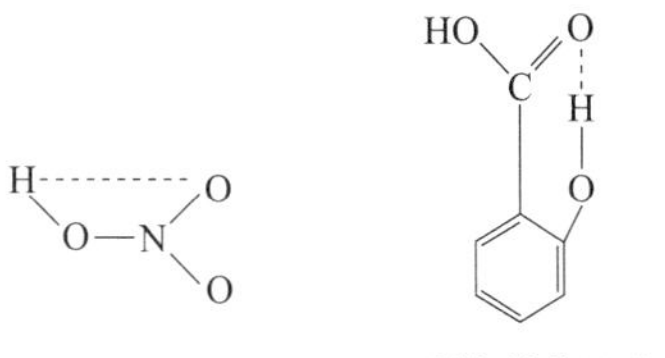
(a) HNO_3 (b) 邻羟基苯甲酸

图 2-24 HNO_3、邻羟基苯甲酸分子内氢键示意图

分子间生成了氢键，就会使物质的熔点、沸点升高。这是因为当固体熔化和液体汽化时，除需克服分子间力外，还要破坏氢键，消耗的能量增多。HF、H_2O、NH_3 分子就是因为分子间存在着氢键，它们的熔点、沸点才异常的高。碳族元素的氢化物中，如 CH_4，其中 C 原子电负性小，半径大，不能形成氢键。

若溶质分子与溶剂分子之间能形成氢键，则溶质在溶剂中的溶解度就会增加。例如，NH_3 易溶于水中，就是 NH_3 与 H_2O 形成氢键的缘故。

液体分子间若有氢键存在，其黏度一般较大。例如，甘油、磷酸、浓硫酸都是因为分子间有氢键存在，通常为黏稠状的液体。

由于氢键是存在于分子间的一种弱于化学键的作用力，且具有方向性、饱和性和可预见性，使得氢键在超分子化学、材料化学、催化等现代化学以及生命科学等领域中，起着非常重要的作用。

例如，生命过程中，生物体的遗传特征主要决定于核酸的作用，核酸中储存着生命体的遗传信息，其中脱氧核糖核酸（DNA）是重要的遗传物质。在脱氧核糖核酸（DNA）分子中，碱基对通过氢键使两条多肽链相连组成双螺旋结构，如图 2-25 所示。在 DNA 的复制过程中，也是通过碱基对之间的氢键断裂，使两条肽链分离开来，然后再各自作为模板合成出两条新的、与“亲代”完全相同的双螺旋 DNA 分子。

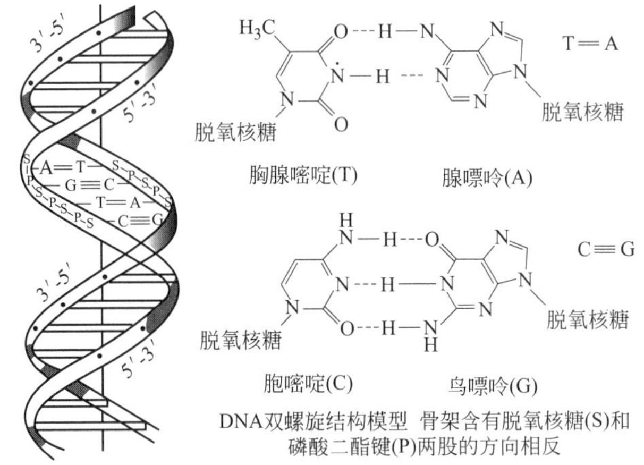

图 2-25 DNA 结构中的氢键示意图

又如，现代化学的发展使其研究对象已从常规的、以共价键为基础的分子化学发展为超分子化学（见 0.1.2.2 节内容）。利用不同分子形成氢键的条件，可设计和组装成多种多样的氢键型超分子体系。例如，不同形状的分子网球、分子饼、分子饺子等。如图 2-26 所示，其中图(a) 是两个同一种具有互补氢键的分子，由于分子内部结构的空间阻碍，弯曲成弧状，两个分子的氢键互相匹配，组装成分子网球；图(b) 是三聚氰胺和三聚氰酸在三个方向上形成分子间 N—H—O 和 N—H—N 氢键，而组装成的分子饼；图(c) 是分子饺子的截面。

氢键在材料领域中也有广泛的应用，利用氢键结合单元之间的可逆性，可以设计环境响应（诸如 pH 响应性、光响应性、压力响应性、生物分子响应性、电场响应性等）的连续动态材料。例如，利用氢键、范德华力等分子间相互作用可以构筑多种超分子液晶材料。由于非共价键为弱相互作用且具有动态可逆的特点，这类超分子液晶体系具有对外部环境刺激的独特响应特性，从而呈现出动态功能材料的特点，如特殊的光电性质、分子信息存取、分子传感及催化活性等功能。

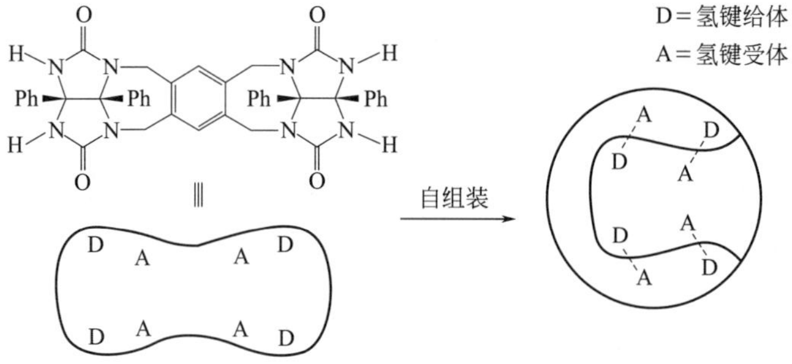

(a) 分子网球

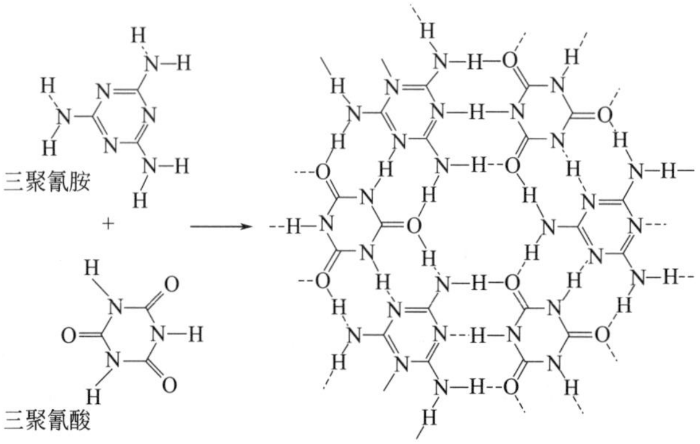

(b) 分子饼

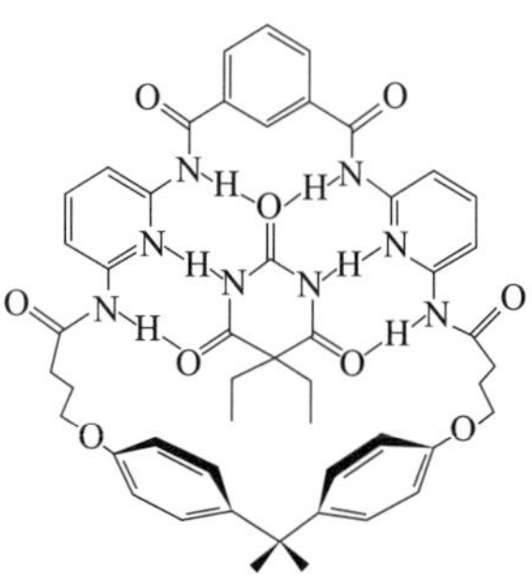

(c) 分子饺子的截面

图 2-26 通过氢键自组装成的超分子

思 考 题

1. 举例说明下列名词。

对称性匹配原理　　最大重叠原理　　等性杂化　　不等性杂化

键参数　　键级　　诱导偶极　　固有偶极　　氢键

2. 简述价键理论的要点。

3. 下列几种重叠方式，哪些可以形成共价键？哪些不能？

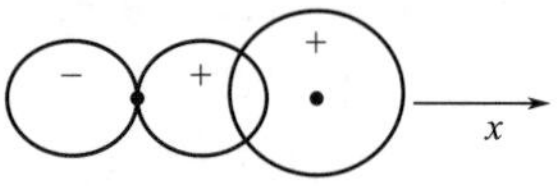

(1) p_x-s

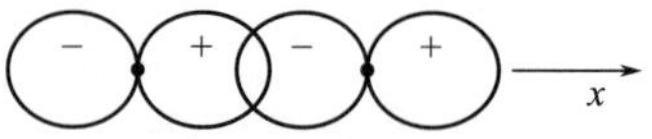

(2) p_x-p_x

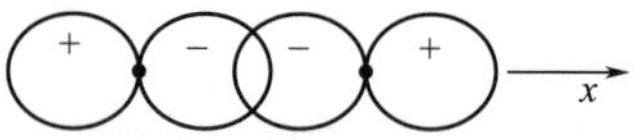

(3) p_x-p_x

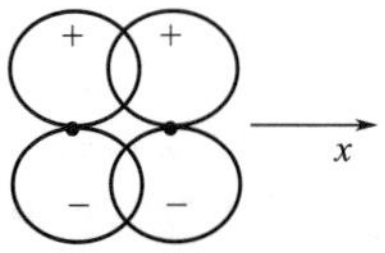

(4) p_z-p_z

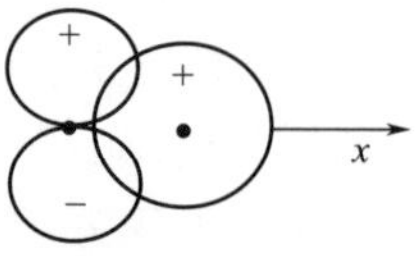

(5) p_z-s

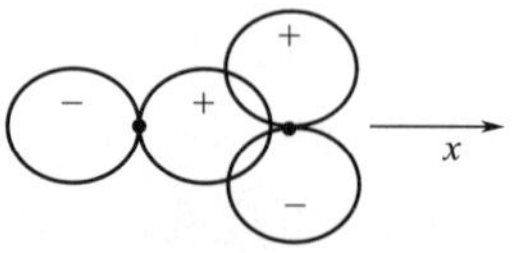

(6) p_x-p_y

4. 为什么说共价键具有方向性和饱和性？

5. 试从以下几个方面比较 σ 键和 π 键：

① 用于成键的原子轨道种类；

② 原子轨道的重叠方式；

③ 成键电子的电子云分布。

6. 试按照键能由大到小的顺序排列下列分子：

HCl　　HBr　　HF　　HI

7. 什么是原子轨道的杂化？s 轨道和 p 轨道的杂化有几种类型？试各举一例说明。

8. BF_3 的几何构型为平面正三角形，而 $[BF_4]^-$ 却是正四面体，试用杂化轨道理论说明之。

9. 下列说法中哪些是正确的？哪些是错误的？为什么？

① 原子形成共价键的数目，等于基态原子的未成对电子数；

② C═C 键的键能是 C—C 键能的两倍；

③ 分子轨道是由同一原子中能量近似、对称性匹配的原子轨道线性组合而成；

④ 在 N_2^+ 中存在一个单电子 σ 键和两个 π 键；

⑤ 原子在基态时没有未成对电子，就一定不能形成共价键。

10. 已知在 AB_6、AB_5、AB_4、AB_3 四类化合物的分子中，中心原子的价层电子对数都是 6，而孤电子对数分别是 0、1、2、3，试推断这四类化合物分子的几何构型。

11. 在分子轨道理论中，原子轨道有效组合成分子轨道，必须满足的三个条件是什么？

12. 用分子轨道理论说明 N_2 和 O_2 分子的磁性。

13. 试以 O_2 和 F_2 为例，比较价键理论和分子轨道理论的优缺点。

14. 如何用价层电子对互斥理论推断分子或离子的几何构型？

15. 下列分子中哪些是极性分子？哪些是非极性分子？

CH_4　$CHCl_3$　CO_2　BCl_3　H_2S　HCl　NO　SO_2　NCl_3

16. 简述分子的极化和变形性。

17. 分子间力是如何产生的？它们对物质的性质有何影响？

18. 说明氢键产生的条件、氢键的性质。

19. 指出下列说法的不妥之处：

① 直线形分子一定是非极性分子；

② 色散力只存在于非极性分子之间；

③ 诱导力只存在于极性分子与非极性分子之间；

④ 所有含氢化合物之间都存在氢键。

习　　题

1. 根据下列分子的空间构型，推断中心原子的杂化类型，并简要说明它们的成键过程。

SiH_4（正四面体形）　$HgCl_2$（直线形）　H_2S（V 形）

BCl_3（正三角形）　CS_2（直线形）　NCl_3（三角锥形）

2. 用杂化轨道理论，推测下列分子的中心原子的杂化类型，并预测分子或离子的几何构型。

SbH_3　BeH_2　BI_3　$SiCl_4$　NH_4^+　H_2Te　CH_3Cl　CO_2

3. 通过杂化轨道理论比较下列分子或离子的键角的大小：

NH_3　PCl_4^+　BF_3　$HgCl_2$　H_2S

4. BF_3 的几何构型是平面三角形，而 NF_3 的几何构型却是三角锥形，试用杂化轨道理论加以解释。

5. 试通过杂化轨道理论说明 H_3O^+ 离子的中心原子 O 的杂化类型，以及 H_3O^+ 的几何构型。

6. 用价层电子对互斥理论预测下列分子或离子的几何构型。

OF_2　XeF_2　AsF_5　IO_6^{5-}　PO_4^{3-}　NF_3　SF_6　XeO_4

7. 试用价层电子对互斥理论推断 SOF_4 和 $XeOF_4$ 的几何构型，并说明分子有无极性。

8. 填充下表

分子式	价层电子对数	价层电子对的空间构型	分子的几何构型
SF_4			
XeF_4			
AsF_5			

9. 列出下列分子或离子的分子轨道表示式，计算它们的键级，并预测分子是否能够稳定存在，如能够稳定存在请说明其磁性。

Li_2　Be_2　B_2　C_2　N_2^+　O_2^{2-}　F_2

10. 比较下列分子或离子的稳定性。

① O_2^+　O_2　O_2^-　O_2^{2-}　O_2^{3-}

② B_2^+　B_2　B_2^-

11. 用分子轨道理论解释为何 N_2 的离解能比 N_2^+ 的离解能大，而 O_2 的离解能却比 O_2^+ 的离解能小？

12. 用分子轨道理论说明 O_2 和 N_2 分别电离生成 O_2^+ 及 N_2^+ 时键长将如何变化？

13. 比较 N_2^+ 和 N_2 核间距的大小，并说明原因。

14. 试用电负性估计下列化学键的极性顺序：

H—Cl　Be—Cl　Li—Cl　Al—Cl　Si—Cl　C—Cl　N—Cl　O—Cl

15. 已知下列分子的偶极矩

HF　6.47×10^{-30} C·m　　HCl　3.60×10^{-30} C·m

HBr　2.60×10^{-30} C·m　　HI　1.27×10^{-30} C·m

设它们的极上电荷分别为 $q(\text{HF})=7.03\times10^{-20}$ C，$q(\text{HCl})=2.83\times10^{-20}$ C，$q(\text{HBr})=1.84\times10^{-20}$ C，$q(\text{HI})=7.89\times10^{-21}$ C。求它们的偶极长度，并比较它们的极性大小。

16. 判断下列分子的极性

He　F_2　HCl　AsH_3　CS_2　H_2S　CCl_4　BBr_3　$CHCl_3$

17. 指出下列各物质之间存在哪些分子间力（包括氢键）：

① 液态水分子间；

② 氨-水分子间；

③ 乙醇-水分子间；

④ 碘-四氯化碳分子间；

⑤ 碘-乙醇分子间；

⑥ 硫化氢-水分子间。

18. 预测下列各组物质的熔、沸点高低：

① CH_4　CCl_4　CBr_4　CI_4

② H_2O　H_2S

③ CH_4　SiH_4　GeH_4

④ He　Ne　Ar　Kr

19. 用分子间力说明以下事实：

① 常温下 F_2、Cl_2 是气体，Br_2 是液体，I_2 是固体；

② HCl、HBr、HI 的熔、沸点依次升高；

③ NH_3 易溶于水，而 CH_4 却难溶于水；

④ 水的沸点高于同族其它氢化物的沸点。

3　晶体结构与性质

在常温常压下，物质主要以气、液、固三种状态存在。仔细观察固体发现，有些固体具有规则的外形，有些则没有。对固体进行 X 射线衍射检测发现，具有规则外形的固体能产生明锐的衍射图案，没有规则外形的固体只产生弥散的花样，如图 3-1 所示。

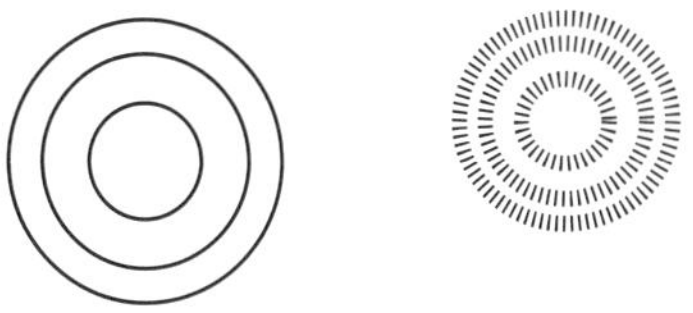
(a) 晶体　　(b) 非晶体

图 3-1　晶体和非晶体的粉末 X 射线衍射图

分析实验结果认为：明锐图案源于固体内部粒子在长距离范围内的有序排列，即长程有序；弥散花样源于固体内部粒子的长程无序。内部具有长程有序的固体称为晶体，而长程无序的固体则称为非晶体（或无定形体）。晶体内部各种粒子排列的长程有序性表现在不同粒子排列的顺序和相对距离都是固定的，在空间存在着排列的周期性和对称性。本章将在原子和分子结构的基础上，讨论晶体内部粒子排列的规律性、结构特征和晶体的特性。

3.1　晶体的形成

晶体内部粒子的有序排列可以用密堆积和键连两种方式来理解。由正负离子、金属原子和非极性分子等粒子形成的晶体，其粒子排列的规律性可以用堆积结构来理解。由共价键、氢键连接而成的晶体，其粒子排列规律性用键连的结构来理解，键连粒子的排列规律由键长和键角来决定。

3.1.1　密堆积形成晶体

原子和简单离子的形状基本为球形对称。金属原子形成金属晶体的最简单假设是等径圆球的密堆积，等径球形金属原子密堆积排列，原子间距离最小，晶体能量最低。正、负离子形成晶体的最简单假设是，等径球形大半径离子密堆积排列，小半径离子填充于大半径离子形成的空隙，正、负离子密切接触，晶体能量最低，正、负离子排列的相对顺序和相对距离都是固定的。

单层等径圆球排列时，以图 3-2 所示的六角规则排列为最密排列。每个球与其周围的六个球密切接触，密排地向二维方向扩展，球的位置记为 A。每三个球围成一个三角形空隙，如图 3-2(b) 所示。两排球形成 B 和 C 两种位置的三角形空隙，如图 3-2(a) 所示。

第二层球开始堆积时，最密堆积的方式有两种：①堆于 B 位之上；②堆于 C 位之上。堆于 B 位之上，C 位必然空置，如图 3-3(a) 所示，反之亦然。B 位之上的一球与 B 位周围的三球形成一个四面体空隙，如图 3-3(b) 所示。空置的 C 位为八面体空隙，如图 3-3(c) 所示。可见，四面体空隙由 4 个堆积球围成，八面体空隙由 6 个堆积球围成，如果在四面体空隙中填入小球，该填充小球周围最临近的大球数（也称配位数）为 4，同理，八面体空隙中小球的配位数为 6。在三维最密堆积中，四面体空隙的数目是所有原子数目的 2 倍，八面体空隙数目等于原子数。

第三层球的最密堆积位置同样有两种：①A 位之上，如图 3-4(a) 所示；②C 位之上，如图3-4(b)所示。堆于A位之上，密排面的堆积层序是ABABAB…形成如图3-5(a)所示的六方密堆积结构；堆于C位之上，堆积层序是ABCABCABC…按图3-5(b)方式从ABCA层抽取14球并倾斜45°，即可形成如图3-5(c)所示的面心立方密堆积结构。在六方和面心立方密堆积中每个球都由同层6个以及上下各3个一共12个球包围，该密堆积大球的配位数为12，原子的空间占有率为74%。

密堆积形成的孔隙体积，按三角形、四面体和八面体顺序依次增大，其中四面体和八面体空隙较大，可以填充小球。若堆积大球半径为R，填充小球半径为r，八面体空隙中的小球半径$r=0.414R$，四面体空隙中的小球半径$r=0.225R$。

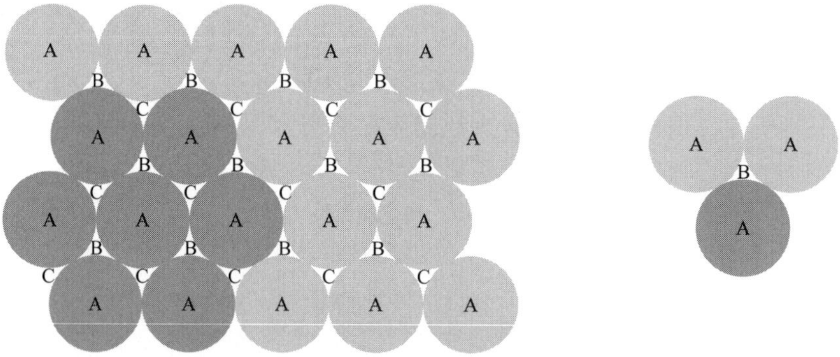

(a) 单层圆球的最密排列　　(b) 三角形空隙

图 3-2　单层圆球的最密排列及其空隙

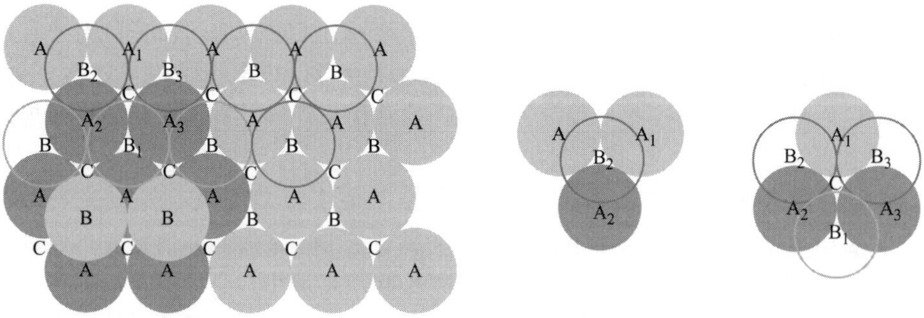

(a) B位之上的第二层圆球密排　　(b) 四面体空隙　　(c) 八面体空隙

图 3-3　第二层圆球的最密排列及其空隙

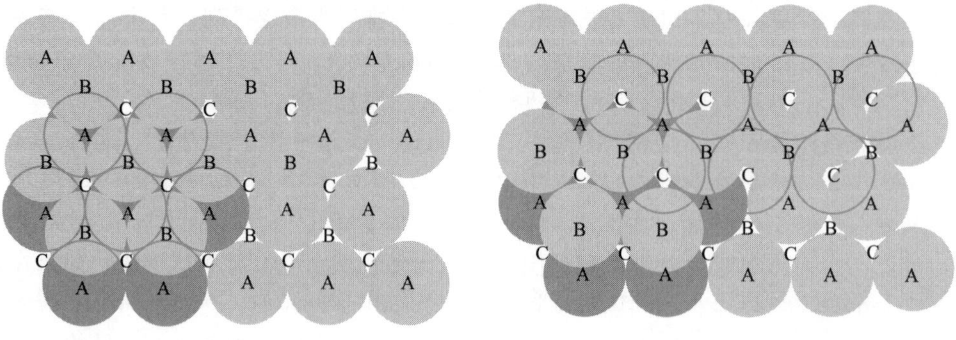

(a) A位之上的第三层圆球密排　　(b) C位之上的第三层圆球密排

图 3-4　第三层圆球的最密排位置

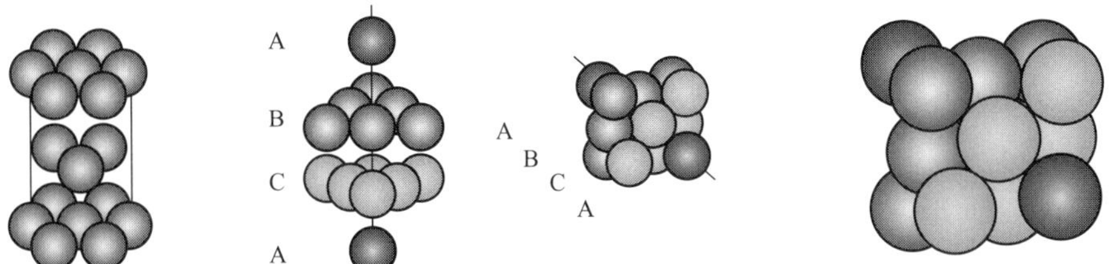

(a) 六方密堆结构　(b) ABC层的排列及倾斜操作　(c) 面心立方密堆结构

图 3-5　两种典型的堆积结构

从图 3-3(c) 可知，八面体空隙由底层三球和第二层三球反向错置围成，其中 B_2B_3 球和 A_2A_3 球形成一个正方形平面（与密排层成一定夹角），B_1 和 A_1 分别置于平面的前后，围成八面体空隙，空隙中可填充小球，小球的配位数为 6。把图 3-3(c) 按一定方向转动并拿去 B_1 和 A_1 且填入小球，即形成图 3-6。图中，$ab=bc=2R$，$ac=2R+2r$；由于△abc 为直角三角形，所以有：

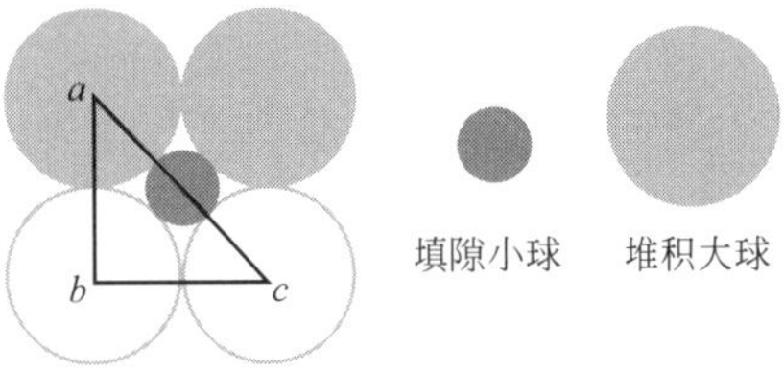

图 3-6　八面体空隙与填隙小球

$$ac^2=ab^2+bc^2$$
$$(2R+2r)^2=(2R)^2+(2R)^2$$
$$r=0.414R$$

四面体空隙中的小球半径 r 与堆积大球半径 R 的关系也是按照类似的几何方法计算获得。图 3-7 是面心立方结构中八面体空隙和四面体空隙的位置。

把等径圆球换成金属原子就是金属晶体的形成方式。把等径圆球换成大半径离子并使小

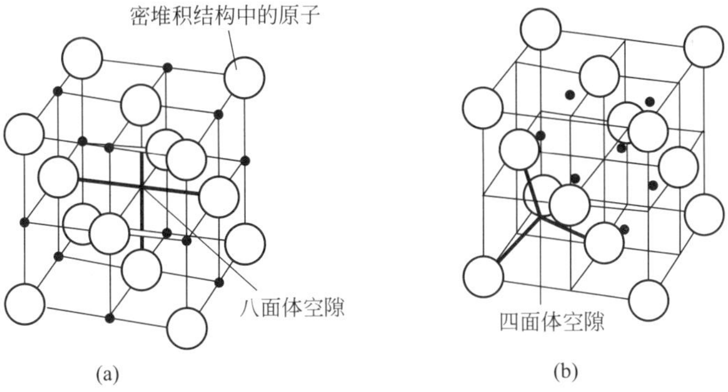

(a)　(b)

图 3-7　面心立方结构中八面体空隙和四面体空隙的位置

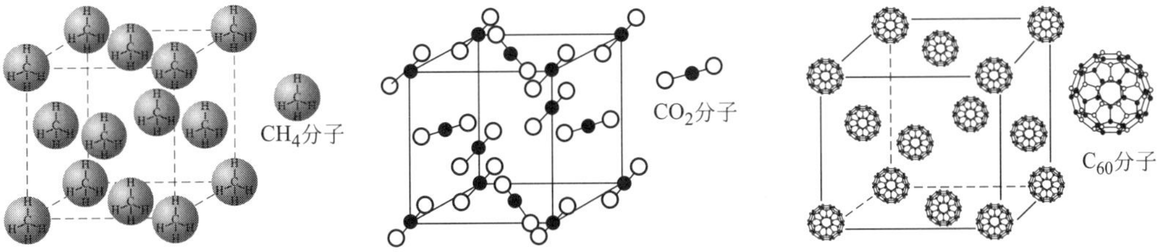

(a) 甲烷　(b) 干冰　(c) C_{60}

图 3-8　甲烷、干冰 CO_2 和 C_{60} 的分子晶体结构

半径离子填入适当的空隙就是多数离子晶体的形成方式。同理，把等径圆球换成非极性分子就是多数非极性分子晶体的形成方式。图 3-8 是甲烷、干冰 CO_2 和 C_{60} 的面心立方分子晶体结构。在分子晶体中，晶格结点上是以共价键结合的分子，晶格结点之间是弱的分子间作用力。

3.1.2 键连形成晶体

当原子以共价键，或分子以氢键的方式有序地向三维空间扩展形成晶体时，粒子排列的有序性就由键角和键长来决定。

金刚石是最典型的四配位键连结构。在金刚石中，每个 C 原子都以 sp^3 杂化轨道分别与最邻近的四个碳原子以共价键连接，如图 3-9(a) 所示。键角决定着原子的排列位置和顺序，键长决定着原子间的相对距离，这种结合方式不断重复形成宏观晶体，晶格结点上是原子，结点之间是强的共价键，因此该类晶体又称为共价晶体，或原子晶体。将图 3-9(a) 以 45° 倾斜，可抽出如图 3-9(b) 所示的晶胞，拿住晶胞中 B 原子自然悬垂即可恢复图 3-9(a)。金刚石晶胞可以看作是两套面心立方嵌套而成，其中一套沿着“体对角线”平移四分之一可与第二套重合。硅、锗等单质都采取这种结构形成晶体。如果两种不同原子分别占据相邻的 A 晶格和 B 晶格，可形成类似金刚石结构的化合物，例如 SiC、闪锌矿 ZnS 和第 13～15（ⅢA～ⅤA）族化合物，如 GaAs 等。

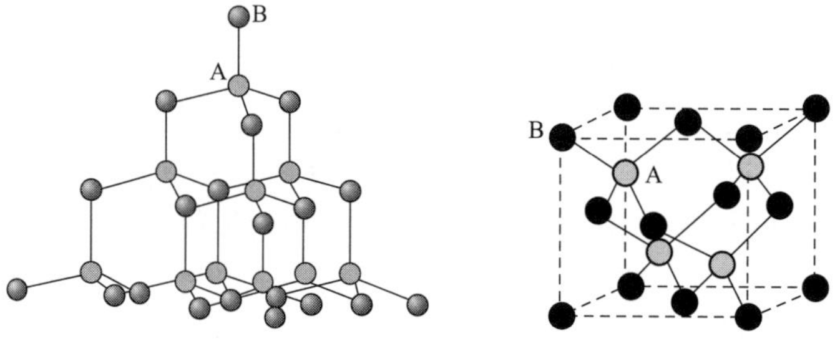

(a) 键连结构　　(b) 晶胞

图 3-9　金刚石的键连结构及其晶胞

石墨是典型的三配位键连结构。石墨晶体中的每个碳原子以 sp^2 杂化轨道与另外三个最邻近的碳原子键连，如图 3-10 所示。120°键角决定着层内碳原子的正六角环排列，键长决定着层内碳原子间的距离为 142pm。六角环向二维方向扩展形成单层。不同单层在范德华力作用下向第三维方向堆叠，扩展成石墨晶体。单层内每个碳原子剩余的一个 p 电子“肩并肩”地在整个片层内形成离域的大 π 键。在石墨晶体中，晶格结点上为 C 原子，结点之间是共价键和范德华力。这种晶格结点之间存在两种或两种以上作用力的晶体称为混合晶体。

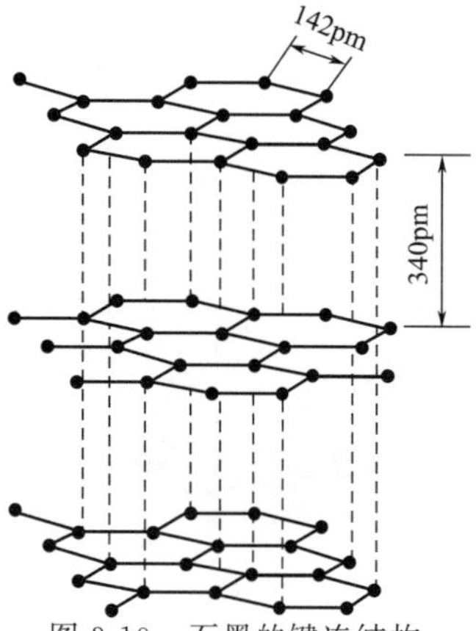

图 3-10　石墨的键连结构

冰是典型的由氢键连接形成的晶体。在冰晶体中，中心 H_2O 分子在自身键角（∠HOH＝104.5°）和分子间氢键键角为 180°的要求下，与最邻近的四个 H_2O 分子以氢键相连，且呈四面体分布，如图 3-11(a) 所示。氢键中的 O—H┄O 呈直线形，分子内 O—H 键长为 100pm，分子间 H┄O 氢键长为 180pm。周围四个 H_2O 分子再按同样的方式向三维扩展形成冰晶体，如图 3-11(b) 所示。分子内键角和分子间的

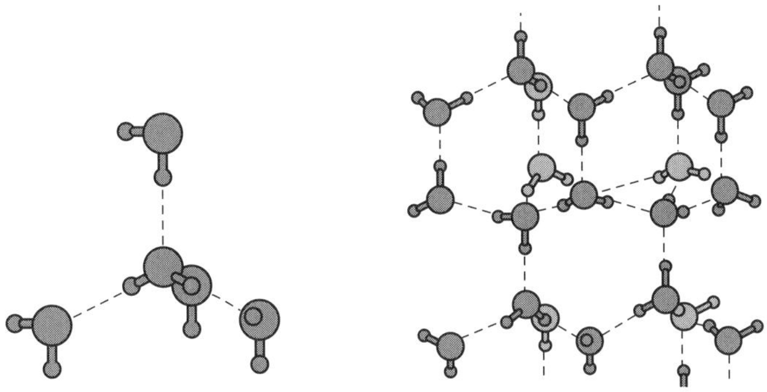

(a) H_2O与邻近四个H_2O以氢键键连　　(b) 冰的晶体结构

图 3-11　水分子间的氢键键连与冰的晶体结构

氢键键角决定着 H_2O 分子的位置和排列顺序，H…O 氢键键长决定着分子间的相对距离，使冰晶体内部粒子呈长程有序排列。

以键连方式形成晶体的例子还很多，例如，单质硼、硼酸、石英、碳化硼、立方氮化硼、氮化铝，以及一些复杂的金属有机配合物晶体等。配合物晶体的结构在配位键或氢键的要求下，按照复杂的有序规律排列形成宏观晶体。要弄清复杂晶体排列的规律性，有必要先对晶体进行抽象。

3.2　晶体、晶格与晶胞

由于不同晶体内部排列的有序性存在着某种共性，空间点阵学说把晶体内部的粒子（原子、分子或离子）抽象成质点，然后让质点成行成列地排列。把排列结果叫点阵，点与点连接形成的格子（如图 3-12 所示）叫晶格，质点所占据的位置叫晶格结点。

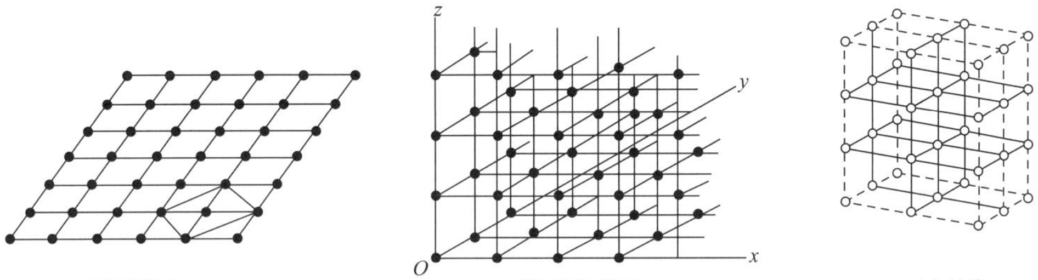

(a) 平面格子　　(b) 空间格子　　(c) 晶格

图 3-12　格子与晶格

由于晶格只是不断重复着的某种有序排列，因此，只需从中抽出一个基本单元就可以了解整个晶格的排列规律，这个基本单元就是晶胞。晶胞是由若干个粒子组成的六面体，它包含了晶格的全部信息。晶胞在空间不断重复形成宏观晶体。所以，整个晶体的结构和性质是由晶胞的大小、形状和组成（原子、分子或离子）决定的。

晶胞六面体有三个边长 a、b、c 和由三个边长形成的夹角 α、β、γ，这六个数值称为晶胞参数。按照晶胞参数的不同，把晶体分为七种类型，称为七大晶系，见图 3-13 和表 3-1。七大晶系晶体的对称性各不相同，其中对称性最高的是立方晶系，对称性最低的是三斜晶系。

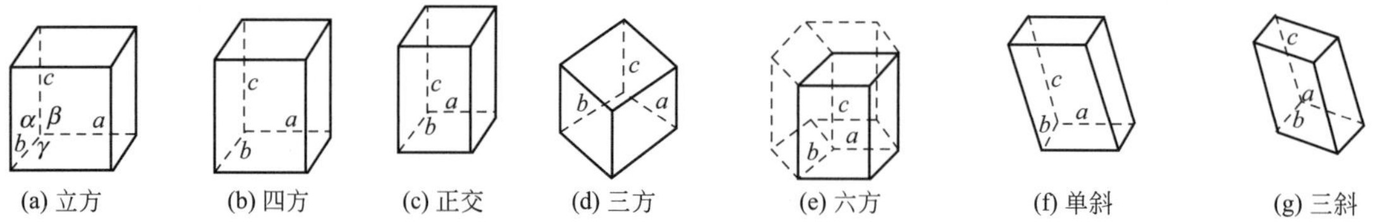

图 3-13 七种晶胞

表 3-1 七大晶系

晶　系	边长	夹　角	晶体实例
立方(cubic)	$a=b=c$	$\alpha=\beta=\gamma=90°$	Cu, NaCl
四方(tetragonal)	$a=b\neq c$	$\alpha=\beta=\gamma=90°$	Sn, SnO_2
正交(rhombic)	$a\neq b\neq c$	$\alpha=\beta=\gamma=90°$	I_2, $HgCl_2$
三方(rhombohedral)	$a=b=c$	$\alpha=\beta=\gamma\neq 90°$	Bi, Al_2O_3
六方(hexagonal)	$a=b\neq c$	$\alpha=\beta=90°, \gamma=120°$	Mg, AgI
单斜(monoclinic)	$a\neq b\neq c$	$\alpha=\gamma=90°, \beta\neq 90°$	S, $KClO_3$
三斜(triclinic)	$a\neq b\neq c$	$\alpha\neq\beta\neq\gamma\neq 90°$	$CuSO_4\cdot 5H_2O$

根据晶胞是否有“心”，七大晶系又分为十四种晶格，如图 3-14 所示。图 3-14 中的符号 *P*、*I*、*F* 和 *C* 分别表示不带心的“简单”和带心的“体心”、“面心”与“底心”晶格。符号“*R*”及“*H*”分别是“斜方或菱形”及“六方”的英文名称的第一个字母。

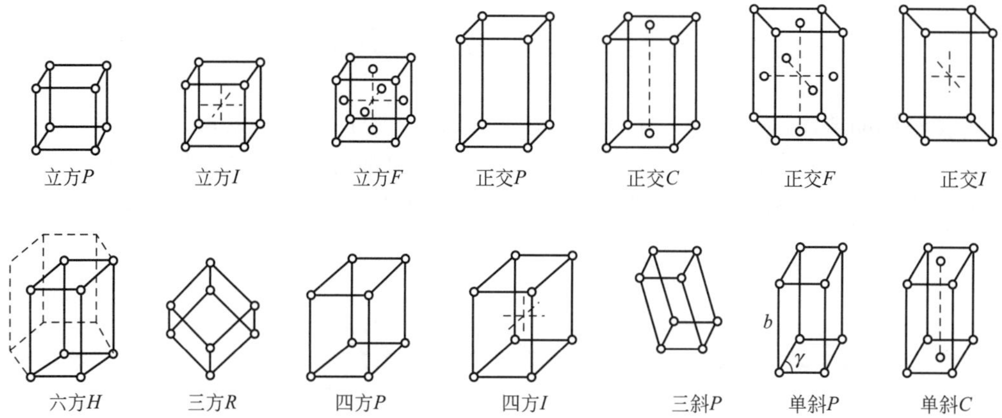

图 3-14 十四种可能的晶格

实验证明，几乎所有晶体的内部排列方式都属于七大晶系十四种晶格中的一种，且具有不同程度的对称性。以密堆积形成的金属晶体，属于对称性较高的立方和六方晶系。以键连方式形成的晶体，由于受键角的影响，晶体的对称性有高、有低。研究晶胞包含的粒子数、晶格结点上粒子的种类及其结点间的作用力可以确定晶体的化学式和晶体的类型。

3.3 晶胞、粒子与晶体类型

由于晶体是由晶胞在空间不断重复而成，因此晶胞包含了晶体的全部信息。晶胞包含的粒子数决定着晶体的化学式，晶胞中粒子的种类决定着晶体的基本类型。

3.3.1 晶胞中的粒子数与晶体化学式

一个晶胞包含 6 个面、8 个顶点和 12 条棱。位于晶胞内部的粒子完全属于该晶胞。位于一个面心的粒子为两个晶胞共有，对该晶胞的贡献只有$\frac{1}{2}$。位于棱上的一个粒子为四个晶胞共有，对该晶胞的贡献为$\frac{1}{4}$。位于一个顶点的粒子为八个晶胞共有，对该晶胞的贡献是$\frac{1}{8}$，如图 3-15 所示。

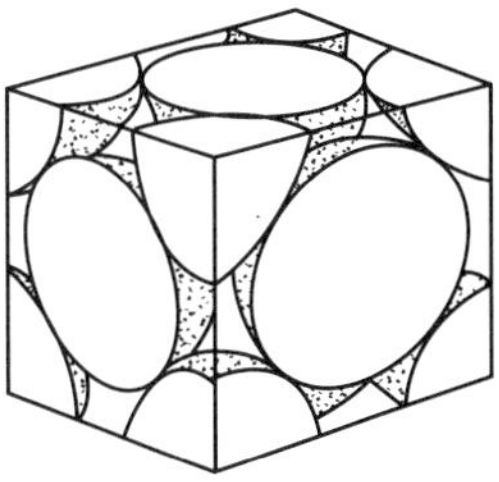

图 3-15 面心立方晶胞中被共享的顶点和面心

在面心立方晶胞中，八个顶点的粒子对该晶胞的贡献相当于$\frac{1}{8}\times 8=1$个，六个面心的粒子贡献相当于$\frac{1}{2}\times 6=3$个，每个面心立方晶胞包含的粒子数为 4。在体心立方晶胞中，位于体心的粒子完全属于该晶胞，如图 3-16(a) 所示，加上 8 个顶点，每个晶胞包含的粒子数是 2。简单立方所含有的粒子数就只有 1，如图 3-16(b) 所示。根据上述计算原则可以确定晶体（特别是多元素组成晶体）的化学式，例如，NaCl 晶胞（如图 3-17 所示），Cl^- 位于面心立方位置，一个晶胞含有 4 个 Cl^-，Na^+ 位于 12 条棱的中心以及晶胞体心，一个晶胞含有$\left(\frac{1}{4}\times 12+1\right)$4 个钠离子，$Cl^-$ 与 Na^+ 的比例为 4∶4，化学式为 NaCl。

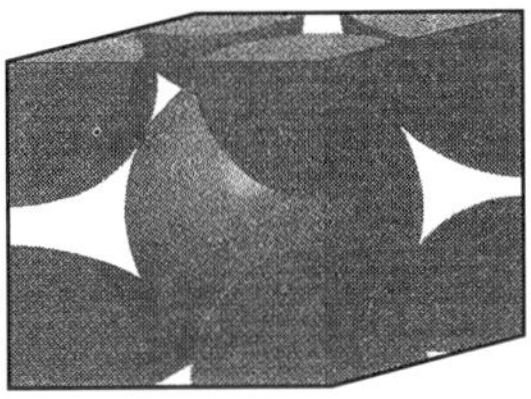

(a) 体心立方晶胞

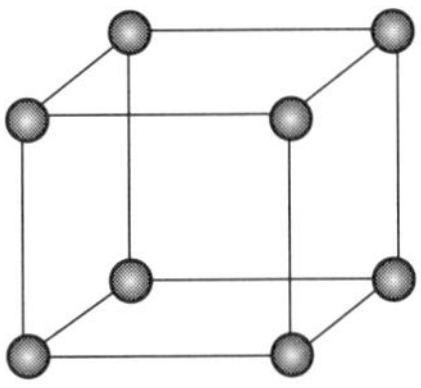

(b) 简单立方晶胞

图 3-16 体心和简单立方晶胞

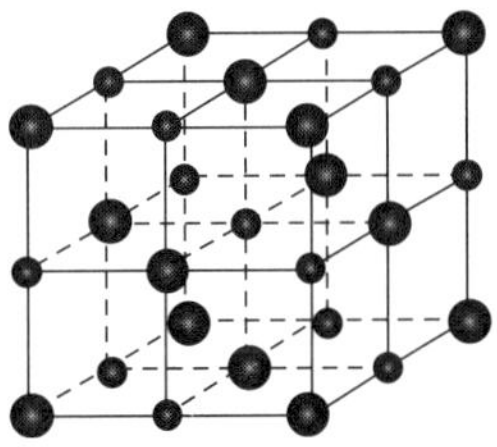

图 3-17 氯化钠型晶胞

3.3.2 粒子的种类与晶体的类型

根据晶胞中粒子种类以及粒子之间相互作用力的类型，可以确定晶体类型，即晶体是原子晶体、离子晶体、金属晶体，还是分子晶体。表 3-2 为晶体的基本类型。

表 3-2 晶体的基本类型

类　型	结点粒子	结点间的作用力	实　例
原子晶体	原子	共价键	C(金刚石)，SiC，SiO_2(石英)
离子晶体	正、负离子	离子键	NaCl，MgO，$NaNO_3$
金属晶体	阳离子和离域电子	金属键	Na，Mg，Al，Fe，Sn，Cu，Ag，W
分子晶体Ⅰ	原子，非极性分子	色散力	He，H_2，CO_2，CCl_4，CH_4，I_2，C_{60}
分子晶体Ⅱ	极性分子	色散力，偶极间作用力	$(CH_3)_2O$，$CHCl_3$，HCl
分子晶体Ⅲ	含氢键分子	氢键	H_2O，NH_3，HF，CH_3COOH

由于原子晶体的晶格结点之间是极强的共价键，破坏这种键，需要很高的能量，因此原子晶体的熔点极高，硬度极大。

分子晶体的晶格结点之间只是弱的范德华力，因此，分子晶体一般熔点很低，硬度很小，极易挥发。即使是稍强的氢键，比起共价键和离子键，它们也要弱得多，因此，氢键形成晶体的熔点、硬度比普通分子晶体大一些，但比原子晶体和离子晶体要小。金属晶体和离子晶体性质分别在 3.4 节和 3.5 节专门介绍。

3.4 金属晶体

3.4.1 金属晶体的结构

把图 3-5(a)、(c) 中的等径圆球换成金属原子，就是常见金属晶体的形成方式。然而，某种金属究竟是采取六方还是面心立方密堆积，则受元素的性质、相邻原子间的相互作用以及原子轨道在某些方向上的残存影响等多种因素影响。实际金属的密堆积也并不总是完全按照 ABAB…或 ABCABC…的规则进行排列。金属在由液体凝固形成晶体时，也可能按照 ABACBABC…随机的或更复杂的方式进行堆叠排列。即使是由密堆积排列形成的金属晶体，在升高温度时由于原子的大幅振动也会使密堆积变得松散形成非密堆积结构。

体心立方是最常见的非密堆积金属结构，如图 3-18(c) 所示。与六方密堆积和面心立方密堆积中原子配位数为 12 不同，体心立方结构中的金属原子配位数为 8，晶胞中原子的空间占有率为 68%，比密堆积中原子的空间占有率 74%要小。简单立方是最不常见的非密堆积结构，如图 3-18(d) 所示，每个原子的配位数仅为 6。α-Po 是标准状态下具有简单立方结构的唯一例子。

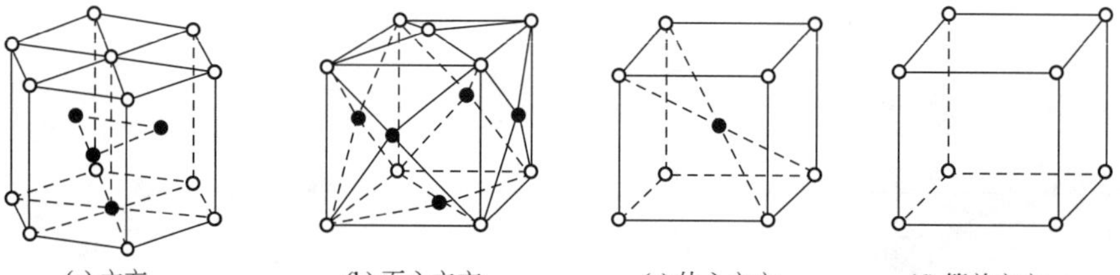

图 3-18 四种典型晶胞

更复杂的金属结构可以看作是上述各种结构的微小畸变，例如，白锡晶体中原子就是按照畸变的八面体进行排列。这种畸变可能源于同一密排层内原子之间较强的成键作用，使层内原子结合紧密，而把邻层原子挤到较远的位置，从而发生畸变。表 3-3 列出一些金属单质所属的晶格类型。

表 3-3 一些金属单质的晶格类型

晶体类型	配 位 数	金属单质
六方	12	Mg,Ca,Co,Ni,Zn,Cd 及部分镧系金属等
面心立方	12	Ca,Al,Cu,Au,Ag,γ-Fe 等
体心立方	8	Ba,Ti,Cr,Mo,W,α-Fe 等
简单立方	6	α-Po

3.4.2 金属键

使金属原子采取堆积方式形成宏观晶体的作用力是金属键。关于金属键的本质，一个重要的描述认为：金属原子的价电子容易脱离金属原子，在整个金属晶格中自由运动成为自由电子。自由电子能把金属离子紧密地键合在晶格结点上形成金属晶体，晶格结点上的金属离子处于自由电子形成的“电子海”中。

关于金属键的更为正式的量子力学描述是，把晶体看作由无限个原子组成的大分子，每个原子在形成晶体时都提供原子轨道。多条原子轨道重叠形成能级密集的分子轨道，这些分子轨道组成一个具有一定能量范围的连续能带。不同类型原子轨道（例如 s、p 或 d 轨道）

形成不同能量范围的能带，能带之间由带隙分开。带隙是没有任何轨道存在的能量区间，如图 3-19 所示。

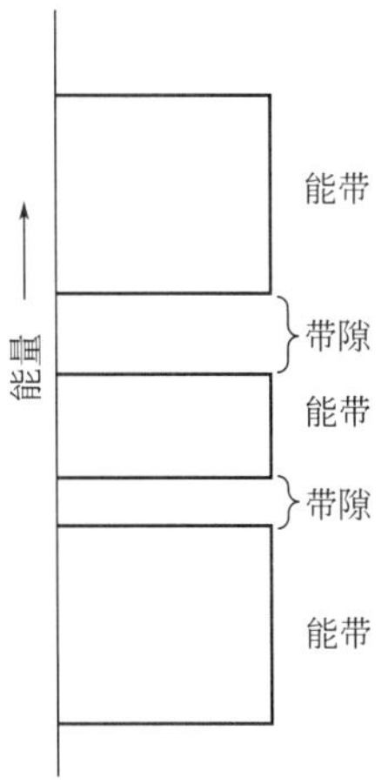

图 3-19　表征晶体电子结构的能带

下面用一条金属原子链来说明能带的形成。假设链中每个原子都有一个 s 轨道与最邻近原子的 s 轨道重叠。如果该原子链上只有两个原子，就形成 2 个分子轨道，其中 1 个是成键轨道，1 个是反键轨道；如果该链中有 3 个原子，会形成 3 个分子轨道，其中 1 个是非键轨道；如果链上有 4 个原子，应该形成 2 个成键轨道，2 个反键轨道；依次类推，每增加 1 个原子就增加 1 个分子轨道。若链上有 N 个原子且 N 趋于无穷大时，会形成 N 个分子轨道，这 N 个分子轨道组成一个能带，且该能带的总宽度保持有限值，如图 3-20 所示。

在该能带中，以任何相邻原子间都不存在"节面"方式形成的那个分子轨道能量最低，如图 3-21 所示；以任何相邻原子间都存在"节面"方式形成的那个分子轨道能量最高，其余由低到高依次是含有 1 个、2 个、3 个……节面的一系列分子轨道，其能量处于上述两种极端情况之间。能带中的这些分子轨道离域地处于整个晶体中。能带的总宽度取决于相邻原子相互作用的强度，相互作用越强，宽度越宽。由此可见，不论能带中分子轨道有多少，分子轨道能级只能在有限宽度范围内分布，见图 3-20。因此，当 N 趋于无限大时，能带中的相邻分子轨道间的级差只能趋于零，因而形成能带。全部由 s 轨道相互重叠形成的能带称为 s 带，全部由 p 轨道形成的能带称为 p 带，同理全部由 d 轨道形成的能带是 d 带。在相同原子的同一电子层中，ns、np 和 nd 轨道的能量依次升高，对应于晶体中的 s 带、p 带和 d 带能量也依次升高。

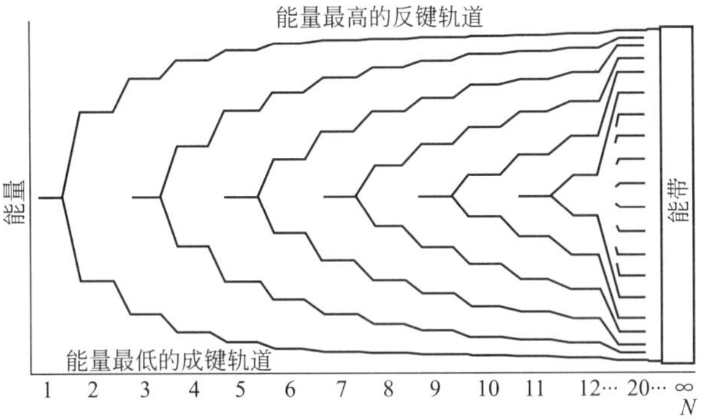

图 3-20　由 N 个原子轨道形成的 N 个分子轨道及能带

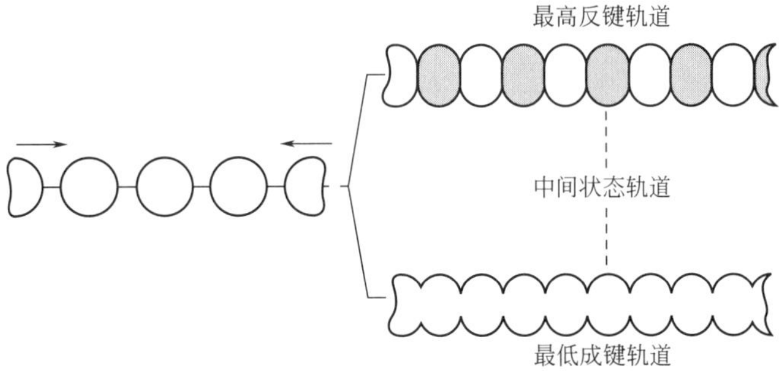

图 3-21　由 N 个 s 轨道形成的 N 个分子轨道及其能级顺序

在温度 $T=-273℃$时，电子按照排布原理填入能带中的各个能级，如果每个原子的 s 轨道中只有 1 个电子，晶体的 s 带中只有 $N/2$ 个能级被填满，其中最高被占轨道的能级就是 Fermi 能级，它大致位于 s 带的中部，如图 3-22 所示。这个未填满的 s 带又称为导带，因为导带上的电子只要吸收微小的能量就能跃迁到带内能量稍高的空轨道上，使得金属具有

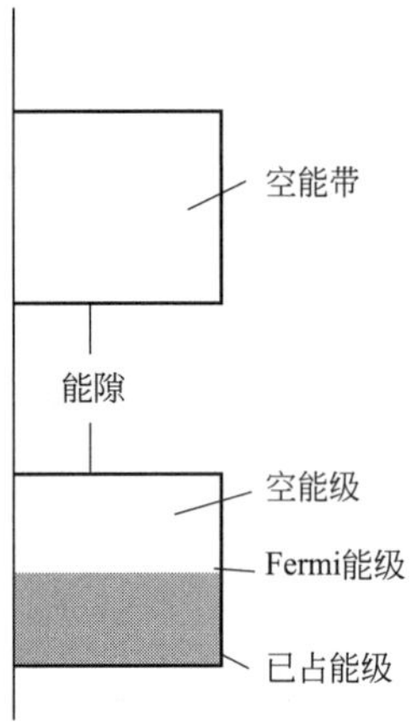

图 3-22　−273℃时 $N/2$ 个被占据的能级以及 Fermi 能级的位置

导电和导热作用。形成金属晶体时，由于电子首先布入能带中能量较低的分子轨道，其总能量低于未成键的原子轨道能量总和，因此晶体是稳定的。可见存在于整个金属晶体中的离域的共价键就是金属键本质，该理论就是金属键的能带理论。与普通共价键不同，金属键没有饱和性和方向性，属于改性共价键。能带理论也可以阐述其他晶体的导电性。

不同能带的能量高低有别，能带之间可能会出现能隙（也称为带隙），如图 3-23(a) 所示，s 带和 p 带之间存在带隙。但是，如果 s 带和 p 带都比较宽，而且原子中 s 轨道和 p 轨道能级相近，两个能带就有可能重叠，如图 3-23(b) 所示，实际情况也会如此。

当电子在 −273℃ 条件下按照排布原理布入能带中各分子轨道时，除了出现如图 3-22 所示能带半满的情况外，还有可能出现能带全满或全空的情况。如果能带被全部填满，则该能带称为满带，如果能带全空则称为空带。满带和空带之间的带隙又称为禁带。如果满带和空带相重叠［如图 3-23(b) 所示］，该固体仍然是导电的金属。如果满带和空带之间存在带隙，根据带隙宽度从大到小的顺序，固体会分别表现为绝缘体和半导体，例如，金刚石的带隙为 5.47eV 为绝缘体，α-TiO_2 和单质 Si 的带隙分别为 3.4eV 和 1.12eV，都是半导体。对于半导体，当温度高于 −273℃，少量电子会被激发到空带中并在空带的能级中自由运动，表现出一定的导电性，温度升高被激发的电子数增加，导电性增大。对于绝缘体，由于带隙太宽，电子不易被激发，因此不导电。

尽管升高温度会提高半导体的导电能力，但其导电能力与金属相比，还是低得多，图 3-24 是金属、半导体和超导体的电导率随温度变化的情况。

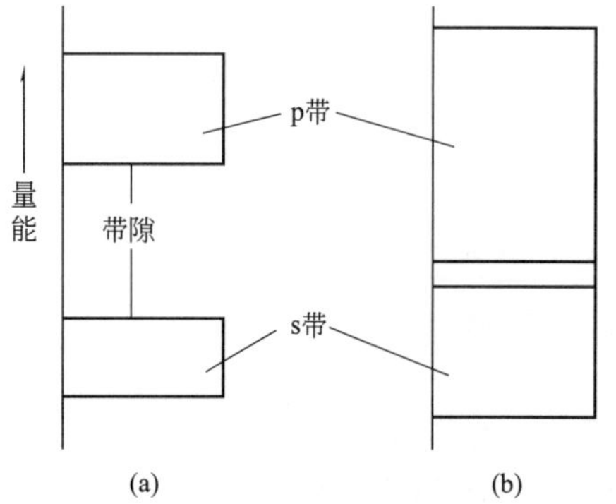

图 3-23　s 带、p 带及其带隙（a）和变宽的 s 带、p 带及其重叠（b）

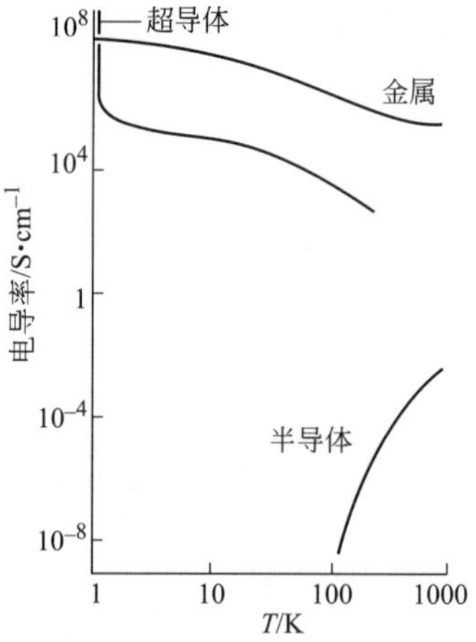

图 3-24　金属、半导体和超导体的电导率随温度的变化

3.5　离子晶体、离子键

3.5.1　离子晶体的结构特征

把图 3-5(c) 中的等径圆球换成大半径离子（负离子，半径为 r_-），在四面体或八面体

孔隙中填入小半径异号离子（正离子，半径为 r_+），就是常见离子晶体的形成方式。正离子填入四面体空隙意味着其配位数为 4，填入八面体空隙其配位数为 6，因此形成不同结构类型的离子晶体。正、负离子的相对大小决定着正离子所填空隙的种类。当 $r_+=0.414r_-$ 时，正离子进入八面体空隙，正、负离子直接接触，负离子也两两接触，晶体结构稳定，此时正离子的配位数为 6，对于 AB 型晶体，负离子的配位数也是 6。NaCl 是该类晶体的典型代表，该类晶体也称为 NaCl 型晶体，如图 3-17 所示。当 $r_+>0.414r_-$，虽然负离子接触不良，但是正、负离子能密切接触，如图 3-25(a) 所示，结构依然稳定，晶体仍为 NaCl 型。

当 $r_+>0.732r_-$ 时，正离子周围可以容纳更多的负离子，使负离子可以按简单立方的方式进行排列，正离子位于体心位置，此时正离子的配位数转为 8，同时负离子配位数也为 8，如图 3-26 所示，该类晶体称为 CsCl 型。

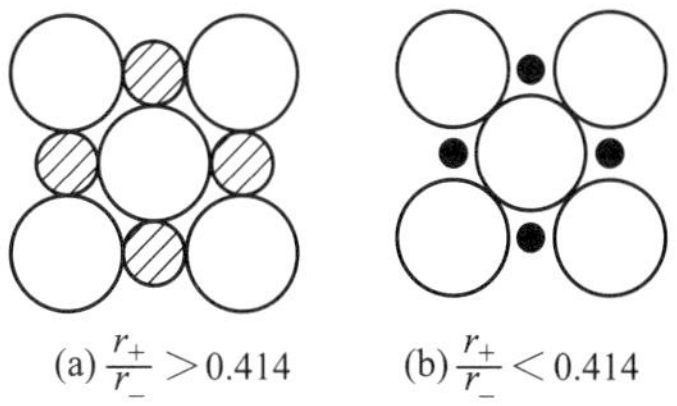

图 3-25 半径比与配位数的关系

如果 $r_+<0.414r_-$，就会出现负离子相互接触，而正、负离子接触不良，如图 3-25(b) 所示，由于负离子间的排斥作用使结构不稳定，迫使正离子进入四面体空隙。由于晶胞中四面体空隙位数是堆积离子数的 2 倍，当离子晶体为 AB 型时，只有半数四面体空隙被正离子填充，如图 3-27 所示，该类晶体又称为 ZnS 型。

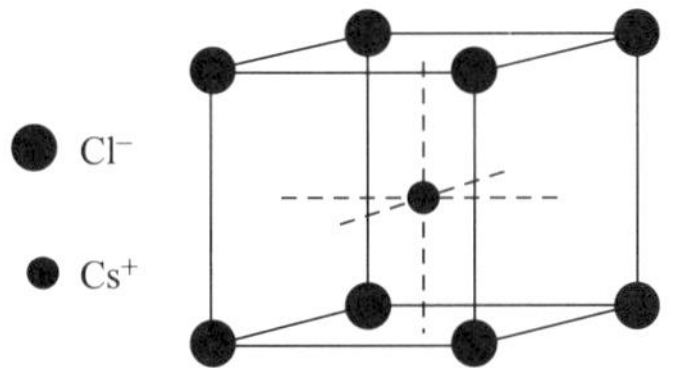

图 3-26 氯化铯型晶胞

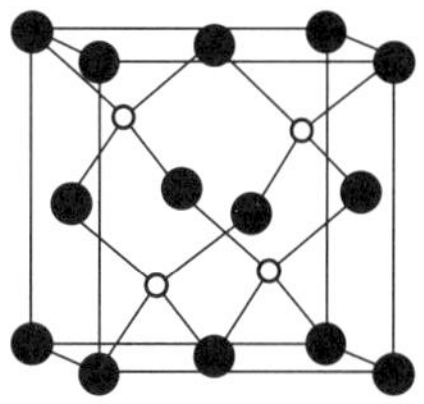
图 3-27 硫化锌型晶胞

综上所述，比较正、负离子的相对大小可以粗略地判定离子晶体的结构类型。表 3-4 列出了 AB 型离子型化合物的离子半径和配位数的关系，也称半径比规则。可见，离子半径是研究离子晶体结构的重要参数。

表 3-4 AB 型离子型化合物离子半径与配位数的关系

r_+/r_-	0.225～0.414	0.414～0.732	0.732～1.00
配位数	4	6	8

3.5.2 离子半径

由于电子云的分布没有一个明确的界面，因此无法准确地确定离子的半径。一般所了解的离子半径是：离子晶体中正、负离子的核间距是正、负离子的半径和，即 $d=r_++r_-$，如图 3-28 所示。核间距 d 的数值可以通过晶体的 X 射线衍射实验测定。这样只要知道其中一个离子半径，就可求出另一个离子半径。1927 年，鲍林根据原子核对外层电子的作用推算出一套离子半径数据，这是目前最常用的离子半径数据。表 3-5 列出了鲍林的离子半径数据。

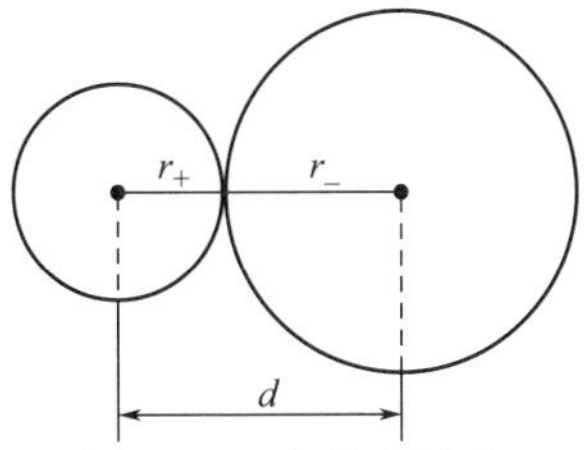

图 3-28 离子半径和核间距的关系

要注意的是，离子晶体的结构类型不同，配位数不同，正、负离子的核间距也会不同。通常以配位数为 6 的 NaCl 型作为标准，对其余结构类型离子晶体的半径要做一定的校正。当配位数为 12、8、4 时，这些数据应分别乘以 1.12、1.03、0.94。例如，CsI 晶体属 CsCl 型，配位数为 8。Cs^+ 和 I^- 的离子半径和为 385pm，乘以 1.03 后为 396.6pm，与实验测得 CsI 晶体的离子间距离为 396pm 基本一致。

表 3-5　鲍林离子半径/pm

离子	半径	离子	半径	离子	半径	离子	半径	离子	半径	离子	半径
H^-	208	Al^{3+}	50	Ti^{3+}	69	Cu^+	96	Y^{3+}	93	I^-	216
Li^+	60	Si^{4-}	271	Ti^{4+}	68	Zn^{2+}	74	Zr^{4+}	80	I^{7+}	50
Be^{2+}	31	Si^{4+}	41	V^{2+}	66	Ga^{3+}	62	Nb^{5+}	70	Cs^+	169
B^{3+}	20	P^{3-}	212	V^{5+}	59	Ge^{4+}	53	Mo^{6+}	62	Ba^{2+}	135
C^{4-}	260	P^{5+}	34	Cr^{3+}	64	As^{3-}	222	Ag^+	126	Au^+	137
C^{4+}	15	S^{2-}	184	Cr^{5+}	52	As^{3+}	47	Cd^{2+}	97	Hg^{2+}	110
N^{3-}	171	S^{6+}	29	Mn^{2+}	80	Se^{2-}	198	In^{3+}	81	Tl^+	144
N^{5+}	11	Cl^-	181	Mn^{7+}	46	Se^{6+}	42	Sn^{4+}	71	Tl^{3+}	95
O^{2-}	140	Cl^{7+}	26	Fe^{2+}	75	Br^-	195	Sb^{3-}	245	Pb^{2+}	121
F^-	136	K^+	133	Fe^{3+}	60	Br^{7+}	39	Sb^{5+}	62	Pb^{4+}	84
Na^+	95	Ca^{2+}	99	Co^{2+}	72	Rb^+	148	Te^{2-}	221	Bi^{5+}	74
Mg^{2+}	65	Sc^{3+}	81	Ni^{2+}	70	Sr^{2+}	113	Te^{3+}	56		

从表 3-5 可以看出离子半径相对大小的规律：①周期表中，具有相同电荷数的同族离子的半径依次增大。同一周期中阳离子电荷数越大，它的半径越小；阴离子电荷数越大，其半径越大。②阳离子的半径小于其相应的原子半径；阴离子半径大于其相应的原子半径。例如，钠原子的半径为 186pm，而钠离子（Na^+）的半径为 95pm；氯原子半径为 99pm，而氯离子（Cl^-）的半径为 181pm。③同种元素离子的半径随离子电荷代数值增大而减小。例如，S^{2-}、S^{4+}、S^{6+} 的半径分别为 184pm、37pm、29pm。

虽然可以根据离子半径比来推测 AB 型离子晶体的结构类型和配位数，但使用半径比规则时还要注意：①当离子化合物的半径比值接近于两个极限值（0.723 或 0.414）时，该物质可能同时具有两种晶体类型。②在某些情况下，配位数可能与正、负离子的半径比不一致，例如 RbCl 晶体，其 $r_+/r_-=0.82$，理论上的配位数应该是 8，实际上它是 NaCl 型的，配位数为 6，这时应尊重实验事实。③离子晶体的类型还与外界条件有关。④由于一般离子键或多或少带有某些共价键成分，因此，严格地说，半径比规则只适用于典型的离子型晶体。可见离子键的本质对于我们理解离子晶体结构至关重要。

3.5.3　离子键和离子晶体的性质

3.5.3.1　离子键的本质

在离子键的模型中，可以近似地把正、负离子视为球形电荷。这样，只要空间允许，每个离子周围会尽可能多地吸引异号离子。但是，异号离子之间除了有静电吸引力之外，还存在电子与电子、原子核与原子核之间的斥力，斥力和引力共同作用，使每个离子都处于一个平衡位置，这时体系能量最低，因此，离子键的特征是既没有方向性也没有饱和性。

离子键的强弱通常用晶格能❶的大小来衡量。晶格能是指在标准状态下，拆开单位物质的量的离子晶体，使其变为无限远离的气态离子时，系统所吸收的能量。晶格能越大，离子键越牢固。表 3-6 列出一些离子晶体的晶格能和对应的物理性质。从表3-6中的数据可以看出，对晶体结构相同的离子化合物，离子电荷数越多、核间距越短，晶

❶ 有些书中把晶格能定义为：标准状态下，由气态阳离子和气态阴离子结合成单位物质的量的离子晶体放出的能量称为晶格能。使用时注意晶格能的定义。

格能就越大，熔化或破坏离子晶体时消耗的能量就越大，相应的熔点就较高，硬度也较大。

表 3-6 晶格能与物理性质

NaCl 型晶体	NaI	NaBr	NaCl	NaF	BaO	SrO	CaO	MgO
离子电荷	1	1	1	1	2	2	2	2
核间距/pm	311	290	276	231	275	253	239	205
晶格能/kJ · mol^{-1}	704	747	785	923	3054	3223	3401	3791
熔点/℃	661	747	801	993	1918	2430	2614	2852
硬度(金刚石=10)	—	—	2.5	2～2.5	3.3	3.5	4.5	5.5

3.5.3.2 离子晶体的性质

离子晶体的熔点一般较高，硬度较大，而且难以挥发。这是因为离子键的强度比较大，破坏离子晶体需要较多的能量。

在离子晶体中，正、负离子处于相对固定的位置，没有可自由移动的带电离子，因此，离子晶体不导电（有缺陷的离子晶体除外）。但当离子晶体溶于水或处于熔融态时，正、负离子可以自由迁移，这时就可以导电。

离子晶体一般比较脆。这是因为，当离子晶体物质受到机械力作用时，晶体结点上离子发生相对位移，原来异号离子相间的稳定排列状态，就会转变为同号离子接触的排斥状态，晶体结构就遭到破坏。

离子晶体物质一般易溶于水。这是因为离子容易与众多的极性水分子形成水合离子并放出热量，放出的热量可以补偿破坏离子晶体所需要的能量。但是，当离子键很强或者离子键带有比较多的共价性成分时，离子晶体在水中的溶解度就会比较小。离子键中的共价性成分来源于离子的极化作用和变形性。

3.6 离子的极化

3.6.1 离子的极化作用和变形性

当把正、负离子近似地看作是孤立的球形电荷，其正、负电荷的中心是重合的，如图 3-29 所示的未极化离子。实际上，离子晶体中的离子都是处在其他离子产生的电场中，因而产生不同程度的变形，使正、负电荷中心不再重合，如图 3-29 所示。

一般来说，阳离子半径小，外层电子少，具有较高的正电荷，它会对相邻的阴离子起诱导作用，使之变形，这种作用叫做离子的极化作用，简称为离子极化。阴离子半径大，在外层上有较多的电子，在被诱导过程中容易变形，产生临时的诱导偶极，这种性质通常称为离子的变形性，如图 3-29 所示。另外，如果阳离子容易变形的话（如 18 电子、18+2 电子、9～17电子构型的大半径、低电荷阳离子），阴离子中产生的诱导偶极会反过来诱导阳离子，使阳离子也产生偶极。由此，阴、阳离子之间会产生额外的吸引力，又称为附加极化作用，如图 3-29 所示。具有离子极化作用，特别是还具有附加极化作用的正、负离子会靠得更近，有可能使正、负离子的电子云发生重叠，于是离子键带有了共价键成分，

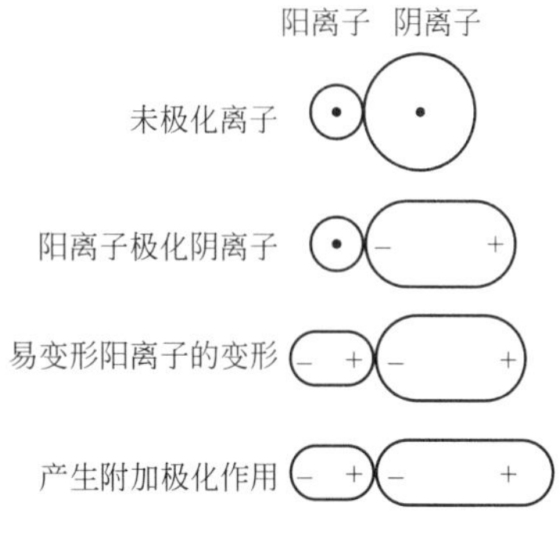

图 3-29 未极化离子、离子极化和离子附加极化作用示意图

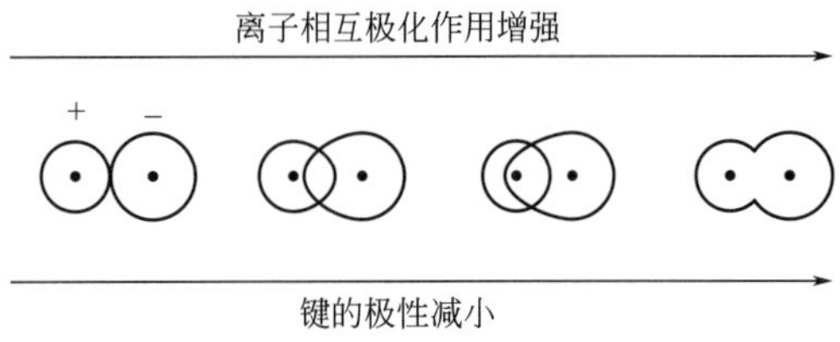

图 3-30　由离子键向共价键的过渡

甚至形成共价键。因此，离子键和共价键之间没有严格的界限，两者之间有一系列的过渡，如图 3-30 所示。

离子晶体中共价键成分的大小与形成离子晶体的元素的电负性差值有关，电负性差值越小，离子键中的共价性成分就越多。表 3-7 列出了单键的离子性百分数与电负性差值之间的关系。

表 3-7　单键的离子性百分数与电负性差值之间的关系

$\chi_A-\chi_B$	0.2	0.4	0.6	0.8	1.0	1.2	1.4	1.6	1.8	2.0	2.2	2.4	2.6	2.8	3.0	3.2
离子性成分/%	1	4	9	15	22	30	39	47	55	63	70	76	82	86	89	92

并不是所有离子都具有同等程度的极化作用和变形性。一般来说，阳离子主要表现为对阴离子的极化作用，阴离子主要表现为自身的变形性。下面分别进行讨论。

3.6.1.1　离子的极化作用

① 离子的正电荷越多，半径越小，离子的极化作用越强。如 $Ba^{2+}<Mg^{2+}$，$La^{3+}<Al^{3+}$，$Mg^{2+}<Al^{3+}$。

② 当离子电荷相同，半径相近时，不同外围电子构型的离子极化作用的相对大小如下：具有 18 电子（如 Cu^{+}、Ag^{+}、Hg^{2+} 等）、(18+2) 电子（如 Sn^{2+}、Pb^{2+}、Bi^{3+} 等）以及 2 电子构型的离子（如 Li^{+}、Be^{2+}）具有强的极化能力；(9～17) 电子构型的离子（如 Fe^{2+}、Cu^{2+}、Mn^{2+} 等）次之；8 电子构型的离子（如 Na^{+}、K^{+}、Ca^{2+}、Mg^{2+} 等）极化能力最弱。

③ 复杂阴离子的极化作用通常较小，但电荷高的复杂阴离子也有一定的极化作用，如 SO_4^{2-}、PO_4^{3-} 等。

3.6.1.2　离子的变形性

① 电子层结构相同的离子，其半径越大，变形性越大，例如：

$$Li^{+}<Na^{+}<K^{+}<Rb^{+}<Cs^{+};\ F^{-}<Cl^{-}<Br^{-}<I^{-}$$

② 电子层结构相同的离子，正电荷越高的阳离子变形性越小，例如：

$$Si^{4+}<Al^{3+}<Mg^{2+}<Na^{+}<Ne<F^{-}<O^{2-}$$

③ (9～17) 电子、18 电子和 (18+2) 电子构型的阳离子，其变形性比半径相近的 8 电子构型阳离子要大得多。

④ 复杂负离子，虽然有较大的半径，但由于离子内部原子间相互结合紧密并形成了对称性极强的原子团，它们的变形性通常不大。现将一些负离子按照变形性增加的顺序排列，同时与水分子进行比较。

一价负离子：$ClO_4^{-}<F^{-}<NO_3^{-}<H_2O<OH^{-}<CN^{-}<Cl^{-}<Br^{-}<I^{-}$

二价负离子：$SO_4^{2-}<H_2O<CO_3^{2-}<O^{2-}<S^{2-}$

综上所述，最容易变形的是体积大的简单负离子，以及 18 电子和 (18+2) 电子构型的低电荷正离子；最不容易变形的是半径小、电荷数多的 8 电子构型的正离子。离子极化对物质的结构和性质具有一定的影响。

3.6.2 离子极化对物质结构和性质的影响

正、负离子在形成离子化合物时，如果相互间完全没有极化作用，那么它们将会形成纯粹的离子键，可以用半径比规则来判断 AB 型离子晶体的结构类型。但是，当它们之间具有极化作用时，离子间的作用力就带有共价键的成分，极化作用越强，特别是还具有附加极化作用的正、负离子之间，有时实际上形成了极性共价键。另外，如果离子之间有很强的极化作用时，正、负离子进一步靠近，使核间距大为缩短，这样会使晶格的类型向低配位数结构类型转变，下面以卤化银为例进行说明。

在 AgCl、AgBr 和 AgI 中，由于 Ag^+ 是 18 电子构型的离子，有较强的极化作用，同时又具有较大的变形性，而 Cl^-、Br^-、I^- 的变形性逐渐增大。当正、负离子形成化合物时，Ag^+ 与 Cl^-、Br^-、I^- 间的相互极化作用逐渐增强，而且附加极化作用也逐渐增强，使得正、负离子之间的共价键成分逐渐增大。因此，它们在水中的溶解度逐渐减小。

且离子极化后使激发态和基态间的能量差缩小到可见光的范围，电子吸收可见光中的某些波长的光，使物质呈现出其互补色。导致原来无色的 Ag^+ 和 X^-，生成的 AgX 的颜色却随离子极化作用增强而加深。即 AgCl 为白色、AgBr 为浅黄色、AgI 为黄色。

另外，随着极化作用增强，从 AgCl、AgBr 到 AgI，其核间距离与理论值相比，缩小程度逐渐增大，使晶格的类型随之发生变化。如按照理论半径比计算，AgI 应为 NaCl 型晶格，但实际上却是立方 ZnS 型晶格，如表 3-8 所示。

表 3-8 卤化银的晶体构型

卤化银	AgCl	AgBr	AgI
理论核间距/pm	126+181=307	126+195=321	126+216=342
实际核间距/pm	277	288	281
变形靠近值/pm	30	33	61
理论 r_+/r_-	0.695	0.63	0.58
理论晶体构型	NaCl 型	NaCl 型	NaCl 型
实际晶体构型	NaCl 型	NaCl 型	ZnS 型
配位数	6	6	4

离子极化作用会导致离子晶体向分子晶体过渡，使晶体的熔、沸点下降。极化作用越强，晶体的熔、沸点越低。例如，NaCl 和 CuCl 晶体，正离子电荷相同，Na^+ 半径（95pm）和 Cu^+ 半径（96pm）相近，但 Na^+（8 电子构型）的极化作用小于 Cu^+（18 电子构型）的极化作用，使得 NaCl 的熔点（801℃）高于 CuCl 的熔点（430℃）。

3.7 晶体结构与性能

由于晶体内部排列的有序性和周期性，导致晶体具有一些与非晶体不同的、由晶体结构决定的特殊宏观性质。

3.7.1 晶体的宏观特性

（1）晶体具有规则的外形　自然生成的晶体，虽然常常不完整，但由于内部粒子排列的周期性，使人们总能观察到它们具有平滑的面、笔直的棱和尖锐的角。无定形的玻璃虽然也有一定的形状，但那是人为造成的。

（2）晶体具有固定的熔点　晶体被加热到一定温度时，开始熔化，晶体内部有序结构开始被破坏，由于晶体内部晶格结点之间的作用力均一，破坏这些作用力需要的能量相同，因此在晶体完全熔化前温度保持不变，直到晶体完全熔化后温度才会继续上升。非晶体被加热到某一温度后开始软化，流动性增加，最后变成液体，从开始软化到完全融化，温度一直在逐渐升高，因此，非晶体没有固定的熔点。

（3）晶体具有各向异性　晶体在不同方向上，其力学、光学、电学和热学等物理性质不同。例如云母容易被一层一层的剥离，显示其力学上的各向异性。石墨的层内电导率比层间电导率高出一万倍，显示其电学上的各向异性。方解石在不同方向折射率的不同，显示其光学上的各向异性。石英在其晶胞 c 轴方向的热导率比其 a 和 b 轴方向的要高 2 倍，显示其热学上的各向异性。但是，晶体的各向异性只表现在单晶固体中，而在多晶固体中，各向异性消失。

3.7.2　单晶体和多晶体

晶态固体有单晶体和多晶体的区别。单晶体是由一个晶核向各个方向均衡生长而形成的，整个晶体结构由同一晶格所贯穿，例如，金刚石单晶。多晶体是由很多取向不同的单晶颗粒拼凑而成，如图 3-31 所示。大多数金属和非金属固体都是多晶固体。在多晶体中，每个单晶小颗粒之间存在晶界。

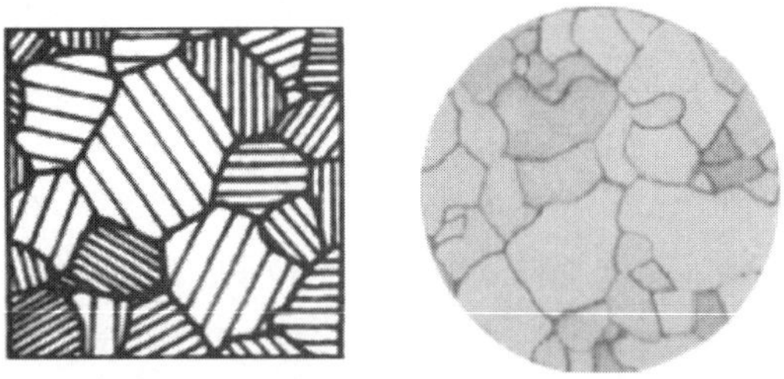

(a) 多晶体微观结构示意图　(b) 多晶纯铁显微照片

图 3-31　多晶体的微观结构

晶界是单晶颗粒外层的部分。晶界的厚度通常为几纳米到几微米。由单晶小颗粒内部到晶界，原子排列逐渐混乱，外层晶界原子排列十分混乱，致使晶界具有如下性质：①原子在晶界中的扩散比晶粒内部要快得多；②晶界的熔点一般比晶粒低；③杂质容易在晶界中析出和集中，也称为偏析；④晶界存在许多电子俘获中心；⑤晶界中容易有晶格空位出现；⑥晶界的力学性质与晶粒内部不同。

因此，多晶体又有一些不同于单晶体的性质。基于晶界性质②，较细的粉末可以在低于熔点的温度烧结，这是粉末冶金的工作基础。基于晶界性质④和⑤，一些微晶固体具有较强的吸附和催化能力，这是催化剂的工作基础。基于晶界性质③和⑥，一些多晶固体材料的力学性质比单晶材料的要略差一些，例如，相同组成的镍基合金，单晶部件所能耐受的温度比多晶部件要高，因此用单晶镍基合金制造的飞机发动机涡轮叶片，可使发动机工作温度提高了约 150℃，工作寿命延长 4 倍。

当多晶物质内部的每一个单晶体颗粒的尺寸大幅度减小时（例如，小到纳米尺寸），材料中晶粒内部和晶界间的性质差异就会减小，这种多晶固体就会具有一些大颗粒多晶固体所没有的特性，例如，纳米二氧化钛陶瓷可以弯曲。

有一些固体看似非晶体，但实际上是晶粒尺寸很小的多晶体，例如活性炭等，它们是微晶体。由于活性炭晶粒很小，晶界在晶体中的比例很大，晶界上存在着大量电子俘获中心，使活性炭具有很强的吸附能力，化学性质也比石墨和金刚石活泼。由此可见，晶体颗粒大小的物理变化，有时也会影响物质的化学性质。

3.8　晶体结构的转化与晶体的缺陷

3.8.1　晶体结构的转化

晶体在一定条件下会从一种结构转化为另一种结构，这种晶体结构的转化又称为相变。

例如，纯铁在室温至 906℃范围内为体心立方结构，称为 α-Fe，当温度升高到 906～1401℃范围内时，结构将转化为面心立方。又例如，CsCl 晶体在常温下是 CsCl 型结构，在高温下转变成 NaCl 型。这种化学组成相同而具有不同晶体构型的现象称为同质多晶现象。

晶体结构的转化一旦完成，迅速除去引起转化的条件，转化后形成的晶体结构一般可以保留。例如，通过溶胶-凝胶方法合成 TiO_2 时，新生成 TiO_2 通常为非晶体，升高温度时先晶化生成锐钛矿型结构，随着温度继续升高，晶体结构由锐钛矿型转化为金红石型，如果此时迅速降温到室温，金红石型结构将会保留，并且会长时间保持该结构不变。又例如，在爆炸形成的高温高压条件下石墨结构会转化为金刚石结构，爆炸结束后，金刚石结构得以长期保存。

3.8.2 晶体的缺陷

前面介绍的主要是理想晶体的结构知识。在理想晶体中，粒子（原子、离子或分子）在空间是完全有规则排列的。而实际晶体中，其结构通常会有这样或那样的缺陷。晶体的缺陷通常可以分为结构缺陷和化学缺陷。结构缺陷是指粒子排列时出现的偏离理想规则的现象，属于几何缺陷。化学缺陷是指，由掺入杂质引起的或由纯物质形成了非整比化合物引起的缺陷，掺杂或形成非整比化合物也常常会引起结构缺陷。

结构缺陷按照纯几何特征可以分为点缺陷、线缺陷、面缺陷和体缺陷。点缺陷是指发生在晶体中一个原子尺寸范围内的非周期排列，例如，空位或粒子离开正常位置填在晶格间的情况等，见图 3-32 中的 a 型缺陷。线缺陷是指发生在晶体内一个方向上的非周期排列，例如，位错、点缺陷等。面缺陷是指发生在一个层面上的非周期排列，例如，堆垛位错或多晶固体内晶粒间的界面等。体缺陷是指在三维方向上相对尺寸比较大的缺陷，例如，固体中的空洞等。

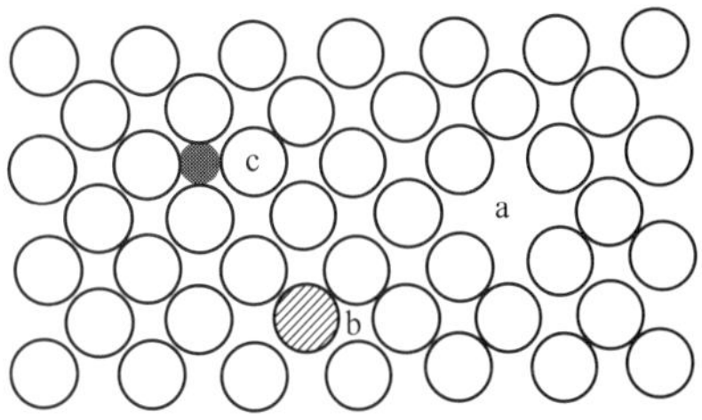

图 3-32 晶体点缺陷的示意图

a—空穴；b—置换；c—间充

化学缺陷包括：杂质的掺入和形成了非整比化合物。理想晶体中掺入杂质是实际晶体中最常见的缺陷之一，因为，完全纯净的物质是不存在的。由杂质引起的缺陷有两种情况：①置换式，即杂质原子取代基质原子，位于晶格结点上，见图 3-32 中的 b 型缺陷。应用实例：单晶硅中硅原子被砷置换形成 n-型半导体。②填隙式，即杂质原子填入基质晶体的晶格间隙位置，见图 3-32 中的 c 型缺陷。应用实例：钢中的碳原子填在铁原子堆积的晶格间隙。

形成非整比化合物在固体中也比较常见。例如，把 NaCl 在 Na 蒸气中加热，就会形成非整比化合物 $Na_{1+x}Cl$，在这种化合物中出现了 Cl^- 的空位的点缺陷。高温超导体 $YBa_2Cu_3O_{7-x}$ 是这类化合物的典型代表，它是一类具有二价和三价铜的混合价态的非整比化合物。

晶体的缺陷对晶体的物理、化学和力学性质会产生重要影响。某些缺陷在材料科学、多相反应动力学领域具有重要的理论意义和实用价值，有些缺陷的存在则对材料的力学性质十分不利。因此，研究晶体缺陷具有十分重要的意义。

*3.9 准晶体

多晶金属晶界的存在导致材料力学性质欠佳，科学家从两个方向消除晶界：①制造单晶金属；②制造非晶体金属，即金属玻璃。通过急冷熔融金属液体，使金属原子来不及有序排

图 3-33　Al-Mn 二十面体相的电子衍射图

列，从而保持非晶玻璃态。1982 年 4 月 8 号，在美国霍普金斯大学从事研究的以色列科学家 D. Shechtman，用透射电子显微镜（TEM）表征熔融后急冷的 Al-Mn 合金时，首次观察到包括五重旋转对称的斑点明锐的电子衍射图，如图 3-33 所示。但五重旋转对称不属于传统金属晶体应有的二重、四重或六重对称，而是由 $Al_{86}Mn_{14}$二十面体相（I 相）产生。由于该发现"反常"于人们对晶体结构的传统认知而被强烈质疑，致使该研究结果直到 1984 年才得以发表。1984 年，D. Levine 和 P. J. Steinhart 指出，I 相这种具有长程取向有序性，但不具有平移对称性（原子排列非周期性）物质，正是有非晶体学对称性的三维准周期结构，可取名为准晶体（quasicrystal）。人们把后来发现的几百种具有类似结构特点的物质都归入准晶体。1990 年，美国 Bell 实验室宣称，他们采用精确到足以探查单个原子的扫描隧道显微镜（STM），对 Al-Co-Cu 合金材料进行表面探查，在屏幕上显示出每个原子的清晰投影图，从而证实了准晶体的存在。2009 年，在俄罗斯的一块铝锌铜矿上发现了由 $Al_{63}Cu_{24}Fe_{13}$组成的准晶体颗粒，首次证实了自然条件下也可以形成准晶体结构。2011 年，以色列科学家 D. Shechtman 因首次发现准晶体而独享诺贝尔化学奖。

不同组成的准晶体材料具有各自独特的性质。利用其硬度大、有一定弹性的特点，准晶体材料被尝试开发成眼外科手术细微针头和刀具；利用其无黏着力特性，准晶体材料可用来制造不粘锅和柴油发动机；利用其能将热转化为电的特性，准晶体材料可被开发成热电转化器件用于废热回收。

思　考　题

1. 晶体和非晶体有何区别？晶体有哪些基本类型？

2. 指出下列各组概念的区别和联系：

① 晶格和晶胞；

② 晶格类型和晶体类型；

③ 小分子和巨型分子；

④ 分子间力和共价键；

⑤ 单晶体和多晶体。

3. 晶胞中，原子的总体积与晶胞的体积之比，就是原子在晶胞中的体积占有率，进而可以算出晶胞的空隙率。试计算说明面心立方晶胞和体心立方晶胞中的原子体积占有率分别为 74.04%和 68.02%。提示：面心立方晶胞中包含 4 个原子，体心立方晶胞中包含 2 个原子。把每个原子看作半径为 r 的球，根据半径可分别算出球的体积和两种晶胞体积，考虑原子的接触方式的不同，就可以算出晶胞的原子占有率。

4. Fe 的晶胞为体心立方结构，X 射线衍射测得该立方晶胞的边长为 $l=287\text{pm}$，试根据晶胞结构计算 Fe 的密度为 $7.86\text{g}\cdot\text{cm}^{-3}$。已知，Fe 的原子量（1mol　Fe 原子的平均质量）为 55.85g，阿伏加德罗常数为 6.023×10^{23}，$1\text{pm}=10^{-12}\text{m}$。

5. 试述 AB 型离子晶体离子半径比与晶体构型的对应关系。

6. 试指出下列物质固化时可以结晶成何种类型的晶体：

① O_2；② H_2S；③ Pt；④ KCl；⑤ Ge。

7. 下列说法是否正确？

① 稀有气体固化后是由原子组成的，属原子晶体；

② 熔化或压碎离子晶体所需要的能量，数值上等于晶格能；

③ 溶于水能导电的晶体必为离子晶体。

8. 常用的硫粉是一种硫的微晶，熔点为112.8℃，溶于CS_2、CCl_4等溶剂中。试判断它属于哪一类晶体？

9. 试解释下列现象：

① 为什么CO_2和SiO_2的物理性质相差很大？

② 卫生球（萘$C_{10}H_8$的晶体）的气味很大，这与它的结构有什么关系？

③ 为什么NaCl和AgCl的阳离子都是＋1价离子（Na^+、Ag^+）。但NaCl易溶于水，AgCl不易溶于水？

④ MgO为什么可以用作耐火材料？

⑤ 为什么金属Al、Fe能压成片、抽成丝，而NaCl则不能？

10. 在组成分子晶体的分子中，原子间是共价键结合，在组成原子晶体的原子间也是共价键结合，为什么分子晶体与原子晶体的性质有很大区别？

11. 物质的硬度是指抵抗硬的物体压入表面的能力。试从阳离子的电荷数多少、离子半径大小、配位数的高低来讨论对离子晶体物质的硬度的影响。

12. 金属键是怎样形成的？金属为什么具有优良的导电、导热性和延展性？

13. 如何用离子极化理论解释化合物的颜色和溶解性？

习　题

1. 填写下表

物　质	晶格结点上质点	质点间作用力	晶格类型	预测熔点高低
$MgCl_2$	正、负离子，Mg^{2+}、Cl^-	离子键	离子晶体	
O_2				
SiC				
HF				
H_2O				
MgO				

2. 试推测下列物质中何者熔点高？何者熔点低？

① NaCl　KBr　KCl　MgO

② N_2　Si　NH_3

3. 结合下列物质讨论键型的过渡。

Cl_2　HCl　AgI　NaF

4. 已知各离子的半径如下：

离子	Na^+	Rb^+	Ag^+	Ca^{2+}	Cl^-	I^-	O^{2-}
离子半径/pm	95	148	126	99	181	216	140

根据半径比规则，试推算RbCl、AgCl、NaI、CaO的晶体构型。

5. 根据下表所列数据说明NaF、NaI、MgO的熔点高低的原因。

离子化合物	NaF	NaI	MgO
离子电荷	1	1	2
核间距/pm	231	318	210
熔点/℃	988	660	2800

6. 试推测下列物质分别属于哪一类晶体。

物质	B	LiCl	BCl_3
熔点/℃	2300	605	−107.3

7. 写出下列离子的电子排布式，并指出它们各属于何种离子电子构型？

Fe^{3+}、Ag^{+}、Ca^{2+}、Li^{+}、Br^{-}、S^{2-}、Pb^{2+}、Pb^{4+}、Bi^{3+}

8. MgSe 和 MnSe 的离子间距离均为 0.273nm，但 Mg^{2+}、Mn^{2+} 的离子半径又不相同，如何解释此事实？

9. 试用离子极化的观点解释：

① KCl，$CaCl_2$ 的熔点、沸点高于 $GeCl_4$；

② $ZnCl_2$ 的熔点、沸点低于 $CaCl_2$；

③ $FeCl_3$ 的熔点、沸点低于 $FeCl_2$；

④ 二硫化碳的熔点比二氧化碳的熔点高，但比二氧化硅的熔点低很多；

⑤ BaI_2 易溶于水，而 HgI_2 难溶于水。

10. MgO 和 BaO 的晶格都是 NaCl 型，为什么 MgO 的熔点和硬度比 BaO 的高？

11. 试指出下列物质中，哪些由堆积方式形成晶体？哪些由键连方式形成晶体？

H_2O　CO_2　SiO_2　B　MgO　Cl_2　HCl　AgI　SiC

12. 在下列情况下，要克服哪种类型的作用力：

① 冰融化；

② 食盐溶于水中；

③ $MgCO_3$ 分解为 MgO；

④ 硫黄粉溶于 CCl_4 中。

4 化学反应速率和化学平衡

任何一个化学反应都涉及两个方面的问题：一个是反应进行的快慢如何？它属于化学动力学即化学反应速率的问题；另一个是反应进行的方向和程度如何？它属于化学热力学即化学平衡研究的范畴。它们之间既有区别，又有联系。有关这两个问题的学习，对理论研究和实际生产都有重要意义。本章将对化学反应速率和化学平衡作一些简单介绍，为学习电离平衡、沉淀溶解平衡、氧化还原平衡、配位平衡打下初步的理论基础。

4.1 化学热力学初步

热力学是从宏观角度研究物质的热运动性质及其规律的学科。它主要是从能量转化的观点研究物质的热性质，揭示了能量从一种形式转换为另一种形式时遵从的宏观规律。19 世纪建立的热力学第一定律（能量守恒）和热力学第二定律（能量转化的方向和限度）奠定了热力学的基础，这两个定律是人类的大量经验的总结，具有广泛、坚实的实验基础。20 世纪初建立的热力学第三定律使得热力学理论日臻完善。

现代的能源大部分来自化学反应，例如，矿石燃料（煤、石油、天然气）的燃烧、化学电池放出的电能以及通过化学反应放出的热能等。因此，研究化学反应中能量的变化是十分重要的。本节将在热力学第一定律的基础上对此问题逐步加以阐述。

4.1.1 热力学的基本概念和术语

4.1.1.1 系统、环境和相

为了研究方便，常常人为地把研究的对象从周围环境中划分出来。所划分出来的研究对象称为系统，系统以外的其他部分称为环境。

例如，为研究水的蒸发情况，把水和蒸汽所组成的整体作为一个系统（以往书刊常用体系这一术语，现按国标规定称呼），而把盛装溶液的容器及周围空间称为环境。

系统中物理性质和化学性质完全相同的均匀部分称为相。只含有一个相的系统叫做均相系统或单相系统，例如，氯化钠水溶液、碘酒等。系统中有两个或多个相，相与相之间存在明显的界面，这种系统叫做非均相系统或多相系统，例如，油浮在水面上所形成的两相系统。

化学反应中反应物和生成物就可以组成一个系统。如果系统中反应物和生成物都是气体，或者反应在溶液中进行，且没有第二相（如气、液、固）生成，就称为均相（单相）反应系统；如是固体之间的反应或有气体、液体参与的反应则称为非均相（多相）反应系统。

4.1.1.2 系统的状态和状态函数

通常用一系列宏观可测的物理量，如体积、压力、温度、质量、黏度、表面张力等来描述系统的状态。当系统处于一定状态时，它们的这些物理量都具有一定的数值。就像通常用温度、压力和体积等物理量来描述气体的性质一样。倘若温度或压力改变，气体的状态也就改变。这些用来描述系统的状态的物理量叫做状态函数。

系统的各状态函数之间相互关联。因此，通常只需确定系统的某几个状态函数，其他状态函数也会随之而定。例如：一种理想气体，如果已知压力（p）、体积（V）、温度（T）和物质的量（n）这四个状态函数中的任意三个，就能利用理想气体状态方程（$pV=nRT$）

来确定第四个状态函数。

状态函数的特征是当系统从一种状态（始态）变化到另一种状态（终态）时，状态函数的变化值仅取决于系统的始态和终态，与系统状态变化的具体过程无关。即系统的始态和终态一经确定，各状态函数的改变量也随之确定。状态函数的改变量经常用希腊字母 Δ 表示。例如，欲使一杯水的温度从 10℃（始态）变化到 50℃（终态），可以通过以下几种途径来完成，但温度的变化值都是 $\Delta t = 40$℃。

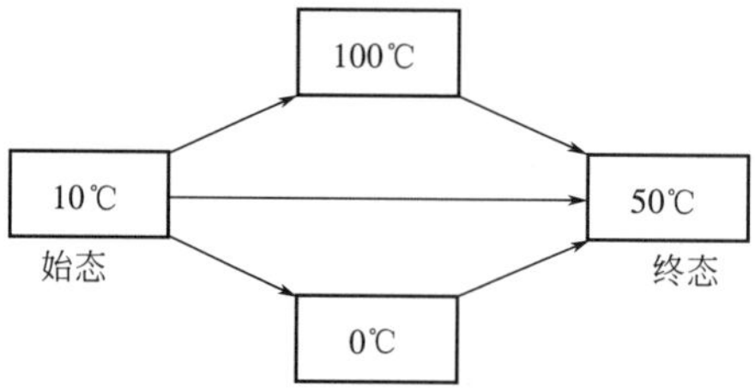

4.1.1.3 热力学能（U）

热力学能又称为内能，它是系统内部能量的总和，包括分子运动的平动能、转动能、电子及核的能量，以及分子与分子之间相互作用的势能等。但不包括系统整体运动的动能和系统整体处于外力场中所具有的势能。热力学能 U 是状态函数。

由于物质内部分子、原子、电子等的运动及相互作用很复杂，人们对物质内部各种运动形式的认识有待深入，因此热力学能的绝对值难以确定。但是当系统从始态变化到终态时，可以通过环境的变化来衡量系统热力学能的变化值 ΔU。

4.1.1.4 热和功

当系统的状态发生变化时，其能量也发生改变。这种能量的改变通常由热量和其他能量的方式来实现。系统和环境之间因温度差而传递的能量叫做热，常用符号 Q 来表示。若系统从环境吸收热量，$Q>0$；若系统放热给环境，$Q<0$。

除热以外，系统与环境之间以其他各种形式传递的能量都叫做功，常用符号 W 来表示。若环境对系统做功，$W>0$；若系统对环境做功，$W<0$。功有不同种类，如机械功、电功、表面功等。在热力学上常把功分为两种：一种是体积功，它是伴随着系统的体积变化而产生的能量交换。除体积功以外的其他功都称为非体积功。

热和功都不是状态函数，它们的数值不仅取决于系统状态变化的始态和终态，还决定于变化的途径。

4.1.1.5 反应进度

某化学反应方程式：

$$m\mathrm{A} + n\mathrm{E} \longrightarrow p\mathrm{C} + q\mathrm{D}$$

移项后可表示为：

$$0 = -m\mathrm{A} - n\mathrm{E} + p\mathrm{C} + q\mathrm{D}$$

并表示成

$$0 = \sum_{\mathrm{B}} \nu_{\mathrm{B}}\mathrm{B}$$

式中，B 表示在化学反应式中的某一种物质（反应物或生成物）；ν_{B} 为物质 B 的化学计量数，是无量纲的纯数。根据反应式所描述的变化，反应物的化学计量数为负，而生成物的化学计量数为正。

例如：

$$N_2 + 3H_2 \longrightarrow 2NH_3$$

移项：$0 = -N_2 - 3H_2 + 2NH_3 = \nu(N_2)N_2 + \nu(H_2)H_2 + \nu(NH_3)NH_3$

$\nu(N_2) = -1$，$\nu(H_2) = -3$，$\nu(NH_3) = 2$，分别为对应该反应方程式中物质 N_2、H_2、

NH_3 的化学计量数，表明根据反应式，每消耗 1mol N_2 和 3mol H_2 就生成 2mol NH_3。

根据 IUPAC 的推荐和我国国家计量标准，反应进度 ξ 的定义是：对于反应 $0=\sum_B \nu_B B$ 来说，当某一物质 B 的物质的量从开始的 $n_B(0)$ 变化到 $n_B(\xi)$ 时，反应进度：

$$\xi=\frac{n_B(\xi)-n_B(0)}{\nu_B}=\frac{\Delta n_B}{\nu_B}$$

从上式中可以看出：

① 对于一定的计量方程式，ξ 随物质 B 的物质的量变化 Δn_B 而变化。

② 反应进度 ξ 的量纲是 mol。ξ 值可以是正整数、正分数，也可以是零。

③ 根据计量方程式，各物质 Δn_B 之比与其计量数 ν_B 存在关系：

$$\Delta n_A : \Delta n_E : \Delta n_C : \Delta n_D=\nu_m : \nu_n : \nu_p : \nu_q$$

所以 ξ 可以通过计量方程式中任一物质的 Δn_B 与 ν_B 之比求得，即

$$\xi=\frac{\Delta n_A}{\nu_m}=\frac{\Delta n_E}{\nu_n}=\frac{\Delta n_C}{\nu_p}=\frac{\Delta n_D}{\nu_q}$$

④ 特别要注意的是 $\xi=1$mol 的实际意义。对于指定的计量方程式，当 $\Delta n_B=\nu_B$ 时，$\xi=1$mol。它表示反应系统按计量方程式进行了一次性的完全反应，即已经消耗了 ν_m mol A 和 ν_n mol E，并生成了 ν_p mol C 和 ν_q mol D。例如，反应：

$$N_2+3H_2 \longrightarrow 2NH_3$$

当 $\xi=1$mol 时，意指 1mol N_2 和 3mol H_2 完全反应生成 2mol NH_3 的反应。

4.1.2 热力学第一定律

热力学第一定律的本质就是能量守恒定律。即能量既不能自生，也不会消失，只能从一种形式转化为另一种形式，而在转化和传递的过程中能量的总值是不变的。

设某一封闭系统从环境吸热 Q，并对环境做功 W，使其热力学能由始态的 U_1 变化到终态的 U_2。根据热力学第一定律有

$$U_2=U_1+Q+W$$

或

$$\Delta U=U_2-U_1=Q+W \tag{4-1}$$

【例 4-1】 计算系统的热力学能变化，已知：

① 系统吸热 600kJ，对环境做了 150kJ 的功；

② 系统吸热 250kJ，环境对系统做了 635kJ 的功。

解 ① 系统的热力学能变化 ΔU：

$$\Delta U=Q+W=600\text{kJ}-150\text{kJ}=450\text{kJ}$$

② 系统的热力学能变化 ΔU：

$$\Delta U=Q+W=250\text{kJ}+635\text{kJ}=885\text{kJ}$$

4.1.3 热化学

化学反应过程中，反应物的化学键要断裂，又要生成一些新的化学键以形成产物。化学反应的热效应就是要反映出这种由化学键的断裂和生成所引起的能量变化。化学反应中，如果系统不做非体积功，当反应终了的温度恢复到反应前的温度时，系统所吸收或放出的热量，称为该反应的反应热或热效应。

化学反应过程中，系统的热力学能改变量 ΔU 与反应物的热力学能 $U_{反应物}$ 和生成物的热力学能 $U_{生成物}$ 应有如下关系：

$$\Delta U=U_{生成物}-U_{反应物}$$

结合热力学第一定律，则有

$$\Delta U = U_{生成物} - U_{反应物} = Q + W \tag{4-2}$$

式中，反应热 Q 因化学反应的具体条件不同，有着不同的形式。

4.1.3.1 恒容反应热

在恒容过程中完成的化学反应称为恒容反应。恒容条件下，反应放出（吸收）的热量称为恒容反应热，用符号 Q_v 表示。在恒容反应过程中，体积功 $W = p\Delta V = 0$。

由式(4-2) 可得

$$\Delta U = Q_v \tag{4-3}$$

式(4-3) 表示，在恒容反应过程中，恒容反应热全部用来改变系统的热力学能。

4.1.3.2 恒压反应热

在恒压过程中完成的化学反应称为恒压反应。恒压条件下，反应放出（吸收）的热量称为恒压反应热，用符号 Q_p 表示。在恒压反应过程中，体积功 $W = -p\Delta V$。

由式(4-2) 可得

$$\Delta U = Q_p + W = Q_p - p\Delta V$$

$$U_2 - U_1 = Q_p - p(V_2 - V_1)$$

$$Q_p = (U_2 + pV_2) - (U_1 + pV_1) \tag{4-4}$$

令 $H = U + pV$，H 称为焓。因为 U、p、V 均为状态函数，所以 H 也是状态函数。焓和热力学能一样，其绝对值难以测量，能测定并有实际意义的是系统的状态改变时的变化值 ΔH（称为焓变）。它可以从系统和环境之间热量的传递来衡量。从式(4-4) 可知：

$$Q_p = H_2 - H_1 = \Delta H \tag{4-5}$$

式(4-5) 表示，在恒压反应过程中，恒压反应热全部用来改变系统的焓。

4.1.3.3 热化学方程式

化学反应的反应热与反应进度、反应物和生成物的聚集状态、温度和压力等条件密切相关。

(1) 摩尔反应焓变　由式(4-5) 可知，恒压反应的热效应等于化学反应焓变，用符号 $\Delta_r H$（下标 r 表示反应 reaction）来表示。

$$\Delta_r H = Q_p$$

以反应进度去除 $\Delta_r H$，则有

$$\Delta_r H_m = \frac{\Delta_r H}{\xi}$$

式中，$\Delta_r H_m$ 为摩尔反应焓变，下标 m 表示摩尔（mol）。$\Delta_r H_m$ 代表反应进度为 1mol 时反应的焓变。

(2) 标准状态　为了便于计算化学反应的能量变化，对物质的状态做了统一的规定，即化学热力学中常用的标准状态，简称标准态。热力学规定标准状态时的压力是：$p^{\ominus} = 100\text{kPa}$，右上角“$\ominus$”是表示标准态的符号。

气体的标准态：压力为 $p^{\ominus}$ 时具有理想气体性质的状态。在气体混合物中，是指相应各气体物质的分压力为标准压力 $p^{\ominus}$。

液体、固体的标准态：标准压力（$p^{\ominus}$）下的纯液体或纯固体的状态。

溶液的标准态：标准压力（$p^{\ominus}$）下，溶质的浓度为 $m^{\ominus} = 1\text{mol}\cdot\text{kg}^{-1}$ 或 $c^{\ominus} = 1\text{mol}\cdot\text{L}^{-1}$ 的状态。

物质标准态的热力学温度 T 未作具体规定。许多物质的热力学数据是在 25℃下得到的。

确定了标准态后，可将标准态下的摩尔反应焓变称为标准摩尔反应焓变，用符号 $\Delta_r H_m^{\ominus}$

来表示，单位为 $kJ \cdot mol^{-1}$。

(3) 热化学方程式 热化学方程式是在化学反应方程式中标出了反应的热效应的方程式。例如：

$$2H_2(g)+O_2(g) \longrightarrow 2H_2O(g) \qquad \Delta_r H_m^{\ominus}(25℃)=-483.64kJ \cdot mol^{-1}$$

上式表示：在25℃的恒压过程中，各气体压力均为标准压力 $p^{\ominus}$ 下，反应进度为1mol时，该反应的标准摩尔反应焓变 $\Delta_r H_m^{\ominus}=-483.64kJ \cdot mol^{-1}$。

书写热化学方程式时应注意以下几点：

① 应注明反应的温度和压力。由于大多数反应是在 $p^{\ominus}$ 下进行的，所以可用 $\Delta_r H_m^{\ominus}(T)$ 表示温度为 T 时的标准摩尔反应焓变。若反应温度是25℃，则可以不用注明温度。

② 由于反应热效应与反应的方向、物态、物质的量有关，因此，一定要注明各物质的聚集状态。通常用 g、l、s、aq 分别表示气态、液态、固态、水合离子状态。例如：

$$2H_2(g)+O_2(g) \longrightarrow 2H_2O(l) \qquad \Delta_r H_m^{\ominus}=-571.66kJ \cdot mol^{-1}$$

③ 同一化学反应，由于反应式的写法不同，$\Delta_r H_m^{\ominus}$ 值也不同。例如：

$$2H_2(g)+O_2(g) \longrightarrow 2H_2O(g) \qquad \Delta_r H_m^{\ominus}=-483.64kJ \cdot mol^{-1}$$

$$H_2(g)+\frac{1}{2}O_2(g) \longrightarrow H_2O(g) \qquad \Delta_r H_m^{\ominus}=-241.82kJ \cdot mol^{-1}$$

4.1.3.4 标准摩尔生成焓

为了计算标准摩尔反应焓变，引入了化合物的标准摩尔生成焓，其定义为：在标准态下，由最稳定的单质[1]化合生成单位物质的量的纯物质的反应焓变称为该物质的标准摩尔生成焓，用符号 $\Delta_f H_m^{\ominus}$ 表示，“f”表示生成的意思。

根据定义，可知最稳定单质的标准摩尔生成焓等于零。一种元素有两种或两种以上单质时，规定最稳定单质的标准摩尔生成焓等于零。例如，碳的单质有石墨和金刚石，石墨是碳的最稳定单质，因此规定 $\Delta_f H_m^{\ominus}$(石墨)=0，而 $\Delta_f H_m^{\ominus}$(金刚石)≠0。

在一定温度下，各种化合物的 $\Delta_f H_m^{\ominus}$ 是个常数值，可以从手册中查出。本书在附录Ⅱ中列出了25℃时常见化合物的 $\Delta_f H_m^{\ominus}$ 值。

4.1.3.5 盖斯定律及其应用

1880年，盖斯（G. H. Hess）在研究了大量的实验事实后，总结出一条规律：化学反应不管是一步完成的，还是多步完成的，其热效应都是相同的。即化学反应的热效应只决定于反应物的始态和生成物的终态，与反应经历的过程无关，这就是盖斯定律。

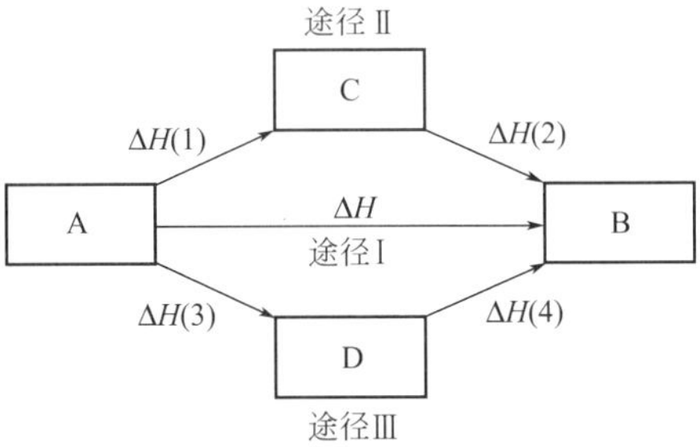

例如，从反应物A到生成物B，可以有三种途径。

[1] 磷常见的同素异形体有：白磷、红磷和黑磷。虽然黑磷最稳定，但通常指定 $\Delta_f H_m^{\ominus}$(白磷)=0。所以，有些书以“指定的稳定单质”或“参考状态的单质”表示最稳定的单质。

途径Ⅰ A→B，热效应为 ΔH；

途径Ⅱ A→C→B，热效应为 $\Delta H(1)+\Delta H(2)$；

途径Ⅲ A→D→B，热效应为 $\Delta H(3)+\Delta H(4)$。

根据盖斯定律，有 $\Delta H=\Delta H(1)+\Delta H(2)=\Delta H(3)+\Delta H(4)$。

根据盖斯定律可以利用参与化学反应的各物质的标准摩尔生成焓 $\Delta_f H_m^\ominus$ 来计算该化学反应的标准摩尔反应焓变 $\Delta_r H_m^\ominus$。

【例 4-2】 计算反应 $2NaOH(s)+H_2SO_4(l) \longrightarrow Na_2SO_4(s)+2H_2O(l)$ 的 $\Delta_r H_m^\ominus$。

解 由盖斯定律，可将该反应看作是：

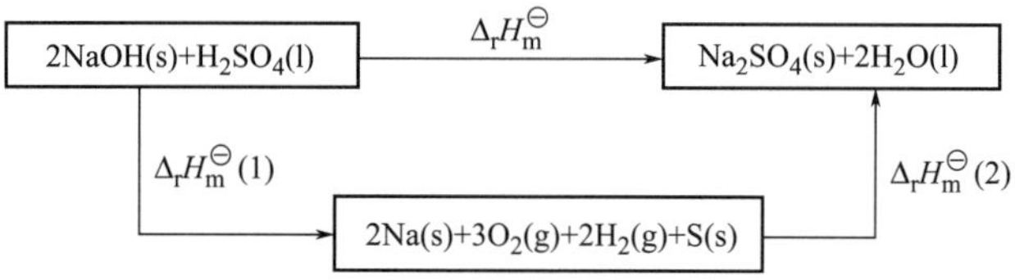

$$\Delta_r H_m^\ominus=\Delta_r H_m^\ominus(1)+\Delta_r H_m^\ominus(2)$$

$$\Delta_r H_m^\ominus(1)=-2\Delta_f H_m^\ominus(NaOH,s)-\Delta_f H_m^\ominus(H_2SO_4,l)$$

$$\Delta_r H_m^\ominus(2)=\Delta_f H_m^\ominus(Na_2SO_4,s)+2\Delta_f H_m^\ominus(H_2O,l)$$

所以 $\Delta_r H_m^\ominus=\Delta_f H_m^\ominus(Na_2SO_4,s)+2\Delta_f H_m^\ominus(H_2O,l)-2\Delta_f H_m^\ominus(NaOH,s)-\Delta_f H_m^\ominus(H_2SO_4,l)$

由附录Ⅱ查得 $\Delta_f H_m^\ominus(Na_2SO_4,s)=-1387.08kJ\cdot mol^{-1}$

$$\Delta_f H_m^\ominus(H_2O,l)=-285.83kJ\cdot mol^{-1}$$

$$\Delta_f H_m^\ominus(NaOH,s)=-425.61kJ\cdot mol^{-1}$$

$$\Delta_f H_m^\ominus(H_2SO_4,l)=-813.99kJ\cdot mol^{-1}$$

$$\Delta_r H_m^\ominus=(-1387.08)+2\times(-285.83)-2\times(-425.61)-(-813.99)$$

$$=-293.53kJ\cdot mol^{-1}$$

上述计算结果表明：化学反应的标准摩尔反应焓变等于产物的标准摩尔生成焓之和减去反应物的标准摩尔生成焓之和。即

$$\Delta_r H_m^\ominus=\sum_B \nu_B \Delta_f H_m^\ominus(B) \tag{4-6}$$

利用盖斯定律还可以间接计算一些难以测定的化合物的标准摩尔生成焓。例如，碳燃烧时有两种产物，CO 和 CO_2。当氧气充足时生成 CO_2，这一反应的反应焓变能够通过实验测定；但在氧气不足时，生成的产物既有 CO 也有 CO_2，这样直接测定 $\Delta_f H_m^\ominus(CO)$ 就比较困难。现可通过盖斯定律间接地求出 $\Delta_f H_m^\ominus(CO)$。

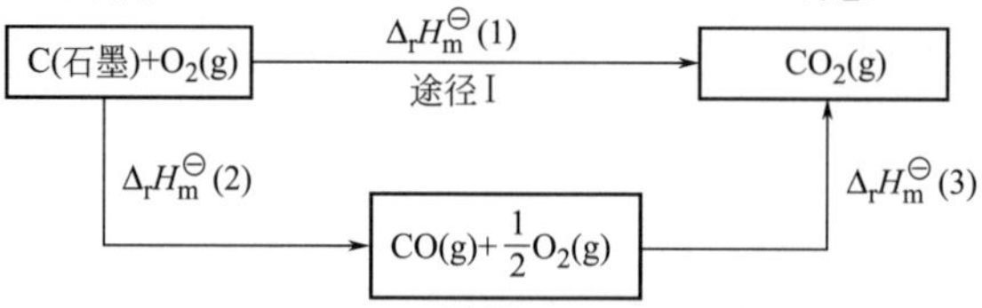

途径Ⅰ $C(石墨)+O_2(g) \longrightarrow CO_2(g)$ $\Delta_r H_m^\ominus(1)=\Delta_f H_m^\ominus(CO_2,g)$

途径Ⅱ $C(石墨)+\frac{1}{2}O_2(g) \longrightarrow CO(g)$ $\Delta_r H_m^\ominus(2)=\Delta_f H_m^\ominus(CO,g)$

$$CO+\frac{1}{2}O_2(g)\longrightarrow CO_2(g) \qquad \Delta_r H_m^\ominus(3)$$

由盖斯定律可知 $$\Delta_r H_m^\ominus(1)=\Delta_r H_m^\ominus(2)+\Delta_r H_m^\ominus(3)$$

$$\Delta_f H_m^\ominus(CO_2,g)=\Delta_f H_m^\ominus(CO,g)+\Delta_r H_m^\ominus(3)$$

即 $$\Delta_f H_m^\ominus(CO,g)=\Delta_f H_m^\ominus(CO_2,g)-\Delta_r H_m^\ominus(3)$$

查表得出 $\Delta_f H_m^\ominus(CO_2,g)$数值，通过实验测出 $\Delta_r H_m^\ominus(3)$，便可求出 $\Delta_f H_m^\ominus(CO,g)$。

4.1.4 化学反应的方向

在自然界中，一切变化都有一定的方向性。如水从高处流向低处，而决不会自动地从低处往高处流；铁在潮湿空气中生锈，而生锈的铁决不会自动地转变为金属铁。这种不需借助外力，能自动进行的过程称为自发过程。自发过程的逆过程叫做非自发过程。非自发过程需要借助外力的帮助才能进行。例如，用抽水机做功才可把水从低处引向高处；采用高温焦炭还原的方法可使铁锈转化为铁。

如何判断一个化学反应能否自发进行，一直是化学家所关注的问题。水之所以能够自发地从高处流向低处，是由势能差决定的，热量的传递是由温度差决定的。那么，判断化学反应能否自发进行的依据是什么呢？

人们首先注意到的是反应的热效应。考察反应的热效应，发现许多放热反应在常温和常压下都能自发进行。即以反应的焓变小于零（$\Delta_r H<0$）作为化学反应自发性的判据。实验表明，许多 $\Delta_r H<0$ 的反应确实可以自发进行。例如：

$$2H_2(g)+O_2(g)\longrightarrow 2H_2O(l) \qquad \Delta_r H_m^\ominus=-571.66kJ\cdot mol^{-1}$$

$$2Fe(s)+\frac{3}{2}O_2(g)\longrightarrow Fe_2O_3(s) \qquad \Delta_r H_m^\ominus=-824.2kJ\cdot mol^{-1}$$

但是有些吸热的反应过程也是可以自发进行的。比如，硝酸钾晶体溶解在水中的过程是吸热的。

$$KNO_3(s)\longrightarrow K^+(aq)+NO_3^-(aq)$$

N_2O_5 在常温下进行自发分解的过程，也是吸热的。

$$2N_2O_5(s)\longrightarrow 4NO_2(g)+O_2(g)$$

这些实例说明，只用反应的热效应来判断化学反应的自发性是不全面的，一定还有其他因素在起作用。

4.1.4.1 熵的概念

硝酸钾溶解在水中和 N_2O_5 分解反应的共同点是变化之后，生成物比反应物处于更不规则或无序状态。通常用“混乱度”表示系统的不规则或无序状态。在 KNO_3 晶体中 K^+ 和 NO_3^- 是有规则地排列着的，然而溶于水后，K^+ 和 NO_3^- 形成水合离子分散在水中，并做无规则的热运动，使系统的混乱度明显增大。同样，N_2O_5 固体分解变成气体后，系统的粒子数增多，气体分子运动的混乱度更大。据此，有人以系统的混乱度增加作为判断自发变化发生的依据。

与热力学能、焓等一样，混乱度也是系统的一个重要属性。热力学引入了“熵”这个概念来表示系统混乱度的大小。熵是状态函数，用符号 S 来表示。熵值越大，系统的混乱度就越大。

对于不同的纯物质，由于其组成不同，结构不同，其混乱度亦不相同，故其熵值不同。20 世纪初，人们根据一系列实验现象及科学推测，得出了热力学第三定律：在绝对零度

（-273.15℃）时，任何纯净的完整晶体中粒子的排列处于完全有序的状态，此时系统的混乱度最小，熵值定为零（$S_0=0$）。根据这条定律的规定，可以通过实验和计算求得各种物质在指定温度下的熵变值，它就是系统终态的绝对熵值。于是人们求得了各种物质在标准状态下的摩尔绝对熵值，称为标准摩尔熵，用符号 $S_{m,T}^{\ominus}$ 表示，单位为 $J\cdot mol^{-1}\cdot K^{-1}$。一些常见物质的 $S_{m,T}^{\ominus}$ 值可在手册中查到。若温度是 25℃，可表示为 $S_m^{\ominus}$。本书在附录Ⅱ中列出了一些常见物质在 25℃时的标准摩尔熵。

由于熵是状态函数，其过程的熵变只与反应的始态和终态有关。因此，反应熵变的计算与反应焓变的计算类似。在标准态下，反应按反应式进行，当反应进度 $\xi=1mol$ 时的反应熵变就是标准摩尔反应熵变，用符号 $\Delta_r S_m^{\ominus}$ 来表示。利用标准摩尔熵的数据，在 25℃下化学反应的标准摩尔反应熵变可根据下式计算：

$$\Delta_r S_m^{\ominus}=\sum_B \nu_B S_m^{\ominus}(B) \tag{4-7}$$

【例 4-3】 计算 25℃时，下列反应的 $\Delta_r S_m^{\ominus}$。

$$2N_2O_5(s) \longrightarrow 4NO_2(g)+O_2(g)$$

解 $2N_2O_5(s) \longrightarrow 4NO_2(g)+O_2(g)$

查表得 $S_m^{\ominus}/J\cdot mol^{-1}\cdot K^{-1}$ 113.4 240.06 205.14

$$\begin{aligned}\Delta_r S_m^{\ominus}&=4S_m^{\ominus}(NO_2,g)+S_m^{\ominus}(O_2,g)-2S_m^{\ominus}(N_2O_5,s)\\&=4\times240.06+205.14-2\times113.4\\&=938.58J\cdot mol^{-1}\cdot K^{-1}\end{aligned}$$

对很多自发进行的反应（过程）的确有使系统的混乱度增大的趋向。例如上例中固体 N_2O_5 的分解反应。但气态的 HCl 与 NH_3 反应生成固体 NH_4Cl 的反应是熵减少的反应，然而这个反应却是自发的。因此，仅用系统的混乱度增加来判断反应的自发性也是不全面的。1878 年，美国物理化学家吉布斯（J. W. Gibbs）在总结了大量实验的基础上，把焓与熵综合在一起，同时考虑了温度的因素，提出了一个新的函数——吉布斯函数，并用吉布斯函数的变化值来判断反应的自发性。

4.1.4.2 吉布斯函数与化学反应的方向

吉布斯函数用符号 G 表示，其定义为：

$$G=H-TS$$

式中，H、T、S 都是状态函数，所以吉布斯函数 G 也是状态函数。在恒温恒压的条件下，化学反应的吉布斯函数变化为：

$$\Delta_r G=\Delta_r H-T\Delta_r S \tag{4-8}$$

吉布斯提出：在恒温恒压的封闭系统（系统与环境之间没有物质交换，只有能量交换）内，系统不做非体积功的前提下，可以用 $\Delta_r G$ 来判断反应的自发性。即：

$$\begin{cases}\Delta_r G<0\text{，自发过程，化学反应可正向进行}\\\Delta_r G=0\text{，平衡状态}\\\Delta_r G>0\text{，非自发过程，化学反应可逆向进行}\end{cases}$$

这表明在恒温恒压的封闭系统内，系统不做非体积功的前提下，任何自发反应总是朝着吉布斯函数减少的方向进行。

从式(4-8) 可以看出，在恒温恒压下，$\Delta_r G$ 值取决于 $\Delta_r H$、$\Delta_r S$ 和 T。按 $\Delta_r H$、$\Delta_r S$ 的符号及温度 T 对化学反应 $\Delta_r G$ 的影响，可归纳为四种情况，分别见表 4-1。

表 4-1 恒压下 $\Delta_r H$、$\Delta_r S$ 及 T 对反应自发性的影响

类型	$\Delta_r H$	$\Delta_r S$	$\Delta_r G$	反应的自发性
1	−	+	−	在任何温度下反应都能自发进行
2	+	−	+	在任何温度下反应都不能自发进行
3	−	−	+	$T>\frac{\Delta_r H}{\Delta_r S}$时，反应不能自发进行
			−	$T<\frac{\Delta_r H}{\Delta_r S}$时，反应能自发进行
4	+	+	−	$T>\frac{\Delta_r H}{\Delta_r S}$时，反应能自发进行
			+	$T<\frac{\Delta_r H}{\Delta_r S}$时，反应不能自发进行

如果化学反应在恒温、标准态下进行，且反应进度 $\xi=1\text{mol}$ 时，则式(4-8) 可改写为：

$$\Delta_r G_m^{\ominus}=\Delta_r H_m^{\ominus}-T\Delta_r S_m^{\ominus} \tag{4-9}$$

式中，$\Delta_r G_m^{\ominus}$ 是标准摩尔反应吉布斯函数变。应该注意的是，在恒压及参与反应的物质自身不产生相变的情况下，$\Delta_r H_m^{\ominus}$ 和 $\Delta_r S_m^{\ominus}$ 受温度变化的影响较小，以至于在一般温度范围内，可以认为它们都可用 25℃时的 $\Delta_r H_m^{\ominus}$ 和 $\Delta_r S_m^{\ominus}$ 代替，而 $\Delta_r G_m^{\ominus}$ 受温度变化的影响是不可忽略的。

4.1.4.3 标准摩尔生成吉布斯函数

在恒温和标准态下，由最稳定的单质生成单位物质的量的纯化合物时，反应的标准摩尔吉布斯函数变就称为该化合物的标准摩尔生成吉布斯函数，用符号 $\Delta_f G_m^{\ominus}$ 来表示。由定义可知，最稳定单质的 $\Delta_f G_m^{\ominus}$ 等于零。如石墨的 $\Delta_f G_m^{\ominus}$(石墨)$=0$，而金刚石的 $\Delta_f G_m^{\ominus}$（金刚石)$\neq 0$。物质的 $\Delta_f G_m^{\ominus}$ 数据可从手册中查出。本书附录Ⅱ列出了一些常见的化合物在 25℃时的 $\Delta_f G_m^{\ominus}$。

同计算标准摩尔反应焓变类似，化学反应的标准摩尔反应吉布斯函数变 $\Delta_r G_m^{\ominus}$ 等于生成物各物质的 $\Delta_f G_m^{\ominus}$ 的总和与反应物各物质的 $\Delta_f G_m^{\ominus}$ 的总和之差。即

$$\Delta_r G_m^{\ominus}=\sum_B \nu_B \Delta_f G_m^{\ominus}(B) \tag{4-10}$$

【例 4-4】 计算下列反应的 $\Delta_r G_m^{\ominus}$。

$$2NaOH(s)+H_2SO_4(l) \longrightarrow Na_2SO_4(s)+2H_2O(l)$$

解

$$2NaOH(s)+H_2SO_4(l) \longrightarrow Na_2SO_4(s)+2H_2O(l)$$

查表得 $\Delta_f G_m^{\ominus}/\text{kJ}\cdot\text{mol}^{-1}$ -379.494 -690.10 -1270.16 -237.129

$$\begin{aligned}\Delta_r G_m^{\ominus} &=\Delta_f G_m^{\ominus}(Na_2SO_4,s)+2\times\Delta_f G_m^{\ominus}(H_2O,l)-2\times\Delta_f G_m^{\ominus}(NaOH,s)-\Delta_f G_m^{\ominus}(H_2SO_4,l)\\ &=(-1270.16)+2\times(-237.129)-2\times(-379.494)-(-690.10)\\ &=-295.33\text{kJ}\cdot\text{mol}^{-1}\end{aligned}$$

4.2 化学反应速率

不同的化学反应，有些进行得很快，几乎瞬间完成，例如爆炸反应和酸碱中和反应；而有些反应则进行得非常缓慢，如煤、石油的生成，室温下氢气和氧气化合成水的反应等。即使是同一反应，在不同的条件下反应速率也不相同。例如，钢铁在室温下氧化缓慢，在高温

下则迅速被氧化。因此，对化学反应速率的研究，无论对生产实践还是日常生活都具有十分重要的意义。

4.2.1 化学反应速率的概念和表示方法

化学反应速率是衡量化学反应进行的快慢的物理量。对于在恒容条件下进行的均相反应，反应速率可采用在单位时间内反应物浓度的减少或生成物浓度的增加来表示。反应速率用符号 v 来表示，单位是 $mol \cdot L^{-1} \cdot s^{-1}$、$mol \cdot L^{-1} \cdot min^{-1}$或 $mol \cdot L^{-1} \cdot h^{-1}$。

在具体表示反应速率时，可选择参与反应的任一物质（反应物或生成物），但一定要注明。如反应：

$$2N_2O_5 \longrightarrow 4NO_2 + O_2$$

其反应速率可分别表示为：

$$\bar{v}(N_2O_5) = -\frac{\Delta c(N_2O_5)}{\Delta t} \tag{4-11}$$

$$\bar{v}(NO_2) = \frac{\Delta c(NO_2)}{\Delta t} \tag{4-12}$$

$$\bar{v}(O_2) = \frac{\Delta c(O_2)}{\Delta t} \tag{4-13}$$

式中，Δt 为时间间隔；$\Delta c(N_2O_5)$、$\Delta c(NO_2)$ 和 $\Delta c(O_2)$ 分别表示在 Δt 期间内反应物 N_2O_5 以及生成物 NO_2 和 O_2 的浓度的变化。当用反应物浓度变化表示反应速率时，由于其浓度变化为负值（随着反应的进行，反应物在不断被消耗），为保证速率是正值，在浓度变化值前加一负号。

上述反应速率表达式表示的反应速率都是在 Δt 时间间隔内的平均反应速率，而实验结果表明，在化学反应进行的过程中，每一时刻的反应速率都是不同的。为了准确地表示某一时刻的反应速率，需要用在某一瞬间进行的瞬时速率来表示。时间间隔越短，平均速率就越接近瞬时速率。当 Δt 趋于无限小时，即 $\Delta t \to 0$，上述反应的瞬时速率的表达式为：

$$v(N_2O_5) = \lim_{\Delta t \to 0} \frac{-\Delta c(N_2O_5)}{\Delta t} = \frac{-\mathrm{d}c(N_2O_5)}{\mathrm{d}t} \tag{4-14}$$

$$v(NO_2) = \lim_{\Delta t \to 0} \frac{\Delta c(NO_2)}{\Delta t} = \frac{\mathrm{d}c(NO_2)}{\mathrm{d}t} \tag{4-15}$$

$$v(O_2) = \lim_{\Delta t \to 0} \frac{\Delta c(O_2)}{\Delta t} = \frac{\mathrm{d}c(O_2)}{\mathrm{d}t} \tag{4-16}$$

式(4-14)～式(4-16) 都是表示同一个化学反应的反应速率，但由于选用不同物质的浓度变化来表示同一反应的速率时，其数值不一定相同。为了统一起见，根据 IUPAC 的推荐和近年我国国家标准，化学反应的反应速率以反应进度（ξ）随时间的变化率来表示，其符号为 $\dot{\xi}$。对于反应：$0 = \sum_B \nu_B B$，当反应系统发生一微小变化时，反应进度随时间的变化率为：

$$\dot{\xi} = \frac{\mathrm{d}\xi}{\mathrm{d}t} \tag{4-17}$$

因为

$$\mathrm{d}\xi = \frac{\mathrm{d}n_B}{\nu_B}$$

所以

$$\dot{\xi} = \frac{\mathrm{d}\xi}{\mathrm{d}t} = \frac{\mathrm{d}n_B}{\nu_B \mathrm{d}t} \tag{4-18}$$

在恒容、均相的反应条件下，以浓度变化表示的反应速率则为：

$$v=\frac{\dot{\xi}}{V}=\frac{1}{V}\times\frac{d\xi}{dt}=\frac{1}{V}\times\frac{dn_B}{\nu_B dt}=\frac{dc_B}{\nu_B dt} \tag{4-19}$$

式中，v 是单位体积内反应进度随时间的变化率，也是瞬时速率。但与前面的 $v(N_2O_5)$、$v(NO_2)$ 和 $v(O_2)$ 是有区别的。联系前面的例子，反应速率为：

$$v=-\frac{dc(N_2O_5)}{2dt}=\frac{dc(NO_2)}{4dt}=\frac{dc(O_2)}{dt}$$

应该注意的是，由于反应进度与反应式的写法有关，所以在用反应速率 $\dot{\xi}$ 和 v 时，一定要同时给出或注明相应的反应方程式。

4.2.2 反应速率理论

反应速率理论对研究化学反应速率的快慢及其影响因素是十分重要的。碰撞理论和过渡状态理论是其中两种重要的理论。

4.2.2.1 碰撞理论

化学反应产生的先决条件是反应物分子间要发生相互碰撞。那么，是不是反应物分子之间的每一次碰撞都能发生化学反应呢？不一定。在为数众多的碰撞中，大多数的碰撞并不能发生化学反应，只有极少数碰撞才能发生反应。这种能发生反应的碰撞称为有效碰撞。

在一定温度下，反应系统中反应物分子具有一定的平均能量（$\bar{E}$）。有些分子的能量高一些，有些分子的能量低一些。那些具有较高能量能够发生有效碰撞的分子称为活化分子，其余的为非活化分子。活化分子的平均能量（$\bar{E}_{活化}$）与反应物分子的平均能量（$\bar{E}$）之差，称为活化能（E_a），即

$$E_a=\bar{E}_{活化}-\bar{E}$$

反应的活化能是决定化学反应速率大小的重要因素。反应活化能越小，反应速率越大。每一个化学反应都有一定的活化能。大多数化学反应的活化能在 $60\sim240kJ\cdot mol^{-1}$ 之间。活化能小于 $42kJ\cdot mol^{-1}$ 的反应，反应速率很大，可瞬间进行；活化能大于 $400kJ\cdot mol^{-1}$ 的反应，其反应速率则很小，甚至可以认为不发生反应。

要发生有效碰撞，反应物分子除了具有足够能量外，碰撞时还需有适当的取向，否则即使以极高速率进行的碰撞，也可能是无效碰撞。例如：

$$NO_2+CO\xrightarrow{500℃}NO+CO_2$$

当反应物中的活化分子 NO_2、CO 碰撞时，只有当 NO_2 中的氧原子与 CO 中的碳原子靠近，并且沿着 N—O…C—O 直线方向上碰撞，才能发生反应，如图 4-1 所示；如果 NO_2 中的氮原子与 CO 分子中的碳原子碰撞，则不会发生反应。因此只有反应物中那些具有足够能量和适当取向的分子进行的有效碰撞才能发生化学反应。

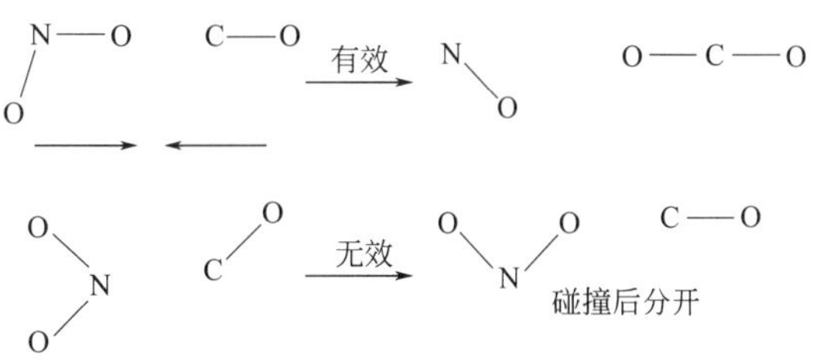

图 4-1 碰撞方向与化学反应

4.2.2.2 过渡状态理论

过渡状态理论认为：化学反应并不是通过反应物之间的简单碰撞完成，而是在碰撞后先形成一个中间的过渡状态——活化配合物，然后再转变为产物分子。

例如，反应

$$A+BC\longrightarrow AB+C$$

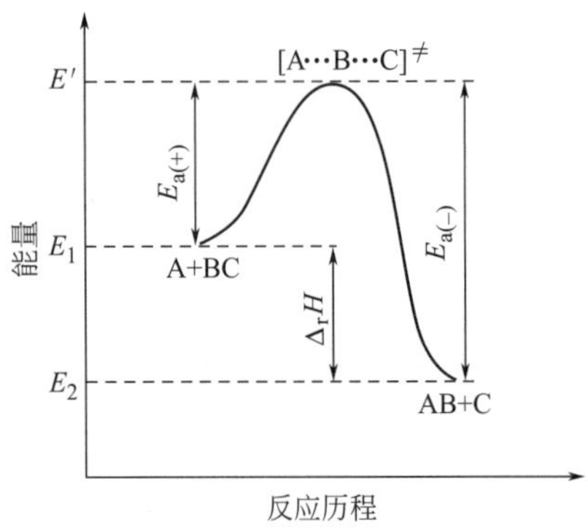

图 4-2 反应过程中的能量变化

设 A 为单原子分子。当反应物的活化分子按符合要求的空间取向（即 A 与 BC 沿 A…B—C 的直线方向）进行碰撞，新的 A…B 键部分地形成，而旧的 B—C 键部分地断裂，从而形成了活化配合物 $[A\cdots B\cdots C]^{\neq}$。这种能量高、不稳定、寿命短的活化配合物很快转化为产物分子。此过程可表示为：

$$A+B—C \longrightarrow [A\cdots B\cdots C]^{\neq} \longrightarrow A—B+C$$

图 4-2 表示上述反应的能量变化。从图中可以看出：反应物分子要成为活化配合物，它的能量必须比反应物的能量高 $E_a(+)$，$E_a(+)$ 就是该反应的活化能。如果上述反应逆向进行，则 $E_a(-)$ 为逆反应的活化能。从图中可以看出，正逆反应活化能之差为反应热 $\Delta_r H$，即

$$\Delta_r H = E_a(+) - E_a(-)$$

$E_a(+) < E_a(-)$是放热反应；$E_a(+) > E_a(-)$是吸热反应。

4.2.3 影响反应速率的因素

化学反应速率首先取决于反应物自身的性质。此外，还受外界条件（如浓度、压力、温度及催化剂）的影响。

4.2.3.1 浓度或分压对反应速率的影响

实验证明，恒温下的化学反应速率主要决定于反应物浓度。浓度越大，反应速率就越快。例如，物质在纯氧中的燃烧速率要比在空气中燃烧快得多，这是由于纯氧的浓度是空气中氧气浓度的 5 倍。因为在恒温下，对某一化学反应来说，反应物的活化分子分数（活化分子在所有分子中所占的百分数）是一定的，增加反应物浓度时，单位体积内活化分子数目增多，单位时间内有效碰撞的次数也随之增多，因而反应速率加快。

大量的实验事实证明：基元反应（反应物分子经有效碰撞后直接一步转化为产物的反应，又称元反应）的反应速率与反应物浓度幂（幂次等于反应方程式中该物质分子式前的化学计量系数的绝对值）的乘积成正比，这一规律称为质量作用定律。对于任一基元反应：

$$aA + bB \longrightarrow 生成物$$

其质量作用定律表示式为

$$v = kc^a(A)c^b(B) \tag{4-20}$$

式(4-20) 称为基元反应的速率方程式。式中，$c(A)$ 和 $c(B)$ 分别表示反应物 A 和 B 的浓度；k 为反应速率常数，对于某一个反应，在一定温度下，k 是一个常数，与反应物浓度无关。

必须指出，质量作用定律只适用于基元反应。但大多数化学反应不是基元反应，而是由两个或两个以上基元反应构成的复杂反应，这类复杂反应称为非基元反应（又称非元反应）。对于非基元反应来说，其速率方程式不能根据其总反应式直接书写，而是要通过实验才能确定，并可由此为依据来分析可能的反应历程。

例如，对于反应

$$NO_2 + CO \longrightarrow NO + CO_2$$

通过实验测得，当温度高于 250℃时，其速率方程式为：

$$v = kc(NO_2)c(CO)$$

当温度低于 250℃时，其速率方程式为：

$$v = kc^2(NO_2)$$

这说明反应在不同温度下的反应历程是不同的。实验证明高温时该反应是一个基元反应，低温时则是通过以下两个基元反应来完成的。

第一步 $NO_2+NO_2 \longrightarrow NO+NO_3$（慢反应）

第二步 $NO_3+CO \longrightarrow NO_2+CO_2$（快反应）

因为第一个基元反应速率较慢，整个反应的速率由它决定。所以，总反应的速率与 NO_2 浓度的平方成正比，这样的解释与实验结果基本吻合。

应该注意的是，即使由实验测得的反应速率方程与按基元反应的质量作用定律写出的速率方程相一致，也不能认为该反应肯定是基元反应。因为一个反应的反应历程是要经过多方面的实验考证才能确定的。根据实验测定的反应速率随浓度变化的规律，只是证明反应历程的必要条件，而不是充分条件。

对于任一均相反应，其反应速率方程都有特定的表示形式，例如：

$$aA+bB \longrightarrow \text{生成物}$$

其反应速率方程的通式为 $v=kc^{\alpha}(A)c^{\beta}(B)$

式中，反应物 A、B 浓度的幂次 α、β 均要通过实验测定后确定（与反应物 A、B 的化学计量系数 a、b 无关）。幂次之和 α、β 称为该反应的反应级数 n，即 $n=\alpha+\beta$。对反应物 A 来说是 α 级反应，对反应物 B 来说是 β 级反应。反应级数既适用于基元反应，也适用于非基元反应。

反应级数反映了反应物浓度与反应速率的关系。它的大小表示浓度对反应速率的影响程度，级数越大，速率受浓度的影响越大。表 4-2 列出了一些反应及其速率方程和反应级数。由此表可知，反应级数通常是正整数、分数、零，也可以是负数。

表 4-2 一些反应及其反应速率方程和反应级数

反应方程式	实验确定的反应速率方程式	反应级数
$N_2O \xrightarrow{Au} N_2+\frac{1}{2}O_2$	$v=kc^0(N_2O)$	0
$2N_2O_5 \longrightarrow 4NO_2+O_2$	$v=kc(N_2O_5)$	1
$CHCl_3+Cl_2 \longrightarrow CCl_4+HCl$	$v=kc(CHCl_3)c^{1/2}(Cl_2)$	1.5
$2NO_2 \longrightarrow 2NO+O_2$	$v=kc^2(NO_2)$	2
$CO+Cl_2 \longrightarrow COCl_2$	$v=kc(CO)c^{3/2}(Cl_2)$	2.5
$2NO+2H_2 \longrightarrow N_2+2H_2O$	$v=kc^2(NO)c(H_2)$	3

【例 4-5】 某气体反应的实验数据如下：

实验序号	起始浓度/mol·L^{-1}		起始速率/mol·L^{-1}·min^{-1}
	c(A)	c(B)	
1	1.0×10^{-2}	0.5×10^{-3}	0.25×10^{-6}
2	1.0×10^{-2}	1.0×10^{-3}	0.50×10^{-6}
3	2.0×10^{-2}	0.5×10^{-3}	1.00×10^{-6}
4	3.0×10^{-2}	0.5×10^{-3}	2.25×10^{-6}

求该反应的速率方程表达式及反应级数 n。

解 令该反应的速率方程式为：

$$v=kc^a(A)c^b(B)$$

由实验 1 和实验 2 可得

$$v_1=k[c_1(A)]^a[c_1(B)]^b$$

$$v_2=k[c_2(A)]^a[c_2(B)]^b$$

两式相除，因 $c_1(\mathrm{A})=c_2(\mathrm{A})$，得

$$\frac{v_1}{v_2}=\left[\frac{c_1(\mathrm{B})}{c_2(\mathrm{B})}\right]^b$$

即
$$\frac{0.25\times10^{-6}}{0.50\times10^{-6}}=\left(\frac{0.5\times10^{-3}}{1.0\times10^{-3}}\right)^b$$

$$b=1$$

再由实验 3 和实验 4 得

$$v_3=kc_3^a(\mathrm{A})c_3^b(\mathrm{B})$$
$$v_4=kc_4^a(\mathrm{A})c_4^b(\mathrm{B})$$

两式相除，因 $c_3(\mathrm{B})=c_4(\mathrm{B})$，得

$$\frac{v_3}{v_4}=\left[\frac{c_3(\mathrm{A})}{c_4(\mathrm{A})}\right]^a$$

即
$$\frac{1.0\times10^{-6}}{2.25\times10^{-6}}=\left(\frac{2.0\times10^{-2}}{3.0\times10^{-2}}\right)^a$$

$$a=2$$

故反应的速率方程式为 $$v=kc^2(\mathrm{A})c(\mathrm{B})$$

反应级数 $$n=2+1=3$$

对于恒容条件下的气体反应，因 $p_\mathrm{B}=c_\mathrm{B}RT$，故在表示反应速率方程时可以用气体的分压代替浓度。

4.2.3.2 温度对反应速率的影响——阿仑尼乌斯公式

温度对反应速率的影响比较显著。对大多数化学反应来说，温度升高，反应速率增大。归纳许多实验结果，发现如果反应物浓度恒定，温度每升高 10℃，反应速率大约增大 2～4 倍。速率常数也按同样的倍数增加，这个倍数称为反应的温度系数。

$$\text{反应的温度系数}=\frac{v_{(t+10℃)}}{v_t}=\frac{k_{(t+10℃)}}{k_t}$$

温度升高使反应速率加快的原因是：升高温度使更多的分子获得能量转变成活化分子，系统中活化分子百分数增大，有效碰撞次数增多，使反应速率明显加快。

温度系数对温度与反应速率的关系的概括过于粗略。1889 年，阿仑尼乌斯（S. A. Arrhenius）在总结了大量实验事实的基础上指出了化学反应速率与温度之间的定量关系为：

$$k=A\mathrm{e}^{-E_\mathrm{a}/RT} \tag{4-21}$$

对式(4-21) 取对数有

$$\ln k=-\frac{E_\mathrm{a}}{RT}+\ln A \tag{4-22}$$

或
$$\lg k=\lg A-\frac{E_\mathrm{a}}{2.303RT} \tag{4-23}$$

式(4-21)、式(4-22) 和式(4-23) 均称为阿仑尼乌斯公式。式中，k 是速率常数，$\mathrm{mol}^{1-n}\cdot\mathrm{L}^{n-1}\cdot\mathrm{s}^{-1}$；$A$ 是（碰撞）指前因子，对一给定的反应，可视为常数；e 是自然对数底，e＝2.718；R 为气体常数，$R=8.314\mathrm{J}\cdot\mathrm{mol}^{-1}\cdot\mathrm{K}^{-1}$；$T$ 是热力学温度；E_a 为反应的活化能。

阿仑尼乌斯公式的指数项表示了温度对反应速率的影响。对于某指定反应，E_a 和 A 可视为定值，k 与 T 呈指数关系，因而 T 的微小变化将会导致 k 值的较大变化。

阿仑尼乌斯公式在一定的温度范围内适用于许多反应，包括基元反应和非基元反应。可

用来计算反应的活化能和在不同温度下反应的速率常数。若已知反应在温度 T_1 和 T_2 时的速率常数分别为 k_1 和 k_2，据式(4-23) 可得

$$\lg k_1 = \lg A - \frac{E_a}{2.303RT_1}$$

$$\lg k_2 = \lg A - \frac{E_a}{2.303RT_2}$$

两式相减得

$$\lg \frac{k_2}{k_1} = \frac{E_a}{2.303R}\left(\frac{1}{T_1} - \frac{1}{T_2}\right)$$

即

$$\lg \frac{k_2}{k_1} = \frac{E_a}{2.303R}\left(\frac{T_2 - T_1}{T_1 T_2}\right) \qquad (4\text{-}24)$$

利用式(4-24) 可以求得 E_a 或 k。

【例 4-6】 某反应在 300℃时的速率常数为 $2.41\times10^{-10}\,\mathrm{s^{-1}}$，活化能为 $272\mathrm{kJ\cdot mol^{-1}}$。计算该反应在 400℃时的反应速率常数。

解 由题知 $T_1 = 273 + 300 = 573\mathrm{K}$，$T_2 = 273 + 400 = 673\mathrm{K}$，$k_1 = 2.41\times10^{-10}$，$E_a = 272\times10^3\mathrm{J\cdot mol^{-1}}$

$$\lg \frac{k_2}{2.41\times10^{-10}} = \frac{272\times10^3}{2.303\times8.31}\left(\frac{1}{573} - \frac{1}{673}\right)$$

得

$$k_2 = 1.17\times10^{-6}\,\mathrm{s^{-1}}$$

即该反应在 400℃时的反应速率常数为 $1.17\times10^{-6}\,\mathrm{s^{-1}}$。

4.2.3.3 催化剂对化学反应速率的影响

催化剂是一种能显著改变反应速率，而其自身的组成和质量在反应的前、后保持不变的物质。催化剂能够改变反应速率的作用称为催化作用。催化剂之所以可以显著改变化学反应速率，是因为它参与了化学反应，改变了原来反应的历程，降低了反应的活化能。

例如，对于化学反应 $\mathrm{A+B \longrightarrow AB}$，无催化剂时按照图 4-3 中的途径Ⅰ进行，其活化能为 E_a。当有催化剂 K 存在时，其反应历程发生了改变，反应按照途径Ⅱ分两步进行。

$$\mathrm{A+K \longrightarrow AK} \qquad \text{活化能为 } E_1$$

$$\mathrm{AK+B \longrightarrow AB+K} \qquad \text{活化能为 } E_2$$

E_1、E_2 均小于 E_a，从而使活化分子分数和有效碰撞次数增加，导致反应速率显著提高。

关于催化剂对反应速率的影响应注意以下几点：

① 催化剂只能通过改变反应途径来改变反应速率，不能改变反应物和产物的能量，即不改变反应的始态和终态。

② 对于可逆反应，催化剂同等程度地加快了正、逆反应的速率。在一定条件下，正反应的优良催化剂必然也是逆反应的优良催化剂。例如，合成氨反应用的铁催化剂，也是氨分解反应的催化剂；有机化学中常用的铂、钯等金属，是加氢反应的催化剂，也是脱氢反应的催化剂。

③ 在反应速率方程中，催化剂对反应速率的影响体现在反应速率常数 k 中。对于确定的化学反应，反应温度一定时，采用不同的催化剂一般具有不同的 k 值。

④ 催化剂只能加速热力学上认为可以实际发生的反应，对于热力学计算不能发生的反应，使用任何催化剂都是徒劳的。

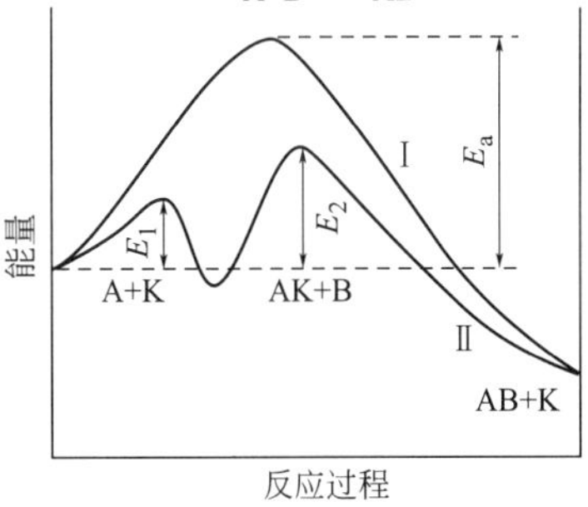

图 4-3 催化剂改变反应历程示意图

4.3 化学平衡

在研究物质的变化时，不仅要注重反应的方向和反应进行的速率，而且十分关心化学反应能够进行的程度，即在指定条件下，反应物可以转变为产物的最大限度。这就涉及化学平衡的问题。

4.3.1 可逆反应与化学平衡

在同一条件下，既能向正反应方向又能向逆反应方向进行的反应称为可逆反应。绝大多数的化学反应是可逆反应。但是有的逆反应倾向比较弱，从整体上看反应实际上是朝着一个方向进行的。例如，以二氧化锰作为催化剂的氯酸钾受热分解放出氧气的反应。这样的反应，习惯上称为不可逆反应。可逆反应在密闭容器中不能正向进行到底。例如，将 $H_2(g)$ 和 $I_2(g)$ 置于密闭的容器中并加热至 425℃。

$$H_2(g)+I_2(g) \rightleftharpoons 2HI(g)$$

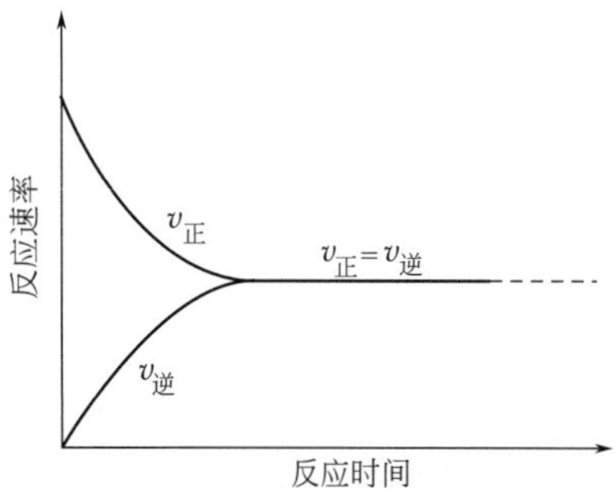

图 4-4 $v_正$、$v_逆$ 与时间的关系

反应开始时，容器中只有 $H_2(g)$ 和 $I_2(g)$，正反应速率 $v_正$ 最大。HI(g) 一旦生成，逆反应立即发生。随着反应的进行，$H_2(g)$ 和 $I_2(g)$ 不断减少，$v_正$ 逐渐减慢；由于 HI 的生成，$v_逆$ 逐渐加快。如图 4-4 所示，经过一段时间后，$v_正=v_逆$。这时，各物质的浓度不再发生变化时，系统所处的状态叫做化学平衡。

化学反应达到平衡状态后，从外表上看，反应似乎已经停止。实际上，正、逆反应都在继续进行，只不过它们的速率相等，所以化学平衡是动态平衡。若反应条件不改变，这种平衡可以一直维持下去，然而一旦条件发生变化，原有平衡将会受到破坏，直至建立新的平衡。

4.3.2 平衡常数

4.3.2.1 实验平衡常数

为了进一步研究化学平衡状态时的系统特征，可用不同的方法建立上述可逆反应的平衡。表 4-3 给出三组实验数据，第一组实验从 HI 的化合反应开始，第二组实验从 HI 的分解反应开始，第三组实验从 H_2 和 HI 的混合物开始。分析表中的数据，可以看出，在一定温度下，不论反应从正向开始或是从逆向开始，最终达到平衡时，尽管每种物质的浓度在各个系统中并无规律性，但是对于每一组实验平衡时，$\frac{c^2(HI)}{c(H_2)c(I_2)}$却是相同的。

表 4-3 $H_2(g)+I_2(g) \rightleftharpoons 2HI(g)$（425℃）平衡系统的实验数据

实验编号	起始浓度/$\times10^{-3}$mol·L^{-1}			平衡浓度/$\times10^{-3}$mol·L^{-1}			$\frac{c^2(HI)}{c(H_2)c(I_2)}$（平衡时）
	$c(H_2)$	$c(I_2)$	$c(HI)$	$c(H_2)$	$c(I_2)$	$c(HI)$	
1	11.3367	7.5098	0	4.5647	0.7378	13.5440	54.468
2	0	0	10.6918	1.1409	1.1409	8.4100	54.337
3	4.9605	0	23.9294	6.2838	1.3233	21.2828	54.472

通过大量实验发现，对于任一可逆反应：

$$dD+eE \rightleftharpoons gG+hH$$

在一定温度下，达到平衡时，系统中各物质的浓度有如下关系：

$$K_c = \frac{c^g(\mathrm{G})c^h(\mathrm{H})}{c^d(\mathrm{D})c^e(\mathrm{E})} \tag{4-25}$$

式中，$c(\mathrm{D})$、$c(\mathrm{E})$、$c(\mathrm{G})$、$c(\mathrm{H})$ 分别是参与反应的物质 D、E、G、H 在反应达到平衡时的浓度；K_c 为化学反应的浓度平衡常数。式(4-25) 表示：在一定温度下，可逆反应达到平衡时，生成物的浓度幂的乘积与反应物的浓度幂的乘积之比是一常数。

如果化学反应是气相反应，平衡常数既可以用平衡时各物质的浓度之间的关系表示，也可以用平衡时各物质的分压之间的关系来表示。这种用气体分压表示的平衡常数称为压力平衡常数，用 K_p 来表示。例如，反应：

$$2SO_2(g) + O_2(g) \rightleftharpoons 2SO_3(g)$$

达到平衡时，压力平衡常数可表示为：

$$K_p = \frac{p^2(SO_3)}{p^2(SO_2)p(O_2)}$$

浓度平衡常数和压力平衡常数都是由实验测定得到的，因此又将它们合称为实验平衡常数或经验平衡常数。实验平衡常数是有量纲的，其单位由平衡常数的表达式来决定，但在使用时，通常只给出数值，不标出单位。

4.3.2.2 标准平衡常数

根据热力学函数计算得出的平衡常数称为标准平衡常数，又称为热力学平衡常数，用符号 $K^{\ominus}$来表示。其表示方式与实验平衡常数相同，只是相关物质的浓度要用相对浓度 ($c/c^{\ominus}$)、分压要用相对分压（$p_B/p^{\ominus}$）来代替，其中 $c^{\ominus}=1\mathrm{mol \cdot L^{-1}}$，$p^{\ominus}=100\mathrm{kPa}$。为简化书写，本书以下令：

某物质的相对浓度 $[\mathrm{B}]=c(\mathrm{B})/c^{\ominus}$

某物质的相对分压 $[p(\mathrm{B})]=p(\mathrm{B})/p^{\ominus}$

对于可逆反应：

$$d\mathrm{D(aq)} + e\mathrm{E(aq)} \rightleftharpoons g\mathrm{G(aq)} + h\mathrm{H(aq)}$$

有

$$K^{\ominus} = \frac{[c(\mathrm{G})/c^{\ominus}]^g[c(\mathrm{H})/c^{\ominus}]^h}{[c(\mathrm{D})/c^{\ominus}]^d[c(\mathrm{E})/c^{\ominus}]^e} = \frac{[\mathrm{G}]^g[\mathrm{H}]^h}{[\mathrm{D}]^d[\mathrm{E}]^e} \tag{4-26}$$

对气相中进行的可逆反应：

$$d\mathrm{D(g)} + e\mathrm{E(g)} \rightleftharpoons g\mathrm{G(g)} + h\mathrm{H(g)}$$

有

$$K^{\ominus} = \frac{[p(\mathrm{G})/p^{\ominus}]^g[p(\mathrm{H})/p^{\ominus}]^h}{[p(\mathrm{D})/p^{\ominus}]^d[p(\mathrm{E})/p^{\ominus}]^e} = \frac{[p(\mathrm{G})]^g[p(\mathrm{H})]^h}{[p(\mathrm{D})]^d[p(\mathrm{E})]^e} \tag{4-27}$$

与经验平衡常数不同的是，标准平衡常数 $K^{\ominus}$是无量纲的。

平衡常数是衡量化学反应进行程度的特征常数。其数值的大小表示在一定条件下反应进行的限度。对同类型的反应，在温度相同时，平衡常数越大，表示正反应进行得越完全。平衡常数不因浓度的改变而改变，但随温度的变化而改变。

在书写和应用平衡常数表达式时，应注意以下几点：

① 平衡常数表达式中各物质的相对浓度和相对压力必须是反应达到平衡时的数值。

② 如果有固态或纯液体物质参与反应，它们的浓度可视作常数，不必写入平衡常数表达式中。例如，反应：

$$C(s) + O_2(g) \rightleftharpoons CO_2(g)$$

$$K^{\ominus} = \frac{[p(CO_2)]}{[p(O_2)]}$$

③ 平衡常数表达式及数值与化学反应方程式的写法有关。例如，反应：

$$SO_2(g)+\frac{1}{2}O_2(g)\rightleftharpoons SO_3(g)$$

$$K_1^{\ominus}=\frac{[p(SO_3)]}{[p(SO_2)][p(O_2)]^{1/2}}$$

如果写成 $$2SO_2(g)+O_2(g)\rightleftharpoons 2SO_3(g)$$

则 $$K_2^{\ominus}=\frac{[p(SO_3)]^2}{[p(SO_2)]^2[p(O_2)]}$$

④ 若有不同相的物质参与反应，那么气体物质用相对压力代入，溶液中溶质用相对浓度代入。例如，反应：

$$dD(aq)+eE(g)\rightleftharpoons gG(aq)+hH(g)$$

有 $$K^{\ominus}=\frac{[G]^g[p(H)]^h}{[D]^d[p(E)]^e}$$

4.3.3 多重平衡规则

例如，427℃时，气态 SO_2 和 NO_2 的反应：

$$SO_2(g)+NO_2(g)\rightleftharpoons SO_3(g)+NO(g)$$

$$K^{\ominus}=\frac{[p(SO_3)][p(NO)]}{[p(SO_2)][p(NO_2)]}$$

可以看作是由以下两个反应相加而得到：

$$SO_2(g)+\frac{1}{2}O_2(g)\rightleftharpoons SO_3(g) \qquad K_1^{\ominus}=\frac{[p(SO_3)]}{[p(SO_2)][p(O_2)]^{1/2}}$$

$$NO_2(g)\rightleftharpoons NO(g)+\frac{1}{2}O_2(g) \qquad K_2^{\ominus}=\frac{[p(NO)][p(O_2)]^{1/2}}{[p(NO_2)]}$$

很明显，存在 $K_1^{\ominus}K_2^{\ominus}=K^{\ominus}$。

由此可见，若某一（总）反应是由几个反应相加（或相减）所得，则这个（总）反应的平衡常数就等于相加（或相减）的几个反应的平衡常数的乘积（或商），此规则称为多重平衡规则。

4.3.4 有关化学平衡的计算

利用平衡常数可以计算反应系统中有关物质的浓度和某一反应物的转化率，以及从理论上计算欲达到一定的转化率所需要的合理原料配比等问题。某一反应物的平衡转化率是指化学反应达到平衡后，该反应物转化为生成物的百分数，通常以 α 表示。

$$转化率\ \alpha=\frac{某反应物的消耗量}{反应开始时该反应物的总量}\times 100\%$$

若反应系统的体积在反应前后不发生变化，转化率又可表示为：

$$转化率\ \alpha=\frac{某反应物消耗的浓度}{反应开始时该反应物的浓度}\times 100\%$$

【例 4-7】 在某温度下，反应：$AB(g)+CD(g)\rightleftharpoons AD(g)+BC(g)$ 在密闭容器中进行，平衡后各物质的浓度为：$c(AB)=0.33mol\cdot L^{-1}$，$c(CD)=3.33mol\cdot L^{-1}$，$c(AD)=0.67mol\cdot L^{-1}$，$c(BC)=0.67mol\cdot L^{-1}$。求：①在这个温度下反应的平衡常数 K_c；②反应开始前 AB、CD 的浓度；③AB 的转化率。

解 ① 该反应的平衡常数 K_c 为：

$$K_c=\frac{[AD][BC]}{[AB][CD]}=\frac{0.67\times 0.67}{0.33\times 3.33}=0.41$$

② 从反应式可知，每生成 1mol AD 就同时生成 1mol BC，以及消耗 1mol AB 和 1mol CD。

反应开始前：　　AB 的浓度＝0.33＋0.67＝1.00mol · L^{-1}

　　　　　　　　CD 的浓度＝3.33＋0.67＝4.00mol · L^{-1}

③ AB 的转化率 $\alpha(AB)=\frac{0.67}{1.00}\times 100\%=67\%$

【例 4-8】 反应 $PCl_5(g) \rightleftharpoons PCl_3(g)+Cl_2(g)$，在 250℃将 0.70mol PCl_5 注入 2.0L 密闭容器中，平衡时有 0.20mol PCl_5 分解。试计算该温度下的平衡常数 $K^{\ominus}$。

解 计算 $K^{\ominus}$，对于气相反应，需知道平衡时各气体的分压。本题可根据已知条件，先求出平衡时各气体的物质的量，再根据 $pV=nRT$ 求出相关分压。

	$PCl_5(g) \rightleftharpoons$	$PCl_3(g)+$	$Cl_2(g)$
开始时物质的量/mol	0.70	0	0
平衡时物质的量/mol	0.50	0.20	0.20

应用 $pV=nRT$，可以求出平衡时各气体的分压。

$$p(PCl_5)=\frac{nRT}{V}=\frac{0.50\times 8.314\times 523}{2\times 10^{-3}}=1.087\times 10^6\,Pa=1.087\times 10^3\,kPa$$

$$p(PCl_3)=\frac{nRT}{V}=\frac{0.20\times 8.314\times 523}{2\times 10^{-3}}=4.348\times 10^5\,Pa=4.348\times 10^2\,kPa$$

$$p(Cl_2)=p(PCl_3)=4.348\times 10^2\,kPa$$

$$K^{\ominus}=\frac{[p(PCl_3)][p(Cl_2)]}{[p(PCl_5)]}=\frac{[p(PCl_3)/p^{\ominus}][p(Cl_2)/p^{\ominus}]}{[p(PCl_5)/p^{\ominus}]}$$

$$=\frac{(4.348\times 10^2/100)\ (4.348\times 10^2/100)}{1.087\times 10^3/100}=1.74$$

4.3.5 标准平衡常数与摩尔反应吉布斯函数变的关系

若参与某一化学反应的各物质均处于标准态，判断该反应能否自发进行，只需计算反应的 $\Delta_r G_m^{\ominus}$，并以此为依据进行判断。但是当化学反应在非标准态下进行时，摩尔反应吉布斯函数变 $\Delta_r G_m$ 又如何求得？

根据热力学推导，摩尔反应吉布斯函数变 $\Delta_r G_m$ 与标准摩尔反应吉布斯函数变 $\Delta_r G_m^{\ominus}$ 存在如下关系：

$$\Delta_r G_m=\Delta_r G_m^{\ominus}+RT\ln Q \tag{4-28}$$

式(4-28) 称为化学反应等温方程式。式中，Q 为反应商，Q 与 $K^{\ominus}$ 表达式相似，但是其表达式中各物质的浓度或气体分压是任意状态下的数值（$Q=K^{\ominus}$时例外）。对于反应：

$$dD+eE \rightleftharpoons gG+hH$$

在任意状态下，反应商

$$Q=\frac{[G]^g[H]^h}{[D]^d[E]^e} \tag{4-29}$$

若是气相反应，则有

$$Q=\frac{[p(G)]^g[p(H)]^h}{[p(D)]^d[p(E)]^e} \tag{4-30}$$

当反应达到平衡时，$\Delta_r G_m = 0$，同时 $Q = K^\ominus$，此时式(4-28) 变为：

$$0 = \Delta_r G_m^\ominus + RT\ln K^\ominus$$

或

$$\Delta_r G_m^\ominus = -2.303RT\lg K^\ominus \tag{4-31}$$

利用式(4-31) 可从热力学函数 $\Delta_r G_m^\ominus$ 计算出反应的标准平衡常数。特别是对于一些反应的平衡常数难以直接通过实验测定时，就可利用热力学函数计算求得。

将式(4-31) 代入式(4-28) 中，可得到 $\Delta_r G_m$、$K^\ominus$、Q 之间的关系式：

$$\Delta_r G_m = -2.303RT\lg K^\ominus + 2.303RT\lg Q$$

即

$$\Delta_r G_m = 2.303RT\lg \frac{Q}{K^\ominus} \tag{4-32}$$

式(4-32) 表明了 $\Delta_r G_m$ 与反应的 $K^\ominus$ 以及参加反应的各物质的浓度（分压）之间的关系。将 Q 和 $K^\ominus$ 进行比较，可以判断反应进行的方向：

$Q < K^\ominus$ 时，$\Delta_r G_m < 0$，正反应自发进行；

$Q = K^\ominus$ 时，$\Delta_r G_m = 0$，反应达到平衡状态；

$Q > K^\ominus$ 时，$\Delta_r G_m > 0$，逆反应自发进行。

【例 4-9】 计算反应 $NO(g) + \frac{1}{2}O_2(g) \rightleftharpoons NO_2(g)$ 在 700℃时的 $K^\ominus$。

解

	$NO(g)$	$+\frac{1}{2}O_2(g)$	$\rightleftharpoons NO_2(g)$
查表得 $\Delta_f H_m^\ominus/kJ \cdot mol^{-1}$	90.25	0	33.18
$S_m^\ominus/J \cdot mol^{-1} \cdot K^{-1}$	210.76	205.138	240.06

$$\Delta_r H_m^\ominus = \Delta_f H_m^\ominus(NO_2,g) - \frac{1}{2}\Delta_f H_m^\ominus(O_2,g) - \Delta_f H_m^\ominus(NO,g)$$

$$= 33.18 - 0 - 90.25 = -57.07 kJ \cdot mol^{-1}$$

$$\Delta_r S_m^\ominus = S_m^\ominus(NO_2,g) - \frac{1}{2}S_m^\ominus(O_2,g) - S_m^\ominus(NO,g)$$

$$= 240.06 - \frac{1}{2} \times 205.138 - 210.76 = -73.27 J \cdot mol^{-1} \cdot K^{-1}$$

因为

$$\Delta_r G_m^\ominus = \Delta_r H_m^\ominus - T\Delta_r S_m^\ominus$$

所以，有 $\Delta_r G_m^\ominus(973K) = -57.07 - 973 \times (-73.27 \times 10^{-3}) = 14.22 kJ \cdot mol^{-1}$

根据公式

$$\Delta_r G_m^\ominus = -2.303RT\lg K^\ominus$$

$$\lg K^\ominus = -\frac{\Delta_r G_m^\ominus}{2.303RT} = -\frac{14.22 \times 10^3}{2.303 \times 8.31 \times 973} = -0.76$$

得

$$K^\ominus = 0.17$$

【例 4-10】 下列可逆反应：

$$CO(g) + H_2O(g) \rightleftharpoons CO_2(g) + H_2(g)$$

在 1200℃时，$K^\ominus = 0.417$，如果反应系统中各物质的分压均为 101.3kPa，试判断反应能否正向进行。

解

$$Q = \frac{[p(CO_2)][p(H_2)]}{[p(CO)][p(H_2O)]} = \frac{[p(CO_2)/p^\ominus][p(H_2)/p^\ominus]}{[p(CO)/p^\ominus][p(H_2O)/p^\ominus]}$$

$$= \frac{(101.3/100)(101.3/100)}{(101.3/100)(101.3/100)} = 1$$

由于 $Q>K^{\ominus}$，所以反应不能正向进行，而是向逆反应方向进行。

4.3.6 化学平衡移动

在一定条件下，可逆反应的正反应速率与逆反应速率相等时，建立化学平衡。当外界条件（如浓度、压力、温度等）改变时，化学平衡就会受到破坏，可逆反应从暂时的平衡变为不平衡，经过一定时间后，可逆反应达到新的平衡。在新的平衡状态，系统中各物质的浓度与原来平衡时不再相同。这种由于条件的改变，可逆反应从一种平衡状态向另一种平衡状态转变的过程叫做化学平衡移动。

4.3.6.1 浓度（或分压）的改变对化学平衡的影响

设可逆反应：

$$d\mathrm{D(g)}+e\mathrm{E(g)} \rightleftharpoons g\mathrm{G(g)}+h\mathrm{H(g)}$$

在一定条件下，达到平衡时，$\Delta_r G_m=0$，有

$$Q=K^{\ominus}=\frac{[p(\mathrm{G})]^g[p(\mathrm{H})]^h}{[p(\mathrm{D})]^d[p(\mathrm{E})]^e}$$

如果增大生成物的浓度（或分压），或减少反应物的浓度（或分压），都会使反应商 Q 增大，即 $Q>K^{\ominus}$，此时平衡只能朝逆反应方向（向左）移动，直至 Q 重新等于 $K^{\ominus}$；同理，如果减少生成物浓度（或分压），或增大反应物浓度（或分压），则 Q 减小，即 $Q<K^{\ominus}$，平衡向正反应方向（向右）移动。

根据浓度（或分压）对化学平衡的影响，在化工生产上，为了提高反应物（原料）的转化率，可按具体情况采用增加或降低某一物质的浓度（或分压）来实现。例如，在工业上制备硫酸时，存在下列可逆反应：

$$2SO_2(g)+O_2(g) \xrightleftharpoons{V_2O_5} 2SO_3(g)$$

为了尽量利用成本较高的 SO_2，就要用过量的氧（空气中的氧）。按照方程式 SO_2 与 O_2 的计量关系之比为 1∶0.5，而实际工业上采用的比值是 1∶1.6。

4.3.6.2 系统总压力的改变对化学平衡的影响

压力的改变对液体和固体的影响不大，可以忽略不计。但对有气体参与的可逆反应，改变系统的总压力，通常会引起化学平衡的移动。反应系统总压力的改变，一般可通过改变体积的方法来实现。对可逆反应：

$$d\mathrm{D(g)}+e\mathrm{E(g)} \rightleftharpoons g\mathrm{G(g)}+h\mathrm{H(g)}$$

达到平衡时，$\Delta_r G_m=0$

$$Q=K^{\ominus}=\frac{[p(\mathrm{G})]^g[p(\mathrm{H})]^h}{[p(\mathrm{D})]^d[p(\mathrm{E})]^e}$$

若增加总压使系统的总体积缩小至原来的 $\frac{1}{N}$（$N>1$），则各气态物质的相对分压也相应增加至原来的 N 倍。即

$$[p'(\mathrm{D})]=[Np(\mathrm{D})],\ [p'(\mathrm{E})]=[Np(\mathrm{E})],\ [p'(\mathrm{G})]=[Np(\mathrm{G})],\ [p'(\mathrm{H})]=[Np(\mathrm{H})]$$

此时反应商为：

$$\begin{aligned}Q&=\frac{[p'(\mathrm{G})]^g[p'(\mathrm{H})]^h}{[p'(\mathrm{D})]^d[p'(\mathrm{E})]^e}\\&=\frac{[Np(\mathrm{G})]^g[Np(\mathrm{H})]^h}{[Np(\mathrm{D})]^d[Np(\mathrm{E})]^e}\\&=N^{(g+h)-(d+e)}K^{\ominus}\end{aligned}$$

当（$g+h$）=（$d+e$），即反应物气体分子的总数与生成物气体分子总数相等，$Q=K^{\ominus}$，$\Delta_r G_m=0$，增加系统的总压力对化学平衡没有影响。例如：

$$CO_2(g)+H_2(g) \rightleftharpoons CO(g)+H_2O(g)$$

当（$g+h$）>（$d+e$），即生成物气体分子的总数多于反应物气体分子的总数，$Q>K^{\ominus}$，$\Delta_r G_m>0$，此时系统不再处于平衡状态，反应朝着逆反应（即气体分子数减少）的方向进行。例如：

$$C(s)+CO_2(g) \rightleftharpoons 2CO(g)$$

当（$g+h$）<（$d+e$），即生成物气体分子的总数少于反应物气体分子的总数，$Q<K^{\ominus}$，$\Delta_r G_m<0$，反应朝着正反应（即气体分子数减少）的方向进行。例如：

$$N_2(g)+3H_2(g) \rightleftharpoons 2NH_3(g)$$

由此可见，系统总压的变化只对反应物气体分子总数与生成物气体分子总数不相等的可逆反应产生影响。在等温条件下，增加平衡系统的总压力，平衡向气体分子总数减少的方向移动。同理，降低总压力，平衡向气体分子总数增多的方向移动。

【例 4-11】 在 497℃、100kPa 下，容器中反应 $2NO_2(g) \rightleftharpoons O_2(g)+2NO(g)$ 达平衡时，有 56%的 NO_2 转化为 NO 和 O_2，求 $K^{\ominus}$。若使 NO_2 的转化率增加到 80%，则平衡时的总压力是多少？

解 设最初容器中有 1mol NO_2，则

	$2NO_2(g)$	$\rightleftharpoons O_2(g)$	$+2NO(g)$
开始时物质的量 n_B/mol	1	0	0
平衡时物质的量 n_B/mol	1−0.56	0.28	0.56

此时 $n_{总}=(1-0.56)+0.28+0.56=1.28\text{mol}$

各物质的相对分压为：

$$[p(NO_2)]=\frac{p(NO_2)}{p^{\ominus}}=\frac{n(NO_2)}{n_{总}}\times\frac{p_{总}}{p^{\ominus}}=\frac{1-0.56}{1.28}\times\frac{100}{100}=0.34$$

$$[p(NO)]=\frac{p(NO)}{p^{\ominus}}=\frac{n(NO)}{n_{总}}\times\frac{p_{总}}{p^{\ominus}}=\frac{0.56}{1.28}\times\frac{100}{100}=0.44$$

$$[p(O_2)]=\frac{p(O_2)}{p^{\ominus}}=\frac{n(O_2)}{n_{总}}\times\frac{p_{总}}{p^{\ominus}}=\frac{0.28}{1.28}\times\frac{100}{100}=0.22$$

$$K^{\ominus}=\frac{[p(NO)]^2[p(O_2)]}{[p(NO_2)]^2}=\frac{0.44^2\times0.22}{0.34^2}=0.37$$

若要使 NO_2 的转化率增加到 80%，设平衡时，系统的总压力为 p(kPa)。

	$2NO_2(g)$	$\rightleftharpoons O_2(g)$	$+2NO(g)$
反应初 n_B/mol	1	0	0
平衡时 n_B/mol	1−0.8	0.4	0.8

$$n_{总}=(1-0.8)+0.4+0.8=1.4\text{mol}$$

各物质的相对分压

$$[p(NO_2)]=\frac{p(NO_2)}{p^{\ominus}}=\frac{0.2}{1.4}\times\frac{p}{p^{\ominus}}$$

$$[p(NO)]=\frac{p(NO)}{p^{\ominus}}=\frac{0.8}{1.4}\times\frac{p}{p^{\ominus}}$$

$$[p(O_2)]=\frac{p(O_2)}{p^{\ominus}}=\frac{0.4}{1.4}\times\frac{p}{p^{\ominus}}$$

$$K^{\ominus}=\frac{[p(NO)]^2[p(O_2)]}{[p(NO_2)]^2}=\frac{\left(\frac{0.8}{1.4}\times\frac{p}{p^{\ominus}}\right)^2\left(\frac{0.4}{1.4}\times\frac{p}{p^{\ominus}}\right)}{\left(\frac{0.2}{1.4}\times\frac{p}{p^{\ominus}}\right)^2}=0.37$$

解得
$$p=8.1\text{kPa}$$

4.3.6.3 温度的改变对化学平衡的影响

温度对化学平衡的影响与浓度、压力的影响有着本质的不同。改变浓度、压力，只是导致反应商 Q 的变化，而温度的变化，却使平衡常数 $K^{\ominus}$ 发生变化。

根据前述式(4-9) 和式(4-28)：

$$\Delta_r G_m^{\ominus}=\Delta_r H_m^{\ominus}-T\Delta_r S_m^{\ominus}$$
$$\Delta_r G_m^{\ominus}=-2.303RT\lg K^{\ominus}$$

可以推导出平衡常数与温度之间的定量关系：

$$\lg K^{\ominus}=-\frac{\Delta_r H_m^{\ominus}}{2.303RT}+\frac{\Delta_r S_m^{\ominus}}{2.303R} \tag{4-33}$$

不同温度时，有

$$\lg K_1^{\ominus}=-\frac{\Delta_r H_m^{\ominus}}{2.303RT_1}+\frac{\Delta_r S_m^{\ominus}}{2.303R}$$
$$\lg K_2^{\ominus}=-\frac{\Delta_r H_m^{\ominus}}{2.303RT_2}+\frac{\Delta_r S_m^{\ominus}}{2.303R}$$

两式相减，并近似认为 $\Delta_r H_m^{\ominus}$、$\Delta_r S_m^{\ominus}$ 不受温度影响，得

$$\lg\frac{K_2^{\ominus}}{K_1^{\ominus}}=\frac{\Delta_r H_m^{\ominus}}{2.303R}\left(\frac{T_2-T_1}{T_1T_2}\right) \tag{4-34}$$

式(4-34) 清楚地表明了温度对平衡常数的影响。对于吸热反应，$\Delta_r H_m^{\ominus}>0$，当 $T_2>T_1$，有 $K_2^{\ominus}>K_1^{\ominus}$，即平衡常数随温度的升高而增大，平衡将向正反应方向移动；对于放热反应，$\Delta_r H_m^{\ominus}<0$，当 $T_2>T_1$，有 $K_2^{\ominus}<K_1^{\ominus}$，即平衡常数随温度的升高而降低，平衡将向逆反应方向移动。

【例 4-12】 合成氨反应 $N_2(g)+3H_2(g)\rightleftharpoons 2NH_3(g)$。计算该反应在 25℃和 327℃时的 $K^{\ominus}$。

解 ① $N_2(g)+3H_2(g)\rightleftharpoons 2NH_3(g)$

查表得 $\Delta_f H_m^{\ominus}/\text{kJ}\cdot\text{mol}^{-1}$	0	0	−46.11
$\Delta_f G_m^{\ominus}/\text{kJ}\cdot\text{mol}^{-1}$	0	0	−16.45

$$\Delta_r H_m^{\ominus}=2\Delta_f H_m^{\ominus}(NH_3,g)-\Delta_f H_m^{\ominus}(N_2,g)-3\Delta_f H_m^{\ominus}(H_2,g)$$
$$=2\times(-46.11)-0-3\times0=-92.22\text{kJ}\cdot\text{mol}^{-1}$$
$$\Delta_r G_m^{\ominus}=2\Delta_f G_m^{\ominus}(NH_3,g)-\Delta_f G_m^{\ominus}(N_2,g)-3\Delta_f G_m^{\ominus}(H_2,g)$$
$$=2\times(-16.45)-0-3\times0=-32.90\text{kJ}\cdot\text{mol}^{-1}$$

根据
$$\Delta_r G_m^{\ominus}=-2.303RT\lg K^{\ominus}$$

$$\lg K^{\ominus}(25℃)=-\frac{\Delta_r G_m^{\ominus}}{2.303RT}=-\frac{-32.90\times10^3}{2.303\times8.31\times298}=5.77$$

即
$$K^{\ominus}(25℃)=5.9\times10^5$$

② 又因为
$$\lg\frac{K_2^{\ominus}}{K_1^{\ominus}}=\frac{\Delta_r H_m^{\ominus}}{2.303R}\left(\frac{T_2-T_1}{T_1T_2}\right)$$

$$\lg \frac{K^{\ominus}(327℃)}{K^{\ominus}(25℃)} = \frac{-92.22\times10^3}{2.303\times8.31}\left(\frac{600-298}{298\times600}\right)$$

可得 $K^{\ominus}(327℃)=4.3\times10^{-3}$

4.3.6.4　催化剂对化学平衡的影响

催化剂降低了反应活化能，因此加快了反应速率。对于任意可逆反应，催化剂可以同等程度地提高正、逆反应的反应速率。因此，在平衡系统中，加入催化剂后，正、逆反应的速率仍然相等，不会引起平衡常数的变化，也不会使化学平衡发生移动。但在未达到平衡的反应中，加入催化剂后，可以缩短达到平衡的时间。

4.3.6.5　平衡移动总规律——勒夏特列原理

综合浓度、压力和温度等条件的改变对化学平衡的影响，可以得出一个更为概括的规律：当改变平衡系统的条件时，平衡将向削弱这一改变的方向移动。这个规律称为勒夏特列原理或平衡移动原理。

根据这个规律，在平衡系统内，增加反应物浓度时，平衡就向着减少反应物浓度的方向移动。对于有气体参与的反应，增大平衡系统的总压力时，平衡向着降低压力（气体分子数减少）的方向移动。升高温度时，平衡向着降低温度（吸热）的方向移动。

平衡移动原理是一条普遍规律。它不仅适用于化学平衡体系，也适用于物理平衡体系。但必须强调的是，它只能应用于已达平衡的系统，而不适用于非平衡系统。

4.4　化学反应速率和化学平衡在工业生产中综合应用的示例

通过以上内容的学习，已了解到化学反应速率和化学平衡从两个不同的侧面研究化学反应进行的过程，通过平衡常数的大小可以知道某一反应在一定温度下能够进行的程度；而反应速率所反映的是在一定条件下完成反应所需时间的长短。两者概念不同，但又相互关联。在实际工作中，应该学会运用这些知识解决化工生产中的问题，做到理论与实际相结合。以下以接触法制硫酸为例，来说明如何依据反应速率与化学平衡的基本原理，并根据生产的实际情况，合理选择生产的最佳条件。

接触法（催化法）制 H_2SO_4 的主要过程是：先焙烧硫铁矿或硫黄制得 SO_2，然后借助催化剂使 SO_2 与 O_2 化合生成 SO_3，生成的 SO_3 用硫酸吸收。其中 SO_2 被氧化成 SO_3 的反应是一个气体分子总数减少的可逆反应。

$$2SO_2(g)+O_2(g)\xrightleftharpoons{\text{催化剂}}2SO_3(g)$$

在常温、标准态下，反应的 $\Delta_r H_m^{\ominus}=-197.78\text{kJ}\cdot\text{mol}^{-1}$，$\Delta_r S_m^{\ominus}=-188.06\text{J}\cdot\text{mol}^{-1}\cdot\text{K}^{-1}$，$\Delta_r G_m^{\ominus}=-141.73\text{kJ}\cdot\text{mol}^{-1}$。这是一个熵减少的放热反应，在常温、标准态下可自发进行反应。标准态时，欲使反应自发进行的温度条件是：

$$T<\frac{\Delta_r H_m^{\ominus}}{\Delta_r S_m^{\ominus}}=\frac{-197.78\times10^3}{-188.06}=1052\text{K}$$

即标准态下，反应能够自发进行的条件是：温度低于 779℃。

根据化学平衡移动的原理可以判断：降低温度和增加压力有利于提高 SO_3 的产率。

表 4-4 和表 4-5 分别列出了反应在不同温度、压力下的转化率以及在不同温度下的平衡常数。

表 4-4 的数据表明反应在常压下已可达到较高的产率，为减少能耗，降低成本，方便操

作，工业生产中可采取常压操作。

表 4-4 $2SO_2+O_2 \rightleftharpoons 2SO_3$ 在不同温度、压力下的转化率/%

温度/℃	压力/kPa					
	1.0×10^2	5.0×10^2	1.0×10^3	2.5×10^3	5.0×10^3	1.0×10^4
400	99.2	99.6	99.7	99.9	99.9	99.9
425	97.5	98.9	99.2	99.5	99.6	99.7
500	93.5	96.9	97.8	98.6	99.0	99.3
550	85.6	92.9	94.9	96.7	97.7	98.3

表 4-5 $2SO_2+O_2 \rightleftharpoons 2SO_3$ 在不同温度下的平衡常数

温度/℃	400	425	450	475	500	525	550	575	600
$K_p=\dfrac{p^2(SO_3)}{p^2(SO_2)p(O_2)}$	440	241	138	81.8	50.2	31.8	20.7	13.9	9.41

从表 4-5 可以看出，温度变化对反应影响很大，且降低温度有利于提高转化率。但由于温度降低后，反应速率也会减慢（该反应的活化能为 $251kJ\cdot mol^{-1}$），这对反应是不利的。

因此，需要寻找合适的催化剂使反应在较低的温度下迅速进行。图 4-5 列出了几种催化剂对 SO_2 转化率的影响。其中铂催化剂虽然可在较低温度得到很高的转化率，但铂价格昂贵，且易中毒。目前工业生产中实际使用的是以 K_2O 为助催化剂，SiO_2 为载体的 V_2O_5 催化剂，它可使反应在不太高的温度下，快速地使 SO_2 有一令人满意的转化率。

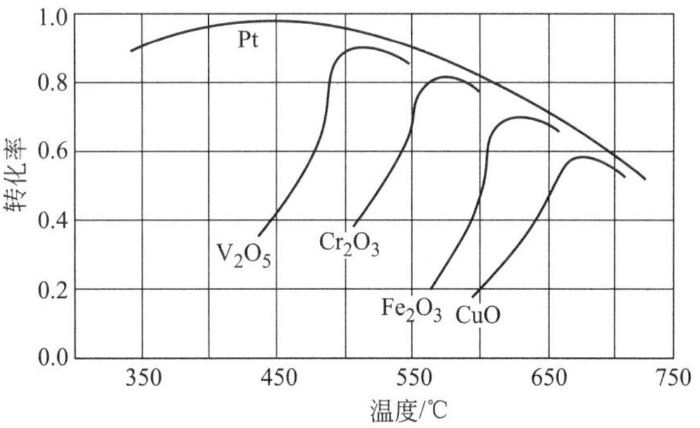

图 4-5 不同催化剂对 SO_2 转化率的影响

实际生产中为了使 SO_2 达到较高的转化率，一般采取以下措施：

① 加大反应物中 O_2 的配比。原料气中 SO_2 为 7%，O_2 为 11%（其余为 N_2），使 SO_2 与 O_2 分子数之比为 1∶1.6。过量的 O_2 有利于 SO_2 的转化。

② 二次转化，二次吸收。将通过转化炉（转化率可达 90%）的 SO_2 气体通入吸收塔，吸收 SO_3，余下含未转化的 SO_2 气体再次通入转化炉内。这样一方面从平衡系统中取走了产物 SO_3，有利于 SO_2 的转化；另一方面未反应的 SO_2 经过再次利用，使 SO_2 的总转化率大大提高，可达到 99.7%。

③ 采用多段催化氧化过程，并通过换热，不断转移反应放出的能量，使反应始终在适当的温度（420～450℃）下进行，以保证取得足够高的转化率，而且也能充分利用热量。

由此可见，在实际工作中，需要反复实践，综合分析，选择有利于化工生产的工艺条件，以最少的能耗、最低的成本、最高的效率和对环境最小的干扰，达到最佳经济效益的生产目的。

思 考 题

1. 试述下列各化学名词的含义：

状态函数 热力学能 反应焓变 标准摩尔生成焓 熵

吉布斯函数 基元反应 非基元反应 质量作用定律

活化分子　活化能　反应级数　化学平衡　标准平衡常数

2. 什么是热力学中的标准态？为何要规定热力学的标准态？

3. 估计干冰升华过程 ΔH 和 ΔS 的正负号。

4. 某理想气体，经过恒压冷却、恒温膨胀、恒容升温后回到初始状态，该过程中系统做功 15kJ，求此过程的 Q。

5. 指出下列各式成立的条件：

① $\Delta U = Q_v$

② $\Delta H = Q_p$

③ $\Delta G = \Delta H$

6. 什么是标准摩尔生成焓？确定标准摩尔生成焓的意义是什么？

7. 盖斯定律实质上是热力学第一定律的另一种表述。试说明此论述的根据是什么。

8. 下列反应中哪一个反应的 $\Delta_r H_m^\ominus$ 等于 $\Delta_f H_m^\ominus(CO,g)$？

① C(金刚石)$+1/2O_2(g) \longrightarrow CO(g)$，$\Delta_r H_m^\ominus(1)$

② 2C(石墨)$+O_2(g) \longrightarrow 2CO(g)$，$\Delta_r H_m^\ominus(2)$

③ C(石墨)$+1/2O_2(g) \longrightarrow CO(g)$，$\Delta_r H_m^\ominus(3)$

④ $NO(g)+CO_2(g) \longrightarrow CO(g)+NO_2(g)$，$\Delta_r H_m^\ominus(4)$

9. 不查表，比较下列物质的 $S_m^\ominus$ 的大小。

① 水蒸气、水、冰；

② C(金刚石)、C(无定形)；

③ $O_2(g)$、$O_3(g)$、$SO_2(g)$；

④ $Br_2(g)$、$Cl_2(g)$、$F_2(g)$、$I_2(g)$。

10. 不查表，估计下列反应是熵增加还是熵减少？

① $2Na(s)+Cl_2(g) \longrightarrow 2NaCl(s)$

② $2NH_4NO_3(s) \longrightarrow 2N_2(g)+4H_2O(g)+O_2(g)$

③ $CaSO_4 \cdot 5H_2O(s) \longrightarrow CaSO_4(s)+5H_2O(l)$

④ $NH_3(g)+HCl(g) \longrightarrow NH_4Cl(s)$

⑤ $N_2(g)+3H_2(g) \longrightarrow 2NH_3(g)$

11. 下列物质中，哪些物质的 $\Delta_f G_m^\ominus$ 为零？

$Br_2(g)$　$Hg(l)$　$Na^+(aq)$　$I_2(s)$　$O_2(g)$　C(石墨)　$H_2O(g)$　$Fe(s)$

12. 下列说法是否正确？为什么？

① 一个化学反应的反应热在数值上等于该反应的焓变；

② 系统的状态恢复到原来状态，状态函数却未必恢复到原来的数值；

③ 标准态下，最稳定单质的熵值一定等于零；

④ 在某一条件下，反应 $\Delta_r G_m^\ominus > 0$，说明该反应是不能自发进行的；

⑤ 由于 $CaCO_3$ 分解需要吸热，所以它的 $\Delta_f H_m^\ominus$ 小于零；

⑥ 同一反应的反应方程式的写法不同，则该反应的 $\Delta_r H$ 和 $\Delta_r S$ 也不相同。

13. 为什么反应速率通常随反应时间的增加而减慢？

14. 说明下述各概念之间的关系：

① 平衡常数与反应物的起始浓度；

② 转化率与反应物的起始浓度；

③ 正反应平衡常数与逆反应平衡常数；

④ 反应热与反应活化能；

⑤ 反应速率方程与反应级数；

⑥ 实验平衡常数与标准平衡常数。

15. 反应的活化能怎样影响化学反应速率？为什么有些反应的活化能很接近，反应速率却相差很大。

而有些反应的活化能相差很大，反应速率却很接近？

16. 反应物分子在碰撞时要符合什么条件才能发生有效碰撞？

17. 气态反应物的分压变化对反应速率有何影响？

18. 催化剂使反应速率加快的原因是什么？

19. 反应：$A+B \longrightarrow$ 生成物，其速率方程为：$v=kc(A)c(B)$。若反应 $c(B)$ 比 $c(A)$ 大很多的条件下进行，其速率方程又是怎样？

20. 写出下列可逆反应的 $K^{\ominus}$ 表达式。

① $2NO(g)+O_2(g) \rightleftharpoons 2NO_2(g)$

② $Fe_3O_4(s) \rightleftharpoons 3Fe(s)+2O_2(g)$

③ $CaO(s)+H_2O(l) \rightleftharpoons Ca^{2+}(aq)+2OH^-(aq)$

21. 反应 $4NH_3(g)+7O_2(g) \rightleftharpoons 2N_2O_4(g)+6H_2O(g)$ 在某温度下达到平衡。在以下两种情况下向该平衡系统中通入氩气，将会有什么变化？

① 总体积不变，总压增加；

② 总体积改变，总压不变。

22. 下列说法是否正确？为什么？

① 质量作用定律可以适用于任何化学反应；

② 反应的活化能越大，反应进行得越快；

③ 反应 $A+B \longrightarrow$ 生成物，不一定是二级反应；

④ 催化剂不但可以加快化学反应速率，还可以提高反应的转化率；

⑤ 有气体参加的反应达平衡时，改变总压后，不一定使平衡产生移动，而改变其中任一气体的分压，则一定引起平衡移动；

⑥ 当可逆反应达到平衡时，系统中反应物的浓度等于生成物的浓度；

⑦ 勒夏特列原理是一普遍规律，可适用于任何过程。

23. 若一可逆反应达平衡后，当影响反应速率的因素发生改变时，反应速率常数 $k_{正}$、$k_{逆}$ 的数值都将发生改变。问经验平衡常数是否一定改变？

24. 设有可逆反应：$A+B \rightleftharpoons C+D$，已知在某温度下，$K_c=2$，问：

① 平衡时，生成物浓度幂的乘积大还是反应物浓度幂的乘积大？

② A、B、C、D 四种物质的浓度都为 $1mol \cdot L^{-1}$时，此反应系统是否处于平衡状态？正、逆反应速率哪一个大？

25. 为了在较短时间内达到化学平衡，对于大多数气相化学反应来说，适宜的方式是：

① 减少产物的浓度；

② 增加温度和压力；

③ 使用催化剂；

④ 降低温度和减少反应物浓度。

26. 化学反应为何需要使用催化剂？它为什么能改变化学反应速率，但不能改变化学平衡？

习　题

1. 计算下列反应的 $\Delta_r H_m^{\ominus}$ 和 $\Delta_r S_m^{\ominus}$。

① $N_2(g)+O_2(g) \longrightarrow 2NO(g)$

② $CaO(s)+H_2O(l) \longrightarrow Ca(OH)_2(s)$

③ $4NH_3(g)+5O_2(g) \xrightarrow{Pt} 4NO(g)+6H_2O(l)$

④ $Fe_2O_3(s)+3CO(g) \longrightarrow 2Fe(s)+3CO_2(g)$

2. 计算下列各反应的 $\Delta_r H_m^{\ominus}$。

① $4Na(s)+O_2(g) \longrightarrow 2Na_2O(s)$

② $2Na(s)+CO_2(g) \longrightarrow Na_2O(s)+CO(g)$

根据计算结果说明，金属钠着火时，为什么不能用二氧化碳灭火剂来扑救。

3. 半导体工业生产单质硅需要经过如下三个步骤：

① 无定形二氧化硅被还原为粗硅：$SiO_2(s)+2C(s) \longrightarrow Si(s)+2CO(g)$

② 硅被氯气氧化为四氯化硅：$Si(s)+2Cl_2(g) \longrightarrow SiCl_4(g)$

③ 四氯化硅被镁还原为纯硅：$SiCl_4(g)+2Mg(s) \longrightarrow Si(s)+2MgCl_2(s)$

计算上述各步反应的 $\Delta_r H_m^\ominus$ 以及生产 2.00kg 纯硅的总反应热。注：$SiCl_4$（g）的 $\Delta_f H_m^\ominus = -657.01kJ \cdot mol^{-1}$。

4. 已知下列反应的 $\Delta_r H_m^\ominus$，求 C_2H_2 的 $\Delta_f H_m^\ominus$。

① $C(s)+O_2(g) \longrightarrow CO_2(g)$　　$\Delta_r H_m^\ominus(1) = -394kJ \cdot mol^{-1}$

② $H_2(g)+\frac{1}{2}O_2(g) \longrightarrow H_2O(l)$　　$\Delta_r H_m^\ominus(2) = -286kJ \cdot mol^{-1}$

③ $C_2H_2(g)+\frac{5}{2}O_2(g) \longrightarrow 2CO_2(g)+H_2O(l)$　　$\Delta_r H_m^\ominus(3) = -1300kJ \cdot mol^{-1}$

5. 计算下列反应的 $\Delta_r H_m^\ominus$、$\Delta_r G_m^\ominus$(25℃) 和 $\Delta_r S_m^\ominus$，并用这些数据讨论利用该反应净化汽车尾气中 NO 和 CO 的可能性。

$$CO(g)+NO(g) \longrightarrow CO_2(g)+\frac{1}{2}N_2(g)$$

6. 计算下列反应的 $\Delta_r G_m^\ominus$(25℃)，并判断反应能否自发向右进行。

① $2CO(g)+O_2(g) \longrightarrow 2CO_2(g)$

② $4NH_3(g)+5O_2(g) \longrightarrow 4NO(g)+6H_2O(g)$

③ $4Al_2O_3(s)+9Fe(s) \longrightarrow 8Al(s)+3Fe_3O_4(s)$

7. 反应 $CO_2(g)+C(s) \longrightarrow 2CO(g)$ 在 25℃时能否自发进行？如不能自发进行，则需要在什么温度条件下才能自发进行？（不考虑 $\Delta_r H_m^\ominus$、$\Delta_r S_m^\ominus$ 随温度的变化）

8. 试分别计算反应 $Hg(l)+\frac{1}{2}O_2(g) \longrightarrow HgO(s,红)$ 在 25℃、600℃时的 $\Delta_r G_m^\ominus$，并由计算结果给出关于氧化汞热稳定性的结论。

9. 反应 $2Ca(l)+ThO_2(s) \longrightarrow 2CaO(s)+Th(s)$ 在 $T=1100℃$ 时，$\Delta_r G_m^\ominus = -10.46kJ \cdot mol^{-1}$，$T=1200℃$ 时，$\Delta_r G_m^\ominus = -8.37kJ \cdot mol^{-1}$，试估计 Ca(l) 能还原 $ThO_2(s)$ 的最高温度。

10. 已知 H_2 和 Cl_2 生成 HCl 的反应速率与 $c(H_2)$ 成正比，又与 $[c(Cl_2)]^{1/2}$ 成反比，写出反应的速率方程式。

11. 在一定的温度范围内，反应 $2NO(g)+Cl_2(g) \longrightarrow 2NOCl(g)$ 为基元反应。

① 写出该反应的速率方程式；

② 其他条件不变，如果将容器的体积增加到原来的 2 倍，反应速率如何变化？

③ 如果容器体积不变，将 NO 的浓度增加到原来的 3 倍，反应速率又将如何变化？

12. $A(g) \longrightarrow B(g)$ 为二级反应。当 $c(A)=0.50mol \cdot L^{-1}$ 时，其反应速率为 $1.2mol \cdot L^{-1} \cdot min^{-1}$。

① 写出该反应的速率方程；

② 计算速率常数；

③ 温度不变时，欲使反应速率加倍，A 的浓度应是多少？

13. 在 387℃时，反应 $2NO+O_2 \longrightarrow 2NO_2$ 的实验数据如下：

序号	起始浓度/$mol \cdot L^{-1}$		起始速率
	$c(NO)$	$c(O_2)$	/$mol \cdot L^{-1} \cdot s^{-1}$
1	0.010	0.010	2.5×10^{-3}
2	0.010	0.020	5.0×10^{-3}
3	0.030	0.020	4.5×10^{-2}

写出该反应的速率方程式，并确定反应级数。

14. 十九世纪末，荷兰科学家 J. H. Van't Hoff 根据大量实验指出，温度升高 10℃，反应速率大约增大 2～4 倍。假定这些实验在 27℃进行，求所涉及化学反应的活化能 E_a 的范围。

15. 在 25℃时，反应 $2N_2O(g) \rightleftharpoons 2N_2(g) + O_2(g)$，$E_a = 240kJ \cdot mol^{-1}$。若以 Cl_2 作为催化剂，催化反应的 $E_a = 140kJ \cdot mol^{-1}$。问：催化后反应速率提高了多少倍？催化反应的逆反应活化能是多少？

16. 27℃下，反应 $2A(g) \rightleftharpoons B(g)$ 达到平衡时，反应物和产物的分压分别为 p_A(Pa) 和 p_B(Pa)。写出 K_p，K_c 和 $K^{\ominus}$ 的表达式，并计算 $K_c/K^{\ominus}$ 的值。

17. 密闭容器中 CO 和 H_2O 在某温度下反应

$$CO(g) + H_2O(g) \rightleftharpoons CO_2(g) + H_2(g)$$

平衡时，设 $c(CO) = 0.1mol \cdot L^{-1}$，$c(H_2O) = 0.2mol \cdot L^{-1}$，$c(CO_2) = 0.2mol \cdot L^{-1}$，问此温度下反应的平衡常数 K_c = ? 反应开始前反应物的浓度各是多少？平衡时 CO 的转化率是多少？

18. 在 426℃时，反应 $H_2(g) + I_2(g) \rightleftharpoons 2HI(g)$ 的平衡常数 $K_p = 55.3$。如果将 2.00mol H_2 和 2.00mol I_2 蒸气充入 4.00L 的容器中，计算在该温度下达到平衡时有多少 HI 生成。

19. 已知反应 $A(g) + B(g) \rightleftharpoons C(g)$ 在 250℃时 $K_p = 5.40 \times 10^{-6} Pa^{-1}$。在 3.00L 密闭容器中装入等摩尔的 A(g) 和 B(g)，达到平衡时，产物 C(g) 的分压为 101.3kPa。计算起始装入的 A 为多少摩尔。

20. 反应 $CO(g) + 2H_2(g) \rightleftharpoons CH_3OH(g)$ 可以用于合成甲醇。225℃时该反应的 $K^{\ominus} = 6.08 \times 10^{-3}$。假定开始时 $p(CO) : p(H_2) = 1 : 2$，平衡时 $p(CH_3OH) = 50.0kPa$。计算 CO 和 H_2 的平衡分压。

21. 反应 $CO(g) + Cl_2(g) \rightleftharpoons COCl_2(g)$ 在密闭容器中进行，100℃时 $K^{\ominus} = 1.5 \times 10^8$，反应开始时 $c(CO) = 0.035mol \cdot L^{-1}$，$c(Cl_2) = 0.027mol \cdot L^{-1}$，$c(COCl_2) = 0mol \cdot L^{-1}$。计算反应达到平衡时各物质的分压及 CO 的转化率。

22. 已知反应 $H_2(g) + I_2(g) \rightleftharpoons 2HI(g)$ 的 $K^{\ominus}(425℃) = 54.5$，若将 2.0×10^{-3} mol H_2，5.0×10^{-2} mol I_2 蒸气和 4.0×10^{-3} mol HI 气体放在 2L 的密闭容器中，试通过计算说明此时将有更多的 HI 气体生成，还是有更多的 HI 分解。

23. 已知平衡反应：$N_2(g) + O_2(g) \rightleftharpoons 2NO(g)$。在 127℃时测得平衡系统中各气体的分压分别是：$p(N_2) = 51kPa$，$p(O_2) = 75kPa$，$p(NO) = 6.9kPa$，试问：

① $K^{\ominus}(127℃)$ = ?

② 若将 N_2、O_2 和 NO 的分压均为 25kPa 的气体混合物加热至 127℃，平衡时各气体的分压是多少？

24. 已知在 937℃时，下列两平衡反应：

① $Fe(s) + CO_2(g) \rightleftharpoons FeO(s) + CO(g)$　$K^{\ominus}(1) = 1.47$

② $FeO(s) + H_2(g) \rightleftharpoons Fe(s) + H_2O(g)$　$K^{\ominus}(2) = 0.420$

求在该温度下，反应：$CO_2(g) + H_2(g) \rightleftharpoons CO(g) + H_2O(g)$ 的 $K^{\ominus}$ 为多少？

25. N_2O_4 按下式解离

$$N_2O_4(g) \rightleftharpoons 2NO_2(g)$$

① 在 35℃和总压 1.013×10^5 Pa 时，N_2O_4 有 27.2%分解，计算该温度下的 $K^{\ominus}$。

② 在 35℃和总压为 2.026×10^5 Pa 时，计算 N_2O_4 的分解百分数。

③ 从计算结果说明压力对平衡移动的影响。

26. 在 227℃时，反应 $PCl_5(g) \rightleftharpoons PCl_3(g) + Cl_2(g)$ 在一个压力为 68.80kPa 的恒压容器中进行，其 $K_p = 5.16 \times 10^4$ Pa，计算当 PCl_5 的起始浓度分别为 $0.01mol \cdot L^{-1}$ 和 $0.5mol \cdot L^{-1}$ 时，其平衡转化率分别是多少。

27. 合成氨的原料中，氮气和氢气的摩尔比为 1 : 3，在 400℃和 1.00×10^3 kPa 下达到平衡时，测得混合气体中氨气的体积分数为 3.85%。求：

① 反应 $N_2 + 3H_2 \rightleftharpoons 2NH_3$ 的 K_p；

② 如果要在平衡混合气中得到 6%的氨气，总压需要多少。

28. 已知反应：$SO_2Cl_2(g) \rightleftharpoons SO_2(g) + Cl_2(g)$ 在 227℃时，$\Delta_r G_m^{\ominus} = -12.5kJ \cdot mol^{-1}$；327℃时，

$K^{\ominus}=299.4$。试求该反应的 $\Delta_r H_m^{\ominus}$ 和 $\Delta_r S_m^{\ominus}$（不考虑 $\Delta_r H_m^{\ominus}$ 和 $\Delta_r S_m^{\ominus}$ 随温度的变化）。

29. 已知反应 $CO_2(g)+C(石墨) \rightleftharpoons 2CO(g)$ 在某温度及 4.0×10^3 kPa 达到平衡，此时 CO_2 的摩尔分数为 0.15。计算：

① 温度不变，总压力为 3.0×10^3 kPa 时达到平衡时，CO 的摩尔分数。

② 温度不变，若使平衡时 CO_2 的摩尔分数达到 0.20 时的总压力。

30. 等分子数的 N_2 和 O_2 在 1760℃ 和 2727℃ 下混合，两种平衡混合物中 NO 的体积分数分别是 0.80%和 4.5%。计算各温度下平衡系统 $N_2(g)+O_2(g) \rightleftharpoons 2NO(g)$ 的 $K^{\ominus}$。并根据 $K^{\ominus}$ 判断上述反应是吸热反应还是放热反应。

31. 已知反应：$C_2H_6(g) \rightleftharpoons C_2H_4(g)+H_2(g)$。在 25℃，$p(C_2H_6)=80$kPa，$p(C_2H_4)=p(H_2)=3.0$kPa 时，判断反应自发进行的方向。

32. 查有关热力学数据，计算反应：$N_2O_4(g) \rightleftharpoons 2NO_2(g)$ 的 $K^{\ominus}$(25℃) 和 $K^{\ominus}$(77℃)。

33. 计算反应 $2Ag_2O(s) \rightleftharpoons 4Ag(s)+O_2(g)$ 在 25℃ Ag_2O 分解时氧气的分压。若要使 Ag_2O 的分解压为 10kPa，反应的温度应是多少？

34. 已知反应 $CaCO_3(s) \rightleftharpoons CaO(s)+CO_2(g)$ 在 664℃ 时，$K^{\ominus}=2.8\times10^{-2}$，在 1457℃ 时，$K^{\ominus}=1.0\times10^3$，问：

① 从上述数据判断该反应为放热反应还是吸热反应？

② 反应的 $\Delta_r H_m^{\ominus}$ 是多少？

5 酸碱和离子平衡

5.1 酸碱理论

人们最初对于酸碱的认识是基于物质所表现出来的性质，认为有酸味、能使蓝色石蕊试纸变红的物质是酸；有涩味、滑腻感，能使红色石蕊试纸变蓝，并能与酸反应生成盐和水的物质是碱。酸与碱反应后，其性质就消失了。人们试图从酸的组成上来定义酸，当时人们认识的酸为数并不多，而且都是含氧酸，1777 年法国化学家拉瓦锡（A. L. Lavoisier）提出了酸的组成中都含有氧元素。后来盐酸、氢碘酸等相继被发现，1810 年英国化学家戴维（S. H. Davy）指出，酸的组成中共同的元素是氢，而不是氧。随着生产和科学技术的发展，人们对于酸碱的认识不断深化，19 世纪后期，电解质溶液理论创立后，先后又提出了多种现代的酸碱理论，如电离理论、质子理论、电子理论等。

5.1.1 酸碱的电离理论

1887 年，瑞典化学家阿仑尼乌斯（S. A. Arrhenius）在电解质电离学说的基础上提出了酸碱的电离理论。该理论认为：凡在水中能电离出 H^+ 的化合物是酸，凡在水中能电离出 OH^- 的化合物是碱；酸碱反应称为中和反应，其实质是 H^+ 与 OH^- 结合生成 H_2O。根据各种溶液导电性的不同，阿仑尼乌斯进一步提出了电离度和酸碱强弱的概念。

酸碱的电离理论从物质的化学组成上揭示了酸碱的本质，使人们对酸碱的认识实现了从现象到本质的飞跃，对化学科学的发展起了积极的推动作用。直到现在，该理论仍在化学的各个领域中普遍地应用着。然而，酸碱的电离理论也有局限性，它把酸碱只局限于水溶液中，又把碱看成为氢氧化物。离开了水溶液，就没有酸、碱，也没有酸碱反应。它不能解释不含 OH^- 的物质（如 NH_3）在水中表现出的碱性，也不能解释许多物质在非水溶液中并不能电离出 H^+ 和 OH^-，却也能表现出酸和碱的性质的事实。

5.1.2 酸碱的质子理论

1923 年，丹麦化学家布朗斯特（J. N. Bronsted）和英国化学家劳莱（T. M. Lowry）同时独立地提出了酸碱的质子理论，从而扩大了酸碱的范围，更新了酸碱的含义。

5.1.2.1 酸碱的定义

质子理论认为：凡能给出质子的物质都是酸，凡能接受质子的物质都是碱。可用简式表示为：

$$\text{酸} \rightleftharpoons \text{质子} + \text{碱}$$

例如：

$$HCl \rightleftharpoons H^+ + Cl^-$$

$$NH_4^+ \rightleftharpoons H^+ + NH_3$$

$$HCO_3^- \rightleftharpoons H^+ + CO_3^{2-}$$

$$H_3PO_4 \rightleftharpoons H^+ + H_2PO_4^-$$

$$H_2PO_4^- \rightleftharpoons H^+ + HPO_4^{2-}$$

$$H_3O^+ \rightleftharpoons H^+ + H_2O$$

$$H_2O \rightleftharpoons H^+ + OH^-$$

$$[Fe(H_2O)_6]^{3+} \rightleftharpoons H^+ + [Fe(OH)(H_2O)_5]^{2+}$$

质子理论中的酸、碱的范围从分子扩展到了离子，既可以是阳离子，也可以是阴离子。既能给出质子又能接受质子的物质称为两性物质。另外，质子理论中没有盐的概念，因为组成盐的离子在质子理论中被看作是离子酸或离子碱。由此可见，质子理论的酸碱范围要比电离理论广泛。

根据酸碱的质子理论，酸和碱不是孤立的，酸给出质子后生成相应的碱，而碱接受质子后就生成相应的酸。这种对应关系称为酸碱的共轭关系。相对应的一对酸碱，称为共轭酸碱（对）。可表示为：

$$\underset{\text{(共轭酸)}}{酸} \rightleftharpoons 质子 + \underset{\text{(共轭碱)}}{碱}$$

酸给出质子后，生成它的共轭碱；碱接受质子后，生成它的共轭酸。酸越强，它的共轭碱就越弱；酸越弱，它的共轭碱就越强。一些常见的共轭酸碱对列于表 5-1 中。

表 5-1 常见的共轭酸碱对

	共轭酸	⇌	共轭碱	+	质子	
酸性增强（↑）	$HClO_4$	⇌	ClO_4^-	+	H^+	碱性增强（↓）
	HNO_3	⇌	NO_3^-	+	H^+	
	HI	⇌	I^-	+	H^+	
	HBr	⇌	Br^-	+	H^+	
	HCl	⇌	Cl^-	+	H^+	
	H_2SO_4	⇌	HSO_4^-	+	H^+	
	H_3O^+	⇌	H_2O	+	H^+	
	H_3PO_4	⇌	$H_2PO_4^-$	+	H^+	
	HNO_2	⇌	NO_2^-	+	H^+	
	HF	⇌	F^-	+	H^+	
	HAc	⇌	Ac^-	+	H^+	
	H_2CO_3	⇌	HCO_3^-	+	H^+	
	H_2S	⇌	HS^-	+	H^+	
	NH_4^+	⇌	NH_3	+	H^+	
	HCN	⇌	CN^-	+	H^+	
	H_2O	⇌	OH^-	+	H^+	
	NH_3	⇌	NH_2^-	+	H^+	

5.1.2.2 酸碱反应

质子理论认为，酸碱反应的实质是两个共轭酸碱对之间质子的传递反应。即

$$酸_1 + 碱_2 \rightleftharpoons 碱_1 + 酸_2$$

（H^+ 由酸$_1$传递给碱$_2$；H^+ 由酸$_2$传递给碱$_1$）

式中，酸$_1$、碱$_1$ 表示一对共轭酸碱；酸$_2$、碱$_2$ 表示另一对共轭酸碱。例如：

$$HCl + NH_3 \rightleftharpoons Cl^- + NH_4^+$$

（H^+ 由 HCl 传递给 NH_3；H^+ 由 NH_4^+ 传递给 Cl^-）

质子的传递过程并不要求必须在水溶液中进行，在非水溶剂、无溶剂等条件下也可以进行，只要求质子从一种物质传递到另一种物质。所以，HCl 和 NH_3 的反应，无论是在水溶液中，还是在苯溶液中或气相条件下进行，其实质都是：HCl 是酸，给出质子转变成为它的共轭碱 Cl^-；NH_3 是碱，接受质子转变成它的共轭酸 NH_4^+。

由此可见，酸碱的质子理论不仅扩大了酸碱的范围，也扩大了酸碱反应的范围。从质子理论的观点来看，电离理论中的电离作用、中和反应、盐类水解等都属于酸碱反应。

(1) 电离作用

酸的电离 $$HAc + H_2O \rightleftharpoons Ac^- + H_3O^+$$

碱的电离 $$H_2O + NH_3 \rightleftharpoons OH^- + NH_4^+$$

水的电离 $$H_2O + H_2O \rightleftharpoons OH^- + H_3O^+$$

(2) 中和反应

强酸与强碱 $$H_3O^+ + OH^- \rightleftharpoons H_2O + H_2O$$

强酸与弱碱 $$H_3O^+ + NH_3 \rightleftharpoons H_2O + NH_4^+$$

弱酸与强碱 $$HAc + OH^- \rightleftharpoons Ac^- + H_2O$$

(3) 盐类水解

阳离子水解 $$NH_4^+ + H_2O \rightleftharpoons NH_3 + H_3O^+$$

阴离子水解 $$H_2O + Ac^- \rightleftharpoons OH^- + HAc$$

5.1.2.3 酸碱的强度

根据质子理论，给出质子能力强的物质是强酸，接受质子能力强的物质是强碱。反之，便是弱酸、弱碱。但由于质子不能以游离的形式存在，因此，无法测出酸给出质子倾向以及碱接受质子倾向的确切程度。但可以通过两对共轭酸碱之间质子传递反应的偏向，即平衡常数 $K^\ominus$ 值，来确定酸、碱的相对强度。设质子传递反应为：

$$\text{酸}_1 + \text{碱}_2 \rightleftharpoons \text{碱}_1 + \text{酸}_2$$

若酸$_1$ 比酸$_2$ 强，碱$_2$ 比碱$_1$ 强，则平衡偏向右方。酸$_1$ 的酸性越强、碱$_2$ 的碱性越强，平衡越偏向右方，即平衡常数 $K^\ominus$ 值越大。如 HCl 和 H_2O 的反应：

$$HCl + H_2O \longrightarrow Cl^- + H_3O^+$$

在稀的 HCl 水溶液中，这个反应可以进行完全。说明 HCl 的酸性比 H_3O^+ 强，H_2O 的碱性比 Cl^- 强。

若酸$_1$ 比酸$_2$ 弱，碱$_2$ 比碱$_1$ 弱，则质子传递反应平衡偏向于左方。例如：

$$HAc + H_2O \rightleftharpoons Ac^- + H_3O^+$$

说明 HAc 的酸性比 H_3O^+ 弱，H_2O 的碱性比 Ac^- 弱。由此可见，在水溶液中，以溶剂水作为比较的标准，就可以确定 HCl 和 HAc 酸性的相对强弱，即 HCl 的酸性比 HAc 强。

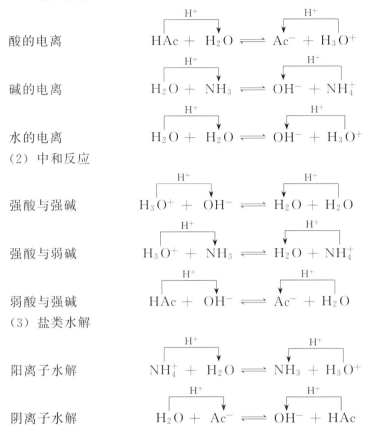

酸碱的强弱首先取决于物质的本性，其次与溶剂的性质也有关系。强弱是相对的，溶剂的碱性（强弱）对酸的强弱有很大的影响，使酸呈现出不同的强度。例如，HCl 在无水醋酸溶剂中，其质子传递反应进行的程度不大。

$$HCl + HAc \rightleftharpoons Cl^- + H_2Ac^+$$

即和 H_2Ac^+ 相比，HCl 表现为弱酸，H_2Ac^+ 是很强的酸，HAc 在反应中表现为碱。

在碱性比无水醋酸强的溶剂水中，下面的质子传递反应在稀溶液中几乎都可以进行完全。

$$HX + H_2O \rightleftharpoons X^- + H_3O^+$$

（HX 表示 $HClO_4$、HCl、HNO_3）

即和 H_3O^+ 相比，这三种酸都表现为一样强的强酸，从质子传递反应进行的程度上不能区分这三种酸的强度差别。这就是说，它们的强度差别被溶剂水“拉平”了。这种现象叫做溶剂的“拉平效应”。

当用液氨作为溶剂时，由于它的碱性比水更强，在溶剂的拉平效应的作用下，很多酸与液氨间的质子传递反应可以进行完全，就连 HAc 的酸性也显得和 $HClO_4$ 一样强。

同样，碱的强度也受溶剂的酸性（强弱）的影响，也存在溶剂的拉平效应。

酸碱反应是争夺质子的过程，反应的结果总是强碱夺取了强酸给出的质子而转化为它的共轭酸（弱酸），强酸则给出质子而转化为它的共轭碱（弱碱）。所以，酸碱反应进行的方向是强酸和强碱反应生成相应的弱碱和弱酸的方向，且酸、碱越强，反应进行得越完全。

酸碱的质子理论扩大了酸碱及酸碱反应的范围，加深了人们对酸碱及酸碱反应的认识。但是，质子理论也有局限性，由于它只限于质子的给出和接受，所以它不能解释不含质子的一类物质的酸碱性，也不适用于没有质子传递的反应。

5.1.3 酸碱的电子理论

1923 年，美国化学家路易斯（G. N. Lewis）提出了酸碱的电子理论。该理论认为：凡能接受外来电子对的物质（分子、原子团或离子）都是酸；凡能给出电子对的物质（分子、原子团或离子）都是碱。酸是电子对的接受体，其中接受电子对的原子叫受电原子；碱是电子对的给予体，其中给出电子对的原子叫给电原子。通常又把这种定义下的酸碱称为路易斯酸碱。

根据酸碱的电子理论，酸碱反应是电子对的转移过程，碱性物质提供电子对，酸性物质接受电子对，酸碱反应的实质是形成配位键[1]，生成相应的酸碱配合物。

例如：

酸（电子对接受体）	+	碱（电子对给予体）	⟶	酸碱配合物
H^+	+	$:OH^-$	⟶	$H \leftarrow OH$
HCl	+	$:NH_3$	⟶	$[H \leftarrow NH_3]^+ + Cl^-$
BF_3	+	$:F^-$	⟶	$[F_3B \leftarrow F]^-$
SO_3	+	$CaO:$	⟶	$CaO \rightarrow SO_3(Ca^{2+} + SO_4^{2-})$
Cu^{2+}	+	$4:NH_3$	⟶	$[Cu \leftarrow (NH_3)_4]^{2+}$

---

[1] 两原子间的共用电子对是由一个原子单独提供的化学键称为配位键。通常用“→”表示，箭头从碱的给电原子指向酸的受电原子。

由此可见，酸碱的电子理论摆脱了物质必须具有某种离子或元素，也不受溶剂的限制，而立论于物质的普遍组分，以电子对的给出和接受来定义酸碱和酸碱反应，酸碱及酸碱反应的范围要比电离理论、质子理论更加广泛。由于在化合物中配位键普遍存在，所以几乎所有化合物都可以看做是酸碱配合物。因此，路易斯酸碱也称为广义酸碱。但该理论对酸碱的认识过于笼统，且对如何确定酸碱的强度没有一个合适的解决方法，故使其推广应用受到了限制。

5.2 电解质简介

5.2.1 电解质的分类

在水溶液中或熔融状态下能够形成可以自由移动的离子的物质叫做电解质。溶解时，电解质分解成离子的过程叫做电离。通常根据电解质电离程度的大小将它们分为强电解质和弱电解质两类。一般认为，强电解质在水中是完全电离的，而弱电解质在水中只是部分电离，溶液中还存在相当大量的未分解的分子。溶液中离子数量的差别使溶液的导电能力相差很大，因此也可以根据电解质溶液导电能力的强弱将电解质划分为强电解质和弱电解质两类。

溶解性是物质的重要性质之一，常以溶解度来定量标明物质的溶解性。通常把在水中溶解度大于 $0.1g \cdot (100gH_2O)^{-1}$ 的电解质称为易溶电解质，把溶解度小于 $0.01g \cdot (100gH_2O)^{-1}$ 的电解质称为难溶电解质，溶解度介于 $0.01 \sim 0.1g \cdot (100gH_2O)^{-1}$ 之间的电解质称为微溶电解质。难溶（包括微溶）电解质的溶解度虽然很小，但溶解的那部分电解质是完全电离的，所以也常将它们叫做难溶强电解质。

5.2.2 强电解质的电离

5.2.2.1 强电解质在溶液中的状况

强电解质一般是离子型化合物（如 NaCl、KNO_3 等）或是具有强极性键的共价化合物（如 HCl、HNO_3 等）。按照强电解质能在水中全部电离的观点，它们的电离度都应该是100%。但是，根据溶液导电性实验所测得的结果表明，强电解质在溶液中的表观电离度却都小于 100%。表 5-2 列出了一些强电解质的表观电离度。

表 5-2 一些强电解质的表观电离度（25℃，$0.10mol \cdot L^{-1}$）

电解质	KCl	$ZnSO_4$	HCl	HNO_3	H_2SO_4	NaOH	$Ba(OH)_2$
表观电离度/%	86	40	92	92	61	91	81

是什么原因造成强电解质在水溶液中似乎电离不完全的假象呢？1923 年德拜（P. J. W. Debye）和休格尔（E. Hückel）提出的离子互吸理论认为：强电解质在水溶液中是完全电离的，但由于离子都是带电荷的粒子，正、负离子之间存在着强烈的静电作用，正离子周围负离子要多一些，而在负离子周围正离子要多一些。离子互吸理论把离子周围存在的带相反电荷离子的群体称为“离子氛”。如图 5-1 所示。“离子氛”的形成表示离子间存在相互的牵制作用，使得离子不能完全自由运动。这样，实验所测得的强电解质的表观电离度就要比理论值低一些，从而产生一种电离不完全的假象。表观电

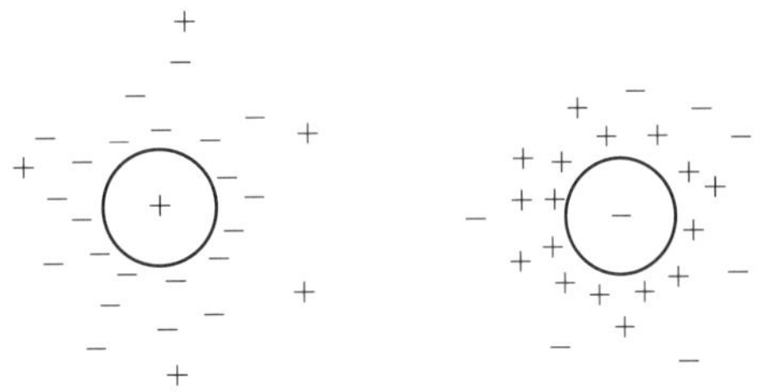

图 5-1 “离子氛”示意图

离度的大小反映的就是这种正、负离子之间相互牵制作用的大小。

5.2.2.2　活度和活度系数

由于强电解质溶液中离子之间相互的牵制作用，使得溶液中能自由运动的离子浓度要小于它的理论浓度。电解质溶液中能有效地自由运动的离子浓度称为离子的有效浓度，也称活度，通常以符号 a 表示。它与电解质的理论浓度（c）之间有如下关系：

$$a=fc \tag{5-1}$$

式中，f 称为活度系数，$f<1$。显然，离子间的相互牵制作用越大，f 值就越小，活度和浓度之间的差别也就越大。反之，离子间的相互牵制作用越小，f 值就越接近于 1。因此，活度系数反映了溶液中离子间相互牵制作用的程度。

溶液中各离子的活度系数，不仅受它本身的浓度和电荷数的影响，还受溶液中其他各种离子的浓度和电荷数的影响，为了更好地说明溶液中各离子浓度及其电荷数对活度系数的影响，引入“离子强度”（I）的概念，其定义为：

$$I=\frac{1}{2}\sum c_i Z_i^2 \tag{5-2}$$

式中，c_i、Z_i 分别是溶液中第 i 种离子的浓度和电荷数。

显然，离子浓度越大，所带电荷越多，离子的种类越多，溶液的离子强度就越大，离子间的相互牵制作用就越强，所以活度系数随离子强度的增大而减小。在给定的离子强度下，若离子的电荷数越高，则离子的活度系数越小。不同离子强度时不同电荷数的离子的活度系数列于表 5-3 中。

表 5-3　离子在水溶液中的活度系数

电荷数 \ f \ I	1×10^{-4}	5×10^{-4}	1×10^{-3}	5×10^{-3}	1×10^{-2}	5×10^{-2}	0.1
1	0.99	0.97	0.96	0.93	0.90	0.81	0.76
2	0.95	0.90	0.86	0.74	0.65	0.43	0.33
3	0.90	0.80	0.73	0.50	0.39	0.15	0.08

严格来说，电解质溶液中的有关计算都应该用活度。但对于稀溶液，特别是弱电解质的稀溶液和难溶强电解质溶液来说，由于溶液中离子的浓度很小，离子强度也很小，活度系数接近于 1，因此可以直接用浓度代替活度进行计算，而不会引起很大的误差。

5.3　弱电解质的电离

弱电解质在水溶液中只发生部分电离，所以在水溶液中存在着未电离的弱电解质分子和已电离的弱电解质的组分离子之间的动态平衡，即电离平衡。

5.3.1　水的电离和溶液的酸碱性

5.3.1.1　水的离子积

水是一种很弱的电解质，只发生微弱的电离，所以纯水中存在极微量的 H^+。H^+ 以水合氢离子的形式存在于水中，其组成为 $H_9O_4^+$，结构近似平面形，如图 5-2 所示。通常简写为 H_3O^+。但为了简便，在化学反应式中，仍然可用 H^+ 来表示，只有在必要的时候，才写成 H_3O^+ 的形式。

对水的电离平衡：

$$H_2O \rightleftharpoons H^+ + OH^-$$

其平衡常数为： $K^\ominus = [H^+][OH^-] = K_w^\ominus$ (5-3)

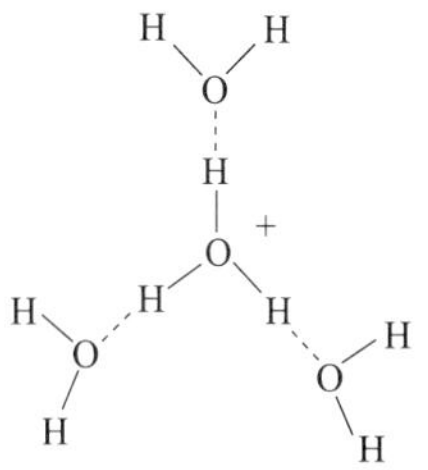

图 5-2 水合氢离子的结构

式中，$K_w^\ominus$称为水的离子积常数，简称水的离子积。$K_w^\ominus$直观、明确地表示了在给定温度条件下，溶液中 H^+ 和 OH^- 浓度之间的相互关系。例如，在 25℃时，纯水中 H^+ 和 OH^- 的浓度均为 1.00×10^{-7} $mol \cdot L^{-1}$，纯水的$K_w^\ominus$为：

$$K_w^\ominus = [H^+][OH^-] = 1.00\times10^{-7}\times1.00\times10^{-7} = 1.00\times10^{-14}$$

水的离子积与其他平衡常数一样，是温度的函数。不同温度条件下水的离子积列于表 5-4 中。在常温下，一般可按$K_w^\ominus = 1.00\times10^{-14}$来计算。

表 5-4 不同温度下水的离子积

t/℃	$K_w^\ominus$	$pK_w^\ominus$	t/℃	$K_w^\ominus$	$pK_w^\ominus$
0	0.30×10^{-14}	15.53	50	5.5×10^{-14}	13.26
15	0.46×10^{-14}	14.34	60	9.55×10^{-14}	13.02
20	0.69×10^{-14}	14.16	70	15.8×10^{-14}	12.80
25	1.00×10^{-14}	14.00	80	25.1×10^{-14}	12.60
30	1.48×10^{-14}	13.83	90	38.0×10^{-14}	12.42
35	2.09×10^{-14}	13.68	100	55.0×10^{-14}	12.26
40	2.95×10^{-14}	13.53			

5.3.1.2 溶液的酸碱性和 pH

不仅在纯水中存在水的电离平衡，任何以水为溶剂的溶液中都存在水的电离平衡，并且其中：$[H^+][OH^-] = K_w^\ominus$。溶液的酸碱性取决于溶液中 $c(H^+)$ 和 $c(OH^-)$ 的相对大小。一般认为：

酸性溶液 $c(H^+) > c(OH^-)$，$c(H^+) > 1.00\times10^{-7} mol \cdot L^{-1}$

中性溶液 $c(H^+) = c(OH^-)$，$c(H^+) = 1.00\times10^{-7} mol \cdot L^{-1}$

碱性溶液 $c(H^+) < c(OH^-)$，$c(H^+) < 1.00\times10^{-7} mol \cdot L^{-1}$

溶液中 $c(H^+)$ 越大，表示溶液的酸性越强；$c(OH^-)$ 越大，表示溶液的碱性越强。

对于弱酸性或弱碱性溶液，当溶液中 $c(H^+)$ 或 $c(OH^-)$ 较小（$<1mol \cdot L^{-1}$）时，为方便起见，常用 pH 来表示溶液的酸碱性。

$$pH = -\lg[H^+]$$

根据 $$[H^+][OH^-] = K_w^\ominus = 1.00\times10^{-14}$$

可令 $pOH = -\lg[OH^-]$，$pK_w^\ominus = -\lg K_w^\ominus$

则 $$pH + pOH = pK_w^\ominus = 14 \quad (5\text{-}4)$$

pH=7 时，溶液呈中性；pH<7 时，溶液呈酸性；pH>7 时溶液呈碱性。pH 越大，溶液酸性越弱，碱性越强。只要确定了溶液的 $c(H^+)$ 或 $c(H^-)$，就可以计算其 pH。例如，$0.1mol \cdot L^{-1}$的 HAc 溶液中，$c(H^+) = 1.33\times10^{-3} mol \cdot L^{-1}$，则

$$pH = -\lg[H^+] = -\lg(1.33\times10^{-3}) = 2.88$$

计算 pH 时取至小数后两位已足够。因为除了高精密度的测定外，通常使用较精密的 pH 计测定溶液的 pH 时，也只能测到小数后两位数字。pH 的使用区间一般在 0～14 之间。

5.3.2 一元弱酸、一元弱碱的电离

弱酸和弱碱在水溶液中只有少部分发生了电离，只能电离出一个 H^+ 的弱酸叫做一元弱

酸，只能电离出一个 OH^- 的弱碱叫做一元弱碱。

5.3.2.1 电离平衡和电离常数

HA 型一元弱酸在水溶液中存在着如下的电离平衡：

$$HA \rightleftharpoons H^+ + A^-$$

根据化学平衡的原理，电离平衡的平衡常数表达式为：

$$K_i^{\ominus} = \frac{[H^+][A^-]}{[HA]} \tag{5-5}$$

式中，$K_i^{\ominus}$ 为电离平衡的平衡常数，称为电离常数。一般以 $K_a^{\ominus}$表示弱酸的电离常数，$K_b^{\ominus}$表示弱碱的电离常数。例如，一元弱酸 HAc 的电离平衡：

$$HAc \rightleftharpoons H^+ + Ac^-$$

$$K_a^{\ominus}(HAc) = \frac{[H^+][Ac^-]}{[HAc]} \tag{5-6}$$

对于一元弱碱 $NH_3 \cdot H_2O$，在水溶液中存在如下的电离平衡：

$$NH_3 \cdot H_2O \rightleftharpoons NH_4^+ + OH^-$$

$$K_b^{\ominus}(NH_3 \cdot H_2O) = \frac{[NH_4^+][OH^-]}{[NH_3 \cdot H_2O]} \tag{5-7}$$

电离常数 $K_i^{\ominus}$是衡量电解质电离程度大小的特征常数，也用于衡量酸、碱的相对强度。一般 $K_i^{\ominus} = 10^{-2} \sim 10^{-3}$ 的电解质为中强电解质；$K_i^{\ominus} < 10^{-4}$ 者为弱电解质；$K_i^{\ominus} < 10^{-7}$ 者是极弱的电解质。

对于给定的电解质来说，$K_i^{\ominus}$与浓度无关，与温度有关。弱电解质的电离常数可以通过实验测得，也可以从热力学数据计算求得。一些常见的弱酸、弱碱的电离常数列于附录Ⅲ中。

5.3.2.2 电离度和稀释定律

弱电解质在水溶液中，达到电离平衡时的电离百分率，称为电离度。实际使用时通常以已电离的弱电解质的浓度百分数来表示。

$$电离度(\alpha) = \frac{平衡时已电离的弱电解质的浓度}{弱电解质的起始浓度} \times 100\%$$

电离度和电离常数是两个不同的概念，它们从不同的角度表示弱电解质的相对强弱，它们之间的关系可用稀释定律来表示。

以弱酸 HA 为例，设其起始浓度为 c，电离度为 α，则

	$HA \rightleftharpoons$	H^+	$+A^-$
起始浓度	c	0	0
平衡浓度	$c - c\alpha$	$c\alpha$	$c\alpha$

代入平衡常数表达式，得：

$$K_i^{\ominus} = \frac{[H^+][A^-]}{[HA]} = \frac{c\alpha c\alpha}{c - c\alpha}$$

即

$$K_i^{\ominus} = \frac{c\alpha^2}{1-\alpha}$$

当 $c/K_i^{\ominus} \geqslant 500$[1] 时，$1-\alpha \approx 1$，则上式可改写为：

---

[1] 计算表明，当 $c/K_i^{\ominus} \geqslant 500$ 时，电离度<5%，因此作近似计算时，可用 $1-\alpha \approx 1$ 来处理。

$$K_i^{\ominus}=c\alpha^2$$

$$\alpha=\sqrt{\frac{K_i^{\ominus}}{c}} \tag{5-8}$$

式(5-8)即为弱电解质的电离度、电离常数和浓度三者之间的定量关系式。它表明对某一给定的弱电解质，在一定温度下，电离度随溶液的稀释而增大。故这个关系式称为稀释定律。

由此可见，只有在浓度相同的条件下，才能用电离度的大小来比较弱电解质的相对强弱，而电离常数则与浓度无关，因此电离常数能更深刻地反映弱电解质的本性，在实际应用中显得更为重要。

5.3.2.3 弱电解质溶液中的离子浓度

实际上，在弱电解质的水溶液中，同时存在着两个电离平衡。以弱酸 HA 为例，除了弱酸 HA 的电离平衡外，另一个是溶剂 H_2O 的电离平衡：

$$H_2O \rightleftharpoons H^+ + OH^- \qquad K_w^{\ominus}$$

它们都能电离出 H^+，当弱酸 HA 的 $K_a^{\ominus} \gg K_w^{\ominus}$，且其起始浓度 c 不是很小时，可以忽略 H_2O 的电离所产生的 H^+，而只考虑弱酸 HA 的电离，即：

$$HA \rightleftharpoons H^+ \quad + \quad A^-$$

	HA	H^+	A^-
起始浓度	c	0	0
平衡浓度	$c(HA)$	$c(H^+)$	$c(A^-)$

因为 $$c(H^+)=c(A^-),\ c(HA)=c-c(H^+)$$

所以 $$K_a^{\ominus}=\frac{[H^+][A^-]}{[HA]}=\frac{c^2(H^+)}{c-c(H^+)} \tag{5-9}$$

这是计算 HA 型一元弱酸溶液中 $c(H^+)$ 的比较精确的公式。

如果弱酸的电离程度较小，且溶液不是很稀时，弱酸电离部分的浓度与起始浓度相比显得很小。具体来说，当 $c/K_a^{\ominus} \geq 500$，则平衡时，$c(H^+) \ll c$，可近似处理为 $c-c(H^+) \approx c$，则

$$c(H^+)=\sqrt{K_a^{\ominus}c} \tag{5-10}$$

式(5-10)是计算 HA 型一元弱酸溶液中 $c(H^+)$ 的最常用的近似公式。

对于 BOH 型一元弱碱溶液，同理可推导得：

$$c(OH^-)=\sqrt{K_b^{\ominus}c} \tag{5-11}$$

【例 5-1】 计算 $0.10\text{mol}\cdot L^{-1}$ $NH_3 \cdot H_2O$ 溶液的 $c(OH^-)$、pH 和电离度 α。

解 查附录Ⅲ得：$K_b^{\ominus}(NH_3 \cdot H_2O)=1.79\times10^{-5}$，$K_w^{\ominus}=1.0\times10^{-14}$

$$K_b^{\ominus}(NH_3 \cdot H_2O) \gg K_w^{\ominus}$$

所以可忽略水的电离。

设达到电离平衡时，溶液中 $c(OH^-)=x\ \text{mol}\cdot L^{-1}$。

$$NH_3 \cdot H_2O \rightleftharpoons NH_4^+ \quad + \quad OH^-$$

	$NH_3 \cdot H_2O$	NH_4^+	OH^-
起始浓度/$\text{mol}\cdot L^{-1}$	0.10	0	0
平衡浓度/$\text{mol}\cdot L^{-1}$	$0.10-x$	x	x

则 $$K_b^{\ominus}(NH_3 \cdot H_2O)=\frac{[NH_4^+][OH^-]}{[NH_3 \cdot H_2O]}=\frac{xx}{0.10-x}=1.79\times10^{-5}$$

因为 $c/K_b^{\ominus}=0.10/1.79\times10^{-5}>500$，所以可作近似计算，即 $0.10-x \approx 0.10$。

则 $x=c(OH^-)=\sqrt{K_b^{\ominus}c}=\sqrt{1.79\times10^{-5}\times0.10}=1.33\times10^{-3}\ mol\cdot L^{-1}$

又因为 $[H^+][OH^-]=K_w^{\ominus}$

所以 $[H^+]=\frac{K_w^{\ominus}}{[OH^-]}=\frac{1.0\times10^{-14}}{1.33\times10^{-3}}=7.52\times10^{-12}$

则 $pH=-\lg[H^+]=-\lg(7.52\times10^{-12})=11.12$

电离度 $\alpha=\frac{c(OH^-)}{c}\times100\%=\frac{1.33\times10^{-3}}{0.10}\times100\%=1.33\%$

5.3.3 同离子效应和盐效应

弱电解质的电离平衡是一动态平衡，当外界条件发生改变对，会引起电离平衡的移动，其移动的规律同样服从于勒夏特列原理。

5.3.3.1 同离子效应

在弱酸 HAc 溶液中，存在如下电离平衡：

$$HAc \rightleftharpoons H^+ + Ac^-$$

若在平衡系统中加入与 HAc 含有相同离子（如 Ac^-）的易溶强电解质 NaAc，由于 NaAc 在溶液中完全电离：

$$NaAc \longrightarrow Na^+ + Ac^-$$

这样会使溶液中 $c(Ac^-)$ 大幅增大。根据平衡移动的原理，HAc 的电离平衡会向左（生成 HAc 的方向）移动。达到新的平衡时，溶液中 $c(H^+)$ 要比原平衡的小，而 $c(HAc)$ 要比原平衡的大，说明 HAc 的电离度减小了。同理，若在 $NH_3\cdot H_2O$ 溶液中加入铵盐（如 NH_4Cl），也会使 $NH_3\cdot H_2O$ 的电离度减小。这种在弱电解质溶液中加入含有相同离子的易溶强电解质，使弱电解质的电离度减小的现象，称为同离子效应。同离子效应的实质是浓度的变化对化学平衡移动的影响。

5.3.3.2 盐效应

若在 HAc 溶液中加入不含相同离子的易溶强电解质（如 NaCl），则溶液中离子的种类和数量大幅增加，不同电荷的离子之间相互牵制作用增强，从而使 H^+ 和 Ac^- 的活度减小，H^+ 和 Ac^- 结合成 HAc 分子的机会和速率均减小，结果表现为弱电解质 HAc 的电离度增大了。这种在弱电解质溶液中加入易溶强电解质使弱电解质电离度增大的现象，称为盐效应。

同离子效应和盐效应是两种完全相反的作用。其实发生同离子效应的同时，必伴有盐效应的发生。只是由于同离子效应的影响比盐效应大得多，因此在一般情况下可忽略盐效应的影响。

5.3.4 多元弱酸的电离

分子中含有两个或两个以上可电离 H^+ 的弱酸叫做多元弱酸。多元弱酸在水溶液中的电离，是分步进行的，每一步电离出一个 H^+，并且都有相应的电离平衡及电离常数。例如，二元弱酸，氢硫酸（H_2S）在水溶液中的电离分两步进行：

第一步电离 $H_2S \rightleftharpoons H^+ + HS^-$

$$K_{a1}^{\ominus}(H_2S)=\frac{[H^+][HS^-]}{[H_2S]}=9.1\times10^{-8} \quad (5\text{-}12)$$

第二步电离 $HS^- \rightleftharpoons H^+ + S^{2-}$

$$K_{a2}^{\ominus}(H_2S)=\frac{[H^+][S^{2-}]}{[HS^-]}=1.1\times10^{-12} \quad (5\text{-}13)$$

从 $K_{a1}^{\ominus}$、$K_{a2}^{\ominus}$ 的值可见，第二步电离比第一步电离困难得多。其原因有两个：一是带两个负电荷的 S^{2-} 对 H^+ 的吸引力比带一个负电荷的 HS^- 对 H^+ 的吸引力强得多；二是第一步

电离出来的 H^+ 对第二步电离产生同离子效应，从而抑制了第二步电离的进行。因此，对于任何多元弱酸，一般均存在 $K_{a1}^{\ominus} \gg K_{a2}^{\ominus} \gg K_{a3}^{\ominus} \cdots$ 的关系。溶液中的 $c(H^+)$ 主要来源于第一步电离。在忽略水电离的条件下，溶液中 $c(H^+)$ 的计算就类似于一元弱酸，并当 $c/K_{a1}^{\ominus} \geqslant 500$ 时，可作近似计算：

$$c(H^+) = \sqrt{K_{a1}^{\ominus} c} \tag{5-14}$$

而溶液中的 S^{2-} 是第二步电离的产物，故计算时要用第二步电离平衡：

$$HS^- \rightleftharpoons H^+ + S^{2-} \qquad K_{a2}^{\ominus} = \frac{[H^+][S^{2-}]}{[HS^-]}$$

由于第二步电离非常小，可以认为溶液中 $c(H^+) \approx c(HS^-)$，则

$$c(S^{2-}) = K_{a2}^{\ominus} \tag{5-15}$$

将式(5-12) 和式(5-13) 对应的电离方程式相加，得到 H_2S 总的电离平衡：

$$H_2S \rightleftharpoons 2H^+ + S^{2-} \tag{5-16}$$

根据多重平衡规则：

$$K_a^{\ominus} = K_{a1}^{\ominus} K_{a2}^{\ominus} = \frac{[H^+]^2[S^{2-}]}{[H_2S]} \tag{5-17}$$

式(5-16) 是总电离平衡方程式。它并不表示 H_2S 就是按此方式一步电离的，更不能就此认为溶液中 $c(H^+)$ 为 $c(S^{2-})$ 的两倍。其实溶液中 $c(H^+) \gg 2c(S^{2-})$，这是因为电离是分步进行的，且 $K_{a1}^{\ominus} \gg K_{a2}^{\ominus}$。它只说明平衡时，在 H_2S 溶液中，$c(H^+)$、$c(S^{2-})$ 和 $c(H_2S)$ 三者之间的关系：在一定浓度的 H_2S 溶液中，S^{2-} 浓度与 H^+ 浓度的平方成反比。

在常温、常压下，H_2S 饱和溶液的浓度约为 $0.10 mol \cdot L^{-1}$。因此，调节溶液中 H^+ 的浓度，就可以控制溶液中 S^{2-} 的浓度。

【例 5-2】 ① 计算 H_2S 饱和溶液中，$c(H^+)$、$c(S^{2-})$ 和 H_2S 的电离度。②如果在 $0.10 mol \cdot L^{-1}$ 的盐酸溶液中通入 H_2S 至饱和，求溶液中的 $c(S^{2-})$。

解 ① 常温、常压下，H_2S 饱和溶液中，$c(H_2S) = 0.10 mol \cdot L^{-1}$。

查表得，$K_{a1}^{\ominus}(H_2S) = 9.1 \times 10^{-8}$，$K_{a2}^{\ominus}(H_2S) = 1.1 \times 10^{-12}$

因为 $K_{a1}^{\ominus}(H_2S) \gg K_{a2}^{\ominus}(H_2S)$，$K_{a1}^{\ominus}(H_2S) \gg K_w^{\ominus} = 1.0 \times 10^{-14}$，所以在求 $c(H^+)$ 时，可只考虑 H_2S 的第一步电离，并可忽略 H_2O 的电离。

设平衡时溶液中 $c(H^+) = x\ mol \cdot L^{-1}$，则

	$H_2S \rightleftharpoons$	H^+	$+ HS^-$
起始浓度/$mol \cdot L^{-1}$	0.10	0	0
平衡浓度/$mol \cdot L^{-1}$	$0.10-x$	x	x

$$K_{a1}^{\ominus} = \frac{[H^+][HS^-]}{[H_2S]} = \frac{xx}{0.10-x} = 9.1 \times 10^{-8}$$

因为 $c/K_{a1}^{\ominus} = 0.10/9.1 \times 10^{-8} > 500$，可作近似计算，即 $0.10-x \approx 0.10$。则

$$x = c(H^+) = \sqrt{K_{a1}^{\ominus} c} = \sqrt{9.1 \times 10^{-8} \times 0.10} = 9.5 \times 10^{-5} mol \cdot L^{-1}$$

溶液中 S^{2-} 来自第二步电离，故计算时要依据 H_2S 的第二步电离平衡：

$$HS^- \rightleftharpoons H^+ + S^{2-}$$

$$K_{a2}^{\ominus} = \frac{[H^+][S^{2-}]}{[HS^-]} = 1.1 \times 10^{-12}$$

因为第二步电离出来的离子浓度非常小，所以 $c(HS^-) \approx c(H^+)$，则

$$c(S^{2-})=K_{a2}^{\ominus}=1.1\times10^{-12}\text{mol}\cdot\text{L}^{-1}$$

H_2S 的电离度

$$\alpha=\frac{c(H^+)}{c(H_2S)}\times100\%$$

$$=\frac{9.5\times10^{-5}}{0.10}\times100\%=0.095\%$$

② 盐酸为强电解质，此时溶液中 $c(H^+)=0.10\text{mol}\cdot\text{L}^{-1}$。由于同离子效应，$H_2S$ 的电离非常小。通入 H_2S 至饱和时，$c(H_2S)=0.10\text{mol}\cdot\text{L}^{-1}$。由 H_2S 的总电离平衡：

$$H_2S \rightleftharpoons 2H^+ + S^{2-}$$

$$K_a^{\ominus}=K_{a1}^{\ominus}K_{a2}^{\ominus}=\frac{[H^+]^2[S^{2-}]}{[H_2S]}$$

$$[S^{2-}]=\frac{K_{a1}^{\ominus}K_{a2}^{\ominus}[H_2S]}{[H^+]^2}=\frac{9.1\times10^{-8}\times1.1\times10^{-12}\times0.10}{0.10^2}=1.0\times10^{-18}$$

即

$$c(S^{2-})=1.0\times10^{-18}\text{mol}\cdot\text{L}^{-1}$$

5.4 缓冲溶液

缓冲溶液是一种能够抵抗少量外加的强酸、强碱或稍加稀释，而保持溶液本身的 pH 基本不变的溶液。按电离理论的观点，缓冲溶液是由弱酸和与弱酸含有共同离子的弱酸盐或由弱碱和与弱碱含有共同离子的弱碱盐组成的。按质子理论的观点，缓冲溶液是由一对共轭酸碱对物质所组成的。例如 HAc-NaAc、$NH_3\cdot H_2O$-NH_4Cl 等都可以组成不同的缓冲溶液。

5.4.1 缓冲作用原理

缓冲溶液保持溶液的 pH 基本不变的作用称为缓冲作用。还以 HAc-NaAc 混合溶液为例，来说明缓冲作用的原理。

HAc 为弱电解质，只能部分电离，NaAc 为强电解质，几乎完全电离：

$$HAc \rightleftharpoons H^+ + Ac^-$$

$$NaAc \longrightarrow Na^+ + Ac^-$$

在 HAc 和 NaAc 的混合溶液中，由于同离子效应的存在，抑制了 HAc 的电离，所以溶液中存在大量的 HAc 分子和 Ac^-。当向这个溶液中加入少量强酸时，大量的 Ac^- 立即与外加的 H^+ 结合生成 HAc，使 HAc 的电离平衡向左移动，因此，溶液中的 H^+ 浓度不会显著增大。当加入少量强碱时，外加的 OH^- 与 H^+ 结合生成水，这时 HAc 的电离平衡就会向右移动，溶液中大量未电离的 HAc 就继续电离以补充 H^+ 的消耗，使 H^+ 浓度保持稳定，从而使溶液的 pH 基本不变。

弱碱与弱碱盐组成的缓冲溶液，其缓冲作用的原理完全类似。

由上面的讨论可知，缓冲溶液中都含有两种物质：一种能抵消外加的酸（H^+），另一种能抵消外加的碱（OH^-），这两种物质称为缓冲混合物。不同的缓冲混合物组成的缓冲溶液具有不同的 pH。

除一元弱酸和它的盐、一元弱碱和它的盐可组成缓冲溶液外，多元弱酸及其盐，如 H_2CO_3-$NaHCO_3$、$NaHCO_3$-Na_2CO_3、NaH_2PO_4-Na_2HPO_4、Na_2HPO_4-Na_3PO_4 等也都可以组成缓冲溶液。

5.4.2 缓冲溶液的 pH

还以 HAc 和 NaAc 组成的缓冲溶液为例进行讨论。设平衡时溶液中 $c(H^+)=$

x mol·L^{-1}，则

$$HAc \rightleftharpoons H^+ + Ac^-$$

	HAc	H^+	Ac^-
起始浓度	c(酸)	0	c(盐)
平衡浓度	c(酸)$-x$	x	c(盐)$+x$

由于同离子效应，x 值很小，则 c(酸)$-x \approx c$(酸)，c(盐)$+x \approx c$(盐)。

根据
$$K_a^{\ominus}=\frac{[H^+][Ac^-]}{[HAc]}$$

得
$$[H^+]=K_a^{\ominus}\frac{[HAc]}{[Ac^-]}$$

即
$$[H^+]=K_a^{\ominus}\frac{c(\text{酸})}{c(\text{盐})} \tag{5-18}$$

取负对数，可得：
$$pH=pK_a^{\ominus}-\lg\frac{c(\text{酸})}{c(\text{盐})} \tag{5-19}$$

由式(5-19) 可见，当将缓冲溶液少量稀释时，弱酸和弱酸盐浓度的比值不变，pH 也不变。

对于由弱碱和弱碱盐所组成的缓冲溶液，同理可推导得：

$$pOH=pK_b^{\ominus}-\lg\frac{c(\text{碱})}{c(\text{盐})} \tag{5-20}$$

$$pH=pK_w^{\ominus}-pK_b^{\ominus}+\lg\frac{c(\text{碱})}{c(\text{盐})} \tag{5-21}$$

由式(5-19) 和式(5-21) 可知，缓冲溶液的 pH 决定于 $pK_a^{\ominus}$(或 $pK_b^{\ominus}$) 以及弱酸（或弱碱）与其盐的浓度的比值。当弱酸（或弱碱）确定后，$pK_a^{\ominus}$(或 $pK_b^{\ominus}$) 为一常数，这时，在一定的范围内改变弱酸（或弱碱）与其盐的浓度的比值，便可调节缓冲溶液的 pH。

【例 5-3】 将浓度为 0.30mol·L^{-1}的 NH_4Cl 溶液和浓度为 0.20mol·L^{-1}的 NaOH 溶液等体积混合，求混合溶液的 pH。已知：$K_b^{\ominus}(NH_3 \cdot H_2O)=1.79\times10^{-5}$。

解 等体积的溶液混合后，各物质的浓度减半：

$$c(NH_4Cl)=\frac{0.30}{2}=0.15\text{mol}\cdot\text{L}^{-1}$$

$$c(NaOH)=\frac{0.20}{2}=0.10\text{mol}\cdot\text{L}^{-1}$$

在混合溶液中，0.10mol·L^{-1} NaOH 可与 0.10mol·L^{-1} NH_4Cl 反应生成 0.10mol·L^{-1} $NH_3 \cdot H_2O$，还剩下 0.05mol·L^{-1} NH_4Cl。所以混合溶液中存在弱碱和弱碱盐，是一个缓冲溶液。

设平衡时溶液中 $c(OH^-)=x$ mol·L^{-1}

$$NH_3 \cdot H_2O \rightleftharpoons NH_4^+ + OH^-$$

	$NH_3 \cdot H_2O$	NH_4^+	OH^-
起始浓度/mol·L^{-1}	0.10	0.05	0
平衡浓度/mol·L^{-1}	$0.10-x$	$0.05+x$	x

$$K_b^{\ominus}(NH_3 \cdot H_2O)=\frac{[NH_4^+][OH^-]}{[NH_3 \cdot H_2O]}$$

$$1.79\times10^{-5}=\frac{(0.05+x)x}{0.10-x}$$

由于同离子效应，x 很小，所以 $0.10-x\approx0.10$，$0.05+x\approx0.05$。

解得
$$x=c(OH^-)=3.6\times10^{-5}\text{mol}\cdot\text{L}^{-1}$$

则
$$[H^+]=\frac{K_w^\ominus}{[OH^-]}=\frac{1.0\times10^{-14}}{3.6\times10^{-5}}=2.77\times10^{-10}$$
$$pH=-\lg[H^+]=-\lg(2.77\times10^{-10})=9.56$$

5.4.3 缓冲容量和缓冲范围

缓冲溶液的缓冲能力是有一定限度的，当组成缓冲溶液的组分物质弱酸或其盐（弱碱或其盐）与外来酸、碱反应而大部分被消耗后，缓冲溶液的缓冲能力就会明显减弱甚至完全丧失。化学上用缓冲容量来衡量缓冲能力。它是指使 1L 缓冲溶液的 pH 改变 1 个单位，所需加入的一元强酸或一元强碱的物质的量。缓冲容量的大小除与缓冲组分浓度的大小有关外，还与缓冲组分浓度的比值有关。缓冲组分的浓度越大，且比值愈接近于 1 时，缓冲容量越大。当比值等于 1 时，$pH=pK_a^\ominus$（或 $pOH=pK_b^\ominus$）。当比值在 0.1～10 之间改变时，缓冲溶液的 pH 变化幅度在：
$$pH=pK_a^\ominus\pm1 \tag{5-22}$$
$$pOH=pK_b^\ominus\pm1 \text{ 或 } pH=14-pK_b^\ominus\mp1$$

这个 pH 范围就是缓冲溶液的有效缓冲范围，或称为缓冲范围。例如 HAc-NaAc 缓冲溶液，$pK_a^\ominus=4.75$，其缓冲范围为 pH＝3.75～5.75。又如 $NH_3\cdot H_2O$-NH_4Cl 缓冲溶液，$pK_b^\ominus=4.75$，pH＝14－pOH＝14－4.75＝9.25，其缓冲范围为 pH＝8.25～10.25。

5.4.4 缓冲溶液的配制和应用

5.4.4.1 缓冲溶液的配制

在实际工作中，配制一定 pH 的缓冲溶液应遵循如下原则：

（1）选择合适的缓冲物质　首先所选用的缓冲物质除与 H^+ 和 OH^- 反应外，不能与系统中其他物质发生反应。其次，选择 $pK_a^\ominus$（或 $pK_b^\ominus$）与所需的 pH（或 pOH）相等或相近的弱酸（或弱碱）及其盐。

（2）缓冲组分的浓度要适当　浓度太小，则缓冲容量太小；浓度太大，则会造成溶液中离子强度太大。一般控制组分浓度在 0.05～0.2mol·L^{-1}范围内即可。

（3）调整组分浓度的比值　如果 $pK_a^\ominus$（或 $pK_b^\ominus$）与所需 pH（或 pOH）不相等，可利用式(5-19）或式(5-20）适当调整组分浓度的比值　一般控制组分物质浓度的比值在 0.1～10 范围内。

【例 5-4】 如何用 2.0mol·L^{-1}的 HAc 溶液和 $NaAc\cdot3H_2O$ 固体配制 0.5L pH 为 5.00、HAc 浓度为 0.2mol·L^{-1}的缓冲溶液？已知：$K_a^\ominus(HAc)=1.76\times10^{-5}$。

解　设需要 2.0mol·L^{-1} HAc 溶液的量为 x L。

则
$$x=\frac{0.2\text{mol}\cdot L^{-1}\times0.5L}{2.0\text{mol}\cdot L^{-1}}=0.05L$$

因为缓冲溶液的 pH＝5.00，所以 $[H^+]=1.0\times10^{-5}$。

根据式(5-18)：
$$[H^+]=K_a^\ominus(HAc)\frac{c(HAc)}{c(NaAc)}$$

则
$$c(NaAc)=\frac{1.76\times10^{-5}\times0.20}{1.0\times10^{-5}}=0.352\text{mol}\cdot L^{-1}$$

设需要 $NaAc\cdot3H_2O$ 固体的量为 y g。
$$y=0.5L\times c(NaAc)\times M(NaAc\cdot3H_2O)$$
$$=0.5L\times0.352\text{mol}\cdot L^{-1}\times136\text{g}\cdot\text{mol}^{-1}=23.94\text{g}$$

所以，配制缓冲溶液时，称取 $NaAc\cdot3H_2O$ 固体 23.94g 溶于适量水中，加入 2.0mol·L^{-1}

的 HAc 溶液 0.05L，然后用水稀释至总体积为 0.5L 即可。

5.4.4.2 缓冲溶液的应用

缓冲溶液在工业、农业、生物科学、化学等各领域都有很重要的用途。例如土壤中，由于含有 H_2CO_3、$NaHCO_3$ 和 NaH_2PO_4、Na_2HPO_4 以及其他有机酸及其盐类组成的复杂的缓冲系统，所以能使土壤维持在一定的 pH（5～8）范围内，从而保证了微生物的正常活动和植物的生长发育。

又如甲酸 HCOOH 分解生成 CO 和 H_2O 的反应，是一个酸催化反应，H^+ 可作为催化剂加快反应。为了控制反应速率，就必须用缓冲溶液控制反应的 pH。

人体的血液也是缓冲溶液，其主要的缓冲系统有：H_2CO_3-$NaHCO_3$、NaH_2PO_4-Na_2HPO_4、血浆蛋白-血浆蛋白盐、血红朊-血红朊盐等，这些缓冲系统的相互作用、相互制约使人体血液的 pH 保持在 7.35～7.45 范围内，从而保证了人体的正常生理活动。

5.5 盐类的水解

盐类在溶液中，与水作用而改变溶液酸碱性的反应叫做盐类的水解。某些盐（如 NaAc、Na_2CO_3、NH_4Cl 等）溶于水后，其组分离子能与水电离出来的 H^+ 或 OH^- 作用，生成弱酸或弱碱，使水的电离平衡发生移动，改变了溶液中 H^+ 和 OH^- 的相对浓度，从而使溶液呈现出一定的酸碱性。

强酸强碱组成的盐，由于其组分离子不与 H^+ 或 OH^- 生成弱电解质，故不影响水的电离平衡，即在水中不发生水解，因而它们的水溶液显中性。其他的盐类，由于组成盐的酸和碱的强弱不同，水解进行的程度就各有差别，溶液的酸碱性也就不同。下面根据组成盐的酸和碱的相对强弱，分别讨论它们的水解情况。

5.5.1 弱酸强碱盐的水解

以 NaAc 为例。NaAc 在水中完全电离为 Na^+ 和 Ac^-，作为溶剂的水也能微弱地电离出 H^+ 和 OH^-。在 NaAc 的水溶液中，同时存在着下列反应：

$$\begin{array}{rcl} NaAc \longrightarrow Na^+ & + & Ac^- \\ & & + \\ H_2O \rightleftharpoons OH^- & + & H^+ \\ & & \Updownarrow \\ & & HAc \end{array}$$

因此，当 NaAc 溶于水时，由于 Ac^- 能与 H^+ 结合生成弱电解质 HAc 分子，使溶液中 $c(H^+)$ 减小，水的电离平衡遭到破坏，平衡会向右移动，水继续电离出 H^+ 和 OH^-，$c(OH^-)$ 不断增大，最后当 H_2O 和 HAc 都达到新的电离平衡时，溶液中 $c(OH^-) > c(H^+)$，因此溶液显碱性。所以，NaAc 水解作用的实质是 Ac^- 与 H_2O 作用生成弱酸 HAc 的反应。其水解过程可以用离子方程式表示为：

$$Ac^- + H_2O \rightleftharpoons HAc + OH^- \tag{5-23}$$

当水解反应达到平衡时：

$$K_h^{\ominus}(Ac^-) = \frac{[HAc][OH^-]}{[Ac^-]} \tag{5-24}$$

式中，$K_h^{\ominus}$ 为水解反应的平衡常数，称为水解常数。

水解平衡时，溶液中同时存在着 H_2O 和 HAc 的电离平衡：

$$
\begin{array}{llr}
 & H_2O \rightleftharpoons H^+ + OH^- & K_w^\ominus \\
-) & HAc \rightleftharpoons H^+ + Ac^- & K_a^\ominus(HAc) \\
\hline
 & Ac^- + H_2O \rightleftharpoons HAc + OH^- &
\end{array}
$$

根据多重平衡规则：

$$K_h^\ominus(Ac^-)=\frac{[HAc][OH^-]}{[Ac^-]}=\frac{K_w^\ominus}{K_a^\ominus(HAc)} \tag{5-25}$$

溶液中 $c(OH^-)$ 的计算与一元弱碱的电离完全类似。

	$Ac^- + H_2O \rightleftharpoons$	HAc +	OH^-
起始浓度	$c(NaAc)$	0	0
平衡浓度	$c(Ac^-)$	$c(HAc)$	$c(OH^-)$

因为溶液中 $c(HAc)=c(OH^-)$，当 $c/K_h^\ominus \geqslant 500$ 时，可做近似计算。则 $c(Ac^-)\approx c(NaAc)$

由式(5-25) 可得：

$$K_h^\ominus(Ac^-)=\frac{[OH^-]^2}{[Ac^-]}=\frac{K_w^\ominus}{K_a^\ominus(HAc)}$$

$$[OH^-]=\sqrt{K_h^\ominus(Ac^-)[Ac^-]}$$

改写为
$$c(OH^-)=\sqrt{K_h^\ominus(Ac^-)c(Ac^-)}$$

将 NaAc 水解反应的计算结果推广到一般一元弱酸强碱盐的水解反应，可得：

$$K_h^\ominus=\frac{K_w^\ominus}{K_a^\ominus} \tag{5-26}$$

$$c(OH^-)=\sqrt{K_h^\ominus c(\text{盐})} \tag{5-27}$$

在常温下，$K_w^\ominus$ 为一常数，故弱酸强碱盐的水解常数 $K_h^\ominus$ 值取决于弱酸的电离常数 $K_a^\ominus$ 的大小。$K_a^\ominus$ 越小，即酸越弱，则 $K_h^\ominus$ 越大，说明该盐的水解程度越大；反之，$K_a^\ominus$ 越大，$K_h^\ominus$ 越小，则水解程度越小。与弱电解质的电离类比，盐的水解程度除可用水解常数 $K_h^\ominus$ 衡量外，也可用水解度来衡量。

$$\text{水解度}\ (h)=\frac{\text{已水解的盐的浓度}}{\text{盐的起始浓度}}\times 100\%$$

在一元弱酸强碱盐溶液中，已水解的盐的浓度等于 $c(OH^-)$。

所以
$$h=\frac{c(OH^-)}{c(\text{盐})}$$

将式(5-27) 代入，得
$$h=\sqrt{\frac{K_h^\ominus}{c(\text{盐})}} \tag{5-28}$$

这与稀释定律的表达式(5-8) 相同。

5.5.2 弱碱强酸盐的水解

以 NH_4Cl 的水解为例，在溶液中：

$$
\begin{array}{ccc}
NH_4Cl \longrightarrow & NH_4^+ & + Cl^- \\
 & + & \\
H_2O \rightleftharpoons & OH^- & + H^+ \\
 & \Updownarrow & \\
 & NH_3\cdot H_2O &
\end{array}
$$

弱碱 $NH_3\cdot H_2O$ 的生成，使水的电离平衡被破坏，在达到新的平衡时，溶液中 $c(H^+)>c(OH^-)$，因此溶液显酸性。所以 NH_4Cl 水解反应的实质是盐中的阳离子 NH_4^+ 与水中的 OH^-

作用生成了弱碱 $NH_3 \cdot H_2O$。

$$NH_4^+ + H_2O \rightleftharpoons NH_3 \cdot H_2O + H^+$$

采用与弱酸强碱盐同样的分析方法，可推导得出：

$$K_h^{\ominus} = \frac{K_w^{\ominus}}{K_b^{\ominus}} \tag{5-29}$$

溶液中 $c(H^+)$ 的近似计算公式为：

$$c(H^+) = \sqrt{K_h^{\ominus} c(\text{盐})} \tag{5-30}$$

【例 5-5】 试计算 $0.010 mol \cdot L^{-1}$ NH_4Cl 溶液的 pH 和水解度。

解 设达到水解平衡时，溶液中 $c(H^+) = x$ $mol \cdot L^{-1}$。

$$\begin{array}{lcccc} & NH_4^+ + H_2O & \rightleftharpoons & NH_3 \cdot H_2O & + H^+ \\ \text{起始浓度}/mol \cdot L^{-1} & 0.010 & & 0 & 0 \\ \text{平衡浓度}/mol \cdot L^{-1} & 0.010 - x & & x & x \end{array}$$

$$K_h^{\ominus}(NH_4^+) = \frac{[NH_3 \cdot H_2O][H^+]}{[NH_4^+]} = \frac{x^2}{0.010 - x}$$

查附录Ⅲ可知：$K_b^{\ominus}(NH_3 \cdot H_2O) = 1.79 \times 10^{-5}$。由式(5-29) 可得：

$$K_h^{\ominus}(NH_4^+) = \frac{K_w^{\ominus}}{K_b^{\ominus}(NH_3 \cdot H_2O)} = \frac{1.0 \times 10^{-14}}{1.79 \times 10^{-5}} = 5.6 \times 10^{-10}$$

因为 $c/K_h^{\ominus} = 0.010/5.6 \times 10^{-10} > 500$，所以可作近似计算，即 $0.010 - x \approx 0.010$。

则 $$\frac{x^2}{0.010} = 5.6 \times 10^{-10}$$

解得 $$x = c(H^+) = 2.4 \times 10^{-6} mol \cdot L^{-1}$$

$$pH = -\lg[H^+] = -\lg(2.4 \times 10^{-6}) = 5.62$$

水解度 $$h = \frac{2.4 \times 10^{-6}}{0.010} \times 100\% = 0.024\%$$

5.5.3 弱酸弱碱盐的水解

这类盐的特点是组成盐的阳离子和阴离子都会与水发生作用，使水解更加复杂、更加强烈。以 NH_4Ac 的水解为例，在水溶液中：

$$\begin{array}{ccccc} NH_4Ac & \longrightarrow & NH_4^+ & + & Ac \\ & & + & & + \\ H_2O & \rightleftharpoons & OH^- & + & H^+ \\ & & \Updownarrow & & \Updownarrow \\ & & NH_3 \cdot H_2O & & HAc \end{array}$$

NH_4Ac 水解反应的实质是盐中的 NH_4^+ 和 Ac^- 分别与水中的 OH^- 和 H^+ 作用，生成弱碱 $NH_3 \cdot H_2O$ 和弱酸 HAc。即：

$$NH_4^+ + Ac^- + H_2O \rightleftharpoons HAc + NH_3 \cdot H_2O$$

$$K_h^{\ominus} = \frac{[HAc][NH_3 \cdot H_2O]}{[NH_4^+][Ac^-]}$$

$K_h^{\ominus}$ 可由溶液中同时存在的多个电离平衡的平衡常数求得：

$$\begin{array}{rlr} & H_2O \rightleftharpoons H^+ + OH^- & K_w^{\ominus} \\ -) & HAc \rightleftharpoons H^+ + Ac^- & K_a^{\ominus} \\ -) & NH_3 \cdot H_2O \rightleftharpoons NH_4^+ + OH^- & K_b^{\ominus} \\ \hline & NH_4^+ + Ac^- + H_2O \rightleftharpoons HAc + NH_3 \cdot H_2O & K_h^{\ominus} \end{array}$$

根据多重平衡规则：

$$K_h^\ominus = \frac{K_w^\ominus}{K_a^\ominus K_b^\ominus} \tag{5-31}$$

由式(5-31) 可见，弱酸弱碱盐的水解常数 $K_h^\ominus$ 同时受到 $K_a^\ominus$ 和 $K_b^\ominus$ 的影响，由于分母中 $K_a^\ominus$ 和 $K_b^\ominus$ 是两个小数，其乘积将更小，所以弱酸弱碱盐的水解常数一般较大，水解程度也较大。

弱酸弱碱盐溶液的酸碱性主要与弱酸 $K_a^\ominus$、弱碱 $K_b^\ominus$ 的相对大小有关，可分下列三种情况：

① 当 $K_a^\ominus > K_b^\ominus$，溶液显酸性，如 NH_4F。

② 当 $K_a^\ominus < K_b^\ominus$，溶液显碱性，如 NH_4CN。

③ 当 $K_a^\ominus = K_b^\ominus$，溶液显中性，如 NH_4Ac。

5.5.4 多元弱酸盐的水解

多元弱酸盐的水解比较复杂。它们的水解过程与多元弱酸的电离相似，也是分步进行的，每一步都有相应的水解常数。现以 Na_2CO_3 为例，在溶液中：

第一步水解 $CO_3^{2-} + H_2O \rightleftharpoons HCO_3^- + OH^-$ $K_{h1}^\ominus$

第二步水解 $HCO_3^- + H_2O \rightleftharpoons H_2CO_3 + OH^-$ $K_{h2}^\ominus$

对于第一步水解，包含着下面两个电离平衡：

$$H_2O \rightleftharpoons H^+ + OH^- \qquad K_w^\ominus$$

$$-)\quad HCO_3^- \rightleftharpoons H^+ + CO_3^{2-} \qquad K_{a2}^\ominus$$

$$CO_3^{2-} + H_2O \rightleftharpoons HCO_3^- + OH^-$$

根据多重平衡规则：

$$K_{h1}^\ominus = \frac{K_w^\ominus}{K_{a2}^\ominus} \tag{5-32}$$

同理，可推导得到第二步水解的水解常数为：

$$K_{h2}^\ominus = \frac{K_w^\ominus}{K_{a1}^\ominus} \tag{5-33}$$

由此可见，Na_2CO_3 的第一步水解常数 $K_{h1}^\ominus$ 与弱酸 H_2CO_3 的第二步电离常数 $K_{a2}^\ominus$ 有关，而第二步水解常数 $K_{h2}^\ominus$ 与 H_2CO_3 的第一步电离常数 $K_{a1}^\ominus$ 有关。由于 H_2CO_3 的 $K_{a2}^\ominus \ll K_{a1}^\ominus$，所以 $K_{h1}^\ominus \gg K_{h2}^\ominus$。即 Na_2CO_3 的第一步水解的程度远远大于第二步水解的程度。因此，对 Na_2CO_3 溶液中离子浓度的计算，可忽略其第二步水解。由此可得，对多元弱酸盐的水解，主要考虑第一步，计算类似于一元弱酸盐的水解。

5.5.5 影响盐类水解的因素

盐类水解程度的大小，首先决定于盐中的水解离子的本性，形成盐的酸或碱越弱，则盐的水解作用就越强。若盐的水解产物是很弱的电解质，而且又是溶解度很小的难溶沉淀或气体，则水解程度就极大，水解反应实际上进行完全。Al_2S_3 的水解就是一个典型的例子：

$$Al_2S_3 + 6H_2O \longrightarrow 2Al(OH)_3\downarrow + 3H_2S\uparrow$$

此外，根据平衡移动的原理，盐的水解程度还与盐溶液的浓度、温度、酸度等因素有关。

5.5.5.1 浓度的影响

一般来说，盐的浓度越小，盐的水解程度就越大，见式(5-28)，因此，稀释可促进水解。

例如 $Ac^- + H_2O \longrightarrow HAc + OH^-$，溶液稀释时生成物 $c(HAc)$、$c(OH^-)$ 均减小，而反应物只有 $c(Ac^-)$ 减小，所以水解平衡向右移动，水解程度增大。

5.5.5.2　温度的影响

盐的水解反应是酸碱中和反应的逆反应。酸碱中和反应是放热反应，所以盐的水解反应是吸热反应：

$$盐+水 \underset{放热}{\overset{吸热}{\rightleftharpoons}} 酸+碱$$

因此，升高温度，平衡向吸热方向移动，从而促进盐的水解。

5.5.5.3　酸度的影响

由于盐的水解反应的产物中有酸或碱，因此控制溶液的酸度就可以促进或抑制水解反应的进行。如果盐的水解产物中有酸生成，则溶液 pH 的提高（碱性增强）会促进水解，而 pH 的降低（酸性增强）则会抑制水解的进行。

5.5.6　盐类水解的抑制与应用

抑制或利用盐类的水解反应，在化工生产和科学实验中是经常使用的方法。实验室中配制一些易水解盐类的溶液时，就要抑制其水解。如配制 Na_2S 溶液时，因为 $S^{2-} + H_2O \rightleftharpoons HS^- + OH^-$，可加入适量的 NaOH 来抑制其水解。在配制 $SnCl_2$、$SbCl_3$、$Bi(NO_3)_3$ 等试剂时，由于水解反应而不能得到澄清的溶液，因为：

$$SnCl_2 + H_2O \rightleftharpoons Sn(OH)Cl\downarrow + HCl$$

$$SbCl_3 + H_2O \rightleftharpoons SbOCl\downarrow + 2HCl$$

$$Bi(NO_3)_3 + H_2O \rightleftharpoons BiONO_3\downarrow + 2HNO_3$$

为了防止水解的发生，常先将盐溶于相应的浓酸中，然后加水稀释至一定的浓度。然而，有时人们也常利用盐类水解生成沉淀来达到物质的分离、鉴定和提纯的目的。例如，利用锑盐、铋盐的水解特性来鉴定 Sb、Bi。而在化学提纯时，除去杂质铁的原理也是利用 Fe^{3+} 的易水解性。先用适当的氧化剂（如 H_2O_2）将 Fe^{2+} 氧化为 Fe^{3+}，然后调节溶液的酸度至 pH＝3～4 并加热，以促进 Fe^{3+} 的水解反应，使 Fe^{3+} 完全水解，形成 $Fe(OH)_3$ 沉淀而除去。

5.6　沉淀-溶解平衡

难溶强电解质在水中的溶解度虽然很小，但溶解的部分是完全电离的。因而在溶液中就存在一个未溶解的电解质固体和它的组分离子之间的多相离子平衡，即沉淀-溶解平衡。

5.6.1　溶度积原理

5.6.1.1　溶度积常数

如难溶的强电解质 $BaSO_4$ 在水中电离为 Ba^{2+} 和 SO_4^{2-}，同时 Ba^{2+} 和 SO_4^{2-} 也会结合生成 $BaSO_4$ 沉淀，在 $BaSO_4$ 的饱和溶液中就达到了一个动态平衡：

$$BaSO_4(s) \underset{沉淀}{\overset{溶解}{\rightleftharpoons}} Ba^{2+} + SO_4^{2-}$$

（未溶解的固体）　　　（溶液中的离子）

其平衡常数表达式为：　$K_{sp}^{\ominus}(BaSO_4) = [Ba^{2+}][SO_4^{2-}]$

式中，$K_{sp}^{\ominus}$ 为多相离子平衡的平衡常数，称为溶度积常数，简称溶度积。对于任意组成形式的难溶电解质 A_mB_n 的沉淀-溶解平衡：

$$A_mB_n(s) \rightleftharpoons mA^{n+} + nB^{m-}$$

$$K_{sp}^{\ominus}(A_mB_n)=[A^{n+}]^m[B^{m-}]^n \tag{5-34}$$

$K_{sp}^{\ominus}$的大小反映了难溶电解质溶解能力的大小。$K_{sp}^{\ominus}$越小，表示难溶电解质在水中的溶解程度越小，与其他平衡常数一样，$K_{sp}^{\ominus}$也是温度的函数。某些难溶电解质的溶度积列于附录Ⅳ中。

5.6.1.2　溶度积与溶解度的相互换算

溶度积和溶解度都可以用来表示物质的溶解能力，它们之间可以相互换算。由于难溶电解质的溶解度很小，所以溶液的浓度很小，难溶电解质饱和溶液的密度可近似地认为与纯水的密度（$1.00g \cdot mL^{-1}$）相等。

以 AB 型难溶强电解质 $BaSO_4$ 为例，设其在水中的溶解度为 S $mol \cdot L^{-1}$，因为 Ba^{2+}、SO_4^{2-} 基本上不水解，则在 $BaSO_4$ 的饱和溶液中有如下的沉淀-溶解平衡：

$$BaSO_4(s) \rightleftharpoons Ba^{2+} + SO_4^{2-}$$

平衡浓度　　S　　S

$$K_{sp}^{\ominus}(BaSO_4)=[Ba^{2+}][SO_4^{2-}]=S^2$$

查附录Ⅳ可知：$K_{sp}^{\ominus}(BaSO_4)=1.1\times10^{-10}$。

则　$S=\sqrt{K_{sp}^{\ominus}(BaSO_4)}=\sqrt{1.1\times10^{-10}}=1.05\times10^{-5}mol \cdot L^{-1}$

由此可见，对于基本上不水解的 AB 型难溶强电解质，其溶解度（S）在数值上等于其溶度积的平方根。即：

$$S=\sqrt{K_{sp}^{\ominus}} \tag{5-35}$$

对于 AB_2 型（或 A_2B 型）难溶强电解质（如 CaF_2、Ag_2CrO_4 等），同理可推导得其溶解度和溶度积的关系式为：

$$S=\sqrt[3]{\frac{K_{sp}^{\ominus}}{4}} \tag{5-36}$$

应该指出，难溶电解质的溶解度和溶度积之间的关系，实际上是比较复杂的。只有在难溶强电解质基本不水解的情况下，溶解度和溶度积之间才符合式(5-35)、式(5-36) 的关系。并且，只有对相同类型的难溶电解质，才可以直接根据溶度积的大小来比较它们溶解度的相对大小。

【例 5-6】 已知 25℃时，AgBr 的溶解度为 $1.35\times10^{-5}g \cdot (100gH_2O)^{-1}$，求 AgBr 的溶度积。

解　因为难溶电解质的饱和溶液中离子浓度很小，所以其密度可近似认为与纯水相同，即为 $1.00g \cdot mL^{-1}$。AgBr 的摩尔质量为 $187.8g \cdot mol^{-1}$，则 AgBr 的溶解度（以物质的量浓度表示）为：

$$\frac{1.35\times10^{-5}}{187.8}\times\frac{1000\times1.00}{100}=7.19\times10^{-7}mol \cdot L^{-1}$$

因为 AgBr 是强电解质，溶解部分完全电离，所以溶液中：

$$c(Ag^+)=c(Br^-)=7.19\times10^{-7}mol \cdot L^{-1}$$

由 AgBr 的沉淀-溶解平衡：$AgBr(s) \rightleftharpoons Ag^+ + Br^-$

可得 AgBr 的溶度积　$K_{sp}^{\ominus}(AgBr)=[Ag^+][Br^-]$

$$=(7.19\times10^{-7})^2=5.17\times10^{-13}$$

5.6.1.3　溶度积规则

对于任一组成的难溶电解质的沉淀-溶解平衡，在任意条件下：

$$A_mB_n(s) \rightleftharpoons mA^{n+} + nB^{m-}$$

其反应商为：　$Q=[A^{n+}]^m[B^{m-}]^n$

Q 等于生成物离子的相对浓度幂的乘积，所以反应商在沉淀-溶解平衡中又称为离子积。根据化学平衡移动的原理，可以得出下列规则（溶度积规则）：

① $Q>K^{\ominus}_{sp}$，平衡向左移动，有沉淀生成；

② $Q=K^{\ominus}_{sp}$，平衡状态，饱和溶液；

③ $Q<K^{\ominus}_{sp}$，平衡向右移动，沉淀溶解。

应用溶度积规则，可以判断溶液中沉淀的生成和溶解。

5.6.2 难溶电解质沉淀的生成与溶解

5.6.2.1 沉淀的生成

根据溶度积规则，在难溶电解质溶液中，如果 $Q>K^{\ominus}_{sp}$，就会有该物质的沉淀生成。因此，要使溶液中的某种离子生成沉淀，就必须加入能与这种离子生成沉淀的化学试剂（沉淀剂）。例如，在 $AgNO_3$ 溶液中加入沉淀剂 NaCl 溶液，当混合溶液中 $Q=[Ag^+][Cl^-]>K^{\ominus}_{sp}(AgCl)$时，就会生成 AgCl 沉淀。

（1）同离子效应　例如在饱和 AgCl 溶液中加入含有相同离子的易溶强电解质 NaCl，在溶液中发生如下反应：

$$AgCl(s) \rightleftharpoons Ag^+ + \boxed{Cl^-}$$
$$NaCl \longrightarrow Na^+ + \boxed{Cl^-}$$

NaCl 电离产生大量的 Cl^-，使 $Q>K^{\ominus}_{sp}(AgCl)$，则 AgCl 的沉淀-溶解平衡会向左移动，析出 AgCl 沉淀。当新的平衡建立时，AgCl 的溶解度降低了。这种在难溶电解质溶液中加入含有相同离子的易溶强电解质而使难溶电解质溶解度降低的现象称为同离子效应。在科学实验和生产实际中，可以利用同离子效应调节溶液的酸碱性；或选择性地控制溶液中某种离子的浓度，从而达到分离、提纯的目的。

【例 5-7】 已知 25℃时，AgCl 的溶度积为 1.8×10^{-10}，试分别计算 AgCl 在纯水中和在 $1.0mol\cdot L^{-1}$ HCl 溶液中的溶解度。

解　设 AgCl 在纯水中的溶解度为 $S_1\ mol\cdot L^{-1}$，则根据 AgCl 的沉淀-溶解平衡：

$$AgCl(s) \rightleftharpoons Ag^+ + Cl^-$$

起始浓度　　0　　0

平衡浓度　　S_1　　S_1

$$K^{\ominus}_{sp}(AgCl)=[Ag^+][Cl^-]=[S_1]^2$$

$$[S_1]=\sqrt{K^{\ominus}_{sp}(AgCl)}=\sqrt{1.8\times10^{-10}}=1.3\times10^{-5}$$

即　$S_1=1.3\times10^{-5}mol\cdot L^{-1}$

又设 AgCl 在 $1.0mol\cdot L^{-1}$ HCl 溶液中的溶解度为 $S_2\ mol\cdot L^{-1}$，则

$$AgCl(s) \rightleftharpoons Ag^+ + Cl^-$$

起始浓度　　0　　1.0

平衡浓度　　S_2　　$1.0+S_2$

$$K^{\ominus}_{sp}(AgCl)=[Ag^+][Cl^-]=[S_2][1.0+S_2]$$

因为同离子效应，$S_2\ll1.0$，所以 $1.0+S_2\approx1.0$。

则　$[S_2]=K^{\ominus}_{sp}(AgCl)=1.8\times10^{-10}$

即　$S_2=1.8\times10^{-10}mol\cdot L^{-1}$

可见，由于同离子效应，AgCl 在 HCl 溶液中的溶解度比纯水中要小得多。

（2）盐效应　如果在 AgCl 的饱和溶液中，加入不含有相同离子的易溶强电解质，如 KNO_3，则 AgCl 的溶解度将比在纯水中略微增大。这种由于加入易溶强电解质而使难溶电解质溶解度增大的现象称为盐效应。

盐效应产生的原因是由于电解质溶液中离子间的相互作用。随着溶液中离子的种类和浓度的增加，溶液的离子强度就增大，带相反电荷的离子间相互吸引、相互牵制作用增强，离子的活度系数减小，则离子的活度减少，平衡被破坏，平衡向溶解的方向移动，致使溶解度增大。

因此，在进行沉淀反应时，要使某种离子完全沉淀（一般来说，残留在溶液中被沉淀离子的浓度小于 $1.0\times10^{-5}mol\cdot L^{-1}$时，可以认为沉淀完全），首先应选择适当的沉淀剂，使生成的难溶电解质的溶度积 $K_{sp}^{\ominus}$尽可能小；其次，加入适当过量的沉淀剂（一般过量20%～50%即可）以产生同离子效应。一般情况下，同离子效应的影响要比盐效应大得多，所以，如果过量的沉淀剂不是很多时，只考虑同离子效应而不考虑盐效应。

【例 5-8】 若溶液中 Mn^{2+}浓度为 $0.10mol\cdot L^{-1}$，计算 Mn^{2+}开始生成 $Mn(OH)_2$ 沉淀和沉淀完全时的 pH。已知 $Mn(OH)_2$ 的溶度积 $K_{sp}^{\ominus}=1.9\times10^{-13}$。

解　当 $Mn(OH)_2$ 沉淀开始生成时，它在溶液中已达饱和，有：

$$Mn(OH)_2(s) \rightleftharpoons Mn^{2+}+2OH^- \qquad K_{sp}^{\ominus}=[Mn^{2+}][OH^-]^2$$

$$[OH^-]=\sqrt{\frac{K_{sp}^{\ominus}}{[Mn^{2+}]}}=\sqrt{\frac{9.1\times10^{-13}}{0.10}}=1.38\times10^{-6}$$

$$pH=14-pOH=14+\lg(1.38\times10^{6})=8.14$$

当 pH>8.14 时，溶液中开始生成 $Mn(OH)_2$ 沉淀。

Mn^{2+}沉淀完全时，溶液中 $c(Mn^{2+})=1.0\times10^{-5}mol\cdot L^{-1}$，此时：

$$[OH^-]=\sqrt{\frac{K_{sp}^{\ominus}}{[Mn^{2+}]}}=\sqrt{\frac{9.1\times10^{-13}}{1.0\times10^{-5}}}=1.38\times10^{-4}$$

$$pH=14-pOH=10.14$$

即当 pH>10.14 时，溶液中的 Mn^{2+}沉淀完全。

可见，金属的难溶氢氧化物在溶液中开始沉淀和沉淀完全时的 pH 主要取决于其溶度积 $K_{sp}^{\ominus}$的大小。因此，适当控制溶液的 pH，可使溶液中某些金属离子沉淀为氢氧化物，而另一些金属离子仍留在溶液中，从而达到分离、提纯的目的。一些常见金属氢氧化物沉淀的 pH 列于表 5-5 中。

表 5-5　一些常见金属氢氧化物沉淀的 pH

金属氢氧化物		开始沉淀时的 pH		沉淀完全时的 pH（金属离子浓度 $\leqslant10^{-5}mol\cdot L^{-1}$）
分子式	$K_{sp}^{\ominus}$	金属离子浓度 $1mol\cdot L^{-1}$	金属离子浓度 $0.1mol\cdot L^{-1}$	
$Mg(OH)_2$	1.8×10^{-11}	8.63	9.13	11.13
$Mn(OH)_2$	1.9×10^{-13}	7.64	8.14	10.14
$Co(OH)_2$	1.6×10^{-15}	6.60	7.10	9.10
$Fe(OH)_2$	8.0×10^{-16}	6.45	6.95	8.95
$Zn(OH)_2$	1.2×10^{-17}	5.54	6.02	8.04
$Cu(OH)_2$	2.2×10^{-20}	4.17	4.67	6.67
$Fe(OH)_3$	4.0×10^{-38}	1.54	1.87	3.20
$Sn(OH)_2$	1.4×10^{-28}	0.07	0.57	2.57

【例 5-9】 提纯粗硫酸铜时，需从溶液中除去杂质 Fe^{3+}。若溶液中 Cu^{2+}浓度为

$1.2mol \cdot L^{-1}$，为使 Fe^{3+} 生成 $Fe(OH)_3$ 沉淀而分离除去，溶液的 pH 应控制在什么范围?

解 查表可得：$K_{sp}^{\ominus}[Fe(OH)_3]=4.0\times10^{-38}$，$K_{sp}^{\ominus}[Cu(OH)_2]=2.2\times10^{-20}$。

要使 Fe^{3+} 沉淀完全，则溶液中 $c(Fe^{3+})\leqslant1.0\times10^{-5}mol\cdot L^{-1}$。根据 $Fe(OH)_3$ 的沉淀溶解平衡：

$$Fe(OH)_3 \rightleftharpoons Fe^{3+}+3OH^-$$

$$[OH^-]\geqslant\sqrt[3]{\frac{K_{sp}^{\ominus}[Fe(OH)_3]}{[Fe^{3+}]}}=\sqrt[3]{\frac{4.0\times10^{-38}}{10^{-5}}}=1.6\times10^{-11}$$

$$pH\geqslant14-pOH=14+\lg(1.6\times10^{-11})=3.20$$

同时，溶液中的 Cu^{2+} 不能生成 $Cu(OH)_2$ 沉淀，则需

$$Cu(OH)_2 \rightleftharpoons Cu^{2+}+2OH^-$$

$$[OH^-]\leqslant\sqrt{\frac{K_{sp}^{\ominus}[Cu(OH)_2]}{[Cu^{2+}]}}=\sqrt{\frac{2.2\times10^{-20}}{1.2}}=1.4\times10^{-10}$$

$$pH\leqslant14-pOH=14+\lg(1.4\times10^{-10})=4.13$$

所以，控制溶液的 pH 在 3.20～4.13 范围内，即可达到分离提纯的目的。

5.6.2.2 沉淀的溶解

根据溶度积规则，沉淀溶解的必要条件是 $Q<K_{sp}^{\ominus}$。因此，一切能使反应商 Q 减小，即能使溶液中有关离子浓度降低的方法，都能促使沉淀-溶解平衡向溶解的方向移动，沉淀就会溶解。一般采用以下几种方法。

(1) 酸碱溶解法 利用酸、碱与难溶电解质的组分离子结合生成弱电解质（弱酸、弱碱或 H_2O），以溶解某些弱酸盐、弱碱盐、酸性或碱性氧化物和氢氧化物等难溶物质的方法，称为酸碱溶解法。

例如，金属硫化物溶于酸的反应过程可表示为：

$$\begin{array}{ccccc} MS(s) & \rightleftharpoons & M^{2+} & + & S^{2-} \\ & & & & + \\ & & & & 2H^+ \\ & & & & \Updownarrow \\ & & & & H_2S \end{array}$$

溶解过程中同时存在着两个平衡：

$$MS(s)\rightleftharpoons M^{2+}+S^{2-} \qquad K_{sp}^{\ominus}$$

$$H_2S \rightleftharpoons 2H^++S^{2-} \qquad K_a^{\ominus}=K_{a1}^{\ominus}K_{a2}^{\ominus}$$

两式相减，得金属硫化物溶于酸的反应：

$$MS(s)+2H^+ \rightleftharpoons M^{2+}+H_2S$$

由多重平衡规则，反应的平衡常数为：

$$K^{\ominus}=\frac{[M^{2+}][H_2S]}{[H^+]^2}=\frac{K_{sp}^{\ominus}}{K_{a1}^{\ominus}K_{a2}^{\ominus}}$$

在通常条件下，H_2S 饱和溶液的浓度为 $0.10mol\cdot L^{-1}$。因此根据金属硫化物的溶度积和 H_2S 的电离常数，就可以计算出硫化物沉淀溶于酸时溶液中 H^+ 的最低浓度：

$$[H^+]=\sqrt{\frac{[M^{2+}][H_2S]K_{a1}^{\ominus}K_{a2}^{\ominus}}{K_{sp}^{\ominus}}} \tag{5-37}$$

可见，难溶弱酸盐溶于酸的难易程度与难溶物质的溶度积和弱酸的电离常数有关。$K_{sp}^{\ominus}$

越大，$K_a^\ominus$ 越小，沉淀溶解所需要的 [H^+] 越小，沉淀在酸中的溶解反应越易进行。反之，所需的 [H^+] 就越大，则溶解反应越难进行。

【例 5-10】 欲使 0.01mol ZnS 固体全部溶于 1.0L 盐酸溶液中，计算所需盐酸溶液的最低浓度。

解 当 0.01mol 的 ZnS 固体全部溶于 1.0L 盐酸中时，溶液中 $c(Zn^{2+})=0.01 \text{mol} \cdot L^{-1}$。溶解出的 S^{2-} 将与盐酸中的 H^+ 结合生成 H_2S，且 $c(H_2S)=0.01 \text{mol} \cdot L^{-1}$。

ZnS 溶于盐酸的反应：

$$ZnS(s) + 2H^+ \rightleftharpoons Zn^{2+} + H_2S$$

根据式(5-37) 得：

$$[H^+] = \sqrt{\frac{[Zn^{2+}][H_2S]K_{a1}^\ominus K_{a2}^\ominus}{K_{sp}^\ominus(ZnS)}}$$

$$= \sqrt{\frac{0.01 \times 0.01 \times 9.1 \times 10^{-8} \times 1.1 \times 10^{-12}}{1.6 \times 10^{-24}}} = 2.50$$

即平衡时 $c(H^+) = 2.50 \text{mol} \cdot L^{-1}$

在与 0.01mol S^{2-} 结合时，消耗掉的盐酸的浓度为 $0.02 \text{mol} \cdot L^{-1}$，所以溶解 0.01mol ZnS 固体所需盐酸溶液的最低浓度应为：$2.50 + 0.02 = 2.52 \text{mol} \cdot L^{-1}$。

对于难溶的氧化物或两性氢氧化物，它们溶于酸或碱的反应原理为：

$$nH^+ + MO_n^{n-} \rightleftharpoons M(OH)_n(s) \rightleftharpoons M^{n+} + nOH^-$$

（两性氢氧化物；加碱，平衡向左移动；加酸，平衡向右移动）

$+nOH^- \rightleftharpoons nH_2O$ ； $+nH^+ \rightleftharpoons nH_2O$

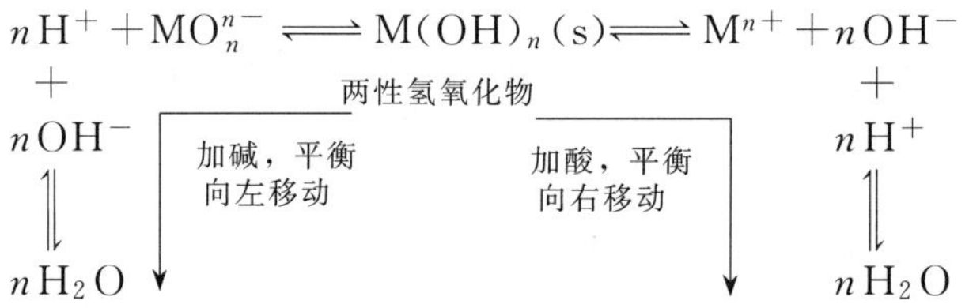

(2) **氧化还原溶解法** 利用氧化还原反应来降低溶液中难溶电解质组分离子的浓度，从而使难溶沉淀溶解的方法，称为氧化还原溶解法。例如 CuS 不溶于 HCl 中，但易溶于具有氧化性的 HNO_3 中，其溶解过程为：

$$CuS(s) \rightleftharpoons Cu^{2+} + S^{2-}$$

$+ HNO_3 \longrightarrow S\downarrow + NO\uparrow + H_2O$

（加入 HNO_3，平衡向右移动）

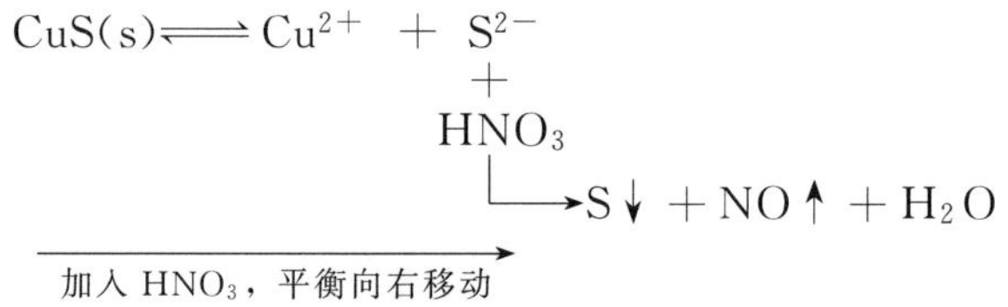

由于 S^{2-} 被氧化为游离态 S，使溶液中 $c(S^{2-})$ 显著降低，致使离子积 $Q = [Cu^{2+}][S^{2-}] < K_{sp}^\ominus(CuS)$，所以 CuS 沉淀被溶解。

(3) **配位溶解法** 利用配位反应，使金属离子形成稳定的配离子来降低难溶电解质组分离子的浓度，从而使难溶沉淀溶解的方法，称为配位溶解法。例如 AgCl 难溶于 HNO_3，但易溶于 $NH_3 \cdot H_2O$ 中，其溶解过程为：

$$AgCl(s) \rightleftharpoons Ag^+ + Cl^-$$

$+ 2NH_3 \cdot H_2O \longrightarrow [Ag(NH_3)_2]^+ + 2H_2O$

（加入 $NH_3 \cdot H_2O$，平衡向右移动）

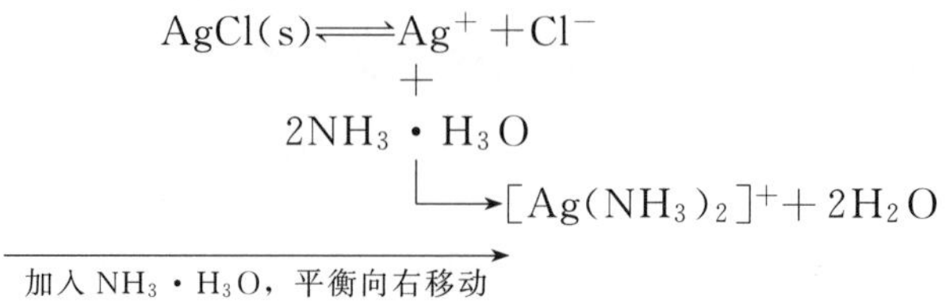

由于 Ag^+ 与 NH_3 结合成稳定的配离子$[Ag(NH_3)_2]^+$，使溶液中 $c(Ag^+)$ 降低，致使离子积 $Q=[Ag^+][Cl^-]<K^{\ominus}_{sp}(AgCl)$，所以 AgCl 沉淀被溶解。

5.6.3 分步沉淀

在实际工作中，溶液中往往含有多种离子，当加入某种沉淀剂时，这些离子可能都会产生沉淀。但由于它们的溶度积不同，所以产生沉淀的先后次序就会不同。这种在溶液中离子发生先后沉淀的现象，称为分步沉淀。例如在含有等浓度 I^- 和 Cl^- 的混合溶液中，逐滴加入 $AgNO_3$ 溶液，开始仅生成浅黄色的 AgI 沉淀，只有当 $AgNO_3$ 加到一定量后，才会出现白色的 AgCl 沉淀。

根据溶度积规则，可分别计算出生成 AgI 和 AgCl 沉淀时所需 Ag^+ 的浓度。假定混合溶液中 $c(I^-)=c(Cl^-)=1.0\times10^{-2}\,mol\cdot L^{-1}$。

由 AgI 的沉淀-溶解平衡： $AgI(s)\rightleftharpoons Ag^+ + I^-$

AgI 开始沉淀时 $[Ag^+]\geqslant\dfrac{K^{\ominus}_{sp}(AgI)}{[I^-]}=\dfrac{8.2\times10^{-17}}{1.0\times10^{-2}}=8.2\times10^{-15}$

即最低浓度 $c_1(Ag^+)=8.2\times10^{-15}\,mol\cdot L^{-1}$

由 AgCl 的沉淀-溶解平衡： $AgCl(s)\rightleftharpoons Ag^+ + Cl^-$

AgCl 开始沉淀时 $[Ag^+]\geqslant\dfrac{K^{\ominus}_{sp}(AgCl)}{[Cl^-]}=\dfrac{1.8\times10^{-10}}{1.0\times10^{-2}}=1.8\times10^{-8}$

即 $c_2(Ag^+)=1.8\times10^{-8}\,mol\cdot L^{-1}$

$$c_1(Ag^+)\ll c_2(Ag^+)$$

可见，使 AgI 沉淀生成时所需要的 $c_1(Ag^+)$ 比使 AgCl 沉淀所生成时需要的 $c_2(Ag^+)$ 小得多，所以，当滴加 $AgNO_3$ 溶液时，必然首先满足 AgI 的沉淀条件，AgI 首先沉淀出来。随着 I^- 不断被沉淀为 AgI，溶液中 I^- 浓度不断减小。继续加入 $AgNO_3$，当达到 AgCl 开始沉淀所需要的 Ag^+ 浓度（$1.8\times10^{-8}\,mol\cdot L^{-1}$）时，AgI 和 AgCl 将同时沉淀出来。由于 AgI 和 AgCl 处在同一饱和溶液中，所以溶液中 Ag^+ 浓度必然同时满足 AgI 和 AgCl 两种沉淀的溶度积关系式：

$$[Ag^+][I^-]=K^{\ominus}_{sp}(AgI)$$

$$[Ag^+][Cl^-]=K^{\ominus}_{sp}(AgCl)$$

即 $$[Ag^+]=\frac{K^{\ominus}_{sp}(AgI)}{[I^-]}=\frac{K^{\ominus}_{sp}(AgCl)}{[Cl^-]}$$

$$\frac{[I^-]}{[Cl^-]}=\frac{K^{\ominus}_{sp}(AgI)}{K^{\ominus}_{sp}(AgCl)}=\frac{8.2\times10^{-17}}{1.8\times10^{-10}}=4.6\times10^{-7}$$

也即当 I^- 和 Cl^- 浓度的比值为 4.6×10^{-7} 时，溶液中加入 Ag^+，此两种离子会同时生成沉淀。

由于两种离子的起始浓度均为 $1.0\times10^{-2}\,mol\cdot L^{-1}$，所以当 AgCl 开始沉淀时，溶液中剩余的 I^- 浓度为：

$$[I^-]=4.6\times10^{-7}\times1.0\times10^{-2}=4.6\times10^{-9}$$

即 $c(I^-)=4.6\times10^{-9}\,mol\cdot L^{-1}$

计算结果表明，当 AgCl 开始沉淀时，I^- 早已沉淀完全。所以，控制 Ag^+ 的浓度，即可达到分离 I^- 和 Cl^- 的目的。

应当注意，分步沉淀的次序不仅与难溶电解质的类型和溶度积有关，而且还与溶液中对应离子的初始浓度有关，溶液中被沉淀离子浓度的改变，可以使分步沉淀的次序发生变化。例如当混合溶液中，$c(Cl^-)>2.2\times10^6c(I^-)$时（此种情况与海水中的情况相近），此时加入$AgNO_3$溶液，首先是 AgCl（而不是 AgI）达到溶度积而沉淀。总之，当溶液中同时有多种离子存在时，离子积 Q 首先超过其溶度积 $K_{sp}^{\ominus}$ 的难溶电解质将先生成沉淀。

5.6.4 沉淀的转化

一种沉淀转化为另一种沉淀的过程，称为沉淀的转化。例如，附在锅炉内壁的锅垢（主要成分为既难溶于水、又难溶于酸的 $CaSO_4$），可以用 Na_2CO_3 溶液，将 $CaSO_4$ 转化为可溶于酸的 $CaCO_3$ 沉淀，这样就容易除去锅垢。其反应原理如下：

$$CaSO_4(s) \rightleftharpoons Ca^{2+} + SO_4^{2-} \qquad K_{sp}^{\ominus}(CaSO_4)$$

$$CaCO_3(s) \rightleftharpoons Ca^{2+} + CO_3^{2-} \qquad K_{sp}^{\ominus}(CaCO_3)$$

两式相减得： $$CaSO_4(s) + CO_3^{2-} \rightleftharpoons CaCO_3(s) + SO_4^{2-}$$

由多重平衡规则，转化反应的平衡常数为：

$$K^{\ominus} = \frac{[SO_4^{2-}]}{[CO_3^{2-}]} = \frac{K_{sp}^{\ominus}(CaSO_4)}{K_{sp}^{\ominus}(CaCO_3)}$$

$$= \frac{9.1 \times 10^{-6}}{2.8 \times 10^{-9}} = 3.3 \times 10^{3}$$

转化反应的平衡常数 $K^{\ominus}$ 值较大，说明上述沉淀的转化反应较易进行。

一般来说，由一种难溶沉淀转化为另一种更难溶的沉淀是比较容易实现的，两种沉淀的溶度积相差越大，转化反应越容易进行，转化越完全。反之，则比较困难，甚至不可能转化。

思 考 题

1. 酸碱的电离理论是如何定义酸碱的？其酸碱反应的实质是什么？
2. 酸碱的质子理论是如何定义酸碱的？其酸碱反应的实质是什么？
3. 酸碱的电子理论是如何定义酸碱的？其酸碱反应的实质是什么？
4. 什么是电解质？为什么实验所测得的强电解质在溶液中的电离度都小于 100%？
5. 什么是水的离子积？溶液中 $c(H^+)$ 和 $c(OH^-)$ 的相对大小与溶液酸碱性有何关系？
6. 影响电离度和电离常数的因素有哪些？电离度和电离常数有何联系和区别？
7. 弱电解质的电离度随溶液的稀释而增大，溶液中离子的浓度是否也增大？
8. 什么是同离子效应和盐效应？如何应用平衡移动原理进行解释？
9. 多元弱酸在溶液中的电离有什么特点？
10. 配制一定 pH 的缓冲溶液，应如何选择弱电解质及其盐？
11. 有三种缓冲溶液，它们的组成如下：

① $0.50mol \cdot L^{-1}$ HAc＋$0.50mol \cdot L^{-1}$ NaAc

② $0.50mol \cdot L^{-1}$ HAc＋$0.01mol \cdot L^{-1}$ NaAc

③ $0.01mol \cdot L^{-1}$ HAc＋$0.50mol \cdot L^{-1}$ NaAc

这三种缓冲溶液的缓冲能力（缓冲容量）有何不同？加入稍多的酸或碱时，哪种溶液的 pH 将发生较大的改变？哪种溶液仍具有较好的缓冲作用？

12. 影响盐类水解的因素有哪些？
13. 盐类完全水解应具备什么条件？举例说明。
14. 难溶强电解质和易溶弱电解质在溶液中的状况有何不同？
15. 什么是溶度积？什么是溶解度？两者之间有何关系？
16. 什么是溶度积规则？如何应用它来判断沉淀的生成和溶解？
17. 使沉淀溶解的常用方法有哪些？举例说明。

18. 什么是分步沉淀？影响沉淀次序的因素有哪些？

习　题

1. 根据酸碱质子理论，判断下列物质哪些是酸？哪些是碱？哪些物质既是酸又是碱？哪些物质是共轭酸碱对（以共轭关系式表示）？

H_2S　H_2O　NH_3　HS^-　NH_4^+　HCO_3^-　CN^-　S^{2-}　$H_2PO_4^-$　$[Fe(H_2O)_6]^{3+}$

2. 试计算：

① pH＝1.00 与 pH＝4.00 的 HCl 溶液等体积混合后溶液的 pH；

② pH＝1.00 的 HCl 溶液与 pH＝13.00 的 NaOH 溶液等体积混合后溶液的 pH；

③ pH＝10.00 与 pH＝13.00 的 NaOH 溶液等体积混合后溶液的 pH。

3. 某浓度为 $0.10mol \cdot L^{-1}$的一元弱酸溶液，其 pH 为 2.88，求这一弱酸的电离常数及该浓度下的电离度。

4. 有两种一元酸溶液，它们的体积相同，但溶液中 $c(H^+)$ 不同，以 NaOH 分别中和此两溶液时，耗碱量不同，$c(H^+)$ 浓度较大的溶液耗碱量较小。试说明之。

5. 取 $0.10mol \cdot L^{-1}$ HF 溶液 50mL，加水稀释至 100mL，求稀释前后溶液的 $c(H^+)$、pH 和电离度。

6. 将 1L $0.20mol \cdot L^{-1}$ HAc 溶液稀释到多大体积时才能使 HAc 的电离度比原溶液增大 1 倍？

7. 试计算 $0.01mol \cdot L^{-1}$ H_2SO_3 溶液的 $c(H^+)$ 和 pH。

8. $0.1mol \cdot L^{-1}$ H_2S 溶液和 $0.20mol \cdot L^{-1}$ HCl 溶液等体积混合，问混合后溶液的 S^{2-} 浓度为多少？

9. 已知和空气接触过的蒸馏水含 CO_2 $1.35 \times 10^{-5} mol \cdot L^{-1}$，计算此蒸馏水的 pH。

10. $0.1mol \cdot L^{-1}$ HAc 溶液中 HAc 的电离度为多少？向 1L 此溶液中加入 0.1mol NaAc 固体后（忽略体积变化），HAc 的电离度又为多少？

11. 若要控制 $0.10mol \cdot L^{-1}$ $NH_3 \cdot H_2O$ 中的 OH^- 浓度为 $1.79 \times 10^{-5} mol \cdot L^{-1}$，问需向 1L 此溶液中加入 NH_4Cl 固体多少克？

12. 将 $2.0mol \cdot L^{-1}$ HAc 溶液 40mL 和 $1.0mol \cdot L^{-1}$ NaOH 溶液 50mL 混合，求混合溶液的 pH。在此溶液中分别加入①$2.0mol \cdot L^{-1}$ HCl 溶液 10mL；②$2.0mol \cdot L^{-1}$ NaOH 溶液 10mL；③10mL H_2O。计算 pH 有何变化？

13. 欲配制 500mL pH 为 9.00，含 NH_4^+ 为 $1.0mol \cdot L^{-1}$的缓冲溶液，需密度为 $0.904g \cdot mL^{-1}$，含 NH_3 26.0%的浓氨水多少毫升？需 NH_4Cl 固体多少克？

14. 在 100mL $0.10mol \cdot L^{-1}$ $NH_3 \cdot H_2O$ 溶液中，加入 1.07g NH_4Cl 固体（忽略体积变化），问该溶液的 pH 为多少？在此溶液中再加入 100mL 水，pH 有何变化？

15. 计算下列溶液的 pH。

① $0.20mol \cdot L^{-1}$ NH_4Cl 溶液；

② $0.02mol \cdot L^{-1}$ NaAc 溶液；

③ $0.10mol \cdot L^{-1}$ Na_2CO_3 溶液。

16. 写出下列难溶电解质的溶度积常数表达式。

AgBr　Ag_2S　$Fe(OH)_3$　$Ca_3(PO_4)_2$

17. 已知室温时下列各物质的溶解度，求各物质的溶度积。（不考虑水解）

① AgCl　$1.85 \times 10^{-4} g/100g$ H_2O；

② $CaSO_4$　$3 \times 10^{-3} mol \cdot L^{-1}$；

③ BaF_2　$6.3 \times 10^{-3} mol \cdot L^{-1}$。

18. 已知室温时下列各物质的溶度积，求各物质的溶解度。（不考虑水解）

① $K_{sp}^{\ominus}(AgBr) = 5.2 \times 10^{-13}$；

② $K_{sp}^{\ominus}(Ag_3PO_4) = 1.4 \times 10^{-16}$；

③ $K_{sp}^{\ominus}(PbI_2) = 7.1 \times 10^{-9}$。

19. 已知 CaF_2 的溶度积为 5.3×10^{-9}，求 CaF_2 在下列各情况时的溶解度（以 $mol\cdot L^{-1}$ 表示）。

① 在纯水中；

② 在 $1.0\times10^{-2}mol\cdot L^{-1}$ NaF 溶液中；

③ 在 $1.0\times10^{-2}mol\cdot L^{-1}$ $CaCl_2$ 溶液中。

20. 假设溶于水中的 $Mg(OH)_2$ 完全解离，试计算：

① $Mg(OH)_2$ 在水中的溶解度（$mol\cdot L^{-1}$）；

② $Mg(OH)_2$ 饱和溶液中的 $c(Mg^{2+})$ 和 $c(OH^-)$；

③ $Mg(OH)_2$ 在 $0.01mol\cdot L^{-1}$ NaOH 溶液中的 $c(Mg^{2+})$；

④ $Mg(OH)_2$ 在 $0.01mol\cdot L^{-1}$ $MgCl_2$ 溶液中的溶解度（$mol\cdot L^{-1}$）。

21. 等体积的 $0.100mol\cdot L^{-1}$ $NH_3\cdot H_2O$ 和 $0.020mol\cdot L^{-1}$ $MgCl_2$ 溶液混合后，有无 $Mg(OH)_2$ 沉淀生成？

22. 如果将 $0.100mol\cdot L^{-1}$ $BaCl_2$ 溶液 10.0mL 和 $0.025mol\cdot L^{-1}$ Na_2SO_4 溶液 40.0mL 混合，求平衡时溶液中 Ba^{2+} 的浓度。

23. $0.015mol\cdot L^{-1}$ $NH_3\cdot H_2O$ 溶液 50mL 与 $0.15mol\cdot L^{-1}$ $MnSO_4$ 溶液 100mL 混合时，有无 $Mn(OH)_2$ 沉淀生成？如要使混合时不产生 $Mn(OH)_2$ 沉淀，则至少需预先在 $MnSO_4$ 溶液中加入多少克 $(NH_4)_2SO_4$ 固体。

24. 硬水中的 Ca^{2+} 可以通过加入 SO_4^{2-} 使其沉淀为 $CaSO_4$ 而除去，问欲使 Ca^{2+} 沉淀完全，溶液中 SO_4^{2-} 的最低浓度应为多少？

25. $0.10mol\cdot L^{-1}$ 的 $MgCl_2$ 溶液中含有杂质 Fe^{3+}，欲使 Fe^{3+} 以 $Fe(OH)_3$ 沉淀除去，溶液的 pH 应控制在什么范围？

26. 根据溶度积规则，说明下列事实：

① $CaCO_3$ 沉淀能溶解于 HAc 溶液中；

② $Fe(OH)_3$ 沉淀能溶解于稀 H_2SO_4 溶液中；

③ $BaSO_4$ 沉淀难溶于稀 HCl 溶液中。

27. 欲使 0.01mol CuS 溶于 1.0L HCl 中，计算所需 HCl 的浓度。从计算结果说明 HCl 能否溶解 CuS？

28. 一溶液中含 $0.10mol\cdot L^{-1}$ SO_4^{2-}、$0.10mol\cdot L^{-1}$ I^-，向此溶液中逐滴加入 $Pb(NO_3)_2$ 溶液时（忽略体积变化），问哪种离子先被沉淀？两种离子有无分离的可能？

29. 在含有 $0.10mol\cdot L^{-1}$ HCl 和 $0.01mol\cdot L^{-1}$ $ZnCl_2$ 的溶液中，室温下通入 H_2S 至饱和，是否有 ZnS 沉淀产生？如有沉淀生成，则此时 Zn^{2+} 是否已被沉淀完全？

30. 计算下列沉淀转化反应的平衡常数。

① $AgCl(s)+Br^- \rightleftharpoons AgBr(s)+Cl^-$

② $ZnS(s)+Cu^{2+} \rightleftharpoons CuS(s)+Zn^{2+}$

③ $PbI_2(s)+S^{2-} \rightleftharpoons PbS(s)+2I^-$

31. 如果 $BaCO_3$ 沉淀中尚有 0.01mol $BaSO_4$，试计算在 1.0L 此沉淀的饱和溶液中，应加入多少摩尔的 Na_2CO_3 才能使 $BaSO_4$ 完全转化为 $BaCO_3$？

6 氧化还原反应 电化学基础

在化学反应过程中涉及电子从一种物质转移到另一种物质的反应称为氧化还原反应。它是一类非常重要的反应，广泛应用于科学研究以及化工、冶金等工业生产中，也是化学热能和电能的来源之一。以氧化还原反应为基础的电化学是化学学科的一个重要的分支学科。本章将对氧化还原反应的基本概念、电化学的基础知识作一初步讨论。

6.1 氧化还原反应

6.1.1 氧化态

化学上，为了便于讨论氧化还原反应，引入了氧化态的概念。1970 年，IUPAC 将氧化态定义为：元素的一个原子所带的形式电荷数。这种形式电荷是假定把分子中成键的电子指定给电负性较大的原子之后，该原子所带的电荷。氧化态可为整数，也可为分数或小数。确定元素氧化态的一般原则如下：

① 在单质中，元素的氧化态为零。

② 任何化合物分子中，各元素氧化态的代数和等于零。

③ 单原子离子的氧化态等于该离子所带的电荷数，多原子离子中各元素氧化态的代数和等于该离子所带的电荷数。

④ 共价化合物中，把属于两原子共用的电子指定给其中电负性较大的那个原子后，各原子上的电荷数即为它的氧化态。如在 H_2S 中，S 的氧化态为-2；H 的氧化态为$+1$。

⑤ 氢在化合物中的氧化态一般为$+1$，只有与电负性比它小的原子结合时，如 NaH、CaH_2 中，氧化态为-1。氧在化合物中的氧化态一般为-2，仅在过氧化物中为-1；超氧化物中为$-1/2$；氟化氧 OF_2 中为$+2$。氟在化合物中的氧化态都为-1。碱金属、碱土金属在化合物中的氧化态分别为$+1$、$+2$。

【例 6-1】 求 Fe_3O_4 中 Fe 的氧化态。

解 设在 Fe_3O_4 中 Fe 的氧化态为 x，因为 O 的氧化态为-2，则有：

$$3x+4\times(-2)=0 \qquad x=+\frac{8}{3}$$

所以 Fe 的氧化态为$+\frac{8}{3}$。

严格来说，氧化态和化合价是有区别的。从分子结构来看，化合价是离子型化合物的电价数或共价型化合物的共价数，所以不可能有分数。化合价虽比氧化态更能反映分子内部的基本属性，但在分子式的书写和反应式的配平中，氧化态的概念更有实用价值。

6.1.2 氧化和还原

在氧化还原反应中，元素的原子（或离子）失去电子而氧化态升高的过程称为氧化；反之获得电子而氧化态降低的过程称为还原。在反应中能使别的元素氧化而本身被还原的物质叫做氧化剂；能使别的元素还原而本身被氧化的物质叫做还原剂。在氧化还原反应中，氧化和还原的过程必定同时发生，氧化剂和还原剂总是同时存在，且相互依存。例如：

$$CuSO_4 + Zn \longrightarrow ZnSO_4 + Cu$$

反应中，Zn 失去了 2 个电子，氧化态由 0 升至+2，Zn 发生了氧化反应（Zn 被氧化），故 Zn 为还原剂；硫酸铜中 Cu 得到了 2 个电子，氧化态由+2 降低为 0，Cu^{2+} 发生了还原反应（Cu^{2+} 被还原），所以 $CuSO_4$ 为氧化剂。

物质的氧化还原性又是相对的。有时，同一种物质和强的氧化剂作用时，它表现出还原性；而和强的还原剂作用时，它又会表现出氧化性。例如 SO_2 与具有更强氧化性的 O_2 反应时，作还原剂；与具有更强还原性的 H_2S 反应时，作氧化剂。

$$2SO_2 + O_2 \longrightarrow 2SO_3$$

$$SO_2 + 2H_2S \longrightarrow 3S\downarrow + 2H_2O$$

判断一个物质是氧化剂还是还原剂一般可以依据以下原则：

① 当元素的氧化态是最高值时，因为它本身的氧化态不能再升高，故该元素只能作氧化剂。反之，当元素的氧化态为其最低值时，它的氧化态不能再降低，故该元素只能作还原剂。需要指出的是，元素氧化态的高低只是该物质能否作为氧化剂或还原剂的必要条件，但不是决定因素。如 H_3PO_4 中 P 虽达到最高氧化态+5，但它不是氧化剂；F^- 中的 F 虽是最低氧化态，但它并不是还原剂。

② 处于中间氧化态的元素，它既可作氧化剂，也可作还原剂，视具体反应对象的氧化还原性而定。

③ 反应条件、介质的酸碱性也会影响物质的氧化还原性。如单质 C 在高温时是强还原剂，但在常温下还原性不明显。

6.1.3 氧化还原反应方程式的配平

常用的配平氧化还原反应方程式的方法有氧化态法和离子-电子法。

6.1.3.1 氧化态法

氧化态法配平氧化还原反应方程式的原则是：氧化剂中元素氧化态降低的总数等于还原剂中元素氧化态升高的总数。现以高锰酸钾和亚硫酸钾在稀硫酸溶液中的反应为例，说明氧化态法的具体配平步骤。

① 写出反应物和生成物：

$$KMnO_4 + K_2SO_3 + H_2SO_4(\text{稀}) \longrightarrow MnSO_4 + K_2SO_4$$

② 标出氧化态有变化的元素，计算出反应前后氧化态变化的数值，并使氧化态升、降值相等：

Mn 氧化态降低 5×2

$$K\overset{+7}{Mn}O_4 + K_2\overset{+4}{S}O_3 + H_2SO_4(\text{稀}) \longrightarrow \overset{+2}{Mn}SO_4 + K_2\overset{+6}{S}O_4$$

S 氧化态升高 2×5

③ 根据氧化剂中元素氧化态降低的数值必须与还原剂中元素氧化态升高的数值相等的原则，在氧化剂和还原剂前面乘上适当的系数：

$$2KMnO_4 + 5K_2SO_3 + H_2SO_4(\text{稀}) \longrightarrow 2MnSO_4 + 5K_2SO_4$$

④ 配平反应前后氧化态没有变化的原子数。一般先配平除氢和氧以外的其他原子数，然后再检查两边的氢原子数，必要时加水分子进行平衡。

上式中左边有 12 个 K 原子，而右边只有 10 个 K 原子，所以右边应加上 1 个 K_2SO_4 分子；为使方程式两边 SO_4^{2-} 的数目相等，左边需要 3 分子 H_2SO_4；这样方程式左边有 6 个 H 原子，所以右边应加上 3 个 H_2O 分子。即：

$$2KMnO_4 + 5K_2SO_3 + 3H_2SO_4(稀) \xlongequal{} 2MnSO_4 + 6K_2SO_4 + 3H_2O$$

⑤ 最后核对氧原子数。上式中两边的氧原子数相等，说明方程式已配平。

对于反应前后氧原子数不等的情况，配平时，往往需要添加 H^+、OH^- 或 H_2O。但在添加时必须考虑介质的性质，在酸性条件下的反应，不能加入 OH^- 或生成 OH^-；在碱性条件下的反应，则不能加入 H^+ 或生成 H^+。

【例 6-2】 配平硫化亚铁在空气中焙烧，生成三氧化二铁和二氧化硫的反应方程式。

解 ① 写出反应物和生成物：

$$FeS + O_2 \longrightarrow Fe_2O_3 + SO_2$$

② 使反应前后氧化态的升、降值相等：

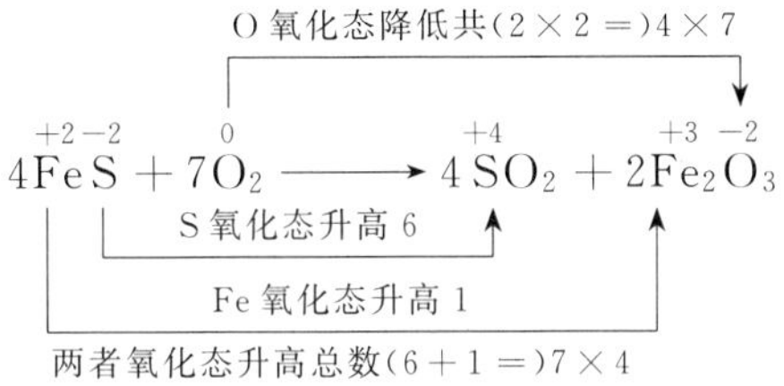

③ 检查反应式两边原子数是否相等，最后得：

$$4FeS + 7O_2 \xlongequal{} 4SO_2 + 2Fe_2O_3$$

6.1.3.2 离子-电子法

离子-电子法配平氧化还原方程式的原则是：氧化剂获得电子的总数等于还原剂失去电子的总数。同样以高锰酸钾和亚硫酸钾在稀硫酸溶液中的反应为例，说明离子-电子法的具体配平步骤。

① 将氧化还原反应式改写成离子方程式：

$$MnO_4^- + SO_3^{2-} \longrightarrow Mn^{2+} + SO_4^{2-}$$

② 将未配平的离子方程式写为两个"半反应式"：

氧化剂的还原反应　　$MnO_4^- \longrightarrow Mn^{2+}$

还原剂的氧化反应　　$SO_3^{2-} \longrightarrow SO_4^{2-}$

③ 分别配平两个半反应式，使半反应式两边的原子数和电荷数相等：

还原反应　　$MnO_4^- + 8H^+ + 5e \xlongequal{} Mn^{2+} + 4H_2O$

该半反应式中生成物 Mn^{2+} 比反应物 MnO_4^- 少 4 个 O 原子，因该反应在酸性介质中进行，所以生成物一边应加 4 个 H_2O 分子，则反应物一边应加 8 个 H^+。反应物一边 MnO_4^- 和 8 个 H^+ 的总电荷数为＋7，生成物一边 Mn^{2+} 的总电荷数为＋2，所以反应物一边应加 5 个电子，使半反应式两边的原子数和电荷数均相等。

氧化反应　　$SO_3^{2-} + H_2O \xlongequal{} SO_4^{2-} + 2H^+ + 2e$

该半反应式中反应物 SO_3^{2-} 比生成物 SO_4^{2-} 少 1 个 O 原子，所以反应物一边应加 1 个 H_2O 分子，同时生成 2 个 H^+。反应物一边 SO_3^{2-} 的总电荷数为－2，生成物一边 SO_4^{2-} 和 2 个 H^+ 的总电荷数为 0，所以生成物一边应加 2 个电子，使半反应式配平。

④ 根据氧化剂获得电子的总数必须与还原剂失去电子的总数相等的原则，将两个半反应式乘上适当的系数，然后将两式相加，得配平的离子方程式：

$$
\begin{array}{rl|r}
 & MnO_4^- + 8H^+ + 5e = Mn^{2+} + 4H_2O & \times 2 \\
+) & SO_3^{2-} + H_2O = SO_4^{2-} + 2H^+ + 2e & \times 5 \\
\hline
 & 2MnO_4^- + 5SO_3^{2-} + 6H^+ = 2Mn^{2+} + 5SO_4^{2-} + 3H_2O &
\end{array}
$$

⑤ 加上未参与氧化还原反应的离子，可改写为分子反应式：

$$2KMnO_4 + 5K_2SO_3 + 3H_2SO_4 = 2MnSO_4 + 6K_2SO_4 + 3H_2O$$

氧化态法和离子-电子法各有特点。氧化态法配平简单的氧化还原反应比较迅速，它的适用范围比较广泛，不限于水溶液中的反应，对于高温反应以及熔融态物质间的反应更为适用。离子-电子法配平时不需要知道元素的氧化态，特别对有介质参与的复杂反应的配平比较方便，但这种方法只适用于配平水溶液中的反应。

6.2 原 电 池

6.2.1 原电池的概念

把锌放在硫酸铜溶液中，锌溶解而铜析出，这时发生了氧化还原反应：

$$Zn(s) + CuSO_4(aq) \longrightarrow Cu(s) + ZnSO_4(aq)$$

反应的实质是 Zn 原子失去了电子，被氧化成为 Zn^{2+}；Cu^{2+} 得到了电子，被还原成为 Cu 原子。由于锌和硫酸铜溶液直接接触，电子就从 Zn 原子直接转移给了 Cu^{2+}。这时电子的转移是无序的，反应中的化学能转变为热能而放出，使溶液的温度升高，而不会有电流产生。

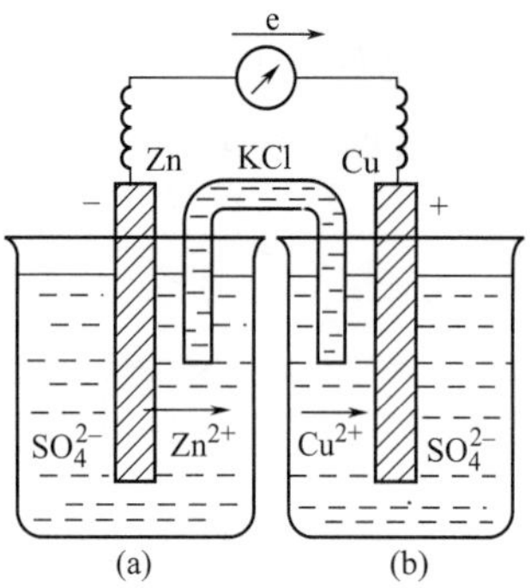

图 6-1 铜锌原电池

如果将上述反应，按图 6-1 的装置，在一个烧杯中放入硫酸锌溶液和锌片，在另一个烧杯中放入硫酸铜溶液和铜片，用盐桥（充满饱和 KCl 和琼脂胶冻的 U 形管）将两个烧杯中的溶液联通起来，用导线连接锌片和铜片，这时串联在外电路中的检流计指针就会发生偏转，说明有电流通过。从检流计指针偏转的方向可以知道电子是由锌片流向铜片的。这种借助于氧化还原反应将化学能转变为电能的装置称为原电池。

在原电池中，电子流出的一极称为负极，负极上失去电子，发生氧化反应；电子流入的一极称为正极，正极上得到电子，发生还原反应。两极上发生的反应称为电极反应。又因每一电极是原电池的一半，故电极反应又称为半电池反应（或半反应）。

如在铜锌原电池中，电极反应（半电池反应）为：

锌片，负极（氧化反应）　$Zn(s) \rightleftharpoons Zn^{2+}(aq) + 2e$

铜片，正极（还原反应）　$Cu^{2+}(aq) + 2e \rightleftharpoons Cu(s)$

两电极反应相加，就得到电池反应：

$$Zn(s) + CuSO_4(aq) \rightleftharpoons Cu(s) + ZnSO_4(aq)$$

随着反应的进行，Zn 失去电子变成 Zn^{2+} 进入 $ZnSO_4$ 溶液，将使 $ZnSO_4$ 溶液因 Zn^{2+} 增加而带正电荷，$CuSO_4$ 溶液中的 Cu^{2+} 从铜片上取得电子，成为金属铜沉积在铜片上，将使 $CuSO_4$ 溶液因 SO_4^{2-} 过剩而带负电荷。这两种情况都会阻碍电子从锌片到铜片的移动，以致反应终止。盐桥的作用就是使整个装置形成一个回路，随着反应的进行，盐桥中的正离子（K^+）向 $CuSO_4$ 溶液移动，负离子（Cl^-）向 $ZnSO_4$ 溶液移动，以保持溶液的电中性，从而使电流持续产生。

6.2.2 原电池的表示方法

任何一个自发的氧化还原反应，原则上都可以用来组成一个原电池。原电池是由两个半电池组成的，每一个半电池相当于一个电极。上述铜锌原电池中，Zn 片和 $ZnSO_4$ 溶液组成锌半电池，Cu 片和 $CuSO_4$ 溶液组成铜半电池。每一个半电池都由同一元素不同氧化态的两种物质组成。其中，氧化态高的物质称为氧化型物质，如锌半电池中的 Zn^{2+} 和铜半电池中的 Cu^{2+}；氧化态低的物质称为还原型物质，如锌半电池中的 Zn 和铜半电池中的 Cu。氧化型物质和相对应的还原型物质组成氧化还原电对，通常用“氧化型/还原型”表示。如铜半电池和锌半电池的氧化还原电对分别表示为 Cu^{2+}/Cu 和 Zn^{2+}/Zn。一个氧化还原电对中的氧化型物质和还原型物质之间的转化反应也称为电对反应。

$$\text{氧化型} + n\text{e} \rightleftharpoons \text{还原型}$$

式中，n 为电子的计量系数。

在电化学中，原电池的装置可以用符号来表示。如铜锌原电池的电池符号为：

$$(-)\text{Zn} \mid \text{ZnSO}_4(c_1) \parallel \text{CuSO}_4(c_2) \mid \text{Cu}(+)$$

书写原电池的电池符号时，一般遵循以下惯例：

① 负极（－）写在左边，正极（＋）写在右边，盐桥用双垂线“‖”表示。

② 半电池中两相之间的界面用单垂线“|”表示，同相不同物种用逗号“,”分开，溶液标明浓度，气体标明分压。

③ 金属导电体（如 Zn、Cu 等）写在电池符号的两侧，若用惰性电极[1]须标明其材料（如 Pt、C），纯液体、固体和气体写在惰性电极内侧，用“|”分开。

例如以氧化还原电对 H^+/H_2 和 Fe^{3+}/Fe^{2+} 组成原电池。其电池反应为：

$$H_2 + 2Fe^{3+} \rightleftharpoons 2H^+ + 2Fe^{2+}$$

原电池的符号为：$(-)\text{Pt},H_2(p_1) \mid H^+(c_1) \parallel Fe^{3+}(c_2),Fe^{2+}(c_3) \mid \text{Pt}(+)$

6.2.3 原电池的电动势

在铜锌原电池中，两极一旦用导线连通，电流便从正极（铜极）流向负极（锌极），这说明两极之间存在电势差，而且正极的电势一定比负极的高。这个电势差就是电动势，用符号“E”表示。它是在外电路没有电流通过的状态下，右边电极的电势减去左边电极的电势。即

$$E = E_{\text{右}} - E_{\text{左}} \quad \text{或} \quad E = E_{\text{正}} - E_{\text{负}}$$

式中，$E_{\text{右}}$、$E_{\text{左}}$ 或 $E_{\text{正}}$、$E_{\text{负}}$ 都是相对于同一基准电极的电势。

原电池的电动势可以通过精密电位计测得。电动势的大小主要取决于组成原电池的两个电极的本性。此外，电动势还与浓度、温度等外界条件有关。通常在标准状态所测得的电动势称为标准电动势。在 25℃下的标准电动势以 $E^{\ominus}$ 表示。

6.3 电极电势

6.3.1 金属电极电势的产生

物理学指出：任何两种不同的物体相互接触时，在相界面上都会产生电势差。当把金属

---

[1] 指只起导电作用，不参与氧化或还原反应的一类固态电极材料。常用的惰性电极有金属铂或石墨。

浸入含有其盐的溶液中时，金属及其盐溶液就构成了金属电极。此时，在金属和溶液的接触面上有两种反应过程：一方面，由于受极性溶剂 H_2O 分子的吸引以及金属原子本身的热运动，金属表面的一些原子有把电子留在金属上而自身以溶剂化离子的形式进入溶液的倾向，即：

$$M \longrightarrow M^{n+}(aq)+ne$$

显然，温度越高，金属越活泼，溶液越稀，这种倾向越大。

另一方面，溶液中的金属离子受到金属表面自由电子的吸引，有结合电子变成中性原子而沉积在金属上的倾向，即：

$$M^{n+}(aq)+ne \longrightarrow M$$

一般金属越不活泼，溶液中金属离子的浓度越大，这种倾向越大。

当这两种倾向（溶解与沉积）的速率相等时，就建立了动态平衡：

$$M \rightleftharpoons M^{n+}(aq)+ne$$

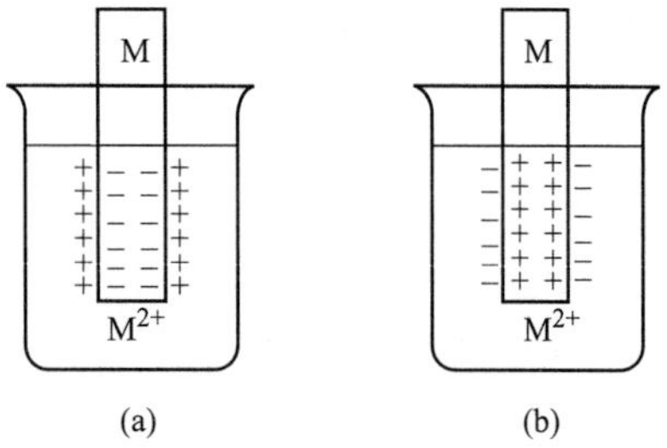

图 6-2　金属的双电层结构

若金属失去电子进入溶液的倾向大于金属离子得到电子沉积到金属上的倾向，则达到平衡时就形成了金属带负电荷、靠近金属附近的溶液带正电荷的双电层结构，如图 6-2(a) 所示，这样，金属与溶液间就产生了电势差。相反，若金属离子获得电子的能力大于金属失去电子的能力，则会形成金属带正电荷而其附近溶液带负电荷的双电层结构，如图 6-2(b) 所示，金属与溶液间也产生电势差。这种由金属与其盐溶液之间形成的电势差，称为金属电极的电极电势，用符号“E（氧化型/还原型）”表示。金属的活泼性及其盐溶液的浓度、温度不同，金属电极的电极电势不同。

6.3.2　电极电势的确定

迄今为止，电极电势的绝对值尚无法直接测量，而只能用比较的方法确定其相对值。1953 年，IUPAC 建议采用标准氢电极作为比较的标准。

标准氢电极如图 6-3 所示。它是将镀有一层海绵状铂黑的铂片，浸入氢离子浓度为 1.0mol·L^{-1} 的 H_2SO_4 溶液中，在温度为 25℃ 时，不断通入压力为 100kPa 的纯氢气流。氢气被铂黑吸附，被氢气饱和了的铂片就像由氢气构成的电极一样（这种类型的电极称为气体-离子电极）。溶液中的氢离子与被铂黑吸附而达到饱和的氢气，建立起如下动态平衡：

$$2H^{+}(aq)+2e \rightleftharpoons H_2(g)$$

电极符号：　　　　$Pt \mid H_2(g) \mid H^{+}(aq)$

此时该电极产生的电势差称为氢电极的标准电极电势，其值规定为零。即：

$$E^{\ominus}(H^{+}/H_2)=0.000V$$

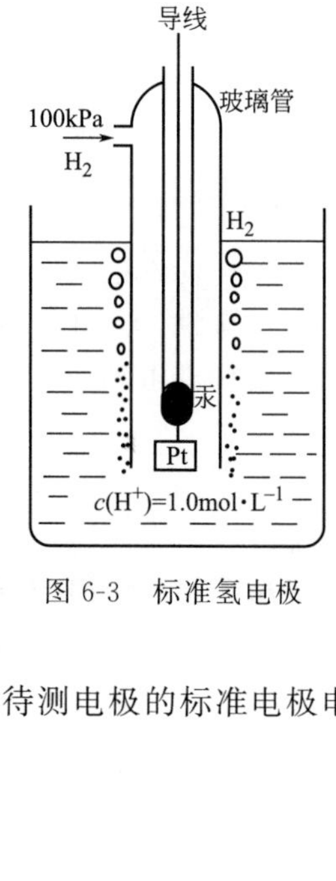

图 6-3　标准氢电极

将标准状态下的待测电极与标准氢电极组成原电池，并以标准氢电极为负极，待测电极为正极，测定该原电池的标准电动势。由于标准氢电极的电极电势为零，所以测得的原电池的标准电动势即为待测电极的标准电极电势。以符号 $E^{\ominus}$（氧化型/还原型）表示。通常的测定温度为 25℃。

例如，欲测定铜电极的标准电极电势，则应组成如下原电池：

$$(-)Pt, H_2(100kPa) \mid H^+(1.0mol \cdot L^{-1}) \parallel Cu^{2+}(1.0mol \cdot L^{-1}) \mid Cu(+)$$

测得此电池的标准电动势为 $E^{\ominus}=0.342V$。即：

$$E^{\ominus}=E^{\ominus}_{(+)}-E^{\ominus}_{(-)}=E^{\ominus}(Cu^{2+}/Cu)-E^{\ominus}(H^+/H_2)=0.342V$$

因为 $$E^{\ominus}(H^+/H_2)=0.000V$$

所以 $$E^{\ominus}(Cu^{2+}/Cu)=0.342V$$

如欲测定锌电极的标准电极电势，应组成如下原电池：

$$(-)Pt, H_2(100kPa) \mid H^+(1.0mol \cdot L^{-1}) \parallel Zn^{2+}(1.0mol \cdot L^{-1}) \mid Zn(+)$$

但实际测定时，外电路要反接才能测得该电池的标准电动势为 $E^{\ominus}=0.762V$，即：

$$E^{\ominus}=E^{\ominus}_{(+)}-E^{\ominus}_{(-)}=E^{\ominus}(H^+/H_2)-E^{\ominus}(Zn^{2+}/Zn)=0.762V$$

$$E^{\ominus}(Zn^{2+}/Zn)=-0.762V$$

“－”号表示与标准氢电极组成原电池时，该电极实际为负极。

实际工作中，使用标准氢电极很不方便，所以通常用甘汞电极（如图 6-4 所示）来代替标准氢电极，这种电极称为参比电极。以饱和甘汞电极为例，它是由 Hg 和糊状 Hg_2Cl_2 及 KCl 饱和溶液组成的（这种类型的电极称为金属-金属难溶盐电极）。

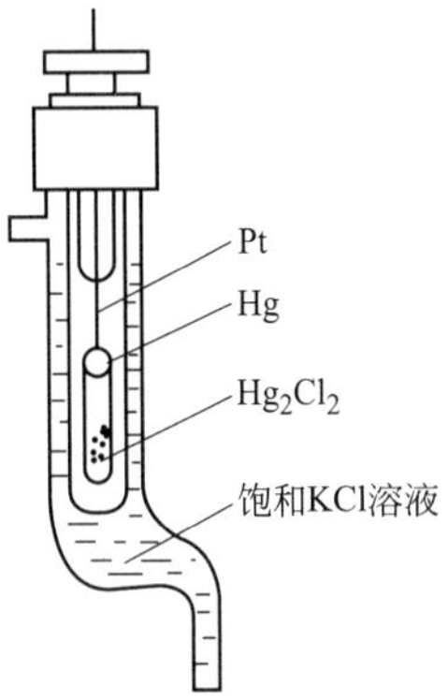

图 6-4 甘汞电极

电极反应：$Hg_2Cl_2(s)+2e \rightleftharpoons 2Hg(l)+2Cl^-(aq)$

电极符号：Pt, Hg(l) | Hg_2Cl_2(s) | KCl(饱和溶液)

在常温下，饱和甘汞电极具有稳定的电极电势（0.2415V），且容易制备，使用方便。

附录Ⅴ中列出了一些氧化还原电对的标准电极电势。在使用标准电极电势表时，应注意以下几点：

① 表中的电极反应统一书写为还原反应：

$$\text{氧化型}+ne \rightleftharpoons \text{还原型}$$

它表示电对中氧化型物质获得电子被还原趋势的大小，因此称为还原电势。

② 标准电极电势值与电极反应中各物质的计量系数无关。例如：

$$Cu^{2+}+2e \rightleftharpoons Cu \qquad E^{\ominus}(Cu^{2+}/Cu)=+0.342V$$

$$2Cu^{2+}+4e \rightleftharpoons 2Cu \qquad E^{\ominus}(Cu^{2+}/Cu)=+0.342V$$

③ 表中的数值适用于常温下水溶液中的电极反应，不适用于非水溶液。

④ 该表常分为酸表和碱表。酸表是指在 $c(H^+)=1.0mol \cdot L^{-1}$ 的酸性介质中的标准电极电势；碱表是指在 $c(OH^-)=1.0mol \cdot L^{-1}$ 的碱性介质中的标准电极电势。如是未标明酸碱介质的表，则看其列出的电极反应式，式中有 H^+ 出现的为酸性介质，有 OH^- 出现的为碱性介质。

⑤ 电极电势是电极反应处于平衡状态时表现出来的特征值，它与达到平衡的快慢无关。

6.3.3 能斯特方程

前面讨论的是标准状态下的电极电势，但实际情况往往是非标准状态。此时电极的电极电势就与下列因素有关：①电极的本性；②溶液中离子的浓度、气体的分压；③温度。

能斯特（W. Nernst）从理论上推导出电极电势与温度、浓度的关系式——能斯特方程。

若电极反应为：

$$a\ \text{氧化型}+ne \rightleftharpoons b\ \text{还原型}$$

则
$$E(\text{氧化型/还原型})=E^{\ominus}(\text{氧化型/还原型})+\frac{RT}{nF}\ln\frac{[\text{氧化型}]^a}{[\text{还原型}]^b} \quad (6\text{-}1)$$

式中，E(氧化型/还原型) 表示电极的电极电势；$E^{\ominus}$(氧化型/还原型) 表示电极的标准电极电势；R 为摩尔气体常数；T 为热力学温度；n 为电极反应中电子的计量系数；F 为法拉第常数；$[\text{氧化型}]^a$、$[\text{还原型}]^b$ 分别表示电极反应中在氧化型、还原型一侧各物质的相对浓度幂的乘积。

当电极电势单位用 V，浓度单位用 $mol\cdot L^{-1}$，压力单位用 Pa 表示时，$R=8.314J\cdot K^{-1}\cdot mol^{-1}$，$F=96485C\cdot mol^{-1}$。当 T 为 298.15K，自然对数转换为常用对数时，式(6-1) 可改写为

$$E(\text{氧化型/还原型})=E^{\ominus}(\text{氧化型/还原型})+\frac{0.0592}{n}\lg\frac{[\text{氧化型}]^a}{[\text{还原型}]^b} \quad (6\text{-}2)$$

应用能斯特方程时，应注意以下几点：

① 电极反应中出现的固体或纯液体，其浓度为常数，不列入方程式中；若为气体组分时，用相对分压代替相对浓度。

② 电极反应中，如有 H^+、OH^- 等其他离子参与反应，则这些物质也应表示在方程式中。例如：

$$MnO_4^- + 8H^+ + 5e \rightleftharpoons Mn^{2+} + 4H_2O$$

$$E(MnO_4^-/Mn^{2+})=E^{\ominus}(MnO_4^-/Mn^{2+})+\frac{0.0592}{5}\lg\frac{[MnO_4^-][H^+]^8}{[Mn^{2+}]}$$

由于 H^+ 浓度的方次很高，所以对 E 值的影响较大。这也是介质酸碱性对氧化还原反应有很大影响的原因所在。

电极电势的能斯特方程，它反映了在一定温度（25℃）下，电极的非标准电极电势与标准电极电势的关系，即在非标准状态时电极电势偏离标准电极电势的情况。利用能斯特方程可以从电对的标准电极电势值出发，求算任意状态下的电极电势值，也可以根据某一状态下的电极电势值来计算标准电极电势值。

从电极电势的能斯特方程可知，一切能够影响氧化型或还原型物质浓度的因素都将影响电极电势的数值。下面分别讨论溶液中各种情况的变化对电极电势的影响。

6.3.3.1 浓度及分压对电极电势的影响

【例 6-3】 计算 25℃、Zn^{2+} 浓度为 $0.001mol\cdot L^{-1}$ 时，Zn^{2+}/Zn 的电极电势。

解 电极反应： $Zn^{2+}+2e \rightleftharpoons Zn$

查表得 $E^{\ominus}(Zn^{2+}/Zn)=-0.762V$。由能斯特方程得：

$$E(Zn^{2+}/Zn)=E^{\ominus}(Zn^{2+}/Zn)+\frac{0.0592}{2}\lg[Zn^{2+}]$$

$$=-0.762+\frac{0.0592}{2}\lg 0.001=-0.851V$$

【例 6-4】 计算 25℃，$c(Cl^-)=0.100mol\cdot L^{-1}$，$p(Cl_2)=200kPa$ 时，电对 Cl_2/Cl^- 电极电势。

解 电极反应：$Cl_2+2e \rightleftharpoons 2Cl^-$

由能斯特方程得：$E(Cl_2/Cl^-)=E^{\ominus}(Cl_2/Cl^-)+\dfrac{0.0592}{2}\lg\dfrac{[p(Cl_2)]}{[Cl^-]^2}$

$$=1.36+\frac{0.0592}{2}\lg\frac{200/100}{0.100^2}=1.43V$$

6.3.3.2 酸度对电极电势的影响

由电极电势的能斯特方程可知，如果电极反应中出现 H^+ 或 OH^-，酸度的改变将会影响电极电势的大小。

【例 6-5】 已知 $E^{\ominus}(ClO_3^-/Cl^-)=1.45V$，求：$c(ClO_3^-)=c(Cl^-)=1.0mol \cdot L^{-1}$，$c(H^+)=10mol \cdot L^{-1}$时的 $E(ClO_3^-/Cl^-)$ 值。

解 电极反应： $ClO_3^- + 6H^+ + 6e \rightleftharpoons Cl^- + 3H_2O$

根据能斯特方程得：$E(ClO_3^-/Cl^-)=E^{\ominus}(ClO_3^-/Cl^-)+\frac{0.0592}{6}\lg\frac{[ClO_3^-][H^+]^6}{[Cl^-]}$

$$=1.45+\frac{0.0592}{6}\lg\frac{1.0\times(10)^6}{1.0}=1.51V$$

即当 $c(H^+)=10mol \cdot L^{-1}$时，$E(ClO_3^-/Cl^-)$ 的值比标准态时 $E^{\ominus}(ClO_3^-/Cl^-)$的值增大了 0.06V。由此可见，介质的酸度增大，含氧酸的氧化性增强。

6.3.3.3 沉淀的生成对电极电势的影响

由电极电势的能斯特方程可知，在电极反应中如果氧化型物质生成沉淀，则氧化型物质的浓度减小，电极电势减小；若还原型物质生成沉淀，则还原型物质的浓度减小，电极电势增大。

【例 6-6】 在 Ag^+/Ag 电对的溶液中，加入 NaCl 溶液，使 Cl^- 浓度为 $1.0mol \cdot L^{-1}$，求 $E(Ag^+/Ag)$ 的值。已知 $E^{\ominus}(Ag^+/Ag)=0.7996V$。

解 在 Ag^+/Ag 溶液中，电极反应为：$Ag^+ + e \rightleftharpoons Ag$

加入 NaCl 溶液后，则有沉淀反应：$Ag^+ + Cl^- \rightleftharpoons AgCl\downarrow$

当 $c(Cl^-)=1.0mol \cdot L^{-1}$时：

$$[Ag^+]=\frac{K_{sp}^{\ominus}(AgCl)}{[Cl^-]}=\frac{1.8\times10^{-10}}{1.0}=1.8\times10^{-10}$$

根据电极反应，由能斯特方程得：

$$E(Ag^+/Ag)=E^{\ominus}(Ag^+/Ag)+0.0592\lg[Ag^+]$$
$$=0.7996+0.0592\lg(1.8\times10^{-10})=0.223V$$

可见，由于 AgCl 沉淀的生成，使 Ag^+ 浓度减少，Ag^+/Ag 电对的电极电势随之下降。此时 Ag^+/Ag 电对的电极电势实际上就是 AgCl/Ag 电对的标准电极电势：

$$AgCl(s)+e \rightleftharpoons Ag(s)+Cl^-(aq) \qquad E^{\ominus}(AgCl/Ag)=0.223V$$

同理，可以计算出 $E^{\ominus}(AgBr/Ag)$ 和 $E^{\ominus}(AgI/Ag)$ 的值，见表 6-1。从表 6-1 可知，随着卤化银的溶度积 $K_{sp}^{\ominus}$降低，Ag^+浓度随之降低，$E^{\ominus}(AgX/Ag)$ 的值也依次降低。

表 6-1 卤化银电对的标准电极电势

电极反应	$K_{sp}^{\ominus}$	$c(Ag^+)/mol \cdot L^{-1}$	$E^{\ominus}/V$	
$Ag^+ + e \rightleftharpoons Ag$			+0.7996	降低↓
$AgCl(s)+e \rightleftharpoons Ag(s)+Cl^-(aq)$	约 10^{-10}	约 10^{-10}	+0.223	
$AgBr(s)+e \rightleftharpoons Ag(s)+Br^-(aq)$	约 10^{-13}	约 10^{-13}	+0.071	
$AgI(s)+e \rightleftharpoons Ag(s)+I^-(aq)$	约 10^{-17}	约 10^{-17}	−0.152	

6.3.3.4 弱电解质的生成对电极电势的影响

在电极反应中，弱电解质的生成会改变氧化型物质或还原型物质的浓度，从而会影响电极电势值的大小。

【例 6-7】 电极反应：$2H^+ + 2e \rightleftharpoons H_2$，$E^{\ominus}(H^+/H_2)=0.000V$。在该反应系统中加

入 HAc-NaAc 混合溶液，当 $p(H_2)=100kPa$，$c(HAc)=c(Ac^-)=1.0mol \cdot L^{-1}$ 时，求 $E(H^+/H_2)$的值。

解 加入的 HAc-NaAc 混合溶液是一个缓冲溶液，因此溶液中存在以下反应：

$$H^+ + Ac^- \rightleftharpoons HAc$$

所以

$$[H^+]=K_a^{\ominus}(HAc)\frac{[HAc]}{[Ac^-]}$$

$$[H^+]=1.76\times10^{-5}\times\frac{1.0}{1.0}=1.76\times10^{-5}$$

对于电极反应：

$$2H^+ + 2e \rightleftharpoons H_2$$

根据能斯特方程：$E(H^+/H_2)=E^{\ominus}(H^+/H_2)+\frac{0.0592}{2}\lg\frac{[H^+]^2}{[p(H_2)]}$

$$=0.000+\frac{0.0592}{2}\frac{\lg(1.76\times10^{-5})^2}{100/100}=-0.281V$$

计算结果表明，由于弱电解质 HAc 的生成，使 H^+ 浓度减少，故 H^+/H_2 电对的电极电势随之降低。

上述计算所得的 $E(H^+/H_2)$ 实际上也就是 HAc/H_2 电对的标准电极电势：

$$2HAc+2e \rightleftharpoons H_2+2Ac^- \qquad E^{\ominus}(HAc/H_2)=-0.281V$$

6.4 电极电势的应用

6.4.1 判断氧化剂和还原剂的相对强弱

电极电势的大小，反映了氧化还原电对中氧化型物质和还原型物质的氧化、还原能力的相对强弱。电极电势的代数值越大，该电对的氧化型物质越易得到电子，是越强的氧化剂。如 $E^{\ominus}(F_2/F^-)=2.866V$，$E^{\ominus}(H_2O_2/H_2O)=1.776V$，$E^{\ominus}(MnO_4^-/Mn^{2+})=1.51V$，说明氧化型物质 F_2、H_2O_2、MnO_4^- 都是强氧化剂，且在标准状态下，氧化能力 $F_2>H_2O_2>MnO_4^-$。电极电势的代数值越小，该电对的还原型物质越易失去电子，是越强的还原剂。如 $E^{\ominus}(Li^+/Li)=-3.040V$，$E^{\ominus}(K^+/K)=-2.931V$，$E^{\ominus}(Na^+/Na)=-2.71V$，说明还原型物质 Li、K、Na 都是强还原剂，且在标准状态下，还原能力 Li>K>Na。

由于标准电极电势表（见附录Ⅴ）一般是按 $E^{\ominus}$ 值从小到大的顺序排列的，因此，对于氧化剂来说，其强度在表中的递变规律是从上而下依次增强；而对于还原剂来说，其强度在表中的递变规律是从下而上依次增强。

查阅标准电极电势表时，应注意：如反应物作为氧化剂，应从氧化型物质一栏查出，然后看其对应的还原型物质是否与还原产物相符；如反应物作为还原剂，则应从还原型物质一栏查出，然后看其对应的氧化型物质是否与氧化产物相符。只有完全相符时，查出的 $E^{\ominus}$ 值才是正确的。

应该指出，在非标准状态下比较氧化剂和还原剂的相对强弱时，应先利用能斯特方程式计算出该条件下各电对的电极电势值，然后再作判断。

6.4.2 预测氧化还原反应的方向

氧化还原反应总是由较强的氧化剂和较强的还原剂相互作用，向着生成较弱的氧化剂和较弱的还原剂的方向进行。即电极电势值大的电对的氧化型物质和电极电势值小的电对的还原型物质之间的反应是自发反应，也即 $E_{氧化剂}>E_{还原剂}$。

氧化还原反应的方向也可由氧化还原反应组成的原电池的电动势来预测。在原电池中

$E_正$ 正就是氧化剂电对的 $E_{氧化剂}$，$E_负$ 就是还原剂电对的 $E_{还原剂}$。所以原电池的电动势：

$$E=E_正-E_负=E_{氧化剂}-E_{还原剂}>0$$

即氧化还原反应向原电池电动势 $E>0$ 的方向进行。

例如：

$$Zn+Cu^{2+} \rightleftharpoons Zn^{2+}+Cu$$

$$E^{\ominus}(Cu^{2+}/Cu)=+0.342V, \quad E^{\ominus}(Zn^{2+}/Zn)=-0.762V$$

由两电对的电极电势可知，Cu^{2+} 的氧化性比 Zn^{2+} 的强，而 Zn 的还原性比 Cu 的强。故 Cu^{2+} 能将 Zn 氧化，上面的反应会自发地向右进行。

此反应组成的原电池的标准电动势为：

$$E^{\ominus}=E^{\ominus}_{氧化剂}-E^{\ominus}_{还原剂}=E^{\ominus}(Cu^{2+}/Cu)-E^{\ominus}(Zn^{2+}/Zn)>0$$

【例 6-8】 预测在酸性溶液中 H_2O_2 与 Fe^{2+} 混合时能否发生氧化还原反应。若能反应，写出反应的产物。

解 H_2O_2 中 O 的氧化态为 -1，处于中间氧化态。H_2O_2 可作为氧化剂（被还原成 H_2O），又可作还原剂（被氧化为 O_2），相应的电极反应为：

$$H_2O_2+2H^++2e \rightleftharpoons 2H_2O \qquad E^{\ominus}=1.776V$$

$$2H^++O_2+2e \rightleftharpoons H_2O_2 \qquad E^{\ominus}=0.695V$$

Fe^{2+} 也是中间氧化态，所以 Fe^{2+} 既可以作氧化剂，也可以作还原剂，相应的电极反应为：

$$Fe^{3+}+e \rightleftharpoons Fe^{2+} \qquad E^{\ominus}=0.771V$$

$$Fe^{2+}+2e \rightleftharpoons Fe \qquad E^{\ominus}=-0.447V$$

分析上述四个可能发生的电极反应及其 $E^{\ominus}$ 值可知：电对 H_2O_2/H_2O 的 $E^{\ominus}$ 值最大，所以 H_2O_2 是其中最强的氧化剂。因此，H_2O_2 与 Fe^{2+} 间发生反应时，Fe^{2+} 只能作还原剂，这样，Fe^{2+} 必定是某一个电对中的还原型物质（Fe^{3+}/Fe^{2+}）。又因为

$$E^{\ominus}_{氧化剂}-E^{\ominus}_{还原剂}=E^{\ominus}(H_2O_2/H_2O)-E^{\ominus}(Fe^{3+}/Fe^{2+})=1.776-0.771>0$$

所以 H_2O_2 与 Fe^{2+} 在酸性溶液中混合时，能够发生氧化还原反应，其反应方向为：

$$H_2O_2+2Fe^{2+}+2H^+ \longrightarrow 2Fe^{3+}+2H_2O$$

反应的产物为 Fe^{3+} 和 H_2O。

严格来说，用标准电极电势只能预测在标准状态下氧化还原反应进行的方向。如果两个电对的标准电极电势相差得比较大时（$>0.2V$），一般可以根据标准电极电势预测氧化还原反应进行的方向。但如果两个电对的标准电极电势相差得比较小时（$<0.2V$），由于溶液中相关离子浓度的变化会对电极电势产生影响，故在非标准状态下，有可能使电动势 E 值的符号改变，氧化还原反应进行的方向有可能会改变。此时应通过计算实际情况（非标准态）下的电动势 E 值，并以此为据来预测氧化还原反应的方向。

6.4.3 判断氧化还原反应的限度

氧化还原反应的平衡常数 $K^{\ominus}$ 可根据相关电对的标准电极电势来计算。例如：

$$Zn+Cu^{2+} \rightleftharpoons Zn^{2+}+Cu \qquad K^{\ominus}=\frac{[Zn^{2+}]}{[Cu^{2+}]}$$

此氧化还原反应由两个电极反应组成：

$$Cu^{2+}+2e \rightleftharpoons Cu$$

$$E(Cu^{2+}/Cu)=E^{\ominus}(Cu^{2+}/Cu)+\frac{0.0592}{2}\lg[Cu^{2+}]$$

$$Zn^{2+}+2e \rightleftharpoons Zn$$

$$E(Zn^{2+}/Zn)=E^{\ominus}(Zn^{2+}/Zn)+\frac{0.0592}{2}\lg[Zn^{2+}]$$

随着反应的进行，Cu^{2+} 的浓度不断减少，Zn^{2+} 浓度不断增加。因而 $E(Cu^{2+}/Cu)$ 的代数值不断减少，$E(Zn^{2+}/Zn)$ 的代数值不断增大。当 $E(Cu^{2+}/Cu)=E(Zn^{2+}/Zn)$ 时，反应达到平衡状态。此时

$$E^{\ominus}(Zn^{2+}/Zn)+\frac{0.0592}{2}\lg[Zn^{2+}]=E^{\ominus}(Cu^{2+}/Cu)+\frac{0.0592}{2}\lg[Cu^{2+}]$$

$$\lg\frac{[Zn^{2+}]}{[Cu^{2+}]}=\frac{[E^{\ominus}(Cu^{2+}/Cu)-E^{\ominus}(Zn^{2+}/Zn)]\times 2}{0.0592}$$

即
$$\lg K^{\ominus}=\frac{[E^{\ominus}(Cu^{2+}/Cu)-E^{\ominus}(Zn^{2+}/Zn)]\times 2}{0.0592}$$

查表可知：$E^{\ominus}(Cu^{2+}/Cu)=0.342V$，$E^{\ominus}(Zn^{2+}/Zn)=-0.762V$，代入上式计算出该反应的平衡常数值为：
$$K^{\ominus}=1.98\times 10^{37}$$

由于 $K^{\ominus}$ 值很大，可以认为 Zn 置换 Cu^{2+} 的反应进行得很完全。

由此可得，氧化还原反应的标准平衡常数的计算公式：

$$\lg K^{\ominus}=\frac{(E^{\ominus}_{氧化剂}-E^{\ominus}_{还原剂})n}{0.0592}=\frac{nE^{\ominus}}{0.0592} \tag{6-3}$$

式中，$E^{\ominus}_{氧化剂}$、$E^{\ominus}_{还原剂}$ 分别为反应中氧化剂与其还原产物组成的电对、还原剂与其氧化产物组成的电对的标准电极电势；n 为总反应中转移的电子数目；$E^{\ominus}$ 为原电池的标准电动势。

由式(6-3) 可见，氧化还原反应进行的程度与组成反应的两个电对的标准电极电势值有关，而与反应物的浓度无关。两个电对的标准电极电势值相差越大，$K^{\ominus}$ 值就越大，氧化还原反应进行得就越完全。

【例 6-9】 试计算 25℃时，反应 $Sn+Pb^{2+}\rightleftharpoons Sn^{2+}+Pb$ 的平衡常数；如果反应开始时，$c(Pb^{2+})$ 为 $2.0mol\cdot L^{-1}$，问平衡时 $c(Pb^{2+})$ 和 $c(Sn^{2+})$ 各为多少？

解
$$Sn+Pb^{2+}\rightleftharpoons Sn^{2+}+Pb$$

查表可知：$E^{\ominus}(Pb^{2+}/Pb)=-0.126V$，$E^{\ominus}(Sn^{2+}/Sn)=-0.138V$

标准电动势为：$E^{\ominus}=E^{\ominus}_{氧化剂}-E^{\ominus}_{还原剂}=E^{\ominus}(Pb^{2+}/Pb)-E^{\ominus}(Pb^{2+}/Pb)$

$$=-0.126-(-0.138)=0.012V$$

根据式(6-3) 得：

$$\lg K^{\ominus}=\frac{nE^{\ominus}}{0.0592}=\frac{2\times 0.012}{0.0592}=0.41$$

$$K^{\ominus}=2.57$$

设平衡时 $c(Sn^{2+})=x\ mol\cdot L^{-1}$，则 $c(Pb^{2+})=2.0-x\ mol\cdot L^{-1}$

又因为
$$K^{\ominus}=\frac{[Sn^{2+}]}{[Pb^{2+}]}$$

故
$$2.57=\frac{x}{2.0-x}$$

$$x=1.44$$

即
$$c(Sn^{2+})=1.44mol\cdot L^{-1}$$
$$c(Pb^{2+})=2.0-1.44=0.56mol\cdot L^{-1}$$

计算结果表明，平衡时 $c(Pb^{2+})$ 仍然很大，反应进行得很不完全。

弱电解质的电离常数、难溶电解质的溶度积常数和配合物的稳定常数等实际上都是特定情况下的平衡常数，也可用电化学的方法来测定。其关键是要设计出一个合适的原电池，使电池反应就是待测平衡常数的反应（或逆反应）。

【例 6-10】 利用原电池测定 AgCl 的溶度积 $K_{sp}^{\ominus}(AgCl)$。

解 AgCl 的沉淀平衡为： $AgCl(s) \rightleftharpoons Ag^+ + Cl^-$

为设计成一个原电池，可在反应式两边各加一个金属 Ag，得：

$$AgCl(s) + Ag \rightleftharpoons Ag^+ + Cl^- + Ag$$

则此反应可分解为两个电对：Ag^+/Ag 和 $AgCl/Ag$，两个电对可设计成如下原电池：

$$(-)Ag, AgCl(s) \mid Cl^-(1.0mol \cdot L^{-1}) \parallel Ag^+(1.0mol \cdot L^{-1}) \mid Ag(+)$$

负极反应 $Ag + Cl^- \rightleftharpoons AgCl(s) + e$

+) 正极反应 $Ag^+ + e \rightleftharpoons Ag$

电池反应： $Ag^+ + Cl^- \rightleftharpoons AgCl(s)$

可见电池反应为沉淀反应的逆反应，有：$K^{\ominus} = \dfrac{1}{K_{sp}^{\ominus}(AgCl)}$

原电池的标准电动势为：

$$E^{\ominus} = E^{\ominus}(Ag^+/Ag) - E^{\ominus}(AgCl/Ag)$$

$$= 0.7996 - 0.223 = 0.5766V$$

$$\lg K^{\ominus} = \frac{nE^{\ominus}}{0.0592} = \frac{1 \times 0.5766}{0.0592} = 9.74$$

$$K^{\ominus} = 5.50 \times 10^9$$

所以 AgCl 溶度积为： $K_{sp}^{\ominus}(AgCl) = \dfrac{1}{K^{\ominus}} = \dfrac{1}{5.50 \times 10^9} = 1.81 \times 10^{-10}$

6.5 元素电势图

许多元素具有多种氧化态，不同氧化态的物质都可以组成电对，有相应的电极电势。为了方便了解同一元素的不同氧化态物质的氧化还原性，拉提默（W. M. Latimer）于 1952 年提出了元素电势图的概念。

6.5.1 元素电势图的表示方法

将同一元素的不同氧化态物质，按其氧化态从高到低横向排列，每两个不同氧化态物质之间用直线连接起来表示一个电对，并在直线上方标明此电对的标准电极电势值，这样的图式称为元素电势图。根据介质酸碱性的不同，元素电势图又分为酸性介质和碱性介质两种。

例如，S 元素的氧化态有 +6、+4、0 和 −2，其各氧化态的物质在酸性介质中的元素电势图表示为：

$E_A^{\ominus}/V$ $$SO_4^{2-} \xrightarrow{0.172} H_2SO_3 \xrightarrow{0.449} S \xrightarrow{0.142} H_2S$$

又如氯元素在酸性介质及碱性介质中的元素电势图分别为：

$E_A^{\ominus}/V$

$$ClO_4^- \xrightarrow{+1.189} ClO_3^- \xrightarrow{+1.214} HClO_2 \xrightarrow{+1.64} HClO \xrightarrow{+1.628} Cl_2 \xrightarrow{+1.358} Cl^-$$

（ClO_3^- 至 Cl_2 之间：+1.47）

$E_B^\ominus/V$

$$ClO_4^- \xrightarrow{+0.36} \overbrace{ClO_3^- \xrightarrow{+0.33} ClO_2^- \xrightarrow{+0.66} ClO^- \xrightarrow{+0.382} Cl_2}^{+0.472} \xrightarrow{+1.358} Cl^-$$

元素电势图简单明了，直观地表明了元素常见的氧化态，以及不同氧化态物质之间组成电对的标准电极电势，对于讨论元素各氧化态物质的氧化还原能力和稳定性非常重要和方便，在元素化学中有着广泛的应用。

6.5.2 利用元素电势图判断歧化反应

在氧化还原反应中，有些元素的氧化态可以同时向较高和较低的氧化态转变。这种自身的氧化还原反应称为歧化反应。利用元素电势图可以判断在标准状态下物质的歧化反应能否发生。如：

$$E_B^\ominus/V \qquad ClO^- \xrightarrow{+0.382} Cl_2 \xrightarrow{+1.358} Cl^-$$

从图中可知：$E_B^\ominus(Cl_2/Cl^-)=+1.358V>E_B^\ominus(ClO^-/Cl_2)=+0.382V$，所以电对 Cl_2/Cl^- 中的氧化型物质 Cl_2，能够氧化电对 ClO^-/Cl_2 中的还原型物质 Cl_2。即 Cl_2 在碱性介质中发生了歧化反应：

$$Cl_2+2OH^- \longrightarrow Cl^-+ClO^-+H_2O$$

对照在酸性介质中氯的元素电势图：

$$E_A^\ominus/V \qquad HClO \xrightarrow{+1.628} Cl_2 \xrightarrow{+1.358} Cl^-$$

由于 $E_A^\ominus(Cl_2/Cl^-)=1.358V<E_A^\ominus(HClO/Cl_2)=1.628V$，故在酸性介质中，$Cl_2$ 不能发生歧化反应。相反，HClO 能氧化 Cl^- 生成 Cl_2。即有逆歧化反应发生：

$$Cl^-+HClO+H^+ \longrightarrow Cl_2+H_2O$$

推广至一般，判断歧化反应能否发生的一般规则为：

在元素电势图中： $A \xrightarrow{E_{左}^\ominus} B \xrightarrow{E_{右}^\ominus} C$

若 $E_{右}^\ominus>E_{左}^\ominus$，则 B 能发生歧化反应：

$$B \longrightarrow A+C$$

若 $E_{右}^\ominus<E_{左}^\ominus$，则 B 不能发生歧化反应，而 A 和 C 能发生逆歧化反应，即：

$$A+C \longrightarrow B$$

6.5.3 应用元素电势图计算电极电势

元素电势图中，通常不会标出所有电对的标准电极电势。但是利用已知的两个或两个以上的相邻电对的标准电极电势，可以计算这些电对的标准电极电势。

例如对下列元素电势图：

$$\underbrace{A \xrightarrow[n_1]{E_1^\ominus} B \xrightarrow[n_2]{E_2^\ominus} C \xrightarrow[n_3]{E_3^\ominus} D}_{E_x^\ominus,\ n}$$

从理论上可以推导出下列公式：

$$nE_x^\ominus=n_1E_1^\ominus+n_2E_2^\ominus+n_3E_3^\ominus$$

所以

$$E_x^\ominus=\frac{n_1E_1^\ominus+n_2E_2^\ominus+n_3E_3^\ominus}{n} \qquad (6\text{-}4)$$

式中，n_1、n_2、n_3、n 分别为各电对的电极反应中电子的计量系数。

【例 6-11】 已知溴在碱性介质中的电势图：

$E_B^\ominus$/V

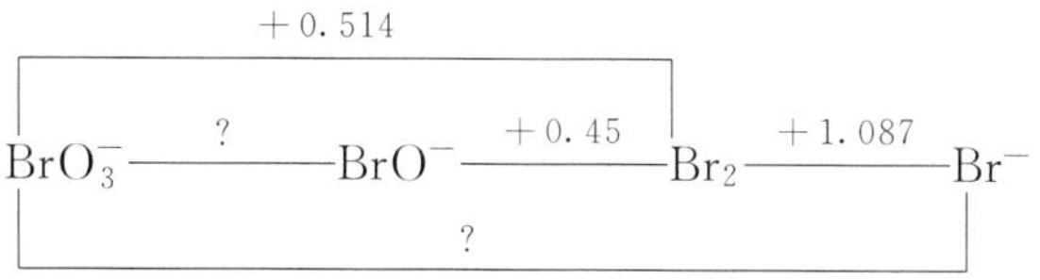

计算 $E^\ominus(BrO_3^-/Br^-)$和 $E^\ominus(BrO_3^-/BrO^-)$的值。

解 根据式(6-4) 得：

$$6E^\ominus(BrO_3^-/Br^-)=5E^\ominus(BrO_3^-/Br_2)+E^\ominus(Br_2/Br^-)$$

所以 $E^\ominus(BrO_3^-/Br^-)=\dfrac{5E^\ominus(BrO_3^-/Br_2)+E^\ominus(Br_2/Br^-)}{6}=\dfrac{5\times0.514+1.087}{6}=+0.61V$

又因为 $5E^\ominus(BrO_3^-/Br_2)=4E^\ominus(BrO_3^-/BrO^-)+E^\ominus(BrO^-/Br_2)$

所以 $E^\ominus(BrO_3^-/BrO^-)=\dfrac{5E^\ominus(BrO_3^-/Br_2)-E^\ominus(BrO^-/Br_2)}{4}$

$$=\frac{5\times0.514-0.45}{4}=+0.53V$$

6.6 电化学的应用

电极电势和电化学的基本原理，广泛应用于科学研究和工业生产的许多领域中，下面就电解、化学电源和金属腐蚀与防护等几个方面，作简要介绍。

6.6.1 电解

借助于外加电流的作用使非自发的氧化还原反应进行的过程，叫做电解。在电解过程中，电能不断转化为化学能。将电能转化为化学能的装置称为电解池。

在电解池中，电解池的两极与直流电源相连，与电源负极相连的称为阴极，与电源正极相连的称为阳极。电子流从电源的负极发出，经导线进入电解池的阴极，阴极上则因电子过剩而带负电；电源的正极吸引电子，使电解池的阳极上缺乏电子而正电荷过剩。当电解池两极与电源接通时，在电流的作用下，电解液中的离子就会发生定向移动，阳离子移向阴极，得到电子，发生还原反应；阴离子移向阳极，失去电子，发生氧化反应，或者阳极金属本身失去电子氧化为金属离子而进入电解液中。在电解池的两极反应中，得失电子的过程都叫做放电。

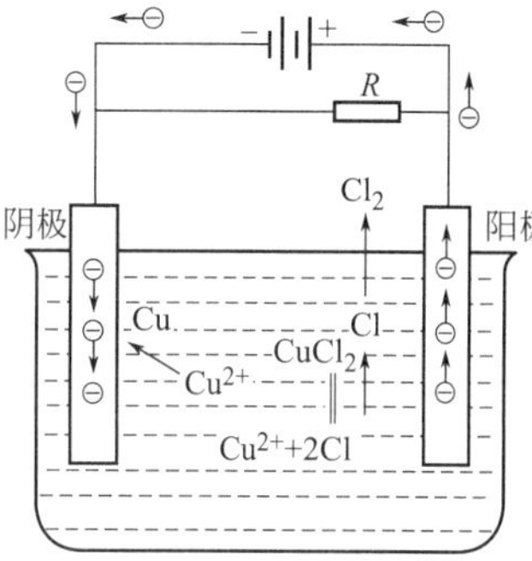

图 6-5 电解 $CuCl_2$ 示意图

下面以电解 $CuCl_2$ 溶液为例来说明电解的原理。电解装置如图 6-5 所示。以石墨或铂片作为惰性电极，通电后，电解液中的 Cu^{2+} 移向阴极，获得电子还原成金属铜，沉积在阴极上；Cl^- 移向阳极，失去自身的电子，氧化成氯气而从溶液中放出。电极反应为：

阴极 $Cu^{2+}+2e \longrightarrow Cu\downarrow$

阳极 $2Cl^- \longrightarrow Cl_2\uparrow+2e$

电解反应 $CuCl_2 \longrightarrow Cu\downarrow+Cl_2\uparrow$

电解液中若有多种离子存在时，因为每种离子都有对应的氧化还原电对，所以可以用各电对的电极电势判断其在电极上发生氧化、还原反应（即得、失电子）的次序。一般阴极上是电极电势较大电对的氧化型物质（即最强氧化剂）被还原，阳极上则是电极电势较小电对的还原型物质（即最强还原剂）被氧化。

电解的产物，金属铜和氯气分别沉积和吸附在两个电极上，构成了一个原电池，此原电池的电动势和外加电压方向相反。为使电解持续进行，外加的电压至少必须等于电解产物所构成的原电池的电动势，这种为了使电解作用持续进行所加的最小电压叫做该电解质的理论分解电压。

例如，当用铂作为惰性电极电解 $1mol \cdot L^{-1}$ $CuCl_2$ 溶液时，由电解产物构成的原电池为：

$$(-)Pt|CuCl_2(1mol \cdot L^{-1})|Cl_2(p^{\ominus})|Pt(+)$$

正极反应 $Cl_2 + 2e \longrightarrow 2Cl^-$

负极反应 $Cu \longrightarrow Cu^{2+} + 2e$

在 25℃时，$E^{\ominus}(Cl_2/Cl^-) = 1.358V$，$E^{\ominus}(Cu^{2+}/Cu) = 0.342V$，$p(Cl_2) = p^{\ominus}$，$c(Cl^-) = 2mol \cdot L^{-1}$，$c(Cu^{2+}) = 1mol \cdot L^{-1}$。

正极的电极电势 $$E_{正} = E^{\ominus}_{正} = 1.358 + \frac{0.0592}{2}\lg\frac{[p(Cl_2)]}{[Cl^-]^2}$$

$$= 1.358 + \frac{0.0592}{2}\lg\frac{1}{2^2} = 1.34V$$

负极的电极电势 $E_{负} = E^{\ominus}_{负} = 0.342V$

所以电动势为 $E = E_{正} - E_{负} = 1.34 - 0.342 = 0.998V$

故理论分解电压为 0.998V。

不同的电解质，其电解的产物不同，构成的原电池不同，则分解电压不同。例如在相同情况下，$ZnCl_2$ 的理论分解电压为：$1.34 - (-0.762) = 2.102V$。

所以，电解 $CuCl_2$ 和 $ZnCl_2$ 的混合溶液时，若施加的外加电压大于 $CuCl_2$ 的分解电压而小于 $ZnCl_2$ 的分解电压，如用 1.2V 的外加电压，可使阴极上只析出铜，而锌仍留在溶液中。这一原理在电解精炼金属方面具有重要的实际意义。

理论上，外加电压只要稍大于理论分解电压，电解过程便能顺利进行。但实际上，外加电压总要比理论分解电压大很多，这种现象称为电极的极化作用。简单来说，电极电势偏离平衡电位的现象称为极化。影响极化作用的因素很多，如电极材料、电流密度、温度等。实际分解电压与理论分解电压之差，称为超电压。

如果用粗铜代替铂或石墨作为阳极。在阴极上仍有铜析出，但在阳极上并非 Cl^- 被氧化放出 Cl_2，而是阳极铜本身放出电子，变成 Cu^{2+} 进入溶液中。这是因为 $E^{\ominus}(Cu^{2+}/Cu) = 0.342V < E^{\ominus}(Cl_2/Cl^-) = 1.358V$，Cu 是比 Cl^- 更强的还原剂。此时：

阴极反应 $Cu^{2+} + 2e \longrightarrow Cu\downarrow$

阳极反应 $Cu \longrightarrow Cu^{2+} + 2e$

电解总过程是粗铜不断地从阳极移向阴极。而一些不活泼的金属和非金属杂质变成阳极泥，比铜活泼的金属杂质则留在电解液中。因此，阳极的粗铜变成了阴极的纯铜，其纯度可以达到 99.98%以上，这就是电解法精炼铜的原理。

如果用一个金属工件作为阴极，仍以粗铜作为阳极。则在阴极的工件表面上会不断有铜沉积而获得金属覆盖层，这就是电镀的原理。

6.6.2 化学电源

化学电源又称为电池。理论上，任何自发的氧化还原反应都可以在电池中进行而产生电能。但商品的化学电源必须考虑到实用上的要求，如电池的体积、电压、放电容量、寿命、可靠性及价格等。化学电源一般可分为干电池、蓄电池和燃料电池三类。

6.6.2.1 干电池

干电池是日常使用较多的一种化学电源，它具有体积小、寿命长、使用方便且价格便宜等特点。下面介绍几种干电池的工作原理。

(1) 锌锰电池 这是最普通的一种电池。装置如图 6-6 所示。以锌皮为外壳，作负极，中央是石墨棒，作正极。石墨棒附近充填石墨粉和 MnO_2 的混合物，周围装入由 NH_4Cl、$ZnCl_2$、淀粉等构成的糊状混合物作为电解质溶液，用多孔纸包起来，使之与锌电极隔开。电池放电时，电极反应为：

锌极（负极） $Zn \rightleftharpoons Zn^{2+} + 2e$

碳极（正极） $2NH_4^+ + 2e \rightleftharpoons 2NH_3 + H_2$

在使用过程中，若产物 NH_3 和 H_2 气体在正极附近积累，会阻碍 NH_4^+ 与正极接触获得电子，产生极化作用。糊状物中的 Zn^{2+} 和 MnO_2 可分别吸收 NH_3 和氧化 H_2。

$$Zn^{2+} + 4NH_3 \rightleftharpoons [Zn(NH_3)_4]^{2+}$$

$$2MnO_2 + H_2 \rightleftharpoons 2MnO(OH)$$

电池反应为： $Zn + 2MnO_2 + 2NH_4^+ \rightleftharpoons Zn^{2+} + 2MnO(OH) + 2NH_3$

锌锰电池的电动势为 1.5V，是一次性电池。

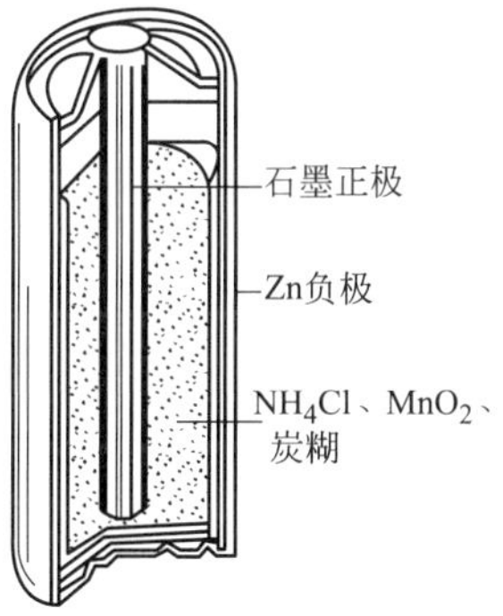

图 6-6 锌锰电池示意图

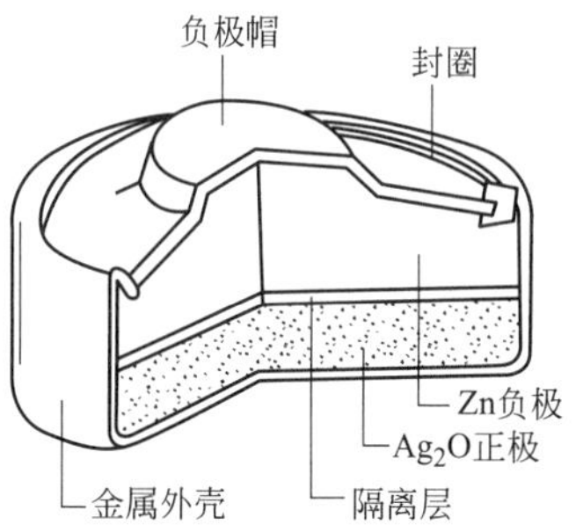

图 6-7 银锌电池示意图

(2) 银锌电池 装置如图 6-7 所示。电池的正极为 Ag_2O，负极为金属 Zn，电解质一般用 KOH（40%），银锌电池重量小、体积小，常称为纽扣电池。

负极反应 $Zn + 2OH^- \rightleftharpoons Zn(OH)_2 + 2e$

正极反应 $Ag_2O + H_2O + 2e \rightleftharpoons 2Ag + 2OH^-$

电池反应 $Zn + Ag_2O + H_2O \rightleftharpoons 2Ag + Zn(OH)_2$

银锌电池的电动势约为 1.59V，也是一次性电池。

6.6.2.2 蓄电池

蓄电池（也称为二次电池），是可以储蓄电能的一种装置。蓄电池放电后，用直流电源充电，可以使电池回到原来的状态，因此可反复使用。蓄电池中，化学能和电能可以相互转化。

(1) 铅蓄电池 铅蓄电池是最常用的蓄电池，它的使用历史最久，技术成熟，价格低廉。铅蓄电池的装置如图 6-8 所示。其电极是由两组铅锑合金制成的栅格状极片组成。正极的铅板涂有 PbO_2，负极为海绵状金属 Pb，用 30%（密度 $1.2g \cdot mL^{-1}$）的硫酸溶液作为电解质。

铅蓄电池为单液电池，电池符号为：

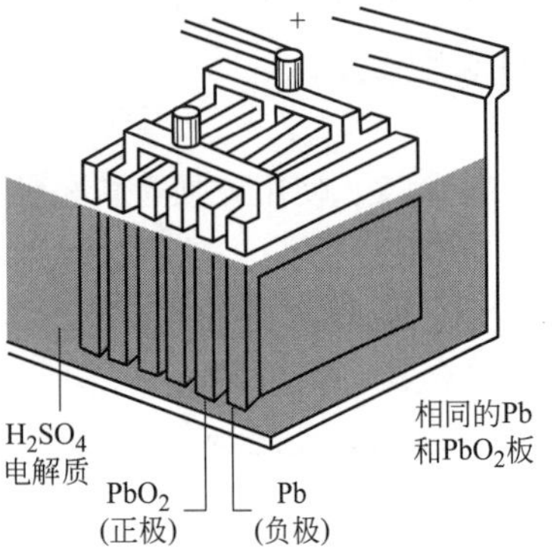

图 6-8 铅蓄电池示意图

$$(-)Pb|H_2SO_4(c)|PbO_2(+)$$

电池放电时有 $PbSO_4$ 生成，所以铅蓄电池的符号也可以写为：

$$(-)Pb|PbSO_4(s)|H_2SO_4(c)|PbSO_4(s)|PbO_2|Pb(+)$$

放电时，电极反应为：

Pb 极（负极） $Pb+SO_4^{2-} \rightleftharpoons PbSO_4+2e$

PbO_2 极（正极）

$$PbO_2+SO_4^{2-}+4H^++2e \rightleftharpoons PbSO_4+2H_2O$$

放电总反应

$$Pb+PbO_2+2H_2SO_4 \rightleftharpoons 2PbSO_4+2H_2O$$

放电反应使两极表面都沉积一层 $PbSO_4$，同时硫酸的浓度逐渐降低，当电动势由 2.2V 降到 1.9V 左右时，就不能继续使用了，此时应该及时充电。

充电时，电源正极与蓄电池中进行氧化反应的阳极连接，负极与进行还原反应的阴极连接，充电时，电极反应如下：

阳极 $PbSO_4+2H_2O \rightleftharpoons PbO_2+SO_4^{2-}+4H^++2e$

阴极 $PbSO_4+2e \rightleftharpoons Pb+SO_4^{2-}$

充电总反应 $2PbSO_4+2H_2O \rightleftharpoons PbO_2+Pb+2H_2SO_4$

随铅蓄电池的充电，电池的电动势和硫酸的浓度随之升高。当充电到硫酸密度为 $1.2g \cdot mL^{-1}$，电动势约 2.2V 时，即可再次使用。

（2）镍氢电池　镍氢电池具有较高的比能量[1]，寿命长，耐过充、过放和反极化以及可通过氢压来指示电池的荷电状态等优点。

镍氢电池中的正极是氧化镍，负极是燃料电池用的氢电极，氢气的压力介于 $3\times10^5 \sim 40\times10^5 Pa$ 之间，固体电极和气体电极共存是镍氢电池的特点。

电池符号 $(-)Pt \mid H_2|KOH(或 NaOH)|NiO(OH)(+)$

负极反应 $H_2+2OH^- \underset{充电}{\overset{放电}{\rightleftharpoons}} 2H_2O+2e$

正极反应 $NiO_2+2H_2O+2e \underset{充电}{\overset{放电}{\rightleftharpoons}} Ni(OH)_2+2OH^-$

电池反应 $2NiO_2+H_2 \underset{充电}{\overset{放电}{\rightleftharpoons}} 2Ni(OH)_2$

（3）锂离子电池　锂离子电池的负极由嵌入锂离子的石墨层 Li_xC_6 组成，正极由锂化合物 $LiCoO_2$ 组成，电解质由溶有锂盐 $LiPF_6$、$LiClO_4$ 等的有机溶剂组成。锂离子电池在充电或放电条件下，使锂离子往返于正、负极之间。充电时，锂离子由能量较低的正极材料迁移到石墨材料的负极层间而成为高能态；放电时，锂离子由能量高的负极材料层间迁回能量低的正极材料层间，同时通过外电路释放电能。锂离子电池充、放电过程如图 6-9 所示。

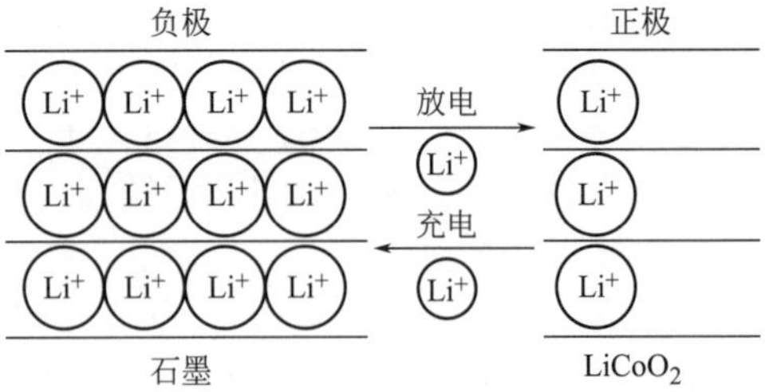

图 6-9 锂离子电池充、放电示意图

[1] 比能量是指电池单位质量或单位体积所输出的电能。前者称为质量比能量，后者称为体积比能量。

负极反应 $$Li_xC_6 \underset{充电}{\overset{放电}{\rightleftharpoons}} xLi^+ + 6C + xe$$

正极反应 $$xLi^+ + Li_{1-x}CoO_2 + xe \underset{充电}{\overset{放电}{\rightleftharpoons}} LiCoO_2$$

电池反应： $$Li_xC_6 + Li_{1-x}CoO_2 \underset{充电}{\overset{放电}{\rightleftharpoons}} 6C + LiCoO_2$$

锂离子电池体积小，比能量高，自放电小，循环使用寿命长，单电池的输出电压可高达4.2V，且使用温度范围较宽，可在－20～55℃之间工作。锂离子电池设有安全装置，不仅使用安全，而且不会污染环境，被称为绿色电池。目前电动汽车使用的锂离子电池是主要的研究方向。锂离子电池被认为是21世纪应发展的理想能源。

6.6.2.3 燃料电池

将燃料（如氢气、煤气、甲醇、天然气等）的燃烧反应以原电池的方式进行，就形成燃料电池。燃料电池是一种新型的化学电源，比燃烧放热再发电的方式，能量转换效率要高得多。

如图6-10所示的是氢-氧燃料电池，负极用多孔碳电极（含铂或钯的催化剂），通入H_2等燃料。正极也是用多孔碳电极（含金属氧化物，铂或银的催化剂），通入O_2或氧化剂。电解质为NaOH（或KOH）的浓溶液，其电极反应如下：

负极反应 $$H_2(g) + 2OH^-(aq) \rightleftharpoons 2H_2O(l) + 2e$$

正极反应 $$O_2(g) + 2H_2O(l) + 4e \rightleftharpoons 4OH^-(aq)$$

电池反应 $$2H_2(g) + O_2(g) \rightleftharpoons 2H_2O(l)$$

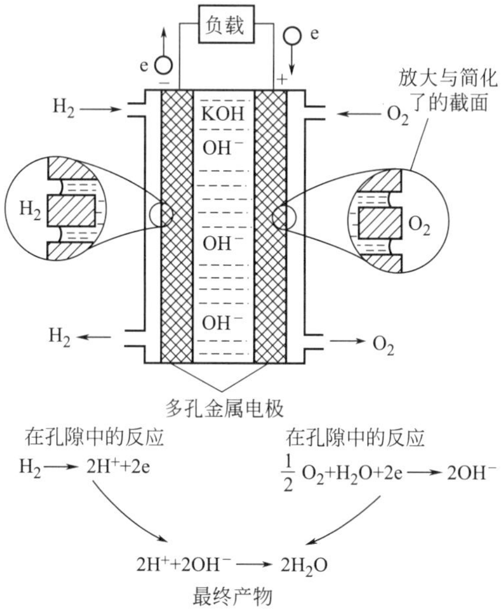

图6-10 氢-氧燃料电池示意图

燃料电池根据所用电解质不同有酸性、熔融盐和固体电解质等。另根据工作温度的不同，又可分为低温（25～100℃）、中温（100～500℃）和高温（500～1000℃）等。

与一般化学电池不同的是，燃料电池工作时需要连续地向其供给燃料和氧化剂，以使反应持续进行。燃料电池的电池反应在热力学上是一个自发反应，因此燃料电池的关键是动力学问题，选择适当的电极材料和催化剂，使得反应物能够顺利进行电极反应。燃料电池显然是一种环境友好的能源，应用十分广泛，如宇航、军事和边远地区发电等。但目前这类电池的生产成本太高，气体净化要求也很高，由于使用强碱性、强酸性电解质，设备的腐蚀严重，这些都是迫切需要解决的问题。然而燃料电池依然是很有发展前途的一种电源，它涉及能源的利用率问题，因此燃料电池已成为化学科学的重要研究领域之一。

6.6.3 金属的腐蚀与防护

金属表面与周围介质之间发生化学或电化学作用而引起的破坏，称为金属腐蚀。金属的腐蚀是一种非常普遍的现象，据统计，全世界每年因金属腐蚀而报废的各种金属设备和材料的量为金属年产量的20%～30%，用于防止金属腐蚀的花费也十分巨大。因此研究金属腐蚀的原因和防护的方法具有十分重要的意义。

6.6.3.1 金属的腐蚀

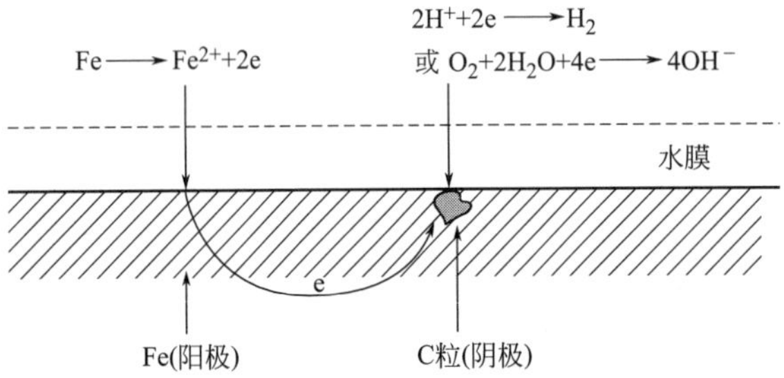

图 6-11 钢铁在潮湿空气中的腐蚀示意图

金属的腐蚀一般可分为化学腐蚀和电化学腐蚀两大类。金属与腐蚀介质直接发生化学反应而引起的腐蚀称为化学腐蚀。这类腐蚀过程是一种氧化还原的纯化学反应，在反应过程中没有电流产生。金属与电解质溶液接触时，由电化学过程引起的腐蚀称为电化学腐蚀。这类腐蚀过程中同时存在两个相对独立的反应过程——阳极反应和阴极反应，在反应过程中伴有电流产生，但不对外做功，电子自耗于腐蚀电池内阴极的还原反应。下面以钢铁在潮湿空气中的腐蚀为例来讨论电化学腐蚀过程的原理。

钢铁与潮湿的空气接触时，其表面会凝结一层很薄的水膜，空气中的 O_2、CO_2 等会溶解到水膜中形成电解质溶液，铁与其所含的 C 粒等杂质就会形成一个原电池，原电池中 Fe 为阳极，C 粒为阴极，其腐蚀过程如图 6-11 所示。

阳极发生氧化反应： $Fe \rightleftharpoons Fe^{2+}+2e$

阴极发生还原反应，但由于条件不同，可能发生不同的反应：

① 溶液中的 H^+ 还原成 $H_2(g)$ 而析出，这种腐蚀称为析氢腐蚀。

$$2H^{+}+2e \rightleftharpoons H_2$$

② 溶液中的 $O_2(g)$ 发生还原反应，这种腐蚀称为吸氧腐蚀。

$$O_2+2H_2O+4e \rightleftharpoons 4OH^-$$

空气中氧的分压 $p(O_2)=21kPa$，由于 $E_A^{\ominus}(O_2/H_2O)=1.229V$，$E_B^{\ominus}(O_2/OH^-)=0.401V$，均大于 $E^{\ominus}(H^+/H_2)$，所以，一般情况下吸氧腐蚀更容易发生，即使在酸性较强的环境中，吸氧腐蚀也会发生。

原电池反应不断进行，Fe 被氧化为 Fe^{2+} 而进入溶液，与溶液中的 OH^- 结合，生成 $Fe(OH)_2$，然后又和潮湿空气中的 H_2O 和 O_2 作用，最后生成铁锈，Fe 阳极不断溶解而受到腐蚀。

$$4Fe(OH)_2+2H_2O+O_2 \longrightarrow 4Fe(OH)_3$$

上述腐蚀过程是由于金属本身含有杂质形成腐蚀电池而发生的。杂质的存在使金属材料具有不均匀性，这种不均匀性是形成腐蚀电池的条件。金属材料在形成合金、结晶时产生的晶界、焊接、铆接或受到应力等都会使金属材料产生局部的不均匀性，这种不均匀性都可在电解质溶液中形成腐蚀电池而引起腐蚀。

另外，与金属接触的电解质溶液的浓度不同，会引起金属的不同部位具有不同的电极电势，从而形成腐蚀电池，这种腐蚀电池称为浓差腐蚀电池。最常见的浓差腐蚀为差异充气腐蚀。例如在钢铁的表面有一水滴，其引起的腐蚀过程如图 6-12 所示。

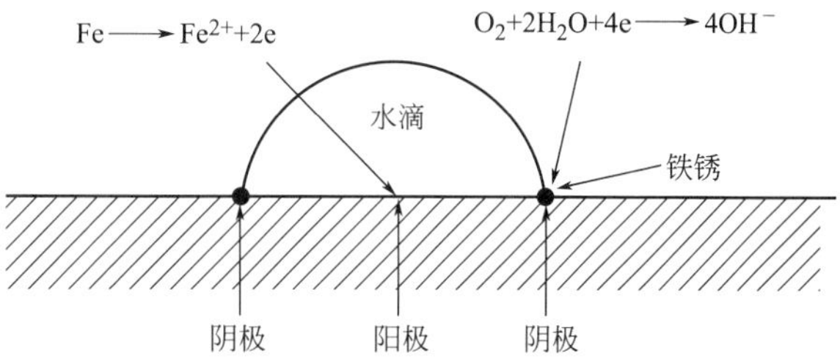

图 6-12 水滴引起的腐蚀示意图

空气中的 $O_2(g)$ 会溶入水中，水滴的边缘 O_2 的浓度较大，水滴的中央 O_2 的浓度较小，因此，水滴中央的电势低于水滴边缘的电势，所以水滴中央为腐蚀电池的阳极，水滴边缘为腐蚀电池的阴极，其电极反应为：

阳极 $Fe \rightleftharpoons Fe^{2+} + 2e$

阴极 $O_2 + 2H_2O + 4e \rightleftharpoons 4OH^-$

由此可见，金属材料的不均匀性和腐蚀介质的不均匀性都可以形成腐蚀电池。而腐蚀电池的形成，会使腐蚀的速率大大加快，所以电化学腐蚀比化学腐蚀普遍得多，也强烈得多，造成的危害和损失也更大。

6.6.3.2 金属腐蚀的防护

根据金属腐蚀的电化学原理，凡能防止腐蚀电池的形成或能控制腐蚀电池中阳极和阴极反应过程的措施，均能实现金属防腐的目的。常用的金属防腐的方法有以下几种。

(1) 表面覆盖层保护 在金属表面施以覆盖层，使金属与腐蚀介质隔离，这是防止金属腐蚀最常用而有效的方法。覆盖层应结构紧密，分布均匀，完整无孔，不透过介质，与底层金属有强的黏结力，有较高的硬度和耐磨性。非金属覆盖层是用有机或无机物质如油漆、塑料、橡胶、陶瓷、搪瓷、玻璃等做成的覆盖层。金属覆盖层是用电镀、热镀、渗镀、化学镀等方法在被保护金属表面做成的金属或合金覆盖层。有时也直接用化学处理如发蓝、磷化等方法使金属表面生成一层致密的氧化膜，来对金属实行保护。

(2) 缓蚀剂 缓蚀剂是一些少量加入腐蚀介质中就能显著减缓金属腐蚀的物质。缓蚀剂防护金属的优点在于用量少、见效快、成本较低、使用方便。有些金属设备必须长期与具有一定腐蚀作用的介质相接触，若在腐蚀介质中加入缓蚀剂，就能起到减缓金属腐蚀的作用。一般在中性或碱性介质中多采用无机缓蚀剂，如铬酸盐、硅酸盐、亚硝酸盐、聚磷酸盐、硼酸盐等。酸性介质中则常用有机缓蚀剂，如胺类、亚胺类、吡啶类、硫脲类等。缓蚀剂的缓蚀机理一般是减慢阳极（或阴极）反应过程的速率，或吸附在电极表面以减小电极面积，从而减缓腐蚀。

(3) 电化学保护 电化学保护又分为阴极保护和阳极保护。

① 阴极保护 阴极保护是使被保护的金属成为电池的阴极从而不受腐蚀。阴极保护可通过两种方法来实现，一种方法是将被保护的金属用导线连接到一外加直流电源的负极而成为阴极，用不溶性导电材料（如石墨）作为辅助阳极连接到外加电源的正极，这种方法称为外加电流的阴极保护。另一种方法是将被保护的金属与一种电极电势更低（即更活泼）的金属相连接（如保护钢铁时，与金属锌相连接），并使两种金属处于同一介质中，则电极电势更低的金属成为腐蚀电池的阳极，被保护的金属成为阴极，在腐蚀电池中电极电势更低的阳极金属被不断溶解，阴极金属则得到了保护，这种方法也称为牺牲阳极的阴极保护。

阴极保护是防止金属腐蚀比较有效的方法之一，其应用日益广泛，主要应用于保护地下和水中的各种金属构件和设备，如油管、水管、煤气管、地下电缆、舰船、码头、桥梁、水闸等。

② 阳极保护　将被保护的金属与外加直流电源的正极连接而成为阳极，电源的负极连接到另一个辅助阴极上。通过外加电压使被保护金属的电势处于稳定的钝化区，从而达到防止金属腐蚀的目的，这种方法称为阳极保护。应用阳极保护时，应首先测定被保护金属在给定腐蚀介质中致钝的参数（如致钝电流密度、钝化区电压范围、维持钝态电流密度等），判断是否可能进行阳极保护，以确保被保护金属能被钝化，否则反而会加速腐蚀。

阳极保护是一门较新的防腐技术，它的应用还较有限，目前主要应用于硫酸贮罐、贮槽、纸浆蒸煮锅、有机磺酸中和罐等设备的保护。

思　考　题

1. 什么是元素的氧化态？试举例说明。
2. 氧化态法和离子-电子法配平氧化还原反应方程式各有什么特点？
3. 解释下列各组名词的含义。

氧化与还原　　氧化反应与还原反应　　氧化剂与还原剂　　电极与电对

原电池与半电池　　电极反应与电池反应　　电极电势与标准电极电势

4. 构成一个原电池的条件是什么？举例说明。
5. 相同的电对（如 Ag^+/Ag）能否组成原电池？如何组成？应具备什么条件？
6. 从氧化还原电对出发书写电极反应有哪些主要步骤？试举例说明。
7. 判断下列说法是否正确，为什么？

① 电极电势的大小可以衡量物质得失电子难易程度。

② 某电极的标准电极电势就是该电极双电层的电势差。

③ 原电池中，电子由负极经导线流到正极，再由正极经溶液到负极，从而构成了电回路。

④ 在一个实际供电的原电池中，总是电极电势大的电对作正极，电极电势小的为负极。

⑤ 由于 $E^{\ominus}(Fe^{2+}/Fe)=-0.447V$，$E^{\ominus}(Fe^{3+}/Fe^{2+})=+0.771V$，故 Fe^{3+} 与 Fe^{2+} 能发生氧化还原反应。

8. 氧化还原电对中氧化型物质或还原型物质发生下列变化时，电极电势将发生怎样的变化？

① 氧化型物质生成弱电解质；

② 还原型物质生成沉淀。

9. 预测氧化还原反应的方向时应该用 E 还是 $E^{\ominus}$ 值？计算氧化还原反应的平衡常数时应该用 E 还是 $E^{\ominus}$ 值？为什么？
10. 根据下列反应，定性判断 Br_2/Br^-、I_2/I^-、Fe^{3+}/Fe^{2+} 三电对电极电势的大小及氧化剂氧化能力的大小。

$$2I^- + 2Fe^{3+} \longrightarrow 2Fe^{2+} + I_2$$

$$Br_2 + 2Fe^{2+} \longrightarrow 2Fe^{3+} + 2Br^-$$

11. 元素电势图是如何画出来的？试举例说明。
12. 什么是电解？什么是理论分解电压？什么是超电压？
13. 说明锂离子电池充、放电的过程，并写出相关的反应方程式。
14. 简述铅蓄电池的工作原理。
15. 金属为什么会发生腐蚀？如何防止金属的腐蚀？

习　　题

1. 指出下列物质中各元素的氧化态：

Na_3PO_4　　NaH_2PO_4　　$Cr_2O_7^{2-}$　　K_2MnO_4

PbO_2　　$HClO$　　BaH_2　　PH_3　　O_2^{2-}

2. 指出下列物质中哪些只能作氧化剂或还原剂，哪些既能作氧化剂又能作还原剂：

Na_2S　　$HClO_4$　　$KMnO_4$　　$FeSO_4$

Na_2SO_3　　Zn　　HNO_2　　I_2　　H_2O_2

3. 用氧化态法配平下列氧化还原反应方程式。

① $Cu + H_2SO_4$(浓)$\longrightarrow CuSO_4 + SO_2 + H_2O$

② $As_2O_3 + HNO_3 \longrightarrow H_3AsO_4 + NO$

③ $NH_4NO_3 \longrightarrow N_2 + O_2 + H_2O$

④ $(NH_4)_2S_2O_8 + FeSO_4 \longrightarrow (NH_4)_2SO_4 + Fe_2(SO_4)_3$

⑤ $Na_2S_2O_3 + I_2 \longrightarrow Na_2S_4O_6 + NaI$

4. 用离子-电子法配平下列氧化还原反应方程式。

① $Cr_2O_7^{2-} + SO_3^{2-} + H^+ \longrightarrow Cr^{3+} + SO_4^{2-}$

② $KMnO_4 + H_2O_2 + H_2SO_4 \longrightarrow MnSO_4 + K_2SO_4 + O_2$

③ $Cl_2 + OH^- \longrightarrow ClO^- + Cl^-$

④ $PbO_2(s) + Cl^- + H^+ \longrightarrow Pb^{2+} + Cl_2$

⑤ $ClO_3^- + S^{2-} \longrightarrow Cl^- + S + OH^-$

5. 指出下列反应中，哪个是氧化剂？哪个是还原剂？写出有关半反应及电池符号。

① $Cu^{2+} + Fe \longrightarrow Cu + Fe^{2+}$　　$c(Cu^{2+}) = c(Fe^{2+}) = 0.1mol \cdot L^{-1}$

② $H_2 + Cu^{2+} \longrightarrow Cu + 2H^+$　　$c(Cu^{2+}) = c(H^+) = 1.0mol \cdot L^{-1}$，$p(H_2) = 1 \times 10^5 Pa$

③ $Pb + 2H^+ + 2Cl^- \longrightarrow PbCl_2 + H_2$　　$c(H^+) = c(Cl^-) = 1.0mol \cdot L^{-1}$，$p(H_2) = 1 \times 10^5 Pa$

6. 根据标准电极电势预测下列反应能否发生，若能发生反应，写出反应式并配平。

① $KMnO_4 + H_2O_2 + H^+ \longrightarrow$

② $IO_3^- + I^- + H^+ \longrightarrow$

③ $Br^- + Fe^{3+} \longrightarrow$

④ $I_2 + Fe^{2+} \longrightarrow$

7. 下列物质在一定条件下可作为氧化剂或还原剂，根据其氧化、还原能力的大小排成顺序，并写出其相对应的还原、氧化产物（设在酸性溶液中）。

$KMnO_4$　　$KClO_3$　　$FeCl_3$　　HNO_3　　$FeSO_4$

I_2　　Cl_2　　Zn　　HI　　Cr^{2+}　　$SnCl_2$　　H_2

8. 根据标准电极电势，指出下列各组物质中，哪些可以共存，哪些不能共存，说明理由。

① Fe^{3+}，I^-　　② Fe^{2+}，I^-　　③Fe，I^-　　④ Fe^{3+}，I_2

⑤ Fe^{2+}，I_2　　⑥ Fe，I_2　　⑦ Fe^{3+}，Fe

9. 由电对 Fe^{3+}/Fe^{2+} 和 Ag^+/Ag 构成原电池。

① 写出标准状态时该原电池的符号；

② 写出电极反应式和电池反应式；

③ 计算该原电池的 $E^{\ominus}$。

10. 写出下列各原电池的电极反应式和电池反应式，并计算各原电池的电动势。

① $Zn|Zn^{2+}(0.01mol \cdot L^{-1}) \| Fe^{3+}(0.01mol \cdot L^{-1}), Fe^{2+}(0.001mol \cdot L^{-1})|Pt$

② $Cu|Cu^{2+}(0.01mol \cdot L^{-1}) \| Ag(0.1mol \cdot L^{-1})|Ag$

③ Pt，$H_2(100kPa)|H^+(1.0mol \cdot L^{-1}) \| Cl^-(0.1mol \cdot L^{-1})|Hg_2Cl_2(s)|Hg(l)$，Pt

11. 利用反应 $Pb + 2Ag^+ \longrightarrow Pb^{2+} + 2Ag$ 构成原电池。在铅半电池中 Pb^{2+} 浓度为 $1.0mol \cdot L^{-1}$，测得电池的电动势为 0.89V，求银半电池中 Ag^+ 的浓度。

12. 已知某原电池的正极是氢电极，且 $p(H_2) = 100kPa$，负极的电极电势是恒定的。当氢电极中溶液的 pH＝4.008 时，测得该原电池的电动势是 0.412V；如果氢电极中所用的溶液改为一未知 $c(H^+)$ 的缓冲溶液，重新测得原电池的电动势为 0.427V。计算该缓冲溶液的 pH，若该缓冲溶液中 $c(HA)=c(A^-)=1.0mol \cdot L^{-1}$，求该弱酸 HA 的电离常数。

13. 若 $c(Cr_2O_7^{2-})=c(Cr^{3+})=1mol \cdot L^{-1}$，$p(Cl_2)=1\times10^5 Pa$。下列情况能否利用反应

$$K_2Cr_2O_7+14HCl \longrightarrow 2CrCl_3+3Cl_2+2KCl+7H_2O$$

来制备氯气？

① 盐酸浓度为 $0.1mol \cdot L^{-1}$；

② 盐酸浓度为 $12mol \cdot L^{-1}$。

14. 已知：

$$H_3AsO_4+2H^++2e \rightleftharpoons H_3AsO_3+H_2O \qquad E^{\ominus}=0.560V$$

$$I_2+2e \rightleftharpoons 2I^- \qquad E^{\ominus}=0.5355V$$

反应 $H_3AsO_4+2I^-+2H^+ \rightleftharpoons H_3AsO_3+I_2+H_2O$

① 当 $c(H^+)=1\times10^{-7} mol \cdot L^{-1}$，其他有关组分仍处于标准状态时，反应向哪个方向进行？

② 当 $c(H^+)=6mol \cdot L^{-1}$，其他有关组分仍处于标准状态，反应向哪个方向进行？

③ 计算该反应的平衡常数 $K^{\ominus}$。

15. 某原电池的一个半电池是由金属银浸在 $1.0mol \cdot L^{-1}$ 的 Ag^+ 溶液中组成的，另一个半电池是由银片浸在 $c(Br^-)=1.0mol \cdot L^{-1}$ 的 AgBr 饱和溶液中组成的。以后者为负极，测得该原电池的电动势为 0.728V。试计算 $E^{\ominus}(AgBr/Ag)$ 和 $K_{sp}^{\ominus}(AgBr)$，并写出该原电池的电池符号。已知 $E^{\ominus}(Ag^+/Ag)=0.7996V$。

16. 试设计一原电池，计算 298.15K 时 $PbSO_4$ 的溶度积。

17. 已知：

$$O_2+4H^++4e \rightleftharpoons 2H_2O \qquad E^{\ominus}=1.229V$$

$$O_2+2H_2O+4e \rightleftharpoons 4OH^- \qquad E^{\ominus}=0.401V$$

求水的离子积 $K_w^{\ominus}$。

18. 计算电对 $Fe(OH)_3/Fe(OH)_2$ 的 $E^{\ominus}$。已知：$Fe^{3+}+e \rightleftharpoons Fe^{2+}$ $E^{\ominus}=0.771V$，$K_{sp}^{\ominus}[Fe(OH)_3]=4.0\times10^{-38}$，$K_{sp}^{\ominus}[Fe(OH)_2]=8.0\times10^{-16}$。

19. 根据有关数据计算 298.15K 时下列反应的 $K^{\ominus}$。

$$2Fe^{3+}+Fe \longrightarrow 3Fe^{2+}$$

20. 根据如下电势图判断：

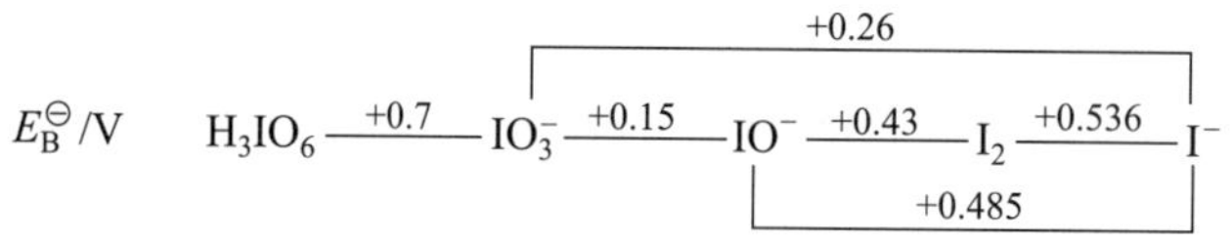

E_B^⊖/V
H3IO6
+0.7
IO3^-
+0.15
IO^-
+0.43
I2
+0.536
I^-
+0.26
+0.485

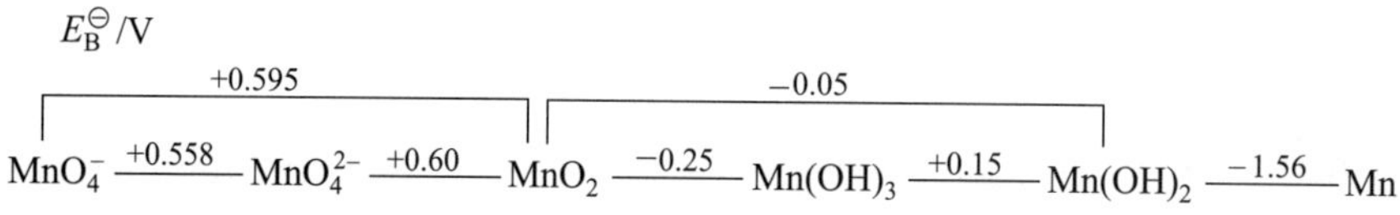

E_B^⊖/V
+0.595
−0.05
MnO4^-
+0.558
MnO4^2-
+0.60
MnO2
−0.25
Mn(OH)3
+0.15
Mn(OH)2
−1.56
Mn

① IO^- 在碱性溶液中能否稳定存在？

② MnO_4^{2-} 在碱性溶液中能否稳定存在？

③ 当 KI 溶液慢慢滴加到 $KMnO_4$ 的碱性溶液中时，反应的产物是什么？写出反应式。

④ 计算该反应的平衡常数 $K^{\ominus}$。

21. 已知锰在酸性介质中的元素的电势图：

$E_A^{\ominus}/V$

$$MnO_4^- \xrightarrow{+0.558} MnO_4^{2-} \xrightarrow{+2.265} MnO_2 \xrightarrow{+0.91} Mn^{3+} \xrightarrow{+1.541} Mn^{2+} \xrightarrow{-1.185} Mn$$

① 试判断哪些物质可以发生歧化反应，并写出歧化反应式。

② 计算 $E^{\ominus}(MnO_4^-/Mn^{2+})$。

22. 已知 $E^{\ominus}(H^+/H_2)=0.000V$，$E^{\ominus}(Ag^+/Ag)=0.7996V$，$K_{sp}^{\ominus}(AgI)=8.2\times10^{-17}$。

对反应 $2Ag+2H^{+}+2I^{-} \rightleftharpoons 2AgI+H_2$，当 $c(H^{+})=c(I^{-})=0.1mol \cdot L^{-1}$，$p(H_2)=1\times10^{5}Pa$ 时：

① 判断该反应进行的方向。

② 计算该反应的平衡常数 $K^{\ominus}$。

③ 写出该反应的原电池符号。

23. 以镍板为阳极，铁板为阴极，电解硫酸镍溶液，阴、阳两极有何现象？写出电极反应式。

24. 以铂作为电极，电解浓度为 $0.1mol \cdot L^{-1}$ 的 NaOH 溶液，其电解产物是什么？写出电极反应式。

25. 氢-氧燃料电池是如何工作的？写出电极反应式。

26. 试根据电极电势解释下列各现象：

① 金属铁能置换 Cu^{2+}，而 $FeCl_3$ 溶液又能溶解铜；

② H_2O_2 溶液不稳定，易分解；

③ Ag 不能置换 $1.0mol \cdot L^{-1}$ HCl 中的氢，但可置换 $0.1mol \cdot L^{-1}$ HI 中的氢。

7 配位化合物

配位化合物（coordination compounds），简称配合物。最初也把这类化合物称为络合物（complex compounds），意为复杂化合物，因为这些化合物都是由一些独立稳定存在的简单化合物进一步结合而形成的，如 $CoCl_3 \cdot 6NH_3$、$PtCl_2 \cdot 2NH_3$ 和 $KCN \cdot Fe(CN)_2 \cdot Fe(CN)_3$等。1891 年，瑞士化学家沃纳（Werner）提出了配位理论，奠定了配合物化学的基础。之后，人们逐渐发现绝大多数的无机化合物，包括盐类的水合晶体，都是以配合物的形式存在的，配合物也广泛存在于动、植物等有机体中。对配合物结构和性质的研究，加深和丰富了人们对元素性质的认识，推动了化学键和分子结构理论的发展，同时也促进了无机化学的发展。随着科学技术的进步，大量的新配合物的发现、合成及在各个领域的广泛应用，又促进了配合物研究的迅速发展，配合物化学已从无机化学的分支发展成为独立的一门学科——配位化学。本章将简要地介绍有关配合物的基础知识。

7.1 配合物的基本概念

7.1.1 配合物的定义

配合物一般是指由中心离子（或原子）与一定数目的配体（分子或离子）以配位键相结合而形成的具有一定空间构型的配位单元（复杂离子或化合物）[1]。例如$[Cu(NH_3)_4]^{2+}$、$[Fe(CN)_6]^{4-}$、$[Al(OH)_4]^{-}$、$[CoCl_3(NH_3)_3]$、$[Ni(CO)_4]$等。配位单元中的复杂离子称为配离子。根据配离子所带电荷的不同，又可分为配阳离子如$[Cu(NH_3)_4]^{2+}$、$[Ag(NH_3)_2]^{+}$等，配阴离子如$[Fe(CN)_6]^{4-}$、$[Al(OH)_4]^{-}$等。严格来说，只有配离子与相反电荷的离子组成的电中性化合物才能称为配合物，如$[Cu(NH_3)_4]SO_4$、$K_4[Fe(CN)_6]$、$Na[Al(OH)_4]$等。但有些配位单元本身不带电荷，是中性分子，如$[CoCl_3(NH_3)_3]$、$[Ni(CO)_4]$等，这样的配位单元就是配合物。所以，在配位化学中，配离子和配合物通常不作严格区分，有时也将配离子称为配合物。

7.1.2 配合物的组成

7.1.2.1 中心离子（或原子）

中心离子为配合物的核心部分，是配合物的形成体，它位于配离子的中心位置，例如$[Cu(NH_3)_4]^{2+}$中的Cu^{2+}、$[Fe(CN)_6]^{4-}$中的Fe^{2+}。中心离子必须具有可以接受孤电子对的空轨道，一般为带正电荷的阳离子，常见的为过渡金属离子。有少数配合物的形成体不是离子而是中性原子，例如 $[Ni(CO)_4]$、$[Fe(CO)_5]$ 中的 Ni、Fe 原子。所以，在配位化学中，也不将中心离子和中心原子作严格区分。

7.1.2.2 配体和配位原子

在配合物中和中心离子结合（配位）的分子或离子称为配（位）体。例如$[Cu(NH_3)_4]^{2+}$中的 NH_3、$[Fe(CN)_6]^{4-}$中的 CN^-。提供配体的物质称为配位剂。配体中与中心离子生成配位键的原子称为配位原子。配位原子提供孤电子对给中心离子的空轨道，从而形成配位

---

[1] 关于配合物的更为严格和完整的定义，请参阅《无机化学命名原则》（1980 年）。

键。例如 NH_3 分子中的 N 原子、CN^- 中的 C 原子。通常，配位原子是电负性较大的非金属原子，如 O、S、N、P、C、F、Cl、Br、I 等。

根据一个配体中所含配位原子数目的不同，配体可分为单齿配体和多齿配体。

单齿配体：只含有一个配位原子的配体，如 NH_3、H_2O、OH^-、CN^-、X^- 等。

多齿配体：含有两个或两个以上的配位原子的配体，如 $H_2\ddot{N}—CH_2—CH_2—\ddot{N}H_2$(乙二胺，en)、$H_2\ddot{N}—CH_2—CO\ddot{O}H$(氨基乙酸)、$(H\ddot{O}OC—CH_2)_2\ddot{N}—CH_2—CH_2—\ddot{N}(CH_2—CO\ddot{O}H)_2$(乙二胺四乙酸，EDTA）等。当形成配合物时，这些配体中所有的配位原子可同时与中心离子生成配位键。由多齿配体形成的配合物又称为螯合物。

7.1.2.3 配位数

在配合物中，直接与中心离子生成配位键的配位原子的总数，称为该中心离子的配位数。例如在 $[Ag(NH_3)_2]^+$ 中，Ag^+ 的配位数为 2；在 $[Cu(en)_2]^{2+}$ 中，Cu^{2+} 的配位数为 4；在 $[Fe(CO)_5]$ 中，Fe 的配位数为 5；在 $[CoCl_3(NH_3)_3]$ 中，Co^{3+} 的配位数为 6。目前已证实，在配合物中，中心离子的配位数可以为 1～12，其中最常见的配位数为 4 和 6。

中心离子配位数的大小，与中心离子和配体的性质（电荷、半径和电子层结构等）有关，另外还与形成配合物时的外界条件有关，增大配体浓度、降低反应温度均有利于形成高配位数配合物。在一定范围的外界条件下，中心离子有其特征的配位数。

7.1.2.4 配离子的电荷

配离子的电荷等于组成它的中心离子和配体总电荷的代数和。例如，Cu^{2+} 与 4 个 NH_3 配位生成 $[Cu(NH_3)_4]^{2+}$，配离子的电荷为＋2。

反之，由配离子的电荷可推算出中心离子的氧化态。例如，$[Fe(CN)_6]^{3-}$ 和$[Fe(CN)_6]^{4-}$ 中，Fe 的氧化态分别为＋3 和＋2。

7.1.2.5 配合物的内界和外界

从配合物的整体来看，配合物一般可分为内界和外界两个组成部分。内界为配合物的特征部分，是由中心离子和配体结合而成的一个相对稳定的整体，即配离子。在配合物的化学式中，用方括号表示。外界由与配离子电荷相反的其他离子组成，距离配离子的中心较远。下图以$[Cu(NH_3)_4]SO_4$ 和 $K_4[Fe(CN)_6]$为例，说明配合物的组成。

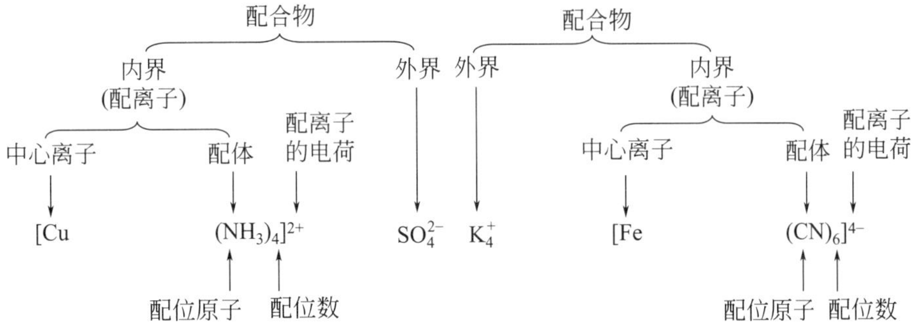

若配合物为中性分子，如$[CoCl_3(NH_3)_3]$、$[Ni(CO)_4]$等，则没有外界。

7.1.3 配合物的化学式和命名

7.1.3.1 配合物的化学式

配合物化学式的书写基本遵循一般无机化合物化学式的书写原则，即阳离子在前，阴离子在后，例如$[Cu(NH_3)_4]SO_4$、$K_4[Fe(CN)_6]$。在配离子的化学式中，先写出中心离子的元素符号，再依次是阴离子配体及中性分子配体，例如$[CrCl_2(H_2O)_4]^+$、$[CoCl(NH_3)_5]^{2+}$。同类配体的次序，为配位原子元素符号的英文字母顺序，例如$[CoCl_2(NH_3)_3(H_2O)]^+$、$[PtCl_2(OH)_2(NH_3)_2]^{2-}$。整个配离子的化学式括在方括号内。

7.1.3.2 配合物的命名

配合物的命名与一般无机化合物的命名相似。命名时阴离子在前，阳离子在后。若为配阳离子化合物，则在外界阴离子和配阳离子之间用“化”或“酸”字连接，叫做某化某或某酸某。若为配阴离子化合物，则在配离子和外界阳离子之间用“酸”字连接，叫做某酸某。若外界阳离子为氢离子，则在配阴离子之后缀以“酸”字，叫做某酸。

配合物的命名关键在于配离子的命名，配离子的命名按下列原则进行：

① 先命名配体，后命名中心离子。

② 在配体中，先阴离子后中性分子，不同配体之间用中圆点“·”分开，最后一个配体名称之后加“合”字。

③ 同类配体的名称的排列次序，按配位原子元素符号的英文字母顺序。

④ 同一配体的数目用倍数字头一、二、三、四等数字表示。

⑤ 中心离子的氧化态用带圆括号的罗马数字在中心离子之后表示出来。若中心离子的氧化态为 0，可以不表示出来。

此外，某些常见的配合物，除按系统命名外，还有习惯名称或俗名。一些配合物的化学式和命名示例列于表 7-1 中。

表 7-1 一些配合物的化学式和命名示例

化学式	系统命名	习惯名称
$H_2[SiF_6]$	六氟合硅(Ⅳ)酸	氟硅酸
$K_2[PtCl_6]$	六氯合铂(Ⅳ)酸钾	氯铂酸钾
$K_4[Fe(CN)_6]$	六氰合铁(Ⅱ)酸钾	亚铁氰化钾(黄血盐)
$K_3[Fe(CN)_6]$	六氰合铁(Ⅲ)酸钾	铁氰化钾(赤血盐)
$[Ag(NH_3)_2]OH$	氢氧化二氨合银(Ⅰ)	
$[Cu(NH_3)_4]SO_4$	硫酸四氨合铜(Ⅱ)	
$[Co(NH_3)_4(H_2O)_2]Cl_3$	三氯化四氨·二水合钴(Ⅲ)	
$[CrCl_2(H_2O)_4]Cl$	氯化二氯·四水合铬(Ⅲ)	
$[PtCl(NO_2)(NH_3)_4]SO_4$	硫酸一氯·一硝基·四氨合铂(Ⅳ)	
$[Zn(OH)(H_2O)_3]NO_3$	硝酸一羟基·三水合锌(Ⅱ)	
$[Ni(CO)_4]$	四羰基合镍	羰基镍
$[PtCl_2(en)]$	二氯·一乙二胺合铂(Ⅱ)	

7.2 配合物中的化学键模型

配合物中化学键的模型，目前主要有价键理论、晶体场理论和分子轨道理论。下面对前两种理论作简要讨论。

7.2.1 价键理论

1931 年，美国化学家鲍林把杂化轨道理论的概念应用于配合物中，以说明配合物的化学键本质和配合物的空间构型，后经逐步修正和补充完善，形成了配合物的价键理论。

7.2.1.1 价键理论的要点

① 中心离子（或原子）与配体形成配合物时，首先中心离子（或原子）以与配体所提供的孤电子对数相等的空的价层轨道进行杂化，然后，以空的杂化轨道与配位原子的充满孤

电子对的原子轨道相互重叠，接受配位原子提供的孤电子对，从而形成配位键（M← ：L)，这种化学键的本质是共价性的。

② 中心离子（或原子）的杂化轨道类型决定配合物的空间构型。

7.2.1.2 价键理论的应用

以几种常见配位数的配合物为例，用价键理论来说明其成键和空间构型。

（1）配位数为 2 的配离子　例如$[Ag(NH_3)_2]^+$中，中心离子 Ag^+ 的价电子层结构为：

其能级相近的 5s 和 5p 轨道是空的。当 Ag^+ 与 2 个 NH_3 结合为$[Ag(NH_3)_2]^+$时，Ag^+的 1 个 5s 和 1 个 5p 空轨道进行杂化，形成 2 个能量相同的 sp 杂化轨道，用来接受 2 个 NH_3 中的 N 原子提供的 2 对孤电子对而形成 2 个配位键，所以$[Ag(NH_3)_2]^+$的价电子分布为（虚线内杂化轨道中的共用电子对由配位原子提供）：

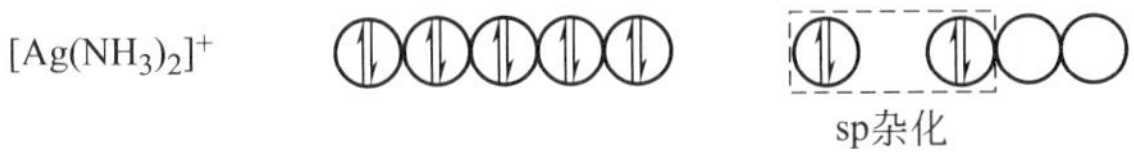

由于中心离子 Ag^+ 的 2 个 sp 杂化轨道为直线形取向，所以$[Ag(NH_3)_2]^+$的空间构型为直线形。

（2）配位数为 4 的配离子　例如配离子$[Ni(NH_3)_4]^{2+}$和$[Ni(CN)_4]^{2-}$中，Ni^{2+}的价电子层结构为：

其能级相近的 4s 和 4p 轨道是空的，当 Ni^{2+} 与 4 个 NH_3 结合成$[Ni(NH_3)_4]^{2+}$时，Ni^{2+}的 1 个 4s 和 3 个 4p 空轨道进行杂化，形成 4 个 sp^3 杂化轨道，用来接受 4 个 NH_3 分子中的 N 原子提供的 4 对孤电子对，形成 4 个配位键。所以$[Ni(NH_3)_4]^{2+}$的价电子分布为：

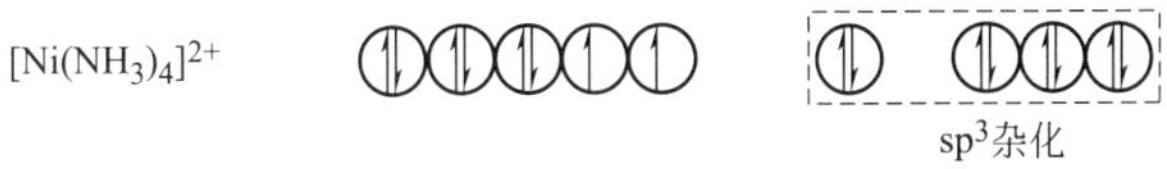

因为 sp^3 杂化轨道呈空间正四面体取向，所以$[Ni(NH_3)_4]^{2+}$的空间构型为正四面体型，Ni^{2+}位于正四面体的体心，4 个配位的 N 原子在正四面体的 4 个顶角上。

当 Ni^{2+} 与 4 个 CN^- 结合为$[Ni(CN)_4]^{2-}$时，Ni^{2+} 在配体 CN^- 的影响下，3d 电子发生重排，原有的两个自旋平行的成单电子配对，空出一个 3d 轨道，这个 3d 轨道和 1 个 4s、2 个 4p 空轨道进行杂化，形成 4 个 dsp^2 杂化轨道，接受 4 个 CN^- 中的 C 原子提供的 4 对孤电子对，形成 4 个配位键：

dsp^2 杂化轨道的空间取向为平面正方形的 4 个顶角，所以，$[Ni(CN)_4]^{2-}$的空间构型为平面正方形。Ni^{2+} 位于平面正方形的中心，4 个配位的 C 原子在平面正方形的 4 个顶角上。

（3）配位数为 6 的配离子　例如配离子$[FeF_6]^{3-}$和$[Fe(CN)_6]^{3-}$，Fe^{3+}的价电子层结构为：

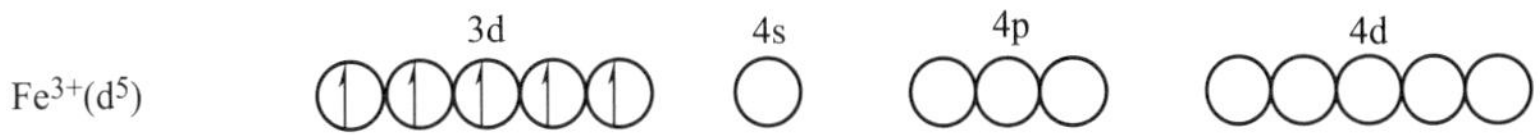

当 Fe^{3+} 与 6 个 F^- 结合为 $[FeF_6]^{3-}$ 时，Fe^{3+} 的 1 个 4s、3 个 4p 和 2 个 4d 空轨道进行杂化，形成 6 个 sp^3d^2 杂化轨道，接受由 6 个 F^- 提供的 6 对孤电子对，形成 6 个配位键：

$[FeF_6]^{3-}$ 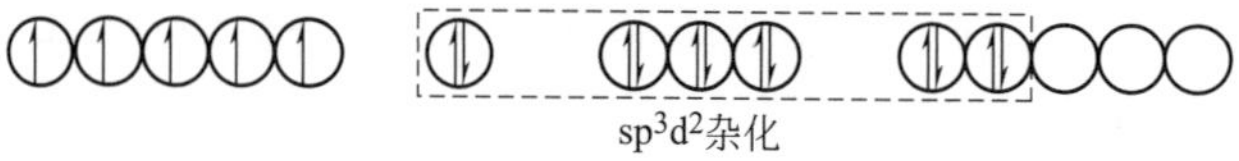

sp^3d^2 杂化轨道的空间取向指向正八面体的 6 个顶角，所以，$[FeF_6]^{3-}$ 的空间构型为正八面体，Fe^{3+} 位于正八面体的体心，6 个配位的 F^- 在正八面体的 6 个顶角上。

当 Fe^{3+} 与 6 个 CN^- 结合形成 $[Fe(CN)_6]^{3-}$ 时，Fe^{3+} 在配体 CN^- 的影响下，3d 电子发生重排，空出 2 个 3d 轨道，这 2 个 3d 轨道和 1 个 4s 轨道、3 个 4p 轨道进行杂化，形成 6 个 d^2sp^3 杂化轨道，接受 6 个 CN^- 中的 C 原子提供的 6 对孤电子对，形成 6 个配位键：

$[Fe(CN)_6]^{3-}$ 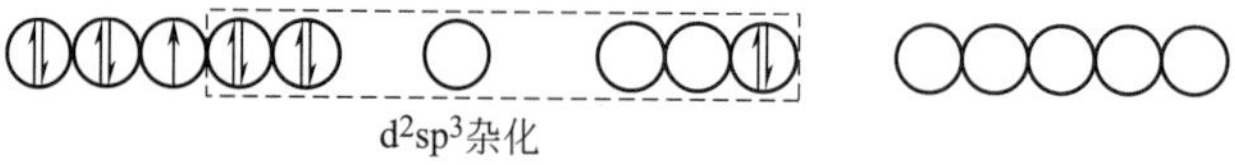

d^2sp^3 杂化轨道的空间取向也是正八面体结构，故 $[Fe(CN)_6]^{3-}$ 的空间构型也是正八面体。

常见的杂化轨道类型与配合物空间构型的关系列于表 7-2 中。

表 7-2　杂化轨道类型与配合物的空间构型

杂化轨道类型	配位数	空间构型	实　　例
sp	2	直线形 	$[Ag(NH_3)_2]^+$，$[Ag(CN)_2]^-$，$[Cu(NH_3)_2]^+$，$[CuCl_2]^-$
sp^2	3	平面正三角形 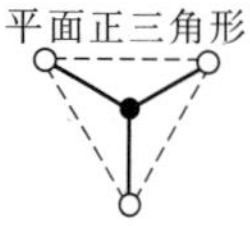	$[CuCl_3]^{2-}$，$[HgI_3]^-$
sp^3	4	正四面体 	$[Zn(NH_3)_4]^{2+}$，$[Ni(NH_3)_4]^{2+}$，$[Ni(CO)_4]$，$[HgI_4]^{2-}$，$[CoCl_4]^{2-}$，$[CdI_4]^{2-}$
dsp^2	4	平面正方形 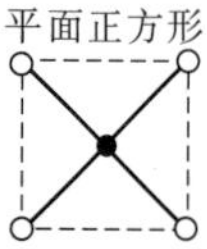	$[Ni(CN)_4]^{2-}$，$[Cu(NH_3)_4]^{2+}$，$[PtCl_4]^{2-}$，$[Cu(H_2O)_4]^{2+}$，$[Cu(CN)_4]^{2-}$
dsp^3	5	三角双锥体 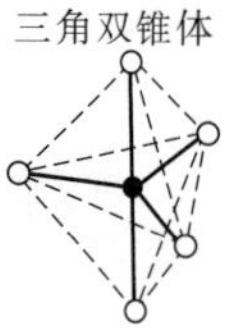	$[Fe(CO)_5]$，$[Co(CN)_5]^{3-}$，$[Ni(CN)_5]^{3-}$
sp^3d^2 d^2sp^3	6	正八面体 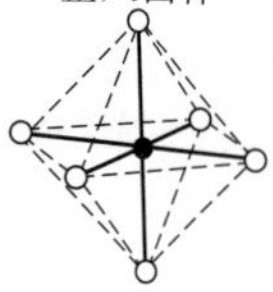	$[FeF_6]^{3-}$，$[CoF_6]^{3-}$，$[Co(NH_3)_6]^{2+}$，$[Co(NH_3)_6]^{3+}$，$[PtCl_6]^{2-}$，$[Fe(CN)_6]^{3-}$，$[Fe(CN)_6]^{4-}$

注：●为形成体；○为配体。

7.2.1.3 配合物的异构现象

配合物的异构现象是指化学组成相同而原子间的连接方式或排列方式不同而引起的配合物结构和性质不同的现象。配合物有很多种类的异构现象，其中较常见的是几何异构现象。

几何异构现象是由配体在空间的位置不同而产生的，它主要发生在配位数为 4 的平面正方形构型和配位数为 6 的八面体构型的配合物中。例如平面正方形结构的[$PtCl_2(NH_3)_2$]有两种几何异构体：

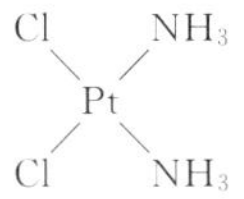

顺式(棕黄色)

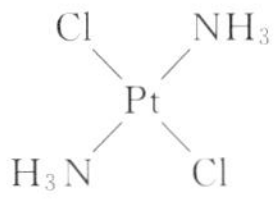

反式(淡黄色)

同种配体处于相邻的位置，称为顺式异构体；同种配体处于对角的位置，称为反式异构体。这两种异构体称为顺反异构体，它们的结构不同，性质也明显不同。顺式[$PtCl_2(NH_3)_2$]呈棕黄色，偶极矩 $\mu>0$，溶解度 0.25g·$(100gH_2O)^{-1}$，与乙二胺反应生成[$Pt(NH_3)_2(en)$]Cl_2；反式[$PtCl_2(NH_3)_2$]呈淡黄色，偶极矩 $\mu=0$，溶解度 0.037g·$(100gH_2O)^{-1}$，与乙二胺不反应。

配位数为 6 的八面体构型的配合物例如[$CrCl_2(NH_3)_4$]$^+$ 也会有顺反异构体：

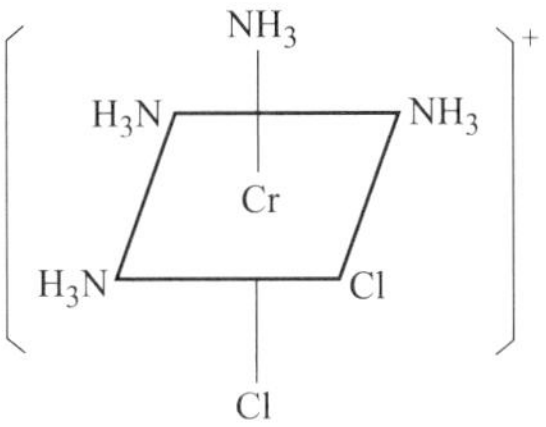

顺式(紫色)

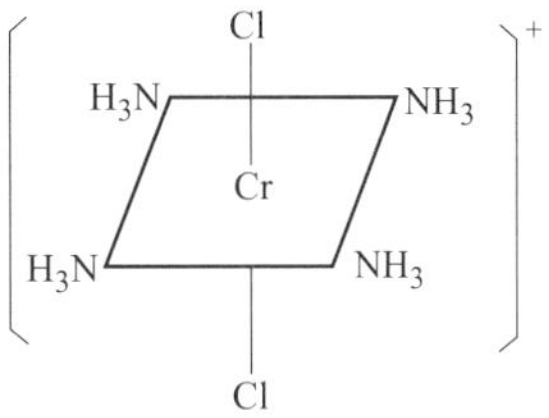

反式(绿色)

除几何异构现象外，配合物还有其他的异构现象。如[$Cr(H_2O)_6$]Cl_3（紫色）、[$CrCl(H_2O)_5$]Cl_2·H_2O（绿色）和[$CrCl_2(H_2O)_4$]Cl·$2H_2O$（深绿色），由于 H_2O 分子的位置不同而产生的异构现象称为水合异构，这三种配合物互为水合异构体。又如，在[$Cr(SCN)(H_2O)_5$]$^{2+}$和[$Cr(NCS)(H_2O)_5$]$^{2+}$中，前者以 S 原子配位，后者以 N 原子配位，由于配位原子不同而产生的异构现象称为键合异构，这两种配合物互为键合异构体。

7.2.1.4 配位键的键型与配合物的类型

中心离子以最外层的原子轨道（ns，np，nd）形成杂化轨道，和配位原子形成的配位键，称为外轨配键，相应的配合物称为外轨型配合物，如[$Ag(NH_3)_2$]$^+$、[FeF_6]$^{3-}$ 和[$Ni(NH_3)_4$]$^{2+}$ 。

若中心离子形成的杂化轨道中有部分次外层的原子轨道参与，如（$n-1$）d 轨道，则形成的配位键称为内轨配键，相应的配合物称为内轨型配合物。如 [$Ni(CN)_4$]$^{2-}$ 和 [$Fe(CN)_6$]$^{3-}$ 。

由于（$n-1$）d 轨道的能量低于 nd 轨道，在配位数相同的情况下，同一中心离子的内轨型配合物比外轨型配合物更稳定。例如，[$Fe(CN)_6$]$^{3-}$ 的稳定性大于[FeF_6]$^{3-}$ 。

7.2.1.5 配合物的磁性与键型的关系

物质的磁性与组成物质的分子、原子或离子中电子的自旋运动有关。物质磁性的强弱用磁矩（μ）表示。$\mu=0$ 的物质，说明其中电子都已成对，物质具有反磁性。$\mu>0$ 的物质，说明其中有未成对电子，物质具有顺磁性[1]。磁矩随物质内部未成对电子数的增多而增大。假定配体中的电子都已成对，配离子的磁矩可用“唯自旋”公式近似计算：

---

[1] 关于物质的磁性可参见 11.1.7 节内容。

$$\mu=\sqrt{n(n+2)} \tag{7-1}$$

式中，n 为未成对电子数；磁矩 μ 的单位为玻尔磁子，B. M. 。

配合物的磁矩的理论值与其未成对电子数 n 的关系列于表 7-3 中。

表 7-3 配合物的磁矩的理论值与其未成对电子数 n 的关系

n	1	2	3	4	5
μ/B. M.	1.73	2.83	3.87	4.90	5.92

由于配合物的磁矩与配合物内部中心离子的未成对电子数有直接的关系，所以通过实验测定配合物的磁矩，根据式(7-1) 就可以计算出中心离子的未成对电子数 n，从而可以推断出中心离子在形成配合物时其内层 d 电子是否发生电子重排，进而可以确定该配位键的键型和配合物的类型。

【例 7-1】 实验测得$[FeF_6]^{3-}$和$[Fe(CN)_6]^{3-}$的磁矩分别为 5.3B. M. 和 2.3B. M.，试推断中心离子的杂化轨道类型和配离子的空间构型，配合物属内轨型还是外轨型。

解 Fe^{3+} 为 d^5 电子构型，即自由状态时未成对电子数为 5，其电子排布为：

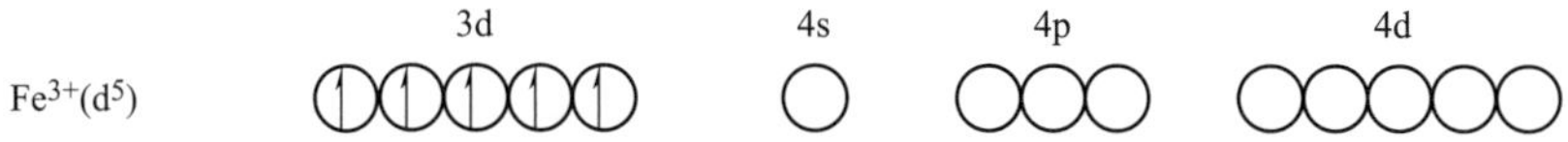

生成 $[FeF_6]^{3-}$ 后，其磁矩为 5.3 B. M.，根据式(7-1)，可得：

$$\mu=\sqrt{n(n+2)}=5.3 \qquad n\approx5$$

表明在 $[FeF_6]^{3-}$ 中，中心离子 Fe^{3+} 仍有 5 个未成对电子，其电子排布与自由状态时相同。

所以，中心离子的杂化轨道类型是 sp^3d^2，配离子的空间构型为正八面体，是外轨配键，$[FeF_6]^{3-}$ 属外轨型配合物。

对于$[Fe(CN)_6]^{3-}$，实验测得的磁矩为 2.3B. M.，可得：

$$\mu=\sqrt{n(n+2)}=2.3 \qquad n\approx1$$

表明在$[Fe(CN)_6]^{3-}$中，中心离子 Fe^{3+} 只有 1 个未成对电子，d 电子在配体的影响下发生了电子重排，其电子排布与自由状态时不同。

因此，中心离子的杂化轨道类型是 d^2sp^3，配离子的空间构型为正八面体，是内轨配键，$[Fe(CN)_6]^{3-}$ 为内轨型配合物。

磁矩的测定是确定配位键键型的一种较有效的方法，但它只能适用于某一些中心离子所形成的配合物，而像 Cu^{2+}(d^9)、Cr^{3+}(d^3) 等中心离子所形成的配合物，其未成对电子数与成键时是否利用$(n-1)$d 轨道无关。

价键理论较成功地说明了配合物的空间构型、配位数和磁性等问题。而且该理论的概念简单明确，易于接受，因此，在配位化学的发展过程中，起了非常重要的推动作用。但是，价键理论也有其局限性，如它不能解释为什么同一个中心离子与不同的配体形成配合物时，可能采用不同的杂化轨道成键；不能定量解释配合物的稳定性规律，不能说明为什么配合物一般会有特征颜色等。因此，随着晶体场理论和分子轨道理论的发展和应用，目前已很少用单一的价键理论来说明配合物的结构和性质了。

7.2.2 晶体场理论

1929 年，贝塞（H. Bethe）等在研究离子晶体时提出了晶体场理论。晶体场理论以静电理论为基础，把配体看做是点电荷或偶极子，再考虑它们对中心离子最外层 d 轨道的影响。这个理论最早应用于物理学的某些领域中，直到 20 世纪 50 年代，才开始广泛应用于处理配合物的化学键问题。

7.2.2.1 晶体场理论的要点

晶体场理论是针对含有 d 电子的过渡元素的配合物提出的，其基本要点如下：

① 在配合物中，中心离子和配体（阴离子或极性分子）之间为静电作用，并将配体看做点电荷。

② 中心离子的 5 个简并的 d 轨道受周围配体负电场的排斥作用，能级发生分裂，有些轨道能量较高，有些则较低。

③ 由于 d 轨道能级的分裂，d 轨道上的电子将重新排布，系统的总能量降低。

7.2.2.2 中心离子 d 轨道的能级分裂

当没有与配体发生作用（中心离子处于自由状态），中心离子的 5 个 d 轨道虽然空间取向不同，但具有相同的能量（E_0）。如果中心离子被一个带负电荷的球形电场包围，d 轨道受到球形场的静电排斥，各 d 轨道的能量都将升高（E_s）。因为 5 个 d 轨道都垂直地指向球壳，每个 d 轨道受到的静电排斥力是相同的，所以能级并不发生分裂，如图 7-1 所示。

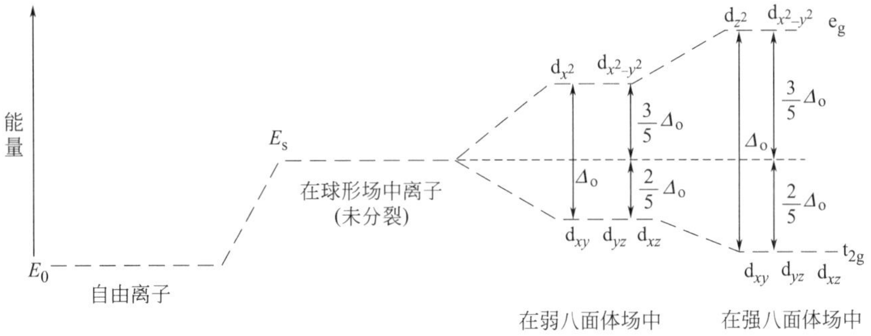

图 7-1 d 轨道能级在八面体场中的分裂

在空间构型为八面体的配合物中，6 个配体分别占据八面体的 6 个顶点，由此产生的静电场叫做八面体场。6 个配体各沿着 $\pm x$、$\pm y$、$\pm z$ 坐标轴的方向，接近中心离子（如图 7-2所示）形成八面体配合物时，一方面，带正电荷的中心离子与带负电荷的配体（或极性分子带负电的一端）相互吸引；另一方面，中心离子 d 轨道上的电子受到配体负电场的排斥，5 个 d 轨道的能量相对于自由离子状态都将升高。但是，升高的程度不同。由于 d_{z^2} 和 $d_{x^2-y^2}$ 轨道与配体处于“迎头相碰”的位置，所以这两个轨道中的电子受到的静电排斥力较大，能量比球形场中要高，但能量升高的程度相同，形成二个简并轨道。而 d_{xy}、d_{yz} 和 d_{xz} 轨道却正好处在配体的空隙中间，所以这 3 个 d 轨道中电子受到的静电排斥力较小，它们的能量比球形场中要低，但仍然要比中心离子处于自由状态时 d 轨道的能量高。这 3 个 d 轨道除了极大值所在的平面不同外，形状和受周围负电场的影响均相同，所以形成三个简并轨道。这样，在八面体场配体的影响下，原来能级相等的 5 个 d 轨道分裂为两组（如图 7-1 所示），一组为能量较高的 d_{z^2} 和 $d_{x^2-y^2}$ 轨道，这组轨道称为 e_g 轨道。另一组为能量较低的 d_{xy}、d_{yz} 和 d_{xz} 轨道，这组轨道称为 t_{2g} 轨道。这种能级分裂的现象称为晶体场分裂。配体的电场越强，d 轨道能级分裂的程度越大，如图 7-1 所示。

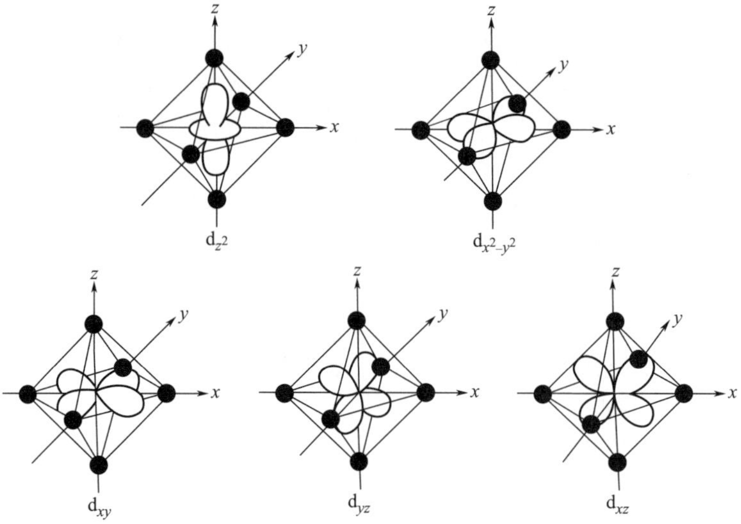

图 7-2　正八面体配合物中 5 个 d 轨道与配体的相对位置示意图

其他空间构型的配合物，如正四面体、平面正方形、三角双锥体等，由于配体所形成的电场与八面体场不同，中心离子 d 轨道的分裂情况也不同，分裂的程度也就不同。

7.2.2.3　晶体场分裂能及其影响因素

(1) 晶体场分裂能　中心离子的 d 轨道在不同的配合物中，不仅能级分裂的情况不同，而且分裂的程度也不同。d 轨道分裂后的最高能级和最低能级之间的能量差称为晶体场分裂能，通常用 Δ 表示。例如八面体场中的分裂能 Δ_o[1]为：

$$\Delta_o = E_{e_g} - E_{t_{2g}} \tag{7-2}$$

这相当于一个电子由 t_{2g}轨道跃迁到 e_g 轨道所需要的能量，这种电子在 d 轨道之间的跃迁叫做 d-d 跃迁。晶体场分裂能的大小可通过配合物的吸收光谱实验测得。

(2) 影响晶体场分裂能的主要因素

① 配合物的空间构型　在同种配体、同种中心离子且配体与中心离子距离相同的条件下，配合物的空间构型不同，分裂能的大小也不同。

② 配体的性质　同种中心离子与不同的配体形成相同空间构型的配合物时，分裂能的大小随配体电场的强弱而变化。不同的配体有不同的电场强度，配体电场愈强，分裂能愈大。例如 Cr^{3+} 与不同配体形成八面体配合物时的分裂能列于表 7-4 中。

表 7-4　不同配体的晶体场分裂能

配离子	$[CrCl_6]^{3-}$	$[CrF_6]^{3-}$	$[Cr(H_2O)_6]^{3+}$	$[Cr(NH_3)_6]^{3+}$	$[Cr(en)_3]^{3+}$	$[Cr(CN)_6]^{3-}$
Δ_o/cm^{-1}	13600	15300	17400	21600	21900	26300

将各种不同的配体，按其与同一中心离子生成的八面体配合物的分裂能由小到大的顺序排列，得：

弱场配体⟶ 强场配体

$$I^- < Br^- < SCN^- \approx Cl^- < F^- < OH^- < C_2O_4^{2-} < H_2O < NCS^- < EDTA <$$
$$NH_3 < en < SO_3^{2-} < NO_2^- < CN^- \approx CO$$

---

[1] Δ_o中的下标“o”表示八面体 (octahedron)。

这个顺序是从配合物的吸收光谱实验获得的，故称为光谱化学序。它代表了配体电场的强弱顺序，排在左边的配体称为弱场配体，排在右边的配体称为强场配体。

③ 中心离子的电荷　同一过渡金属与同种配体形成相同空间构型的配合物时，高氧化态配合物比低氧化态配合物的分裂能大。这是由于随着中心离子正电荷数的增加，配体更靠近中心离子，从而对中心离子的 d 轨道产生的排斥较大。第四周期过渡金属的某些 M^{2+} 和 M^{3+} 水合配离子的分裂能列于表 7-5 中。

表 7-5　某些$[M(H_2O)_6]^{2+}$和$[M(H_2O)_6]^{3+}$配离子的分裂能 Δ_o/cm^{-1}

中心离子	V	Cr	Mn	Fe	Co
$[M(H_2O)_6]^{2+}$	12600	13900	7800	10400	9300
$[M(H_2O)_6]^{3+}$	17700	17400	21000	13700	18600

④ 中心离子所属的周期数　相同氧化态的同族过渡金属离子与同种配体形成相同空间构型的配合物时，分裂能随中心离子在周期表中所属的周期数的增加而增大，这主要是由于与 3d 轨道相比，4d、5d 轨道伸展得较远，与配体更接近，受配体电场的排斥较大。例如：

	$[CrCl_6]^{2+}$	$[MoCl_6]^{3-}$
Δ_o/cm^{-1}	13600	19200
	$[RhCl_6]^{3-}$	$[IrCl_6]^{3-}$
Δ_o/cm^{-1}	20300	24900

7.2.2.4　配合物的颜色

d-d 跃迁的能量和分裂能相当。对八面体构型的配合物，Δ_o一般为 1～3eV，此能量范围恰好落在可见光区，所以，具有 1～9 个 d 电子的中心离子所形成的配合物，大多是有颜色的。

可见光（白光）的波长、相应的能量以及颜色如图 7-3 所示。

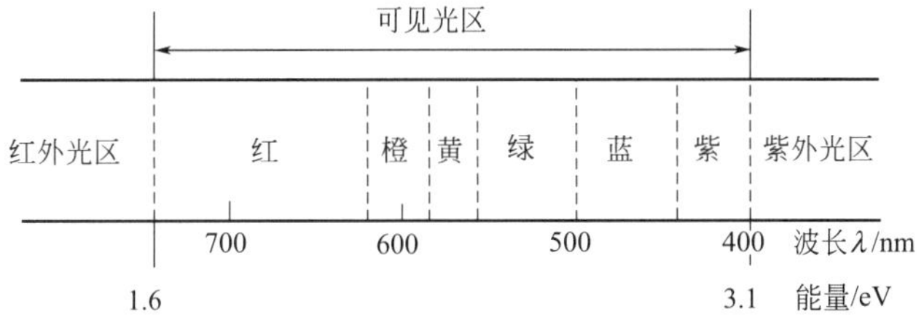

图 7-3　可见光的波长和能量范围

当可见光照射到物体上时会出现几种情况：若所有波长的可见光全部被物体吸收，则物体显黑色；若完全不被吸收（全部反射）或全部透过，则物体显白色或无色；若物体对所有波长的光吸收程度都差不多，则显灰色；若物体只选择性地吸收白光中某一波长的光，则物体显这一波长的光的互补色，如图 7-4 所示。

以只有 1 个 d 电子的 Ti^{3+} 的配合物$[Ti(H_2O)_6]^{3+}$为例，$[Ti(H_2O)_6]^{3+}$的分裂能 $\Delta_o=20300cm^{-1}$，当白光照射含有$[Ti(H_2O)_6]^{3+}$的溶液时，其中能量为 $20300cm^{-1}$（相当于波长约 500nm）[1] 的蓝绿色光被配合物吸收（如图 7-5 所示），同时发生 d-d 跃迁，如图 7-6 所示，所以$[Ti(H_2O)_6]^{3+}$呈现与蓝绿光相对应的互补色——紫红色。

[1] 波数和波长互为倒数。波数（cm^{-1}）$\times 1.986\times 10^{-23}$为焦耳（J）。波数（$cm^{-1}$）$\times 1.240$ 为电子伏特（eV）。

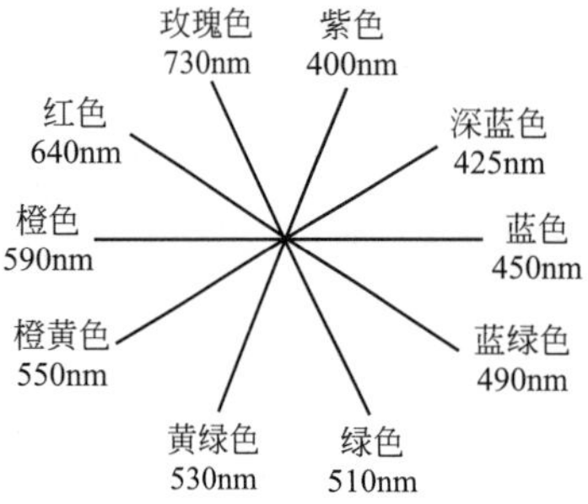

图 7-4　白光的互补色关系图

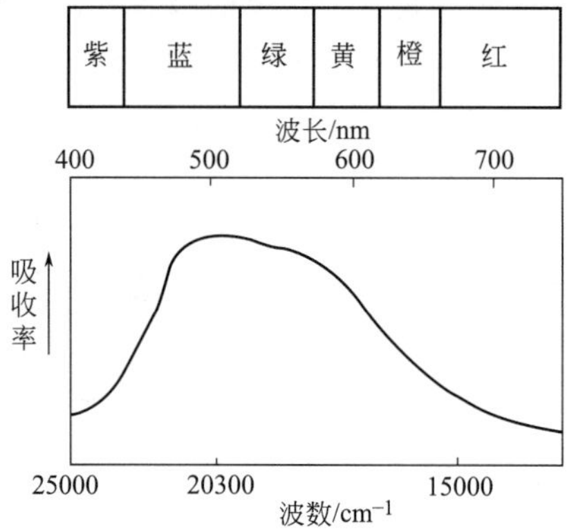

图 7-5　$[Ti(H_2O)_6]^{3+}$ 的吸收光谱

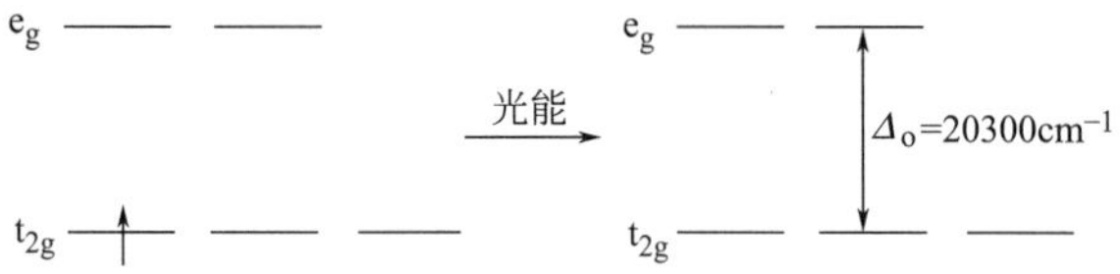

图 7-6　$[Ti(H_2O)_6]^{3+}$ 中的 d-d 跃迁

对于不同的中心离子或不同的配体，Δ_o值不相同，d-d 跃迁时吸收的可见光的波长不同，配离子也就显现出不同的颜色。如果中心离子的 d 轨道全空（d^0）或全满（d^{10}），则不能发生这种 d-d 跃迁，其配离子是无色的。

7.2.2.5　配合物的磁性

同一中心离子与不同配体所形成的配合物，其分裂能大小不同，这种差别有时会使某些中心离子的 d 电子产生不同的排布状态，导致未成对电子数不相同，配合物的磁性也就不同。在八面体场中，d 轨道分裂为 t_{2g}和 e_g 两组，中心离子的 d 电子在 t_{2g}和 e_g 轨道中的排布，同样必须服从能量最低原理、泡利不相容原理和洪特规则。

对于具有 d^1～d^3 电子构型的中心离子，当其形成八面体配合物时，d 电子优先排布在能量较低的 t_{2g}轨道上，且自旋平行，d 电子的排布方式只有一种。例如 $Cr^{3+}(d^3)$：

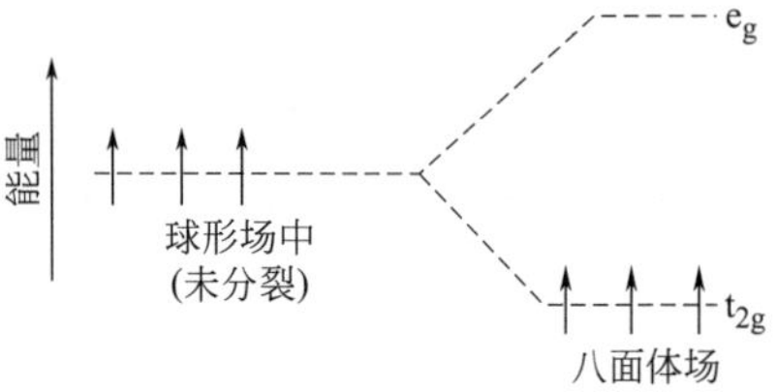

$Cr^{3+}(d^3)$ 在八面体场中 d 电子的排布方式可表示为 $t_{2g}^3e_g^0$。

对于具有 d^4～d^7 电子构型的离子，在八面体场中，d 电子可有两种排布方式。

以 d^4 电子构型的离子（如 Cr^{2+}、Mn^{3+}）为例。第一种排布方式，其第 4 个电子进入 e_g 轨道，此时需要克服分裂能 Δ_o，这种排布方式为 $t_{2g}^3e_g^1$，未成对电子数相对较多，磁矩较大，称为高自旋排布，相应的配合物称为高自旋配合物。第二种排布方式，其第 4 个电子进入 t_{2g}轨道，此时需要克服两个电子相互排斥而消耗的能量，称电子成对能（E_p），这种排布方式为 $t_{2g}^4e_g^0$，未成对电子数相对较少，磁矩较小，称为低自旋排布，相应的配合物称为低自旋配合物。

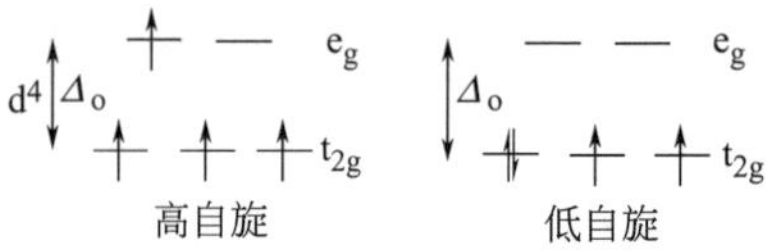

中心离子 d 轨道上的电子究竟按何种方式排布，取决于分裂能 Δ_o和电子成对能 E_p 的相对大小。

若 $\Delta_o < E_p$，电子难成对，而优先进入 e_g 轨道，保持较多的成单电子，形成高自旋排布。

若 $\Delta_o > E_p$，电子尽可能占据能量低的 t_{2g}轨道而配对，成单电子数减少，形成低自旋排布。

同样，d^5、d^6、d^7 电子构型的离子，其 d 电子也可有两种排布方式：

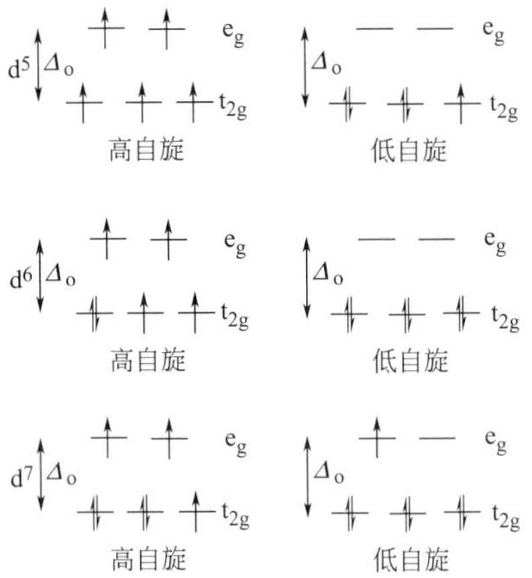

而对于具有 $d^8 \sim d^{10}$电子构型的离子，与 $d^1 \sim d^3$ 电子构型的离子一样，不管分裂能的大小，其 d 电子的排布只有一种方式，并无高低自旋之分。

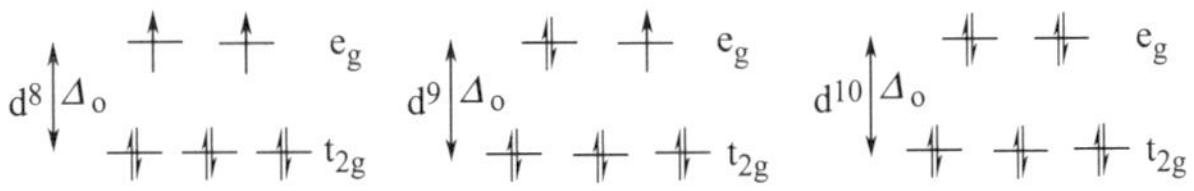

E_p 的大小可以从自由状态的中心离子的光谱实验数据估算得到，不同的中心离子的 E_p 值有所不同，但相差不大。Δ_o值的大小却随着中心离子的不同，尤其是随配体的不同而有很大的变化。这样，中心离子 d 电子的排布方式就主要取决于 Δ_o值的大小。在强场配体（如 CN^-）作用下，分裂能较大，此时 $\Delta_o > E_p$，易形成低自旋配合物。在弱场配体（如 F^-）作用下，分裂能较小，此时 $\Delta_o < E_p$，则易形成高自旋配合物。

7.2.2.6 晶体场稳定化能

根据晶体场的能级分裂，可以计算八面体场中 e_g 轨道和 t_{2g}轨道的相对能量。一个中心离子由球形场转入八面体场，d 轨道在分裂前后的总能量应当保持不变。以球形场中 d 轨道的能量 E_s 为相对标准，可令 $E_s = 0$，则

$$2E_{e_g} + 3E_{t_{2g}} = 5E_s = 0 \tag{7-3}$$

又

$$E_{e_g} - E_{t_{2g}} = \Delta_o$$

联立二式，可得

$$E_{e_g} = +\frac{3}{5}\Delta_o = +0.6\Delta_o$$

$$E_{t_{2g}} = -\frac{2}{5}\Delta_o = -0.4\Delta_o$$

即在八面体场中，d 轨道能级分裂的结果，与球形场中未分裂前相比较，e_g 轨道的能量

升高了 $0.6\Delta_o$，而 t_{2g}轨道的能量则降低了 $0.4\Delta_o$。这样，d 电子进入分裂后的轨道与进入未分裂的轨道相比，系统的总能量会有所降低，这个能量降低的总值称为晶体场稳定化能(CFSE)❶。

例如，Cr^{3+}(d^3) 在八面体场中，其电子排布为 t_{2g}^3，则晶体场稳定化能为：

$$CFSE=3E_{t_{2g}}=3\times(-0.4\Delta_o)=-1.2\Delta_o$$

又如，Co^{2+}(d^7) 在弱场中为高自旋排布 $t_{2g}^5e_g^2$。考虑电子成对能 E_p 对稳定化能的影响，$t_{2g}^5e_g^2$ 排布中有 2 对电子配对，而 7 个 d 电子进入未分裂的 d 轨道时同样也有 2 对电子成对，所以它们正好互相抵消。因此：

$$CFSE=5E_{t_{2g}}+2E_{e_g}=5\times(-0.4\Delta_o)+2\times(+0.6\Delta_o)=-0.8\Delta_o$$

在强场中，Co^{2+}为低自旋排布 $t_{2g}^6e_g^1$。因为 $t_{2g}^6e_g^1$ 排布中有 3 对电子配对，比在未分裂的 d 轨道中排布时多出一对，所以，需多付出一对电子成对所需要的能量 E_p。因此：

$$CFSE=6E_{t_{2g}}+E_{e_g}+E_p=6\times(-0.4\Delta_o)+0.6\Delta_o+E_p=-1.8\Delta_o+E_p$$

由此可见，晶体场稳定化能与中心离子的 d 电子数有关，也与晶体场的场强有关，此外还与配合物的空间构型有关。中心离子的 d 电子在八面体场中的排布及对应的晶体场稳定化能列于表 7-6 中。

表 7-6　d 电子在八面体场中的排布及对应的晶体场稳定化能

d^n	弱场				强场			
	d 电子排布方式		未成对电子数	CFSE	d 电子排布方式		未成对电子数	CFSE
	t_{2g}	e_g			t_{2g}	e_g		
d^1	1		1	$-0.4\Delta_o$	1		1	$-0.4\Delta_o$
d^2	2		2	$-0.8\Delta_o$	2		2	$-0.8\Delta_o$
d^3	3		3	$-1.2\Delta_o$	3		3	$-1.2\Delta_o$
d^4	3	1	4	$-0.6\Delta_o$	4		2	$-1.6\Delta_o+E_p$
d^5	3	2	5	$0.0\Delta_o$	5		1	$-2.0\Delta_o+2E_p$
d^6	4	2	4	$-0.4\Delta_o$	6		0	$-2.4\Delta_o+2E_p$
d^7	5	2	3	$-0.8\Delta_o$	6	1	1	$-1.8\Delta_o+E_p$
d^8	6	2	2	$-1.2\Delta_o$	6	2	2	$-1.2\Delta_o$
d^9	6	3	1	$-0.6\Delta_o$	6	3	1	$-0.6\Delta_o$
d^{10}	6	4	0	$0.0\Delta_o$	6	4	0	$0.0\Delta_o$

由表 7-6 可见，$d^4\sim d^7$ 构型的中心离子，在弱场和强场配体作用下，d 电子的排布方式有高、低自旋之分，其对应的晶体场稳定化能是不同的。对 $d^1\sim d^3$ 和 $d^8\sim d^{10}$构型的中心离子，无论是弱场还是强场情况，d 电子的排布方式均只有一种。不过，虽然 d 电子的排布方式相同，但由于配体电场的强度不同，分裂能 Δ_o值不同，因此，其不同配合物的晶体场稳定化能也是有差别的。

在相同条件下晶体场稳定化能值越负（代数值越小），系统的能量越低，配合物越稳定。

晶体场理论较好地解释了配合物的颜色、磁性、稳定性等问题。但是，它以中心离子和配体间是静电作用为出发点，并只考虑配体对中心离子的 d 轨道的影响，所以它不能说明为什么像[$Fe(CO)_5$]这样一类中心离子为（电）中性原子的配合物可以稳定存在，也不能满意地解释光谱化学序，为什么中性的 NH_3 分子的场强比卤素阴离子强，以及为什么 CN^- 和 CO 配体的场强最强。晶体场理论的局限性正是由于它只考虑配位键的离子性，而忽略了配位键的共价性

❶ CFSE 表示 Crystal Field Stabilization Energy。

所引起的。对此，人们进行了修正，在晶体场理论的基础上，吸收分子轨道理论的优点，既考虑中心离子和配体间的静电作用，又考虑它们之间的共价结合，从而提出了较为完善的理论，即配体场理论和分子轨道理论。限于本课程的基本要求，本书中对此不作介绍。

7.3 配位平衡

7.3.1 配合物的不稳定常数和稳定常数

7.3.1.1 不稳定常数

一般来说，配合物的内界（配离子）与外界之间是以离子键结合的，在水溶液中完全电离为配离子和外界离子。例如：

$$[Cu(NH_3)_4]SO_4 \longrightarrow [Cu(NH_3)_4]^{2+} + SO_4^{2-}$$

因此，当在该溶液中加入 $BaCl_2$ 溶液时，会产生白色 $BaSO_4$ 沉淀。而加入稀 NaOH 溶液时，并没有 $Cu(OH)_2$ 沉淀生成，但在加入 Na_2S 溶液时，则有黑色的 CuS 沉淀生成，这说明溶液中确有少量的 Cu^{2+} 存在，即溶液中既存在 Cu^{2+} 和 NH_3 的配位反应，又存在 $[Cu(NH_3)_4]^{2+}$ 的解离反应，因而在溶液中就存在一个配离子和它的组分离子之间的平衡，即配位平衡。

$[Cu(NH_3)_4]^{2+}$ 在水溶液中能微弱地解离出 Cu^{2+}，即存在着配离子的解离平衡：

$$[Cu(NH_3)_4]^{2+} \rightleftharpoons Cu^{2+} + 4NH_3$$

解离出来的 Cu^{2+} 的量很小，不足以生成溶度积相对较大的 $Cu(OH)_2$ 沉淀，但可以生成了溶度积很小的 CuS 沉淀。解离平衡的平衡常数可表示为：

$$K^{\ominus} = \frac{[Cu^{2+}][NH_3]^4}{[Cu(NH_3)_4^{2+}]} \tag{7-4}$$

式中，$K^{\ominus}$ 为配离子的解离平衡的平衡常数，又称为配离子的不稳定常数，用 $K^{\ominus}_{不稳}$ 表示。它表示配离子在溶液中解离的难易。$K^{\ominus}_{不稳}$ 值越大，配离子越易解离，即越不稳定。

实际上，配离子的解离是分步（级）进行的。例如，$[Cu(NH_3)_4]^{2+}$ 配离子的解离是分四步进行，相应地有四个解离平衡常数（称为分步不稳定常数）：

第一步解离 $[Cu(NH_3)_4]^{2+} \rightleftharpoons [Cu(NH_3)_3]^{2+} + NH_3$

$$K^{\ominus}_{不稳(1)} = \frac{[Cu(NH_3)_3^{2+}][NH_3]}{[Cu(NH_3)_4^{2+}]}$$

第二步解离 $[Cu(NH_3)_3]^{2+} \rightleftharpoons [Cu(NH_3)_2]^{2+} + NH_3$

$$K^{\ominus}_{不稳(2)} = \frac{[Cu(NH_3)_2^{2+}][NH_3]}{[Cu(NH_3)_3^{2+}]}$$

第三步解离 $[Cu(NH_3)_2]^{2+} \rightleftharpoons [Cu(NH_3)]^{2+} + NH_3$

$$K^{\ominus}_{不稳(3)} = \frac{[Cu(NH_3)^{2+}][NH_3]}{[Cu(NH_3)_2^{2+}]}$$

第四步解离 $[Cu(NH_3)]^{2+} \rightleftharpoons Cu^{2+} + NH_3$

$$K^{\ominus}_{不稳(4)} = \frac{[Cu^{2+}][NH_3]}{[Cu(NH_3)^{2+}]}$$

将 $[Cu(NH_3)_4]^{2+}$ 的各步解离平衡反应相加，即可得总的解离平衡：

$$[Cu(NH_3)_4]^{2+} \rightleftharpoons Cu^{2+} + 4NH_3$$

根据多重平衡规则：

$$K^{\ominus}_{不稳}=\frac{[Cu^{2+}][NH_3]^4}{[Cu(NH_3)_4^{2+}]}$$
$$=K^{\ominus}_{不稳(1)}K^{\ominus}_{不稳(2)}K^{\ominus}_{不稳(3)}K^{\ominus}_{不稳(4)}$$

配离子的不稳定常数，是配离子的特征常数。附录Ⅵ列出了一些配离子的不稳定常数。利用不稳定常数，可以比较相同类型的配离子在水溶液中的稳定性。例如$K^{\ominus}_{不稳}[Ag(CN)_2^-]\approx 10^{-22}$、$K^{\ominus}_{不稳}[Ag(NH_3)_2^+]\approx 10^{-8}$，因此在水溶液中$[Ag(CN)_2]^-$比$[Ag(NH_3)_2]^+$要稳定得多。

7.3.1.2　稳定常数

配离子的稳定常数是该配离子的生成反应（配位反应）的平衡常数。例如：

$$Cu^{2+}+4NH_3 \rightleftharpoons [Cu(NH_3)_4]^{2+}$$

$$K^{\ominus}_{稳}=\frac{[Cu(NH_3)_4^{2+}]}{[Cu^{2+}][NH_3]^4} \tag{7-5}$$

$K^{\ominus}_{稳}$值越大，表示该配离子越稳定。显然，$K^{\ominus}_{稳}$和$K^{\ominus}_{不稳}$分别从不同的方向表示了配离子的稳定性，两者之间具有互为倒数的关系：

$$K^{\ominus}_{稳}=\frac{1}{K^{\ominus}_{不稳}} \tag{7-6}$$

同理，中心离子与配体形成配离子时，也是分步进行的。因此对每一步配位反应，都有相应的稳定常数，称为分步稳定常数（或逐级稳定常数），它们分别是相应的分步不稳定常数的倒数。

7.3.2　应用不稳定常数的计算

7.3.2.1　配合物溶液中离子浓度的计算

由于配离子在溶液中是分步解离的，故需考虑各级配离子的存在，计算较复杂。但在实际工作中，通常总是使用过量的配位剂，由于配体的过量，使绝大部分中心离子处于最高配位数，而其他低配位数的各级配离子可以忽略不计，这样使用总的解离平衡来计算溶液中有关离子的浓度，而不会引起很大的误差。

【例 7-2】 将 $0.02mol\cdot L^{-1}$的 $CuSO_4$ 溶液和 $1.08mol\cdot L^{-1}$的 $NH_3\cdot H_2O$ 溶液等体积混合，求混合后溶液中 Cu^{2+} 的浓度。

解　两溶液等体积混合后，各物质的浓度为原来的一半，由于 $NH_3\cdot H_2O$ 过量，可先假定所有的 Cu^{2+} 全部生成了$[Cu(NH_3)_4]^{2+}$。则

$$c[Cu(NH_3)_4^{2+}]=0.02\times\frac{1}{2}=0.01mol\cdot L^{-1}$$

$$c(NH_3)=1.08\times\frac{1}{2}-0.01\times 4=0.50mol\cdot L^{-1}$$

设到达解离平衡时溶液中 Cu^{2+} 的浓度为 $x\,mol\cdot L^{-1}$，则：

	$[Cu(NH_3)_4]^{2+} \rightleftharpoons$	Cu^{2+} +	$4NH_3$
平衡浓度/$mol\cdot L^{-1}$	$0.01-x$	x	$0.50+4x$

则

$$K^{\ominus}_{不稳}=\frac{[Cu^{2+}][NH_3]^4}{[Cu(NH_3)_4^{2+}]}=\frac{x(0.50+4x)^4}{0.01-x}=4.8\times 10^{-14}$$

$K^{\ominus}_{不稳}$值很小，而且溶液中过量 NH_3 产生的同离子效应，进一步抑制了$[Cu(NH_3)_4]^{2+}$的解离，所以 x 实际是一个很小的数值。则 $0.01-x\approx 0.01$，$0.50+4x\approx 0.50$。

上式可简化为：
$$\frac{x\times 0.50^4}{0.01}=4.8\times10^{-14}$$
$$x=7.7\times10^{-15}$$
即
$$c(Cu^{2+})=7.7\times10^{-15}\,mol\cdot L^{-1}$$
两溶液混合后，溶液中 Cu^{2+} 浓度为 $7.7\times10^{-15}\,mol\cdot L^{-1}$。

7.3.2.2 配离子和沉淀之间的转化

在含有配离子的溶液中，加入某些沉淀剂，配离子有可能转化为沉淀。同样，在难溶沉淀中加入配位剂，沉淀有可能转化为配离子而溶解。这种配离子和沉淀之间的相互转化，是配位反应与沉淀反应的竞争，其竞争能力的大小主要取决于配离子的 $K^{\ominus}_{不稳}$ 和难溶沉淀的 $K^{\ominus}_{sp}$，哪一方能使溶液中金属离子的浓度降得更低，转化反应向那一方进行的倾向就越大。

【例 7-3】 在 1L【例 7-2】所述的混合溶液中加入 0.001mol NaOH 固体，有无 $Cu(OH)_2$ 沉淀生成？若加入 0.001mol Na_2S 固体，有无 CuS 沉淀生成？

解 ① 加入 0.001mol NaOH 后，溶液中 $c(OH^-)=0.001mol\cdot L^{-1}$。

则离子积
$$Q=[Cu^{2+}][OH^-]^2=7.7\times10^{-15}\times0.001^2$$
$$=7.7\times10^{-21}<K^{\ominus}_{sp}[Cu(OH)_2]=2.2\times10^{-20}$$
所以加入 0.001mol NaOH 固体后，溶液中无 $Cu(OH)_2$ 沉淀生成。

② 加入 0.001mol Na_2S 后，溶液中 $c(S^{2-})=0.001mol\cdot L^{-1}$（未考虑 S^{2-} 的水解）
$$Q=[Cu^{2+}][S^{2-}]=7.7\times10^{-15}\times0.001$$
$$=7.7\times10^{-18}>K^{\ominus}_{sp}(CuS)=6.3\times10^{-36}$$
所以加入 0.001mol Na_2S 固体后，溶液中有 CuS 沉淀生成。

[若考虑 Na_2S 的水解，则 $c(S^{2-})=1.2\times10^{-4}\,mol\cdot L^{-1}$，仍有 CuS 沉淀生成。]

【例 7-4】 问需用 1L 浓度为多少的氨水才能溶解 0.1mol AgCl 固体？

解 溶液中同时存在两个平衡：
$$AgCl(s)\rightleftharpoons Ag^+ + Cl^- \qquad K^{\ominus}_{sp}(AgCl)$$
$$Ag^+ + 2NH_3 \rightleftharpoons [Ag(NH_3)_2]^+ \qquad \frac{1}{K^{\ominus}_{不稳}[Ag(NH_3)_2^+]}$$
两式相加，即为转化反应：$AgCl+2NH_3 \rightleftharpoons [Ag(NH_3)_2]^+ + Cl^-$
$$K^{\ominus}=\frac{[Ag(NH_3)_2^+][Cl^-]}{[NH_3]^2}=\frac{K^{\ominus}_{sp}(AgCl)}{K^{\ominus}_{不稳}[Ag(NH_3)_2^+]}$$
$$=\frac{1.8\times10^{-10}}{9.1\times10^{-8}}=2.0\times10^{-3}$$

假定 AgCl 溶解后，全部转化为$[Ag(NH_3)_2]^+$，实际上$[Ag(NH_3)_2]^+$会发生部分解离，但解离的量很微小，则 $c[Ag(NH_3)_2^+]=0.1mol\cdot L^{-1}$，$c(Cl^-)=0.1mol\cdot L^{-1}$。

所以
$$[NH_3]=\sqrt{\frac{[Ag(NH_3)_2^+][Cl^-]}{K^{\ominus}}}=\sqrt{\frac{0.1\times0.1}{2.0\times10^{-3}}}=2.2$$
即
$$c(NH_3)=2.2mol\cdot L^{-1}$$
氨水的起始浓度应为平衡浓度加上反应消耗氨水的量，为：$2.2+0.1\times2=2.4mol\cdot L^{-1}$，所以氨水的浓度至少为 $2.4mol\cdot L^{-1}$。

7.3.2.3 配离子之间的转化

当溶液中存在两种能与同一金属离子生成配离子的配体时，就会发生两个配位反应之间的竞争，配离子转化反应进行的方向，主要取决于两种配离子的稳定性的大小，转化反应总是向着生成更稳定、更难解离的配离子的方向进行。例如：

$$[Ag(NH_3)_2]^+ + 2CN^- \rightleftharpoons [Ag(CN)_2]^- + 2NH_3$$

$$K^{\ominus} = \frac{[Ag(CN)_2^-][NH_3]^2}{[Ag(NH_3)_2^+][CN^-]^2}$$

分子分母同乘 $[Ag^+]$： $$K^{\ominus} = \frac{[Ag(CN)_2^-][NH_3]^2[Ag^+]}{[Ag(NH_3)_2^+][CN^-]^2[Ag^+]}$$

$$= \frac{K^{\ominus}_{不稳}[Ag(NH_3)_2^+]}{K^{\ominus}_{不稳}[Ag(CN)_2^-]} = \frac{9.1\times10^{-8}}{7.9\times10^{-22}} = 1.2\times10^{14}$$

$K^{\ominus}$值很大，说明上述转化反应向着生成$[Ag(CN)_2]^-$配离子的方向进行，接近完全。当两种配离子的稳定性差别不大时，配离子的转化反应不完全。例如：

$$[Ag(NH_3)_2]^+ + 2SCN^- \rightleftharpoons [Ag(SCN)_2]^- + 2NH_3$$

$$K^{\ominus} = \frac{[Ag(SCN)_2^-][NH_3]^2}{[Ag(NH_3)_2^+][SCN^-]^2}$$

$$= \frac{K^{\ominus}_{不稳}[Ag(NH_3)_2^+]}{K^{\ominus}_{不稳}[Ag(SCN)_2^-]} = \frac{9.1\times10^{-8}}{2.7\times10^{-8}} = 3.4$$

从转化反应的平衡常数 $K^{\ominus}$值的大小，可知这一反应的可逆性比较明显。增大 SCN^- 的浓度，有利于$[Ag(NH_3)_2]^+$转化成$[Ag(SCN)_2]^-$；反之用较浓的氨水，则可促使$[Ag(SCN)_2]^-$转化成为$[Ag(NH_3)_2]^+$。

配离子的转化反应具有普遍性。金属离子在水溶液中的配位反应也是配离子的转化反应。例如：

$$Cu^{2+} + 4NH_3 \rightleftharpoons [Cu(NH_3)_4]^{2+}$$

实为 $[Cu(H_2O)_4]^{2+}$ 的转化反应：

$$[Cu(H_2O)_4]^{2+} + 4NH_3 \rightleftharpoons [Cu(NH_3)_4]^{2+} + 4H_2O$$

只是水合配离子中的 H_2O 分子通常不表示出来，而惯用 Cu^{2+} 表示。

7.3.2.4 配离子的电极电势

配离子的形成会使溶液中金属离子的浓度发生变化，从而引起电极电势的变化。

【例 7-5】 计算$[Ag(NH_3)_2]^+ + e \rightleftharpoons Ag + 2NH_3$ 的 $E^{\ominus}[Ag(NH_3)_2^+/Ag]$。已知：$E^{\ominus}(Ag^+/Ag) = 0.799V$，$K^{\ominus}_{不稳}[Ag(NH_3)_2^+] = 9.1\times10^{-8}$。

解 对电极反应 $[Ag(NH_3)_2]^+ + e \rightleftharpoons Ag + 2NH_3$

根据标准状态的定义，$c[Ag(NH_3)_2^+] = 1.0mol \cdot L^{-1}$、$c(NH_3) = 1.0mol \cdot L^{-1}$时电对$[Ag(NH_3)_2^+/Ag]$的电极电势即为标准电极电势 $E^{\ominus}$。

对溶液中同时存在的 $[Ag(NH_3)_2]^+$ 的解离平衡，此时有：

$$[Ag(NH_3)_2]^+ \rightleftharpoons Ag^+ + 2NH_3$$

平衡浓度/$mol \cdot L^{-1}$　　1.0　　x　　1.0

$$K^{\ominus}_{不稳}[Ag(NH_3)_2^+] = \frac{[Ag^+][NH_3]^2}{[Ag(NH_3)_2^+]} = \frac{x\times1.0^2}{1.0}$$

$$x = [Ag^+] = K^{\ominus}_{不稳}[Ag(NH_3)_2^+] = 9.1\times10^{-8}$$

即 $$c(Ag^+) = 9.1\times10^{-8}mol \cdot L^{-1}$$

求电对 $[Ag(NH_3)_2^+/Ag]$ 的 $E^{\ominus}$值，可以转化为求电对 (Ag^+/Ag) 在 $c(Ag^+) = 9.1\times10^{-8}mol \cdot L^{-1}$时的 E 值。该 E 值即为电对 $[Ag(NH_3)_2^+ + /Ag]$ 的 $E^{\ominus}$值。

由 $$Ag^+ + e \rightleftharpoons Ag$$

$$E(Ag^+/Ag) = E^\ominus(Ag^+/Ag) + \frac{0.0592}{1}\lg[Ag^+] = E^\ominus[Ag(NH_3)_2^+/Ag]$$

所以 $$E^\ominus[Ag(NH_3)_2^+/Ag] = 0.799 + 0.0592\lg(9.1\times10^{-8}) = 0.38V$$

可见当 Ag^+ 形成配离子后，Ag^+ 的浓度减少，$E(Ag^+/Ag)$ 减小，此时单质银的还原能力增强。

配离子的形成会改变电对的电极电势，从而可能使氧化还原反应进行的方向和难易发生变化。例如 Fe^{3+} 可以氧化 I^-：

$$2Fe^{3+} + 2I^- \rightleftharpoons 2Fe^{2+} + I_2$$

若在溶液中加入 F^-，由于生成了较稳定的 $[FeF_6]^{3-}$ 配离子，使溶液中 Fe^{3+} 的浓度大大降低，导致电对 Fe^{3+}/Fe^{2+} 的电极电势大大下降，从而使上述反应逆向进行。又如金属 Pt 不能溶于 HNO_3，但当溶液中含有大量的 Cl^- 时（王水中），因高氧化态的 Pt^{4+} 形成 $[PtCl_6]^{2-}$ 配离子，致使电对 $[PtCl_6^{2-}/Pt]$ 的电极电势大幅降低，Pt 在王水中的溶解（氧化反应）便能顺利进行。其反应为：

$$3Pt + 4NO_3^- + 18Cl^- + 16H^+ \longrightarrow 3[PtCl_6]^{2-} + 4NO + 8H_2O$$

7.4 配合物的应用

配合物是一类十分重要的化合物，已广泛应用于科学研究和工业生产中的许多领域，如化学分析、生物化学、医药、配位催化、电镀、湿法冶金、水质处理、环境保护、原子能工业、造纸工业、食品工业、半导体、激光材料、染料等。下面仅选择几个方面作简要介绍。

7.4.1 在化学分析中的应用

许多配合物都具有特征的颜色，因此在化学分析中常用于某些金属离子的鉴定。例如 Fe^{3+} 和 NCS^- 可形成深红色的配离子：

$$Fe^{3+} + NCS^- \longrightarrow [Fe(NCS)]^{2+}$$

这个反应可鉴定 Fe^{3+}，而且颇为灵敏，当溶液中 Fe^{3+} 的浓度低至约 $2\times10^{-4}mol\cdot L^{-1}$ 时，所形成的配离子仍能使溶液呈现出可察觉的红色。根据红色的深浅程度还可以通过比色法测定溶液中 Fe^{3+} 的含量。

又如，丁二酮肟可与 Ni^{2+} 反应产生鲜红色沉淀，$[Cu(NH_3)_4]^{2+}$ 为深蓝色，$[Co(NCS)_4]^{2-}$ 在丙酮中显鲜蓝色，这些特征颜色的产生都可以作为鉴定相关离子存在的依据。

在定量分析中，配位滴定法是其中重要的分析方法之一，所依据的原理就是配合物的形成和相互转化，常用的分析试剂为 EDTA。

在多种金属离子共同存在时，要测定其中某一金属离子，其他金属离子往往会与试剂发生同类反应而干扰测定。例如 Cu^{2+} 和 Fe^{3+} 都会氧化 I^- 成为 I_2，因此在用 I^- 来定量测定 Cu^{2+} 时，共存的 Fe^{3+} 就会产生干扰，如果加入 F^- 或 PO_4^{3-}，使 Fe^{3+} 生成稳定的 $[FeF_6]^{3-}$ 或 $[Fe(HPO_4)]^+$ 就能防止 Fe^{3+} 的干扰。

7.4.2 在冶金工业中的应用

7.4.2.1 *湿法冶金提取贵金属*

所谓湿法冶金就是用水溶液直接从矿石中将金属以化合物的形式浸取出来，然后再进一步还原成金属的方法。对于稀有金属的提取，湿法冶金最为有效。例如通过形成配合物可从矿石中提取金。将黄金含量很低的矿石粉碎后用 NaCN 溶液浸渍，并通入空气，可以将矿石中的金几乎完全浸出。反应如下：

$$4Au+8CN^-+2H_2O+O_2 \longrightarrow 4[Au(CN)_2]^-+4OH^-$$

再将含有 $[Au(CN)_2]^-$ 的浸出液用活泼金属（如 Zn）还原，即可得单质金：

$$Zn+2[Au(CN)_2]^- \longrightarrow 2Au+[Zn(CN)_4]^{2-}$$

再如，电解铜的阳极泥可能含有 Au、Pt 等贵金属，可用王水使其生成配合物而溶解，然后再从溶液中分离回收贵金属。

7.4.2.2 制备高纯金属

几乎所有的过渡金属都能生成羰基化合物，有些金属甚至可以直接与 CO 反应生成羰基化合物。而羰基化合物的熔点和沸点一般比相应的金属化合物低，易挥发，受热易分解为金属和 CO，因此常用于分离或提纯金属。通常是先制成金属羰基化合物，并使之挥发与杂质分离，最后加热分解羰基化合物，即可得到高纯度金属。

例如，利用此法可制备用于制造磁铁芯和催化剂的高纯铁粉：

$$Fe+5CO \xrightarrow[20MPa]{200℃} [Fe(CO)_5] \xrightarrow{200\sim250℃} 5CO+Fe$$

7.4.3 在元素分离中的应用

有些元素的性质十分相似，用一般的方法难以分离。但可利用它们形成配合物的稳定性差别和溶解度的不同来进行分离。

例如，Zr 和 Hf 的离子半径几乎相等，性质相似，用一般的方法很难分离。但用配位剂 KF，可使 Zr(Ⅳ) 和 Hf(Ⅳ) 分别生成配合物 $K_2[ZrF_6]$ 和 $K_2[HfF_6]$，由于 $K_2[HfF_6]$ 的溶解度比 $K_2[ZrF_6]$ 大两倍，便可将它们分离开来。

溶剂萃取对痕量元素的分离和富集特别有效。在大多数无机物的萃取过程中，都有被萃取的物质与萃取剂之间的配位反应，生成的配合物进入有机相，其他的杂质则留在水相。例如核燃料的提取和分离，就是在 HNO_3 溶液中加入萃取剂 TBP（磷酸三丁酯），金属离子和 TBP 生成中性配合物进入苯有机相，从而与其他杂质分离。

7.4.4 配位催化

利用配合物的形成对反应起催化作用，称为配位催化。配位催化广泛应用于有机合成中，有些已应用于工业生产。例如，以 $PdCl_2$ 为催化剂，利用 Pd^{2+} 与 C_2H_4 形成配合物，使 C_2H_4 在常温常压下被催化氧化为 CH_3CHO。

$$C_2H_4+\frac{1}{2}O_2 \xrightarrow[\text{在稀 HCl 中}]{PdCl_2,CuCl_2} CH_3CHO$$

7.4.5 在生物和医药方面的应用

金属配合物在生物化学中起着广泛而重要的作用。生物体中的许多酶其本身就是金属离子的配合物，生物体内的各种代谢、能量的转换、传递，很多是通过金属离子与有机体生成的复杂配合物而起作用的。例如，与生物体的呼吸作用有密切关系的血红蛋白是 Fe^{2+} 和球蛋白以及 H_2O 所形成的配合物，其中配位的 H_2O 分子可与 O_2 交换：

$$\text{血红蛋白}\cdot H_2O(aq)+O_2(g) \rightleftharpoons \text{血红蛋白}\cdot O_2(aq)+H_2O(l)$$

血红蛋白在肺部与 O_2 结合，然后随着血液循环将 O_2 释放给其他需要 O_2 的细胞组织。当有 CO 气体存在时，CO 会与血红蛋白中的 Fe^{2+} 生成更稳定的配合物，血红蛋白中的 O_2 被 CO 置换而失去输氧功能，这就是煤气（含 CO）中毒的原因。又如，植物中的叶绿素是以 Mg^{2+} 为中心离子的配合物，它能进行光合作用，将 CO_2、H_2O 合成为糖类，把太阳能转变为化学能。

在医药领域中，配合物作为药物，是治疗某些疾病的一种重要方法。例如，EDTA 和钙的配合物是铅中毒的高效解毒剂。当给中毒人员注射溶有 $Na_2[Ca(EDTA)]$ 的生理盐水后：

$$Pb^{2+} + [Ca(EDTA)]^{2-} \rightleftharpoons Ca^{2+} + [Pb(EDTA)]^{2-}$$

这是因为 $[Pb(EDTA)]^{2-}$ 比 $[Ca(EDTA)]^{2-}$ 更稳定，且 $[Pb(EDTA)]^{2-}$ 和剩余的 $[Ca(EDTA)]^{2-}$ 均可随尿液从人体排出，从而达到了解除铅毒的目的。又如顺式 $[PtCl_2(NH_3)_2]$（顺铂）有显著的肿瘤抑制作用，顺铂在进入癌细胞后解离出两个 Cl^-，攻击 DNA 的碱基，形成碱基-铂-碱基结构，抑制 DNA 的复制，阻止癌细胞的继续分裂，起到治疗癌症的作用。

7.5 配位化学的发展现状

自从 1893 年瑞士化学家维尔纳（A. Werner）创立配位化学已来，配位化学一直是无机化学的一个前沿领域。经过化学家们 100 多年的努力，当代的配位化学正沿着广度、深度和应用三个方向发展。

从广度看，配位化学研究供体和受体之间的相互作用。这种相互作用，可以存在于无机物之间、有机物之间、无机物和有机物之间；可以存在于物质的固态、液态和气态；可以存在于反应的始态、终态或中间态。对这种相互作用的深入研究，使配位化学成为许多化学分支的理论基础，同时也促进了配位化学和有机化学、物理化学、分析化学、高分子化学、环境化学、材料化学、固体化学、生物化学等相关学科的相互渗透，使其成为贯通众多学科的交叉点。许多新的前沿领域，如原子簇合物化学、金属有机化学、生物无机化学、大环化学、超分子化学等，都是在配位化学的基础上逐步孕育出来的。

从深度看，迄今为止已有 20 多位与配位化学研究有关的学者获得了诺贝尔化学奖，如维尔纳（A. Werner）创建配位化学，齐格勒（K. Ziegler）和纳塔（G. Natta）发明金属烯烃催化剂，威尔金森（J. Wilkinson）和费歇尔（E. Fisher）合成出二茂铁夹心化合物，陶布（H. Taube）提出固氮反应机理，莱恩（J. Lehn）、佩德森（C. Pederson）和克拉姆（D. Cram）对于超分子化学的研究工作等。

从应用看，配合物的传统应用继续得到发展，如金属簇合物作为均相催化剂，螯合物稳定性差异在湿法冶金和元素分析、分离中的应用等。随着高新技术的日益发展，具有特殊物理、化学和生物功能的功能配合物的研究不断取得进展。如小分子配体配合物，微型和巨型原子族，混合价态、非常氧化态、非常配位数配合物等。配合物特别是新型配合物，或具有优异的分离分析性能，或具有独特的催化活性，或具有特殊的光、电、热、磁特性，或具有仿生功能和治疗作用，因而应用非常广泛。以 Lehn 为代表的学者所倡导的超分子化学已成为当今配位化学发展的另一个主要热点。超分子化学可定义为分子间弱相互作用和分子组装的化学。分子间的相互作用形成了各种化学、物理和生物中高选择性的识别、反应、传递和调制过程。而这些过程就导致超分子的光电功能和分子器件的发展。正如 Lehn 所指出，超分子化学可以看作是广义的配位化学，另一方面，配位化学又包含在超分子化学概念之中。配位化学的原理和规律，无疑将在分子水平上，对未来复杂的分子层次以上聚集态体系的研究起重要作用。因此，超分子化学的产生和发展不但扩充了配位化学的内涵，也为未来配位化学的发展注入了新的活力。

思 考 题

1. 解释下列各组名词：

中心离子和配位原子　内界和外界　配合物和螯合物　弱场配体和强场配体

高自旋和低自旋　t_{2g}轨道和 e_g 轨道　分裂能和晶体场稳定化能

2. 配合物有哪些组成部分？它们之间有何关系？

3. 何谓配位剂、配体、配位原子和配位数？

4. 如何划分单齿配体和多齿配体？

5. 简述配合物命名的原则。

6. 概述价键理论的要点。

7. 杂化轨道类型与配合物的空间构型的关系如何？

8. 判别内轨型与外轨型配合物的依据是什么？

9. 概述晶体场理论的要点。

10. 晶体场分裂能的大小与哪些因素有关？

11. 什么是光谱化学序？

12. 为什么过渡金属的配离子往往带有颜色？

13. 说明配合物的 $K^{\ominus}_{不稳}$ 和 $K^{\ominus}_{稳}$ 的意义。它们之间有何关系？

14. 配离子与难溶沉淀之间相互转化的难易及完全程度与哪些因素有关？

15. 当金属离子形成配离子后，其电极电势将发生何种变化？为什么？

习 题

1. 指出下列配离子的中心离子、配体、配位原子和配位数。

配离子	中心离子	配体	配位原子	配位数
$[Ag(NH_3)_2]^+$				
$[Cu(NH_3)_4]^{2+}$				
$[Cr(H_2O)_6]^{3+}$				
$[PtCl(NH_3)_5]^{3+}$				
$[Co(en)_3]^{3+}$				
$[Ca(EDTA)]^{2-}$				

2. 命名下列配合物。

$[Cu(NH_3)_4]SO_4$　　$H_2[PtCl_6]$　　$[Co(en)_3]Cl_3$

$[CrCl_2(NH_3)_2(H_2O)_2]Cl$　　$Cu[SiF_6]$　　$[Cu(NH_3)_4][PtCl_4]$

3. 写出下列配合物的化学式。

六氯合铂（Ⅳ）酸钾　　二（草酸根）·二氨合钴（Ⅲ）酸钙　　五羰基合铁

氢氧化六氨合铬（Ⅲ）　　六氟合硅（Ⅳ）酸钠　　硫酸一硝基·五氨合钴（Ⅲ）

4. 根据实验测得的磁矩，用价键理论判断下列配合物中中心离子的未成对电子数、杂化轨道类型、配离子的空间构型和配合物的类型（列表表示）。

① $[CoF_6]^{3-}$　5.2　B. M.

② $[Co(NH_3)_6]^{3+}$　0　B. M.

③ $[Fe(H_2O)_6]^{3+}$　5.4　B. M.

④ $[Mn(CN)_6]^{4-}$　1.8　B. M.

5. 实验测得 $[MnBr_4]^{2-}$ 和 $[Mn(CN)_6]^{3-}$ 的磁矩分别为 5.9B.M. 和 2.8B.M.，试根据价键理论推断这两种配离子中中心离子的未成对电子数、杂化轨道类型、配离子的空间构型、配位键的键型和配合物的类型，画出中心离子配位前后的价层电子分布图。

6. 假定配合物 $[PtCl_4(NH_3)_2]$ 的中心离子以 d^2sp^3 杂化轨道和配体形成配位键，指出其空间构型并画出其可能存在的所有几何异构体的图形。

7. 有 A、B 两个组成相同但颜色不同的配合物，它们的化学式均为 $CoBr(SO_4)(NH_3)_5$。在红色配合物 A 的溶液中加入 $AgNO_3$ 后生成黄色沉淀，但加入 $BaCl_2$ 后没有沉淀生成；在紫色配合物 B 的溶液中加入 $BaCl_2$ 后生成白色沉淀，但加入 $AgNO_3$ 后没有沉淀生成。分别写出配合物 A、B 的结构简式并命名。

8. 已知 $[FeF_6]^{3-}$ 的分裂能小于电子成对能，问中心离子的 d 电子在 t_{2g}、e_g 轨道上的排布方式如何？估计其磁矩为多少？该配合物是高自旋还是低自旋配合物？

9. 已知 $[Fe(CN)_6]^{4-}$ 的分裂能大于电子成对能，问中心离子的 d 电子在 t_{2g}、e_g 轨道上的排布方式如何？估计其磁矩为多少？该配合物是高自旋还是低自旋配合物？

10. 电子构型为 $d^1 \sim d^{10}$ 的过渡金属离子，在八面体配合物中，哪些有高、低自旋之分？哪些没有？为什么？

11. 用晶体场理论定性说明 Fe^{2+} 和 Fe^{3+} 的水合离子的颜色不同的原因。

12. 在 100mL 0.20mol·L^{-1} 的 $AgNO_3$ 溶液中加入等体积的浓度为 1.00mol·L^{-1} 的 $NH_3 \cdot H_2O$。

① 计算达到平衡时溶液中 Ag^+、$[Ag(NH_3)_2]^+$ 和 NH_3 的浓度。

② 溶液中加入 0.010mol NaCl 固体，有无 AgCl 沉淀产生？

13. 比较 KSCN 溶液使 $[Ag(NH_3)_2]^+$ 转化为 $[Ag(SCN)_2]^-$ 的反应和 KCN 使 $[Ag(SCN)_2]^-$ 转化为 $[Ag(CN)_2]^-$ 的反应哪一个较完全？

14. 向 $[Cu(NH_3)_4]SO_4$ 溶液中分别加入下列物质：

①稀 HNO_3 ②$NH_3 \cdot H_2O$ ③Na_2S 溶液

$[Cu(NH_3)_4]^{2+} \rightleftharpoons Cu^{2+} + 4NH_3$ 平衡向哪一方向移动？

15. 通过计算比较 1L 6.0mol·L^{-1} 的 $NH_3 \cdot H_2O$ 和 1L 1.0mol·L^{-1} 的 KCN 溶液，哪一个可溶解较多的 AgI？

16. 计算下列反应的平衡常数，并判断在标准状态下反应进行的方向。

① $HgCl_4^{2-} + 4I^- \rightleftharpoons HgI_4^{2-} + 4Cl^-$

已知：$K^{\ominus}_{不稳}[HgCl_4^{2-}] = 8.5 \times 10^{-16}$；$K^{\ominus}_{不稳}[Hg_4^{2-}] = 1.5 \times 10^{-30}$。

② $CuS(s) + 4NH_3 \rightleftharpoons [Cu(NH_3)_4]^{2+} + S^{2-}$

已知：$K^{\ominus}_{sp}(CuS) = 6.3 \times 10^{-36}$；$K^{\ominus}_{不稳}[Cu(NH_3)_4^{2+}] = 4.8 \times 10^{-14}$。

17. 25℃时，200mL 6.0mol·L^{-1} 的氨水可溶解多少摩尔 AgCl 固体（忽略体积变化）。

已知：$K^{\ominus}_{sp}(AgCl) = 1.8 \times 10^{-10}$；$K^{\ominus}_{不稳}[Ag(NH_3)_2^+] = 9.1 \times 10^{-8}$。

18. 如果要在 1.0L HCl 溶液中溶解 0.10mol CuCl 固体（忽略体积变化），问 HCl 的最初浓度至少应为多少？

已知：$K^{\ominus}_{sp}(CuCl) = 1.2 \times 10^{-6}$；$K^{\ominus}_{不稳}[CuCl_2^-] = 3.1 \times 10^{-6}$。

19. A 溶液 25mL，含 0.20mol·L^{-1} $AgNO_3$；B 溶液 25mL，含 0.20mol·L^{-1} NaCl。问：为防止 A、B 溶液混合后析出 AgCl 沉淀，预先需在 A 溶液中至少加入 6.0mol·L^{-1} 的 $NH_3 \cdot H_2O$ 多少毫升？

20. 已知 $E^{\ominus}(Zn^{2+}/Zn) = -0.762V$；$K^{\ominus}_{不稳}[Zn(NH_3)_4^{2+}] = 3.5 \times 10^{-10}$，求电极反应 $[Zn(NH_3)_4]^{2+} + 2e \rightleftharpoons Zn + 4NH_3$ 的 $E^{\ominus}$。

21. 已知 $E^{\ominus}(Au^+/Au) = 1.692V$；$E^{\ominus}[Au(CN)_2^-/Au] = -0.58V$，计算配离子 $[Au(CN)_2]^-$ 的 $K^{\ominus}_{不稳}$。

22. 测得 25℃时下列原电池的电动势为 0.052V：

(−) Cu | $[Cu(NH_3)_4]^{2+}$ (1.0mol·L^{-1})，NH_3 (1.0mol·L^{-1}) ‖ H^+ (1.0mol·L^{-1}) | H_2 (100kPa) | Pt (+)

试计算 $[Cu(NH_3)_4]^{2+}$ 的 $K^{\ominus}_{不稳}$。已知 $E^{\ominus}(Cu^{2+}/Cu) = 0.342V$。

23. 试解释下列各实验现象：

① $[Co(H_2O)_6]^{3+}$ 能氧化水，生成 O_2；

② $[Co(NH_3)_6]^{3+}$ 在水溶液中是稳定的；

③ $[Co(CN)_6]^{4-}$ 能还原水，生成 H_2。

8 s区元素

s区元素包括第1（ⅠA）族元素和第2（ⅡA）族元素。第1族元素的价电子层结构为 ns^1，第2族元素的价电子层结构为 ns^2。氢元素的价电子层结构为 $1s^1$，而且氢元素某些性质呈现与碱金属元素一致的变化趋势，因此将氢元素放在s区元素中讨论。

8.1 氢

氢元素在自然界中主要以化合物的形式存在。水是含氢元素最丰富的化合物，氢也是动植物组织、石油和许多矿物的组成元素。

8.1.1 氢气的制备

一些氢气制备的方法列于表8-1中。

表8-1 氢气制备的方法

制备氢气的方法	方法举例
金属与水、酸或碱反应制氢气	$Zn+2HCl \longrightarrow ZnCl_2+H_2\uparrow$ $2Na+2H_2O \longrightarrow 2NaOH+H_2\uparrow$ $2Al+2NaOH+2H_2O \longrightarrow 2NaAlO_2+3H_2\uparrow$
金属氢化物与水反应制氢气	$CaH_2+2H_2O \longrightarrow Ca(OH)_2+2H_2\uparrow$
电解水制氢气	$2H_2O \xrightarrow{\text{电解}} 2H_2\uparrow$（阴极）$+O_2\uparrow$（阳极）
化石燃料制氢气	$CH_4 \xrightarrow[\text{催化剂}]{1000℃} C+2H_2\uparrow$ $CH_4+H_2O \xrightarrow[\text{催化剂}]{1000℃} CO\uparrow+3H_2\uparrow$ $H_2O+C \xrightarrow{1000℃} H_2\uparrow+CO\uparrow$
热化学循环分解水制氢气 在水反应体系中加入一中间物（由Fe、Mg、Ca、Cu、Cd、Hg、Li、Cs、Ni等与S、I、Br、Cl等组成），经过不同的反应阶段，最终将水分解为氢气和氧气，中间物不被消耗，可循环利用	$CaBr_2+2H_2O \xrightarrow{730℃} Ca(OH)_2+2HBr$ $Hg+2HBr \xrightarrow{280℃} HgBr_2+H_2\uparrow$ $HgBr_2+Ca(OH)_2 \xrightarrow{200℃} CaBr_2+HgO+H_2O$ $HgO \xrightarrow{600℃} Hg+1/2O_2\uparrow$ 总反应：$H_2O \xrightarrow{\text{催化剂}} H_2\uparrow+1/2O_2\uparrow$
光解水制氢气	$H_2O \xrightarrow{h\nu} H_2\uparrow+1/2O_2\uparrow$

8.1.2 氢气的性质

氢有三种同位素，分别为氕（H）、氘（或重氢，D）和氚（或超重氢，T）。

氘的重要性与它的氧化物 D_2O 有关，由于密度比 H_2O 大，所以称为重水。重水在原子能工业中大量地用作核反应堆的减速剂和制冷剂，也用于制造氢弹的原料——氘或氘化锂。重水还用于合成氘的各种标记化合物。

氢气是一种无色无味的气体，沸点为−252.77℃，凝固点为−259.23℃，在0℃、

101.325kPa下密度为0.090g·L^{-1}，约为空气密度的1/14，常用来给气球充气。氢气在水中的溶解度很小，0℃时1L水仅能溶解20mL氢气。

H_2容易被镍、钯、铂等金属吸收而不改变金属的结构，其中钯对H_2的吸收能力最强，室温下1体积粉末状的金属钯大约吸收900体积的氢气。

H_2中H—H键的键能为436kJ·mol^{-1}，比一般共价单键高得多。因此，在常温下H_2具有一定程度的化学惰性。除了少数化学性质很活泼的单质F_2可直接反应，其余非金属单质都需在光照或加热的条件下才能反应（如与卤素单质的反应，见10.2.2节）。

H_2在氧气或空气中燃烧时，火焰可以达到3000℃。氢氧焰常用于焊接和切割金属。H_2与硫或硒在250℃时直接化合。

H_2与氧化锰以及在金属活泼性顺序中排在锰之后的金属的氧化物在适当温度下加热时，发生化学反应，金属氧化物被还原为金属：

$$MnO+H_2 \longrightarrow Mn+H_2O$$

在金属活泼性顺序中排在锰前面的金属的氧化物，或标准摩尔生成焓的绝对值大于MnO的金属氧化物，都不能被H_2还原。

在室温下，只有很少化合物（如氯化钯溶液）能直接被H_2还原：

$$PdCl_2+H_2 \longrightarrow Pd+2HCl$$

使用10g·L^{-1} $PdCl_2$溶液，利用上述反应可以检查H_2的存在（CO在室温下也能将氯化钯还原为金属钯），而且这个反应还可以用于定量测定H_2的含量。

8.1.3 氢化物

除稀有气体外，氢几乎能与所有元素生成二元化合物，称为氢化物。

8.1.3.1 离子型氢化物

氢与活泼的碱金属和碱土金属（Be、Mg除外）形成的氢化物都是离子型氢化物。这类氢化物都是利用金属与氢气直接化合来制备的，合成的温度在300～700℃范围内，氢气的压力通常为101.325kPa。

离子型氢化物都是白色晶体，常因含少量金属而呈淡灰色至黑色，当温度超过500℃时熔化或分解。

离子型氢化物都能与水反应，放出H_2。反应活性由锂到铯以及由钙到钡依次增大，但氢化钙的反应活性远不如氢化锂。CaH_2与水温和地发生反应，LiH、SrH_2、BaH_2则与水猛烈地发生反应，而NaH、KH、RbH、CsH则与水极为剧烈地发生反应。NaH与水反应放出的大量热能使产生的氢气燃烧，RbH和CsH甚至可以在干燥的空气中燃烧。因此，在使用碱金属氢化物时要注意安全。

最有实用价值的离子型氢化物是LiH、NaH和CaH_2。CaH_2是其中最稳定的，常用作氢气发生剂和干燥剂。

LiH微溶于乙醚，常利用它与某些缺电子化合物起反应制备配位氢化物。例如：

$$4LiH+AlCl_3 \longrightarrow LiAlH_4+3LiCl$$

$$2LiH+B_2H_6 \longrightarrow 2LiBH_4$$

$LiAlH_4$和$LiBH_4$都是有机反应中常用的还原剂。

NaH有广泛的用途，由于它比较价廉，而且其还原性比金属钠温和，因此也常在许多有机反应中作还原剂。

8.1.3.2 金属型氢化物

氢气与过渡金属元素的单质加热时发生反应，生成金属型氢化物：

$$2M + xH_2 \longrightarrow 2MH_x$$

已制得的金属氢化物有：TiH_2、$ZrH_{1.75}$、$VH_{1.8}$、NbH_2、CrH_2、NiH、$TaH_{0.76}$、$PdH_{0.8}$等。其中有的是整比化合物，有的则是非整比化合物。

金属型氢化物基本上保持着金属的外观，具有金属光泽，能导电。金属型氢化物从结构上可以看作是金属原子组成的金属晶体的空隙中接纳了半径较小的氢原子。

8.1.3.3 分子型氢化物

氢元素与电负性大的 p 区元素（稀有气体及铟、铊除外）形成的氢化物为分子型氢化物。分子型氢化物的熔点和沸点较低，在常温下多为气体。

分子型氢化物的热稳定性差别很大，有些在室温下就分解（如 SnH_4、PbH_4 等），而有些即使在高温下也不会分解（如 HF）。元素的电负性越大，所形成的分子型氢化物的热稳定性就越高。

除氟化氢外，其他分子型氢化物都具有还原性。同一周期元素，从左到右，分子型氢化物的还原性减弱；同一族元素，自上而下，分子型氢化物的还原性增强。

分子型氢化物与水的作用情况不相同。第 13（ⅢA）族元素、第 14（ⅣA）族元素的氢化物 B_2H_6、AlH_3、GaH_3、SiH_4 与水作用时放出氢气。例如：

$$SiH_4 + 4H_2O \longrightarrow H_4SiO_4 + 4H_2\uparrow$$

第 14（ⅣA）族元素和第 15（ⅤA）族元素的氢化物 CH_4、GeH_4、SnH_4、PH_3、AsH_3、SbH_3 与水不发生任何作用。第 15（ⅤA）族元素的氢化物 NH_3 与 H^+ 结合，使溶液显弱碱性。

第 16（ⅥA）族元素和第 17（ⅦA）族元素的氢化物 H_2S、H_2Se、H_2Te、HF 溶于水发生微弱解离，使溶液显弱酸性。

第 17（ⅦA）族元素的氢化物 HCl、HBr、HI 溶于水发生解离，使溶液显强酸性。

8.1.4 氢能源

氢能是一种理想的二次能源，是最有希望的替代化石燃料的能源之一。氢作为能源具有如下特点：①干净、无毒、不污染环境，是一种理想的绿色能源；②氢气的热值很高，1kg 氢气完全燃烧放出的热量是相同质量汽油的 3 倍，焦炭的 4.5 倍；③氢气资源丰富，可从水分解制得；④氢气燃烧性能好、速度快、分布均匀、点火温度低；⑤氢气可以气态、液态或固态金属氢化物等方式，能适应储运及各种应用环境的不同要求，且氢气的输送与储存损失比电力小。

氢气能发电、供热和提供动力等，是一种具有很大发展潜力的新能源，如液态氢已经用作为人造卫星和宇宙飞船中的能源。要使氢气成为广泛使用的能源，关键是要解决廉价制氢气技术以及氢气的储存和运输的问题。

研究发现，某些过渡金属的氢化物能够可逆地吸收和释放氢气，所形成的氢化物的储氢密度甚至高于液态氢。这类合金称为储氢合金材料，如块状 $LaNi_5$ 合金在温室下与一定压力氢气发生氢化反应：

$$LaNi_5 + 3H_2 \underset{\text{释放(吸热)}}{\overset{\text{储氢(放热)}}{\rightleftharpoons}} LaNi_5H_6$$

改变温度与压力可使反应按正、反方向反复交替进行，实现材料的吸释氢功能。储氢合金在氢气的储存、输送和应用等方面起着十分重要的作用。

8.2 金属概论

8.2.1 金属的分类

可以根据金属的外观，把它们分为黑色金属和有色金属两大类。黑色金属包括铁、锰和铬以及它们的合金，除此之外为有色金属。有色金属又可大致分为以下几类：

（1）轻有色金属　是指密度低于 $5g \cdot cm^{-3}$ 的有色金属。它们包括钠、钾、镁、钙、锶、钡、铝。它们的化学性质活泼，与氧、硫、碳和卤素的化合物都相当稳定。

（2）重有色金属　是指密度高于 $5g \cdot cm^{-3}$ 的有色金属，其中有铜、锌、镉、汞、镍、钴、铅、锡、锑、铋等。

（3）贵金属　是密度大（$10.4 \sim 22.4g \cdot cm^{-3}$），熔点高（916～3000℃），化学性质稳定的金属，包括金、银和铂族金属钌、锇、铑、铱、钯、铂。贵金属在地壳中含量少，开采和提取比较困难，因而价格较贵。

（4）稀有金属　是自然界中含量很少，或者含量不少但分布稀散，难以提取、应用有限的一类金属，它们包括：稀有轻金属锂、铷、铯、钫（人造元素）；难熔稀有金属钛、锆、铪、钒、铌、钽、钼、钨、锝（人造元素）、铼；稀有分散金属镓、铟、铊、锗；稀土元素和人造超铀元素金属等。近年来，随着新材料的不断研制，稀有金属与普通金属的名称界限正逐渐消失。

8.2.2 金属的自然存在

各种金属由于其化学活泼性相差很大，因此它们在自然界中的存在形式各不相同。极少数化学性质不活泼的元素，以单质的形式存在于自然界，如金、铂等。大多数活泼金属元素总是以其最稳定的化合物存在于自然界。一些可溶的金属化合物，主要溶解在海水、湖水中，少数埋藏在不受流水冲刷的岩石下面。那些难溶的金属化合物则形成各种岩石，构成坚硬的地壳。

通常轻金属一般以氯化物、碳酸盐、磷酸盐、硫酸盐等盐类形式存在，个别轻金属也有氧化物的形式。重金属通常形成氧化物、硫化物，或碳酸盐的形式存在。

海洋作为资源越来越受到人们的重视，海水中含有 80 多种元素，其中多数是金属元素。海水中金属离子的浓度虽然低，但海水量巨大，所以金属总量相当可观，如海水中大量存在钠、钾、钙、镁等。此外，海水中还含有约 5 百万吨黄金、1 亿 6 千万吨白银、8 千万吨镍、40 亿吨铀等。在海底还发现有约 3 万亿吨以“锰结核”形式存在的锰矿，锰结核矿含有锰、铜、铁、镍、钴等数十种金属元素。

8.2.3 金属的冶炼

大多数金属都是从含有金属和金属化合物的矿石中提炼得到的。提炼金属的过程一般要经过三大步骤：矿石的富集、冶炼及精练。

矿石的富集就是预先把矿石中所含的大量脉石（主要是石英、石灰石和长石等）除去，以提高矿石中有用成分的含量。富集选矿的方法很多，可以利用矿石中有用成分与脉石的密度、磁性、黏度和熔点等性质的不同，分别采取水选、磁选和浮选等方法进行富集。

金属的冶炼就是把富集于矿石中的化合态金属进行还原提取纯金属。根据金属离子得电子能力的不同，工业上主要采取：电解法、热还原法、热分解法。图 8-1 列出了金属在周期表的位置与提炼方法的大致关系。

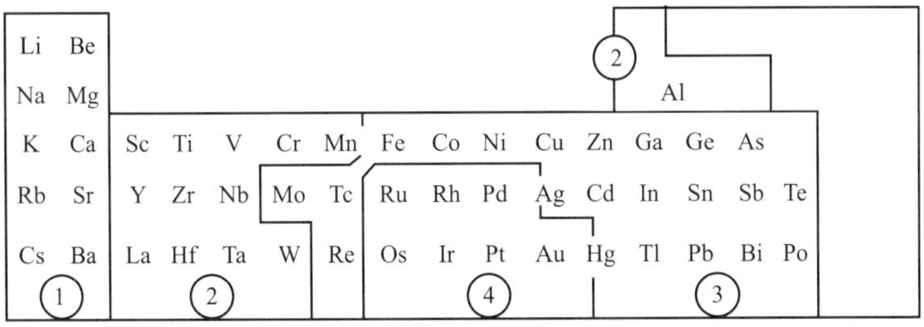

图 8-1 金属提炼的方法

图 8-1 中，①活泼金属主要用熔盐电解法冶炼。②以含氧阴离子或二氧化物存在、对氧有较强亲和力、正电荷高的活泼金属常用电解法或化学还原法来冶炼。化学还原法冶炼通常要在真空或惰性气氛中用活泼金属来置换。③以硫化物矿存在的元素通常先焙烧变成氧化物后，再用热还原法（以炭做还原剂）或热分解法处理。④元素以容易分解的化合物存在时，可以用热分解法处理。

从矿石中提炼的金属常含有杂质，许多情况下要对其进行精炼。常用的精炼方法如下：

（1）电解精炼　将不纯的金属做成电解槽的阳极，纯金属做成阴极，通过电解，纯金属在阴极上析出。Cu、Au、Pb、Zn、Al 等常用此方法进行精炼。

（2）区域熔炼　把不纯的物质放入一个套管内，套管外装有一个可移动的加热线圈。加强热时，线圈区域便形成一个熔融带。由于混合物的熔点一般低于相应纯的物质，因此杂质常常被汇集在熔融带内。随着线圈的移动，熔融带便随着线圈前进，杂质就被加热线圈“驱赶”到样品的末端，如图 8-2 所示。一些高熔点金属和半导体镓和锗以及计算机等用的高纯单晶硅可用此法进行提纯，杂质含量可低于 $10^{-10}\%$。

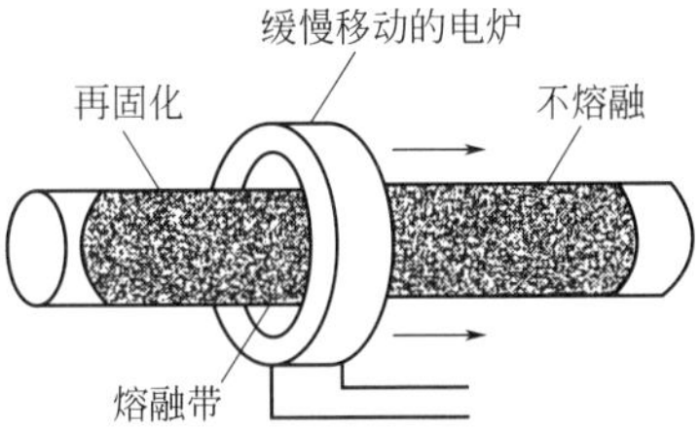

图 8-2 区域熔炼法示意图

（3）气相精炼　镁、汞、锌、锡等可以用直接蒸馏法，使杂质挥发除去。还有一些金属可以用气相析出法进行提纯。让粗金属生成挥发性的金属化合物，进行精馏，最后经热分解或热还原，使金属析出，达到提纯的目的。羰化法就是一种较新的气相析出提纯法。

8.2.4 合金

几种金属，或金属与少数非金属形成的具有金属特性的物质称为合金。由于合金的性能更优良，常用的金属材料多为合金。合金的类型有金属固溶体、金属化合物、低共熔混合物。

8.2.4.1 金属固溶体

金属固溶体是由合金元素彼此相互溶解而形成的具有均匀组织的晶体。固溶体中，被溶解的组分（溶质）可以有限或无限地溶于基体组分（溶剂）的晶格中。金属固溶体有两种类型：一是当两种金属的晶体结构相同，原子半径、价电子层结构和电负性都相近时，溶质原子能以任意比例置换溶剂金属晶格结点上的原子，形成置换固溶体，例如 Cu-Au 合金、W-Mo合金。二是原子半径很小溶质原子（如 C、B、N、H）进入溶剂金属的晶格间隙，形成间隙固溶体，例如铁碳合金（钢）、硬质合金。

8.2.4.2 金属化合物

电负性、价电子层结构和原子半径差别较大的金属混合时就形成金属化合物（又称金属互化物）。有组成固定的“正常价”化合物（如 Mg_2Pb）和组成可变的电子化合物。前者化合物中的化学键介于离子键和共价键之间。大多数金属化合物为后者，以金属键结合，其特征是化合物中价电子数与原子数之比有一定值。当价电子数与原子数之比达到 3/2、21/13 和 7/4 时，一般分别出现β相、γ相和ε相。每一比值都对应着一定的晶格类型，如表 8-2 所示。

表 8-2　电子数与原子数之比与晶格类型的关系

电子数/原子数	3/2	21/13	7/4
晶格类型	体心立方晶格(β相)	复杂立方晶格(γ相)	六方晶格(ε相)
合金	CuZn, Au_3Al	Cu_5Zn_8, Fe_5Zn_{21}	$CuZn_3$, Au_3Sn

8.2.4.3　低共熔混合物

低共熔混合物是由形成合金的各种金属的晶体互相紧密地混合而成的非均匀混合物。它只有在各种金属按特定比例混合时才能形成。此时合金的熔点最低，称为最低共熔温度。这种合金的熔点低于其中任一组分纯金属的熔点。如焊锡就是 Sn（63%，熔点 232℃）和 Pb（37%，熔点 327℃）形成的低共熔混合物，其熔化温度为 183.3℃。

8.3　碱金属和碱土金属

8.3.1　概述

碱金属位于周期系中第 1（ⅠA）族，包括：锂（Li）、钠（Na）、钾（K）、铷（Rb）、铯（Cs）、钫（Fr），其氢氧化物具有强碱性。碱土金属位于周期系中第 2（ⅡA）族，包括：铍（Be）、镁（Mg）、钙（Ca）、锶（Sr）、钡（Ba）、镭（Ra）。表 8-3 和表 8-4 分别列出了碱金属和碱土金属元素的基本性质。

表 8-3　碱金属元素的基本性质

元素	锂(Li)	钠(Na)	钾(K)	铷(Rb)	铯(Cs)
原子序数	3	11	19	37	55
价电子层结构	$2s^1$	$3s^1$	$4s^1$	$5s^1$	$6s^1$
原子半径/pm	152	186	227	248	265
第一电离能/kJ·mol^{-1}	520	495	419	403	375
电负性	0.98	0.93	0.82	0.82	0.79
主要氧化态	+1	+1	+1	+1	+1
熔点/℃	180.5	97.81	63.7	39	28.4
沸点/℃	1347	882.9	774	688	678.4
密度(20℃)/g·cm^{-3}	0.53	0.97	0.86	1.53	1.88
硬度(金刚石=10)	0.6	0.4	0.5	0.3	0.2
$E^\ominus(M^+/M)/V$	−3.0401	−2.71	−2.931	−2.98	−3.026

表 8-4　碱土金属元素的基本性质

元素	铍(Be)	镁(Mg)	钙(Ca)	锶(Sr)	钡(Ba)
原子序数	4	12	20	38	56
价电子层结构	$2s^2$	$3s^2$	$4s^2$	$5s^2$	$6s^2$
原子半径/pm	110	160	197	215	217
第一电离能/kJ·mol^{-1}	899	737	589	549	502
电负性	1.57	1.31	1.0	0.95	0.89
主要氧化态	+2	+2	+2	+2	+2
熔点/℃	1278	648.8	838	769	725
沸点/℃	2970	1090	1480	1384	1640
密度(20℃)/g·cm^{-3}	1.85	1.74	1.54	2.6	3.51
硬度(金刚石=10)	4	2.0	1.5	1.8	—
$E^\ominus(M^{2+}/M)/V$	−1.847	−2.372	−2.868	−2.89	−2.912

碱金属和碱土金属元素的价电子层结构分别是 ns^1 和 ns^2，次外层为稳定的 8 电子（Li 和 Be 为 2 电子）结构，在同一周期中，它们的原子半径大和核电荷少，极易失去 ns 电子形成氧化态为 +1 和 +2 的离子，这些阳离子（8 电子构型）的极化作用较小，一般形成离子型化合物。然而，Li^+ 和 Be^{2+} 为 2 电子构型，且半径小于同族其他阳离子，极化作用较大，故锂、铍的化合物具有一定程度的共价性。

8.3.2　碱金属和碱土金属元素的单质

8.3.2.1　碱金属和碱土金属元素的存在形式与制备

碱金属和碱土金属是活泼的金属元素，因此在自然界中不存在碱金属和碱土金属的单质，这些元素多以离子型化合物的形式存在。碱金属中的钠、钾和碱土金属（除镭外）在自然界中的分布广、丰度大。它们的主要矿物资源见表 8-5。

表 8-5　s 区元素的矿物资源

元素	主要矿物的名称和组成
锂	锂辉石 $LiAl(SiO_3)_2$，锂云母 $K_2Li_3Al_4Si_7O_{21}(OH_2F)_3$，透锂长石 $LiAlSi_4O_{10}$
钠	盐湖和海水中的氯化钠（每升海水约含 30g NaCl），天然碱（$Na_2CO_3 \cdot nH_2O$），硝石（$NaNO_3$），芒硝（$Na_2SO_4 \cdot 10H_2O$）
钾	光卤石 $KCl \cdot MgCl_2 \cdot 6H_2O$，盐湖 KCl（海水中 KCl 仅为 NaCl 的 1/40），钾长石 $K[AlSi_3O_8]$
铍	绿柱石 $Be_3Al_2(SiO_3)_6$，硅铍石 Be_2SiO_4，铝铍石 $BeO \cdot Al_2O_3$
镁	菱镁矿 $MgCO_3$，光卤石，白云石 $(Ca,Mg)CO_3$
钙	大理石，方解石，白垩，石灰石（$CaCO_3$），石膏 $CaSO_4 \cdot 2H_2O$，萤石 CaF_2
锶	天青石 $SrSO_4$，碳酸锶矿 $SrCO_3$
钡	重晶石 $BaSO_4$，毒重石 $BaCO_3$

由于钠和镁等 s 区主要金属有很强的还原性，它们的制备一般都采用电解熔盐法。但 K、Rb、Cs 由于在熔融液中的溶解度较大，不能采用电解熔盐法制备。根据它们的熔点低于 Na 且易挥发的特性，可用金属钠还原金属氯化物的方法制取金属。

现将 s 区元素单质的制备方法概括在表 8-6 中。

表 8-6　s 区元素单质的制备方法

金属	提取方法的主要过程
锂	450℃下电解 55% LiCl 和 45% KCl 的熔融混合物
钠	580℃下电解熔融 40% NaCl 和 60% $CaCl_2$ 的混合物
钾	850℃下，用金属钠还原氯化钾：$Na + KCl \longrightarrow NaCl + K\uparrow$
铷或铯	13Pa、800℃下，用钙还原氯化铯：$2CsCl + Ca \longrightarrow CaCl_2 + 2Cs$
铍	350～400℃下，电解 NaCl 和 $BeCl_2$ 的熔融盐，或采用镁还原氟化铍： $BeF_2 + Mg \longrightarrow Be + MgF_2$
镁	电解水合氯化镁（含 20% $CaCl_2$，60% NaCl），先脱去其中的水，再电解得到镁和氯气： $MgCl_2 \cdot 1.5H_2O(CaO + NaCl) \xrightarrow[\text{熔融}]{700\sim720℃} MgCl_2 + 1.5H_2O$ $MgCl_2 \xrightarrow{\text{电解}} Mg + Cl_2$ 硅热还原法：$2(MgO \cdot CaO) + FeSi \longrightarrow 2Mg + Ca_2SiO_4 + Fe$
钙	780～800℃下，电解 $CaCl_2$ 与 KCl 的混合物 铝热法：$6CaO + 2Al \longrightarrow 3Ca + 3CaO \cdot Al_2O_3$

8.3.2.2 碱金属和碱土金属元素的性质

碱金属和碱土金属具有银白色光泽（铍为钢灰色），在空气中表面因生成氧化物、氮化物和碳酸盐而颜色变暗。碱金属和碱土金属的熔、沸点，硬度，升华热都很低，并按同一族自上而下的顺序下降。与碱金属相比，碱土金属的熔点和沸点较高，密度和硬度较大。碱金属和Ca、Sr、Ba均可以用刀切，其中最软的是Cs。Li是最轻的金属（密度为$0.53g \cdot cm^{-3}$）。

碱金属尤其是Rb和Cs失去电子能力很强，受光照射时，电子就可以从金属表面逸出，因此，常用来制造光电管，进行光电信号的转化。

碱金属和碱土金属同族元素的标准电极电势随原子序数增加而降低。但是Li的标准电极电势却反常地比Cs还低，这是因为Li^+的半径较小，易与水分子结合并放出较多的能量而造成的。

碱金属都可以与水反应。锂的熔点高，在反应中不熔化，同时生成溶解度小的LiOH覆盖在锂的表面，因此锂与水的反应不如钠剧烈。钠与水的反应放出大量的热，可使钠熔化成小球。钾与水反应更剧烈，产生的氢气能燃烧。铷、铯与水剧烈反应并发生爆炸。碱土金属也都可以与水反应。铍能与水蒸气反应，镁能将热水分解，而钙、锶、钡与冷水就能比较剧烈地进行反应。

碱金属在室温下能与空气中的氧迅速反应生成一层氧化物，在锂的表面还生成氮化物。钠、钾在空气中稍微加热就燃烧，而铷和铯在室温下遇空气就立即燃烧。

$$4Li + O_2 \longrightarrow 2Li_2O$$

$$6Li + N_2 \longrightarrow 2Li_3N$$

它们的氧化物在空气中易吸收CO_2形成碳酸盐：

$$Na_2O + CO_2 \longrightarrow Na_2CO_3$$

因此，保存金属锂时，需要浸于液体石蜡或封存于固体石蜡中，其余碱金属应保存在煤油中。碱土金属活泼性略差，室温下这些金属表面缓慢生成氧化膜。

高温下，碱金属和碱土金属具有很强的还原性。例如：

$$SiO_2 + 2Mg \longrightarrow Si + 2MgO$$

$$TiCl_4 + 4Na \longrightarrow Ti + 4NaCl$$

碱金属可溶于液氨中。碱金属的液氨稀溶液呈现蓝色，随着碱金属溶解量的增加，溶液颜色变深。当液氨溶液中钠的含量超过$1mol \cdot L^{-1}$时，溶液由蓝色变为青铜色。如将溶液蒸发，又可以重新得碱金属。研究认为：在碱金属的液氨稀溶液中，碱金属离解生成碱金属正离子和溶剂合电子：

$$M(s) + (x+y)NH_3(l) \rightleftharpoons M(NH_3)_x^+ + e(NH_3)_y^-$$

这种溶液具有很强的还原性，被广泛应用于无机和有机制备中。由于溶液中生成了氨合电子，碱金属的液氨溶液具有导电性和顺磁性。当有痕量杂质（如过渡金属的盐类、氧化物和氢氧化物）存在，以及光化作用都能促进溶液中的碱金属和液氨之间反应而生成氨基化合物：

$$2Na + 2NH_3(l) \longrightarrow 2NaNH_2 + H_2\uparrow$$

钙、锶、钡也能溶于液氨生成类似的蓝色溶液。只是溶解得比钠慢一些，量也少一些。

8.4 碱金属和碱土金属的化合物

8.4.1 氧化物

碱金属和碱土金属能形成多种氧化物：普通氧化物（含有O^{2-}）、过氧化物（含有

O_2^{2-})、超氧化物(含有 O_2^-)和臭氧化物(O_3^-)。

8.4.1.1 普通氧化物

碱金属(除锂)的普通氧化物要用间接的方法来制备。例如,用相应的金属还原过氧化物或硝酸盐制得:

$$Na_2O_2 + 2Na \longrightarrow 2Na_2O$$

$$2KNO_3 + 10K \longrightarrow 6K_2O + N_2\uparrow$$

氧化物(M_2O)与水反应生成氢氧化物(MOH)。与水反应的程度,从 Li_2O 到 Cs_2O 依次加强。Li_2O 与水反应很慢,但 Rb_2O 和 Cs_2O 与水反应时会发生燃烧甚至爆炸。

碱土金属的氧化物通常用它们的碳酸盐或硝酸盐加热分解制得,例如:

$$CaCO_3 \xrightarrow{\triangle} CaO + CO_2\uparrow$$

$$2Sr(NO_3)_2 \xrightarrow{高温} 2SrO + 4NO_2\uparrow + O_2\uparrow$$

碱金属氧化物和碱土金属氧化物的某些性质列于表 8-7 中。

表 8-7 碱金属和碱土金属氧化物的某些性质

性质	Li_2O	Na_2O	K_2O	Rb_2O	Cs_2O
颜色	白色	白色	淡黄色	亮黄色	橙红色
熔点/℃	>1700	1275(升华)	350(分解)	400(分解)	400(分解)
$\Delta_r H_m$/kJ·mol^{-1}	−597.94	−414.22	−361.5	−330.1	−317.6
性质	BeO	MgO	CaO	SrO	BeO
颜色	白色	白色	白色	白色	白色
熔点/℃	2530	2852	2614	2420	1918
$\Delta_r H_m$/kJ·mol^{-1}	−610.9	−601.7	−635.09	−590.4	−558.1

由表 8-7 可见,碱金属氧化物由 Li_2O 到 Cs_2O 颜色依次加深,而碱土金属氧化物都是白色的。

碱金属氧化物和碱土金属氧化物的热稳定性,总的趋势是从 Li_2O 到 Cs_2O 以及从 BeO 到 BaO 逐渐降低。碱金属氧化物和碱土金属氧化物的熔点的变化趋势与热稳定性的变化趋势相同。由于碱土金属元素离子的电荷数为+2,而离子半径又比较小,所以碱土金属氧化物的熔点都很高。因此,BeO 和 MgO 常用于制造耐火材料。经过煅烧的 BeO 和 MgO 难溶于水,而 CaO、SrO 和 BaO 与水猛烈反应,生成相应的氢氧化物并放出大量的热。例如:

$$CaO + H_2O(l) \longrightarrow Ca(OH)_2(s) \qquad \Delta_r H_m^{\ominus} = -65.2\text{kJ}\cdot\text{mol}^{-1}$$

8.4.1.2 过氧化物

过氧化物是含有过氧基(—O—O—)的化合物。除了 Be 以外,所有碱金属和碱土金属都能形成过氧化物。其中比较常用的是 Na_2O_2。工业用的 Na_2O_2 是将金属钠加热熔融,然后通入已经除去二氧化碳的干燥空气来合成:

$$2Na + O_2 \longrightarrow Na_2O_2$$

过氧化钠为黄色粉末,易吸潮,在 500℃时仍很稳定。过氧化钠与水或稀酸作用,生成过氧化氢:

$$Na_2O_2 + 2H_2O \longrightarrow H_2O_2 + 2NaOH$$

$$Na_2O_2 + H_2SO_4 \longrightarrow H_2O_2 + Na_2SO_4$$

在潮湿空气中,过氧化钠吸收二氧化碳并放出氧气:

$$2Na_2O_2 + 2CO_2 \longrightarrow 2Na_2CO_3 + O_2\uparrow$$

因此，过氧化钠常用作高空飞行或潜水时的供氧剂和二氧化碳吸收剂。

过氧化钠是一种强氧化剂，工业上用作漂白剂。过氧化钠在熔融时几乎不分解，但遇棉花、木炭或铝粉等还原性物质时，就会发生剧烈燃烧，甚至发生爆炸。

8.4.1.3 超氧化物

除了锂、铍、镁元素外，其他碱金属元素和碱土金属元素都能形成超氧化物。

碱金属超氧化物和碱土金属超氧化物都是很强的氧化剂，与水发生剧烈化学反应，生成氧气和过氧化氢。例如：

$$2KO_2+2H_2O \longrightarrow H_2O_2+2KOH+O_2\uparrow$$

超氧化物也与二氧化碳反应，放出氧气。例如：

$$4KO_2+2CO_2 \longrightarrow 2K_2CO_3+3O_2\uparrow$$

因此，常用比较容易制备的 KO_2 作供氧剂和二氧化碳吸收剂。

8.4.1.4 臭氧化物

臭氧与钾、铷、铯的氢氧化物作用，可生成相应的臭氧化物。例如：

$$6KOH+4O_3 \longrightarrow 4KO_3+2KOH\cdot H_2O+O_2\uparrow$$

碱金属臭氧化物不稳定，室温下缓慢分解为碱金属超氧化物和氧气：

$$2MO_3 \longrightarrow 2MO_2+O_2\uparrow$$

碱金属臭氧与水反应剧烈反应，生成 MOH，并放出氧气：

$$4MO_3+2H_2O \longrightarrow 4MOH+5O_2\uparrow$$

8.4.2 氢氧化物

碱金属的氢氧化物因为对皮肤和纤维有强烈的腐蚀作用又称为苛性碱。NaOH 和 KOH 通常分别称为苛性钠（又名烧碱）和苛性钾。碱金属和碱土金属的氢氧化物都是白色固体，放置在空气中容易吸水而潮解，固体 NaOH 和 $Ca(OH)_2$是常用的干燥剂。它们还容易与空气中的 CO_2反应生成碳酸盐，所以要封存。除了 LiOH 以外，碱金属氢氧化物在水中的溶解度很大，并全部电离。碱土金属氢氧化物的溶解度比碱金属氢氧化物要小得多。表 8-8 列出了碱金属和碱土金属氢氧化物的溶解度。

表 8-8 碱金属和碱土金属氢氧化物的溶解度

碱金属氢氧化物	溶解度		碱土金属氢氧化物	溶解度	
	20℃	15℃		20℃	15℃
	$g\cdot(100gH_2O)^{-1}$	$mol\cdot L^{-1}$		$g\cdot(100gH_2O)^{-1}$	$mol\cdot L^{-1}$
LiOH	13	5.3	$Be(OH)_2$	0.0002	8×10^{-6}
NaOH	109	26.4	$Mg(OH)_2$	0.0009	5×10^{-4}
KOH	112	19.1	$Ca(OH)_2$	0.156	6.9×10^{-3}
RbOH	180(15℃)	17.9	$Sr(OH)_2$	0.81	6.7×10^{-2}
CsOH	395.5(15℃)	25.8	$Ba(OH)_2$	3.84	2×10^{-1}

$Be(OH)_2$ 为两性氢氧化物，它既溶于酸也溶于碱：

$$Be(OH)_2+2H^+ \longrightarrow Be^{2+}+2H_2O$$

$$Be(OH)_2+2OH^- \longrightarrow [Be(OH)_4]^{2-}$$

对于氢氧化物碱性的强弱，一般可用离子势来粗略地判断。以 ROH 代表氢氧化物，它可以有两种解离方式：

$$H^++RO^- \xleftarrow{\text{酸式解离}} R—O—H \xrightarrow{\text{碱式解离}} R^++OH^-$$

ROH 解离的方式与中心离子 R 的电荷数 Z 和离子半径 r 有关。把中心离子 R 的电荷数 Z 除以它的离子半径 r 所得的数值定义为离子势，即

$$\Phi=\frac{Z}{r}$$

显然，Φ 值越大，静电引力越强，则 R 吸引氧原子的电子云越强，结果 O—H 键被削弱得越多，使 ROH 越容易以酸式解离为主。反之，Φ 值越小，则 R—O 键较弱，ROH 就以碱式解离为主。据此，有人提出用$\sqrt{\Phi}$值作为判断 ROH 酸碱度的经验规律。如果离子半径用 nm 为单位时，则

$\sqrt{\Phi}$值	<7	7~10	>10
R—O—H 酸碱性	碱性	两性	酸性

表 8-9 列出了碱金属和碱土金属氢氧化物的酸碱性递变与$\sqrt{\Phi}$值的关系。同族元素氢氧化物的碱性随金属原子的原子序数的增加而增强，碱金属氢氧化物的碱性强于碱土金属氢氧化物。

表 8-9　碱金属和碱土金属氢氧化物的酸碱性

碱金属氢氧化物	$\sqrt{\Phi}$值	酸碱性	碱土金属氢氧化物	$\sqrt{\Phi}$值	酸碱性
LiOH	4.08	中强碱	$Be(OH_2)$	8.03	两性
NaOH	3.24	强碱	$Mg(OH)_2$	5.55	中强碱
KOH	2.74	强碱	$Ca(OH)_2$	4.49	强碱
RbOH	2.60	强碱	$Sr(OH)_2$	4.21	强碱
CsOH	2.43	强碱	$Ba(OH)_2$	3.85	强碱

碱性增强（碱金属，自上而下）；$\sqrt{\Phi}$值减小（碱土金属，自上而下）；$\sqrt{\Phi}$值减小，碱性增强（自右向左）

由于碱金属氢氧化物在熔融态或水溶液中具有强碱性，它们既能溶解某些两性金属（Al、Zn 等）及其氧化物，也能溶解许多非金属（Si、B 等）及其氧化物。

$$2Al+2NaOH+6H_2O \longrightarrow 2Na[Al(OH)_4]+3H_2\uparrow$$

$$Al_2O_3+2NaOH \xrightarrow{\text{熔融}} 2NaAlO_2+H_2O$$

$$Si+2NaOH+H_2O \longrightarrow Na_2SiO_3+2H_2\uparrow$$

$$SiO_2+2NaOH \longrightarrow Na_2SiO_3+H_2O$$

氢氧化钠是重要的化工原料，在工业和科研上有很多重要用途。工业上可用电解食盐水溶液的方法制备氢氧化钠。

8.4.3 盐类

8.4.3.1 碱金属盐类

绝大多数碱金属盐类属于离子晶体。但由于 Li^+ 的离子半径特别小，使得某些锂盐（如 LiX）具有不同程度的共价性。

碱金属离子在晶体中和在水溶液中都是无色的。所以，除了与有色阴离子形成的盐具有颜色外，其他碱金属盐类均为无色。

除少数碱金属盐类难溶于水外，碱金属盐类一般易溶于水。碱金属的弱酸盐在水中发生水解，使溶液呈碱性。因此，碳酸钠、磷酸钠、硅酸钠等弱酸盐均可在不同反应中作为碱使用。

由于阳、阴离子间较强的离子键，碱金属盐类通常具有较高的熔点，其熔融时存在着自由移动的阳离子和阴离子，具有很强的导电能力。

一般来说，碱金属盐类具有较高的热稳定性。结晶卤化物在高温时挥发而不分解；硫酸

盐在高温时既不挥发又难分解；碳酸盐（除 Li_2CO_3 外）均难分解。但碱金属硝酸盐的热稳定性较差，加热时容易分解：

$$4LiNO_3 \xrightarrow{500℃} 2Li_2O + 4NO_2\uparrow + O_2\uparrow$$

$$2NaNO_3 \xrightarrow{380℃} 2NaNO_2 + O_2\uparrow$$

碱金属盐类，尤其是硫酸盐和卤化物，具有较强的形成复盐的能力。碱金属元素形成的复盐有如下几种类型：

（1）通式为 $M(\text{I})Cl \cdot MgCl_2 \cdot 6H_2O$，其中 $M(\text{I}) = K^+$、Rb^+、Cs^+。如光卤石 $KCl \cdot MgCl_2 \cdot 6H_2O$。

（2）通式为 $M(\text{I})M(\text{III})(SO_4)_2 \cdot 12H_2O$，其中 $M(\text{I})$ 为碱金属离子，$M(\text{III})$ 为 Al^{3+}、Cr^{3+}、Fe^{3+} 等。如明矾 $KAl(SO_4)_2 \cdot 12H_2O$。

（3）通式为 $M_2(\text{I})M(\text{II})(SO_4)_2 \cdot 6H_2O$，其中 $M(\text{I})$ 为碱金属离子，$M(\text{II})$ 为 Ni^{2+}、Co^{2+}、Fe^{2+}、Cu^{2+}、Zn^{2+}、Mg^{2+} 等。如镁钾矾 $K_2Mg(SO_4)_2 \cdot 6H_2O$。

8.4.3.2 碱土金属盐类

大多数碱土金属盐类为无色的离子晶体。碱土金属的硝酸盐、氯酸盐、高氯酸盐、卤化物（除氟化物外）等易溶于水；碱土金属的碳酸盐、磷酸盐和草酸盐等都难溶于水。碱土金属的硫酸盐和铬酸盐的溶解度差别较大，$BaSO_4$ 和 $BaCrO_4$ 难溶于水，而 $MgSO_4$ 和 $MgCrO_4$ 等易溶于水。钙、锶、钡的硫酸盐在浓硫酸中因发生下列反应而使溶解度增大，因此在浓硫酸溶液中不能使 Ca^{2+}、Sr^{2+}、Ba^{2+} 等沉淀完全。

$$MSO_4 + H_2SO_4 \longrightarrow M(HSO_4)_2 \qquad (M = Ca、Sr、Ba)$$

碱土金属的碳酸盐、草酸盐、铬酸盐、磷酸盐等，均能溶于强酸溶液（如盐酸）中。例如：

$$CaCO_3 + 2H^+ \longrightarrow Ca^{2+} + CO_2\uparrow + H_2O$$

$$2BaCrO_4 + 2H^+ \longrightarrow 2Ba^{2+} + Cr_2O_7^{2-} + H_2O$$

$$3Ca(PO_4)_2 + 4H^+ \longrightarrow 3Ca^{2+} + 2H_2PO_4^-$$

因此，要使这些难溶碱土金属盐沉淀完全，应控制溶液 pH 为中性或微碱性。

易溶碱土金属卤化物的水合物如水合氯化铍和水合氯化镁加热时发生分解：

$$BeCl_2 \cdot 4H_2O \xrightarrow{\triangle} BeO + 2HCl + 3H_2O$$

$$MgCl_2 \cdot 6H_2O \xrightarrow{135℃} Mg(OH)Cl + HCl + 5H_2O$$

制备无水 $MgCl_2$ 应将 $MgCl_2 \cdot 6H_2O$ 在干燥的 HCl 气流中加热脱水。

8.4.4 配合物

碱金属离子接受电子对的能力较差，一般难形成配合物。碱土金属离子的电荷密度较高，接受电子的能力强于碱金属离子。Be^{2+} 的半径最小，是较强的电子对接受体，能形成较多的配合物，如 $[BeF_3]^-$、$[BeF_4]^{2-}$、$[Be(OH)_4]^{2-}$，以及 $M_2[Be(C_2O_4)_2]$ 等稳定的螯合物。Ca^{2+} 能与 NH_3 形成不太稳定的氨合物，与配位能力很强的螯合剂如乙二胺四乙酸（EDTA）则形成稳定的螯合物，常用于滴定分析中；Ca^{2+} 与焦磷酸盐和多聚磷酸盐可形成配合物，可用在锅炉中防止结垢。叶绿素就是镁的配合物，镁处于卟啉平面的有机环中心，环上的 4 个 N 与 Mg 结合（见图 8-3）。除此以外，碱金属和碱土金属还能与冠醚类物质形成配合物及在人体中也发挥非常重要的作用。

冠醚是含有多个醚键的具有大环结构的聚醚化合物，从组成上看，它们包含（$—CH_2CH_2O—$）重复单元，形状很像皇冠，故称为冠醚。例如，18-冠-6 的结构如图 8-4

所示。18 表示聚醚环的碳、氧总数，6 表示环的氧原子数。冠醚既具有疏水的外部骨架，又具有亲水的可以与金属离子成键的内腔。不同的冠醚其腔径不同，因而对不同体积的金属离子具有选择性，从而与金属离子形成配合物（超分子化合物）。冠醚能与碱金属、碱土金属离子形成稳定的配合物。例如，18-冠-6 的腔径与 K^+ 的直径相当，两者间能形成稳定的配合物，不过这是一种可逆反应，如图 8-4 所示。

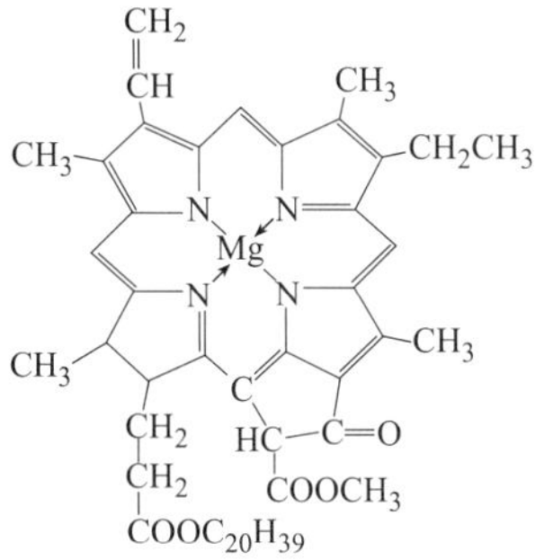

图 8-3 叶绿素 a 的结构

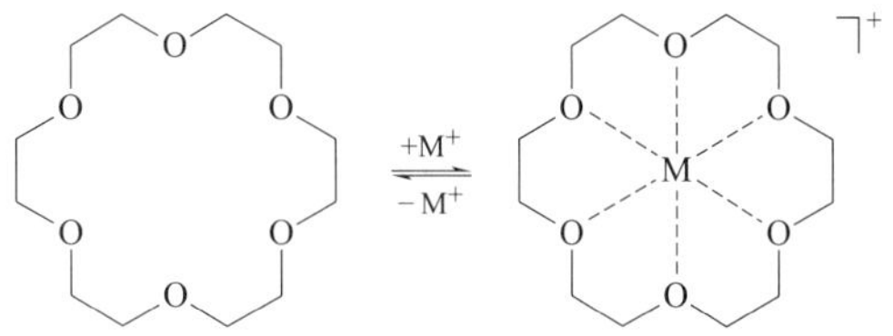

图 8-4 18-冠-6［M］的形成与解离

*8.4.5 生命中的碱金属与碱土金属

钠、钾、钙、镁对生物的生长和正常发育是必不可少的。Na^+、K^+、Mg^{2+}、Ca^{2+} 四种离子占人体中金属离子总量的 99%。Na^+ 是体液中浓度最大和交换很快的阳离子。例如，Na^+ 的主要生物功能包括调节渗透压，以保持细胞中的最适水位，通过“钠泵”作用，将葡萄糖、氨基酸等营养物质输入细胞。此外它对神经信息的传递过程和保持血液和肾中的酸碱平衡，都是必不可少的。

K^+ 半径比 Na^+ 大，故电荷密度较低，因而它扩散通过脂质蛋白细胞膜几乎与水一样容易。K^+ 是细胞内最重要的阳离子之一，是某些内部酶的辅基，起着激活酶的作用，如葡萄糖的新陈代谢作用就需要高浓度的 K^+。用核糖体进行蛋白质合成也需要高浓度的 K^+。此外 K^+ 也起着稳定细胞内部结构的作用。

Na^+、K^+ 在细胞内外的浓度分布很不平衡，在细胞内部，主要集中着 K^+，Na^+ 浓度低；在细胞外部，主要分布着 Na^+，K^+ 浓度很低。这种浓度差别决定了高级动物的各种电物理功能——神经脉冲的传送、隔膜端电压和隔膜之间离子的迁移、渗透压的调节等。

Ca^{2+} 的生物功能主要有：①稳定蛋白质的构象，如 DNA 酶和微生物蛋白酶中的 Ca^{2+} 的作用；②形成各种生物体的固体骨架物质，如骨骼和生物壳体。大部分的骨骼和壳体物质是由羟基磷灰石［$Ca_{10}(PO_4)_6(OH)_2$］组成；③具有引发某些生理活动的功能，如肌肉收缩的“触发器”和释放激素的“信使”；④具有促进血液凝固和调节心律的功能。

Mg^{2+} 是一种内部结构的稳定剂和细胞内酶的辅因子，细胞内的核苷酸以其 Mg^{2+} 配合物形式存在。因为 Mg^{2+} 倾向于与磷酸根结合，所以 Mg^{2+} 对于 DNA 复制和蛋白质生物合成都是必不可少的。

近年来的研究表明，Li^+ 在人脑中有某些作用，它可以改变体内电解质平衡，Li^+ 的减少可引起中枢——肾上腺素和神经末梢的胺量降低。

思 考 题

1. 试解释金、银、汞、铅、铜等重金属发现最早，而钾、钠、钙等直到 19 世纪才被发现的原因。

2. 举例说明金属元素在自然界的存在形态。

3. 指出下列金属分别属于哪类金属：铁、镉、铪、银、铟、镍、锰、汞、锂、钾、钙。

4. 工业上提炼金属常用哪几种方法？举例说明。

5. 举例说明合金在工业上的应用。

6. 在自然界，有无碱金属单质或氢氧化物矿石存在？为什么？

7. 碱金属元素有哪些最基本的共性？并简述其变化规律。

8. 锂的电离能比铯大，但锂的标准电极电势比铯还低，这两者矛盾吗？

9. 请解释锂的标准电极电势比钠低，但锂与水的作用却不如钠剧烈。

10. 请解释碱金属液氨溶液具有导电性和顺磁性的原因。

11. 碱金属在过量空气中燃烧时，得到的氧的化合物主要是什么？

12. 能否用从水溶液中结晶出来的三氯化铝和氢化锂来制备氢化铝锂？为什么？

13. 为什么同周期的碱土金属比碱金属的熔点高，硬度大？

14. 试解释碱土金属碳酸盐热稳定性的变化规律。

15. 指出碱土金属中：

① 熔点最高的氧化物；

② 具有两性的氢氧化物和碱性最强的氢氧化物；

③ 溶解度最大的碳酸盐。

16. 试说明 $BeCl_2$ 是共价化合物，而 $CaCl_2$ 是离子化合物。

习　题

1. s 区金属的氢氧化物中，哪些是两性氢氧化物，分别写出它们与酸碱反应的方程式。

2. 金属钠在过量的空气中燃烧生成黄色的固体，冷却后加入少许水，将所得溶液用 $2mol \cdot L^{-1}$ H_2SO_4 酸化后加入数滴 $0.01mol \cdot L^{-1}$ $KMnO_4$ 溶液，紫色褪去，试写出有关反应方程式。

3. 完成下列反应方程式。

① $CaH_2 + H_2O \longrightarrow$　　② $Na_2O_2 + H_2O \longrightarrow$

③ $Be(OH)_2 + OH^- \longrightarrow$　　④ $Mg(OH)_2 + NH_4^+ \longrightarrow$

⑤ $KO_2 + CO_2 \longrightarrow$　　⑥ $BaO_2 + H_2SO_4 \longrightarrow$

4. 钙在空气中燃烧生成什么产物？产物与水反应有何现象发生？用化学方程式说明之。

5. 为什么电解饱和食盐水溶液不能制得金属钠？

6. 金属 Li 和 K 如何保存？如果在空气中保存会发生哪些反应？写出相应的反应方程式。

7. 为什么不能用水，也不能用 CO_2 来扑灭镁的燃烧？请提出一种扑灭镁燃烧的方法。

8. 从下列反应的 $\Delta_r G_m^{\ominus}$ 值可得出 BeO—CaO—BaO 系列中何种性质的变化规律性？

	$\Delta_r G_m^{\ominus}/kJ \cdot mol^{-1}$
$BeO(s) + CO_2(g) \longrightarrow BeCO_3(s)$	+21.01
$CaO(s) + CO_2(g) \longrightarrow CaCO_3(s)$	−130.2
$BaO(s) + CO_2(g) \longrightarrow BaCO_3(s)$	−218.0

9. ①如果要使 $CaCO_3(s)$ 在 100kPa 分解为 $CaO(s)$ 和 $CO_2(g)$，问使反应能够进行的最低温度是多少？②试计算在 25℃和 101.3kPa 下，在密闭容器中 $CO_2(g)$ 的平衡分压。

10. 在下列溶液中分别通入 CO_2 气体，各有何现象发生？

① $CaCl_2$ 溶液；

② $Ca(OH)_2$ 溶液；

③ 含少量 $CaCO_3$ 沉淀的溶液。

11. 根据铍和镁化合物的什么性质可以用来区别下列化合物？

① $Be(OH)_2$ 和 $Mg(OH)_2$；

② $BeCO_3$ 和 $MgCO_3$。

12. 商品 NaOH 中为什么常含有碳酸钠杂质？怎样用最简便的方法加以检验？如何除去它？

13. 试以 NaCl 为主要原料来制备下列物质，并用反应方程式表示。

HCl　NaOH　Na_2CO_3　Na_2SO_3　$Na_2S_2O_3$　$NaNO_3$　Na_2O_2

14. 完成下列各步反应方程式：

① $MgCl_2 \rightleftharpoons Mg \longrightarrow Mg(OH)_2 \longrightarrow MgO \longleftarrow Mg(NO_3)_2 \longleftarrow MgCO_3 \longrightarrow MgCl_2$

② $CaCO_3 \rightleftharpoons CaO \rightleftharpoons Ca(NO_3)_2 \longleftarrow Ca(OH)_2 \longleftarrow Ca \longleftarrow CaCl_2 \rightleftharpoons CaCO_3$

15. 为什么选用过氧化钠作为潜水密封舱中的供氧剂？1kg 过氧化钠在标准状况下，可以得到多少升氧气？

16. 有一份白色固体混合物，其中可能含有 KCl、$MgSO_4$、$BaCl_2$、$CaCO_3$，根据下列实验现象，判断混合物中有哪几种化合物？

① 混合物溶于水，得澄清透明溶液；

② 对溶液作焰色反应，通过钴玻璃观察到紫色；

③ 向溶液中加碱，产生白色胶状沉淀。

17. 有一固体混合物，其中可能含 $MgCO_3$、$Ba(NO_3)_2$、Na_2SO_4、$AgNO_3$ 和 $CuSO_4$。它溶于水后得一无色溶液和白色沉淀，此沉淀可溶于稀盐酸并有气泡产生，而无色溶液遇盐酸无反应，其火焰反应呈黄色。试根据上述实验现象判断此混合物肯定存在哪些物质？肯定不存在哪些物质？可能存在哪些物质？并说明理由。

18. 如何用简单可行的化学方法将下列各组物质分别鉴定出来。

① 金属钠和钾；　②纯碱、烧碱和小苏打；

③石灰石和石灰；　④碳酸钙和硫酸钙；

⑤硫酸钠和硫酸镁；　⑥氢氧化铝、氢氧化镁和碳酸镁。

19. 粗食盐常含有 Ca^{2+}、Mg^{2+}、SO_4^{2-}，请提出精制粗食盐的方案，写出反应方程式。

9 p区元素（1）

9.1 硼族元素

9.1.1 硼族元素通性

硼族位于周期系中第13（ⅢA）族，包括：硼（B）、铝（Al）、镓（Ga）、铟（In）、铊（Tl）。其中硼主要表现为非金属性质，铝虽然表现为两性，但以金属性为主。镓、铟和铊则是典型的金属。表9-1列举了硼族元素的一些基本性质。

表9-1 硼族元素的基本性质

元素	硼(B)	铝(Al)	镓(Ga)	铟(In)	铊(Tl)
原子序数	5	13	31	49	81
价电子层结构	$2s^22p^1$	$3s^23p^1$	$4s^24p^1$	$5s^25p^1$	$6s^26p^1$
原子半径/pm	88	143	122	163	170
第一电离能/$kJ\cdot mol^{-1}$	801	577	579	558	590
第一电子亲和能/$kJ\cdot mol^{-1}$	−26.7	−42.5	−28.9	−28.9	
电负性	2.04	1.61	1.81	1.78	2.04
主要氧化态	+3	+3	+3，+1	+3，+1	(+3)，+1
熔点/℃	2300	660.3	29.78	156.2	303.5
沸点/℃	3658	2467	2403	2080	1457

在周期表中，硼族元素价电子层结构为ns^2np^1，它们的最高氧化态为+3，最低氧化态为+1。硼和铝在发生化学反应时，趋于失去全部外层电子，生成氧化态为+3的化合物。从镓到铊，低价态趋于稳定。这种同族元素的ns^2电子对越来越稳定的现象，称为“惰性电子对效应”。

由于硼原子外层没有2d轨道，而且硼原子的半径较小、电负性较大，要失去电子成为正离子比较困难，因此，硼倾向于形成共价键。硼族元素的价电子数少于价轨道数目，因此具有缺电子性。例如，硼原子除了以sp^2或sp^3杂化轨道形成一般的σ键外，还可以用其杂化轨道形成多中心键，如三中心两电子键。缺电子化合物因有空的价电子轨道，能够接受电子对，所以易形成聚合分子和配合物。

硼和铝的都是亲氧元素，它们的含氧化合物十分稳定。

硼和铝在地壳中的丰度分别为$1.2\times10^{-3}\%$和8.05%。自然界中没有游离态的硼，硼主要以含氧化合物的矿石存在，如硼砂矿（$Na_2B_4O_7\cdot10H_2O$）、硼镁矿（$Mg_2B_2O_5\cdot H_2O$）等。铝在地壳中含量居第三位（仅次于氧和硅），也是最丰富的金属元素。它广泛存在于黏土和长石中，主要的矿石有铝矾土（$Al_2O_3\cdot2H_2O$）、冰晶石（$Na_3[AlF_6]$）、高岭土（含铝约20%）。

9.1.2 硼及其化合物

9.1.2.1 单质硼

单质硼有灰黑色的晶态硼、棕色粉末状的非晶态硼。

（1）硼晶体的结构　晶态硼有多种变体，它们都以 B_{12} 组成的正二十面体为基本结构单元，见图 9-1。

α-菱形硼是最普通的一种硼晶体。它是由 B_{12} 单元组成的层状结构，如图 9-2 所示。其中，既有普通的 σ 键，又有三中心键。硼晶体属于原子晶体。因此，硼的硬度大，熔点、沸点高，化学性质也不活泼。

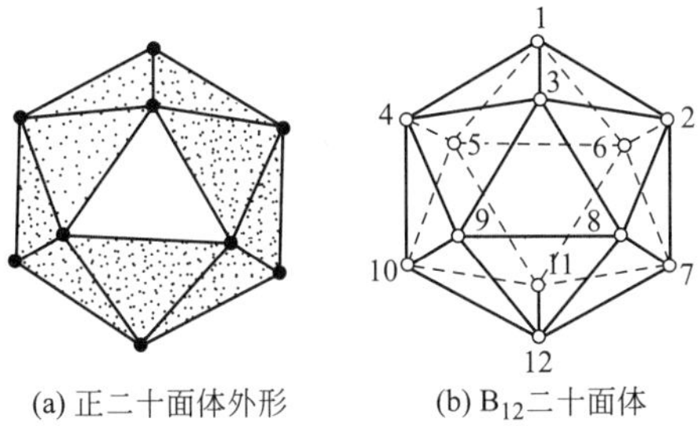

图 9-1　B_{12} 二十面体

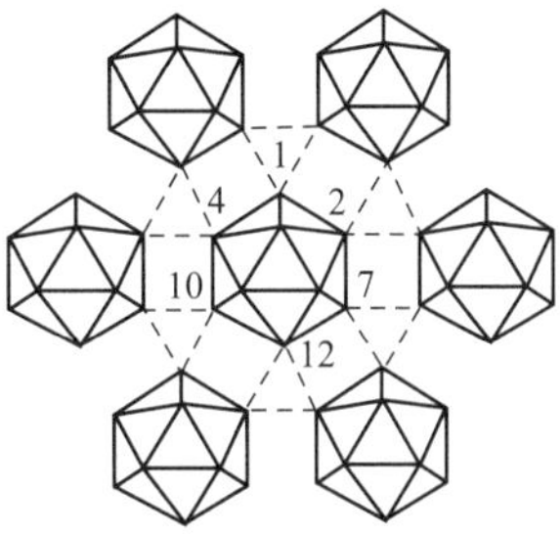

图 9-2　α-菱形硼中的三中心键

虚线三角形表示三中心键，中心的二十面体中硼原子标号和图 9-1(b) 相同

（2）硼的性质　粉末硼比较活泼，在赤热下，水蒸气和粉末硼反应生成硼酸和氢气：

$$2B + 6H_2O \longrightarrow 2B(OH)_3 + 3H_2\uparrow$$

硼不与盐酸反应，但热的浓 H_2SO_4 和浓 HNO_3 能逐渐把硼氧化成硼酸：

$$B + 3HNO_3(浓) \longrightarrow B(OH)_3 + 3NO_2\uparrow$$

$$2B + 3H_2SO_4(浓) \longrightarrow 2B(OH)_3 + 3SO_2\uparrow$$

有氧化剂存在时，硼和强碱共熔可以生成偏硼酸盐：

$$2B + 2NaOH + 3KNO_3 \xrightarrow{\triangle} 2NaBO_2 + 3KNO_2 + H_2O$$

在高温下，硼可以和 N_2、O_2、S、X_2 等单质反应，也能在高温下同金属反应生成金属硼化物：

$$4B + 3O_2 \longrightarrow 2B_2O_3$$

$$2B + 3Cl_2 \longrightarrow 2BCl_3$$

$$2B + N_2 \longrightarrow 2BN$$

9.1.2.2　硼的氢化物——硼烷

硼可以形成一系列共价型氢化物，称为硼烷。目前已知的硼烷有 20 多种，它们分别为 B_nH_{n+4} 和 B_nH_{n+6} 两大类。

最简单的硼烷是乙硼烷 B_2H_6。根据价键理论，B_2H_6 结构中需要 14 个价电子成键，而 B_2H_6 只能提供 12 个价电子，因此 B_2H_6 是“缺电子”化合物。B_2H_6 中 B 采取 sp^3 杂化轨道成键，2 个 B 原子各与 2 个 H 原子形成 2 个 B—H σ 键。这 4 个 B—H σ 键在同一平面上。2 个 B 原子之间再利用每个 B 原子剩余的 2 个 sp^3 杂化轨道（一个有电子，另一个是空轨道）同另 2 个 H 原子的 s 轨道形成 2 个“三中心两电子”键，即 $\overset{\displaystyle H}{B\frown B}$ 氢桥键。这两个氢原子又称为氢桥原子，分别位于两个 BH_2 组成的平面的上、下方，如图 9-3 所示。

硼烷不能通过单质硼和氢气直接化合制得。通常用卤化硼与强还原剂反应制得乙硼烷：

$$8BF_3(g) + 6LiH(s) \longrightarrow B_2H_6(g) + 6LiBF_4(s)$$

加热至高于 100℃以上时，乙硼烷转变为高硼烷。B_2H_6 的分解产物很复杂，有 B_4H_{10}、

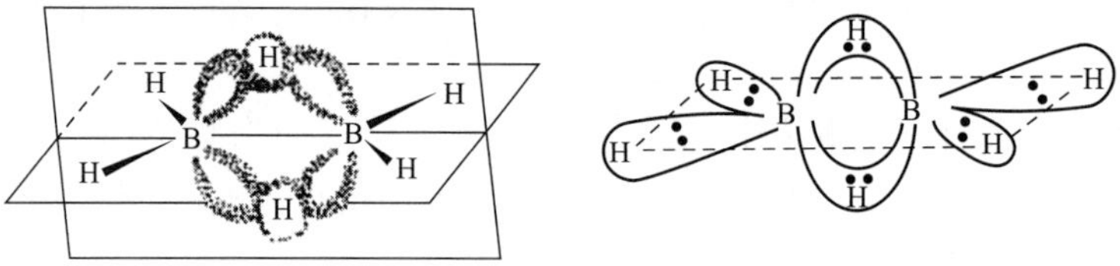

图 9-3 B_2H_6 的分子结构

B_5H_9、B_5H_{11}、$B_{10}H_{14}$等。

硼烷多数有毒、有气味，且不稳定，在空气中剧烈燃烧，且放出大量的热。

$$B_2H_6+3O_2 \longrightarrow B_2O_3+3H_2O \qquad \Delta_r H_m^{\ominus}=-2166\text{kJ}\cdot\text{mol}^{-1}$$

硼烷还可以水解放出氢气，并放出大量热：

$$B_2H_6+6H_2O \longrightarrow 2H_3BO_3\downarrow+6H_2\uparrow \qquad \Delta_r H_m^{\ominus}=-509.3\text{kJ}\cdot\text{mol}^{-1}$$

因此 B_2H_6 适用于作水下发射火箭燃料。现有的硼烷燃料是硼烷的衍生物，如 $(C_2H_5)_3B_5H_6$ 是液体高能燃料，$(C_2H_5)_2B_{10}H_{12}$ 和 $(C_4H_9)_2B_{10}H_{12}$ 是固体高能燃料。

9.1.2.3 硼的卤化物

三卤化硼都是共价化合物，熔、沸点都很低，并规律地随 F、Cl、Br、I 的顺序而逐渐增高。其蒸气分子均为单分子。其中较重要的是 BCl_3 和 BF_3。

因为三卤化硼是缺电子分子，有强烈地接受电子对的倾向，能接受 H_2O、HF、NH_3、醚、醇、胺类等分子提供的电子对，所以在有机合成中常用作催化剂。

硼的卤化物在潮湿的空气中易水解，形成白色酸雾。

$$BCl_3+3H_2O \longrightarrow H_3BO_3\downarrow+3HCl$$

BF_3 水解产生的 F^- 可以和未水解的 BF_3 形成 $[BF_4]^-$。

$$4BF_3+3H_2O \longrightarrow 3[BF_4]^-+3H^++H_3BO_3\downarrow$$

其他硼的卤化物不与相应的 HX 加合形成 $[BX_4]^-$。这是由于与氟原子相比，Cl、Br、I 原子半径较大，而硼原子半径很小，难以在其周围排列四个半径较大的卤素原子。

9.1.2.4 硼的含氧化合物

硼的重要含氧化合物有 B_2O_3、H_3BO_3 和硼酸盐，其基本结构单元均是 BO_3 平面三角形，见图 9-4(a)。在 H_3BO_3 晶体中，每个硼原子用 3 个 sp^2 杂化轨道分别与三个羟基(—OH)中的氧原子以共价键相结合，见图 9-4(b)。每个氧原子除以共价键与一个硼原子和一个氢原子结合外，还通过氢键与另一个 H_3BO_3 单元中的氢原子结合而连成片层结构，如图 9-4(c)。层与层之间以微弱的范德华力相结合。

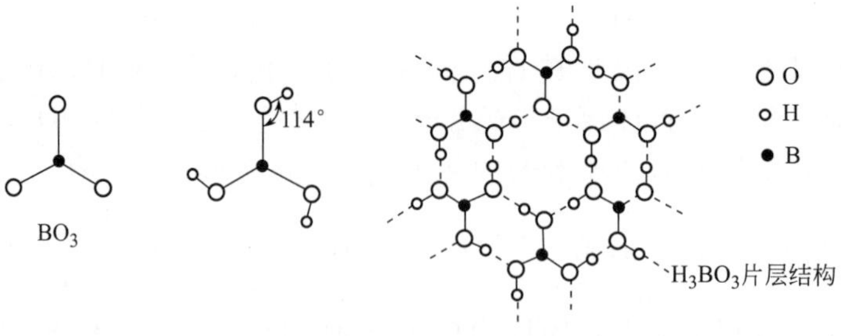

(a) (b) (c)

图 9-4 平面 BO_3 单元和 H_3BO_3 的结构示意图

硼酸的这种缔合结构使它在冷水中的溶解度很小，但加热时由于晶体中的部分氢键断裂，因此硼酸在热水中溶解度较大。硼酸在灼热时还发生下列变化：

$$H_3BO_3 \xrightarrow[-H_2O]{149℃} HBO_2 \xrightarrow[-H_2O]{305℃} B_2O_3$$

由于 B 原子的缺电子性，H_3BO_3 通过接受 H_2O 中的 OH^- 提供的孤电子对形成配位键，释放出 H^+ 而显酸性，所以 H_3BO_3 是一元弱酸。

$$H_3BO_3 + H_2O \rightleftharpoons [HO-B(OH)_2-OH]^- + H^+$$

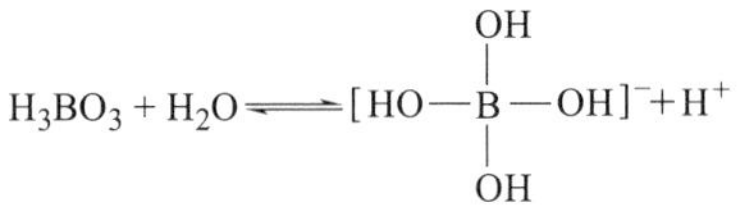

H_3BO_3 的这种缺电子性质，使其水溶液在加入多羟基化合物（如甘二醇或甘油）后，酸性大大增强，所生成的配合物会表现出一元强酸的性质，因此可以用强碱来滴定 H_3BO_3 的含量。

$$2 \begin{array}{c} R \\ | \\ H-C-OH \\ | \\ H-C-OH \\ | \\ R \end{array} + B(OH)_3 \longrightarrow \left[\begin{array}{c} \text{环状硼酸酯} \end{array} \right]^- + H^+ + 3H_2O$$

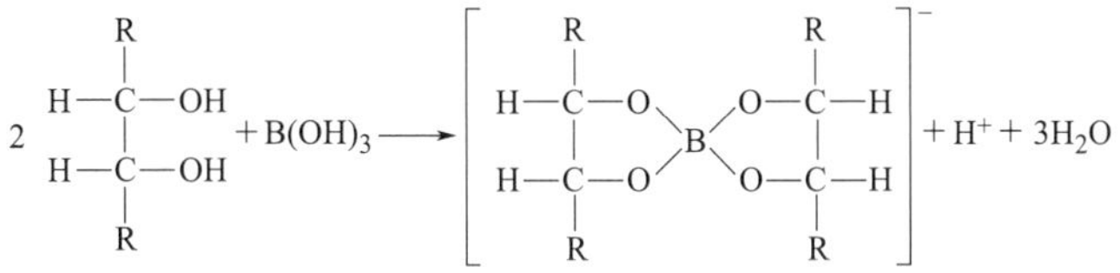

在浓 H_2SO_4 存在下，让硼酸和甲醇或乙醇反应，生成挥发性的硼酸酯，后者燃烧时发出绿色火焰。用此方法可定性检验硼酸。

$$H_3BO_3 + 3CH_3OH \xrightarrow{H_2SO_4} B(OCH_3)_3 + 3H_2O$$
$$2B(OCH_3)_3 + 9O_2 \longrightarrow B_2O_3 + 9H_2O + 6CO_2$$

硼酸和强碱作用时，生成偏硼酸盐如 $NaBO_2$。硼酸和弱碱作用时，生成四硼酸盐，如硼砂（$Na_2B_4O_7 \cdot 10H_2O$）。

硼砂是最常用的硼酸盐。硼酸盐的 B—O—B 键不是很牢固，所以硼砂较易水解。将硼砂加热到 377℃ 左右，失去全部结晶水，在 877℃ 熔化成玻璃态。熔融态的硼砂能够溶解一些金属氧化物，并显示出特征的颜色。例如：

$$Na_2B_4O_7 + CoO \longrightarrow Co(BO_2)_2 \cdot 2NaBO_2 \quad （蓝宝石色）$$
$$Na_2B_4O_7 + NiO \longrightarrow Ni(BO_2)_2 \cdot 2NaBO_2 \quad （棕色）$$
$$Na_2B_4O_7 + MnO \longrightarrow Mn(BO_2)_2 \cdot 2NaBO_2 \quad （绿色）$$

此反应为分析化学中常用的硼砂珠实验，用来鉴定金属离子。此性质也被用于陶瓷和搪瓷的上釉以及焊接金属时除去金属表面的氧化物。

9.1.3 铝及其化合物

9.1.3.1 单质铝

（1）铝的制取 工业上制取金属铝以铝土矿（Al_2O_3）为原料，在加压下用苛性钠溶解，得到可溶性的 $Na[Al(OH)_4]$：

$$Al_2O_3 + 2NaOH + 3H_2O \longrightarrow 2Na[Al(OH)_4]$$

经沉降、过滤后，往滤液中通入 CO_2 生成 $Al(OH)_3$ 沉淀：

$$2Na[Al(OH)_4] + 2CO_2 \longrightarrow 2Al(OH)_3 \downarrow + 2NaHCO_3$$

再将过滤后的沉淀干燥、灼烧后得到较纯的 Al_2O_3。

最后将 Al_2O_3 和冰晶石熔融液在 960~970℃ 进行电解，在阴极得到熔融的金属铝，经过精炼铝的纯度可超过 99.99%。

$$2Al_2O_3 \xrightarrow[\text{电解}]{Na_3AlF_6} 4Al + 3O_2 \uparrow$$

(2) 铝单质的性质　铝是银白色、有光泽的轻金属，单质铝的密度只有 $2.7g \cdot cm^{-3}$。它的合金被广泛用于建筑、交通、电力、化学、食品包装、机械制造和日用品等工业。高纯铝具有更好的导电性、可塑性、反光性和抗腐蚀性，因此用于各种无线电器件、天文、宇宙飞船、人造卫星等方面。

铝是活泼金属，但在空气中铝表面被氧化为一层致密的氧化膜，使其活性降低，在常温下，不与空气和水进一步反应。

铝和 O_2 反应放出大量热：

$$4Al(s)+3O_2(g) \longrightarrow 2Al_2O_3(s) \qquad \Delta_r H_m^{\ominus}=-3351.4kJ \cdot mol^{-1}$$

利用该反应放出的大量热，用铝作还原剂，从金属氧化物中将金属还原出来。常用此方法制备金属单质，称为“铝热法”。如：

$$2Al(s)+Cr_2O_3(s) \longrightarrow Al_2O_3(s)+2Cr(s)$$

铝是活泼的两性金属元素，铝和碱、稀酸反应放出氢气。如：

$$2Al+2OH^- +6H_2O \longrightarrow 2[Al(OH)_4]^- +3H_2\uparrow$$

$$2Al+6H^+ \longrightarrow 2Al^{3+} +3H_2\uparrow$$

高温下，Al 和一些非金属（除 H_2）如 B、Si、P、As、S、Se、Te 直接反应生成相应的化合物。

铝和其他金属生成合金和金属间化合物，如铝镁合金是极重要的轻金属材料。

9.1.3.2　氧化铝和氢氧化铝

Al_2O_3 是铝的重要氧化物，它主要有两种变体：α-Al_2O_3 和 γ-Al_2O_3。

加热氢氧化铝，在 450℃左右脱水可制得 γ-Al_2O_3；若脱水温度高于 1000℃，可以制得 α-Al_2O_3。自然界中存在的刚玉属 α-Al_2O_3，其硬度仅次于金刚石和金刚砂（SiC）。α-Al_2O_3 是白色结晶，呈菱形六面体状，如图 9-5 所示。

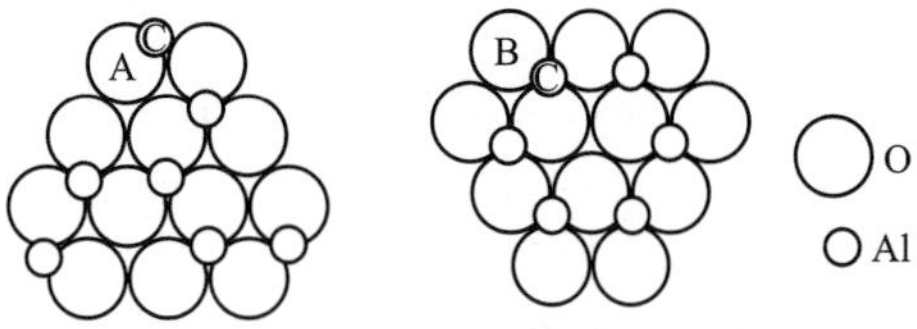

图 9-5　α-Al_2O_3 中氧和铝原子的密置层

α-Al_2O_3 不溶于水，也不溶于酸或碱。α-Al_2O_3 耐腐蚀，硬度大，电绝缘性好，用作高硬度研磨材料和耐火材料。天然或人造刚玉由于含有不同杂质而呈现多种颜色。如红宝石中含有痕量的 Cr^{3+}；蓝宝石中含有痕量的 Fe^{3+}、Fe^{2+} 或者 Ti^{4+}。人造红宝石或者蓝宝石可作为激光光源产生相干光。

γ-Al_2O_3 是具有缺陷的尖晶石结构。这种 Al_2O_3 不溶于水，但能溶于酸或碱。只在低温下稳定，它的比表面很大，具有强的吸附能力和催化活性，又称为活性氧化铝，可作为吸附剂和催化剂。

氢氧化铝是两性氢氧化物，既可溶于酸，也可溶于碱：

$$Al(OH)_3(s)+3H^+ \longrightarrow Al^{3+}(aq)+3H_2O$$

$$Al(OH)_3(s)+OH^- \longrightarrow [Al(OH)_4]^-$$

光谱实验证实，溶液中含有 $[Al(OH)_4]^-$，简写为 AlO_2^-。

铝盐和铝酸盐在水溶液中易发生水解。如将 Na_2CO_3 溶液和铝盐溶液混合时，产生 $Al(OH)_3$ 的白色沉淀：

$$2Al^{3+} +3CO_3^{2-} +3H_2O \longrightarrow 2Al(OH)_3\downarrow +3CO_2\uparrow$$

9.1.3.3　卤化铝

在铝的卤化物中，除 AlF_3 是离子型化合物，其余均为共价型化合物。

无水氯化铝是无色晶体。在常温下能挥发，180℃时升华。

由于 $AlCl_3$ 分子中 Al 是缺电子原子，Al 的空轨道可接受 Cl 原子提供的孤电子对，所以 $AlCl_3$ 自身有强烈加和作用的倾向。在接近沸点的蒸气中，形成双聚分子 Al_2Cl_6，其结构如图 9-6 所示。

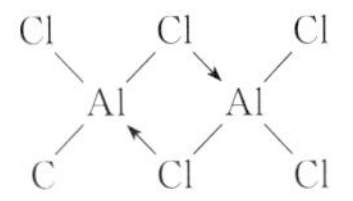

图 9-6　Al_2Cl_6 的结构

图中每个 Al 原子都以 sp^3 杂化轨道与 4 个 Cl 原子形成四面体结构。两个 Al 原子与两侧的 4 个 Cl 原子在同一平面上，中间的 2 个 Cl 以“桥键”的方式位于该平面的上、下方，每个 Cl 上的一对孤电子对进入 Al 的空轨道上形成配位键，并与上述平面垂直，这种由 Cl 作“桥”的键又称为“氯桥键”。

无水 $AlCl_3$ 易溶于水并水解，在潮湿空气中因强烈的水解形成酸雾而冒“白烟”。所以必须采用干法制备无水 $AlCl_3$。

$$2Al(s) + 3Cl_2 \xrightarrow{\triangle} 2AlCl_3$$

9.1.3.4　硫酸铝和矾

无水硫酸铝 $Al_2(SO_4)_3$ 为白色粉末，易溶于水，因水解而使溶液呈酸性，其水解产物是碱式盐或 $Al(OH)_3$ 的胶状沉淀。这种沉淀具有吸附和絮凝作用，所以硫酸铝广泛用作净水剂、媒染剂 [$Al(OH)_3$ 的胶状沉淀易吸附染料]。$Al_2(SO_4)_3$ 饱和溶液用于泡沫灭火器中，使用时和 $NaHCO_3$ 溶液反应生成 $Al(OH)_3$ 和 CO_2。

硫酸铝与 K^+、Rb^+、Cs^+ 和 NH_4^+ 等的硫酸盐结合而形成复盐（矾），其通式为 $MAl(SO_4)_2 \cdot 12H_2O$。

9.2　碳族元素

9.2.1　碳族元素通性

碳族元素位于元素周期系中第 14（ⅣA）族，包括：碳（C）、硅（Si）、锗（Ge）、锡（Sn）和铅（Pb）。其中碳是非金属元素，硅和锗是准金属元素，锡和铅是金属元素。表 9-2 列举了碳族元素的一些基本性质。

表 9-2　碳族元素的一些基本性质

元素	碳(C)	硅(Si)	锗(Ge)	锡(Sn)	铅(Pb)
原子序数	6	14	32	50	81
价电子层结构	$2s^22p^2$	$3s^23p^2$	$4s^24p^2$	$5s^25p^2$	$6s^26p^2$
原子半径/pm	77	117	122	141	175
第一电离能/$kJ \cdot mol^{-1}$	1086	786	762	708	716
第一电子亲和能/$kJ \cdot mol^{-1}$	−121.9	−133.6	−115.8	−115.8	−101.3
电负性	2.55	1.90	2.00	1.96	2.33
主要氧化态	+4,+2	+4,(+2)	+4,(+2)	+4,(+2)	(+4),+2
熔点/℃	3550(金刚石)	1410	937.4	227.97	327.5
沸点/℃	4827(金刚石)	2355	2830	2270	1740

碳族元素能形成氧化态为+2、+4 的化合物。碳和硅以氧化态为+4 的化合物为主，由于惰性电子对效应，从锗、锡到铅+2 氧化态趋于稳定。Sn(Ⅱ) 的化合物有明显的还原性，而 Pb(Ⅳ) 的化合物有很强的氧化性。

在元素周期表中，碳和硅是形成化合物最多的两种元素。碳以 C—C 键化合物构成了整个有机界；硅则以 Si—O—Si 键化合物与其他元素一起构成了整个矿物界。硅元素在地壳中的含量仅次于氧，占第二位，它主要以硅酸盐和石英矿等形式存在于自然界中。锗常以硫化物的形式伴生在其他金属的硫化物矿中。锡和铅主要以氧化物（如锡石 SnO_2）或硫化物（如方铅矿 PbS）矿存在于自然界。

9.2.2 碳及其化合物

9.2.2.1 碳单质

金刚石、石墨、C_{60}是碳的三种同素异形体。

金刚石为无色透明晶体，熔点高、硬度大、不导电。在所有单质中，它的熔点最高（3550℃），硬度最大（莫氏硬度为 10）。金刚石在室温下呈化学惰性，但在空气中加热到 820℃左右能燃烧成 CO_2。金刚石主要用做装饰品和工业用硬质材料。

石墨为灰黑色柔软固体，密度较金刚石小，熔点较金刚石低 50℃左右，有导电性。在常温下虽然对化学试剂也呈现惰性，但较金刚石活泼。

C_{60}分子是由 20 个正六角环和 12 个正五角环形成的近似足球状的 32 面体［见图 9-7(a)］，也称“足球烯”。C_{60}的 60 个碳原子占据了 32 面体的 60 个顶点。其中每个碳原子以 sp^2 杂化轨道与相邻三个碳原子相连，碳原子剩余的 p 轨道在 C_{60}的外围和内腔形成大 π 键，因而具有很强的电子亲和力和还原性。由于双键的存在，C_{60}具有活泼的化学反应性能，使得 C_{60}这一三维基元具有多变性，为合成新的具有光电磁性质的材料开辟了广阔的空间。当 C_{60}封闭结构的某一方向不断延长时，形成有极大长径比的笼形管状结构，称为碳纳米管。如图 9-7(b) 所示。

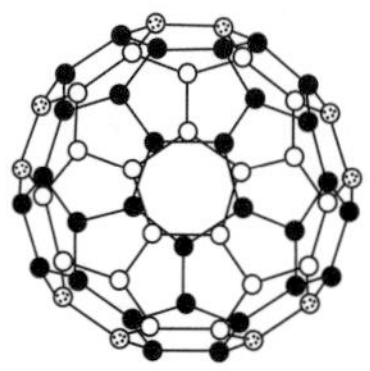

(a) C_{60}

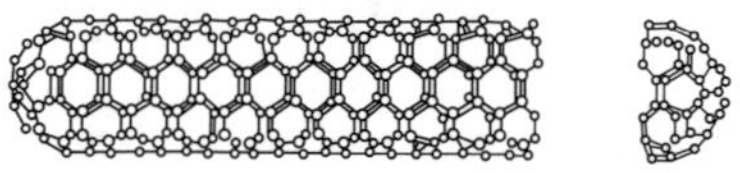

(b) 碳纳米管

图 9-7 C_{60}及碳纳米管的结构

固体 C_{60}是分子晶体。其晶胞是面心立方结构，C_{60}分子占据面心立方晶胞的顶点和面心位置。C_{60}分子之间主要以范德华力相结合。

工业上还常用到一类微晶体碳单质，又称为炭，如木炭、骨炭、焦炭和炭黑等。它们是在隔绝空气的条件下，加热或干馏木材、煤或气态碳氢化合物等得到的。微晶体碳实际上是由石墨或金刚石碎片无序连接而成的碳单质。经过处理的微晶碳，其表面积很大，有很强的吸附能力，又称为活性炭，可以用来净化空气、提纯物质、脱色和去臭等。

炭可以作还原剂与一些氧化剂反应。例如，炭在氧气中燃烧，生成 CO_2。灼热的 C 还能和 O_2 反应生成 CO。CO 能将许多金属氧化物还原为金属。工业上用焦炭炼铁，实际上起还原剂作用的正是 CO。

$$Fe_2O_3 + 3CO \longrightarrow 2Fe + 3CO_2\uparrow$$

灼热的炭与水蒸气反应是工业上用焦炭合成水煤气（或氢气）的方法：

$$H_2O(g) + C(\text{灼热}) \longrightarrow CO(g) + H_2(g)$$

碳纤维是另一类重要的微晶体碳。把聚丙烯腈（腈纶）、沥青等隔绝空气加热到 1000℃以上，能得到黑色、纤细而柔软的碳纤维。把碳纤维分散在诸如树脂、塑料、金属和陶瓷等基体中，制得一些新型碳纤维复合材料。

2004 年英国曼彻斯特大学的科学家安德烈·盖姆（A. Geim）和康斯坦丁·诺沃消洛夫（K. Novoselov）成功地从石墨分离出石墨烯，并因此获得了 2010 年度的诺贝尔物理学奖。

石墨烯是二维晶体，与石墨单原子层一样，每个C原子均采取sp^2杂化，并与相邻的其他三个C原子以σ键结合，从而形成平面结构，如图9-8所示。每个C再利用剩余的一个p电子在整个平面层内形成大π键。单层石墨烯的厚度为0.335nm，是目前已知的最薄且强度最高的材料，它只吸收2.3%的光，几乎是透明的。石墨烯具有极高的比表面积、超强的导电性和热传导性，因此在材料、能源、生物医学和药物传递等方面具有重要的应用前景。

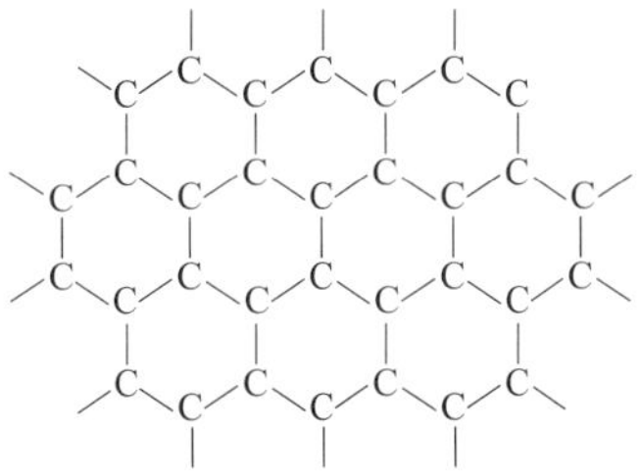

图9-8　石墨烯平面结构示意图

9.2.2.2　一氧化碳及其配位方式

CO为无色、无味、可燃性的有毒气体。CO的结构为：C≡O：，其中有一个O→C的配位键，使CO的偶极矩几乎为零。由于分子内形成配位键，使碳原子周围的电子云密度增大，增强了碳原子的配位能力。如形成羰基配合物$Ni(CO)_4$、$Fe(CO)_5$和$Cr(CO)_6$等。CO与金属形成配合物时的配位方式如图9-9所示。

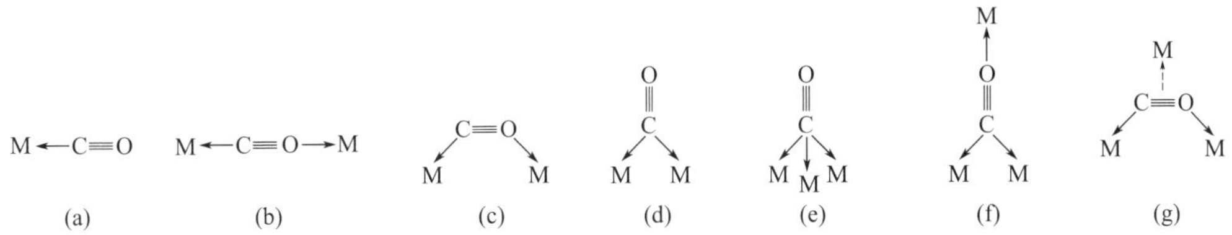

图9-9　CO的配位方式（M表示金属离子）

CO与血红蛋白（Hb）结合的能力约为O_2的230～270倍。CO与血红蛋白（Hb）结合后，Hb就失去结合氧的能力，使生物机体因缺氧而致死，引起中毒。

CO能与氢气反应。催化剂不同，反应产物不同。例如，以$Cr_2O_3 \cdot ZnO$为催化剂，354～400℃时，CO和H_2反应生成甲醇（CH_3OH）；若以Fe、Co或Ni为催化剂，250℃和101kPa条件下反应，则生成CH_4。这些反应可以使水煤气转化成甲醇或其他有机物，是人们对煤进行“液化”以解决石油危机所做的努力。

9.2.2.3　二氧化碳和超临界流体

CO_2分子是直线形，在分子中存在着两个Π_3^4键：

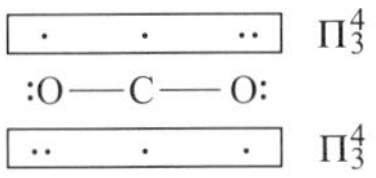

CO_2是无色、无臭气体，其临界温度较高（31℃），加压时易液化。固态CO_2俗称“干冰”，是工业上广泛使用的制冷剂。

CO_2是酸性氧化物，它能与碱反应。CO_2大量用于生产Na_2CO_3、$NaHCO_3$、化肥等，还可以用于制造饮料。

大气中的CO_2称为“温室气体”。由于人类大量使用矿物燃料，向大气中排放了过多的CO_2，导致“全球气候变暖”，随之而来出现了冰川退化、土地沙漠化加剧和海平面上升等环境问题。因此，减少CO_2的排放量是不容忽视的环保措施。

物质处于其临界温度和临界压力以上状态时，向该气体加压，气体不会液化，只是密度增大，在保留气体性能的同时还具有液体的性质，这种状态的流体就称为超临界流体。超临界流体既能像气体一样易于扩散，又能像液体那样对溶质有比较大的溶解度，而且在临界点附近，当压力和温度有一微小的变化时，流体的密度就会发生很大的变化，并相应地表现为溶解度的变化。因此，可利用超临界流体来进行物质的萃取和分离。CO_2 的临界温度接近于室温（31℃），临界压力适中（7.39MPa），超临界 CO_2 具有密度大，便宜易得，无毒，惰性，极易从萃取产物中分离的特性，是目前普遍使用的超临界流体。在 CO_2 临界温度以上对 CO_2 施加一定压力，CO_2 不再液化。高压下的 CO_2 超临界流体对一些有机物有特殊的溶解性，可溶解固体，特别是生物体中的一些有用成分。之后再降低压力使被溶解的有用成分析出，实现固体萃取的目的。整个过程在一定高压和几乎常温的条件下进行，对生物活性物质破坏的程度低，所以 CO_2 超临界萃取是十分有用的生物质提取方法和先进的分离技术。

9.2.2.4 碳酸及碳酸盐

常温下，1 体积水溶解近乎 1 体积的 CO_2。溶于水中的 CO_2 只有 1%～4%转变为 H_2CO_3。这种溶解会使蒸馏水的 pH 小于 7。

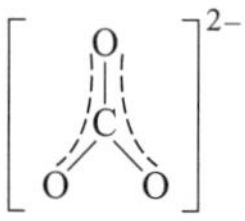

CO_3^{2-}

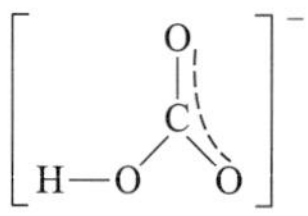

HCO_3^-

H_2CO_3 为二元酸，它能生成碳酸氢盐和碳酸盐。CO_3^{2-} 中碳原子以 sp^2 杂化轨道与 3 个 O 原子的 2p 轨道形成 σ 键，它的另一有 1 个电子的 p 轨道与 3 个 O 原子的 2p 轨道形成一个 Π_4^6，CO_3^{2-} 为平面三角形。HCO_3^- 中碳原子除了与 3 个 O 原子形成 3 个 σ 键外，还形成 Π_3^4 键。

碱金属的碳酸盐和碳酸氢盐在水中分别呈强碱性和弱碱性。因此，在它们的水溶液中，除了有 HCO_3^-、CO_3^{2-} 以外，还有 OH^-。当其他金属离子遇到碱金属碳酸盐溶液时，会产生不同的沉淀：氢氧化物的碱性较强者可沉淀为碳酸盐；氢氧化物碱性较弱者，可沉淀为碱式碳酸盐；若金属离子的水解性较强，则沉淀为氢氧化物。

$$Ba^{2+} + CO_3^{2-} \longrightarrow BaCO_3 \downarrow$$

$$2Fe^{3+} + 3CO_3^{2-} + 3H_2O \longrightarrow 2Fe(OH)_3 \downarrow + 3CO_2 \uparrow$$

$$2Cu^{2+} + 2CO_3^{2-} + H_2O \longrightarrow Cu_2(OH)_2CO_3 \downarrow + CO_2 \uparrow$$

由于多数碳酸盐的溶解度小，自然界中有许多碳酸盐矿石。大理石、石灰石、方解石以及珍珠、珊瑚、贝壳等的主要成分都是 $CaCO_3$。白云石、菱镁矿都含有 $MgCO_3$。难溶的碳酸钙矿石在 CO_2 和水的长期侵蚀下可以部分地转变为 $Ca(HCO_3)_2$ 而溶解。所以天然水中含有 $Ca(HCO_3)_2$，经过长期的自然分解或人工加热，又析出 $CaCO_3$。这个转化反应能说明自然界中钟乳石和石笋的形成和暂时硬水软化的原理。

$$CaCO_3 + CO_2 + H_2O \longrightarrow Ca(HCO_3)_2$$

除碱金属碳酸盐外，很多碳酸盐受热易分解，其分解的难易程度与阳离子的极化作用有关。阳离子的极化作用越大，碳酸盐就越容易分解，见表 9-3。

表 9-3 碳酸盐的分解热和分解温度

与 CO_3^{2-} 结合的离子部分	Be	Mg	Ca	Sr	Ba	Zn	Pb	Li_2	Na_2	K_2	Rb_2	Cs_2	Ag_2	Tl_2
分解温度/℃	100	540	897	1189	1360	300	315	1270	很高	很高	很高	很高	218	＞300

由于 H^+（质子）的极化作用超过一般金属离子，所以，热稳定性：

$$M_2CO_3 > MHCO_3 > H_2CO_3 \qquad (\text{M 表示一价金属})$$

9.2.2.5 碳化物

碳化物可分为离子型、金属型和共价型。电负性低的金属或它们的氧化物与碳强热得到的是离子型碳化物，如

$$CaO(s) + 3C(s) \longrightarrow CO\uparrow + CaC_2(s)$$

碱金属和碱土金属（Be 除外）的碳化物中存在 C_2^{2-}，其结构式为 $[:C{\equiv}C:]^{2-}$，水解产生乙炔：

$$CaC_2(s) + 2H_2O(l) \longrightarrow Ca(OH)_2\downarrow + C_2H_2\uparrow$$

Be_2C 及 Al_4C_3 中则含有 C^{4-}，它们与水反应产生 CH_4：

$$Al_4C_3(s) + 12H_2O(l) \longrightarrow 4Al(OH)_3\downarrow + 3CH_4\uparrow$$

碳与第 4～10 族过渡金属元素的碳化物均为金属型碳化物。这些化合物按组成又可以分为 MC（如 TiC、ZrC、HfC 等）、M_2C（如 Mo_2C、W_2C 等）和 M_3C（如 Mn_3C、Fe_3C 等）三类。在这些碳化物中，碳原子嵌在金属原子密堆积的多面体间隙中，碳原子的价电子可以部分地进入金属空的 d 轨道，增强了金属键。因此，它们具有熔点高、硬度大等特点。这些碳化物在工业上常用作硬质合金或耐高温合金，如碳化钨是常用的硬质工具材料。TiC、TaC、HfC 的熔点在 3127℃以上，硬度大，热胀系数小，导热性好，耐高温，可用作火箭的芯板和火箭用的喷嘴材料。

碳化硅 SiC 和碳化硼 B_4C 属于共价型碳化物。SiC 是具有金刚石结构的无色晶体，又称金刚砂，具有耐高温、耐磨损、耐腐蚀、强度高、密度小、抗氧化等优点，它们并列为精细陶瓷中理想的高温结构材料。B_4C 为黑色固体，是以共价键相结合的三维网格结构，硬度大、熔点高，具有化学惰性，是优良的磨料和切削工具材料。

9.2.3 硅及其化合物

9.2.3.1 硅单质

硅有晶形和非晶形两种同素异形体。晶态硅是金刚石型的原子晶体，银灰色，有金属光泽的固体，性质稳定。常用的晶态硅分为多晶硅和单晶硅。在晶体硅中，Si—Si 键的强度比金刚石中 C—C 键的强度低，因此，晶体硅的熔点和硬度都比金刚石低。粉末状硅因为有大的比表面，性质比晶态硅活泼。

硅具有亲氧性和亲氟性，在常温下活性较差，只能与 F_2 反应生成 SiF_4。

$$Si + 2F_2 \longrightarrow SiF_4\uparrow$$

高温时硅的化学活性增强，Si 可与 Cl_2、O_2、C、N_2 等反应。

$$Si + O_2 \xrightarrow{600℃} SiO_2$$

$$3Si + 2N_2 \xrightarrow{1300℃} Si_3N_4$$

Si 在含氧酸中被钝化。但在氧化剂如 HNO_3、CrO_3、$KMnO_4$、H_2O_2 存在的条件下，Si 可与 HF 酸反应。

$$3Si + 18HF + 4HNO_3 \longrightarrow 3H_2[SiF_6] + 4NO\uparrow + 8H_2O$$

粉末 Si 能与强碱猛烈反应，放出 H_2。

$$Si + 2NaOH + H_2O \longrightarrow Na_2SiO_3 + 2H_2\uparrow$$

9.2.3.2 硅的氢化物——硅烷

硅可以形成一系列氢化物，即硅烷，通式为 Si_nH_{2n+2}（$1 \leqslant n \leqslant 7$）。由于硅的自相结合

能力比碳差，硅烷比碳的氢化物少得多。

简单的硅烷常用金属硅化物与酸反应，或用强还原剂还原硅的卤化物来制取。

$$Mg_2Si + 4HCl \longrightarrow SiH_4\uparrow + 2MgCl_2$$

$$2Si_2Cl_6(l) + 3LiAlH_4(s) \longrightarrow 2Si_2H_6\uparrow + 3LiCl(s) + 3AlCl_3(s)$$

硅烷为无色无臭气体或液体，熔、沸点都很低。硅烷的还原性很强，能与 O_2 或其他氧化剂猛烈反应。它们在空气中能自燃，燃烧时放出大量热。

$$SiH_4 + 2O_2 \longrightarrow SiO_2 + 2H_2O$$

硅烷在纯水中不水解，但在极少量碱的催化下，硅烷猛烈地水解。

$$SiH_4 + (n+2)H_2O \xrightarrow{OH^-} SiO_2 \cdot nH_2O\downarrow + 4H_2\uparrow$$

硅烷的热稳定性差，且随分子量增大稳定性减弱。适当加热高硅烷，它们分解为低硅烷，低硅烷在温度高于 500℃时即分解为单质硅和氢气，例如：

$$SiH_4 \xrightarrow{>500℃} Si + 2H_2\uparrow$$

9.2.3.3 硅的卤化物

硅的卤化物都是共价化合物，其中重要的有 SiF_4 和 $SiCl_4$。SiF_4 可由氢氟酸与 SiO_2 反应制得；$SiCl_4$ 可由粗硅直接加热氯化或将 SiO_2 与焦炭在氯气氛下加热制得。

$$SiO_2 + 4HF \longrightarrow SiF_4\uparrow + 2H_2O$$

$$Si + 2Cl_2 \longrightarrow SiCl_4\uparrow$$

$$SiO_2 + 2C + 2Cl_2 \longrightarrow SiCl_4\uparrow + 2CO\uparrow$$

SiF_4 为无色、有刺激性气味的气体；$SiCl_4$ 在室温下为无色、强烈刺激性液体，易挥发（沸点为 68℃）。SiF_4 和 $SiCl_4$ 都易溶于水并水解，这一点与 CCl_4 不同。因为 Si 的外层还有空 3d 轨道，能与 H_2O 配位进而发生水解。$SiCl_4$ 在潮湿的空气中会因水解而产生白雾，因此它可作烟雾剂，反应如下：

$$SiCl_4 + 4H_2O \longrightarrow H_4SiO_4\downarrow + 4HCl$$

SiF_4 的水解产物为氟硅酸和正硅酸，SiF_4 与氢氟酸能直接生成酸性比硫酸还强的酸。

$$3SiF_4 + 4H_2O \longrightarrow H_4SiO_4\downarrow + 4H^+ + 2[SiF_6]^{2-}$$

$$SiF_4 + 2HF \longrightarrow 2H^+ + [SiF_6]^{2-}$$

9.2.3.4 硅的含氧化合物

（1）二氧化硅　天然的二氧化硅有晶态和非晶态两大类。纯石英为无色晶体，大而透明的棱柱状石英俗称水晶。紫水晶、玛瑙和碧玉都是含有杂质的有色晶体。沙子也是含有杂质的石英小晶体，硅藻土和燧石是非晶态二氧化硅。

在 SiO_2 晶体中，硅以 sp^3 杂化轨道与氧成键，形成硅氧四面体 SiO_4 结构单元，四面体单元之间再通过共用氧原子，规则地排列成原子晶体。Si—O 键能很高，因此 SiO_2 熔点高、硬度大。将石英在 1600℃熔融，冷却时，硅氧四面体单元来不及规则地排列，只是缓慢硬化形成非晶态石英玻璃。石英玻璃的热胀系数小，耐受温度的剧变，且能透过紫外线，可用来制造光学仪器等。在高纯石英中加入添加剂并将其拉成丝，这种丝具有很高的强度和弹性，具有极高的导光性，可以制成光导纤维。

SiO_2 为酸性氧化物，为硅酸的酸酐。SiO_2 不溶于水，可以和热的强碱溶液或熔融的碳酸钠反应，生成可溶性的硅酸盐。

$$SiO_2 + 2OH^- \longrightarrow SiO_3^{2-} + H_2O$$

$$SiO_2 + Na_2CO_3 \longrightarrow Na_2SiO_3 + CO_2\uparrow$$

将 Na_2CO_3、$CaCO_3$ 和 SiO_2 共熔（约 1600℃），得到硅酸钠和硅酸钙透明混合物，即是普通玻璃。

SiO_2 不能被 H_2 还原，但 Mg、Al、B、C 在高温下可以将 SiO_2 为还原 Si。但当C过量时，得到的产物是 SiC。

$$SiO_2 + 2C(\text{适量}) \longrightarrow Si + 2CO\uparrow$$

$$SiO_2 + 3C(\text{过量}) \longrightarrow SiC + 2CO\uparrow$$

（2）硅酸和硅胶　硅酸是组成复杂的白色固体，通常用化学式 H_2SiO_3 表示。用可溶性硅酸盐与酸反应可制得正硅酸 H_4SiO_4。

$$SiO_3^{2-} + 2H^+ + H_2O \longrightarrow H_4SiO_4\downarrow$$

H_4SiO_4 经过脱水可得到一系列其他硅酸，用通式 $xSiO_2 \cdot yH_2O$ 表示，如偏硅酸（H_2SiO_3）、二硅酸（$H_6Si_2O_7$）等。

可溶性硅酸盐与酸反应，开始形成的是能溶于水的单分子 H_4SiO_4，此时的硅酸并不立即沉淀，当这些单分子硅酸逐渐缩合为多酸时，就形成了溶胶。在此溶胶中加入电解质，或在适当浓度的硅酸盐溶液中加酸，可以得到半凝固状、软而透明且有弹性的硅酸凝胶（此时，多酸骨架中包含有大量的水）。将硅酸凝胶充分洗涤除去可溶性盐类，干燥脱水后即成为多孔性固体，称为硅胶。硅胶可作为吸附剂和催化剂载体。若将硅酸凝胶用 $CoCl_2$ 溶液浸泡、干燥活化后可以制得变色硅胶。根据变色硅胶由蓝变红就可以判断硅胶的吸水程度，反应如下：

$$\underset{(\text{蓝色})}{CoCl_2} \rightleftharpoons \underset{(\text{蓝紫})}{CoCl_2 \cdot H_2O} \rightleftharpoons \underset{(\text{紫红})}{CoCl_2 \cdot 2H_2O} \rightleftharpoons \underset{(\text{粉红})}{CoCl_2 \cdot 6H_2O}$$

（3）硅酸盐　钠、钾的硅酸盐是可溶的，其余大多数硅酸盐是不溶性的。把一定比例的 SiO_2 和 Na_2CO_3 放在反射炉中煅烧，可以得到组成不同的硅酸钠，它是一种玻璃态、常因含铁而呈现蓝绿色，用水蒸气处理能使其溶解成黏稠液体，成品俗称“水玻璃”，又称“泡花碱”。水玻璃具有很广泛的用途。它也是制备硅胶和分子筛的原料。

天然硅酸盐都是不溶性的，如石棉 $CaMg_3(SiO_3)_4$、白云母 $KAl_2(AlSi_3O_{10})(OH)_2$、正长石 $K[AlSi_3O_8]$、滑石 $Mg_3[Si_4O_{10}](OH)_2$、钠沸石 $Na[Al_2Si_3O_{10}(H_2O)_2]$ 等。天然硅酸盐的基本结构单元是 SiO_4 四面体。SiO_4 四面体通过不同方式共用氧原子，可以形成链状、片状或环状结构的复杂阴离子。这些阴离子借助金属离子结合成为各种硅酸盐，如图 9-10 所示。

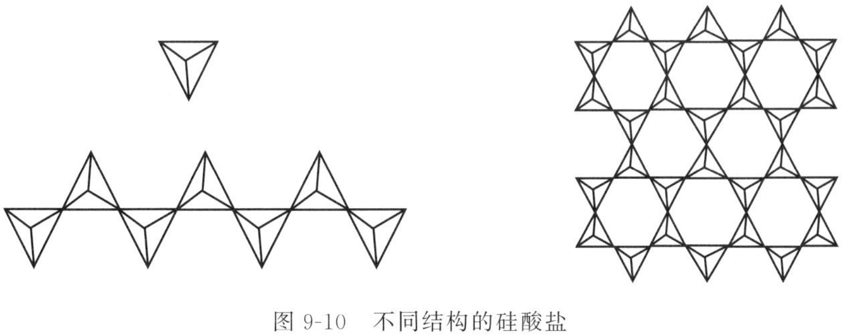

图 9-10　不同结构的硅酸盐

9.2.4　锡、铅及其化合物

9.2.4.1　锡、铅的单质

锡有三种同素异形体：灰锡（α 型）、白锡（β 型）和脆锡（γ 型）。它们之间相互转化的关系如下：

$$\text{灰锡} \xrightleftharpoons{13.2℃} \text{白锡} \xrightleftharpoons{161℃} \text{脆锡}$$

白锡是银白色的金属，在低温时体积膨胀，慢慢转变成灰色粉末状的灰锡，温度越低转变越迅速，这种现象称为“锡瘟”。

白锡很软，它没有延性，不能拉制成丝，但富有展性，可以展成极薄的锡箔。锡具有较好的抗腐蚀性，大量用于制造马口铁，锡与其他金属制成的合金有良好的抗腐蚀性和力学性能，因而用于机器制造工业。高纯锡广泛用于电子工业、半导体工业和制造超导合金（Nb_3Sn）等。

铅是带淡青色的重金属。纯铅的硬度为 1.5，是重金属中最软的一种，用指甲即可在其表面刻出痕迹。铅在低于－265.92℃时具有超导性。铅大量用于制造铅蓄电池、电缆包衣和设备内衬、合金等。

在常温下由于锡、铅表面易于形成一层保护膜，可以防止腐蚀。如在空气中的铅，表面形成一层碱式碳酸铅，能够保护底层金属不被氧化。

$$2Pb + O_2 + H_2O + CO_2 \longrightarrow Pb_2(OH)_2CO_3 \downarrow$$

锡与非氧化性酸反应生成 Sn(Ⅱ) 化合物，与氧化性酸反应生成 Sn(Ⅳ) 化合物，其中与硝酸反应的 Sn(Ⅳ) 产物为难溶的 β-锡酸。

$$Sn + 4HCl(\text{浓}) \xrightarrow{\triangle} H_2[SnCl_4] + H_2 \uparrow$$

$$Sn + 4H_2SO_4(\text{浓}) \xrightarrow{\triangle} Sn(SO_4)_2 + 2SO_2 \uparrow + 4H_2O$$

$$Sn + 4HNO_3(\text{浓}) \xrightarrow{\triangle} SnO_2 \cdot H_2O \downarrow (\beta\text{-锡酸}) + 4NO_2 \uparrow + H_2O$$

铅与稀盐酸反应生成微溶的 $PbCl_2$，$PbCl_2$ 覆盖在铅表面使反应中止。但 $PbCl_2$ 在浓盐酸中可以生成 $H_2[PbCl_4]$，所以铅不溶于稀盐酸但溶于浓盐酸。铅不与浓硝酸反应，与稀硝酸反应生成可溶的 $Pb(NO_3)_2$。

$$Pb + 4HCl(\text{浓}) \xrightarrow{\triangle} H_2[PbCl_4] + H_2 \uparrow$$

$$3Pb + 8HNO_3(\text{稀}) \xrightarrow{\triangle} 3Pb(NO_3)_2 + 2NO \uparrow + 4H_2O$$

铅在有氧的存在下可溶于醋酸，生成易溶的 $[Pb(CH_3COO)_3]^-$ 配合物。因此，可以用醋酸从含铅的矿石中浸取铅。

$$2Pb + O_2 + 6CH_3COOH \longrightarrow 2H[Pb(CH_3COO)_3] + 2H_2O$$

锡、铅均是较活泼的两性金属，可以和浓的强碱反应。

$$Sn + 2OH^- + 2H_2O \longrightarrow [Sn(OH)_4]^{2-} + H_2 \uparrow$$

$$Pb + 2OH^- + 2H_2O \longrightarrow [Pb(OH)_4]^{2-} + H_2 \uparrow$$

9.2.4.2 锡、铅的氧化物及其水合物

锡和铅均可形成 MO、MO_2 两种氧化物和相应的 $M(OH)_2$、$M(OH)_4$ 两种氢氧化物，且这些氧化物和氢氧化物都具有两性。其酸碱性的递变规律如下：

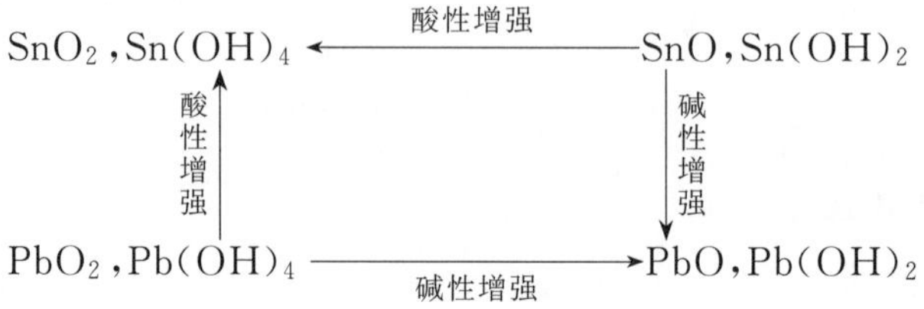

高氧化态的锡、铅的氧化物及其水合物酸性较显著，低氧化态的锡、铅的氧化物及其水

合物碱性较显著。

SnO_2 可以由金属锡在空气中加热得到。SnO_2 不溶于水，难溶于酸、碱，与 NaOH 共熔，可以生成可溶性的 Na_2SnO_3。

$$SnO_2 + 2NaOH \xrightarrow{熔融} Na_2SnO_3 + H_2O$$

SnO_2 可用于制造半导体气敏元件，用来检测 H_2、CO、CH_4 等有毒和易燃气体。SnO_2 大量用于陶瓷工业作釉料、搪瓷不透明剂等，它还可以制成电极发光元件等。

PbO 俗称“密陀僧”，是由铅在空气中加热，或者 $Pb(OH)_2$ 加热脱水的产物。它有两种变体：红色的四方晶体和黄色的正交晶体。常温下红色变体更稳定，不溶于水，易溶于醋酸和硝酸，较难溶于碱。PbO 主要用于制造铅酸蓄电池、玻璃、颜料以及铅盐的原料和涂料的催干剂等。

PbO_2 是两性偏酸性氧化物，与强碱共热可得铅酸盐。

$$PbO_2 + 2NaOH + 2H_2O \xrightarrow{\triangle} Na_2[Pb(OH)_6]$$

PbO_2 是强氧化剂，它与红磷或硫一起研磨就能着火，因此 PbO_2 可用来制造火柴。它在酸性介质中是非常强的氧化剂。

$$PbO_2 + 4HCl \longrightarrow PbCl_2 + Cl_2\uparrow + 2H_2O$$

$$5PbO_2 + 2Mn^{2+} + 4H^+ \longrightarrow 2MnO_4^- + 5Pb^{2+} + 2H_2O\uparrow$$

此外，铅还有一些“混合氧化物”，常见的有鲜红色的 Pb_3O_4（铅丹，$2PbO \cdot PbO_2$）和橙色的 Pb_2O_3（$PbO \cdot PbO_2$）。温度越高，低氧化态的铅的氧化物越稳定。

$$PbO_2 \xrightarrow{290\sim300℃} Pb_2O_3 \xrightarrow{390\sim420℃} Pb_3O_4 \xrightarrow{530\sim550℃} PbO$$

Pb_3O_4 和 HNO_3 反应能够得到 PbO_2 和 $Pb(NO_3)_2$。

$$Pb_3O_4 + 4HNO_3 \longrightarrow PbO_2\downarrow + 2Pb(NO_3)_2 + 2H_2O\uparrow$$

Pb_3O_4 有良好的防锈性能，因此主要用于油漆船舶和桥梁的钢架等。

$Pb(OH)_2$ 是以碱性为主的两性氢氧化物。

$$Pb(OH)_2 + 2H^+ \longrightarrow Pb^{2+} + 2H_2O$$

$$Pb(OH)_2 + 2OH^- \longrightarrow [Pb(OH)_4]^{2-}$$

$Sn(OH)_2$ 既溶于酸又溶于碱，$Sn(OH)_2$ 溶于碱生成亚锡酸根$[Sn(OH)_4]^{2-}$。

$$Sn(OH)_2 + 2H^+ \longrightarrow Sn^{2+} + 2H_2O$$

$$Sn(OH)_2 + 2OH^- \longrightarrow [Sn(OH)_4]^{2-}$$

亚锡酸根 $[Sn(OH)_4]^{2-}$ 是强还原剂，在碱性介质中可以把三价铋 Bi(Ⅲ) 还原为黑色的金属铋沉淀，可用该反应以鉴定 Bi^{3+}。

$$3Na_2[Sn(OH)_4] + 2BiCl_3 + 6NaOH \longrightarrow 2Bi\downarrow + 3Na_2[Sn(OH)_6] + 6NaCl$$

正锡酸 $Sn(OH)_4$ 不溶于水，有 α-锡酸和 β-锡酸两种。α-锡酸为白色无定形粉末或凝胶状沉淀，β-锡酸是稳定的白色晶体。$SnCl_4$ 在低温下水解形成 α-锡酸。

$$SnCl_4 + 4H_2O \longrightarrow Sn(OH)_4\downarrow + 4HCl$$

α-锡酸能溶于酸和碱：

$$Sn(OH)_4 + 4HCl \longrightarrow SnCl_4 + 4H_2O$$

$$Sn(OH)_4 + 2NaOH \longrightarrow Na_2[Sn(OH)_6]$$

α-锡酸长时间放置会转变为 β-锡酸。β-锡酸不溶于一般的酸和碱，但与 NaOH 可以共熔并转化为 $Na_2[Sn(OH)_6]$，与浓 HCl 共热可以转化为 $[SnCl_5]^-$ 和 $[SnCl_6]^{2-}$。

9.2.4.3 锡、铅的卤化物

锡、铅的卤化物有 MX_2、MX_4。其中 MX_2 为离子型化合物；无水 MX_4 为共价分子，熔点低，易挥发或升华。锡、铅的卤化物都易水解，在过量的氢卤酸或含有卤离子的溶液中形成配离子。例如：

$$SnCl_2 + 2Cl^- \longrightarrow [SnCl_4]^{2-}$$
$$SnCl_4 + 2Cl^- \longrightarrow [SnCl_6]^{2-}$$

锡和盐酸反应可以得到无色晶体 $SnCl_2 \cdot 2H_2O$，它是常用的还原剂。例如，适量的 $SnCl_2$ 可以把 $HgCl_2$ 还原为白色 Hg_2Cl_2 沉淀；若过量，可以进一步还原为黑色的金属 Hg。此反应常用来检验 Hg^{2+} 或 Sn^{2+} 的存在。

$$2HgCl_2 + SnCl_2(\text{适量}) \longrightarrow SnCl_4 + Hg_2Cl_2\downarrow(\text{白色})$$
$$HgCl_2 + SnCl_2(\text{过量}) \longrightarrow SnCl_4 + Hg\downarrow(\text{黑色})$$

$SnCl_2$ 容易水解，所以配制 $SnCl_2$ 时，要先把 $SnCl_2$ 固体溶解在少量浓盐酸中，再加水稀释。为了防止 Sn^{2+} 被氧化，常在新配制的溶液中加入少量的金属锡。

$$SnCl_2 + H_2O \longrightarrow Sn(OH)Cl\downarrow(\text{白色}) + HCl$$

金属锡与氯气在 110～115℃时可以直接反应生成无水四氯化锡，工业上利用此反应从镀锡废物中回收锡。

$$Sn + 2Cl_2 \longrightarrow SnCl_4$$

无水 $SnCl_4$ 为共价化合物，常温下为液体，易溶于许多有机溶剂，在有机合成上用作氯化催化剂。无水 $SnCl_4$ 溶于水，在水中重新结晶得到的是带有结晶水的 $SnCl_4 \cdot 5H_2O$，可以用作镀锡试剂。

$PbCl_2$ 是白色沉淀，PbI_2 是黄色亮片状沉淀。它们都难溶于冷水，易溶于热水，也可因生成配离子分别溶于盐酸和 KI 中。

$$PbCl_2 + 2HCl \longrightarrow H_2[PbCl_4]$$
$$PbI_2 + 2KI \longrightarrow K_2[PbI_4]$$

在低温下，向盐酸酸化的 $PbCl_2$ 中通入 Cl_2，可以制得 $PbCl_4$ 黄色油状液体，它极不稳定，在常温下迅速分解为 $PbCl_2$ 和 Cl_2。

9.3 氮族元素

9.3.1 氮族元素通性

氮族元素位于周期系中第 15（ⅤA）族，包括：氮（N）、磷（P）、砷（As）、锑（Sb）和铋（Bi）。氮和磷是典型的非金属元素，砷和锑具有准金属性质，铋是典型的金属元素。氮族元素及其单质的一些基本性质列于表 9-4。

氮族元素的价电子层结构为 ns^2np^3，它们和电负性较大的元素结合时，氧化态主要为 +3 和 +5。由于“惰性电子对效应”，氮族元素自上而下氧化态为 +3 的物质稳定性增加，而氧化态为 +5 的物质稳定性降低。氮的原子半径小，价层只有 2s、2p 轨道，因而氮只能生成三卤化物而无五卤化物。氮与氧结合时形成多种形式的大 π 键，它的 5 个价电子，可以全部参与成键形成氧化态为 +5 的含氧化合物。

氮族元素易形成共价化合物。虽然氮和磷可与一些活泼金属形成氧化态为 −3 的离子型化合物（如 Mg_3N_2、Ca_3P_2 等），但在水溶液中由于水解而不会存在 N^{3-} 和 P^{3-} 的离子。且氮族元素形成 −3 氧化态的趋势从上到下逐渐减弱，铋甚至不能形成 −3 氧化态的稳定化合物。例如，NH_3 是稳定的，而 BiH_3 在室温下就自发地分解了。

表 9-4 氮族元素及其单质的一些性质

元素	氮(N)	磷(P)	砷(As)	锑(Sb)	铋(Bi)
原子序数	7	15	33	51	83
价电子层结构	$2s^22p^3$	$3s^23p^3$	$4s^24p^3$	$5s^25p^3$	$6s^26p^3$
共价半径/pm	70	110	121	141	155
第一电离能/$kJ \cdot mol^{-1}$	1402	1011	947	834	704
第一电子亲和能/$kJ \cdot mol^{-1}$	+6.75	−72.1	−78.2	−103.2	−101.3
电负性	3.04	2.19	2.18	2.05	2.02
主要氧化态	−3,+1,+2,+3,+4,+5	−3,+3,+5	−3,+3,+5	+3,+5	+3,+5
熔点/℃	−209.86	44.1(白磷)	升华	630.74	271.3
沸点/℃	−195.8	280(红磷)	603(升华)	1635	1560

自然界中，氮主要以 N_2 的形式存在于空气中，磷则以磷酸钙 $Ca_3(PO_4)_2$、磷灰石 $CaF_2 \cdot Ca_3(PO_4)_2$ 等矿物的形式存在，砷的主要矿物形式为硫化物，如雌黄（As_2S_3）、雄黄（As_2S_4）等。

9.3.2 氮及其化合物

9.3.2.1 氮气及其配位方式

氮气是无色、无味、无臭的气体，约占空气总量的 78%（体积分数）。工业上由液态空气分馏来获取氮气，通常贮存在钢瓶中运输和使用。如何使空气中的氮气转化为氮的化合物（固氮）是当今化学研究的热门课题。固氮的关键在于削弱 N_2 分子中稳定的化学键，使 N_2 分子活化，从而提高氮的转化率。

常温常压下，氮气的化学性质很不活泼，因此常被用于隔离保护那些在空气中易被氧化的物质，如有些在无氧条件下进行的反应常需要氮气保护。

N_2 的特殊稳定性，是由其分子结构所决定的。N_2 的分子轨道式为：

$$[KK(\sigma_{2s})^2(\sigma_{2s}^*)^2(\pi_{2p_y})^2(\pi_{2p_z})^2(\sigma_{2p_x})^2]$$

光电子能谱实验已证实 N_2 分子中 π 轨道的能量低于 σ 键，这不同于 C≡C 三键。从表 9-5 可知，N_2 分子的总键能（$946kJ \cdot mol^{-1}$）很高，π 键又比 σ 键稳定，断开第一个键所需的能量（$528kJ \cdot mol^{-1}$）较大，这就是 N_2 分子非常稳定，在通常情况下难以参加化学反应的主要原因。

表 9-5 N—N 键和 C—C 键的键能/$kJ \cdot mol^{-1}$

N≡N	N═N	N—N	C≡C	C═C	C—C
946	418	160	813	598	356
$\Delta_1=528$		$\Delta_2=258$	$\Delta_1=215$		$\Delta_2=242$

室温下，氮气仅能与金属锂反应，生成氮化锂。提高温度，特别是在催化剂的作用下，氮的活泼性增加。例如：

$$N_2+3H_2 \longrightarrow 2NH_3$$

$$N_2+O_2 \longrightarrow 2NO$$

$$N_2+3Mg \longrightarrow Mg_3N_2$$

氮气可以作为配体，形成双氮金属配合物。其配位方式如图 9-11 所示。

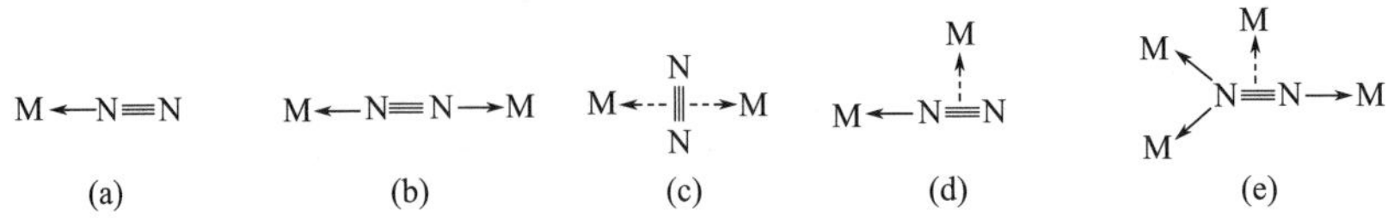

图 9-11　双氮 N_2 的配位方式（M 表示金属离子）

9.3.2.2　氨及铵盐

（1）氨　氨是无色有刺激性气味的气体，极易溶于水，室温下 1 体积水可溶解 700 体积的 NH_3。因 NH_3 分子间存在氢键，所以它的熔、沸点均高于本族其他元素的氢化物。氨易在常温下加压液化，且汽化热较高（$23.32kJ\cdot mol^{-1}$），故常用作制冷剂。

氨的化学性质相当活泼，它有以下四类反应：

① 配位（加合）反应　氨分子中的 N 原子上有一孤电子对，是 Lewis 碱，能与一些具有空轨道的 Lewis 酸发生加合反应，例如：

$$BF_3 + :NH_3 \longrightarrow F_3B \leftarrow NH_3$$

NH_3 还能与许多过渡金属离子形成配合物，如 $[Ag(NH_3)_2]^+$、$[Cu(NH_3)_4]^{2+}$、$[Zn(NH_3)_4]^{2+}$ 等。

② 取代反应　NH_3 分子中的 H 原子可依次被其他原子或原子团取代，生成氨基、亚氨基和氮化物。例如：

$$2Na + 2NH_3 \xrightarrow{300℃} 2NaNH_2\text{(氨基化钠)} + H_2\uparrow$$

$$Ca + NH_3 \xrightarrow{\triangle} CaNH\text{(亚氨基化钙)} + H_2\uparrow$$

$$2Al + 2NH_3 \xrightarrow{\triangle} 2AlN\text{(氮化铝)} + 3H_2\uparrow$$

③ 氧化反应　NH_3 分子中的 N 氧化态为 −3，所以 NH_3 具有还原性。如卤素在常温下能氧化 NH_3。

$$8NH_3 + 3Cl_2 \longrightarrow N_2\uparrow + 6NH_4Cl$$

$$NH_3 + 3Cl_2\text{(过量)} \longrightarrow NCl_3 + 3HCl$$

高温下 NH_3 能被某些金属氧化物所氧化。例如：

$$3CuO + 2NH_3 \xrightarrow{\triangle} 3Cu + N_2\uparrow + 3H_2O$$

④ 氨解反应　液氨作为一种非水极性溶剂，也有微弱的电离作用。

$$2NH_3 \rightleftharpoons NH_4^+ + NH_2^- \qquad K^{\ominus} = 1.9\times10^{-30}(223K)$$

同水解一样，有些物质在液氨中发生氨解反应，例如：

$$HgCl_2 + 2NH_3 \longrightarrow Hg(NH_2)Cl + NH_4Cl$$

（2）铵盐　铵盐一般是无色晶状化合物，易溶与水（只有少数难溶，如 NH_4MgPO_4）。因 NH_3 是弱碱，所以铵盐均易水解，弱酸的铵盐更易水解。

铵盐加热易分解，其分解产物与组成铵盐的酸的性质有关，大致可分为如下几类。

① 易挥发的无氧化性的酸组成的铵盐，分解产物氨和酸一起挥发。

$$NH_4Cl \xrightarrow{\triangle} NH_3\uparrow + HCl\uparrow$$

② 难挥发的无氧化性或氧化性不够强的酸组成的铵盐，分解产物只有氨挥发。

$$(NH_4)_2SO_4 \xrightarrow{\triangle} NH_3\uparrow + NH_4HSO_4$$

$$(NH_4)_3PO_4 \xrightarrow{\triangle} 3NH_3\uparrow + H_3PO_4$$

③ 氧化性的酸组成的铵盐，分解出的氨被氧化生成氮或氮的氧化物。

$$NH_4NO_3 \xrightarrow{200\sim260℃} N_2O\uparrow(g)+2H_2O$$

$$2NH_4NO_3 \xrightarrow{300℃} 2N_2\uparrow+4H_2O+O_2\uparrow(g)$$

基于上述反应产生大量气体，硝酸铵可作炸药的主要成分。

9.3.2.3 氮的含氧化合物

（1）氮的氧化物 氮和氧有多种不同的化合形式，常见的氧化物有 N_2O、NO、N_2O_3、NO_2、N_2O_5 等，其中以 NO 和 NO_2 最为重要。

① 一氧化氮 NO 分子中，氮原子和氧原子的价电子总数为 11，这种价电子数为奇数的分子称为奇电子分子。由于含有未成对电子，所以具有顺磁性。成单电子可以互相偶合或与其他物质反应。在低温时 NO 分子可以聚合成双聚分子 $(NO)_2$ 而呈现反磁性，结构如图 9-12 所示。

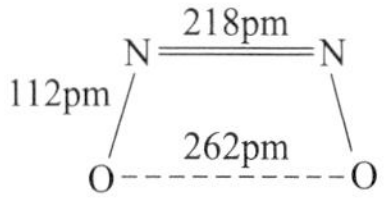

图 9-12 $(NO)_2$ 结构示意图

NO 是无色气体，微溶于水且不与水反应，常温下立即被氧氧化成 NO_2。

NO 分子中有孤电子对，所以能以 N 为配位原子与金属离子形成配合物。例如 NO 能与 Fe^{2+} 加合生成棕色的 $[Fe(NO)]^{2+}$。

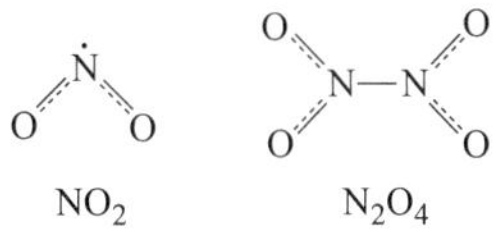

图 9-13 NO_2 和 N_2O_4 结构示意图

NO 是大气污染中的主要有害物质之一，它刺激呼吸系统，与血红素结合生成亚硝基血红素而引起中毒。但另一方面，NO 又是一种重要的生物活性分子，它广泛分布在人体内的神经组织中，在心、脑血管调节、神经信号传递、免疫调节等方面具有十分重要的作用。

② 二氧化氮 NO_2 是红棕色气体，其价电子总数为 17，是奇电子分子，在低温时可以聚合成四氧化二氮。N_2O_4 结构如图 9-13 所示。

N_2O_4 为无色气体，当温度在 −10℃ 以下时可以形成无色晶体。室温时 N_2O_4 和 NO_2 之间建立如下平衡：

$$N_2O_4(g) \rightleftharpoons 2NO_2(g) \qquad \Delta_r H_m^{\ominus}=55.3\text{kJ}\cdot\text{mol}^{-1}$$

NO_2 分子中，N 原子采取不等性 sp^2 杂化，以 2 个 sp^2 杂化轨道分别与 2 个 O 原子的 $2p_x$ 轨道重叠形成 2 个 N—O σ 键，另一个 sp^2 杂化轨道有 1 个电子占据，N 的 $2p_z$ 轨道（有 2 个电子）与 2 个 O 的 $2p_z$ 轨道（各有 1 个电子）形成 Π_3^4 键（也有 Π_3^3 的说法，目前仍无定论）。其结构如图 9-12 所示。

NO_2 溶于水中歧化为硝酸和亚硝酸。

$$2NO_2+H_2O \longrightarrow HNO_2+HNO_3$$

由于亚硝酸不稳定，受热即分解为硝酸和一氧化氮。

$$3NO_2+H_2O(热) \longrightarrow 2HNO_3+NO\uparrow$$

（2）亚硝酸盐和亚硝酸根的配位方式 亚硝酸和亚硝酸盐分子中，氮的氧化态为+3，为中间氧化态，既有氧化性，又有还原性。亚硝酸及其盐在酸性介质中主要表现为氧化性，例如：

$$2HNO_2+2KI+H_2SO_4 \longrightarrow 2NO\uparrow+I_2+K_2SO_4+2H_2O$$

$$2NaNO_2+2KI+2H_2SO_4 \longrightarrow 2NO\uparrow+I_2+Na_2SO_4+K_2SO_4+2H_2O$$

利用该反应可测定亚硝酸根 NO_2^- 的含量。

硝酸盐的稳定性强于亚硝酸，碱金属、碱土金属的亚硝酸盐都是白色晶体，易溶于水。亚硝酸盐中以 $NaNO_2$ 最为重要，它大量用于染料工业及有机合成工业中。亚硝酸盐是有毒的致癌物。

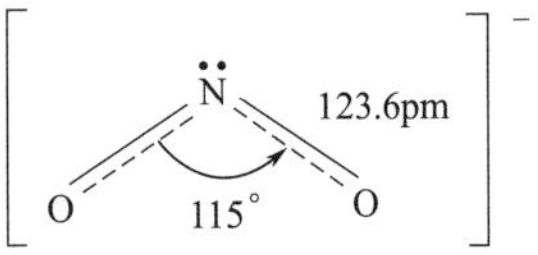

图 9-14　NO_2^- 的结构

亚硝酸根 NO_2^- 的结构如图 9-14 所示，为“V”形，它与 O_3 为等电子体（价电子数目相同，原子数目也相同的两种分子或离子，它们常有相似的结构），结构相似。中心氮原子采取 sp^2 杂化与氧原子形成 σ 键和 Π_3^4 键，在氮原子上尚有一孤电子对。NO_2^- 是一个很好的配体，因为在氧原子和氮原子上都有孤电子对，均可参与配位，如图 9-15 所示。

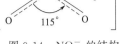

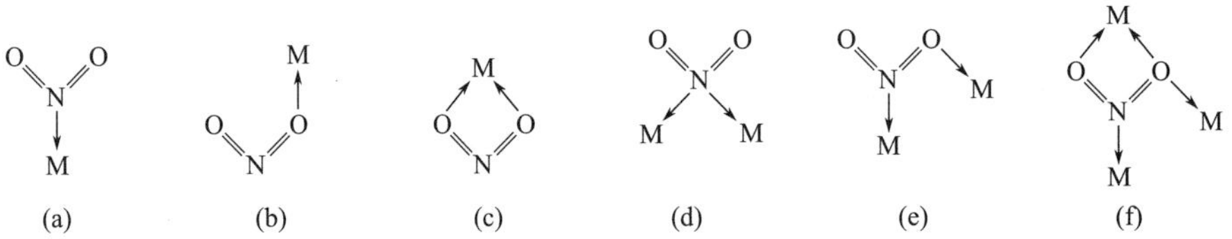

图 9-15　NO_2^- 的配位方式（M 表示金属离子）

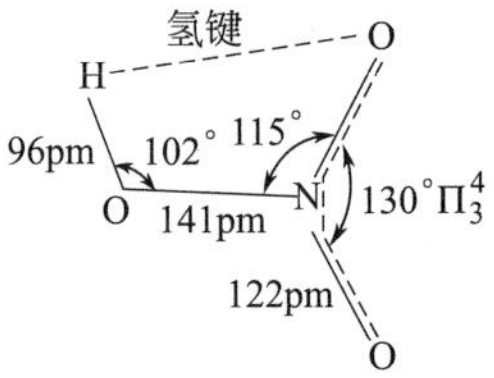

图 9-16　HNO_3 的结构

（3）硝酸　HNO_3 的结构如图 9-16 所示。硝酸的分子为平面形，氮原子以 sp^2 杂化轨道，分别与 3 个氧原子的 2p 轨道形成 3 个 σ 键，孤电子对则与 2 个氧原子的另一 2p 轨道形成 Π_3^4 键，第三个氧原子的另一 2p 轨道与氢原子的 1s 轨道形成 1 个 σ 键。HNO_3 分子中还有一个分子内氢键。

纯 HNO_3 为无色液体。沸点 83℃，易挥发。HNO_3 与水可以任意比例互溶。通常市售硝酸的 $w(HNO_3)=68\%\sim70\%$，密度为 $1.4g\cdot cm^{-3}$，物质的量浓度为 $15mol\cdot L^{-1}$。溶有过多 NO_2 的浓硝酸称为发烟硝酸。硝酸的主要化学性质如下。

① 不稳定性　HNO_3 受热或见光都会逐渐分解。

$$4HNO_3 \longrightarrow 4NO_2\uparrow + O_2\uparrow + 2H_2O$$

温度愈高，浓度愈大，分解愈甚。因此，实验室常把硝酸盛于棕色瓶中，避免受阳光照射。由于硝酸分解时产生红棕色 NO_2，NO_2 溶于硝酸，使硝酸呈黄到红色，溶解愈多，颜色愈深。

② 氧化性　硝酸是一种强氧化性的酸，它能氧化许多非金属和金属，硝酸则被还原成氮的低氧化态的产物。在酸性溶液中，氮的元素电势图如下（单位为 V）：

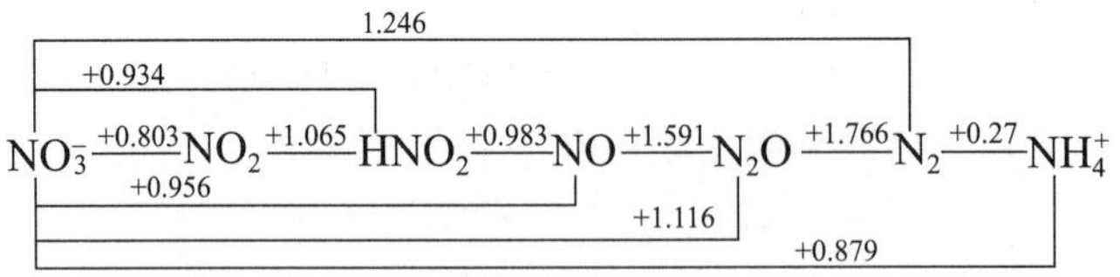

从相关电对的标准电极电势来看，稀硝酸被还原到 N_2 的趋势最大，但实际上稀硝酸的还原产物一般不是 N_2。这是由于标准电极电势只能预测氧化还原反应的方向和限度。反应的实际产物还与反应的速率有关，有时动力学因素起着决定性的作用。

硝酸与非金属单质反应，一般可把非金属单质氧化成相应的氧化物或含氧酸。

$$4HNO_3 + 3C \longrightarrow 3CO_2\uparrow + 4NO\uparrow + 2H_2O$$

$$2HNO_3 + S \longrightarrow H_2SO_4 + 2NO\uparrow$$

一些金属硫化物可以被浓硝酸氧化为单质硫而溶解，有些有机物质（如松节油）与浓HNO_3接触时，因剧烈氧化可燃烧起来。

硝酸能与很多金属（Au、Pt、Rh、Ir等除外）反应，其还原产物比较复杂。

一般来说，浓HNO_3与金属反应，不论金属活泼与否，它的主要还原产物是NO_2。

$$4HNO_3(浓)+Cu \longrightarrow Cu(NO_3)_2+2NO_2\uparrow+2H_2O$$

$$4HNO_3(浓)+Zn \longrightarrow Zn(NO_3)_2+2NO_2\uparrow+2H_2O$$

稀HNO_3与不活泼金属反应时，它的主要还原产物一般是NO。

$$3Cu+8HNO_3(稀) \longrightarrow 3Cu(NO_3)_2+2NO\uparrow+4H_2O$$

倘若是活泼金属（如Zn、Mg等），其主要产物是N_2O。极稀的HNO_3与活泼金属反应则被还原为NH_4^+。

$$4Mg+10HNO_3(稀) \longrightarrow 4Mg(NO_3)_2+N_2O\uparrow+5H_2O$$

$$4Zn+10HNO_3(极稀) \longrightarrow 4Zn(NO_3)_2+NH_4NO_3+3H_2O$$

锑、锡与HNO_3反应生成氧化物和水。

$$Sn+4HNO_3(浓) \longrightarrow SnO_2+4NO_2\uparrow+2H_2O$$

$$2Sb+6HNO_3(浓) \longrightarrow Sb_2O_3+6NO_2\uparrow+3H_2O$$

铝、铬、铁等金属能溶于稀HNO_3，但由于钝化而不溶于浓HNO_3。钝化了的金属，很难、甚至不再溶于稀HNO_3。

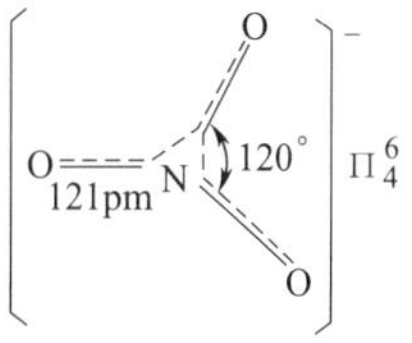

图 9-17　NO_3^- 的结构

金和铂不溶于HNO_3，但可溶于王水。这是由于王水中不仅含有HNO_3、Cl_2、NOCl等强氧化剂，还有高浓度的Cl^-，它与金属离子形成稳定的配离子，使金属离子的浓度降低，电极电势降低，增强了金属的还原性。

$$Au+HNO_3+4HCl \longrightarrow H[AuCl_4]+NO\uparrow+2H_2O$$

（4）硝酸盐　几乎所有的硝酸盐都易溶于水，硝酸盐都是离子型化合物。NO_3^-的结构如图9-17所示。它是平面三角形结构。中心N原子是sp^2杂化，NO_3^-中存在3个N—O σ键，一个Π_4^6键。

硝酸盐的水溶液只有在酸性介质中才有氧化性。室温下，所有的固体硝酸盐都十分稳定，加热则发生分解，其热分解产物与金属离子有关。

硝酸盐的热分解大致可分成三种类型。

① 电化序位于Mg以前的金属（主要是碱金属和碱土金属）的硝酸盐分解产生亚硝酸盐和氧气，例如：

$$2NaNO_3 \xrightarrow{\triangle} 2NaNO_2+O_2\uparrow$$

② 电化序位于Mg～Cu之间的硝酸盐分解产生相应的金属氧化物，例如：

$$2Pb(NO_3)_2 \xrightarrow{\triangle} 2PbO+4NO_2\uparrow+O_2\uparrow$$

③ 电化序位于Cu之后的金属硝酸盐分解后则生成金属单质，例如：

$$2AgNO_3 \xrightarrow{\triangle} 2Ag+2NO_2\uparrow+O_2\uparrow$$

硝酸盐的热分解规律，可以用离子极化理论来说明。NO_3^-的中心是N^{5+}，N^{5+}被3个O^{2-}围成一平面三角形，O^{2-}被N^{5+}（半径小、电荷多）强烈极化产生偶极，随着温度升高，极化作用增强，N^{5+}可以从一个O^{2-}中夺取2个电子，变成NO_2^-和原子O，然后两个原子O结合成O_2，所以硝酸盐受热都放出O_2。另外，与NO_3^-结合的金属离子，也会对

O^{2-}产生极化作用，其极化产生的偶极的方向刚好与N^{5+}极化产生的偶极方向相反，因而这种极化作用会削弱N^{5+}与O^{2-}的结合，称为反极化作用。当这种反极化作用大于N^{5+}的极化作用时，O^{2-}便会脱离N^{5+}，与金属离子结合成氧化物。若金属离子的极化力非常强，生成的氧化物又进一步分解为金属单质和O_2。由于H^+是裸核，半径较小，反极化作用极强，所以HNO_3的稳定性不如硝酸盐。

硝酸盐热分解都放出氧气，它们和可燃性物质组成混合物，受热之后剧烈燃烧，甚至爆炸，故硝酸盐常用于烟火和炸药的制造中。如KNO_3与硫粉、碳按一定比例混合制成黑火药，是我国的四大发明之一。

$$2KNO_3+3C+S \longrightarrow N_2\uparrow+3CO_2\uparrow+K_2S$$

(5) NO_3^-和NO_2^-的特征反应　NO_3^-在强酸性溶液（浓H_2SO_4）中，可被硫酸亚铁还原成NO，NO再与过量的硫酸亚铁加合生成棕色[Fe(NO)]SO_4。

$$NO_3^-+3Fe^{2+}+4H^+ \longrightarrow 3Fe^{3+}+NO+2H_2O$$

$$FeSO_4+NO \longrightarrow [Fe(NO)]SO_4$$

这是NO_3^-的特征反应。

而NO_2^-在弱酸性溶液（如HAc）中，即可被硫酸亚铁还原成NO，使溶液呈棕色。

$$HNO_2+Fe^{2+}+H^+ \longrightarrow Fe^{3+}+NO+H_2O$$

另外，在弱酸性介质中，NO_2^-能氧化I^-，而NO_3^-在此条件下不能反应，借此反应也可鉴别NO_3^-和NO_2^-。

9.3.2.4　氮化物

氮化物有离子型、共价型和金属型。

(1) 离子型氮化物　碱金属和碱土金属形成的氮化物为离子型氮化物（或类盐氮化物）。它们易水解：

$$Ca_3N_2+6H_2O \longrightarrow 3Ca(OH)_2+2NH_3$$

在离子型氮化物中，唯有氮化锂（Li_3N）受到工业应用上的重视。它是一种离子导体，是最好的固体锂电解质之一。氮化锂制备简单，可在200℃、1MPa下由Li和N_2直接反应生成。它在潮湿的气氛中稳定，且能和固态或液态的金属锂共存，直至它的熔点（813℃）。因此可在锂电池中以金属锂为阳极，直接和Li_3N电解质接触。此外，在常温下Li_3N的离子电导率很高，而电子电导率却很低，可忽略不计。目前，以Li_3N作固体电解质的全固态锂电池有$Li/Li_3N/PbI_2$和$Li/Li_3N/TiS_2$电池等。

(2) 共价型氮化物　共价型氮化物包括BN、AlN、Si_3N_4等。此类氮化物以共价键为主，结构单元为四面体，类似于金刚石，故又称作类金刚石氮化物。共价型氮化物的化学性质稳定，硬度高、熔点高，大多是绝缘体或半导体。它们是现代高科技新材料的重要部分。如氮化硼（BN）与碳单质（C_2）是等电子体，因此也有层状结构和立方结构的化合物。六方层状氮化硼与石墨有类似的结构，是白色固体，除了不导电外，其他性质和石墨极为相似。立方氮化硼具有金刚石结构，相对密度也和金刚石相近，虽然硬度略低于金刚石，但耐热性比金刚石高。立方氮化硼对钢铁的切削和磨削性能优于金刚石，是新型高温硬质陶瓷材料。

(3) 金属氮化物　金属氮化物主要是过渡金属氮化物，也称为间充型氮化物。氮原子位于金属密堆积的间隙中，此类氮化物一般具有金属的性质，如金属的光泽和导电性，且有高硬度、高熔点、耐磨和耐腐蚀特征。例如TiN在高速钢切削工具上作涂层，能明显减少磨损，提高切削速率，延长刀具使用寿命。

9.3.3　磷及其化合物

9.3.3.1　磷的单质

磷的单质的同素异形体主要有白磷、红磷和黑磷。磷蒸气迅速冷却得到的是白磷。白磷是无色透明的晶体，遇光逐渐变为黄色，故又称黄磷。磷单质的化学活泼性差别很大，白磷最活泼，黑磷最不活泼。白磷在空气中自燃，因此必须贮存于水中。白磷剧毒，0.1g 即可致人死亡。

白磷在隔绝空气和 400℃ 的条件下加热数小时，就转化为红磷。白磷在高压（1.2×10^6 kPa）下加热至 197℃时得到黑磷。

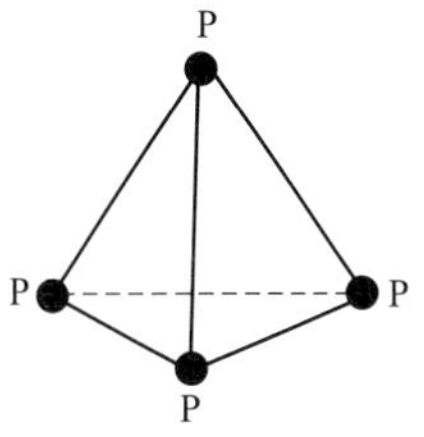

图 9-18　P_4 的分子结构

白磷是由 P_4 分子组成的，其分子结构如图 9-18 所示。每一个磷原子以它的 3p 轨道和另外 3 个磷原子的 3p 轨道形成 3 个 σ 键，∠PPP 为 60°，P—P 键长 221pm。因键轴偏离了 p 轨道的对称轴，所以 P_4 分子是有张力的。P—P 键能较小，易断裂而有很高的化学活性。

9.3.3.2　磷化氢

磷化氢 PH_3（又名膦），是无色、大蒜味、剧毒的气体。纯膦不自燃，但由于 PH_3 中常含有少量的联膦 P_2H_4，因而在常温下可自燃。

PH_3 的结构与 NH_3 相似，为三角锥形，∠HPH 为 93°，P—H 键长 142pm，极性比 NH_3 小。PH_3 仅微溶于水，易溶于有机溶剂，是比氨弱得多的碱（$K_b^\ominus\approx10^{-26}$）。

PH_3 的还原性比 NH_3 强，它能使某些金属离子如 Cu^{2+}、Ag^+、Au^{3+} 还原成金属：

$$PH_3+6Ag^++3H_2O\longrightarrow 6Ag+6H^++H_3PO_3$$

PH_3 和它的衍生物 PR_3 中的 P 原子上都有一孤电子对，和 NH_3 一样，能与过渡元素形成配合物。

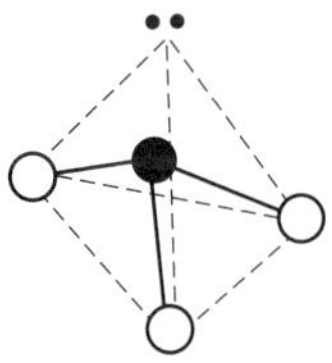

图 9-19　PCl_3 的分子结构

9.3.3.3　磷的氯化物

PCl_3 的分子结构为三角锥形（如图 9-19 所示）。PCl_3 是无色挥发性液体，在潮湿的空气中迅速水解，有烟雾。

$$PCl_3+3H_2O\longrightarrow H_3PO_3+3HCl$$

PCl_3 分子中 P 原子上的孤电子对使得 PCl_3 可作为给电子配体，也能与氧或硫反应生成三氯氧磷 $POCl_3$ 或三氯硫磷 $PSCl_3$，PCl_3 还可作为有机合成的氯化剂。

PCl_5 是白色晶状固体。气态和液态时 PCl_5 的分子结构为三角双锥，固态的 PCl_5 是离子型化合物，由 $PCl_4^+PCl_6^-$ 组成[1]。它易分解为 PCl_3 和 Cl_2。

$$PCl_5\underset{\text{放热}}{\overset{\text{吸热}}{\rightleftharpoons}}PCl_3+Cl_2$$

PCl_5 可以被水完全分解，生成 H_3PO_4 和 HCl。

$$PCl_5+H_2O\longrightarrow POCl_3+2HCl$$

$$POCl_3+3H_2O\longrightarrow H_3PO_4+3HCl$$

9.3.3.4　磷的含氧化合物

（1）磷的氧化物　磷在空气中充分燃烧生成 P_4O_{10}，当空气不足时生成 P_4O_6。P_4O_6 及

[1] 三角双锥结构的对称性不及八面体、四面体，因此，稳定性不如八面体、四面体。PCl_5 由气态变成晶体时，它就转变成较稳定的 PCl_4^-（四面体）、PCl_6^-（八面体）。

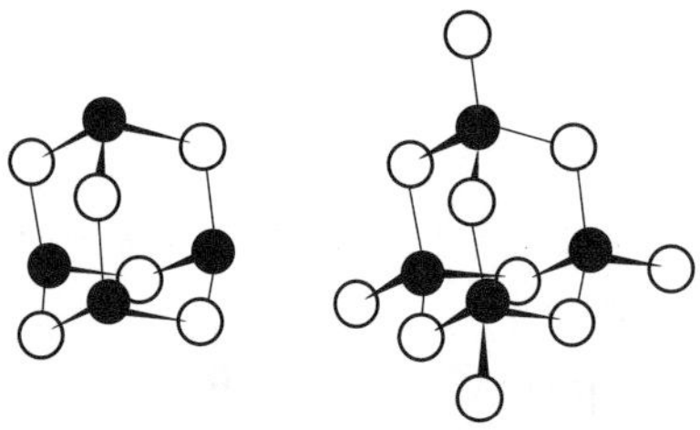

P_4O_6　　　　P_4O_{10}

图 9-20　P_4O_6、P_4O_{10}的结构

P_4O_{10}的化学式习惯写为 P_2O_3 和 P_2O_5，其分子结构均以 P_4 四面体为基本骨架，如图 9-20 所示。

P_4O_6 是亚磷酸的酸酐，为白色蜡状固体，熔点为 23.9℃。与冷水作用缓慢，生成亚磷酸 H_3PO_3。与热水作用剧烈，歧化成膦和磷酸。

$$P_4O_6+6H_2O(冷) \longrightarrow 4H_3PO_3$$

$$P_4O_6+6H_2O(热) \longrightarrow PH_3\uparrow+3H_3PO_4$$

P_4O_{10}是磷酸的酸酐，白色粉末状固体，有强烈的吸水性，在空气中吸收水分迅速潮解。因此，在实验室中常用作酸性干燥剂。P_4O_{10}甚至能从其他物质中夺取化合状态的水。例如，可使硫酸、硝酸脱水成硫酐和硝酐。

$$P_4O_{10}+6H_2SO_4 \longrightarrow 6SO_3+4H_3PO_4$$

$$P_4O_{10}+12HNO_3 \longrightarrow 6N_2O_5+4H_3PO_4$$

P_4O_{10}与水反应，随水量的多少和反应温度不同，而生成各种磷酸。

$$P_4O_{10} \xrightarrow[(冷)]{+2H_2O} (HPO_3)_4 \xrightarrow[(热)]{+2H_2O} 2H_4P_2O_7 \xrightarrow[(沸)]{+2H_2O} 4H_3PO_4$$

(2) 磷的含氧酸及其盐　磷能形成多种含氧酸。磷的含氧酸按氧化态的不同可分为次磷酸、亚磷酸、正磷酸等。由于同一氧化态的磷酸能脱水缩合形成许多缩合酸（多酸），因此又可分为正磷酸、偏磷酸、聚磷酸、焦磷酸等。表 9-6 列出了常见的几种磷的含氧酸。

表 9-6　常见的几种磷的含氧酸

分子式	命　名	结　构	酸的强度
$\overset{+1}{H_3PO_2}$	次磷酸	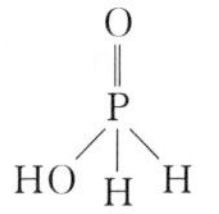	一元酸 $K^{\ominus}=5.9\times10^{-2}$
$\overset{+3}{H_3PO_3}$	亚磷酸	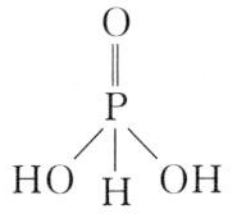	二元酸 $K_1^{\ominus}=3.7\times10^{-2}$ $K_2^{\ominus}=2.9\times10^{-7}$
$\overset{+5}{H_3PO_4}$	正磷酸	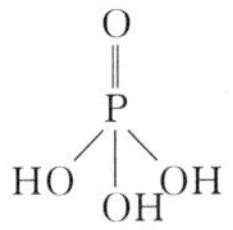	三元酸 $K_1^{\ominus}=7.11\times10^{-3}$ $K_2^{\ominus}=6.23\times10^{-8}$ $K_3^{\ominus}=4.5\times10^{-13}$
$\overset{+5}{HPO_3}$	偏磷酸	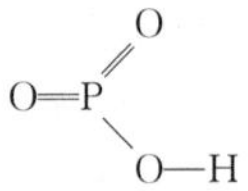	$K^{\ominus}\approx10^{-1}$
$\overset{+5}{H_4P_2O_7}$	焦磷酸	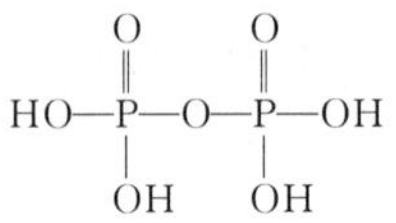	四元酸 $K_1^{\ominus}=2\times10^{-1}$ $K_2^{\ominus}=6.5\times10^{-3}$ $K_3^{\ominus}=1.6\times10^{-7}$ $K_4^{\ominus}=2.6\times10^{-10}$

次磷酸、亚磷酸和正磷酸虽然都含有 3 个氢原子，但只有正磷酸是三元酸，亚磷酸和次磷酸分别是二元酸和一元酸。它们的性质与其分子结构有关，所有的磷酸分子都是四面体结构，直接与磷原子相连的氢原子（P—H 基团）不显酸性，而只有与氧原子结合的氢原子（P—OH 基团）才可解离显酸性。

纯净的磷酸是无色透明晶体，熔点 42.4℃，难挥发，易溶于水。通常市售的磷酸是一种黏稠状的浓溶液，$w(H_3PO_4)=85\%\sim98\%$。

磷酸是四面体构型。磷原子位于四面体中心，氧原子在 4 个顶角上，分子间以氢键连接，如图 9-21 所示。

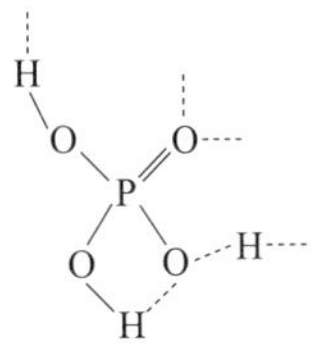

图 9-21 H_3PO_4 的结构

磷酸中 P 的氧化态为+5，是磷的最高氧化态，但磷酸几乎没有氧化性。

由多个单酸分子脱水缩合而成的各种酸，通常称为（缩）（聚）多酸。多磷酸是通过共用磷氧四面体角顶上的氧原子而连接起来的。这种连接可形成直链、支链和环状结构的多聚磷酸。将磷酸加热，根据其脱水和聚合程度的不同，可得焦磷酸、三偏磷酸 $(HPO_3)_3$、四偏磷酸 $(HPO_3)_4$、三聚磷酸 $H_5P_3O_{10}$ 等。

磷酸盐可分为简单磷酸盐和多聚磷酸盐。

简单磷酸盐是指正磷酸的三种类型的盐：磷酸正盐、磷酸一氢盐和磷酸二氢盐。各种磷酸盐中，磷酸一氢盐和磷酸正盐（除钾、钠、铵盐外）均不溶于水，但能溶于酸。磷酸二氢盐均能溶于水。

可溶性磷酸盐能够发生不同程度的水解。Na_2HPO_4 的水溶液由于 HPO_4^{2-} 的水解作用大于电离作用呈弱碱性，而 NaH_2PO_4 溶液则由于 $H_2PO_4^-$ 的电离作用大于水解作用而呈弱酸性。

磷酸二氢钙是重要的磷肥。磷酸的碱金属盐主要用作缓冲试剂、食品加工的焙粉和乳化剂，如磷酸二氢盐（NH_4^+、Na^+、Ca^{2+} 盐）用于发酵制品中。

$$NaH_2PO_4+Na_2CO_3 \longrightarrow CO_2\uparrow+Na_3PO_4+H_2O$$

难溶性的磷酸盐可作优良的无机黏结剂，如 $Al_2(HPO_4)_3$ 和 CuO 粉末调制而成的磷酸盐黏结剂，能耐高温（1000℃）和低温（−186℃）。磷酸锰铁 $Mn(H_2PO_4)_2\cdot Fe(H_2PO_4)_2$ 是钢铁防锈的磷化剂，并为油漆提供特别黏附的底面。

磷酸盐与过量的钼酸铵 $(NH_4)_2MoO_4$，在硝酸的水溶液中加热，可慢慢析出黄色磷钼酸铵沉淀，可用作 PO_4^{3-} 的鉴定反应。

$$PO_4^{3-}+12MoO_4^{2-}+24H^++3NH_4^+ \longrightarrow (NH_4)_3PO_4\cdot 12MoO_3\downarrow+12H_2O$$

9.3.4 砷及其化合物

9.3.4.1 砷的单质

常温下，砷在水和空气中都比较稳定。高温时，砷与许多非金属（如氧、硫等）反应生成相应的化合物。

$$4As+3O_2 \longrightarrow As_4O_6$$

$$2As+3S \longrightarrow As_2S_3$$

砷能溶于熔融的氢氧化钠中。

$$2As+6NaOH \xrightarrow{\text{熔融}} 2Na_3AsO_3+3H_2\uparrow$$

砷不与稀酸作用，但可以和热的浓 H_2SO_4、HNO_3 及王水反应。

$$3As+5HNO_3+2H_2O \xrightarrow{\triangle} 3H_3AsO_4+5NO\uparrow$$

$$2As+3H_2SO_4(浓)\xrightarrow{\triangle}As_2O_3+3SO_2\uparrow+3H_2O$$

砷能与金属形成合金和化合物。如砷化镓 GaAs、砷化铟 InAs 等。这些化合物都可作为半导体材料。

9.3.4.2 砷化氢

砷化氢 AsH_3（又名胂）是一种无色、具有大蒜味的剧毒气体。金属砷化物水解或用强还原剂还原砷的氧化物，均可制得胂。

$$Na_3As+3H_2O\longrightarrow AsH_3\uparrow+3NaOH$$

$$As_2O_3+6Zn+6H_2SO_4\longrightarrow 2AsH_3\uparrow+6ZnSO_4+3H_2O$$

室温下，胂在空气中自燃。

$$2AsH_3+3O_2\longrightarrow As_2O_3+3H_2O$$

在缺氧条件下，胂受热分解成单质。

$$2AsH_3\xrightarrow{\triangle}2As+3H_2\uparrow$$

这是马氏试砷法的主要反应。检验方法是：将试样、锌和盐酸混合在一起，将生成的气体导入热玻璃管中，如试样中有砷的化合物存在，则生成的胂在加热部位分解，形成黑色、有金属光泽的“砷镜”。

胂是一种很强的还原剂，除了能与一般常见的氧化剂反应外，还能与重金属盐反应而析出金属单质。例如：

$$2AsH_3+12AgNO_3+3H_2O\longrightarrow As_2O_3+12HNO_3+12Ag\downarrow$$

这是古氏试砷法的主要反应。

9.3.4.3 砷的氧化物及其水合物

三氧化二砷（As_2O_3）俗称砒霜，是剧毒的白色粉末状固体，致死量为 0.1g。它可用于制造杀虫剂、除草剂和含砷药物。

As_2O_3 两性偏酸，易与碱反应，与酸反应进行的程度较小。

$$As_2O_3+6NaOH\longrightarrow 2Na_3AsO_3+3H_2O$$

$$As_2O_3+6HCl(浓)\longrightarrow 2AsCl_3+3H_2O$$

As_2O_3 微溶于水，其水溶液就是亚砷酸 H_3AsO_3。H_3AsO_3 也呈两性，但以酸性为主。

用硝酸氧化砷或 As_2O_3，可得砷酸 H_3AsO_4。

$$3As_2O_3+4HNO_3+7H_2O\longrightarrow 6H_3AsO_4+4NO\uparrow$$

砷酸为三元酸，其酸的强度与磷酸相似。将 H_3AsO_4 加热脱水可制得相应的氧化物（As_2O_5）。

$$2H_3AsO_4\xrightarrow{\triangle}As_2O_5+3H_2O$$

As_2O_5 是酸性氧化物，易溶于水。

砷酸盐在强酸性介质中可呈现出氧化性，例如：

$$H_3AsO_4+2I^-+2H^+\rightleftharpoons H_3AsO_3+I_2+H_2O$$

酸性较强时，H_3AsO_4 可以氧化 I^-；酸性较弱时，H_3AsO_3 则使 I_2 还原。

思 考 题

1. 什么是缺电子原子？什么是缺电子化合物？举例说明。
2. 举例说明什么是等电子体。

3. 分析乙硼烷的分子结构。为什么说乙硼烷是缺电子化合物？
4. 硼酸是固体酸，它在水溶液中是如何显酸性的？为什么硼酸是一元酸？
5. 在焊接金属时，使用硼砂的原理是什么？什么叫硼砂珠试验？
6. 如何鉴定 CO_3^{2-}、SiO_4^{2-} 和硼酸盐？
7. 为什么 $AlCl_3$ 只能形成二聚分子，而 $BeCl_2$ 能形成长链聚合分子？
8. 铝是活泼金属，为什么能广泛应用在建筑、汽车、航空以及日用品等方面？
9. 能否用 $AlCl_3 \cdot 6H_2O$ 加热脱水制得无水 $AlCl_3$？反之，能否用无水 $AlCl_3$ 制得 $AlCl_3 \cdot 6H_2O$？
10. 碳和硅都是ⅣA族元素，为什么碳的化合物有几百万种，而硅的化合物种类远不如碳的化合物那样多？
11. 为什么 CO 分子的偶极矩几乎为零？
12. 为什么石墨能导电而金刚石却是电的绝缘体？为什么石墨的横向断面和垂直断面上的导电性有极大的差别？
13. 试解释 C_{60} 的分子结构和晶体结构，并说明它与金刚石和石墨的不同。
14. 如何解释碳最多能与 4 个氟原子形成 CF_4，而硅最多能与 6 个氟原子形成 $[SiF_6]^{2-}$。
15. 为什么 CO_2 是气体，而 SiO_2 是固体？
16. 如何在实验室中配制和保存 $SnCl_2$ 溶液？为什么？
17. 在 Pb_3O_4 中铅存在几种氧化态？
18. 从原子结构的观点说明氮族元素是由典型的非金属元素向金属元素过渡的完整一族。
19. 试从 N_2 和 P_4 的分子结构来说明氮在自然界中以游离态存在，而磷却是以化合态存在的。
20. 为什么在常温下 N_2 可被用作保护气体？
21. 能否用加热固体 NH_4NO_2 或 $(NH_4)_2Cr_2O_7$ 的方法制备 NH_3？为什么？
22. 为什么 NH_3 易溶于水，而 NO 难溶于水？
23. 如何制备亚硝酸？亚硝酸能否稳定存在？
24. 硝酸盐热分解有哪几种类型？举例说明。
25. 磷酐为什么能作干燥剂？磷酐吸水与硅胶吸水有何不同？
26. 为什么亚磷酸 H_3PO_3 分子中含有 3 个氢原子，但却是二元酸？
27. 氮的非金属性强于磷，但为什么白磷比氮气活泼？
28. 试述 AsH_3 的制法和砷的检验方法。

习　　题

1. 写出乙硼烷的结构式，并指出其中各化学键的名称。
2. 写出硼砂分别与 NiO、CuO 共熔时的反应式。
3. 完成并配平下列反应式：

① $B_2H_6 + H_2O \longrightarrow$
② $B_2H_6 + O_2 \longrightarrow$
③ $BF_3 + HF \longrightarrow$
④ $B + H_2O(g) \longrightarrow$
⑤ $B_2O_3 + CaF_2 + H_2SO_4 \longrightarrow$
⑥ $BCl_3 + LiAlH_4 \xrightarrow{\text{乙醚}} B_2H_6 + LiCl +$
⑦ $BCl_3 + NH_3 \longrightarrow$
⑧ $B(OH)_3 + C_2H_5OH \longrightarrow$
⑨ $Al^{3+} + CO_3^{2-} + H_2O \longrightarrow$

4. 请说明制备纯硼时，用 H_2 作还原剂比用活泼金属或碳要好的原因。
5. 铝在电位序列中的位置远在氢之前，但它不能从水中置换出氢气，却很容易从氢离子浓度比水低得多的碱溶液中把氢取代出来。说明其原因，并用化学方程式表示之。
6. 氯化铝在有机溶液中以 Al_2Cl_6 形式存在，而在水中已转化为 $[Al(H_2O)_6]^{3+}$，并水解为 $[Al(OH)(H_2O)_5]^{2+}$，原因何在？

7. 完成并配平下列反应式：

① SiO_2+HF（少量）$\longrightarrow$　　② $SiO_2+Na_2CO_3\xrightarrow{熔融}$

③ $Na_2SiO_3+CO_2+H_2O\longrightarrow$　　④ $SiCl_4+H_2O\longrightarrow$

⑤ $PbO_2+Mn(NO_3)_2+H^+\longrightarrow$　　⑥ $Pb_3O_4+HNO_3\longrightarrow$

8. 说明下列现象的原因。

① 晶态硼的熔点高于金属铝；

② 让装有水玻璃的试剂瓶长期敞开口后，水玻璃变混浊；

③ 熔融的 $AlBr_3$ 不导电，但其水溶液却有较好的导电性。

9. 用配平的化学反应方程式表示下列化学变化：

① 碳→二硫化碳→四氯化碳；

② 白砂→四氯化硅→纯硅；

③ 硅石→水玻璃→硅胶。

10. 试述 SiH_4 和 $SiCl_4$ 的制备及性质。

11. 设计一实验证明 Pb_3O_4 中铅的不同氧化态。

12. 有一白色固体 A，溶于水产生白色沉淀 B。B 可溶于浓 HCl。若将固体 A 溶于稀 HCl 中，得无色溶液 C。①将 $AgNO_3$ 溶液加入 C，析出白色沉淀 D。D 溶于氨水得溶液 E。酸化溶液 E，又产生白色沉淀 D；②将 H_2S 通入溶液 C，产生棕色沉淀 F。F 溶于 $(NH_4)_2S_x$，形成溶液 G。酸化溶液 G，得一黄色沉淀 H；③少量溶液 C 加入 $HgCl_2$ 溶液得白色沉淀 I，继续加入溶液 C，沉淀 I 逐渐变灰色，最后变成黑色沉淀 J。试判断 A、B、C、D、E、F、G、H、I、J 所代表物质的化学式。

13. 锡与盐酸作用只能得到 $SnCl_2$，而不是 $SnCl_4$；锡与氯气作用得到 $SnCl_4$，而不是 $SnCl_2$。试用有关电对的电极电势加以说明。如何实现由氯气与锡作用制得 $SnCl_2$？

14. 已知 $E^{\ominus}(Sn^{2+}/Sn)=-0.136V$，$E^{\ominus}(Pb^{2+}/Pb)=-0.126V$

① 试用原电池符号表示此两电对组成的原电池反应方程式；

② 求算此电池反应的标准平衡常数。

15. 下列各对离子能否共存于溶液中？不能共存者写出反应方程式。

① Sn^{2+} 和 Fe^{2+}；　　②Sn^{2+} 和 Fe^{3+}；

③ Pb^{2+} 和 Fe^{3+}；　　④ Pb^{2+} 和 $[Pb(OH)_4]^{2-}$；

⑤ $[PbCl_4]^{2-}$ 和 $[SnCl_4]^{2-}$。

16. 用化学方法区分下列各对物质。

① SnS 与 SnS_2；　　② $Pb(NO_3)_2$ 与 $Bi(NO_3)_3$；

③ $Sn(OH)_2$ 与 $Pb(OH)_2$；　　④ $SnCl_2$ 与 $SnCl_4$；

⑤ $SnCl_2$ 与 $AlCl_3$；　　⑥ $SnCl_2$ 与 $SbCl_3$。

17. 写出下列各盐的热分解方程式：

NH_4Cl　　NH_4NO_2　　$(NH_4)_2Cr_2O_7$　　KNO_3　　$Zn(NO_3)_2$　　$Hg(NO_3)_2$

18. 为何 NO_2 气体随温度降低而颜色变浅？

19. 写出工业上以空气、水和焦炭为原料制备氨，再利用铵氧化法制备硝酸的化学反应方程式。

20. 试解释：

① 为什么铜溶于稀 HNO_3，而不溶于稀 H_2SO_4？

② 由铜制备 $Cu(NO_3)_2$ 时，用稀 HNO_3 比用浓 HNO_3 好，为什么？

21. 如何用简便方法鉴别下列各组物质的溶液？

① NH_4Cl 和 $(NH_4)_2SO_4$；

② KNO_2 和 KNO_3。

22. 为什么在 $H_2PO_4^-$ 和 HPO_4^{2-} 溶液中加入 $AgNO_3$ 均生成黄色 Ag_3PO_4 沉淀？析出沉淀后溶液的酸碱性发生什么变化？

23. 为什么配制 $SbCl_3$ 溶液时加水会出现白色混浊？怎样才能配成 $SbCl_3$ 溶液？

24. 完成并配平下列反应式:

① $NO_2^- + I^- + H^+ \longrightarrow$

② $NO_2^- + MnO_4^- + H^+ \longrightarrow$

③ $Au + HNO_3 + HCl \longrightarrow$

④ $P_4O_{10} + HNO_3 \longrightarrow$

⑤ $PCl_3 + H_2O \longrightarrow$

10 p区元素（2）

10.1 氧族元素

10.1.1 氧族元素通性

氧族位于周期系中第16（ⅥA）族，包括氧（O）、硫（S）、硒（Se）、碲（Te）和钋（Po）。氧和硫是典型的非金属元素，硒和碲是半金属元素，钋是具有放射性的金属元素。氧族元素及其单质的一些基本性质列于表10-1。

表10-1 氧族元素及其单质的一些性质

元素	氧(O)	硫(S)	硒(Se)	碲(Te)	钋(Po)
原子序数	8	16	34	52	84
价电子层结构	$2s^22p^4$	$3s^23p^4$	$4s^24p^4$	$5s^25p^4$	$6s^26p$
原子半径/pm	66	104	117	137	153
第一电离能/$kJ \cdot mol^{-1}$	1314	1000	941	869	812
第一电子亲和能/$kJ \cdot mol^{-1}$	−141.0	−200.4	−195.0	−190.2	—
电负性	3.44	2.58	2.55	2.10	2.0
主要氧化态	−2,−1,0	−2,0,+2,+4,+6	−2,0,+2,+4,+6	−2,0,+2,+4,+6	−2,0,+2,+4,+6
熔点/℃	−218.4	119	217	449.5	252
沸点/℃	−183	444.6	684.9	990	962

氧族元素原子的价电子构型为ns^2np^4，可形成氧化态为−2的化合物。随着原子序数的增加，氧化态为−2的化合物的稳定性依次降低，还原性依次增强。例如，H_2O通常情况下是稳定的，也没有还原性；H_2S常温下稳定性稍差，且有较强的还原性；H_2Te常温下则很不稳定，酸性介质中是强还原剂。

氧的电负性很大，仅次于氟，所以只有当它与氟化合时，氧化态才为正值，在一般化合物中，其氧化态均为负值。除氧之外，其他氧族元素原子的价电子层有空的nd轨道，当它们和电负性大的元素结合时，ns和np轨道上的成对电子有可能被激发到nd轨道上，形成2、4、6个未成对电子，从而显示出+2、+4、+6的氧化态。

氧族元素中，只有氧与典型金属（如碱金属、碱土金属等元素）化合时，才形成典型的离子化合物。其他氧族元素形成共价化合物的倾向增大。氧族元素与非金属元素化合时，均形成共价化合物。氧族元素在单质及共价型化合物中，除形成σ键外，氧原子的2p轨道有形成（p-p）π键的明显趋向。因为氧原子的内层电子少，原子半径小，p轨道易于互相靠近而形成π键（如O_2、CO_2中）。S原子形成（p-p）π键的倾向不如氧，只在少数的化合物中可形成（p-p）π键（如CS_2、SO_2中），更多的是互相结合成由σ键构成的硫链（如S_8、S_x^{2-}）。

在自然界中，氧和硫能以单质形式存在，并能和许多金属形成氧化物矿、硫化物矿。硒和碲是分散性稀有元素，以硒化物、碲化物存在于硫化物矿中。

10.1.2 氧及其化合物

10.1.2.1 氧的单质

（1）氧气 氧气是无色、无臭的气体，在−183℃时凝聚为淡蓝色液体。氧气常以

15MPa压力装入钢瓶内储存。O_2分子是非极性分子，在水中的溶解度很小，0℃时1L水中只能溶解49.1mL氧气。

按照分子轨道理论，O_2的分子轨道式为：

$$O_2[KK(\sigma_{2s})^2(\sigma_{2s}^*)^2(\sigma_{2p_x})^2(\pi_{2p_y})^2(\pi_{2p_z})^2(\pi_{2p_y}^*)^1(\pi_{2p_z}^*)^1]$$

O_2分子中有4个净成键电子，键级为2，因此O_2的键解能较大（497.9kJ·mol^{-1}）。所以，常温下氧气的反应活性低，空气中游离的O_2分子可以稳定存在。

如果O_2分子在反应过程中获得4个电子，则它们将分别充填在O_2分子的$\pi_{2p_y}^*$反键轨道和$\sigma_{2p_x}^*$反键轨道上。这样，所有反键轨道上的电子数便与所有成键轨道上的电子数相等，能量全部抵消，分子轨道便还原为原子轨道，即O_2分子获得4个电子成为2个O^{2-}。

如果O_2分子获得2个电子，则π_{2p}成键电子与π_{2p}^*反键电子的能量相互抵消，从而形成过氧子［∶O—O∶］$^{2-}$。

如果O_2分子在反应过程中获得1个电子，这个电子将充填在O_2分子的π_{2p}^*反键轨道上，从而形成超氧离子［∶O┈O∶］$^-$。过氧离子和超氧离子的稳定性均比O_2分子差。

（2）臭氧　臭氧（O_3）是O_2的同素异形体。臭氧层存在于大气层的平流层中，是由于太阳对高空中O_2的强烈辐射作用而形成的。雷雨的时候，空气中的氧受电火花的作用也会产生臭氧。实验室中一般用无声放电的方法来制取臭氧。臭氧分子的结构见图10-1。

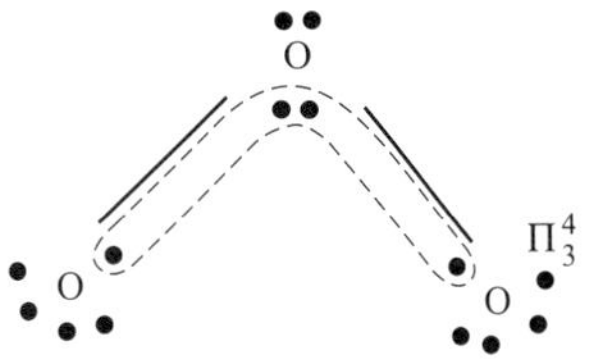

图10-1　O_3分子的结构

一般认为，O_3分子中氧原子采取两种不同形式的不等性sp^2杂化：

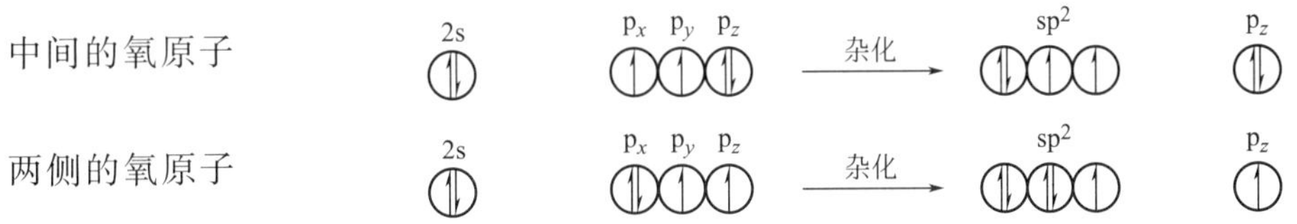

这样，中间氧原子的sp^2杂化轨道上的2个未成对电子分别与两旁氧原子的sp^2杂化轨道上的未成对电子形成两个（sp^2-sp^2）σ键。而中间氧原子的未参与杂化的2个p_z电子和两旁氧原子的未参与杂化的p_z电子，形成Π_3^4键，垂直于sp^2杂化轨道平面。如图10-2所示。

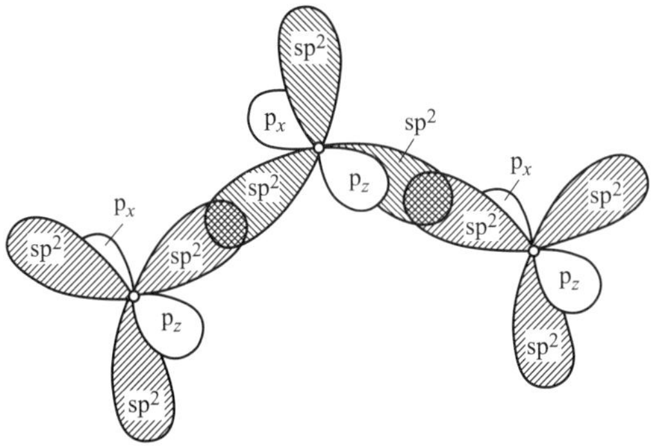

图10-2　O_3分子中的σ键和大Π键

O_3分子中没有单电子，是反磁性物质。虽然O—O键是非极性的，但O_3分子的“V”形结构及各氧原子上孤电子对数目的不同，导致分子的偶极矩不等于零，所以，O_3分子是极性分子。

臭氧是淡蓝色气体，具有特殊臭味。液态臭氧易爆炸，臭氧比氧气易溶于水，液态臭氧与液态氧气不能互溶。臭氧不稳定，它的分解反应是放热反应：

$$2O_3 \longrightarrow 3O_2 \qquad \Delta_r H_m^\ominus = -285kJ \cdot mol^{-1}$$

如无催化剂存在，常温下分解缓慢。臭氧分解过程中产生的原子氧具有很强的化学活性。所以臭氧的化学性质比氧气活泼。臭氧的氧化性仅次于 F_2，它能从碘化钾溶液中将碘析出，这一反应用于测定臭氧的含量。

$$O_3 + 2I^- + 2H^+ \longrightarrow I_2\downarrow + O_2\uparrow + H_2O$$

由于臭氧具有强氧化性，且不易导致二次污染，常用于饮水和食品的消毒、净化。空气中 O_3 的质量分数一般为 1×10^{-9}，微量的臭氧不仅能杀菌，还能刺激中枢神经，加速血液循环。但是，空气中如果 O_3 的质量分数达到 1×10^{-6}时，会使人感到疲倦和头痛，有损人体健康。臭氧能吸收太阳光的紫外辐射，距地面 20～25km 处（位于平流层）的臭氧层保护着地球上的生命免受过量紫外线的照射。近年来，发现大气上空的臭氧锐减，甚至在南极和北极上空已出现了臭氧空洞。造成臭氧减少的主要原因是作为制冷剂和工业清洗剂主要成分的化学物质——氯氟烃的大量使用。有研究认为，大气中的臭氧每减少 1%，太阳的紫外线辐射到地面的量就增加约 2%，皮肤癌患者就可能增加 5%～7%。因此，保护臭氧层，保护人类的生态环境已引起全球的广泛关注。

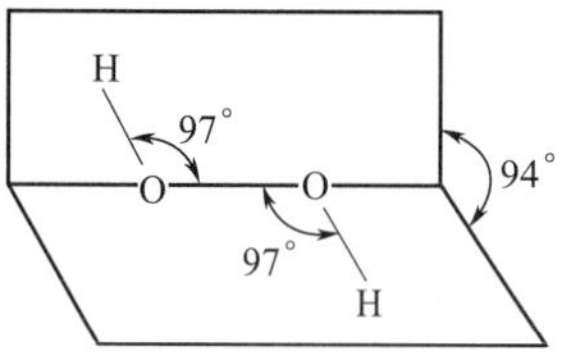

图 10-3　H_2O_2 的分子结构

10.1.2.2　过氧化氢

过氧化氢俗称“双氧水”。分子中有一个过氧键，每个氧原子各连接一个氢原子，如图 10-3 所示。纯 H_2O_2 为无色液体，沸点 151.4℃，熔点 −0.89℃，分子间存在氢键。极性比水强，缔合度、密度比水大，与水可以任意比例互溶。市售试剂是 $w(H_2O_2)=30\%$的水溶液。

在化学性质方面，过氧化氢主要表现为如下性质：

（1）不稳定性　由于过氧键—O—O—的键能较小，因此 H_2O_2 分子不稳定，易分解：

$$2H_2O_2(l) \longrightarrow 2H_2O(l) + O_2(g) \qquad \Delta_r H_m^{\ominus} = -196\text{kJ}\cdot\text{mol}^{-1}$$

纯的 H_2O_2 在暗处和低温下，分解很慢；若受热而达到 153℃时，即猛烈地爆炸式分解。H_2O_2 在碱性介质中比在酸性介质中分解快。微量金属离子（Fe^{3+}、Mn^{2+}、Cu^{2+}、Cr^{3+}等）能加速 H_2O_2 的分解。实验室中常把 H_2O_2 装在棕色瓶中置于阴凉处，也常加入一些稳定剂，如微量的锡酸钠、焦磷酸钠或 8-羟基喹啉等来抑制杂质的催化分解作用而使 H_2O_2 稳定。

（2）弱酸性　H_2O_2 具有极弱的酸性。

$$H_2O_2 + H_2O \rightleftharpoons H_3O^+ + HO_2^- \qquad K_1^{\ominus}=1.55\times10^{-12}(20℃)$$

$$HO_2^- + H_2O \rightleftharpoons H_3O^+ + O_2^{2-} \qquad K_2^{\ominus}\approx10^{-25}(20℃)$$

（3）氧化还原性　过氧化氢分子中，氧的氧化态为−1，因此既有氧化性，又有还原性。过氧化氢在酸性和碱性介质中都显强氧化性。例如：

$$H_2O_2 + 2I^- + 2H^+ \longrightarrow I_2 + 2H_2O$$

$$2[Cr(OH)_4]^- + 3H_2O_2 + 2OH^- \longrightarrow 2CrO_4^{2-} + 8H_2O$$

过氧化氢的还原性较弱，只有当遇到比它更强的氧化剂时，才表现出还原性。例如：

$$2MnO_4^- + 5H_2O_2 + 6H^+ \longrightarrow 2Mn^{2+} + 5O_2 + 8H_2O$$

$$Cl_2 + H_2O_2 \longrightarrow O_2 + 2Cl^- + 2H^+$$

用 H_2O_2 作氧化剂时，其还原产物为 H_2O，不会引入新的杂质，而且过量部分很容易通过加热分解除去。所以，工业上，H_2O_2 常用于漂白毛、丝、羽毛等不宜用 Cl_2 漂白的物质。医药上，常用稀 H_2O_2 溶液（3%）作为温和的消毒杀菌剂。高浓度的 H_2O_2 可作火箭燃料。

实验室制备 H_2O_2 可以在低温下用稀 H_2SO_4 与过氧化物（BaO_2 或 Na_2O_2）反应：

$$BaO_2 + H_2SO_4 \longrightarrow BaSO_4\downarrow + H_2O_2$$

或将 CO_2 气体通入 BaO_2 的溶液中：

$$BaO_2 + CO_2 + H_2O \longrightarrow BaCO_3\downarrow + H_2O_2$$

工业上制备 H_2O_2，可采用电解 NH_4HSO_4 溶液的方法：

$$2NH_4HSO_4 \xrightarrow{\text{电解}} (NH_4)_2S_2O_8(\text{阳极}) + H_2\uparrow(\text{阴极})$$

$$(NH_4)_2S_2O_8 + 2H_2O \xrightarrow{H_2SO_4} 2NH_4HSO_4 + H_2O_2$$

生成的 NH_4HSO_4 可循环使用。得到的 H_2O_2 稀溶液，经减压蒸馏，可得到浓度为30%左右的 H_2O_2 溶液。

亦可采用乙基蒽醌法。此法是以 H_2、O_2 为原料，2-乙基蒽醌和钯（或镍）为催化剂合成 H_2O_2。

10.1.3 硫及其化合物

10.1.3.1 硫的单质

单质硫有多种同素异形体。天然硫是黄色固体，具有斜方晶形的结构，叫做斜方硫（或正交硫、菱形硫）。将斜方硫加热到95.5℃以上时，就渐渐地转变为浅黄色的单斜硫。当温度低于95.5℃时，单斜硫又转变为斜方硫。

$$S(\text{斜方}) \xrightleftharpoons{95.5℃} S(\text{单斜}) \qquad \Delta_r H_m^{\ominus} = 0.33\text{kJ}\cdot\text{mol}^{-1}$$

斜方硫和单斜硫的分子都是由8个硫原子组成的，具有环状结构，如图10-4所示。其差别在于 S_8 分子在晶体中的排列方式不同。

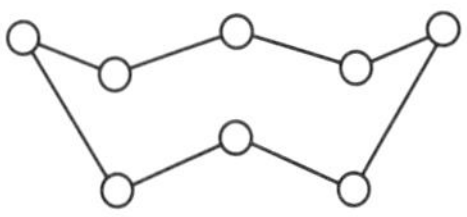

图10-4 S_8 分子的结构

在 S_8 环状分子中，键角∠SSS为107.6°，每个硫原子各以不等性 sp^3 杂化轨道与两个相邻的硫原子形成 σ 键，S_8 分子之间以分子间力结合，所以硫的熔点较低（115.2℃）。将单质硫加热熔融，得到浅黄色、透明、易流动的液体（仍为 S_8 环状结构）。继续加热至160℃左右，S_8 环开始断裂，并聚合成中长链的大分子，因此液体颜色变暗，黏度显著增大。继续加热至190℃左右，环继续断开，并聚合成长链的巨分子，由于链与链之间互相纠缠在一起，使之不易流动，此时黏度最大，已不易从容器中倒出。再继续加热至200℃，液体变黑，长链分子开始断裂成较短的链状分子，黏度又变小，流动性增加。温度达到444.6℃时，液体沸腾，蒸气中含有 S_8、S_6、S_4、S_2 等气态分子。温度越高，分子中硫原子数目越少。

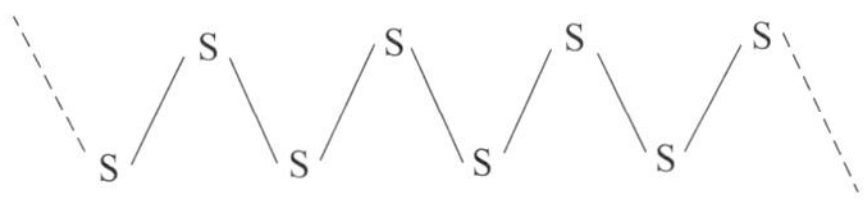

图10-5 弹性硫的链状结构

将加热到190℃的液态硫迅速倒入冷水中冷却，可以得到弹性硫（见图10-5）。由于骤冷，长链状硫分子来不及成环，仍以长链的形式存在于固体中，所以形成的固态硫具有弹性。弹性硫不溶于任何溶剂，长期静置逐渐变脆，最后转变为稳定的晶态硫（斜方硫）。

硫可与金属反应生成金属硫化物，例如：

$$2Al + 3S \longrightarrow Al_2S_3$$

$$Hg + S \longrightarrow HgS$$

也可与非金属性比它更强的元素化合，形成正氧化态的化合物，例如：

$$S + 3F_2 \longrightarrow SF_6$$

$$S+O_2 \longrightarrow SO_2$$

所以硫既有氧化性，又有还原性，但硫的氧化性不如氧，而还原性比氧强。

硫还能与热的浓硫酸、硝酸及碱反应：

$$S+2H_2SO_4(浓) \longrightarrow 3SO_2\uparrow+2H_2O$$

$$S+2HNO_3(浓) \longrightarrow H_2SO_4+2NO$$

$$3S+6NaOH(浓) \longrightarrow 2Na_2S+Na_2SO_3+3H_2O$$

硫主要用于生产硫酸，在橡胶、造纸工业也有广泛应用。硫还用于制造黑火药、医用药剂和杀虫剂等。

10.1.3.2 硫化氢

硫化氢是无色、有臭鸡蛋气味的有毒气体。H_2S 分子呈"V"形结构，与 H_2O 相似。H_2S 为极性分子，但极性比水小，H_2S 分子间不形成氢键，因此熔点（−86℃）、沸点（−60℃）都比水低得多。硫化氢的化学性质，主要有下列两个方面：

（1）弱酸性　硫化氢气体能溶于水，在 20℃时，1 体积水能溶解 2.6 体积 H_2S 气体，所得硫化氢饱和溶液的浓度约为 $0.1mol\cdot L^{-1}$。硫化氢的水溶液称氢硫酸，它是一个很弱的二元酸（见 5.3.4 节）。

（2）还原性　在硫化氢分子中，硫的氧化态为−2，处于最低氧化态，故 S^{2-} 容易失去电子而具有较强的还原性。无论是酸性介质还是碱性介质，硫化氢都可作为还原剂。

$$S+2H^++2e \rightleftharpoons H_2S \qquad E_A^\ominus=+0.142V$$

$$S+2e \rightleftharpoons S^{2-} \qquad E_B^\ominus=-0.476V$$

硫化氢气体在空气中充分燃烧，生成二氧化硫和水。

$$2H_2S+3O_2 \longrightarrow 2SO_2\uparrow+2H_2O$$

硫化氢的水溶液暴露在空气中，易被氧化析出游离硫而使溶液变浑浊。

$$2H_2S+O_2 \longrightarrow 2H_2O+2S\downarrow$$

许多氧化剂都能使 H_2S 氧化而析出单质硫，如遇强氧化剂还可氧化成 S(Ⅵ)。

$$H_2S+I_2 \longrightarrow 2HI+S\downarrow$$

$$H_2S+H_2SO_4(浓) \longrightarrow SO_2+2H_2O+S\downarrow$$

$$H_2S+4Cl_2+4H_2O \longrightarrow H_2SO_4+8HCl$$

10.1.3.3 硫化物

（1）金属硫化物　金属硫化物有酸式盐和正盐。酸式盐均易溶于水。正盐中，碱金属（包括 NH_4^+）的硫化物和 BaS 易溶于水，碱土金属硫化物微溶于水（BeS 难溶），其他金属的硫化物大多难溶于水，有些还难溶于酸，且多数具有特征的颜色。一些金属硫化物在酸中的溶解情况见表 10-2。

表 10-2　某些金属硫化物的颜色和溶解性

溶于稀盐酸（$0.3mol\cdot L^{-1}HCl$）	难溶于稀盐酸		
	溶于浓盐酸	难溶于浓盐酸	
		溶于浓硝酸	仅溶于王水
MnS(肉色)，CoS(α，黑色)	SnS(褐色)，SnS_2(黄色)，PbS(黑色)	CuS(黑色)，Cu_2S(黑色)	HgS(黑色)
ZnS(白色)，NiS(α，黑色)	Sb_2S_3(橙色)，Sb_2S_5(橙色)	As_2S_3(浅黄)，As_2S_5(浅黄)	Hg_2S(黑色)
FeS(黑色)	Bi_2S_3(黑色)，CdS(黄色)	Ag_2S(黑色)	

根据平衡移动原理和溶度积原理，要使不溶于水的金属硫化物溶解，关键在于降低其溶

液中金属离子和硫离子的浓度。通常情况下，主要是采用降低硫离子浓度的方法。根据金属硫化物在酸中的溶解情况，可将其分为如下几类：

① 不溶于水但溶于稀盐酸的金属硫化物（$K_{sp}^{\ominus}>10^{-24}$）。稀盐酸可有效降低溶液中 S^{2-} 的浓度而使之溶解。例如：

$$FeS + 2HCl \longrightarrow FeCl_2 + H_2S\uparrow$$

② 不溶于水和稀盐酸，但溶于浓盐酸的金属硫化物（$K_{sp}^{\ominus}=10^{-25}\sim10^{-30}$）。浓盐酸除了降低 S^{2-} 浓度的作用外，Cl^- 与金属离子发生配位作用，同时降低了金属离子的浓度，从而使硫化物溶解。例如：

$$CdS + 4HCl \longrightarrow H_2[CdCl_4] + H_2S\uparrow$$

③ 不溶于水和盐酸，但溶于浓硝酸的金属硫化物（$K_{sp}^{\ominus}<10^{-30}$）。通过硝酸将溶液中的 S^{2-} 氧化为 S，降低 S^{2-} 的浓度，使硫化物溶解。例如：

$$3CuS + 8HNO_3 \longrightarrow 3Cu(NO_3)_2 + 3S\downarrow + 2NO\uparrow + 4H_2O$$

④ 仅溶于王水的金属硫化物（$K_{sp}^{\ominus}$更小）。为使硫化物溶解，不仅要靠硝酸的氧化作用使 S^{2-} 的浓度降低，同时还必须借助于 Cl^- 与金属离子的配位作用使金属离子的浓度也同时降低。例如：

$$3HgS + 2HNO_3 + 12HCl \longrightarrow 3H_2[HgCl_4] + 3S\downarrow + 2NO\uparrow + 4H_2O$$

此外，有些金属硫化物，如 SnS_2、As_2S_3、Sb_2S_3 等，能够溶解在碱金属硫化物 Na_2S 或 $(NH_4)_2S$ 的溶液中，这是因为生成极难解离的硫代酸根离子的缘故。

$$SnS_2 + S^{2-} \longrightarrow SnS_3^{2-}$$

由于氢硫酸是弱酸，故所有硫化物在水中都有不同程度的水解。碱金属硫化物易溶于水，由于水解而使溶液呈碱性。所以碱金属硫化物俗称为“硫化碱”，其水解反应为：

$$S^{2-} + H_2O \rightleftharpoons HS^- + OH^-$$

微溶性的碱土金属硫化物，遇水也发生水解；若将溶液煮沸，水解可进行完全。

$$2CaS + 2H_2O \longrightarrow Ca(OH)_2 + Ca(HS)_2$$

$$Ca(HS)_2 + 2H_2O \xrightarrow{煮沸} Ca(OH)_2 + 2H_2S$$

一些易水解的金属离子（如 Al^{3+}、Cr^{3+}），其硫化物遇水发生完全水解。

$$Al_2S_3 + 6H_2O \longrightarrow 2Al(OH)_3\downarrow + 3H_2S\uparrow$$

（2）多硫化物　在可溶性硫化物的浓溶液中加入硫粉，硫溶解而生成相应的多硫化物。

$$(NH_4)_2S + (x-1)S \longrightarrow (NH_4)_2S_x$$

多硫化物中含有多硫离子 S_x^{2-}（$x=2\sim6$），随着硫原子数目（x）的增加，多硫化物的颜色从黄色经过橙黄色而变为红色。实验室中的 Na_2S 溶液，长时间放置时颜色会越来越深，就是因为 Na_2S 易被空气氧化，产物 S 溶于 Na_2S 而生成 Na_2S_x（多硫化钠）的缘故。

多硫化物若 $x=2$，则为过硫化物，其中存在过硫键，与过氧化物中的过氧键相似。因此，过硫化物既有氧化性，又有还原性。例如：

$$SnS + S_2^{2-} \longrightarrow SnS_3^{2-}$$

$$3FeS_2 + 8O_2 \longrightarrow Fe_3O_4 + 6SO_2$$

多硫化物与酸反应生成多硫化氢（H_2S_x）。H_2S_x 不稳定，易歧化分解为硫化氢和单质硫。

$$S_x^{2-} + 2H^+ \longrightarrow H_2S_x \longrightarrow H_2S + (x-1)S$$

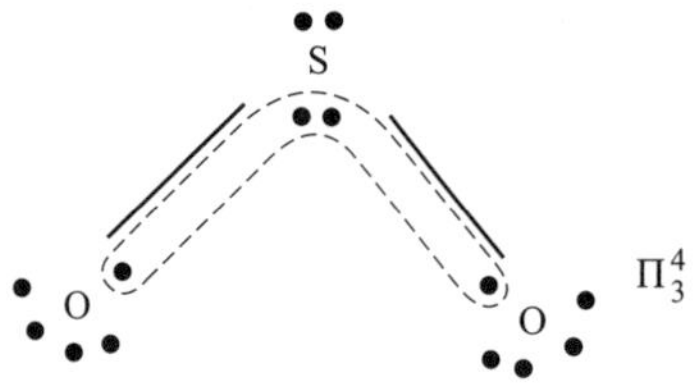

图 10-6　SO_2 的分子结构

多硫化物在制革工业中用作原皮的除毛剂，在农业上用作杀虫剂。

10.1.3.4　硫的含氧化合物

（1）二氧化硫　SO_2 是极性分子，其分子呈“V”形结构，成键方式与臭氧 O_3 类似，硫原子和两旁氧原子除以 σ 键结合外，还形成一个 Π_3^4 键（见图 10-6）。

二氧化硫是一种无色气体，熔点 −75.5℃，沸点 9.83℃，有强烈刺激性气味，易溶于水。液态 SO_2 是一种良好的非水溶剂；它既不放出质子，也不接受质子。液态 SO_2 中存在以下电离平衡：

$$2SO_2 \rightleftharpoons SO^{2+} + SO_3^{2-}$$

在 SO_2 分子中，硫的氧化态为 +4，既有氧化性，又有还原性，但以还原性较为显著，只有遇到强还原剂时，才表现出氧化性。例如，在 500℃时，用铝矾土作催化剂从烟道气中分离回收硫时，SO_2 作为氧化剂可被 CO 还原。

$$SO_2 + 2CO \longrightarrow 2CO_2 + S$$

二氧化硫主要用于生产硫酸和亚硫酸盐，也用作消毒剂和防腐剂，还可用作漂白剂等。

（2）亚硫酸及其盐　二氧化硫溶于水，生成很不稳定的亚硫酸。

$$H_2SO_3 \rightleftharpoons H^+ + HSO_3^- \qquad K_1^\ominus = 1.54\times10^{-2}$$

$$HSO_3^- \rightleftharpoons H^+ + SO_3^{2-} \qquad K_2^\ominus = 1.02\times10^{-7}$$

亚硫酸只存在于水溶液中，H_2SO_3 作为一种纯物质尚未被分离出来。亚硫酸既有氧化性，又有还原性，其有关电对的标准电极电势如下：

酸性介质

$$H_2SO_3 + 4H^+ + 4e \rightleftharpoons S + 3H_2O \qquad E_A^\ominus = +0.449V$$

$$SO_4^{2-} + 4H^+ + 2e \rightleftharpoons H_2SO_3 + H_2O \qquad E_A^\ominus = +0.172V$$

碱性介质

$$SO_4^{2-} + H_2O + 2e \rightleftharpoons SO_3^{2-} + 2OH^- \qquad E_B^\ominus = -0.93V$$

由标准电极电势的数值可知，亚硫酸是较强的还原剂，空气中的氧就可以将其氧化为 H_2SO_4。

$$2H_2SO_3 + O_2 \longrightarrow 2H_2SO_4$$

只有遇到更强的还原剂时，H_2SO_3 才表现出氧化性。例如：

$$H_2SO_3 + 2H_2S \longrightarrow 3S + 3H_2O$$

亚硫酸盐有酸式盐和正盐。酸式盐均溶于水，正盐除碱金属盐外，都不溶于水。在含有不溶性正盐的溶液中通入 SO_2 可使其转变为可溶性的酸式盐。例如：

$$CaSO_3 + SO_2 + H_2O \longrightarrow Ca(HSO_3)_2$$

亚硫酸盐比亚硫酸具有更强的还原性，在空气中易被氧化为硫酸盐，因此，亚硫酸盐常被用作还原剂。例如，在染织工业上，亚硫酸钠常用作去氯剂。

$$Na_2SO_3 + Cl_2 + H_2O \longrightarrow Na_2SO_4 + 2HCl$$

亚硫酸盐与强酸反应发生分解，放出 SO_2，这也是实验室制取 SO_2 的方法。

$$2H^+ + SO_3^{2-} \rightleftharpoons H_2O + SO_2\uparrow$$

（3）三氧化硫　当有催化剂存在并加热时，可使 SO_2 氧化为 SO_3。

$$2SO_2(g) + O_2(g) \xrightarrow[400℃]{V_2O_5} 2SO_3(g)$$

气态 SO_3 为单分子，其分子呈平面三角形，如图 10-7 所示。S 采取 sp^2 杂化，分子中存在一个 Π_4^6 键。SO_3 为非极性分子。

纯三氧化硫是无色、易挥发的固体，熔点 16.8℃，沸点 44.5℃。固态 SO_3 有多种晶型，其中一种为冰状结构的三聚体 $(SO_3)_3$ 分子，如图 10-8 所示。

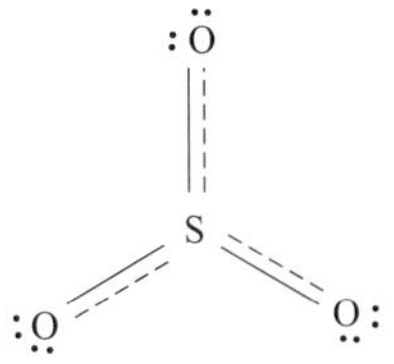

图 10-7　SO_3 的分子结构

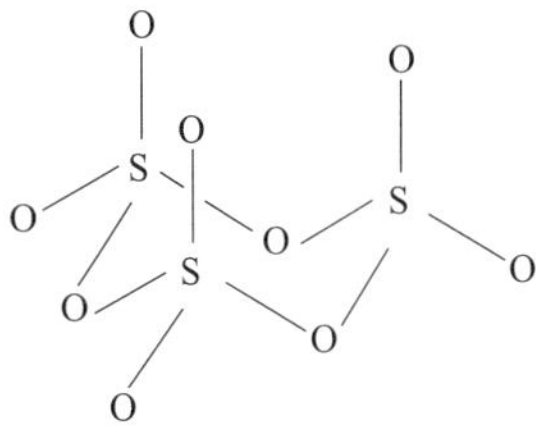

图 10-8　固体 SO_3 的三聚体结构

三氧化硫具有强烈的氧化性。例如，它可以使单质磷燃烧。

$$10SO_3 + 4P \longrightarrow P_4O_{10} + 10SO_2$$

三氧化硫极易与水化合生成硫酸，同时释放出大量的热。

$$SO_3 + H_2O \longrightarrow H_2SO_4 \qquad \Delta_r H_m^{\ominus} = -132.45 kJ \cdot mol^{-1}$$

SO_3 在潮湿的空气中挥发呈雾状物，实际是细小的硫酸液滴。

（4）硫酸及其盐　硫酸 H_2SO_4 的分子结构如图 10-9 所示。H_2SO_4 分子中，中心硫原子的 3s、3p 轨道上的成对电子，激发成 6 个未成对电子：

然后进行 sp^3 杂化，4 个 sp^3 杂化轨道与 4 个氧原子形成 4 个 S—O σ 键，其中 2 个氧原子再与 2 个氢原子形成 2 个 O—H σ 键，另外 2 个氧原子与硫原子的 2 个 3d 电子形成 2 个 (p-d)π 键。所以，S═O 双键是由 1 个 σ 键和 1 个 (p-d)π 键构成的。

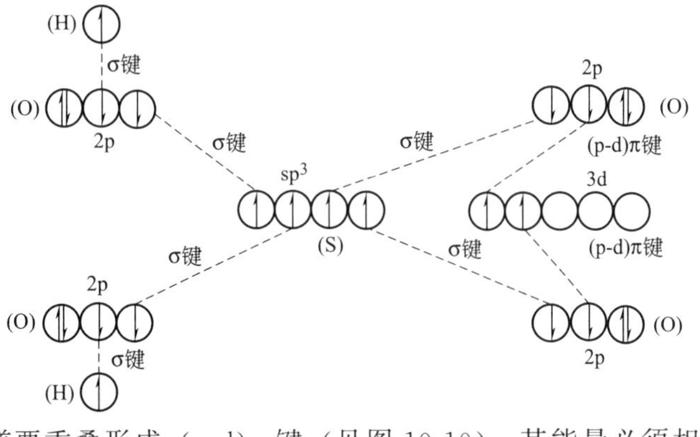

p 轨道和 d 轨道要重叠形成 (p-d)π 键（见图 10-10），其能量必须相近，即两原子的半径需相近，因此，与 S 原子同周期的 P 原子、Cl 原子也能跟 O 原子形成 (p-d)π 键。

纯硫酸是一种无色油状的液体，熔点 10.4℃。市售的浓度为 98% 的浓硫酸，其沸点为 338℃，密度为 $1.84g \cdot cm^{-3}$，浓度约为 $18mol \cdot L^{-1}$。硫酸的化学性质主要有下面几个方面：

① 强酸性　硫酸是二元酸中酸性最强的，其第一步完全电离，但第二步电离不完全。

$$H_2SO_4 \longrightarrow H^+ + HSO_4^-$$

$$HSO_4^- \rightleftharpoons H^+ + SO_4^{2-} \qquad K_2^{\ominus}=1.0\times10^{-2}$$

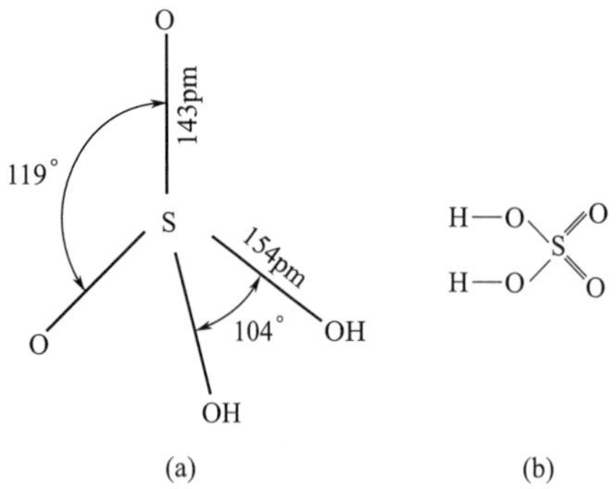

图 10-9　H_2SO_4 的分子结构

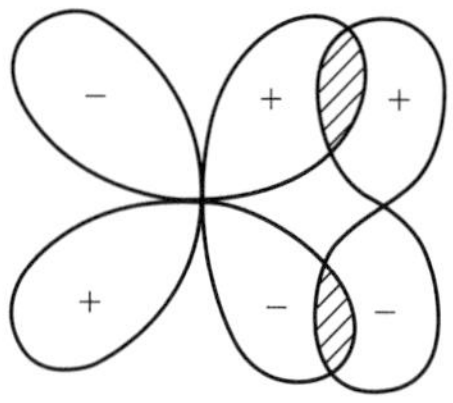

图 10-10　(p-d) π 键的形成

② 热稳定性　硫酸是较稳定的含氧酸，一般温度下并不分解，但当温度高于沸点时，分解为三氧化硫和水。

③ 吸水性　硫酸是 SO_3 的水合物（$SO_3 \cdot H_2O$）。由于 SO_3 和 H_2O 能生成一系列稳定的水合物：$2SO_3 \cdot H_2O$、$SO_3 \cdot 2H_2O$、$SO_3 \cdot 3H_2O$、$SO_3 \cdot 5H_2O$ 等，使浓硫酸有很强的吸水性，在实验室中常用作干燥剂，如干燥不与硫酸起反应的氢气、氯气和二氧化碳等气体。浓硫酸还能从一些有机化合物中按水的组成比，夺取 H 原子和 O 原子，使有机物炭化。

$$C_mH_{2n}O_n \xrightarrow{H_2SO_4} mC + H_2SO_4 \cdot nH_2O$$

④ 氧化性　稀硫酸的氧化性是由 H^+ 的氧化作用所引起的，所以只能与电位序在氢以前的金属如 Zn、Mg、Fe 等反应而放出 H_2。浓硫酸的氧化性是由 H_2SO_4 中处于最高氧化态的 S（Ⅵ）所产生的。热的浓硫酸其氧化性更为显著，几乎能氧化所有的金属。一些非金属如 C、S 等也可被它氧化。硫酸的还原产物一般为 SO_2，例如：

$$Cu + 2H_2SO_4(\text{浓}) \longrightarrow CuSO_4 + SO_2\uparrow + 2H_2O$$

$$C + 2H_2SO_4(\text{浓}) \longrightarrow CO_2 + 2SO_2\uparrow + 2H_2O$$

$$4Zn + 5H_2SO_4 \longrightarrow 4ZnSO_4 + H_2S\uparrow + 4H_2O$$

硫酸盐有酸式盐和正盐。仅最活泼的碱金属元素（Na、K）能形成稳定的固态酸式硫酸盐。酸式硫酸盐大多易溶于水。正盐中除 $CaSO_4$、$SrSO_4$、$BaSO_4$、$PbSO_4$ 等不溶于水外，其余都易溶于水。大多数硫酸盐结晶时，常含有结晶水，例如 $CuSO_4 \cdot 5H_2O$（胆矾或蓝矾）、$FeSO_4 \cdot 7H_2O$（绿矾）等。这些结晶水除作为配体与金属离子形成配离子外，还通过氢键与 SO_4^{2-} 中的氧原子相连形成水合负离子。如上述硫酸盐可分别表示为 $[Cu(H_2O)_4][SO_4(H_2O)]$ 和 $[Fe(H_2O)_6][SO_4(H_2O)]$。

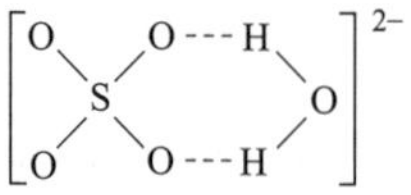

另外，硫酸盐还容易形成复盐。组成通式为 $M(\text{Ⅰ})_2SO_4 \cdot M(\text{Ⅲ})_2(SO_4)_3 \cdot 24H_2O$ 和 $M(\text{Ⅰ})_2SO_4 \cdot M(\text{Ⅱ})SO_4 \cdot 6H_2O$ 的复盐，常称为矾，如 $K_2SO_4 \cdot Al_2(SO_4)_3 \cdot 24H_2O$（明矾）、$(NH_4)_2SO_4 \cdot FeSO_4 \cdot 6H_2O$（摩尔盐）等。

由于硫酸根难以被极化而变形，故硫酸盐均为离子晶体。硫酸盐的热稳定性及分解方式与金属离子的极化作用有关。电荷低且是 8 电子构型的活泼金属离子，极化作用较小，它们的硫酸盐对热是稳定的,例如:Na_2SO_4、K_2SO_4、$BaSO_4$ 等在 1000℃ 时也不分解。但一些较不活泼金属的硫酸盐如 $CuSO_4$、$PbSO_4$ 等,它们的阳离子是高电荷的、18 电子构型或 9~17 电子构型,具有较强的极化作用,在高温下,晶格中离子的热振动加强,加强了阳离子从阴离子中争夺氧的能力。因而,这些金属的硫酸盐在高温下会分解成金属氧化物和三氧化硫。例如:

$$CuSO_4 \xrightarrow{\triangle} CuO + SO_3$$

如果金属离子有更强的极化作用,其氧化物可进一步分解成金属单质,例如:

$$Ag_2SO_4 \xrightarrow{\triangle} Ag_2O + SO_3$$

$$2Ag_2O \xrightarrow{\triangle} 4Ag + O_2$$

(5) 硫的其他含氧酸及其盐 根据结构的类似性,可将硫的含氧酸划分为 4 个系列(见表 10-3),即亚硫酸系列、硫酸系列、连硫酸系列和过硫酸系列。

表 10-3 硫的重要含氧酸

分类	名称	化学式	硫的平均氧化态	结构式	存在形式
亚硫酸系列	亚硫酸	H_2SO_3	+4	$HO-S(=O)-OH$	盐
	连二亚硫酸	$H_2S_2O_4$	+3	$HO-S(=O)-S(=O)-OH$	盐
硫酸系列	硫酸	H_2SO_4	+6	$HO-S(=O)(=O)-OH$	酸,盐
	硫代硫酸	$H_2S_2O_3$	+2	$HO-S(=O)(=S)-OH$	盐
	焦硫酸	$H_2S_2O_7$	+6	$HO-S(=O)(=O)-O-S(=O)(=O)-OH$	酸,盐
连硫酸系列	连四硫酸	$H_2S_4O_6$	+2.5	$HO-S(=O)(=O)-S-S-S(=O)(=O)-OH$	盐
	连多硫酸	$H_2S_xO_6$ ($x=3\sim 6$)		$HO-S(=O)(=O)-(S)_{x-2}-S(=O)(=O)-OH$	盐
过硫酸系列	过一硫酸	H_2SO_5	+6	$HO-S(=O)(=O)-O-H$	酸,盐
	过二硫酸	$H_2S_2O_8$	+6	$HO-S(=O)(=O)-O-O-S(=O)(=O)-OH$	酸,盐

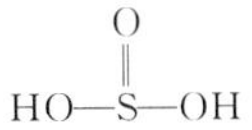

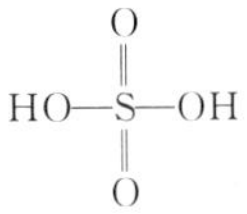

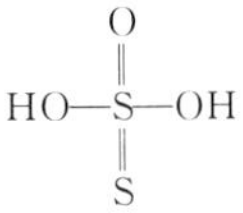

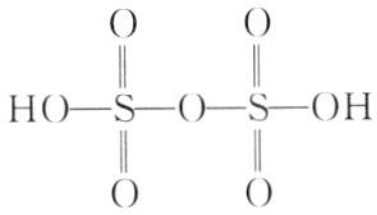

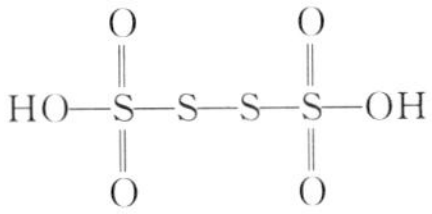

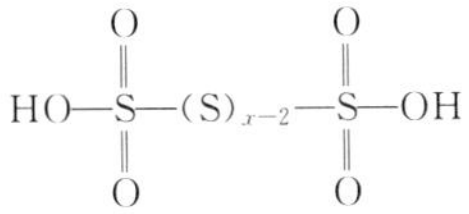

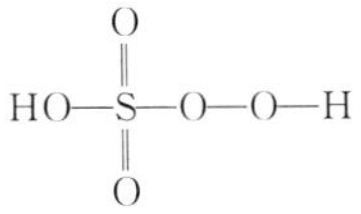

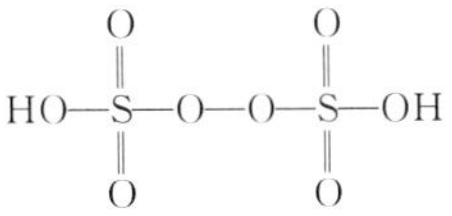

① 焦硫酸及其盐　在浓硫酸中溶解了过多的 SO_3 时，得到发烟硫酸，其组成为 $H_2SO_4 \cdot xSO_3$。当 $x=1$，即为焦硫酸 $H_2S_2O_7$。它是一种无色的晶状固体，熔点 35℃。焦硫酸也可以看做是由两分子硫酸之间脱去一分子水所得的产物。

$$H-O-\overset{O}{\underset{O}{S}}-O-H + H-O-\overset{O}{\underset{O}{S}}-O-H \longrightarrow H-O-\overset{O}{\underset{O}{S}}-O-\overset{O}{\underset{O}{S}}-O-H + H_2O$$

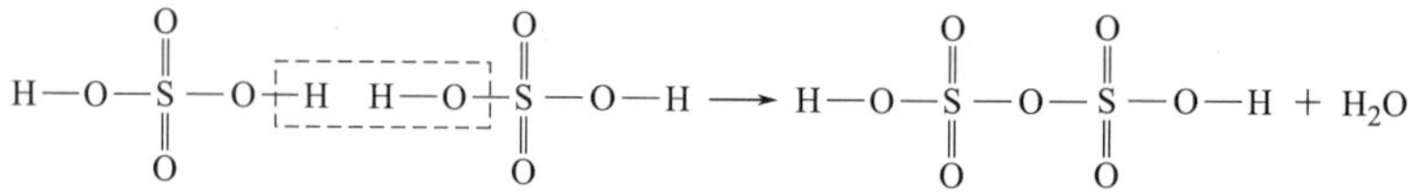

焦硫酸与水反应又生成硫酸：

$$H_2S_2O_7 + H_2O \longrightarrow 2H_2SO_4$$

焦硫酸比硫酸具有更强的氧化性、吸水性和腐蚀性。它还是良好的磺化剂，工业上用于制造染料、炸药和其他有机磺酸化合物。

酸式硫酸盐受热到熔点以上时，首先脱水转变为焦硫酸盐。

$$2KHSO_4 \xrightarrow{\triangle} K_2S_2O_7 + H_2O$$

进一步加热，则再脱去 SO_3，生成硫酸盐。

$$K_2S_2O_7 \xrightarrow{\triangle} K_2SO_4 + SO_3$$

焦硫酸盐可与某些既不溶于水又不溶于酸的金属氧化物矿（如 Al_2O_3、Cr_2O_3、TiO_2 等）共熔，使之变成可溶性硫酸盐，因而具有熔矿的作用。例如：

$$Al_2O_3 + 3K_2S_2O_7 \xrightarrow{\triangle} Al_2(SO_4)_3 + 3K_2SO_4$$

② 硫代硫酸及其盐　硫代硫酸 $H_2S_2O_3$ 可以看做是 H_2SO_4 分子中一个氧原子被硫原子取代得到的产物。硫代硫酸极不稳定，但硫代硫酸盐较稳定。

$Na_2S_2O_3 \cdot 5H_2O$ 是最重要的硫代硫酸盐，俗称大苏打或海波。硫代硫酸钠是无色透明的晶体，易溶于水，溶液呈弱碱性。亚硫酸钠溶液在沸腾时能和硫粉化合生成硫代硫酸钠。

$$Na_2SO_3 + S \longrightarrow Na_2S_2O_3$$

硫代硫酸钠只在中性或碱性溶液中较稳定，如有细菌、或溶于水中的 CO_2 和 O_2 等都会使它分解，在酸性溶液中因为生成的硫代硫酸不稳定而分解为 S、SO_2 和 H_2O。

$$S_2O_3^{2-} + 2H^+ \longrightarrow S\downarrow + SO_2\uparrow + H_2O$$

硫代硫酸钠是中强还原剂，与强氧化剂作用时，被氧化为硫酸钠。

$$Na_2S_2O_3 + 4Cl_2 + 5H_2O \longrightarrow Na_2SO_4 + H_2SO_4 + 8HCl$$

因此，在纺织和造纸工业中用 $Na_2S_2O_3$ 作除氯剂。当它与较弱的氧化剂作用时，被氧化为连四硫酸钠。

$$2Na_2S_2O_3 + I_2 \longrightarrow Na_2S_4O_6 + 2NaI$$

分析化学中的"碘量法"就是利用这一反应来定量测定碘。

硫代硫酸钠中，$S_2O_3^{2-}$ 具有很强的配位能力，可与某些金属离子形成稳定的配离子，例如，不溶于水的 AgBr 可以溶解在 $Na_2S_2O_3$ 溶液中。

$$AgBr + 2Na_2S_2O_3 \longrightarrow Na_3[Ag(S_2O_3)_2] + NaBr$$

硫代硫酸钠用作照相业的定影剂，就是利用此反应以溶去底片上未曝光的溴化银。

重金属的硫代硫酸盐难溶且不稳定。例如，Ag^+ 与 $S_2O_3^{2-}$ 生成白色沉淀 $Ag_2S_2O_3$，在溶液中 $Ag_2S_2O_3$ 迅速分解，由白色经黄色、棕色，最后生成黑色的 Ag_2S，用此反应可鉴定 $S_2O_3^{2-}$。

$$2Ag^+ + S_2O_3^{2-} \longrightarrow Ag_2S_2O_3\downarrow$$
$$Ag_2S_2O_3 + H_2O \longrightarrow Ag_2S\downarrow + H_2SO_4$$

③ 过硫酸及其盐　过硫酸也可看作为过氧化氢 H—O—O—H 分子中的氢原子被磺酸基（—SO_3H）所取代的产物。单取代物为过一硫酸 H_2SO_5；双取代物为过二硫酸 $H_2S_2O_8$（见表 10-3）。

$K_2S_2O_8$ 和 $(NH_4)_2S_2O_8$ 是重要的过二硫酸盐，它们都是很强的氧化剂。

$$S_2O_8^{2-} + 2e \rightleftharpoons 2SO_4^{2-} \qquad E_A^{\ominus} = +2.010V$$

过二硫酸盐在 Ag^+ 作催化剂的条件下，能将 Mn^{2+} 氧化为紫红色的 MnO_4^-。

$$2Mn^{2+} + 5S_2O_8^{2-} + 8H_2O \xrightarrow{Ag^+} 2MnO_4^- + 10SO_4^{2-} + 16H^+$$

此反应在钢铁分析中用于锰含量的测定。

过硫酸及其盐的稳定性较差，受热时容易分解。如固体过二硫酸盐也常因分解而逐渐失去氧化性。

$$2K_2S_2O_8 \xrightarrow{\triangle} 2K_2SO_4 + 2SO_3 + O_2\uparrow$$

*10.1.4　酸雨的危害与治理

酸雨为 pH 值小于 5.6 时的降水，其形成是一复杂的大气物理和化学过程。主要是由人们燃烧含硫的煤炭、冶炼金属硫化矿，燃烧油料及汽车尾气等排放的废气中含有 SO_x、NO_x，它们在大气中被氧化并吸收水分形成硫酸和硝酸，随雨、雪、雾、雹等降水一起沉降。

空气中的 SO_2 受太阳辐射时被缓慢地氧化成 SO_3，在吸收 H_2O 后转变成 H_2SO_4。

$$SO_2 + O_2 + h\nu \longrightarrow SO_3 + O$$

$$SO_3 + H_2O \longrightarrow H_2SO_4$$

若在火电厂、冶金炉附近，其烟尘中含有的 $FeCl_3$、$MgCl_2$、$Fe(SO_4)_3$、$MgSO_4$ 等物质，对 SO_2 的氧化又起到催化剂的作用，使 SO_2 被氧化的速度大大加快。

$$2SO_2 + O_2 + 2H_2O \xrightarrow{烟尘} 2H_2SO_4$$

$$2H_2SO_3 + O_2 \xrightarrow{烟尘} 2H_2SO_4$$

NO 在空气中氧化成 NO_2，NO_2 溶于水生成硝酸和亚硝酸。

$$2NO + O_2 \longrightarrow 2NO_2$$

$$2NO_2 + H_2O \longrightarrow HNO_3 + HNO_2$$

酸雨使水域或土壤酸化，危害农作物和林木生长。酸雨还腐蚀建筑物，工厂设备和文化古迹以及危害人类健康，如不及时采取措施，酸雨还可能破坏生物圈的食物链，摧毁人类生存的自然环境。酸雨是一种超越国境的污染物，它可随大气转移到更远的地区，即使在被认为没有受到污染的北极圈内的冰雪中，也可检测出含量相当高的酸雨物质，因此酸雨是一个全球性的污染问题，它所造成的危害十分广泛。

防治酸雨的根本在于减少 SO_x 和 NO_x 的人为排放。主要采取的对策有：

① 有效的能源战略。一方面节约能源，减少煤炭、石油的消耗量，改善燃烧条件，尽可能减少 SO_x 和 NO_x 污染物的排放量。另一方面，开发新能源，使用太阳能、水能、地热能、风能、核能、氢能等无污染或少污染的能源。

② 对 SO_2、NO_x 污染物进行有效的治理。

对于烟道中的 SO_2 气体可用活性炭吸附法除去，还可用 NaOH、Na_2SO_3、氨水、石灰乳等碱性溶液吸收去除。例如用 Na_2S 溶液来吸收 SO_2。其反应的过程较为复杂，在碱性条件下，会有大量的多硫化物和少量的硫代硫酸钠及单质硫生成；在酸性条件下，吸收液中主要有硫代硫酸钠、亚硫酸钠、硫酸钠和单质硫存在；pH<2 时，溶液中会有大量的 SO_2 和 H_2S 逸出。吸收过程的主要反应如下：

$$3SO_2(g)+2Na_2S \longrightarrow 2Na_2S_2O_3+S$$

$$Na_2S+(x-1)S \longrightarrow Na_2S_x$$

$$Na_2S+SO_2(g)+H_2O \longrightarrow Na_2SO_3+H_2S(g)$$

$$3O_2(g)+2Na_2S_2O_3 \longrightarrow 2Na_2SO_4+2SO_2(g) \quad (\text{氧气充足})$$

$$O_2(g)+2Na_2SO_3 \longrightarrow 2Na_2SO_4 \quad (\text{氧气充足})$$

$$Na_2S_2O_3 \longrightarrow Na_2SO_3+S$$

若在硫化钠吸收液中加入阻氧剂来控制反应过程中氧的含量，使反应在氧气不足的条件下进行，则可一步合成产品价值较高的 $Na_2S_2O_3$ 副产品。

$$2SO_2(g)+O_2(g)+2Na_2S \longrightarrow 2Na_2S_2O_3 \quad (\text{氧气不足})$$

烟气中的 NO_x，可利用其氧化性，采用催化还原法除去。例如，在催化剂 $CuO\text{-}Cr_2O_3$ 的存在下，用 NH_3 作还原剂，除 NO_x 气体，转化率可达 99%。

$$6NO+4NH_3 \longrightarrow 5N_2+6H_2O$$

$$6NO_2+8NH_3 \longrightarrow 7N_2+12H_2O$$

10.2 卤族元素

10.2.1 卤族元素通性

卤素位于周期系中第 17（ⅦA）族，包括：氟（F）、氯（Cl）、溴（Br）、碘（I）、砹（At）五种元素。砹是放射性元素，本书不作讨论。氟、氯、溴和碘的一些基本性质见表 10-4。

表 10-4 卤素的原子结构和性质

元素	氟(F)	氯(Cl)	溴(Br)	碘(I)
原子序数	9	17	35	53
价电子层结构	$2s^22p^5$	$3s^23p^5$	$4s^24p^5$	$5s^25p^5$
原子半径/pm	64	99	114	133
X^- 离子半径/pm	136	181	195	216
第一电离能/$kJ\cdot mol^{-1}$	1681	1251	1139	1008
第一电子亲和能/$kJ\cdot mol^{-1}$	−328.0	−349.0	−324.7	−295.1
电负性	3.98	3.16	2.96	2.66
氧化态	−1	±1,+3,+4,+5,+6,+7	±1,+3,+4,+5,+6,+7	±1,+3,+5,+7

卤素原子的价电子层结构为 ns^2np^5，在化合物中常见的氧化态为−1。F 电负性是所有元素中最大的，只能形成−1 价。由于氟原子电负性大，体积小，中心原子周围可容纳较多的氟原子，因而元素与氟化合常常表现出最高氧化态，如，AsF_5、SF_6 和 IF_7。氯、溴、碘的最外层还有空的 nd 轨道，它们与电负性更大的元素化合时，其价电子有可能被激发到 nd 轨道上，从而表现出+1、+3、+5、+7 氧化态；此外，氯和溴在氧化物中还有+4、+6 异常氧化态，例如 ClO_2、BrO_2、Cl_2O_6 和 Br_2O_6 等。

卤素主要以卤化物的形式存在于自然界中，许多易溶于水的氯化物、溴化物和碘化物被富集于海水和盐卤中。碘在海水中含量甚微（5×10^{-8}%），但某些海洋生物如海带、海藻等却能够富集碘。碘还以碘酸钠或高碘酸钠的形式存在于硝石矿中。氟主要以萤石（CaF_2）、冰晶石（Na_3AlF_6）和磷灰石［$Ca_5F(PO_4)_3$］等矿物存在。

10.2.2 卤素的单质

10.2.2.1 卤素单质的物理性质

卤素单质均是双原子分子。随着卤素原子半径的增大和核外电子数的增多，卤素分子间的色散力也逐渐增大，它们的许多物理性质由上到下表现出规律性地变化。表 10-5 是卤素单质主要的物理性质。

表 10-5 卤素单质的物理性质

卤素单质	氟(F_2)	氯(Cl_2)	溴(Br_2)	碘(I_2)
熔点/℃	−219.6	−101.0	−7.3	113.5
沸点/℃	−188.1	−34.1	58.8	184.3
固体密度/$g \cdot cm^{-3}$	1.3	1.9	3.4	4.93
溶解度(20℃)/ $kJ \cdot mol^{-1}$	分解水	0.090	0.210	0.00133
$E^{\ominus}(X_2/X^-)$/ V	2.866	1.3583	1.066	0.5355
常温下物态和颜色	淡黄色气体	黄绿色气体	红色液体	紫黑色固体(蒸气为紫色)

从表 10-5 可以看出，卤素单质的熔点、沸点和密度等性质按 F—Cl—Br—I 的顺序依次增大。在常温下，氟、氯为气体，溴是易挥发液体，碘是固体。氯在常温下加压，可形成黄色液体，因此，常把氯液化后储存于钢瓶中。碘固体具有较高的蒸气压，加热时容易升华，因此常利用升华对粗碘进行精制。

卤素单质均有颜色。随着分子量的增大，其颜色从 F_2 到 I_2 由浅黄、淡黄绿、红棕到紫依次加深。这反映了卤素单质对光的最大吸收逐渐向长波方向移动。

氟单质能与水发生剧烈的反应，其他的卤素单质在水中的溶解度不大。但是碘单质易溶于碘化物（如碘化钾）的水溶液中，这主要是由于 I_2 和 I^- 反应生成了 I_3^-。

$$I_2 + I^- \rightleftharpoons I_3^- \qquad K^{\ominus} = 725$$

这一反应是可逆反应，实验室常利用此性质获得浓度较高的碘水溶液。

卤素单质在有机溶剂中的溶解度比在水中要大得多。Br_2 能溶于乙醇、乙醚、氯仿和二硫化碳等溶剂中，溶液的颜色随着其浓度增加而加深（从黄到棕红）。在极性溶剂如乙醇中，I_2 与溶剂形成了溶剂化物，溶液呈棕色或红棕色；在非极性或弱极性溶剂中，I_2 不发生溶剂化作用而以碘分子状态存在，溶液呈现紫色。另外，I_2 遇到淀粉溶液时会出现蓝色，因此，常用淀粉溶液来指示溶液中是否存在 I_2。

气态卤素单质都有刺激性气味，刺激眼、鼻、气管等黏膜，吸入较多的蒸气会中毒，甚至会死亡。液溴 Br_2 沾到皮肤上会造成难以治愈的灼伤，使用时应特别小心。

10.2.2.2 卤素单质的化学性质

卤素单质都具有氧化性。其氧化性顺序为：$F_2 > Cl_2 > Br_2 > I_2$。

(1) 卤素与其他单质的反应　F_2 与 H_2 即使在低温下也会爆炸。Cl_2 与氢在常温时会缓慢化合，在光照下或 250℃时，瞬间完成反应并可能爆炸。Br_2 在 600℃时才与氢有明显反应。I_2 只能在强热或在催化剂存在下与氢化合，而且反应不能进行到底，是一个可逆反应。

氟和氯几乎能与所有金属直接化合。溴和碘只能与活泼金属反应。但是，氟与铜、镍和镁作用时，由于生成金属氟化物保护膜阻止氧化的继续进行，因此可将氟储存于铜、镁、镍或它们的合金制造的容器中。干燥的氯气不与铁作用，因此常把氯储存于铁罐中。

氟可以和除了氧、氮以外的其他非金属（包括某些稀有气体）直接化合，反应常伴随着燃烧和爆炸。氯不能与氧、氮、碳以及稀有气体直接化合。溴和碘与非金属的反应更弱。

(2) 卤素与水反应　卤素与水反应有两种类型：一是置换水中的氧，二是水解反应。

卤素置换水中氧的反应如下：

$$2X_2+2H_2O \longrightarrow 4HX+O_2\uparrow$$

氟剧烈分解水就属于这类反应，反应放出氧气（同时有少量 H_2O_2、OF_2 和 O_3）；氯在日光下缓慢地放出氧；溴与水作用放出氧的反应极慢，相反，当氢溴酸浓度较高时，HBr 会被 O_2 氧化而析出单质溴；碘不能置换水中的氧，而是 HI 会被 O_2 氧化而析出碘。

卤素的水解反应实际上是卤素在水中的歧化反应：

$$X_2+H_2O \rightleftharpoons H^+(aq)+X^-(aq)+HXO(aq)$$

F_2 不发生歧化反应；Cl_2、Br_2、I_2 的歧化反应都是可逆的，且其反应进行的程度不大，从氯到碘趋势渐弱。加碱可以促使歧化反应正向进行，生成卤化物和次卤酸盐。

（3）卤素的制备　卤素主要以卤化物的形式存在于自然界中，因此，卤素单质的制备，大都可归结为卤离子的氧化。

F^- 的还原性很弱，电解法是目前最实用的制氟方法，即电解溶有 HF 的 KF·2HF 盐（77～100℃），阳极逸出氟气，阴极放出氢气。反应如下：

$$2HF \xrightarrow{\text{在熔融的 KF·2HF 中电解}} H_2+F_2$$

Cl_2 的制取，工业上主要采用电解饱和食盐水的方法。即以石墨为阳极，铁丝网为阴极，阴、阳两极用阳离子交换膜（Na^+ 渗透性高，而 Cl^- 和 OH^- 渗透性低）隔离，阳极得到 Cl_2，阴极得到氢气和 NaOH 溶液。反应如下：

$$2NaCl+2H_2O \xrightarrow{\text{电解}} 2NaOH+H_2\uparrow+Cl_2\uparrow$$

实验室用少量 Cl_2 时，可用 MnO_2、$KMnO_4$ 等氧化剂和浓盐酸来制取。

$$MnO_2+4HCl(\text{浓}) \xrightarrow{\triangle} MnCl_2+Cl_2\uparrow+2H_2O$$

通常用 Cl_2 氧化 Br^-、I^- 制取 Br_2、I_2。

$$2I^-+Cl_2 \longrightarrow I_2+2Cl^-$$

但制取 I_2 时要注意 Cl_2 的用量，因过量的 Cl_2 会进一步氧化 I_2。

$$5Cl_2+I_2+6H_2O \longrightarrow 10Cl^-+2IO_3^-+12H^+$$

溴还可以从海水中提取。在 110℃下，通 Cl_2 于 pH 为 3.5 的海水中。

$$2Br^-+Cl_2 \longrightarrow Br_2+2Cl^-$$

用空气把置换出来的 Br_2 吹出后，用 Na_2CO_3 溶液吸收，得到较浓的 NaBr 和 $NaBrO_3$ 混合溶液。

$$3CO_3^{2-}+3Br_2 \longrightarrow 5Br^-+BrO_3^-+3CO_2\uparrow$$

最后，用硫酸酸化，把单质溴从溶液中游离出来。

$$5Br^-+BrO_3^-+6H^+ \longrightarrow 3Br_2+3H_2O$$

大量的 I_2 的制取是用酸式亚硫酸盐处理从智利硝石提取 $NaNO_3$ 后剩余的母液（含 $NaIO_3$）。

$$2IO_3^-+5HSO_3^- \longrightarrow I_2+3H^++5SO_4^{2-}+H_2O$$

（4）卤素的用途　氟大量用于制造有机氟化物，例如氟用于制造耐高温绝缘材料聚四氟乙烯［$(—CF_2—CF_2—)_n$］。氟还用于制造制冷剂氟里昂（CCl_2F_2）、高效灭火剂（CBr_2F_2）等氯氟烃（CFCs）。然而这类化合物在进入高空大气层后，受紫外线照射会分解产生氯原子 Cl，Cl 会和 O_3 反应，而且生成的 Cl—O 还会捕捉自由氧原子阻止 O_3 的形成，这样会降低臭氧层中 O_3 分子的浓度，造成臭氧层破坏。

$$Cl+O_3 \longrightarrow Cl—O+O_2$$

$$Cl—O+O \longrightarrow Cl+O_2$$

氯气主要用于合成盐酸和聚氯乙烯，漂白纸浆，制造漂白粉、农药、有机溶剂、化学试剂等。氯也用于饮水消毒。但近年来人们正逐渐用高效低毒的二氧化氯（ClO_2）来替代氯气作消毒剂。溴用来制造二溴乙烷（$C_2H_4Br_2$），它是汽油抗震剂的添加剂。此外，溴还用于制造染料、感光材料。溴也用于军事上制造催泪性毒剂等。碘和碘化钾的酒精溶液是医用消毒剂。碘化物是重要的化学试剂。碘化银用于制造照相底片和人工降雨等。

10.2.3 卤化氢、卤化物和卤离子的键合方式

10.2.3.1 卤化氢

卤化氢（HX）均为无色、具有强烈刺激性气味的气体，在空气中会与水蒸气结合，产生酸雾而“冒烟”。表10-6示出了卤化氢和氢卤酸的一些性质。

表 10-6 卤化氢和氢卤酸的一些性质

性质	HF	HCl	HBr	HI
熔点/℃	−83.1	−114.8	−88.5	−50.8
沸点/℃	19.54	−84.9	−67.2	−35.38
$\Delta_f H_m^{\ominus}$/kJ·mol^{-1}	−271.1	−92.307	−36.40	+26.48
键能/kJ·mol^{-1}	566	431	366	299
$\Delta H^{\ominus}_{汽化}$/kJ·mol^{-1}	30.31	16.12	17.62	19.77
分子偶极矩 μ/×10^{-30}C·m	6.40	3.61	2.65	1.27
表观电离度(0.1mol·L^{-1},18℃)	10%	93%	93.5%	95%
溶解度/g·(100g H_2O)$^{-1}$	35.3	42	49	57
$E^{\ominus}(X_2/X^-)$/V	2.866	1.3583	1.066	0.5355

从表10-6中可以看出，HX的性质依HCl—HBr—HI的顺序呈规律性变化。但由于氟化氢分子中存在氢键、形成缔合分子，因而其熔、沸点和汽化热特别高。

HX的 $\Delta_f H_m^{\ominus}$ 从HF到HI依次增大，表明其热稳定性从HF、HCl、HBr、HI依次增强。

HX的水溶液是氢卤酸。除氢氟酸外都是强酸，其酸性从HCl、HBr、HI依次增强。氢氟酸是弱酸，但它的电离度随浓度增大而增大，浓度大于5mol·L^{-1}时，则变成了强酸。这是因为电离产生的F^-与未电离的HF结合，生成了HF_2^-，促使HF进一步电离，酸性增强。

$$HF \rightleftharpoons H^+ + F^- \qquad K_a^{\ominus}(HF)=3.53\times10^{-4}$$

$$HF+F^- \rightleftharpoons HF_2^- \qquad K^{\ominus}(HF_2^-)=5.1$$

HX分子中，X^-只有还原性，其还原性的强弱可由 $E^{\ominus}(X_2/X^-)$ 的大小来衡量（见表10-6）。X^-还原能力的递变顺序为：$I^- > Br^- > Cl^- > F^-$。

HF不能被一般氧化剂所氧化，HCl较难被氧化，HBr较易被氧化，HI则更容易被氧化，例如，HI易被空气中的O_2氧化。HBr和HI还能被浓硫酸氧化，而HCl不被浓硫酸氧化，只能被强氧化剂（$KMnO_4$、$KClO_3$等）所氧化。

$$4HI+O_2 \longrightarrow 2H_2O+2I_2$$

$$2HBr+H_2SO_4 \longrightarrow Br_2+SO_2+2H_2O$$

氢氟酸能与SiO_2或硅酸盐反应，生成气态的SiF_4，因此应贮存于塑料容器中。

$$SiO_2+4HF \longrightarrow SiF_4\uparrow+2H_2O$$

该反应可用于分析化学中，测定矿物或钢样中SiO_2的含量，还可用于玻璃器皿的刻蚀及毛玻璃的制作等。

HF和少量HCl可以用浓硫酸与金属卤化物反应来制备。

$$CaF_2 + H_2SO_4(浓) \longrightarrow CaSO_4 + 2HF\uparrow$$

但此方法不能用来制备 HBr 和 HI。

工业用 HCl 采用氯气与氢气直接化合来制备，如用电解食盐溶液得到 Cl_2 和 H_2，通过燃烧反应制得 HCl。

溴化氢和碘化氢是用非金属卤化物水解的方法制备。通常是把液溴滴加到磷与少许水的混合物中，或把水滴加在磷和碘的混合物中，即可产生 HBr 或 HI。

$$PX_3 + 3H_2O \longrightarrow H_3PO_3 + 3HX\uparrow$$

10.2.3.2　卤化物

卤化物包括金属卤化物和非金属卤化物。非金属和准金属卤化物都是共价型的，如 BCl_3、$SiCl_4$、AsF_3、SF_6 等，它们的熔、沸点低，具有挥发性，熔融时不导电。

金属卤化物有离子型、共价型以及过渡型。一般来说，氧化态较高、半径较小的金属形成的是共价型卤化物，如 $SnCl_4$、$PbCl_4$ 等。而碱金属（Li 除外）、碱土金属（Be 除外）和大多数镧、锕系等金属形成的是离子型卤化物。离子型卤化物的熔、沸点高，挥发性低，熔融时能导电。但共价型和离子型卤化物之间没有严格的界限，例如 $FeCl_3$ 是易挥发的共价型卤化物，它熔融时能导电，这种兼有离子型和共价型性质的卤化物称为过渡型卤化物。

大多数卤化物易溶于水，但氯、溴、碘的银盐（AgX）、铅盐（PbX_2）、亚汞盐（Hg_2X_2）、亚铜盐（CuX）难溶于水。卤化物的溶解度规律是：若是离子型卤化物，则同一金属卤化物的溶解度为：碘化物＞溴化物＞氯化物＞氟化物；若是共价型卤化物为：氟化物＞氯化物＞溴化物＞碘化物。

大部分非金属卤化物遇水发生完全水解。例如：

$$PCl_3 + 3H_2O \longrightarrow H_3PO_3 + 3HCl$$

$$SiCl_4 + 4H_2O \longrightarrow H_4SiO_3 + 4HCl$$

10.2.3.3　卤离子的键合方式

卤离子不仅能够以自由阴离子形式（X^-）存在，而且可以复杂多样的键合方式（配位键或离子键）出现在其化合物的溶液和固体中。以 Cl^- 为例，现有的晶体结构数据显示，Cl^- 在与金属离子形成配合物时，其成键（或配位）方式不仅可以单齿配位，而且可以双桥、四桥、五桥、六桥、八桥和九桥等多种方式键合金属离子，如图 10-11 所示。

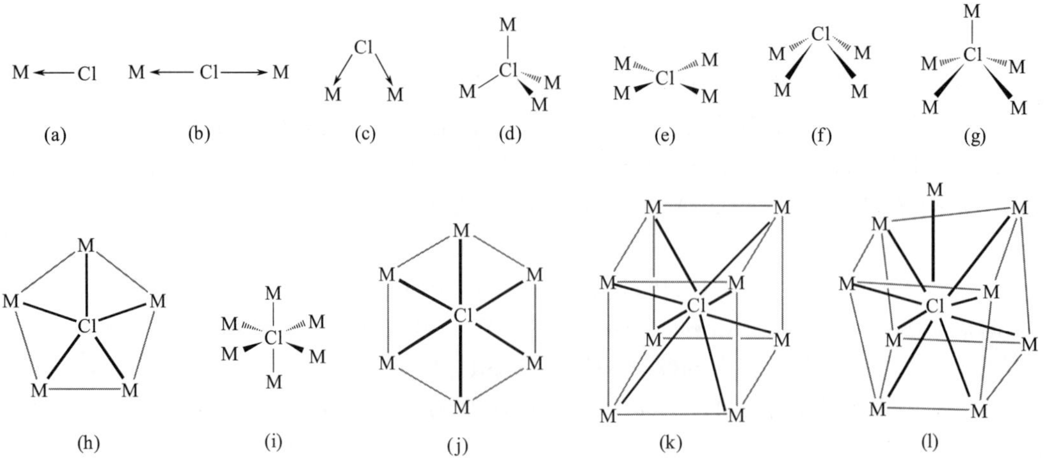

图 10-11　氯离子的键合方式（M 表示金属离子，灰色细线说明金属离子间的相对位置）

10.2.4 卤素含氧酸

10.2.4.1 卤素含氧酸的结构

除了氟不能形成含氧酸外，其他卤素的各种含氧酸的通式及结构如下：

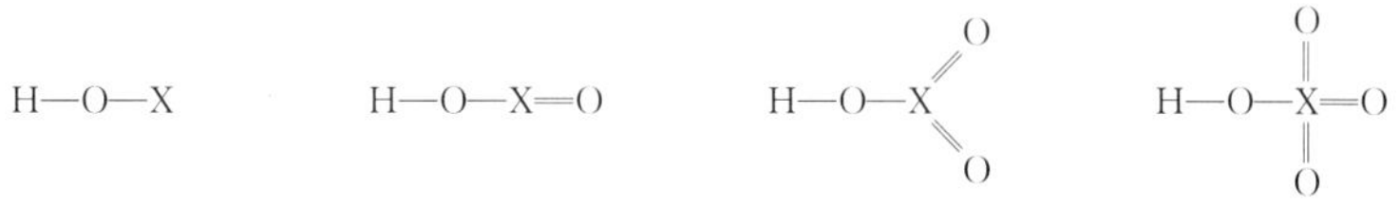
H—O—X
H—O—X═O
H—O—X(═O)═O
H—O—X(═O)(═O)═O

次卤酸（HXO）　　亚卤酸（HXO_2）　　卤酸（HXO_3）　　高卤酸（HXO_4）

它们的含氧酸根结构如图 10-12 所示。在这些离子中，卤素原子都采取 sp^3 杂化轨道与氧成键。

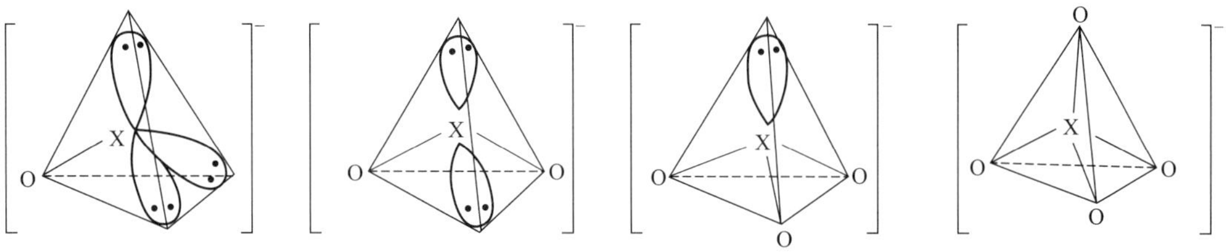
X
O

次卤酸根　　亚卤酸根　　卤酸根　　高卤酸根

图 10-12　卤素含氧酸根的结构

10.2.4.2 卤素含氧酸的酸性

卤素的不同元素同类含氧酸，其酸性从氯到碘依次减弱，例如，HClO＞HBrO＞HIO。相同元素的不同含氧酸，酸性：HXO＜HOXO＜$HOXO_2$＜$HOXO_3$。

含氧酸可用通式 $(HO)_mRO_n$ 表示。其中 n 越大，酸中的非羟基氧原子数目越多，含氧酸的酸性就越强。这是因为酸中非羟基氧的数目越多，R 的电正性越高，H—O 键的极性越显著，在水分子作用下越容易离解出 H^+，所以酸性越强。次卤酸是弱酸，卤酸和高卤酸是强酸。

10.2.4.3 卤素含氧酸的氧化性

卤素含氧酸的氧化性都比较强，而且在酸性介质中氧化性更显著。氯的各种含氧酸的氧化性有 $HClO>HClO_3>HClO_4$ 的变化规律，其氧化性的强弱主要取决于 Cl—O 键的断裂难易，断裂所需能量由小到大依次为 OCl^-（$209kJ\cdot mol^{-1}$）、ClO_3^-（$244kJ\cdot mol^{-1}$）、ClO_4^-（$364kJ\cdot mol^{-1}$）。氯的元素电势图如下：

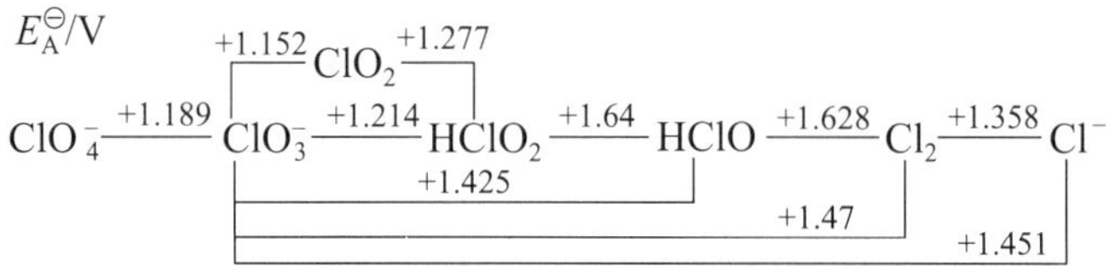
$E_A^{\ominus}/V$
ClO_4^- +1.189 ClO_3^- +1.214 $HClO_2$ +1.64 HClO +1.628 Cl_2 +1.358 Cl^-
+1.152 ClO_2 +1.277
+1.425
+1.47
+1.451

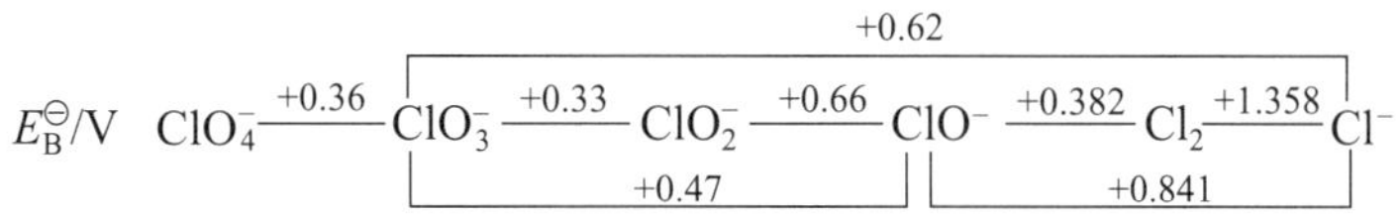
$E_B^{\ominus}/V$
ClO_4^- +0.36 ClO_3^- +0.33 ClO_2^- +0.66 ClO^- +0.382 Cl_2 +1.358 Cl^-
+0.62
+0.47
+0.841

10.2.4.4 氯的重要含氧酸及其盐

（1）次氯酸及其盐　氯气与水主要发生歧化反应，生成次氯酸和盐酸：

$$Cl_2+H_2O \longrightarrow H^+(aq)+Cl^-(aq)+HClO(aq)$$

但正向反应进行程度不大，得到的次氯酸浓度很低。常通氯气于 $CaCO_3$ 的悬浮液来制备次氯酸。

$$CaCO_3+2Cl_2+H_2O \longrightarrow 2HClO+CaCl_2+CO_2\uparrow$$

次氯酸很不稳定，只存在于稀溶液中。次氯酸的分解有两种基本方式：

$$2HClO \xrightarrow{光} 2HCl+O_2\uparrow$$

$$3HClO \xrightarrow{\triangle} 2HCl+HClO_3$$

把氯气通入冷的碱溶液中，可生成次氯酸盐，其中生成漂白粉的反应最为重要：

$$2Cl_2+3Ca(OH)_2 \longrightarrow Ca(ClO)_2+CaCl_2\cdot Ca(OH)_2\cdot H_2O+H_2O$$

漂白粉是次氯酸钙和碱式氯化钙的混合物，其中 $Ca(ClO)_2$ 是有效成分。

次氯酸根在溶液中也会发生歧化反应：

$$3ClO^- \longrightarrow 2Cl^-+ClO_3^-$$

在常温下歧化反应速率很小，但在 75℃以上则进行得很快。因此，把氯气通入 75℃以上的热碱溶液中，得到的是氯化物和氯酸盐。

次氯酸的酸性比碳酸弱，但它却具有很强的氧化性。例如，它可以氧化 CN^-。

$$10ClO^-+4CN^-+2H_2O \longrightarrow 10Cl^-+4HCO_3^-+2N_2\uparrow$$

此反应可以用来处理含 CN^- 废水，以消除其毒性。

（2）氯酸及其盐　氯酸钡与稀硫酸反应即可制得氯酸。

$$Ba(ClO_3)_2+H_2SO_4 \longrightarrow BaSO_4\downarrow+2HClO_3$$

氯酸不稳定，仅存在于溶液中，若浓度高于 40%即分解，甚至会爆炸。

$$3HClO_3 \longrightarrow Cl_2\uparrow+2O_2\uparrow+HClO_4+H_2O$$

氯酸是强酸，其强度接近于盐酸和硝酸。氯酸又具有很强的氧化性，例如，它能把单质碘氧化成碘酸。

$$2HClO_3+I_2 \longrightarrow 2HIO_3+Cl_2\uparrow$$

$KClO_3$ 和 $NaClO_3$ 是较重要的氯酸盐。氯酸盐溶液只有在酸性条件下才呈现较强的氧化性。例如，$KClO_3$ 和 KI 的混合溶液只有在酸化后，才能生成 I_2。

$$ClO_3^-+6I^-+6H^+ \longrightarrow 3I_2+Cl^-+3H_2O$$

固体氯酸钾在催化剂存在时，200℃下发生分解，生成氯化钾和氧气（实验室制备氧气的方法）。

$$2KClO_3 \xrightarrow{MnO_2} 2KCl+3O_2\uparrow$$

如果没有催化剂，400℃左右，氯酸钾分解生成高氯酸钾和氯化钾。

$$4KClO_3 \xrightarrow{400℃} 3KClO_4+KCl$$

固体 $KClO_3$ 与易燃物（如磷、硫、碳等）的混合物，在摩擦或撞击下会爆炸，因此 $KClO_3$ 可用于制造火药、火柴和焰火等。氯酸钠因易潮解，不宜用作上述用途。

（3）高氯酸及其盐　浓 H_2SO_4 与 $KClO_4$ 作用可制得 $HClO_4$。

$$KClO_4+H_2SO_4 \longrightarrow HClO_4+KHSO_4$$

高氯酸是最强的无机酸之一。浓 $HClO_4$（>60%）不稳定，受热易分解。

$$4HClO_4 \xrightarrow{\triangle} 2Cl_2\uparrow+7O_2\uparrow+2H_2O$$

与易燃物相遇会发生猛烈的爆炸。高氯酸的浓溶液有较强的氧化性，但是冷的稀溶液氧化性很弱。

高氯酸盐较稳定，$KClO_4$ 的热分解温度高于氯酸钾。用 $KClO_4$ 制造的炸药比用 $KClO_3$

为原料的炸药要稳定。$KClO_4$ 在 610℃时熔化，同时开始分解。

$$KClO_4 \xrightarrow{\triangle} KCl + 2O_2\uparrow$$

溶液中 ClO_4^- 非常稳定，SO_2、H_2S、Zn、Al 等较强的还原剂都不能使它还原。当溶液的酸度增加，ClO_4^- 的氧化性增强。

大多数高氯酸盐是可溶的，但半径较大的 Cs^+、Rb^+、K^+ 及 NH_4^+ 的高氯酸盐，其溶解度都很小。

10.3 拟 卤 素

10.3.1 拟卤素的通性

某些原子团自相结合成分子时，具有与卤素相似的性质，通常称这些原子团为拟卤素。拟卤素和卤素的相似性对比列于表 10-7。

表 10-7 拟卤素与卤素的对比

拟卤素以两个原子团结合而成的原子团分子	拟卤素与氢结合溶于水而成一元酸	拟卤素与金属离子结合成盐，其负离子为－1价
$(CN)_2$ 氰 $(OCN)_2$ 氧氰 $(SCN)_2$ 硫氰	HCN 氰化氢，氢氰酸 HOCN 氰酸 HSCN 硫氰酸	MCN 氰化物 MOCN 氰酸盐 MSCN 硫氰酸盐
拟卤素单质 X_2，属于有限分子	拟卤化氢 HX，属于有限分子	拟卤化物 MX，是盐类，大都是离子化合物

游离状态的拟卤素皆为二聚体，通常具有挥发性。像卤素一样，拟卤素也能被还原为一价负离子（拟卤离子）。

$$NC{-}CN(aq) + 2e \longrightarrow 2CN^-(aq)$$

拟卤离子也具有还原性，例如：

$$2SCN^- + MnO_2 + 4H^+ \longrightarrow Mn^{2+} + (SCN)_2 + 2H_2O$$

拟卤素和卤素离子的还原性顺序为：$I^- > SCN^- > CN^- > Br^- > Cl^- > OCN^- > F^-$。

拟卤素在水或碱溶液中也易发生歧化反应，例如：

$$(CN)_2 + H_2O \longrightarrow HCN + HOCN$$

$$(CN)_2 + 2OH^-(冷) \longrightarrow CN^- + OCN^- + H_2O$$

拟卤素的氢化物溶于水后也形成酸。这些酸除了氢氰酸为弱酸外，其余都是强酸。这些酸的盐，其熔、沸点也比较高，其中的银、汞（Ⅰ）和铅（Ⅱ）盐也难溶于水。

10.3.2 氰及其化合物

氰 $(CN)_2$ 可以通过加热含有 CN^- 和 Cu^{2+} 的溶液制得。

$$6CN^- + 2Cu^{2+} \longrightarrow 2[Cu(CN)_2]^- + (CN)_2\uparrow$$

氰的分子结构为 $N{\equiv}C{-}C{\equiv}N$。氰为剧毒性无色气体，在水或碱溶液中发生歧化反应。

在以 P_2O_5 作脱水剂的条件下，加热甲酸铵可得到氰化氢。

$$HCOONH_4 \longrightarrow HCN + 2H_2O$$

氰化氢的分子结构为 $H{-}C{\equiv}N$。它是无色液体，沸点为 25.7℃，在－14.2℃以下凝固。氰化氢的水溶液为氢氰酸，是极弱的酸。氢氰酸的盐称为氰化物。常见的有氰化钠 NaCN 和氰化钾 KCN。所有氰化物都有剧毒，毫克剂量的 NaCN 或 KCN 足可以使人致死。含 CN^- 废水可用漂白粉处理。

10.3.3 CN^- 的配位方式

CN^- 两端均有孤电子对，C、N 原子皆可作为配位原子参与配位。它是很好的配体，能与众多过渡金属离子如 Fe^{2+}、Fe^{3+}、Ni^{2+}、Au^+、Ag^+ 等形成稳定的配合物。

CN^- 不仅能够单齿配位一个金属离子，也可以桥联两个或多个金属离子，配位方式复杂多变，如图 10-13 所示。

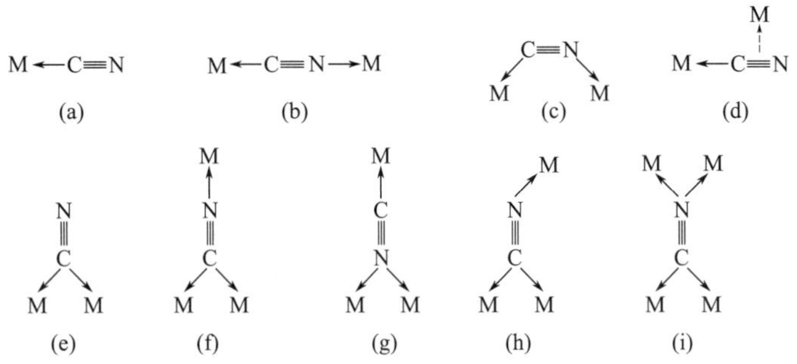

图 10-13 CN^- 的配位方式（M 表示金属离子）

10.4 稀有气体

10.4.1 稀有气体的存在和分离

稀有气体位于周期系中第 18（ⅧA 或零）族，包括氦（He）、氖（Ne）、氩（Ar）、氪（Kr）、氙（Xe）、氡（Rn）六种元素。

稀有气体在自然界中以单原子形式存在，且存量极微。除氡以外，其他几种稀有气体主要存在于空气中，约占空气体积的 1%，其中氩的含量最高，占整个稀有气体总量的 99%以上。空气中稀有气体的体积分数见表 10-8。

表 10-8 空气中稀有气体的体积分数

He	Ne	Ar	Kr	Xe
5.24×10^{-4}	1.82×10^{-3}	0.934	1.14×10^{-4}	8.7×10^{-6}

氦是放射性元素的蜕变产物，在放射性矿物中都含有氦，有些天然气中也含有 1%以下的氦。氡也是放射性元素的蜕变产物，在某些地方的地下水中可以测到微量的氡。

目前稀有气体主要是通过分离液态空气来制取的。先除去液态空气中大部分氮等沸点较低的组分以后，稀有气体就富集在液态氧中（还有少量的氮）。将液氧进一步蒸发分馏，并将含有稀有气体、氮、氧以及二氧化碳等的混合气体，依次通过氢氧化钠柱（除去二氧化碳）、灼热的铜丝（除去氧）和灼热的镁屑（除去氮），剩余的气体就是以氩为主的稀有气体混合物。稀有气体混合物再经过低温分馏或低温选择性吸附（如用活性炭做吸附剂）的方法，可以将其中各组分气体分离出来。

10.4.2 稀有气体的性质和用途

稀有气体中除了氦的外围电子层结构为 $1s^2$ 外，其余原子的电子层结构均为稳定的 ns^2np^6，因此稀有气体的化学性质很不活泼。表 10-9 列出了稀有气体的性质。

稀有气体之间存在着较弱的色散力，因此它们的熔、沸点都很低。同族自上而下，由于色散力逐渐增大，熔、沸点也呈递增的趋势。氦的沸点只有 −268.9℃，是所有物质中最低

表 10-9 稀有气体的性质

元素	氦(He)	氖(Ne)	氩(Ar)	氪(Kr)	氙(Xe)	氡(Rn)
原子序数	2	10	18	36	54	86
最外电子层结构	$1s^2$	$2s^22p^6$	$3s^23p^6$	$4s^24p^6$	$5s^25p^6$	$6s^26p^6$
原子半径/pm	122	160	191	198	217	
第一电离能/$kJ \cdot mol^{-1}$	2373	2080	1520	1351	1170	1036
熔点/℃	−272.2①	−248.7	−189.4	−156.6	−110.9	−71
沸点/℃	−268.9	−246.0	−185.9	−152.3	−107.1	−61.6
气体密度(标准态下)/$10^{-3}g \cdot cm^{-3}$	0.1785	0.9002	1.7809	3.708	5.851	9.73
在水中的溶解度(20℃)/$mol \cdot L^{-1}$	13.8	14.7	37.9	73	110.9	—

① 2.6MPa 压力下的值。

的。液氦是最冷的一种液体，因此液氦常用于低温技术的研究和应用，如超导研究和用于低温温度计。

氦是除了氢以外最轻的气体，而且不能燃烧，用氦气代替氢气填充气球、飞船更为安全。氦在人体血液中的溶解度小于氮气，用氦取代氮气，配成体积分数为氦 80%，氧 20% 的“人造空气”，供潜水员在深水作业时呼吸使用，可以避免潜水员从深水处上升到水面时，因压力骤降使原来溶解在血液中的大量氮气逸出而形成的气泡堵塞血管造成的“潜水病”。氦还可以作为保护气体，用于活泼金属的焊接和食品的保存。

在电场的激发下，氩能发出蓝光，氖能发出红光。因此，氩灯和氖灯可用作霓虹灯、航标灯和信号灯等。氩气也可作为保护气体用于氩弧焊接技术。用氩气以及氩和氮的混合气体来填充灯泡，可避免钨丝被氧化，大大地延长灯泡的使用寿命。

氪和氙具有极高的发光强度，可用于特殊的电光源。如氙灯有“人造小太阳”之称，可用于机场、体育场和广场等的照明光源。氪和氙在医学领域中也有广泛的应用，如含氧气体积分数为 0.2 的氙气，可用作麻醉剂，效果好，且无副作用。

氡在医学上用于恶性肿瘤的放疗。但人若吸入含有氡的粉尘，则可能引起肺癌。

10.4.3 稀有气体化合物

稀有气体由于其化学性质不活泼，曾一度被称为“惰性气体”。1962 年，英国化学家巴特利特（N. Bartlett）以 O_2 可以和六氟化铂 [PtF_6] 反应生成化合物 $O_2^+[PtF_6]^-$，而 O_2 的第一电离能与 Xe 很相近为依据，推测 Xe 也应该可以与 PtF_6 发生类似的反应，并且粗略地计算了反应的 $\Delta_r H_m^{\ominus}$，判断合成 $Xe[PtF_6]$ 的可能性。当他把无色气体 Xe 与 PtF_6 混合后，得到了第一个稀有气体化合物：六氟合铂酸氙 $Xe[PtF_6]$ 的橙黄色固体，突破了稀有气体的“惰性”概念。此后，人们又合成出了数以百计的稀有气体化合物，开创了稀有气体的研究领域。迄今为止，已合成出来的稀有气体化合物仅限于稀有气体中电离能较大的元素氪、氙和氡，其中以氙的含氟化合物和含氧化合物为主。

（1）氟化物　将不同配比的氙和氟放在一密闭的镍容器内加热，氙和氟即发生一系列反应。

$$Xe + F_2 \longrightarrow XeF_2$$

$$Xe + 2F_2 \longrightarrow XeF_4$$

$$Xe + 3F_2 \longrightarrow XeF_6$$

XeF_2、XeF_4 和 XeF_6 都是共价化合物。常温下为无色的固体，熔点依 XeF_2、XeF_4 和 XeF_6 顺序降低，热稳定性也依次降低，且它们都是强氧化剂和温和的氟化剂。

$$XeF_2 + 2HCl \longrightarrow 2HF + Xe + Cl_2$$

$$XeF_4 + 2SF_4 \longrightarrow Xe + 2SF_6$$

$$2XeF_6 + SiO_2 \longrightarrow 2XeOF_4 + SiF_4$$

氙的氟化物可以水解，其水解程度随 Xe 的氧化态升高而剧烈。

$$2XeF_2 + 2H_2O \xrightarrow{\text{缓慢}} 2Xe + 4HF + O_2 \uparrow$$

$$XeF_6 + 3H_2O \xrightarrow{\text{剧烈}} XeO_3 + 6HF$$

（2）含氧化合物　已知氙的含氧化合物主要是 Xe(Ⅵ) 的三氧化氙（XeO_3）和氙酸 H_2XeO_4 及 Xe(Ⅷ) 的四氧化氙（XeO_4）和高氙酸（H_4XeO_6）。在酸性介质中 Xe(Ⅵ) 的化合物较稳定，在碱性介质中 Xe(Ⅷ) 的化合物较稳定。

$$H_2XeO_6^{2-} + H^+ \longrightarrow HXeO_4^- + \frac{1}{2}O_2 + H_2O$$

$$2XeO_3 + 4OH^- \longrightarrow XeO_6^{4-} + Xe + O_2 + 2H_2O$$

XeO_6^{4-} 具有很强的氧化性，在酸性介质中的氧化性强于 F_2、MnO_4^-。常温下，XeO_4 是不稳定、易爆炸的气体，它会缓慢分解为 Xe、XeO_3 和 O_2。

思　考　题

1. 比较 O_2 和 O_3 的结构和性质。
2. O-O 之间容易形成（p-p）π 键，而 S-S 之间则难以形成（p-p）π 键，为什么？
3. 为什么氧族元素的氧化态会出现＋2、＋4、＋6 的偶数？
4. 用分子轨道理论说明过氧化物和超氧化物存在的原因。
5. 举例说明 H_2O_2 的氧化性和还原性，并写出反应方程式。
6. 简述硫加热时，随温度升高观察到的现象，并解释之。
7. 在硫的化合物中，哪些是良好的还原剂？哪些是良好的氧化剂？举例说明它们的氧化或还原产物。
8. 若氢气中含有少量 H_2S 气体时，怎样才能得到纯净又干燥的氢气？
9. 长期放置的 Na_2S 溶液为什么颜色会变深？
10. 为何金属硫化物大多难溶于水？按其在水和酸中的溶解情况，金属硫化物可分为哪几类？
11. 讨论硫酸的分子结构，并指出分子中存在哪几种化学键。
12. SO_3、H_2SO_4、发烟硫酸之间有什么关系？浓硫酸为什么是黏稠的液体？
13. 在常温下，卤素与水作用的产物是什么？
14. 在卤素化合物中，为什么氟的氧化态仅是－1，而氯、溴、碘可以有多种氧化态？
15. 指出通式相同的卤素含氧酸，从氯到碘其酸性变化规律如何？
16. 使用漂白粉漂白或消毒时为什么要加点酸？浸泡过漂白粉的织物，在空气中晾晒为什么也能产生漂白作用？
17. 氟有哪些特性？
18. 氟化氢和氢氟酸有哪些特性？
19. 为什么向 KI 溶液中通入氯气时，溶液开始呈现棕黄色，继续通入氯气，颜色褪去。
20. 试述 HX 的还原性、热稳定性和氢卤酸的酸性递变规律。
21. 为什么具有多种氧化态的元素与氟化合时，该元素总表现出最高氧化态？
22. 从 ClO_4^- 和 ClO_3^- 的结构分析，为什么高氯酸盐比氯酸盐具有更高的热稳定性？
23. 试述稀有气体的用途。

习　　题

1. 解释下列事实：

① 不能用硝酸或硫酸与 FeS 作用制备 H_2S；

② 通 H_2S 于 $Al_2(SO_4)_3$ 溶液中，得不到 Al_2S_3 沉淀；

③ 实验室中不能长久保存 H_2S、Na_2S 和 Na_2SO_3 溶液；

2. 试从标准电极电势说明下列反应进行的可能性。如能进行，则写出反应式。

① 通 H_2S 于 Br_2 水；

② 通 SO_2 于 I_2 水。

3. 100kPa，25℃时，1 体积的水可溶解 2.6 体积的 H_2S 气体，试求此条件下 H_2S 饱和水溶液的浓度。

4. 用一简便方法，区分下列五种固体，并写出反应式：

Na_2S　Na_2S_x　Na_2SO_3　$Na_2S_2O_3$　Na_2SO_4

5. 怎样制备过二硫酸盐？写出反应方程式。

6. $AgNO_3$ 溶液中加入少量 $Na_2S_2O_3$，与 $Na_2S_2O_3$ 溶液中加入少量 $AgNO_3$，两者反应有何不同，写出反应式。

7. 某物质的水溶液既有氧化性，又有还原性：

① 在此溶液中加入碱时生成盐。

② 将①所得的溶液酸化，加入适量的 $KMnO_4$ 溶液，可使 $KMnO_4$ 褪色。

③ 在②所得的溶液中加入 $BaCl_2$ 溶液，得到白色沉淀。试根据上述实验现象，判断是什么物质的水溶液。

8. 今有四种无色钠盐溶液 A、B、C、D，它们的阴离子组成中含有相同的某 p 区元素。已知 A、B、C 三种水溶液呈弱碱性，而且都具有还原性，D 的水溶液呈中性，不具备上述性质。试判断 A、B、C、D 各是什么物质？并设法加以鉴别。

9. 完成并配平下列反应式：

① $O_3+KI+H_2SO_4 \longrightarrow$

② $H_2O_2+KI+H_2SO_4 \longrightarrow$

③ $H_2O_2+KMnO_4+H_2SO_4 \longrightarrow$

④ $H_2S+H_2O_2 \longrightarrow$

⑤ $Cu+H_2SO_4$(浓) $\longrightarrow$

⑥ $Na_2S_2O_3+I_2 \longrightarrow$

⑦ $Na_2S_2O_3+Cl_2+H_2O \longrightarrow$

⑧ $H_2S+H_2SO_3 \longrightarrow$

⑨ $S+HNO_3$(浓) $\longrightarrow$

⑩ $Al_2O_3+K_2S_2O_7 \xrightarrow{\text{共熔}}$

10. 试指出卤素单质从氟到碘颜色变化的规律并解释之。

11. 写出氯气与钛、铝、氢、磷、水和碳酸钾反应的方程式，并指出必要的条件。

12. 试解释 Fe 与盐酸作用的产物是 $FeCl_2$，而与氯气作用的产物是 $FeCl_3$。

13. 解释下列现象：

① 碘难溶于水而易溶于 KI 溶液中。

② 漂白粉长期暴露在空气中会失效。

14. 讨论电解食盐水溶液，在下列不同条件的主要产物：

① 常温，两电极有隔膜；

② 常温，电极间无隔膜；

③ 加热近 100℃，电极间无隔膜。

15. 通氯气入消石灰中，可得到漂白粉，而在漂白粉溶液中加入盐酸却可产生氯气。试用标准电极电势说明两反应能进行的理由，并指出反应中何为氧化剂何为还原剂。

16. 溴能从含碘离子的溶液中取代碘，碘又能从溴酸钾溶液中取代出溴，这两个反应有无矛盾？为什么？

17. 为什么可以用浓硫酸与 NaCl 作用制备 HCl，而不能用浓硫酸分别与 NaBr、NaI 作用制备 HBr 和 HI？

18. 写出下列制备过程的反应式，并注明条件：

① 从食盐制氯气、次氯酸盐、氯酸钾、高氯酸；

② 从海水中制液态溴。

19. 用反应方程式表示下列反应过程并注明条件：

① 用过量 $HClO_3$ 处理 I_2；

② 氯气长时间通入 KI 溶液中；

③ 在含有 I^- 的酸性溶液中加入 Fe^{2+} 的溶液；

④ 将 Cl_2 通入热的 NaOH 溶液中。

20. 有 3 种固体，可能是 NaCl、NaBr、NaI。试用简便的方法加以鉴别。

21. 有一固体，可能是次氯酸盐、氯酸盐或高氯酸盐，试鉴别之。

22. 试用 H^+ 浓度对含氧酸的电极电势影响来说明，为什么氯酸盐、高氯酸盐在中性介质中的氧化性不如在酸性介质中强？

23. 完成下列反应方程式：

$XeF_2 + C_6H_6 \longrightarrow$

$XeF_4 + H_2 \longrightarrow$

$XeF_2 + F_2 \longrightarrow$

$XeF_2 + HCl \longrightarrow$

11 d 区元素（1）

通常把 d 区元素称为过渡元素。它们都是金属元素，故又称为过渡金属。过渡元素分成三个系列：第一过渡系，从 Sc(21) 到 Zn(30)；第二过渡系，从 Y(39) 到 Cd(48)；第三过渡系，从 Lu（71）到 Hg（80）。

Cu、Ag、Au 和 Zn、Cd、Hg，具有全充满的（$n-1$)d 轨道；镧系和锕系，在（$n-2$)f 轨道上填充电子，将另辟两章讨论。本章所讨论的过渡元素，是具有（$n-1$)d 轨道未充满电子的那些元素。

11.1 过渡元素的基本性质

11.1.1 过渡元素的电子层结构与性质

过渡元素的原子随着核电荷增加，电子依次填充在（$n-1$)d 轨道上，最外层有 1～2 个电子。它们的价电子层结构为（$n-1$)$d^{1\sim10}ns^{1\sim2}$（Pd 为 $4d^{10}5s^0$）。

图 11-1 所示为过渡元素的原子半径随周期和原子序数变化的情况。同一过渡系的元素，随着原子序数的增加，原子半径减小。但到 Cu 族后又有所回升，这是因为 d 轨道全充满，电子间相互排斥作用增强，核对外层电子的吸引力降低，使原子半径略有增大。

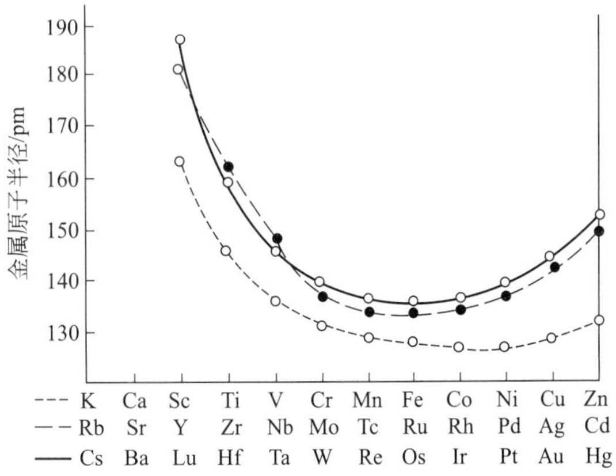

图 11-1 过渡元素的原子半径变化情况

一般来说，同周期过渡金属的金属性比 p 区相应元素要强，而远弱于 s 区元素。第一过渡系比第二、三过渡系的元素活泼。除铜外，第一过渡系金属一般都可以从稀酸（盐酸和硫酸）中置换氢，它们与酸反应时容易形成低氧化态。而第二、三过渡系金属则不能被稀酸中的 H^+ 氧化。

过渡元素的 s 电子和部分（$n-1$)d 电子可以参与形成金属键，因而过渡金属的金属键大都很强。过渡金属单质的物理性质见表 11-1。过渡金属一般呈银白色或灰色（锇呈灰蓝色），有光泽。除钪和钛属轻金属外，其余都是重金属。它们的熔点和沸点一般都很高（Zn、Cd、Hg 除外）。钨是所有金属中最难熔化的。过渡金属硬度也较大，其中铬是金属中最硬的。

11.1.2 氧化态

因为过渡元素最外层的 s 电子和部分次外层的 d 电子可作为价电子参与成键，所以过渡元素常有多种氧化态。一般可由 +2 依次增加到与族数相同的氧化态（第 8 族以后除外）。同一族中从上到下，高氧化态趋于稳定。表 11-2 列出了过渡元素的氧化态。

过渡元素在形成低氧化态（+1，+2，+3）化合物时，一般以离子键相结合。它们在水溶液中，容易形成组成确定的水合离子，如 $[Cr(H_2O)_6]^{3+}$、$[Co(H_2O)_6]^{2+}$ 等。当形成高氧化态（+4 或 +4 以上）的化合物时，则以极性共价键相结合。它们在水溶液中表现为含氧的水合离子，如 TiO^{2+}、VO^{2+}、CrO_4^{2-} 等。

表 11-1　过渡金属的物理性质

第一过渡系	Sc	Ti	V	Cr	Mn	Fe	Co	Ni	Cu	Zn
密度/g·cm^{-3}	2.992	4.507	6.1	7.2	7.30	7.86	8.9	8.90	8.92	7.1
硬度		4		9	5	4～5			2.5～3	2.5～3
熔点/℃	1541	1725	1887	1857	1244	1535	1495	1453	1084	419.5
沸点/℃	2831	3287	3377	2672	1962	2750	2861	2732	2567	907
第二过渡系	**Y**	**Zr**	**Nb**	**Mo**	**Tc**	**Ru**	**Rh**	**Pd**	**Ag**	**Cd**
密度/g·cm^{-3}	4.478	6.52	8.57	10.2	11.487	12.45	12.41	12.023	10.5	8.642
硬度						6.5		4.8	2.5～3	2
熔点/℃	1522	1852	2468	2617	2172	2310	1966	1552	961.9	321
沸点/℃	3338	4377	4742	4612	4877	3900	3727	3140	2212	765
第三过渡系	**Lu**	**Hf**	**Ta**	**W**	**Re**	**Os**	**Ir**	**Pt**	**Au**	**Hg**
密度/g·cm^{-3}	9.842	13.31	16.60	19.35	21.04	22.59	22.56	21.45	19.3	13.545
硬度						7	6～6.5	4～4.5	2.5～3	液
熔点/℃	1663	2230	2996	3407	3180	3054	2410	1772	1064	约 38.87
沸点/℃	3395	5197	5425	5657	5627	5027	4130	3827	2807	357

表 11-2　过渡元素的氧化态

第一过渡系	Sc	Ti	V	Cr	Mn	Fe	Co	Ni	Cu	Zn
价电子层结构	$3d^14s^2$	$3d^24s^2$	$3d^34s^2$	$3d^54s^1$	$3d^54s^2$	$3d^64s^2$	$3d^74s^2$	$3d^84s^2$	$3d^{10}4s^1$	$3d^{10}4s^2$
氧化态	(+3)	(+4) +3 +2	(+5) +4 +3 +2	(+6) +5 +4 (+3) +2	(+7) +6 +5 (+4) +3 (+2)	+6 +5 +4 (+3) (+2)	+4 +3 (+2)	+4 +3 (+2)	+3 (+2) (+1)	(+2)
第二过渡系	**Y**	**Zr**	**Nb**	**Mo**	**Tc**	**Ru**	**Rh**	**Pd**	**Ag**	**Cd**
价电子层结构	$4d^15s^2$	$4d^25s^2$	$4d^45s^1$	$4d^55s^1$	$4d^55s^2$	$4d^75s^1$	$4d^85s^1$	$4d^{10}5s^0$	$4d^{10}5s^1$	$4d^{10}5s^2$
氧化态	(+3)	(+4) +3 +2	(+5) +4 +3 +2	(+6) +5 +4 +3 +2	(+7) +6 +5 +4	+8 +7 +6 +5 (+4) +3	+6 +4 (+3) +2 +1	(+4) +3 (+2) +1	+3 +2 (+1)	(+2)
第三过渡系	**Lu**	**Hf**	**Ta**	**W**	**Re**	**Os**	**Ir**	**Pt**	**Au**	**Hg**
价电子层结构	$5d^16s^2$	$5d^26s^2$	$5d^36s^2$	$5d^46s^2$	$5d^56s^2$	$5d^66s^2$	$5d^76s^2$	$5d^96s^1$	$5d^{10}6s^1$	$5d^{10}6s^2$
氧化态	(+3)	(+4) +3 +2	(+5) +4 +3 +2	(+6) +5 +4 +3 +2	+7 +6 +5 +4 +3 +2	(+8) +7 +6 +5 (+4) +3 +2	+6 +5 (+4) (+3) +2	+6 +5 (+4) (+2)	(+3) (+1)	(+2) (+1)

注：括号内氧化态为比较常见、稳定的氧化态。

11.1.3 氧化物及其水合物的酸碱性

过渡元素氧化物及其水合物的碱性，同一周期中从左到右逐步减弱；在高氧化态时表现为从碱到酸。例如 Sc_2O_3 为碱性氧化物，TiO_2 为具有两性的氧化物，CrO_3 是较强的酸酐（铬酸酐），而 Mn_2O_7 在水溶液中已呈强酸性。

此外，同一元素在高氧化态时酸性较强，随着氧化态的降低而酸性减弱（或碱性增强）。例如，MnO 呈碱性，MnO_2 呈中性，而 Mn_2O_7 则呈酸性。

11.1.4 配位性

过渡元素容易形成配合物。这是因为过渡元素的离子（或原子）具有能量相近的价电子轨道 $(n-1)$d、ns、np，通常 $(n-1)$d 轨道部分填充电子，使核对电子具有较大的吸引力；同时其原子或离子半径较小，使得它们对于配体有较大的极化作用。此外，过渡元素的离子本身具有较大的变形性。这些因素都使得过渡元素的原子或离子具备了接受孤电子对的空轨道和吸引配体的能力，所以它们有很强的形成配合物的倾向。

11.1.5 水合离子的颜色

过渡元素离子的水合离子（也称作配体水分子形成的配合物）大多是有颜色的，见表 11-3。相似的情况，过渡元素与其他配体形成的配合物也常具有颜色。这些配合物吸收了可见光的一部分，发生了 d-d 跃迁，呈现吸收光的互补色（见 7.2.2 节）。由 d^0 和 d^{10} 构型的离子所形成的配合物，如 $[Sc(H_2O)_6]^{3+}$（d^0）和 $[Zn(H_2O)_6]^{2-}$（d^{10}），不发生 d-d 跃迁，照射到其上的可见光它们会全部透过，所以配合物无色。

表 11-3 第一过渡元素离子的颜色

元素	Ti	V	Cr	Mn	Fe	Co	Ni	Cu	Zn
M^{2+} 中 d 电子数	2	3	4	5	6	7	8	9	10
$[M(H_2O)_6]^{2+}$ 颜色	褐	紫	天蓝	浅桃红	浅绿	粉红	绿	浅蓝	无色
M^{3+} 中 d 电子数	1	2	3	4	5	6			
$[M(H_2O)_6]^{2+}$ 颜色	紫	绿	紫色	红	淡紫	蓝			

一些含氧酸根，如 VO_4^{3-}（淡黄色）、CrO_4^{2-}（黄色）、MnO_4^-（紫色）等也呈现出不同的颜色，而这些颜色却是由电荷迁移引起的。当酸根离子吸收了一部分可见光后，氧离子的电荷会向金属离子跃迁，从而呈现出不同的颜色。这些化合物中的金属元素都处于最高氧化态，具有较强的夺取电子的能力，其形式电荷分别为+5(V)、+6(Cr)、+7(Mn)。

11.1.6 磁性

物质的磁性是物质内部结构的一种宏观表现，电子的自旋决定了物质的磁性。不被磁场吸引的物质叫做反磁性物质，其中电子都已成对，电子自旋产生的磁效应互相抵消。能微弱被磁场吸引的物质叫做顺磁性物质，其中有未成对电子，成单电子自旋产生的磁效应不会被抵消，多出的一种自旋使原子或分子作为整体表现出像是一个微小的磁偶极，见图 11-2(a)。能被磁场较强吸引的物质叫做铁磁性物质，它们在固态下由有顺磁性原子间的相互作用而表现出强磁性，见图 11-2(b)。

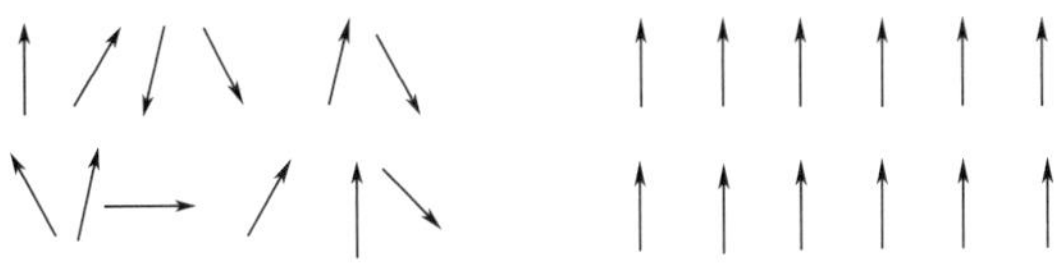

(a) 顺磁体　　(b) 铁磁体

图 11-2 物质的磁性

铁磁性的本质和顺磁性一样，都与成单电子有关。在这些物质中存在着一定的区域，叫做磁域（见图 11-3），其中含有很多顺磁性原子，它们的磁偶极都以相同方向排列，表现出较强的磁性，只是一般情况下磁域间的磁效应彼此互相抵消了。当把铁磁性物质放在磁场中时，磁域就会依磁场而取向。而且一个磁域沿磁场每顺排一次，就会有上百万个原子磁铁同向排列。因此铁磁性物质对磁场的作用力要比顺磁性物质大得多。

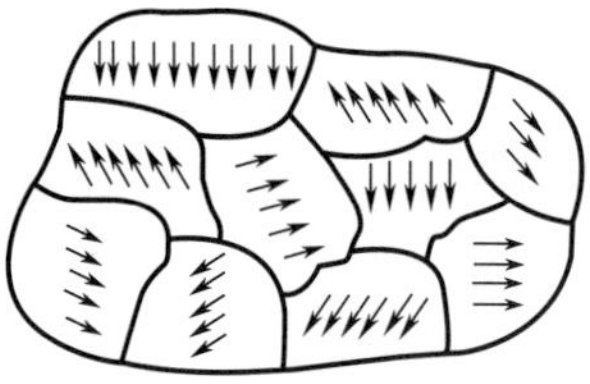

(a) 没有外加磁场时

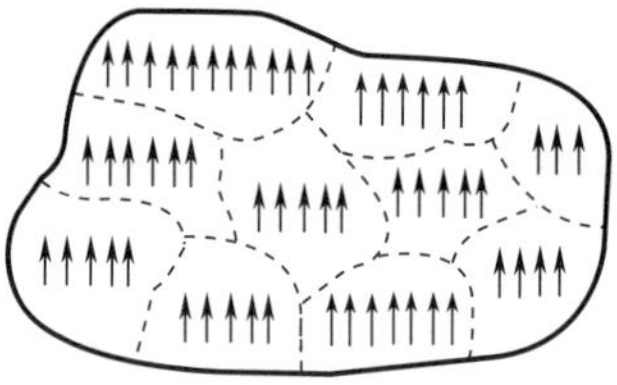

(b) 有外加磁场时

图 11-3　铁磁性物质中的磁域

如果把顺磁性物质的外加磁场移开，它的原子磁铁很快就成混乱分布，诱导不出永久磁性。但铁磁性物质的磁域力图保持在原有磁场存在时所获得的取向，在没有外加磁场时磁域所取得的顺排使该物质保持有残留磁性，即物质已经永磁化了。一块铁只要与一块永久磁铁摩擦就可以永久磁化。但永久磁铁在加热或重击下可被破坏。

物质仅在固态下才会有铁磁性。但在固态下并不是所有具有成单电子的金属都有铁磁性。如锰有 5 个成单电子，但锰不是铁磁性的。形成铁磁性的一个必要条件是顺磁性原子之间的距离要刚好合适，使它们能够互相连接起来组成磁域，如 Fe、Co、Ni 就是铁磁性物质。

过渡元素的一个重要特征是它们及其化合物具有部分充填的 d 轨道（镧系和锕系元素有部分充填的 f 轨道），因而许多这种物质有顺磁性。

11.1.7　催化性

许多过渡金属及其化合物具有催化性。例如，氧化 SO_2 为 SO_3 所用的催化剂是 V_2O_5；烯烃的加氢反应，常用钯作催化剂；许多生物上的重要反应，都有酶（生物化学反应的催化剂）参加，而酶中大都含有过渡元素。例如：维生素 B_{12} 辅酶的中心有钴原子；在固氮酶中同时含有钼和铁。过渡元素的催化作用显然是与过渡元素容易形成配合物和有多种氧化态密切相关的。

11.1.8　过渡金属的存在形式与制备方式

d 区元素在自然界中的储量以第一过渡系元素为较多，它们的单质和化合物在工业上的用途也较广。第二、三过渡系的元素，除银（Ag）和汞（Hg）外，丰度较小。

过渡金属（铂系金属除外）在高温下一般都有较高的化学活泼性，因而除了 Fe、Co、Ni 可以用碳还原氧化物的方法来制备金属外，其他的过渡金属一般都不能用碳还原法来制备。现将部分过渡金属的一般制备方法简单归纳在表 11-4 中。

表 11-4　一些过渡金属的一般制备方法

金属	主要存在形式	制备方法（主要方程式）
钛	钛铁矿 $FeTiO_3$	$2FeTiO_3(s)+7Cl_2(g)+6C(s)\xrightarrow{900℃}2TiCl_4(l)+2FeCl_3(s)+6CO(g)$ $TiCl_4+2Mg\xrightarrow{600℃}Ti+2MgCl_2$
钒	钒铅矿 $Pb_3(VO_4)_2 \cdot PbCl_2$	$2V_2O_5+5Si \longrightarrow 4V+5SiO_2$
铬	铬铁矿 $FeCr_2O_4$	$FeCr_2O_4+4C \longrightarrow Fe+2Cr+4CO$

续表

金属	主要存在形式	制备方法（主要方程式）
锰	软锰矿 MnO_2	$3MnO_2 \longrightarrow Mn_3O_4 + O_2\uparrow$ $3Mn_3O_4 + 8Al \longrightarrow 9Mn + 4Al_2O_3$
铁	赤铁矿 Fe_2O_3	$2Fe_2O_3 + 3C \longrightarrow 4Fe + 3CO_2\uparrow$
铜	黄铜矿 $CuFeS_2$	$2CuFeS_2 + O_2 \longrightarrow Cu_2S + 2FeS + SO_2\uparrow$ $2Cu_2S + 3O_2 \longrightarrow 2Cu_2O + 2SO_2\uparrow$ $2Cu_2O + Cu_2S \longrightarrow 6Cu(粗) + SO_2\uparrow$ $Cu(粗) \xrightarrow[CuSO_4\ 溶液]{电解} 精铜$
银	自然银 Ag 闪银矿 Ag_2S	$4Ag + 8NaCN + 2H_2O + O_2 \longrightarrow 4Na[Ag(CN)_2] + 4NaOH$ $Ag_2S + 4NaCN \longrightarrow 2Na[Ag(CN)_2] + Na_2S$ $2Na[Ag(CN)_2] + Zn \longrightarrow 2Ag + Na_2[Zn(CN)_4]$
锌	闪锌矿 ZnS	$2ZnS(s) + 3O_2(g) \xrightarrow{>700℃} 2ZnO(s) + 2SO_2(g)$ $ZnO(s) + CO \longrightarrow Zn + CO_2\uparrow$
汞	辰砂 HgS	$HgS + Fe \longrightarrow Hg + FeS$ $HgS + O_2 \longrightarrow Hg + SO_2$ $4HgS + 4CaO \longrightarrow 4Hg + 3CaS + CaSO_4$

11.2 钛　钒

11.2.1 钛及其化合物

钛位于周期系中第 4（ⅣB）族。其价电子层结构为 $3d^24s^2$，共有 4 个价电子，氧化态为+2、+3 和+4。

钛在自然界中，主要存在于钛铁矿（$FeTiO_3$）和金红石（TiO_2）中。

11.2.1.1 金属钛

金属钛具有银白色光泽，外观似钢。它具有钢的机械强度而又比钢轻，而且钛的熔点高、耐磨、耐低温、无磁性、延展性好。金属钛具有优越的抗腐蚀性能，这是由于在表面上能形成一层致密的氧化物薄膜，保护钛不易被氧化的缘故。

金属钛不被稀酸和稀碱侵蚀。但它可溶于热盐酸和冷硫酸产生钛（Ⅲ）盐。

$$2Ti + 3H_2SO_4 \longrightarrow Ti_2(SO_4)_3 + 3H_2\uparrow$$

硝酸与钛反应后表面生成一层偏钛酸，因而使钛钝化。

$$Ti + 4HNO_3 \longrightarrow H_2TiO_3 + 4NO_2\uparrow + H_2O$$

钛易溶于氢氟酸中生成 TiF_3。

$$2Ti + 6HF \longrightarrow 2TiF_3 + 3H_2$$

钛广泛地用于制造涡轮的引擎、喷气式飞机以及化学工业和航海事业的各种装备。在国防工业上，用于制造军舰、导弹，钛是重要的国防战略物资。此外，在生物医学工程上，金属钛被称为“生物金属”，可用于接骨、制作假牙的材料等。

11.2.1.2 钛的重要化合物

钛的化合物中比较重要的有二氧化钛、硫酸钛酰和四氯化钛。

天然二氧化钛 TiO_2（金红石）因含有少量的 Fe、Nb、Ta、V 等，而显红色或黄红色。用沉淀法制得的 TiO_2 是白色粉末，俗称“钛白”，它兼有铅白的掩盖和锌白的持久性，光泽好，是一种高级的白色颜料。二氧化钛的重要用途是用来制造钛的其他化合物。另外，纳米二氧化钛是一种具有应用前景的光催化剂。

二氧化钛不溶于水，也不溶于稀酸。与浓硫酸共热生成 $Ti(SO_4)_2$ 和 $TiOSO_4$。后者称为硫酸钛氧基或硫酸钛酰，是白色粉末，可溶于冷水中，当完全水解时可生成“钛酸” $Ti(OH)_4$（或 H_4TiO_4）。

$$TiOSO_4 + 3H_2O \longrightarrow H_4TiO_4 \downarrow + H_2SO_4$$

将 TiO_2 与强碱共熔即得钛酸盐，例如 Na_2TiO_3，故 TiO_2 具有两性。TiO_2 溶于氢氟酸中生成 H_2TiF_6。

$$TiO_2 + 2NaOH \xrightarrow{\text{共熔}} Na_2TiO_3 + H_2O$$

$$TiO_2 + 6HF \longrightarrow H_2TiF_6 + 2H_2O$$

钛酸即二氧化钛的水化物 $TiO_2 \cdot xH_2O$。它有两种形式，在室温下以碱作用于四价钛盐溶液，所得的是α-钛酸；如煮沸四价钛盐使之水解，所得的是β-钛酸。两种钛酸都是白色固体，不溶于水，具有两性。α-钛酸的反应活性比β-钛酸大得多。两种形式的钛酸不同之处是其粒子大小及聚结程度不同。

用强碱液溶解α-钛酸，可得钛酸盐（例如 Na_2TiO_3），钛酸盐易于水解。

$$Na_2TiO_3 + 2H_2O \longrightarrow TiO(OH)_2 \downarrow + 2NaOH$$

$TiO(OH)_2$ 称偏钛酸，也可写成 H_2TiO_3，是白色的沉淀。

纯 $TiCl_4$ 是无色透明的液体，沸点136℃，易水解。

$$TiCl_4 + (2+x)H_2O \longrightarrow TiO_2 \cdot xH_2O + 4HCl$$

11.2.1.3　二氧化钛的制备

TiO_2 的工业生产，几乎包括了全部无机化学工艺过程。因而，被喻为“工艺艺术品”。依照钛资源的不同，TiO_2 的生产可采用硫酸法或氯化法。以钛铁矿为原料的 TiO_2 生产，常以硫酸法为主。该法主要过程有：①硫酸分解精矿制取硫酸氧钛溶液；②净化除铁；③水解制偏钛酸；④偏钛酸煅烧制 TiO_2。

钛铁矿精矿成分除 $FeTiO_3$ 外，还有 Fe_2O_3 以及 SiO_2、Al_2O_3、MnO、CaO、MgO 等杂质。在160～200℃下，用浓硫酸分解精矿的主要反应如下：

$$FeTiO_3 + 2H_2SO_4 \longrightarrow TiOSO_4 + FeSO_4 + 2H_2O$$

$$FeTiO_3 + 3H_2SO_4 \longrightarrow Ti(SO_4)_2 + FeSO_4 + 3H_2O$$

$$Fe_2O_3 + 3H_2SO_4 \longrightarrow Fe_2(SO_4)_3 + 3H_2O$$

所有这些反应都是放热的，一般情况下，可利用反应热维持反应进行。在反应最后得到的熔块中，既有 $TiOSO_4$，又有 $Ti(SO_4)_2$ 及其他杂质。用水浸出熔块时，钛、铁等以 TiO^{2+}、Fe^{2+}、Fe^{3+} 进入溶液。由于大量存在的 Fe^{3+} 水解产生 $Fe(OH)_3$ 与 H_2TiO_3 共沉淀，影响产品的质量，因而必须除去 Fe^{3+}，采用的办法是加入铁屑作还原剂。

$$2Fe^{3+} + Fe \longrightarrow 3Fe^{2+}$$

降低温度析出溶解度较小的 $FeSO_4 \cdot 7H_2O$ 晶体作为副产物。在整个工艺过程中，Fe^{2+} 有可能被空气氧化为 Fe^{3+}，故铁屑须过量，使 TiO^{2+} 少量还原为 Ti^{3+}。

$$2TiO^{2+} + Fe + 4H^+ \longrightarrow 2Ti^{3+} + Fe^{2+} + 2H_2O$$

生成的 Ti^{3+} 呈特征紫色，可控制铁屑的加入量；而且还可以利用 Ti^{3+} 的还原性，尽可能将溶液中少量 Fe^{3+} 还原，从而确保除尽 Fe^{3+}。

$$Ti^{3+} + Fe^{3+} + H_2O \longrightarrow TiO^{2+} + Fe^{2+} + 2H^+$$

除铁后的硫酸钛酰溶液在加热条件下水解。

$$TiOSO_4+2H_2O \longrightarrow H_2TiO_3\downarrow+H_2SO_4$$

水解液浓度、水解温度、搅拌速度等条件会对 H_2TiO_3 的粒度、晶型、过滤性质等产生影响。因此需根据钛白的用途不同，选择适当的水解条件。

偏钛酸 H_2TiO_3 在高温下煅烧即得二氧化钛（钛白）。

$$H_2TiO_3 \xrightarrow{800\sim900℃} TiO_2+H_2O$$

经过一定的后处理工艺，可得到适合于不同用途的钛白。

11.2.2 钒及其化合物

钒位于周期系中第5（ⅤB）族。其价电子层结构为 $3d^34s^2$，共有5个价电子，氧化态为+2、+3、+4和+5。

钒在自然界中分布很分散，但却很广泛。地壳中钒的丰度为0.015%，列第19位。主要矿石有绿硫钒矿（VS_4）、钒铅矿 $Pb_5(VO_4)_3Cl$ 等。由于 V^{3+} 半径（74pm）与 Fe^{3+}（64pm）半径相近，许多铁矿中含有钒，例如，我国四川的钒钛铁矿。

11.2.2.1 金属钒

钒是银灰色金属，纯钒有延展性。常温下化学活泼性较低。稀硫酸、盐酸均不与钒作用。但钒可溶于氢氟酸、浓硫酸、硝酸和王水中。高温时，钒能和大多数非金属化合，在660℃以上钒被氧化，生成各种氧化态的氧化物，呈现各种颜色。

11.2.2.2 钒的重要化合物

在水溶液中，钒以 V^{2+}、V^{3+}、VO^{2+}、VO_3^-（或 VO_4^{3-}）等形式存在。其中 VO_3^- 稳定，其余低氧化态的化合物容易被氧化。

在钒的化合物中，五氧化二钒和钒酸盐比较重要。它们是制取其他钒的化合物的重要原料，也是从矿石提取钒的主要中间产物。所有钒的化合物都有毒，随着钒的氧化态升高，其毒性增大。

（1）五氧化二钒　灼热偏钒酸铵可获得极纯的五氧化二钒（V_2O_5）。

$$2NH_4VO_3 \xrightarrow{\triangle} V_2O_5+2NH_3+H_2O$$

V_2O_5 呈橙黄至砖红色，无臭、无味、有毒、微溶于水。V_2O_5 是两性氧化物，既能溶于强碱生成偏钒酸盐或钒酸盐，也能溶于强酸。

$$V_2O_5+2NaOH \longrightarrow 2NaVO_3+H_2O$$

$$V_2O_5+2H^+ \longrightarrow 2VO_2^++H_2O$$

但溶于盐酸时，V_2O_5 作为氧化剂，被还原为V(Ⅳ)化合物。

$$V_2O_5+6HCl \longrightarrow 2VOCl_2+Cl_2\uparrow+3H_2O$$

V_2O_5 主要用作催化剂。例如，SO_2 接触氧化制造硫酸。

（2）钒酸及其盐　V_2O_5 溶于水生成钒酸。制成自由状态的钒酸有偏钒酸（HVO_3）和四钒酸（$H_2V_4O_{11}$）。

随着溶液的酸度不同，钒酸盐有多种存在形式。在pH>13的强碱性溶液中为正钒酸盐（$V_3O_4^{3-}$），溶液的pH降低，由于钒-氧之间的结合并不十分牢固，其中的 O^{2-} 可以和 H^+ 结合成水，单钒酸根逐渐脱水缩合成多钒酸根。pH越小，缩合的程度越高。且随缩合度加大，溶液的颜色由淡黄逐渐加深至深红色。

$$2VO_4^{3-}+2H^+ \rightleftharpoons V_2O_7^{4-}+H_2O \qquad pH\geqslant 13$$

$$3V_2O_7^{4-}+6H^+ \rightleftharpoons 2V_3O_9^{3-}+3H_2O \qquad pH\geqslant 8.4$$

$$10V_3O_9^{3-}+12H^+ \rightleftharpoons 3[V_{10}O_{28}]^{6-}+6H_2O \qquad 3<pH<8$$

在酸性溶液中，缩合度不再增加，钒酸根得质子，随着溶液酸度增大，进而形成稳定的 VO_2^+。

$$[V_{10}O_{28}]^{6-} + 2H^+ \rightleftharpoons [H_2V_{10}O_{28}]^{4-}$$

$$[H_2V_{10}O_{28}]^{4-} + 14H^+ \rightleftharpoons 10VO_2^+ + 8H_2O \qquad pH<3$$

钒酸盐除了缩合性以外，在强酸性溶液中还有氧化性。

$$E_A^\ominus/V \qquad \underset{(黄色)}{VO_2^+} \xrightarrow{+0.991} \underset{(蓝色)}{VO^{2+}} \xrightarrow{+0.337} \underset{(绿色)}{V^{3+}} \xrightarrow{-0.255} \underset{(紫色)}{V^{2+}} \xrightarrow{-1.175} V$$

VO_2^+ 可被 Fe^{2+}、草酸等还原为 VO^{2+}。

$$VO_2^+ + Fe^{2+} + 2H^+ \longrightarrow VO^{2+} + Fe^{3+} + H_2O$$

$$2VO_2^+ + H_2C_2O_4 + 2H^+ \longrightarrow 2VO^{2+} + 2CO_2 + 2H_2O$$

上述反应可用于氧化还原法测定钒。

(3) 钒的羰基配合物　六羰基钒 $V(CO)_6$ 是由下列两步反应制得。它是蓝绿晶体，熔点 50℃，不溶于水而溶于大多数有机溶剂中。

$$4Na + VCl_3 + 6CO + 2diglyme \longrightarrow [Na(diglyme)_2][V(CO)_6] + 3NaCl$$

(diglyme=二甲氧基乙醚)

$$2[V(CO)_6]^- + 2H_3PO_4 \longrightarrow 2V(CO)_6 + H_2 + 2H_2PO_4^-$$

11.3 铬

铬位于周期系中第 6（ⅥB）族。其价电子层结构为 $3d^5 4s^1$，氧化态为+2、+3 和+6。自然界中铬的主要矿物是铬铁矿 $[Fe(CrO_2)_2]$。

11.3.1 铬金属

铬是银白色、带有光泽的金属。熔点高（1857℃）。金属中以铬的硬度最大。

由于金属表面生成了氧化物薄膜，铬在空气、水中都较稳定。铬能溶于冷稀盐酸和硫酸之中，但不溶于硝酸；在热盐酸和热浓硫酸中很快地溶解并放出氢气，溶液呈蓝色 (Cr^{2+})，但随即又被空气氧化。

$$2Cr + 2HCl \longrightarrow \underset{(蓝色)}{CrCl_2} + H_2\uparrow$$

$$4CrCl_2 + 4HCl + O_2 \longrightarrow \underset{(绿色)}{4CrCl_3} + 2H_2O$$

由于铬的耐腐蚀性能好，常作为其他金属的保护镀层和不锈钢的重要成分。

11.3.2 铬（Ⅲ）化合物

11.3.2.1 三氧化二铬和氢氧化铬

高温下金属铬与氧化合生成 Cr_2O_3。它是绿色固体，具有两性，不但溶于酸，而且溶于强碱生成亚铬酸盐。

$$Cr_2O_3 + 2NaOH \longrightarrow 2NaCrO_2 + H_2O$$

Cr_2O_3 常用作颜料，少量 Cr_2O_3 能使玻璃呈现出美丽的绿色。陶瓷的绿色釉也掺有 Cr_2O_3。

向铬（Ⅲ）盐溶液加少量氨水，可得到蓝灰色胶状 $Cr(OH)_3$ 沉淀。它是两性氢氧化物。$Cr(OH)_3$ 与碱液反应如下：

$$Cr(OH)_3 + OH^- \longrightarrow 2H_2O + \underset{(亮绿色)}{CrO_2^-}$$

也可以用形成可溶性配合物来说明这种溶解。

$$Cr(OH)_3 + OH^- \longrightarrow Cr(OH)_4^-$$

11.3.2.2 铬（Ⅲ）盐

最重要的铬盐是硫酸铬和铬矾。将 Cr_2O_3 溶于冷的浓硫酸中，得深紫色的 $Cr_2(SO_4)_3 \cdot 18H_2O$。在硫酸盐中还有绿色的 $Cr_2(SO_4)_3 \cdot 6H_2O$。无水 $Cr_2(SO_4)_3$ 是桃红色的。硫酸铬和硫酸铝类似，容易和碱金属硫酸盐形成矾。例如，$KCr(SO_4)_2 \cdot 12H_2O$，它是蓝紫色的结晶，和铝矾同晶型。硫酸铬和铬矾与其他三价铬盐一样，在水中能够水解生成胶状的 $Cr(OH)_3$ 沉淀。铬矾常用作媒染剂或鞣革剂。

铬元素的电势图如下：

酸性溶液 $E_A^\ominus/V$　　$Cr_2O_7^{2-} \xrightarrow{+1.232} Cr^{3+} \xrightarrow{-0.41} Cr^{2+} \xrightarrow{-0.91} Cr$　（Cr^{3+} 至 Cr：-0.74）

碱性溶液 $E_B^\ominus/V$　　$CrO_4^{2-} \xrightarrow{-0.13} Cr(OH_3) \xrightarrow{-1.48} Cr$

由铬的电极电势图可知：铬（Ⅲ）在碱性溶液中有较强的还原性。亚铬酸盐（CrO_2^-）在碱性溶液中易被 H_2O_2、Na_2O_2、NaClO 或 Cl_2 等氧化为铬酸盐。

$$2NaCrO_2 + 3NaClO + 2NaOH \longrightarrow 2Na_2CrO_4 + 3NaCl + H_2O$$

但在酸性溶液中，只有用很强的氧化剂，如 $(NH_4)_2S_2O_8$ 或 $KMnO_4$ 等才能将 Cr^{3+} 氧化成 Cr(Ⅵ)。

$$2Cr^{3+} + 3S_2O_8^{2-} + 7H_2O \longrightarrow Cr_2O_7^{2-} + 6SO_4^{2-} + 14H^+$$

11.3.3 铬（Ⅵ）化合物

11.3.3.1 三氧化铬

三氧化铬，俗称“铬酐”。向重铬酸钾（钠）的浓溶液中，加入过量的浓硫酸时，则有橙红色的三氧化铬晶体析出。

$$K_2Cr_2O_7 + H_2SO_4 \longrightarrow K_2SO_4 + 2CrO_3 + H_2O$$

铬酐容易潮解，易溶于水得到相应的酸（铬酸 H_2CrO_4），溶于碱得铬酸盐。

铬酐具有强的氧化性，遇到易燃的有机化合物（如酒精），易着火，本身还原为 Cr_2O_3。

11.3.3.2 铬酸盐和重铬酸盐

铬酸盐溶液是黄色的，酸化此溶液可得橙色的重铬酸盐。

$$\underset{(黄色)}{2CrO_4^{2-}} + 2H^+ \rightleftharpoons \underset{(橙色)}{Cr_2O_7^{2-}} + H_2O \qquad K^\ominus = 3.5\times10^{14}$$

根据平衡移动原理，在酸性溶液中，以 $Cr_2O_7^{2-}$ 为主，溶液显橙色，在碱性溶液中，以 CrO_4^{2-} 为主，溶液显黄色。

钾、钠的铬酸盐和重铬酸盐是最主要的盐类。K_2CrO_4 是黄色晶状固体，$K_2Cr_2O_7$ 是橙红色的晶体，俗称红矾钾（$Na_2Cr_2O_7$ 称红矾钠）。$K_2Cr_2O_7$ 在低温下的溶解度极小，又不含结晶水，很易通过重结晶法提纯，故常作为分析化学中的基准试剂。

重铬酸盐在酸性溶液中有强氧化性。重铬酸钾是实验室中常用的氧化剂，可以氧化 H_2S、H_2SO_3、$FeSO_4$ 等物质，本身被还原为 Cr^{3+}。

$$Cr_2O_7^{2-} + 6Fe^{2+} + 14H^+ \longrightarrow 2Cr^{3+} + 6Fe^{3+} + 7H_2O$$

在分析化学中常利用这个反应来测定试液中 Fe^{2+} 的含量。

在加热时，重铬酸钾可氧化浓盐酸，放出氯气。

$$Cr_2O_7^{2-} + 6Cl^- + 14H^+ \longrightarrow 2Cr^{3+} + 3Cl_2\uparrow + 7H_2O$$

利用 $K_2Cr_2O_7$ 在酸性溶液中的强氧化性，实验室常将饱和的 $K_2Cr_2O_7$ 溶液和浓硫酸混合制得铬酸洗液，用于洗涤玻璃仪器。洗液长期使用后，就会从棕红色转变为暗绿色，此时，Cr(Ⅵ) 转变为 Cr(Ⅲ)，洗液即失效。

在酸化的 $Cr_2O_7^{2-}$ 溶液中，加 H_2O_2 和乙醚时，有蓝色的过氧化铬 CrO_5 [含两个过氧键，实际应表示为 $CrO(O_2)$] 生成。

$$Cr_2O_7^{2-}+4H_2O_2+2H^+ \longrightarrow 2CrO_5+5H_2O$$

CrO_5 不稳定，放置或微热，立即分解成 Cr^{3+} 并放出 O_2。总反应为：

$$Cr_2O_7^{2-}+3H_2O_2+8H^+ \longrightarrow 2Cr^{3+}+3O_2\uparrow+7H_2O$$

CrO_5 在乙醚或戊醇中的稳定性大于在水中的稳定性，蓝色褪去的较慢。可用这一反应来鉴定溶液中是否存在 Cr(Ⅵ)。

某些重金属的离子，如 Ag^+、Pb^{2+}、Ba^{2+} 和 K_2CrO_4 溶液反应，可以生成具有特征颜色的沉淀。

$$Pb^{2+}+CrO_4^{2-} \longrightarrow PbCrO_4\downarrow \quad （黄色，铬黄）$$

$$Ba^{2+}+CrO_4^{2-} \longrightarrow BaCrO_4\downarrow \quad （黄色，柠檬黄）$$

$$2Ag^++CrO_4^{2-} \longrightarrow Ag_2CrO_4\downarrow \quad （砖红色）$$

铬黄和柠檬黄常用做颜料。

11.3.4 铬的配合物

Cr^{3+} 能与多种配位体作用生成性能各异的单核和多核配合物。由于 Cr^{3+} 的价电子层结构为 $3d^3$，有两个空 3d 轨道，使 Cr^{3+} 容易形成 d^2sp^3 型配合物。

Cr(Ⅲ) 离子在水溶液中是以六水合铬 (Ⅲ) $[Cr(H_2O)_6]^{3+}$ 存在的。$[Cr(H_2O)_6]^{3+}$ 中的水分子可以被配位能力更强的 NH_3 分子等配体所取代。

$$[Cr(H_2O)_6]^{3+}(紫色)+6NH_3 \longrightarrow [Cr(NH_3)_6]^{3+}(黄色)+6H_2O$$

Cr^{3+} 能与 CN^- 反应生成配合物 $[Cr(CN)_6]^{3-}$。

$$CrCl_3+6KCN \longrightarrow 3KCl+K_3[Cr(CN)_6]$$

$K_3[Cr(CN)_6]$ 是黄色晶体，易溶于水，见光易分解。它是组装单分子磁体的模板单元。

由固态的 $CrCl_3$ 与金属铝及 CO 共反应可制得六羰基铬 $Cr(CO)_6$。$Cr(CO)_6$ 是白色晶体，不溶于水而能溶于大多数有机溶剂中。

$$CrCl_3(s)+Al(s)+6CO(g) \longrightarrow Cr(CO)_6+AlCl_3$$

*11.3.5 铬废水的处理

铬的化合物有毒，由于 Cr(Ⅵ) 的强氧化性，其毒性是 Cr(Ⅲ) 毒性的 100 倍。已经发现 Cr(Ⅵ) 具有致癌作用，对农作物及微生物的毒害也很大。

铬可从消化道和呼吸道进入人体。铬中毒可引起鼻炎、咽喉炎、恶心、呕吐、胃肠溃疡和胃肠功能紊乱等。因此，必须对铬的冶炼、电镀、皮革、染料、制药等工厂、企业所排放的废气和废水进行处理。目前研究和采取的处理方法主要如下：

(1) 还原法　在酸性介质中将 Cr(Ⅵ) 用还原剂（如 $FeSO_4$、$NaHSO_3$）还原成 Cr(Ⅲ)。调 pH 为 6～8，使 Cr(Ⅲ) 以 $Cr(OH)_3$ 沉淀析出，灼烧并将得到的氧化物回收。若加入适量的 $FeSO_4$，在反应中并通入适量的空气，使 Fe^{2+} 与 Fe^{3+} (Cr^{3+}) 的比例适当时，可产生具有磁性的、组成类似于 $Fe_3O_4 \cdot xH_2O$ 的铁氧体沉淀，用电磁铁将沉淀吸出，达到变废为宝的目的。

(2) 电解法　将含 Cr(Ⅵ) 废水放入电解槽内，用铁做阳极进行电解：

阳极 $Fe \longrightarrow Fe^{2+} + 2e$

阴极 $2H_2O + 2e \longrightarrow H_2\uparrow + 2OH^-$

阳极区生成的 Fe^{2+} 与废水中 $Cr_2O_7^{2-}$ 发生反应，生成的 Fe^{3+} 和 Cr^{3+} 在阴极区与 OH^- 结合生成 $Fe(OH)_3$ 和 $Cr(OH)_3$ 沉淀除去。多余的 Fe^{2+} 可用 S^{2-} 以 FeS 沉淀除去。此法可使废水中 Cr(Ⅵ) 的含量降低到 $0.001mg \cdot L^{-1}$。

（3）离子交换法　采用季铵型强碱性阴离子交换树脂（RN—OH），使废水中 Cr(Ⅵ) 与树脂上 OH^- 发生离子交换反应：

$$2RN—OH + CrO_4^{2-} \underset{\text{再生}}{\overset{\text{交换}}{\rightleftharpoons}} (RN)_2CrO_4 + 2OH^-$$

在交换一段时间后停止通废水，再通 NaOH 溶液提高溶液中 Cr(Ⅵ) 的浓度，并回收之，同时使树脂得到再生。此法适用处理大量低浓度的含铬废水。

11.4 锰

锰位于周期系中第 7（ⅦB）族。其价电子层结构为 $3d^54s^2$，由于失去 2 个电子之后，电子构型为 $3d^5$（半充满），所以锰（Ⅱ）盐相当稳定。锰的 3d 电子也能参与成键，形成 +3～+7的氧化态。

锰在自然界中，主要以软锰矿（$MnO_2 \cdot xH_2O$）形式存在。此外，也有黑锰矿（Mn_3O_4）和水软矿（$Mn_2O_3 \cdot H_2O$）。在海底也发现有锰矿，主要以“锰结核”形成存在。调查表明，世界大洋底锰结核的蕴藏量约有 3 万亿吨，主要分布于水深 2000～6000m 的海底。锰结核矿含有锰、铜、铁、镍、钴等几十种金属元素。

11.4.1 锰金属

块状锰是银白色的，因在空气中生成一层致密的氧化物保护膜，使其化学性质较为温和。粉末状锰是灰色的，较易被氧化。加热时，锰与卤素猛烈地反应。在高温下，锰也和硫、磷、碳等元素直接化合。锰和热水反应生成 $Mn(OH)_2$ 和 H_2，金属锰可溶于稀盐酸、稀硫酸和极稀硝酸中。在有氧化剂存在下，金属锰还能与熔碱反应生成锰（Ⅵ）酸盐。

$$2Mn + 4KOH + 3O_2 \longrightarrow 2K_2MnO_4 + 2H_2O$$

11.4.2 锰（Ⅱ）化合物

锰（Ⅱ）的强酸盐都易溶于水，只有少数弱酸盐，如 $MnCO_3$、MnS 等难溶于水。

将天然的软锰矿（$MnO_2 \cdot xH_2O$，黑色）溶于酸，即得锰（Ⅱ）盐。

$$2MnO_2 + 2H_2SO_4 \longrightarrow 2MnSO_4 + O_2\uparrow + 2H_2O$$

硫酸锰（Ⅱ）可形成粉红色的各种水合晶体，如 $MnSO_4 \cdot 4H_2O$、$MnSO_4 \cdot 5H_2O$。加热时可脱水成为白色无水硫酸锰（Ⅱ）。

锰元素的电势图如下：

$E_A^{\ominus}/V$

$$MnO_4^- \xrightarrow{+0.5545} MnO_4^{2-} \xrightarrow{2.273} MnO_2 \xrightarrow{0.92} Mn^{3+} \xrightarrow{1.541} Mn^{2+} \xrightarrow{-1.185} Mn$$

（MnO_4^-—MnO_2：1.700；MnO_2—Mn^{2+}：1.224；MnO_4^-—Mn^{2+}：1.51）

$E_B^{\ominus}/V$

$$MnO_4^- \xrightarrow{+0.5545} MnO_4^{2-} \xrightarrow{+0.60} MnO_2 \xrightarrow{-0.25} Mn(OH)_3 \xrightarrow{0.15} Mn(OH)_2 \xrightarrow{-1.56} Mn$$

（MnO_4^-—MnO_2：0.59；MnO_2—$Mn(OH)_2$：−0.05）

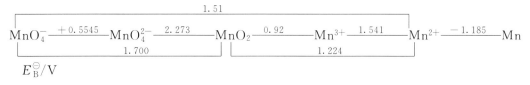

由锰的电势图可见，锰（Ⅱ）的化合物在碱性介质中比在酸性介质中有较强的还原性。当锰（Ⅱ）盐与碱液反应时，可沉淀出胶状的白色 $Mn(OH)_2$，后者在空气中不稳定，被 O_2 氧化为棕色的氢氧化锰（Ⅳ）$MnO(OH)_2$（可看成是 $MnO_2 \cdot H_2O$）。

$$MnSO_4 + 2NaOH \longrightarrow Mn(OH)_2 \downarrow + Na_2SO_4$$

$$2Mn(OH)_2 + O_2 \longrightarrow 2MnO(OH)_2 \downarrow$$

Mn^{2+} 在酸性介质中稳定，只有当锰（Ⅱ）盐与强氧化剂（如铋酸钠 $NaBiO_3$、二氧化铅 PbO_2）在高酸度的热溶液中反应时，Mn^{2+} 才被氧化为紫色的 MnO_4^-。

$$2Mn^{2+} + 5NaBiO_3 + 14H^+ \longrightarrow 2MnO_4^- + 5Bi^{3+} + 5Na^+ + 7H_2O$$

这一反应可用来鉴定溶液中的 Mn^{2+}。

11.4.3 锰（Ⅳ）化合物

锰（Ⅳ）化合物中最重要的、用途最广泛的是二氧化锰。且 MnO_2 在锰的氧化物中也是最重要的。不同氧化态锰的氧化物和氢氧化物及其性质列于表 11-5。

表 11-5 锰的氧化物和氢氧化物

氧化态	+2	+3	+4	+6	+7
氧化物	MnO	Mn_2O_3	MnO_2	—	Mn_2O_7
氢氧化物及其性质	$Mn(OH)_2$ 碱性	$Mn(OH)_3$ 碱性	$Mn(OH)_4$ 两性	H_2MnO_4 酸性	$HMnO_4$ 酸性

在常温下，MnO_2 是黑色粉末，不溶于水，呈弱酸性。MnO_2 中锰的氧化态居于中间，既有氧化性又有还原性，氧化还原性的强弱与介质的酸碱性有关。在酸性介质中它是一种强氧化剂，它本身被还原成 Mn^{2+}。例如它与浓盐酸共热产生氯气。

$$MnO_2 + 4HCl(浓) \xrightarrow{\triangle} MnCl_2 + Cl_2 \uparrow + 2H_2O$$

实验室利用此反应制取氯气。

二氧化锰与碱混合，在空气中加热至 250℃ 共熔，可制得绿色的锰酸盐；也可以用 $KClO_3$ 等氧化剂代替空气中的氧。

$$2MnO_2 + 4KOH + O_2 \longrightarrow 2K_2MnO_4 + 2H_2O$$

$$3MnO_2 + 6KOH + KClO_3 \longrightarrow 3K_2MnO_4 + KCl + 3H_2O$$

11.4.4 锰（Ⅵ）和锰（Ⅶ）化合物

由锰的电势图可见，锰酸盐很不稳定，只能存在于强碱性介质中。在中性或酸性溶液中，它可歧化分解。

中性溶液：$3K_2MnO_4 + 2H_2O \longrightarrow 2KMnO_4 + MnO_2 \downarrow + 4KOH$

酸性溶液：$3K_2MnO_4 + 2CO_2 \longrightarrow 2KMnO_4 + MnO_2 \downarrow + 2K_2CO_3$

锰酸盐常作为制备高锰酸盐的中间产物。在锰酸盐溶液中加入氧化剂（如氯气）或电解氧化，锰酸盐转变成高锰酸盐。

$$2K_2MnO_4 + Cl_2 \longrightarrow 2KMnO_4 + 2KCl$$

$$2K_2MnO_4 + 2H_2O \xrightarrow{电解} 2KMnO_4 + 2KOH + H_2 \uparrow$$

高锰酸 $HMnO_4$ 是强酸，但不稳定，只存在于溶液中。

高锰酸钾是最重要的高锰酸盐。它是暗紫色的晶体，易溶于水，$KMnO_4$ 对热不稳定，加热至 200℃时，就分解而放出氧。

$$2KMnO_4 \longrightarrow K_2MnO_4 + MnO_2\downarrow + O_2\uparrow$$

$KMnO_4$ 溶液的稳定也较差。在酸性溶液中缓慢地分解，析出棕色的 MnO_2。

$$4MnO_4^- + 4H^+ \longrightarrow 4MnO_2\downarrow + 2H_2O + 3O_2$$

但在中性或微碱性溶液中 $KMnO_4$ 分解得非常慢，光线对其分解有促进作用。因此，$KMnO_4$溶液常需保存在棕色瓶中。

在 $KMnO_4$ 中加入浓 KOH 溶液，即有 MnO_4^{2-} 形成。

$$4MnO_4^- + 4OH^- \longrightarrow 4MnO_4^{2-} + 2H_2O + O_2$$

若溶液长时间放置，还有 MnO_2 析出。

高锰酸钾无论是在酸性、中性或碱性介质中，都有很强的氧化性（见 Mn 元素的电势图）。在酸性介质中，其还原产物是锰（Ⅱ）盐。

$$2MnO_4^- + 5SO_3^{2-} + 6H^+ \longrightarrow 2Mn^{2+} + 5SO_4^{2-} + 3H_2O$$

在中性或微酸性或微碱性介质中，其还原产物为棕色 MnO_2。

$$2MnO_4^- + 3SO_3^{2-} + H_2O \longrightarrow 2MnO_2\downarrow + 3SO_4^{2-} + 2OH^-$$

在强碱性介质中，其还原产物为 MnO_4^{2-}。

$$2MnO_4^- + SO_3^{2-} + 2OH^- \longrightarrow 2MnO_4 + SO_4^{2-} + H_2O$$

高锰酸钾主要用作氧化剂。在工业上用来漂白纤维和油脂脱色。

11.4.5　锰的配合物

和其他过渡金属一样，锰的配合物也十分丰富，既有单核体又有多核配合物；既有内轨型（d^2sp^3）配合物又有外轨型（sp^3d^2）配合物。Mn^{2+}（$3d^5$）与 CN^- 反应生成低自旋氰基配合物 $K_4[Mn(CN)_6]$(μ=1.73B.M.)，而 Mn^{3+}（$3d^4$）与 CN^- 反应生成反磁性氰基配合物 $K_3[Mn(CN)_6]$(μ=0B.M.)。

$Mn(Ac)_2 + 6KCN \longrightarrow 2KAc + K_4[Mn(CN)_6]$（暗紫色）

$Mn(Ac)_3 + 6KCN \longrightarrow 3KAc + K_3[Mn(CN)_6]$（暗紫色）

可以通过设计合适的配位体，使其与 Mn^{2+} 作用得到外轨型（sp^3d^2）高自旋配合物，来提高材料的磁功能。

在 150～200℃和 101×10^3 Pa 下，由锰（Ⅱ）离子与金属铝及 CO 共反应制得十羰基二锰 $Mn_2(CO)_{10}$。$Mn_2(CO)_{10}$是黄色晶体，熔点 154℃，不溶于水而溶于大多数有机溶剂中。

$$6MnCl_2(s) + 4Al(s) + 30CO(g) \longrightarrow 3Mn_2(CO)_{10} + 4AlCl_3$$

11.5　铁　钴　镍

铁（Fe）、钴（Co）、镍（Ni）分别位于周期系中第四周期、第 8、9、10（ⅧB）族。称为铁系元素（铁族元素）。

铁系元素中铁的主要矿物有赤铁矿（Fe_2O_3）、磁铁矿（Fe_3O_4）和黄铁矿（FeS_2）。钴和镍在自然界中常共生，主要矿物有镍黄铁矿（NiS·FeS）和辉钴矿（CoAsS）。

11.5.1　铁系元素的单质

铁、钴、镍都是白色而有光泽的金属。铁和镍的延展性好，而钴则硬而脆。纯铁块在大气中较稳定，但含有杂质的铁在潮湿空气中易于生锈。由于锈层疏松多孔，因而腐蚀可继续深入。钴、镍虽能被空气所氧化，但其氧化膜较致密，腐蚀难以深入内层。在加热情况下，它们可与硫、氯、溴等发生猛烈的作用。赤热状态的金属铁可与水蒸气反应而生成 Fe_3O_4。

铁、钴、镍都是中等活性的金属，其标准电极电势 $E^{\ominus}(M^{2+}/M)$ 都是负值，并按 Fe→Co→Ni的顺序减少（见表 11-3），即这三种金属的还原性按同一顺序递减。它们都能溶于稀酸，其溶解程度也按 Fe→Co→Ni 顺序降低。浓硝酸可使它们成为钝态。强碱对它们不起作用。

11.5.2 铁的重要化合物

11.5.2.1 氧化物和氢氧化物

铁的氧化物有氧化亚铁（FeO）、四氧化三铁（Fe_3O_4）、氧化铁（Fe_2O_3）。Fe_2O_3 是一两性物质，但碱性强于酸性。在低温下制得的 Fe_2O_3 易溶于强酸生成铁（Ⅲ）盐；在 600℃以上制得的则不易溶于强酸，但能与碳酸钠共熔生成铁（Ⅲ）酸盐。

$$Fe_2O_3 + Na_2CO_3 \longrightarrow 2NaFeO_2 + CO_2$$

氧化铁（Ⅲ）及其水合物具有多种颜色，故可作为颜料。

四氧化三铁是黑色具有磁性的物质。铁丝在氧气中燃烧或赤热的铁与水汽反应均可得到 Fe_3O_4。粉末状 Fe_3O_4 可作为颜料，称为“铁黑”。可认为 Fe_3O_4 是混合氧化物或铁（Ⅲ）酸铁（Ⅱ）：

$$FeO + Fe_2O_3 \longrightarrow Fe(FeO_2)_2 \text{ 或 } FeO \cdot Fe_2O_3$$

铁的氢氧化物有 $Fe(OH)_2$ 和 $Fe(OH)_3$。它们呈弱碱性，且难溶于水。在亚铁盐（除尽空气）、铁盐溶液中加碱时，即有氢氧化物沉淀生成。

$$Fe^{2+} + 2OH^- \longrightarrow Fe(OH)_2\downarrow \text{（白色胶状物）}$$

$$Fe^{3+} + 3OH^- \longrightarrow Fe(OH)_3\downarrow \text{（棕红色胶状物）}$$

$Fe(OH)_2$ 与 $Fe(OH)_3$ 能溶于酸生成相应的盐。

11.5.2.2 盐类

(1) 铁（Ⅱ）盐　铁（Ⅱ）的强酸盐，如硫酸盐、硝酸盐、卤化物、高氯酸盐等，都溶于水。铁（Ⅱ）的弱酸盐，例如碳酸盐、磷酸盐、硫化物等，难溶于水而溶于酸。

常见的亚铁盐是 $FeSO_4 \cdot 7H_2O$，俗称绿矾。它不稳定，在水溶液中，容易被空气氧化为 Fe(Ⅲ)。

$$4FeSO_4 + O_2 + 2H_2O \longrightarrow 4Fe(OH)SO_4 \text{（棕色）}$$

因此，亚铁盐中常含有 Fe^{3+}。

硫酸亚铁铵 $(NH_4)_2SO_4 \cdot FeSO_4 \cdot 6H_2O$ 比绿矾稳定得多，是分析化学中常用的还原剂，用于标定 $Cr_2O_7^{2-}$、MnO_4^- 或 Ce^{4+} 的浓度。

(2) 铁（Ⅲ）盐　由于 $Fe(OH)_3$ 的碱性比 $Fe(OH)_2$ 更弱，因此，铁（Ⅲ）盐较铁（Ⅱ）盐更易水解。

Fe^{3+} 是一种处于中间氧化态的离子，它可以获得一个电子变成 Fe^{2+}，呈现氧化性，例如，Fe^{3+} 在酸性溶液中能将 $SnCl_2$、HI、H_2S 等氧化。

$$2Fe^{3+} + Sn^{2+} \longrightarrow 2Fe^{2+} + Sn^{4+}$$

$$2Fe^{3+} + 2I^- \longrightarrow 2Fe^{2+} + I_2$$

Fe^{3+} 又可以失去电子变成 FeO_4^{2-}，呈现还原性。从比较 Fe(Ⅲ) 在酸性介质中和在碱性介质中的标准电极电势：

$$FeO_4^{2-} + 8H^+ + 3e \rightleftharpoons Fe^{3+} + 4H_2O \qquad E_A^{\ominus} = 2.20V$$

$$FeO_4^{2-} + 2H_2O + 3e \rightleftharpoons FeO_2^- + 4OH^- \qquad E_B^{\ominus} = 0.9V$$

可知，在酸性介质中，FeO_4^{2-} 是个强氧化剂，一般的氧化剂很难把 Fe^{3+} 氧化成 FeO_4^{2-}；在强碱性介质中，FeO_2^- 氧化性降低，Cl_2、NaClO 等氧化剂可将 FeO_2^- 氧化成红紫色的 FeO_4^{2-}。

$$2FeO_2^- + 3ClO^- + 2OH^- \longrightarrow 2FeO_4^{2-} + 3Cl^- + H_2O$$

Fe_2O_3 与 KOH 加热共熔，生成高铁酸钾。

$$Fe_2O_3 + 3KNO_3 + 4KOH \longrightarrow 2K_2FeO_4 + 3KNO_2 + 2H_2O$$

氯化铁既能溶于水又能溶于有机溶剂中。通氯气于加热的铁，可得棕黑色的无水盐。它是共价键占优势的化合物，可以升华。在蒸气中以双聚分子 Fe_2Cl_6 存在，其结构与 Al_2Cl_6 相似：

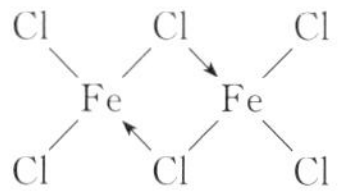

无水氯化铁在空气中易潮解。在空气中受热则变为 Fe_2O_3：

$$4FeCl_3 + 3O_2 \xrightarrow{\triangle} 2Fe_2O_3 + 6Cl_2$$

若将 Fe_2O_3 溶于盐酸，所得的是 $FeCl_3 \cdot 6H_2O$，它是个深黄色的晶体。用加热法不能脱去结晶水而成无水盐（因为发生水解作用）。氯化铁可用作水的净化剂、有机合成的催化剂以及印刷电路印花滚筒的蚀刻剂等。

11.5.2.3 铁的配合物

铁可以 Fe(0)、Fe(Ⅱ)(d^6)和 Fe(Ⅲ)(d^5)的形式与配位体形成多种性能的配合物。它们不仅能与 F^-、Cl^-、SCN^-、CN^-、CO、NO 等单齿配体反应生成配合物，还可以与 $C_2O_4^{2-}$、环戊二烯等多齿配体形成配合物。下面是几类代表性配合物。

（1）氰基配合物　Fe^{2+} 和 Fe^{3+} 都能与 CN^- 形成稳定的铁氰配合物。Fe^{2+} 先与 KCN 溶液生成 $Fe(CN)_2$ 沉淀，KCN 过量则沉淀溶解。

$$FeSO_4 + 2KCN \longrightarrow Fe(CN)_2 \downarrow + K_2SO_4$$

$$Fe(CN)_2 + 4KCN \longrightarrow K_4[Fe(CN)_6]$$

亚铁氰化钾的三水合物 $K_4[Fe(CN)_6] \cdot 3H_2O$ 是黄色的晶体，俗称黄血盐。

当黄血盐与铁（Ⅲ）盐反应时，立即生成蓝色沉淀，称为普鲁士蓝。

$$Fe^{3+} + K^+ + [Fe(CN)_6]^{4-} \longrightarrow KFe[Fe(CN)_6] \downarrow \text{(蓝色)}$$

Fe^{3+} 不能与 KCN 直接生成 $K_3[Fe(CN)_6]$。它是由氯气氧化 $K_4[Fe(CN)_6]$ 的溶液而制得。

$$2K_4[Fe(CN)_6] + Cl_2 \longrightarrow 2K_3[Fe(CN)_6] + 2KCl$$

$K_3[Fe(CN)_6]$ 是深红色的无水晶体，俗称赤血盐。当 Fe^{2+} 与赤血盐反应时，也可得到蓝色沉淀，称为滕氏蓝。

$$K^+ + Fe^{2+} + [Fe(CN)_6]^{3-} \longrightarrow KFe[Fe(CN)_6] \downarrow \text{(蓝色)}$$

普鲁士蓝和滕氏蓝具有相同的晶体结构，其最简式为 $KFe^{2+}Fe^{3+}(CN)_6$。它们的基本结构是 Fe^{2+} 和 Fe^{3+} 通过“CN 桥”连接起来，如图 11-4 所示。Fe^{2+} 与 C 原子相连，Fe^{3+} 与 N 原子相连，即—Fe^{2+}—C≡N—Fe^{3+}—，每个铁离子都有 6 个 CN^- 配位，K^+（和 H_2O 分子）位于立方晶格的空穴中。

（2）硫氰基配合物　当在铁（Ⅲ）盐溶液中加入 KSCN 或 NH_4SCN 时，可得到一系列互成平衡的配合物：$[Fe(NCS)]^{2+}$、$[Fe(NCS)_2]^+$、$[Fe(NCS)_3]$、$[Fe(NCS)_4]^-$、$[Fe(NCS)_5]^{2-}$、$[Fe(NCS)_6]^{3-}$，其中 $[Fe(NCS)]^{2+}$ 是血红色，这是检验 Fe^{3+} 的灵敏反应。

（3）卤离子配合物　Fe^{3+} 与卤离子配合物的稳定性从 F 到 Br 显著减小，没有 Fe^{3+} 与

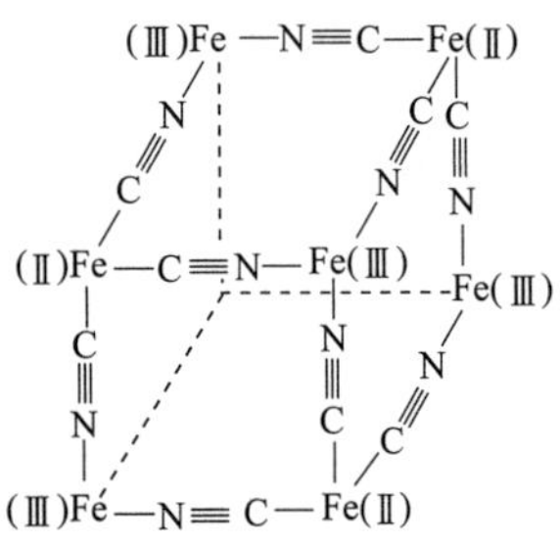

图 11-4 $KFe[Fe(CN)_6]$ 的结构（K 未标出）

I^- 的配合物。Fe^{3+} 与 F^- 能形成由 $[FeF]^{2+}$ 到 $[FeF_6]^{3-}$ 的一系列配合物。而且这些配合物无色且十分稳定，所以 $[FeF_6]^{3-}$ 配离子常用在分析化学中做掩蔽剂。

（4）羰基配合物　五羰基铁 $Fe(CO)_5$ 是在 150～200℃ 和 101×10^4 Pa 下，由铁粉与 CO 反应而成。它是黄色液体，不溶于水而溶于苯或乙醚中。将它的蒸气在隔绝空气中加热至 140℃ 即分解为铁和一氧化碳。利用这一反应可以制备纯铁。

（5）夹心式配合物　$(C_2H_5)_2Fe$ 称为二茂铁，为橙红色固体。二茂铁是 1951 年首次合成的，由环戊二烯和 Fe 反应制得。

$$Fe + 2C_5H_6 \xrightarrow{N_2,300℃} (C_5H_5)_2Fe + H_2$$

两个环戊二烯基的相关位置不同，使得二茂铁有两种构象，如图 11-5 所示。

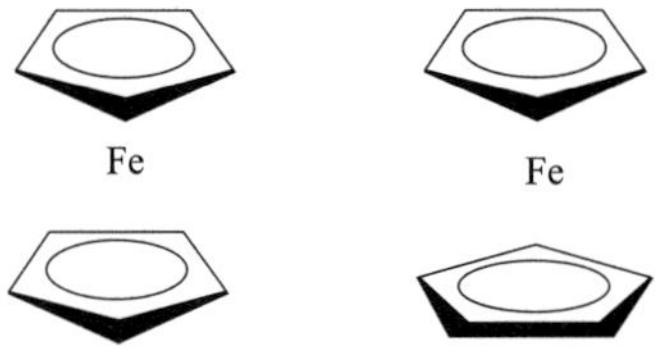

(a) 遮盖式　(b) 交错式

图 11-5　二茂铁的两种构象

11.5.2.4　铁（Ⅱ）盐和铁（Ⅲ）盐的相互转化

在酸性溶液中：

$$2Fe^{3+} + Fe \rightleftharpoons 3Fe^{2+} \qquad K^{\ominus} = \frac{[Fe^{2+}]^3}{[Fe^{3+}]^2} \approx 10^{41}$$

从反应的平衡常数可见，这个反应向右进行的程度很大。因而可在亚铁盐溶液中加入铁屑以防止 Fe^{2+} 的氧化。

另一方面，根据铁的各氧化态的标准电极电势：

$$Fe^{3+} + e \rightleftharpoons Fe^{2+} \qquad E^{\ominus} = 0.771V$$

$$Fe(OH)_3 + e \rightleftharpoons Fe(OH)_2 + OH^- \qquad E^{\ominus} = -0.56V$$

可知，Fe(Ⅱ) 在碱性溶液中极易氧化为 Fe(Ⅲ)，所以新沉淀的 $Fe(OH)_2$ 在空气中易被氧化，颜色由白→绿→棕红。

$$4Fe(OH)_2 + O_2 + 2H_2O \longrightarrow 4Fe(OH)_3\downarrow$$

在酸性溶液中的 Fe^{2+} 相对稳定。

11.5.3　钴和镍的重要化合物

钴和镍的氧化还原性质可由它们在酸性溶液中的标准电极电势作出估计（为比较起见，同时列入铁）：

$$Fe^{3+} + e \rightleftharpoons Fe^{2+} \qquad E^{\ominus} = 0.771V$$

$$Co^{3+} + e \rightleftharpoons Co^{2+} \qquad E^{\ominus} = 1.92V$$

$$NiO_2 + 4H^+ + 2e \rightleftharpoons Ni^{2+} + 2H_2O \qquad E^{\ominus} = 1.678V$$

由此可见，钴和镍的简单化合物中，+2 氧化态较稳定；+3 氧化态的钴、镍都具有强氧化性。

11.5.3.1　氧化物和氢氧化物

在钴（Ⅱ）盐和镍（Ⅱ）盐的溶液中，加入碱液，分别析出 $Co(OH)_2$ 和 $Ni(OH)_2$ 沉淀。和 $Fe(OH)_2$ 类似，它们主要显碱性。但又和 $Fe(OH)_2$ 不同：首先，它们可溶于氨水形成$[Co(NH_3)_6]^{2+}$和$[Ni(NH_3)_4]^{2+}$；其次，在碱性介质中，$Fe(OH)_2$ 极易被空气氧化，而 $Co(OH)_2$ 则缓慢地被氧化，至于 $Ni(OH)_2$ 则要用氧化剂如 Cl_2 或 NaClO 等才能使之氧化。在碱性溶液中：

$$Fe(OH)_3 + e \rightleftharpoons Fe(OH)_2 + OH^- \qquad E^\ominus = -0.56V$$

$$Co(OH)_3 + e \rightleftharpoons Co(OH)_2 + OH^- \qquad E^\ominus = 0.17V$$

$$NiO_2 + 2H_2O + 2e \rightleftharpoons Ni(OH)_2 + 2OH^- \qquad E^\ominus = 0.490V$$

$$O_2 + 2H_2O + 4e \rightleftharpoons 4OH^- \qquad E^\ominus = 0.401V$$

从上述电势可以看出：高氧化态氢氧化物的氧化性按 Fe→Co→Ni 顺序依次增强；而低氧化态氢氧化物的还原性按 Fe→Co→Ni 顺序依次减弱。其中 NiO_2 是最强的氧化剂，而 $Fe(OH)_2$则是最强的还原剂。空气中的氧不能氧化 $Ni(OH)_2$。

铁、钴、镍氢氧化物的性质对比如下：

$M(OH)_2$	还原性增强←		
	$Fe(OH)_2$（白色）	$Co(OH)_2$（粉红色）	$Ni(OH)_2$（浅绿色）
$M(OH)_3$	$Fe(OH)_3$（棕红色）	$Co(OH)_3$（棕黑色）	$Ni(OH)_3$（黑色）
	→氧化性增强		

加热 $Co(OH)_2$ 和 $Ni(OH)_2$，便脱水转变为 CoO 和 NiO。若小心加热 $Co(NO_3)_2$ 和 $Ni(NO_3)_2$，可制得 Co_2O_3 和 Ni_2O_3，后者极不稳定。当 Co_2O_3、Ni_2O_3、$Co(OH)_3$、$Ni(OH)_3$与酸反应时作为氧化剂，在溶解的同时，发生了氧化还原反应，本身被还原为 Co^{2+} 或 Ni^{2+}。

$$M_2O_3 + 6HCl \longrightarrow 2MCl_2 + Cl_2\uparrow + 3H_2O$$

$$4M(OH)_3 + 4H_2SO_4 \longrightarrow 4MSO_4 + O_2\uparrow + 10H_2O$$

$$2M(OH)_3 + 6HCl \longrightarrow 2MCl_2 + Cl_2\uparrow + 6H_2O$$

（M＝Co 或 Ni）

CoO 可作颜料，用于玻璃或瓷器的着色。

11.5.3.2　盐类

二氯化钴（$CoCl_2$）是常用的钴盐，它随所含结晶水分子数的不同而呈现不同的颜色。

水分子数目	6	4	2	1.5①	1	0
颜色	深红	红	浅红紫	暗红紫	蓝紫	蓝

① 可视为 $2CoCl_2 \cdot 3H_2O$。

蓝色无水 $CoCl_2$ 吸水后变为红色的 $CoCl_2 \cdot 6H_2O$，因此 $CoCl_2$ 可用作隐形墨水或用于变色硅胶（见 9.2.3 节）。$NiCl_2$ 也有若干水合物，和 $CoCl_2$ 同晶型。

11.5.3.3　钴的配合物

$Co^{2+}(d^7)$ 能与多种配位体形成丰富的 Co(Ⅱ) 配合物体系。与单齿配体（如 H_2O、Cl^-、Br^-、I^-、SCN^-、N_3^-、OH^-等）形成四配位和六配位化合物。例如钴（Ⅱ）的八面体和四面体配合物，在溶液中存在以下平衡：

$$[Co(H_2O)_6]^{2+} \underset{H_2O}{\overset{Cl^-}{\rightleftharpoons}} [CoCl_4]^{2-}$$

粉红色（八面体）　　　　蓝色（四面体）

Co^{2+}与KSCN反应生成蓝色配合物$[Co(NCS)_4]^{2-}$。

$$Co^{2+}+4NCS^- \longrightarrow [Co(NCS)_4]^{2-}$$

$[Co(NCS)_4]^{2-}$在水中不稳定，易离解为简单离子，但在有机溶剂如丙酮或戊醇中比较稳定，利用这一反应可以鉴定Co^{2+}。

Co(Ⅲ)的配合物较为稳定，一些Co(Ⅱ)配合物能被氧化生成Co(Ⅲ)的配合物。例如，在制备抗磁性配合物$K_3[Co(CN)_6]$的过程中，能得到红色的$K_4[Co(CN)_6]$中间体，但不稳定，易被氧化为淡黄色的$K_3[Co(CN)_6]$。

$$CoCl_2+6KCN \longrightarrow 2KCl+K_4[Co(CN)_6](\text{红色})$$

$$4K_4[Co(CN)_6]+O_2+2H_2O \longrightarrow 4K_3[Co(CN)_6](\text{淡黄色})+4KOH$$

Co(Ⅲ)(d^6)的大多数配合物表现为低自旋态，如$[Co(NH_3)_6]^{3+}$、$[Co(CN)_6]^{3-}$，$[Co(NO_2)_6]^{3-}$等。只有少数具有高自旋性质，如$[CoF_6]^{3-}$的有效磁矩(μ)为4.5B.M.。

在150℃和353×10^4Pa下，可通过金属钴与一氧化碳共热直接得到八羰基二钴(0)$Co_2(CO)_8$。$Co_2(CO)_8$为橘红色固体，易升华。

$$2Co(s)+8CO(g) \longrightarrow Co_2(CO)_8(s)$$

$Co_2(CO)_8$是一个具有高选择性的高效催化剂，如在催化剂$Co_2(CO)_8$存在下，通过异丁醛来合成缬氨酸。

11.5.3.4 镍的配合物

镍也易形成配合物，且主要以Ni(Ⅱ)形式存在，如四氰基合镍(Ⅱ)、二丁二肟合镍(Ⅱ)等。Ni^{2+}与CN^-反应先生成绿色$Ni(CN)_2$沉淀；在CN^-过量的条件下，得到$K_2[Ni(CN)_4]$的黄色晶体。

$$Ni^{2+}+2CN^- \longrightarrow Ni(CN)_2\downarrow(\text{灰绿色})$$

$$Ni(CN)_2+2KCN \longrightarrow K_2[Ni(CN)_4](\text{黄色},\mu=0B.M.)$$

Ni^{2+}与丁二肟反应生成鲜红色的二丁二肟合镍(Ⅱ)。这一反应可用于鉴定Ni^{2+}的存在。

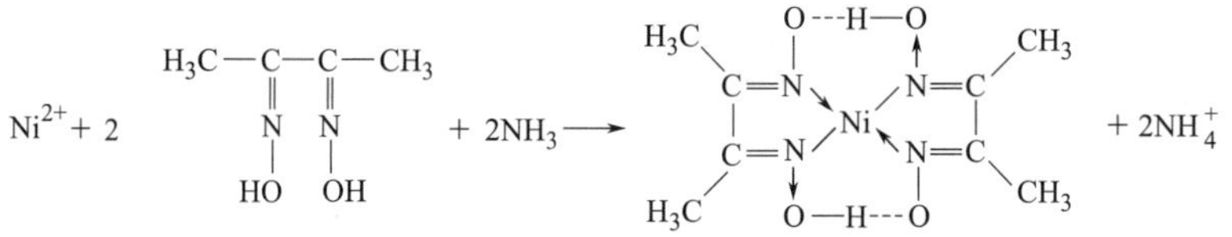

金属镍粉与一氧化碳共热可制得$Ni(CO)_4$，$Ni(CO)_4$为无色液体。

$$Ni+4CO \xrightarrow{50\sim100℃} Ni(CO)_4$$

利用$Ni(CO)_4$的分解，可制得纯度为99.99%的极纯Ni。

$$Ni(CO)_4 \xrightarrow{200℃} Ni+4CO$$

$Ni(CO)_4$还能作为催化剂活化CO，通过乙烯的氧化来合成丙酸。

$$CH_2{=}CH_2+CO+H_2O \xrightarrow{Ni(CO)_4} CH_3CH_2CO_2H$$

$Ni(CO)_4$中的Ni在成键时采取sp^3杂化，故$Ni(CO)_4$是正四面体结构。

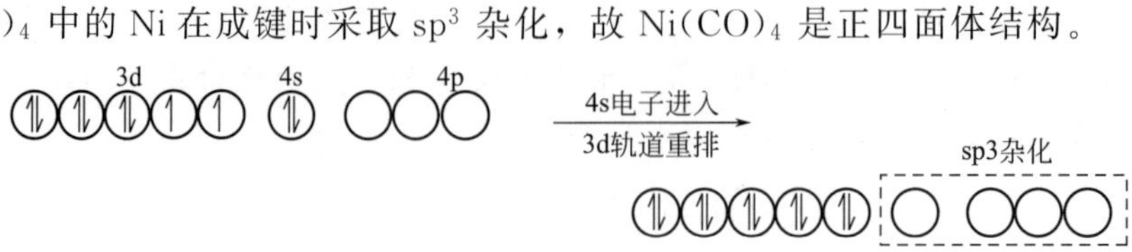

鲍林提出的电中性原理指出配合物的中心和配体，尽量分散自身的电荷以保持电中性，

这样的配合物才稳定。根据这一原理，$Ni(CO)_4$ 的中心 Ni 接受了 4 个配体 CO 的孤电子对后，负电荷过于集中。这些负电荷要有所分散，配位化合物才能够稳定。这一分散是通过形成反馈键来完成。这种反馈满足了电中性原理，加强了 CO 和 Ni 的结合。如图 11-6 所示。

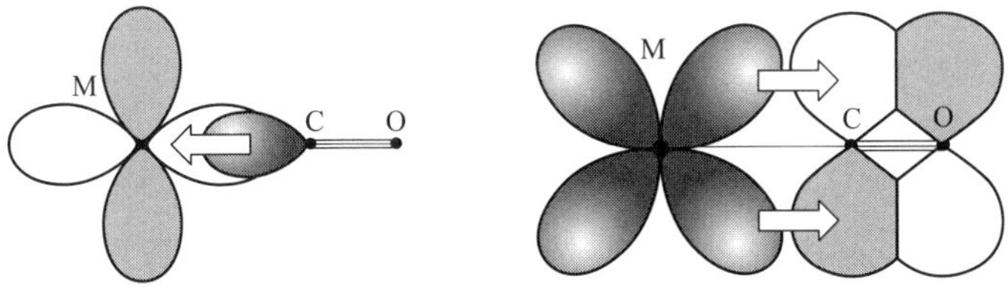

图 11-6　金属 M 与 CO 之间的作用

过渡金属 M 的 d 轨道与配体 CO 的 π_{2p}^* 分子轨道（见图 11-7）对称性一致。金属 M 的孤电子对反馈入 CO 的 π_{2p}^* 空轨道形成反馈键。

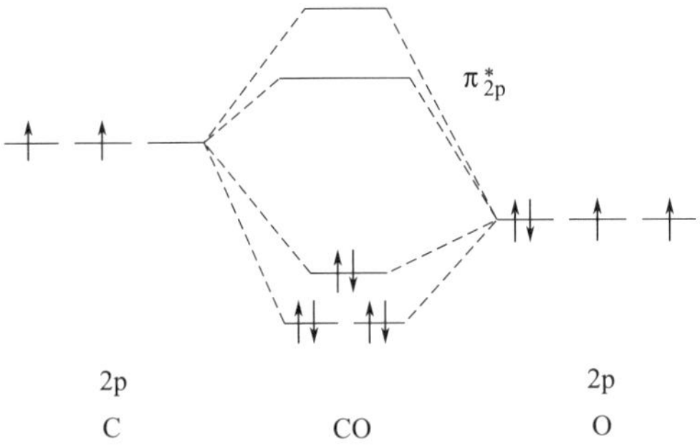

图 11-7　CO 的分子轨道示意图

电子对反馈到 CO 的反键轨道上，使 CO 中的 C—O 键削弱，于是活化了 CO 分子。现代有机化学正是利用配合物能形成活化分子的特性来实现各种有机催化反应。

过渡金属配合物，尤其是低氧化态的配合物，当中心原子 M 周围的 d 电子、s 电子与配体提供的电子的总数为 18 时，配合物稳定（18 电子规则）。如：

配合物	中心原子		CO 配体提供的电子总数	电子总数	稳定性
	价层电子结构	提供电子数			
$Ni(CO)_4$	$3d^84s^2$	10	2×4=8	18	稳定
$Fe(CO)_5$	$3d^64s^2$	8	2×5=10	18	稳定
$Co(CO)_4$	$3d^74s^2$	9	2×4=8	17	不稳定

$Co(CO)_4$ 不满足 18 电子规则，不能稳定存在，只能以二聚体形式 $[Co(CO)_4]_2$ 存在。

11.6 铂系元素

铂系元素包括钌（Ru）、铑（Rh）、钯（Pd）和锇（Os）、铱（Ir）、铂（Pt）6 种元素。分别位于周期系中第五、六周期、第 8、9、10（ⅧB）族。根据它们密度的不同，前三种元素称为轻铂系元素，后三种称重铂系元素。铂系元素与金银统称为贵金属。

铂系元素原子的价电子层结构不如铁系元素有规律，钌、铑、铂最外层只有 1 个 ns 电子，而钯的最外层没有 ns 电子。每个周期的铂系元素形成高氧化态化合物的倾向从左到右逐渐降低，这与铁系元素相似。

铂系元素在自然界几乎完全以单质状态存在。铂系元素在地壳中的含量极微，通常以微量组分（金属或合金形态）存在于火成岩中。

11.6.1 铂系元素的单质

铂系元素的单质中，除锇呈蓝灰色外，其他金属都呈银白色。同一周期铂系元素的熔点、沸点从左到右逐渐降低，这种变化趋势类似于铁系元素。钌和锇的硬度大并且脆。纯净的铂具有很强的可塑性，可被冷轧成薄片。

铂系元素的化学性质稳定。常温下它们不与氧、硫、卤素等作用，但在高温下可以发生反应，只有粉末状的锇在室温下的空气中会被慢慢地氧化。铂系金属对酸的化学稳定性比其他所有各族金属都高。钌、铑、锇、铱不溶于一般的强酸，甚至不溶于王水。但钯和铂都能溶于王水。

$$3Pt+4HNO_3+18HCl \longrightarrow 3H_2[PtCl_6]+4NO+8H_2O$$

钯还能溶于浓硝酸和热硫酸中。

$$Pd+4HNO_3 \longrightarrow Pd(NO_3)_2+2NO_2+2H_2O$$

大多数铂系金属能吸收气体，特别是吸收氢气。其中又以钯最易，锇最难，块状的锇几乎不吸收氢气。由于铂系金属具有吸收气体的性能，因而具有高度的催化活性，是优良的氢化催化剂。钯和铂的催化剂已获得了广泛的应用。

由于铂族金属具有高熔点、高沸点、低蒸气压和高温抗氧化、抗腐蚀等优良性能，故可用作高温容器（坩埚、器皿）、发热体等。其精密合金材料广泛用于各种仪器、仪表。某些铂族金属及其合金具有高温热电性能和稳定的电阻温度系数，使它成为当今最好的高温热电偶和电阻测量材料。铂族金属这种高化学惰性还可用于惰性电极材料。

11.6.2 铂、钯的重要化合物

11.6.2.1 铂的主要化合物

铂溶于王水生成氯铂酸，将此溶液蒸发，可得红棕色 $H_2PtCl_6 \cdot 6H_2O$ 柱状晶体。在氯铂酸盐中，Na_2PtCl_6 易溶于水，而氯铂酸的铵盐、钾盐、铷盐、铯盐等均是难溶于水的黄色晶体。因此，加 NH_4Cl 或 KCl 至 H_2PtCl_6 溶液中，可沉淀出黄色晶体。

$$2NH_4Cl+H_2PtCl_6 \longrightarrow (NH_4)_2PtCl_6\downarrow+2HCl$$

将 $(NH_4)_2PtCl_6$ 加热至 360℃时开始分解，升温至 700～800℃可煅烧成海绵铂，此反应可用于金属铂的提纯。

$$3(NH_4)_2PtCl_6 \xrightarrow{\triangle} 3Pt+16HCl+2NH_4Cl+2N_2\uparrow$$

11.6.2.2 钯的主要化合物

将钯溶于王水或通有 Cl_2 的盐酸溶液中，可以生成 H_2PdCl_6。

$$Pd+6HCl+4HNO_3 \longrightarrow H_2PdCl_6+4NO_2\uparrow+4H_2O$$

$$Pd+2HCl+2Cl_2 \longrightarrow H_2PdCl_6$$

与 H_2PtCl_6 不同，H_2PdCl_6 只存在于溶液中，若加热或蒸发其溶液至干，得到的是 H_2PdCl_4 或 $PdCl_2$。

$$H_2PdCl_6 \xrightarrow{\triangle} H_2PdCl_4+Cl_2\uparrow$$

$$H_2PdCl_6 \xrightarrow{\triangle} PdCl_2+2HCl+Cl_2\uparrow$$

M_2PdCl_6（$M=NH_4^+$、K^+）与 M_2PtCl_6 相似，也难溶于水，可由 $PdCl_2$ 水溶液加入相应的 MCl 后，通入 Cl_2 制得。

$$PdCl_2+2MCl+Cl_2 \longrightarrow M_2PdCl_6\downarrow (M=NH_4^+、K^+)$$

生成的沉淀是红色晶体。M_2PdCl_6 比 M_2PtCl_6 的稳定性差，当加热 M_2PdCl_6 悬浮液至沸腾时，便发生分解，并溶解。

$$(NH_4)_2PdCl_6 \xrightarrow{\triangle} (NH_4)_2PdCl_4+Cl_2\uparrow$$

利用 $(NH_4)_2PdCl_6$ 的不稳定性，易分解为 $(NH_4)_2PdCl_4$，而后者通 Cl_2 又可氧化成 $(NH_4)_2PdCl_6$ 的性质，可用于工业上分离金属铂与钯。

用 $PdCl_2$ 可以检查 CO 气体的存在。

$$PdCl_2+CO+H_2O \longrightarrow CO_2+2HCl+Pd\downarrow(黑)$$

11.6.2.3　铂、钯的配合物

Pt(Ⅱ)、Pd(Ⅱ) 形成的配合物的几何构型为平面四方形；Pt(Ⅳ)、Pd(Ⅳ) 形成的配合物的几何构型为八面体。下面介绍 Pt(Ⅱ)、Pd(Ⅱ) 的氨配合物。

在 $[PtCl_4]^{2-}$、$[PdCl_4]^{2-}$ 的酸性溶液中，逐渐加入氨水，则形成配合物 $[M(NH_3)_n]^{2+}$ ($n=1\sim4$，M=Pt、Pd)。其中 $n=1$、3、4 时的配合物易溶于水，而 $[M(NH_3)_2]^{2+}$ 则为不溶于水的黄色沉淀。

$$[PtCl_4]^{2-}(aq)+2NH_3(aq) \rightleftharpoons [Pt(NH_3)_2]Cl_2\downarrow+2Cl^-(aq)$$

$$[PdCl_4]^{2-}(aq)+2NH_3(aq) \rightleftharpoons [Pd(NH_3)_2]Cl_2\downarrow+2Cl^-(aq)$$

生成的黄色沉淀可以溶解在过量的氨水中。

$$[Pd(NH_3)_2]Cl_2+2NH_3(aq) \longrightarrow [Pd(NH_3)_4]^{2+}(aq)+2Cl^-(aq)$$

当向 $[Pd(NH_3)_4]^{2+}$ 溶液中加入 HCl 时，则上述反应逆转，pH 降低至 0.5～2 时又产生黄色沉淀。

$$[Pd(NH_3)_4]^{2+}(aq)+2HCl(aq) \longrightarrow Pd(NH_3)_2Cl_2\downarrow+2NH_4^+(aq)$$

工业上常利用配合、酸化的方法，使 Pd 与 Pt 和其他金属离子分离，达到提纯的目的。

$K_2[PtCl_4]$ 可与乙烯反应合成出历史上第一个被发现的金属有机化合物 $K[PtCl_3(C_2H_4)]$ (见图 11-8)。

$$[PtCl_4]^{2-}+C_2H_4 \longrightarrow [Pt(C_2H_4)Cl_3]^-+Cl^-$$

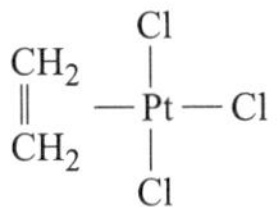

图 11-8　$[PtCl_3(C_2H_4)]^-$ 的结构示意图

$H_2[PtCl_4]$ 与乙酸铵作用可得到顺式铂配合物，$[PtCl_2(NH_3)_2]$ (即顺铂，其结构见 7.2.1.3 节)，它是一种抗肿瘤药物。

思　考　题

1. 过渡元素有哪些性质?
2. 举例说明配离子和含氧酸根呈现颜色的原因。
3. 简述金属钛的主要性质和用途。
4. 试述 TiO_2 的制备过程。
5. 在酸性溶液中钒元素的电势图如下：

$$E_A^\ominus/V \quad VO_2^+ \xrightarrow{+0.991} VO^{2+} \xrightarrow{+0.337} V^{3+} \xrightarrow{-0.255} V^{2+} \xrightarrow{-1.175} V$$

在酸性溶液中分别与 Fe^{2+}、Sn^{2+}、Zn 作用，最终的产物各是什么？VO^{2+} 能否歧化为 VO_2^+ 和 V^{3+}？

6. 举例说明 Cr^{3+} 和 Al^{3+} 的相似性。

7. 如何配制铬酸洗液？为什么它具有去污能力？失效时有何外观现象？

8. 将 $K_2Cr_2O_7$ 溶液加入以下各溶液，会发生什么变化（自己选择介质）？写出反应的化学方程式和现象。

① Cl^-，Br^-，I^-　② OH^-　③ NO_2^-　④ H_2O_2

9. 欲把 Cr(Ⅲ) 氧化为 Cr(Ⅵ)，在酸性还是碱性溶液中更易进行？如果要在酸性溶液中，把 Cr(Ⅲ) 氧化为 Cr(Ⅵ)，应采用什么氧化剂？

10. 解释下列实验事实，并写出相应的反应方程式：

① $TiCl_4$ 在空气中冒烟。

② 铬酸钡溶于浓盐酸中得绿色溶液。

③ 将 H_2S 通入已用 H_2SO_4 酸化的 $K_2Cr_2O_7$ 溶液时，溶液的颜色由橙红色变为蓝绿色，同时析出乳白色沉淀。

④ 新沉淀的 $Mn(OH)_2$ 是白色的，但在空气中慢慢变黑。

⑤ 在少量的 $MnSO_4$ 溶液中加入适量的 HNO_3，再加入 $NaBiO_3$ 固体，溶液出现紫红色，如果用 HCl 代替 HNO_3 做同样的实验却得不到紫红色。

⑥ 制备 $Fe(OH)_2$ 时，如果试剂不除去氧，则得到的产物不是白色的。

⑦ 把含 I^- 和淀粉溶液加入到含 Fe^{3+} 的溶液中，出现蓝色。但在含 Fe^{3+} 的溶液中先加入 CN^-，再加入含 I^- 及淀粉的溶液，则不出现蓝色。

⑧ Co^{3+} 盐具有强氧化性，而 $[Co(CN)_6]^{4-}$ 却易被氧化为 $[Co(CN)_6]^{3-}$。

11. 在酸溶液中，用足够的 Na_2SO_3 与 MnO_4^- 反应时，为什么 MnO_4^- 总是被还原为 Mn^{2+} 而不能得到 MnO_4^{2-}、MnO_2 或 Mn^{3+}？

12. 根据有关的标准电极电势值，在 $c(H^+)=1mol \cdot L^{-1}$ 时，估计 Mn^{3+} 能否歧化为 MnO_2 和 Mn^{2+}。若能歧化写出歧化反应式。

13. 已知下列电对的标准电极电势值：

$$Mn^{3+} + e \longrightarrow Mn^{2+} \qquad E^\ominus = +1.541V$$

$$[Mn(CN)_6]^{3-} + e \longrightarrow [Mn(CN)_6]^{4-} \qquad E^\ominus = -0.244V$$

说明锰的这两种氰配离子哪一种较稳定，形成氰配离子后氧化还原性质有何变化？

14. 在 Mn^{2+} 和 Cr^{3+} 的混合溶液中，采取什么方法把这两种离子分离开来？

15. 铁制容器能否用于装储浓硝酸、浓硫酸或稀盐酸、稀硫酸？为什么？

16. 试说明：Fe^{3+} 盐比 Fe^{2+} 盐稳定，但镍则以 Ni^{2+} 盐稳定。

17. 在 $FeCl_3$ 溶液中加入 Fe 粉，使之反应完全，然后再加入 KSCN 溶液是否有血红色出现？为什么？

18. 比较 $Fe(OH)_2$、$Co(OH)_2$、$Ni(OH)_2$ 的性质。

19. 在实验室中做碱熔实验时不能用瓷坩埚，而要用镍坩埚，试加以解释。

20. $Co(NH_3)_6^{3+}$ 和 Cl^- 能共存于同一溶液中，而 Co^{3+} 和 Cl^- 不能共存于同一溶液中，试根据有关数据解释上述现象。

21. 说明铂、钯主要化合物的性质和用途。

习　题

1. 写出下列反应方程式：

① $Ti + HF \longrightarrow$

② $TiO_2 + NaOH \xrightarrow{\text{共熔}}$

③ $TiCl_4 + H_2O \longrightarrow$

④ $Ti^{3+} + Fe^{3+} + H_2O \longrightarrow$

2. 选择适当的试剂，使下列的前一化合物转化为后一化合物。并写出反应的化学反应方程式。

$$K_2CrO_4 \longrightarrow K_2Cr_2O_7 \longrightarrow CrCl_3 \longrightarrow Cr(OH)_3 \longrightarrow KCrO_2$$

3. 写出下列反应方程式：

① $K_2Cr_2O_7 + FeSO_4 + H_2SO_4 \longrightarrow$

② $K_2Cr_2O_7$（饱和溶液）$+ H_2SO_4$（浓）$\longrightarrow$

③ $KMnO_4 + HCl \longrightarrow$

④ $KMnO_4 + KNO_2 + H_2SO_4 \longrightarrow$

⑤ $PbO_2 + MnSO_4 + H_2SO_4 \longrightarrow$

⑥ $FeCl_3 + HI \longrightarrow$

4. 写出下列反应的离子方程式，并选择适当的化合物，写出相应的化学反应方程式：

① $Cr^{3+} + OH^-$（过量）$\longrightarrow$

② $CrO_2^- + Br_2 + OH^- \longrightarrow$

③ $Cr_2O_7^{2-} + SO_3^{2-} + H^+ \longrightarrow$

5. 今有组成为 $CrCl_3 \cdot 6H_2O$ 的一种化合物。

① 当溶于水后，加入 $AgNO_3$ 溶液，其中有 1/3 的氯可被沉淀法除去；

② 将固体 $CrCl_3 \cdot 6H_2O$ 置于盛浓硫酸的干燥剂中，则 $CrCl_3 \cdot 6H_2O$ 可以失去两分子水；

③ 该化合物的水溶液，以某种实验方法（如冰点降低法）测知其含有两种离子。根据上述试验，写出此化合物可能的结构式。并写出它的名称。

6. 如何分离 $BaCrO_4$ 和 $PbCrO_4$？

7. 解释下列实验现象，写出相应反应方程式。

① 在酸化的重铬酸钾溶液中加入锌粉，振荡片刻，溶液颜色由橙色变为绿色，接着变为蓝色，静置片刻后，又逐渐变回绿色。

② 在硫酸铬水溶液中滴加氢氧化钠溶液，先析出灰蓝色絮状沉淀；接着溶解，此时再加入溴水，溶液由绿色变为黄色。

8. 如何从软锰矿制备高锰酸钾？写出反应方程式。

9. 为什么 $KMnO_4$ 需要保存在棕色瓶中？写出相关的反应方程式。

10. 将 H_2S 通入 $MnSO_4$ 水溶液中能否得到 MnS 沉淀？为什么？

11. 写出下列反应的离子方程式，并选择适当的化合物，写出相应的化学反应方程式：

① $MnO_4^- + SO_3^{2-} + H_2O \longrightarrow$

② $MnO_4^- + Fe^{2+} + H^+ \longrightarrow$

③ $MnO_4^- + S^{2-} + H^+ \longrightarrow$

12. 某绿色固体 A 可溶于水，其水溶液中通入 CO_2 即得棕黑色沉淀 B 和紫红色溶液 C，B 与浓 HCl 溶液共热时放出黄绿色气体 D，溶液近于无色，将此溶液和溶液 C 混合，即得沉淀 B。将气体 D 通入 A 的溶液，可得 C，试判断 A 是哪种钾盐。写出有关反应方程式。

13. 现有 Al^{3+}、Cr^{3+} 和 Fe^{3+} 的混合液，试用化学方法分离之。

14. 溶液中有 Fe^{3+}、Cr^{3+} 和 Ni^{2+}，如何对它们进行分离并加以鉴定？

15. 怎样用化学方法区别 $FeCl_2$ 和 $FeCl_3$？

16. 如何正确配制 $FeSO_4$ 溶液？

17. 怎样选择适当的方法完成下列物质的转化，同时又不会引入杂质，并写出反应方程式：

①商将 $FeCl_3$ 溶液转变为 $FeCl_2$ 溶液。

② 将 $FeCl_2$ 溶液转变为 $FeCl_3$ 溶液。

18. 用盐酸处理 $Fe(OH)_3$、$Co(OH)_3$、$Ni(OH)_3$ 各发生什么反应？为什么？

19. 写出和下述实验现象有关反应的化学方程式：

向含有 Fe^{2+} 溶液中加入 NaOH 溶液后，生成白绿色沉淀；渐渐变为棕色。过滤后，用 HCl 溶解棕色沉淀，溶液呈黄色。加入几滴 KSCN 溶液，立即变红色。通入 SO_2 后，红色消失。滴加 $KMnO_4$ 溶液，紫色褪去。最后加入黄血盐溶液，生成蓝色沉淀。

20. 某金属 M 溶于稀 HNO_3，生成溶液 A，其 M^{2+} 的磁矩为 2.83B. M. 。在溶液 A 中滴加 NaOH，生成苹果绿色沉淀 B。该沉淀可溶于酸，但不被空气中的氧所氧化，只能在强碱性溶液中用强氧化剂（Cl_2）氧化为黑色沉淀 C。沉淀 B 溶于过量 KCN，生成黄色溶液 D。确定各字母所代表的物质，并写出有关的反应方程式。

21. 说明变色硅胶颜色变化的原因，写出反应方程式。

22. 试说明 $[CoF_6]^{3-}$ 是顺磁性，$[Co(CN)_6]^{3-}$ 是反磁性。

23. 在氯化钯的酸性溶液中加入氨水，至 pH=0.5 时，出现什么现象？继续加入氨水至 pH=5，又有什么现象？再继续加入氨水至 pH=8，又出现什么现象？写出各现象的化学反应方程式。

12 d区元素（2）

铜族元素位于周期系中第11（ⅠB）族，包括铜（Cu）、银（Ag）、金（Au）。锌族元素位于周期系中第12（ⅡB）族，包括锌（Zn）、镉（Cd）、汞（Hg）。铜族和锌族元素的价电子层结构分别为 $(n-1)d^{10}ns^1$ 和 $(n-1)d^{10}ns^2$。铜族的Cu、Ag、Au分别与同周期的碱金属K、Rb、Cs相比，它们最外层电子数相同，但次外层不同，前者次外层有18个电子，后者有8个电子。而且铜族元素的原子半径小于碱金属，电离能大于碱金属。锌族的Zn、Cd、Hg分别与同周期的碱土金属Ca、Sr、Ba相比较时也有相同的情况。所以铜、锌两族元素单质的化学性质远不及相应的碱金属、碱土金属元素单质的性质活泼。另一方面，铜、锌两族元素形成配合物的能力则强得多。

表12-1和表12-2对铜族元素与碱土金属元素的性质、锌族元素与碱金属元素的性质分别进行了比较。

表 12-1　铜族元素与碱土金属元素性质的比较

元素性质	第4周期		第5周期		第6周期	
	K	Cu	Rb	Ag	Cs	Au
价电子层结构	$4s^1$	$3d^{10}4s^1$	$5s^1$	$4d^{10}5s^1$	$6s^1$	$5d^{10}6s^1$
金属半径/pm	227	128	248	144	265	144
I_1/kJ·mol^{-1}	419	745	403	731	376	890
I_2/kJ·mol^{-1}	3088	1958	2675	2073	2436	1978
电负性	0.82	1.92	0.82	1.93	0.79	2.54
氧化态	(+1)	(+1),(+2),+3	(+1)	(+1),+2,+3	+1	+1,+2,+3
$E^{\ominus}(M^+/M)$/V	−2.931	0.521	−2.98	0.7996	−3.026	1.692

表 12-2　锌族元素与碱金属元素性质的比较

元素性质	第4周期		第5周期		第6周期	
	Ca	Zn	Sr	Cd	Ba	Hg
价电子层结构	$4s^2$	$3d^{10}4s^2$	$5s^2$	$4d^{10}5s^2$	$6s^2$	$5d^{10}6s^2$
金属半径/pm	197	133	215	149	217	160
I_1/kJ·mol^{-1}	590	906	549	868	503	1007
I_2/kJ·mol^{-1}	3088	1958	2675	2073	2436	1978
电负性	1.00	1.65	0.95	1.69	0.89	2.00
氧化态	(+2)	+1,(+2)	(+2)	+1,(+2)	(+2)	+1,(+2)
$E^{\ominus}(M^{2+}/M)$/V	−2.868	−0.7618	−2.89	−0.4030	−2.912	0.7973

12.1 铜族元素

铜、银、金单质的化学性质不活泼。它们的标准电极电势大于氢。因此，不能从稀酸中置换出氢气。

12.1.1 铜族元素的单质

铜的主要矿石有黄铜矿 $CuFeS_2$、辉铜矿 Cu_2S、孔雀石 $Cu_2(OH)_2CO_3$、赤铜矿 Cu_2O 等。银在自然界中主要以硫化物形式，存在于铜、铅、锌等的硫化物矿中，单独存在的辉银矿（也称闪银矿）Ag_2S 很少见。金主要以单质状态存在于自然界。

表 12-3 列出了铜族单质的晶体结构与一些物理性质。

表 12-3　铜族单质的晶体结构和物理性质

单质	铜	银	金
晶型	面心立方	面心立方	面心立方
颜色	赤红色	白色光泽	黄色光泽
固体密度(20℃)/$g \cdot cm^{-3}$	8.96	10.5	19.3
熔点/℃	1083.4	961.9	1064.4
沸点/℃	2567	2212	2807
硬度	3	2.7	2.5
导电性(Hg=1)	56.9	59.0	39.6

铜、银和金都是不活泼的金属，化学性质按 Cu-Ag-Au 的顺序逐步减弱，这主要表现在与水、氧气及与酸等物质的反应上。铜、银、金即使在加热的条件下也不与水反应。

常温下，铜在干燥空气中是稳定的。在潮湿空气中铜的表面会缓慢地产生绿色的铜锈（或称铜绿），其化学成分为碱式碳酸铜。

$$2Cu+O_2+H_2O+CO_2 \longrightarrow Cu_2(OH)_2CO_3$$

铜在常温下可与卤素单质反应。加热时铜与氧气或硫黄都能反应。但氮气、碳即使在高温也不与铜反应。

铜可溶于硝酸、热浓硫酸。铜溶于浓的氰化钠溶液中，并有氢气放出。

$$2Cu+8CN^-+2H_2O \longrightarrow 2[Cu(CN)_4]^{3-}+2OH^-+H_2\uparrow$$

这个反应的实质是铜置换出水中的氢，反应之所以能发生是由于生成了稳定的配合物$[Cu(CN)_4]^{3-}$。

常温下，银在空气中是稳定的。若把它加热到熔融状态，它能溶入大量的氧并与 H_2S 反应生成黑色的 Ag_2S。

$$2Ag+H_2S+\frac{1}{2}O_2 \longrightarrow Ag_2S+H_2O$$

与铜相似，银也能溶于硝酸或热浓硫酸中。银还能溶于含有空气的氰化钠溶液中。

$$4Ag+8CN^-+2H_2O+O_2 \longrightarrow 4[Ag(CN)_2]^-+4OH^-$$

而金能溶解于王水中生成配合物 $HAuCl_4$。

$$Au+4HCl+HNO_3 \longrightarrow H[AuCl_4]+NO\uparrow+2H_2O$$

12.1.2　铜的重要化合物

铜有+1、+2、+3 氧化态的化合物。其中+3 氧化态的铜化合物不稳定。

12.1.2.1　铜（Ⅰ）化合物

（1）氧化物　Cu_2O 对热十分稳定。Cu_2O 不溶于水，溶于稀酸立即发生歧化反应。

$$Cu_2O+H_2SO_4 \longrightarrow CuSO_4+Cu\downarrow+H_2O$$

Cu_2O 溶于氨水可生成无色配合物 $[Cu(NH_3)_2]^+$。

Cu_2O 常用于制造船舶底漆、红玻璃和红瓷釉，农业上用作杀菌剂。

（2）盐类

① 卤化亚铜　CuX（X=Cl、Br、I）都是白色难溶化合物，其溶解度依 Cl、Br、I 顺序依次减小。

干的 CuX 在空气中比较稳定，但湿的 CuCl 在空气中易发生水解和被空气氧化为 Cu(Ⅱ)化合物。

$$4CuCl+O_2+4H_2O \longrightarrow 3CuO \cdot CuCl_2 \cdot 3H_2O+2HCl$$

$$8CuCl+O_2 \longrightarrow 2Cu_2O+4Cu^{2+}+8Cl^-$$

CuX 易与 X^- 反应生成相应的配合物。

$$CuX(s)+X^-(aq) \longrightarrow [CuX_2]^-(aq)$$

CuCl 由于能形成可溶性的 $[CuCl_2]^-$ 和 $[CuCl_3]^{2-}$ 等配离子，故可溶于盐酸。CuCl 用于有机合成工业、染料工业的催化剂（如丙烯腈的生产）和还原剂，石油工业的脱硫剂及脱色剂。

② 硫化亚铜　硫化亚铜为黑色，可由过量的铜和硫加热制得。

$$2Cu+S \xrightarrow{\triangle} Cu_2S$$

在硫酸铜溶液中，加入硫代硫酸钠溶液生成 Cu_2S 沉淀。在分析化学中常用此反应除去铜离子。

$$2Cu^{2+}+2S_2O_3^{2-}+2H_2O \longrightarrow Cu_2S\downarrow+S\downarrow+2SO_4^{2-}+4H^+$$

Cu_2S 难溶于水，也不溶于非氧化性稀酸。可溶于 KCN 溶液和硝酸溶液。

$$Cu_2S+8KCN \longrightarrow 2K_3[Cu(CN)_4]+K_2S$$

$$3Cu_2S+22HNO_3 \longrightarrow 6Cu(NO_3)_2+3H_2SO_4+10NO\uparrow+8H_2O$$

③ 铜（Ⅰ）的配合物　重要的 Cu（Ⅰ）配合物有 $[Cu(NCCH_3)_2]^+$、$[CuCl_3]^{2-}$ 和 $[Cu(CN)_4]^{3-}$ 等。

$$CuX+2CH_3CN \longrightarrow [Cu(NCCH_3)_2]^+(\text{暗绿})+X^-(X=Cl^-、Br^-、I^-)$$

$[Cu(NCCH_3)_2]^+$ 可作为+1 铜原料来完成亚铜化合物的设计与合成。

$[Cu(CN)_4]^{3-}$ 极稳定，通入 H_2S 也无 Cu_2S 沉淀生成。利用这个性质可进行铜离子和某些离子（如 Cd^{2+}）的分离。

12.1.2.2　铜（Ⅱ）化合物

（1）氧化物　黑色的氧化铜可由 $Cu(OH)_2$ 受热分解或在空气中加热金属铜粉而制得。目前工业生产多采用铜粉空气氧化法。氧化铜常用作玻璃、陶瓷、搪瓷的绿色、红色或蓝色颜料，光学玻璃磨光剂，油类的脱硫剂，有机合成的催化剂等。

CuO 是碱性氧化物，可与酸反应成盐。

$$CuO+H_2SO_4 \longrightarrow CuSO_4+H_2O$$

CuO 加热时易被 H_2、C、CO 等还原为铜。

$$2CuO+C \xrightarrow{\text{高温}} 2Cu+CO_2\uparrow$$

CuO 的热稳定性较高，只有温度超过 1000℃时，才会发生明显的分解。

$$2CuO \xrightarrow{1000℃} 2Cu+O_2\uparrow$$

（2）盐类

① 硫化铜　往铜盐中通入 H_2S 气体，则有黑色的硫化铜 CuS 沉淀析出。

$$CuSO_4+H_2S \longrightarrow CuS\downarrow+H_2SO_4$$

CuS 不溶于水，也不溶于稀盐酸中，但能溶于热硝酸中。CuS 常用作颜料和涂料。

② 硫酸铜　$CuSO_4 \cdot 5H_2O$ 俗称胆矾。加热胆矾，随着温度的升高逐步脱水，在 250℃时，变为白色的无水硫酸铜。无水硫酸铜吸水性很强，吸水后即显蓝色。借此可以检验或除去有机液体中的少量水分，是常用的干燥剂。

硫酸铜易溶于水，其溶液具有较强的杀菌能力，把它加入蓄水池或水稻秧田中可防止藻类生长。由于其单独使用时，对植物的破坏性较大，一般把它和石灰乳混合配成波尔多液来使用。波尔多液的有效成分是氢氧化铜或碱式硫酸铜，它与农作物分泌出的酸性物质反应，转化成可溶性铜盐而发挥其杀菌防病的效用。硫酸铜还用于原电池、电镀、电子复印技术、印染、木材防腐、选矿和制备某些无机颜料。在医药上用作收敛剂、防腐剂和催吐剂。工业上常用硫酸溶解金属铜（往溶液中鼓入空气）或 CuO 来生产硫酸铜。

③ 氯化铜　卤化铜（Ⅱ）除碘化铜不存在外，其他皆可从碳酸铜与氢卤酸反应制得。碘化铜不存在的原因，是因为 I^- 具有较强还原性，能把 Cu^{2+} 还原成 Cu(Ⅰ)。

无水 $CuCl_2$ 呈棕黄色，为共价化合物。其结构为链状：

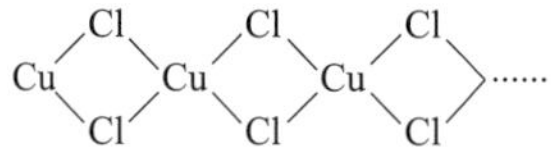

$CuCl_2$ 易溶于水。$CuCl_2$ 的稀溶液中由于存在大量的 $[Cu(H_2O)_4]^{2+}$ 而呈蓝色。在很浓的溶液中，$CuCl_2$ 可形成黄色的 $[CuCl_4]^{2-}$。

$$Cu^{2+} + 4Cl^- \longrightarrow [CuCl_4]^{2-}$$

因此，在 $CuCl_2$ 溶液中存在着如下平衡：

$$\underset{\text{(黄色)}}{[CuCl_4]^{2-}} + 4H_2O \rightleftharpoons \underset{\text{(蓝色)}}{[Cu(H_2O)_4]^{2+}} + 4Cl^-$$

$CuCl_2$ 溶液的颜色与其浓度有关。根据平衡移动原理，在浓溶液中，上述平衡偏向左边，$[CuCl_4]^{2-}$ 量较多，溶液的颜色呈黄绿色；随着溶液的稀释，平衡逐渐向右移动，$[Cu(H_2O)_4]^{2+}$ 逐渐增多，溶液的颜色也就逐渐转变为绿色，最后变为蓝色。

在热盐酸溶液中，用铜粉还原可制得难溶于水的 CuCl。

$$Cu^{2+} + 2Cl^- + Cu \longrightarrow 2CuCl\downarrow$$

(3) 铜（Ⅱ）的配合物　Cu^{2+} 能与许多配体（如 OH^-、Cl^-、F^-、SCN^-、H_2O、NH_3 等），以及一些复杂的有机配体分子形成相应的配合物。

在 Cu(Ⅱ)盐溶液中，加入过量氨水，可得深蓝色的 $[Cu(NH_3)_4]^{2+}$。除溶解度很小的 CuS 外，其他常见难溶的 Cu(Ⅱ) 化合物，均可因形成 $[Cu(NH_3)_4]^{2+}$ 而溶解于氨水。

12.1.2.3　铜（Ⅰ）和铜（Ⅱ）的转化

从离子的电子层结构看，Cu^+ 是 $3d^{10}$ 构型，Cu^{2+} 是 $3d^9$ 构型，Cu^+ 应该比 Cu^{2+} 稳定。但从电离能看，铜的 $I_1 = 745kJ \cdot mol^{-1}$，$I_2 = 1960kJ \cdot mol^{-1}$，即铜的第二电离能较高。可见，在干态时，离子的电子层结构决定了 Cu(Ⅰ) 化合物比 Cu(Ⅱ) 化合物稳定。

铜在酸性溶液中的电势图为：

$$Cu^{2+} \xrightarrow{+0.17} Cu^+ \xrightarrow{0.521} Cu$$

$E^{\ominus}(Cu^{2+}/Cu^+) < E^{\ominus}(Cu^+/Cu)$，故水溶液中，Cu(Ⅱ) 化合物比 Cu(Ⅰ) 化合物稳定。$Cu^+(aq)$ 会自发地发生歧化。

$$2Cu^+ \rightleftharpoons Cu^{2+}(aq) + Cu\downarrow \qquad K^{\ominus} = 1.4 \times 10^6$$

例如，Cu_2O 溶于稀 H_2SO_4 中，得到的不是 Cu_2SO_4 而是 $CuSO_4$ 和 Cu。原因是 Cu^{2+} 的电荷高，半径小，离子势比 Cu^+ 的大，吸引水分子的能力强，使得 Cu^{2+} 的水合热 $(-2100kJ \cdot mol^{-1})$ 比 Cu^+ $(-582kJ \cdot mol^{-1})$ 的大得多。

若使 Cu(Ⅱ) 转化为 Cu(Ⅰ)，则一方面要有还原剂存在，另一方面生成物应是难溶物或配合物，使溶液中 Cu^+ 浓度降低到非常小，以利于转化反应的进行。例如：

$$2Cu^{2+} + 4I^- \longrightarrow 2CuI\downarrow(\text{白}) + I_2\downarrow$$

$$2Cu^{2+} + 4CN^- \longrightarrow 2CuCN\downarrow(\text{白}) + (CN)_2\uparrow$$

$$CuCN+(x-1)CN^- \longrightarrow [Cu(CN)_x]^{1-x}（无色）$$

总之：可溶性铜(Ⅰ)化合物在水溶液中很易歧化为铜(Ⅱ)化合物和铜；在一定条件下可溶性铜(Ⅱ)化合物在溶液中可转变为难溶的铜(Ⅰ)化合物或稳定的铜(Ⅰ)配合物。

12.1.3 银的重要化合物

银的化合物中，+1 氧化态的最稳定和比较常见。除 AgF、$AgNO_3$ 可溶、Ag_2SO_4 微溶外，其他银盐大都难溶于水。

12.1.3.1 氧化银

可溶性银盐溶液中加入强碱，可得到暗褐色的氧化银沉淀。

$$2Ag^+ +2OH^- \longrightarrow Ag_2O\downarrow +H_2O$$

这个反应可以认为先生成 AgOH。因 Ag^+ 极化力和变形性都较大，故其氢氧化物极不稳定，在常温下就立即脱水而成 Ag_2O。

Ag_2O 受热不稳定，加热到 300℃即完全分解为 Ag 和 O_2。

氧化银可溶于硝酸，也可溶于氰化钠或氨水溶液中。

$$Ag_2O+4CN^- +H_2O \longrightarrow 2[Ag(CN)_2]^- +2OH^-$$

$$Ag_2O+4NH_3+H_2O \longrightarrow 2[Ag(NH_3)_2]^+ +2OH^-$$

12.1.3.2 卤化银

卤化银中 AgF 无色、AgCl 为白色，AgBr 却是浅黄色、AgI 是黄色。AgF 溶于水，AgCl、AgBr、AgI 均难溶于水，其中 AgI 溶解度最小。

AgCl、AgBr、AgI 感光可分解。

$$2AgX \xrightarrow{光照} 2Ag+X_2$$

因此常用 AgBr 作照相底片上的感光物质。在照相底片上敷有一层含有 AgBr 胶体粒子的明胶，在光照下，AgBr 光分解成“银核”（银原子）。

$$2AgBr \xrightarrow{光照} 2Ag+Br_2$$

然后在显影（显影液中主要含有有机还原剂）的条件下，使含有“银核”的 AgBr 粒子被还原为金属，变为黑色。最后在定影（定影液中主要含有 $Na_2S_2O_3$，它能溶解 AgBr）的条件下，使未感光的 AgBr 溶解，剩下的金属银则不再变化。

12.1.3.3 硝酸银

硝酸银溶解于硝酸，所得溶液经蒸发结晶，便得白色或无色的硝酸银晶体。它是最重要的可溶性银盐。硝酸银熔点为 209℃，加热到 440℃时分解。

$$2AgNO_3 \longrightarrow 2Ag+2NO_2\uparrow +O_2\uparrow$$

在硝酸银中，如含有微量有机物，见光后也可分解析出银，因此，$AgNO_3$ 常保存在棕色瓶内。

硝酸银是氧化剂，可被 Cu、Zn 等金属还原成 Ag。

$$2Ag^+ +Cu \longrightarrow 2Ag+Cu^{2+}$$

硝酸银在医药上可作为杀菌剂，例如治疗结膜炎等。

12.1.3.4 银的配合物

Ag^+ 有可利用的 5s、5p 空轨道。它通常以 sp 杂化轨道与配体（如 Cl^-、NH_3、$S_2O_3^{2-}$、CN^- 等）形成配位数为 2 的配离子。以下列出一些常见的银配离子的不稳定常数：

配离子	$[AgCl_2]^-$	$[Ag(NH_3)_2]^+$	$[Ag(S_2O_3)_2]^{3-}$	$[Ag(CN)_2]^-$
$K^{\ominus}_{不稳}$	1.76×10^{-5}	9.1×10^{-8}	3.5×10^{-11}	7.9×10^{-22}

AgCl 难溶于水，但在浓盐酸或氯离子浓度很高的溶液中，会因形成 $[AgCl_2]^-$ 而溶解。

根据银盐溶解度的不同和银配离子不稳定性的差异，沉淀的溶解和生成，配离子的形成和解离可以交替发生。

$AgCl\downarrow$（白，$K_{sp}^{\ominus}=9.1\times10^{-8}$）$\xrightarrow{NH_3\cdot H_2O}$ $[Ag(NH_3)_2]^+$ $\xrightarrow{KBr}$ $AgBr\downarrow$（浅黄，$K_{sp}^{\ominus}=7.7\times10^{-13}$）$\xrightarrow{Na_2S_2O_3}$ $[Ag(S_2O_3)_2]^{3-}$ $\xrightarrow{KI}$ $AgI\downarrow$（黄，$K_{sp}^{\ominus}=1.5\times10^{-16}$）$\xrightarrow{NaCN}$ $[Ag(CN)_2]^-$ $\xrightarrow{Na_2S}$ $Ag_2S\downarrow$（黑，$K_{sp}^{\ominus}=1.6\times10^{-49}$）

利用上述各反应，可以分离 Cl^-、Br^-、I^-。

$[Ag(NH_3)_2]^+$ 具有弱氧化性，可被醛或葡萄糖还原为金属银（银镜反应）：

$$2[Ag(NH_3)_2]^+ + RCHO + 3OH^- \longrightarrow 2Ag\downarrow + RCOO^- + 4NH_3 + 2H_2O$$

有机化学利用此反应可鉴定醛基，工业上利用银镜反应制造镜子或为保温瓶镀银。

12.1.4 金的重要化合物

$AuCl_3$ 是较稳定的金的化合物。可用金与氯在 200℃下直接作用制得。

$$2Au + 3Cl_2 \xrightarrow{200℃} 2AuCl_3$$

$AuCl_3$ 是红褐色晶体，固态和气态时都是二聚体 Au_2Cl_6，具有明显的共价性。加热到 250℃时开始分解为 AuCl 和 Cl_2，265℃时升华。$AuCl_3$ 溶于水并水解生成一羟基三氯合金（Ⅲ）酸。

$$AuCl_3 + H_2O \longrightarrow H[AuCl_3(OH)]$$

$AuCl_3$ 溶于盐酸中形成黄色的配合物。

$$AuCl_3 + HCl \longrightarrow H[AuCl_4]$$

$AuCl_3$ 具有较强的氧化性，能被 Zn、$FeSO_4$ 等还原。

$$2AuCl_3 + 3Zn \longrightarrow 2Au\downarrow + 3ZnCl_2$$

$$AuCl_3 + 3FeSO_4(\text{过量}) \longrightarrow Au\downarrow + Fe_2(SO_4)_3 + FeCl_3$$

12.2 锌族元素

12.2.1 锌族元素的单质

自然界中锌、镉、汞存在量都不大，但分布却非常广泛。它们主要以硫化物的形式存在。锌的主要矿石是闪锌矿（ZnS），它常与方铅矿（PbS）共存。镉极少单独形成矿物，一般以 CdS 形式存在于闪锌矿中。汞在地壳中的含量也较少，主要的汞矿是辰砂（HgS，又名朱砂）。

锌、镉、汞的重要物理性质列于表 12-4 中。

表 12-4 锌族金属的物理性质

单质	锌	镉	汞
晶型	六方密堆	六方密堆	斜方六面体
颜色	青白色	银白色	银白色
固体密度(20℃)/$g\cdot cm^{-3}$	7.133	8.65	13.546
熔点/℃	419.58	320.9	−38.87
沸点/℃	907	765	356.58
硬度	2.5	2	液

锌（Zn）、镉（Cd）、汞（Hg）分别位于第一、二、三过渡系之末，它们单质的熔点、沸点不仅低于同一过渡系金属单质，而且低于碱土金属，并按 Zn→Cd→Hg 的顺序下降。在所有金属中汞的熔点最低，常温下是液体，有“水银”之称。这是由于汞的电离能很高，使其价电子难于参与金属键合的缘故。

液态汞的密度很大，受热时均匀地膨胀且不湿润玻璃，可用于制造温度计。汞具有挥发性，室内空气中即使含有微量的汞蒸气，都对人体健康不利。水银溅落，微细汞滴无孔不入，为防止汞蒸气的污染，必须把溅落的水银尽量收集起来。微小的汞滴，可用锡箔把它“沾起”（因形成汞齐）。凡有可能遗留汞的地方（特别是缝隙）要覆盖上硫黄，使汞变成极难溶的 HgS。

汞能与许多金属（如 Na、K、Ag、Au、Zn、Cd、Sn 等）形成合金（汞齐）。汞齐有许多重要用途。例如，铊汞齐（质量分数为 8.5% Tl）在 −60℃时才凝固，可做低温温度计；钠汞齐与水反应放出氢，但反应比纯金属钠与水的反应缓和，常在有机合成中用作还原剂。铁不与汞作用，故可用铁罐贮存汞。

锌和镉的化学性质相似，而汞的化学性质要比锌、镉差得多。

在干燥的空气中，锌、镉、汞单质都较稳定。在潮湿空气中锌与含有 CO_2 的空气相接触，表面生成一层碱式碳酸盐薄膜，它能阻止锌进一步被氧化。

$$4Zn+2O_2+3H_2O+CO_2 \longrightarrow ZnCO_3 \cdot 3Zn(OH)_2$$

在加热的条件下，锌可与大多数非金属反应。当加热到 1000℃时，即在空气中燃烧，形成氧化锌。

$$2Zn+O_2 \xrightarrow{1000℃} 2ZnO$$

锌在红热状态时，还可还原水蒸气或 CO_2。

$$Zn+H_2O \longrightarrow ZnO+H_2\uparrow$$

$$Zn+CO_2 \longrightarrow ZnO+CO\uparrow$$

所以在冶炼金属锌的过程中，如有 H_2O 或 CO_2 存在，将得不到金属锌。

锌与铝相似是两性金属，除能溶于酸，还能溶于强碱。

$$Zn+2NaOH \longrightarrow Na_2ZnO_2+H_2\uparrow$$

与铝不同是锌能溶于氨水生成配合物。

$$Zn+2H_2O+4NH_3 \longrightarrow [Zn(NH_3)_4](OH)_2+H_2\uparrow$$

汞在加热到近沸点时，能生成红色的 HgO。汞不与稀酸反应，只能溶解于热的浓硫酸和硝酸中。

$$2Hg+O_2 \xrightarrow{近沸} 2HgO$$

$$Hg+2H_2SO_4(浓) \longrightarrow HgSO_4+SO_2\uparrow+2H_2O$$

$$3Hg+8HNO_3 \longrightarrow 3Hg(NO_3)_2+2NO\uparrow+4H_2O$$

而在过量汞与冷硝酸中得到的是硝酸亚汞。

$$6Hg+8HNO_3 \longrightarrow 3Hg_2(NO_3)_2+2NO\uparrow+4H_2O$$

12.2.2 锌的主要化合物

锌的卤化物（氟化物除外）、硝酸盐、硫酸盐和醋酸盐都易溶于水。氧化锌、氢氧化锌、硫化锌、碳酸锌等难溶于水。

12.2.2.1 氧化锌和氢氧化锌

（1）氧化锌 纯氧化锌色白，俗称锌白，可作白色颜料。晶格中Zn—O键键长的实验值为 194pm，这与计算出来的共价键长（197pm）很接近，故氧化锌是共价化合物。氧化锌微溶于水，溶于酸或碱而形成各种锌盐或锌酸盐。氧化锌无毒性，有适度的收敛性和微弱的防腐性。因此，在医疗卫生上，用它来治疗溃烂表皮和各种皮肤病。

(2) 氢氧化锌　在锌盐溶液中，加入适量的强碱可析出氢氧化锌沉淀。它是两性氢氧化物，溶于酸成锌盐，溶于碱则成锌酸盐。

$$Zn(OH)_2 + 2NaOH \longrightarrow Na_2[Zn(OH)_4]（或 Na_2ZnO_2 \cdot 2H_2O）$$

氢氧化锌可溶于氨水。

$$Zn(OH)_2 + 4NH_3 \longrightarrow [Zn(NH_3)_4]^{2+} + 2OH^-$$

12.2.2.2　盐类

(1) 硫化锌　在锌盐溶液中，加入 $(NH_4)_2S$，可析出白色沉淀 ZnS。因 ZnS 溶于酸，在锌盐的酸性溶液中通入 H_2S 得不到沉淀，只有在碱溶液中，通 H_2S 才能沉淀出 ZnS。

$$Zn^{2+} + 3OH^- \longrightarrow HZnO_2^- + H_2O$$
$$HZnO_2^- + H_2S \longrightarrow ZnS\downarrow + OH^- + H_2O$$

硫化锌含有微量的铜或银的化合物作活化剂时，能发出不同的荧光，可作荧光剂。ZnS 与 $BaSO_4$ 的混合物叫做锌钡白（俗称立德粉），用作白色颜料。

(2) 氯化锌　卤化锌中以氯化锌为最重要。水合氯化锌 $ZnCl_2 \cdot H_2O$ 在加热时不易脱水，而是水解形成碱式盐。

$$ZnCl_2 \cdot H_2O \rightleftharpoons Zn(OH)Cl + HCl$$

$ZnCl_2$ 在水中的溶解度很大（在 10℃，每 100g 水可溶 330g 无水盐）。浓的溶液有显著的酸性，能溶解金属氧化物。

$$ZnCl_2 \cdot H_2O \longrightarrow H[ZnCl_2(OH)]$$
$$FeO + 2H[ZnCl_2(OH)] \longrightarrow H_2O + Fe[ZnCl_2(OH)]_2$$

所以，在焊锡时用 $ZnCl_2$ 的浓溶液（焊药）清除金属表面的氧化物。

12.2.2.3　锌的配合物

Zn^{2+} 能形成多种稳定的配合物，如 $[Zn(OH)_4]^{2-}$、$[Zn(NH_3)_4]^{2+}$、$[Zn(CN)_4]^{2-}$ 等。$[Zn(CN)_4]^{2-}$ 的溶液，曾被用作锌的电镀液。由于 CN^- 有剧毒，已经改用其他无毒的电镀液，例如，用 Zn^{2+} 与次氨基三乙酸或三乙醇胺形成的配合物来镀锌。在碱性条件下，Zn^{2+} 可与无色的二苯硫腙反应生成粉红色的配合物沉淀，实验室可用此方法鉴定 Zn^{2+}。

$$\frac{1}{2}Zn^{2+} + C\begin{matrix}NH-NH-C_6H_5\\ \|\\ =S\\ N-N-C_6H_5\end{matrix} + OH^- \longrightarrow C\begin{matrix}NH-N-C_6H_5\\ \|\\ =S\rightarrow Zn/2\\ N-N-C_6H_5\end{matrix} \text{（固,粉红色）} + H_2O$$

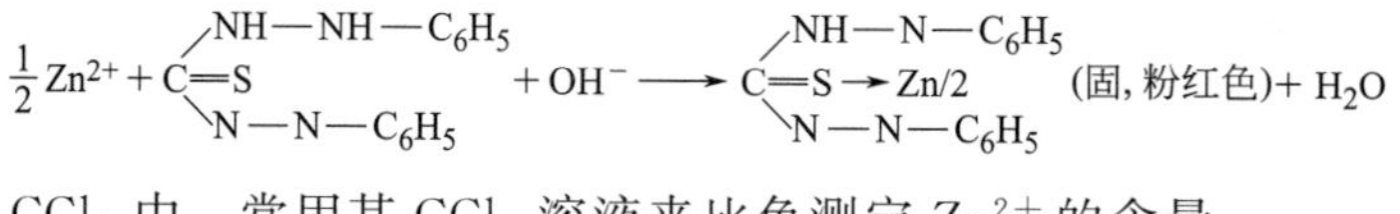

此配合物能溶于 CCl_4 中，常用其 CCl_4 溶液来比色测定 Zn^{2+} 的含量。

12.2.3　汞的重要化合物

汞的氧化态有 +1、+2。由于汞原子的最外层上的 2 个 6s 电子很稳定，所以 Hg(Ⅰ) 强烈地趋向于形成二聚体，其结构式为 $^+Hg:Hg^+$，简写为 Hg_2^{2+}。至于汞(Ⅱ) 的化合物，除硫酸盐和硝酸盐在固态时是离子型外，其余大多数化合物，如硫化物、卤化物等，都是共价化合物。

12.2.3.1　氧化物和氢氧化物

由于 Hg^{2+} 的极化力强和变形性大，汞的氢氧化物极不稳定，以致在可溶性汞盐溶液中，加碱得到的是氧化物沉淀而不是氢氧化物。例如：

$$Hg(NO_3)_2 + 2NaOH \longrightarrow 2NaNO_3 + H_2O + HgO\downarrow\text{（黄色）}$$

黄色的 HgO（晶粒细小）受热可转变为红色的 HgO（晶粒较大）。

亚汞盐与碱反应得到的黑褐色沉淀，它是 HgO 与 Hg 的混合物。

$$Hg_2(NO_3)_2 + 2NaOH \longrightarrow 2NaNO_3 + H_2O + HgO\downarrow + Hg\downarrow$$

12.2.3.2　盐类

(1) 氯化物　汞的氯化物有氯化亚汞（Hg_2Cl_2）和氯化汞（$HgCl_2$），均为共价型化合物。

氯化汞熔点低，易升华，通常叫做升汞。升汞有剧毒，可溶于水但电离度很小，且略有水解，在 $HgCl_2$ 溶液中加入稀氨水，可生成白色氨基氯化汞沉淀。

$$HgCl_2 + H_2O \longrightarrow Hg(OH)Cl\downarrow(\text{白色}) + HCl$$

$$HgCl_2 + 2NH_3 \longrightarrow Hg(NH_2)Cl\downarrow(\text{白色}) + NH_4Cl$$

在浓 NH_4Cl 存在下或通入氨气则能得到白色的氨配合物 $[Hg(NH_3)_2]Cl_2$。

$$HgCl_2 + 2NH_3 \longrightarrow [Hg(NH_3)_2]Cl_2\downarrow$$

在 $HgCl_2$ 的酸性（HCl）溶液中，加适量的 $SnCl_2$ 可将它还原为白色 Hg_2Cl_2。

$$2HgCl_2 + SnCl_2 + 2HCl \longrightarrow Hg_2Cl_2\downarrow + H_2SnCl_6$$

加过量的 $SnCl_2$，则析出黑色金属汞。

$$Hg_2Cl_2 + SnCl_2 + 2HCl \longrightarrow 2Hg\downarrow + H_2SnCl_6$$

利用上述反应，可以检验 Hg^{2+} 或 Sn^{2+}。

氯化亚汞味甘，俗称甘汞。将 Hg 和 $HgCl_2$ 固体一起研磨，可制得白色的 Hg_2Cl_2。

$$HgCl_2 + Hg \longrightarrow Hg_2Cl_2$$

Hg_2Cl_2 与氨水反应，可歧化为氨基氯化汞和金属汞。

$$Hg_2Cl_2 + 2NH_3 \longrightarrow Hg(NH_2)Cl\downarrow + Hg\downarrow + NH_4Cl$$

$Hg(NH_2)Cl$ 原是白色的，但其中分散有很细的黑色金属汞珠，故显黑灰色。这个反应可用来检验 Hg_2^{2+}。

(2) 硝酸盐　汞的硝酸盐有硝酸亚汞 $Hg_2(NO_3)_2$ 和硝酸汞 $Hg(NO_3)_2$。它们都溶于水，并水解生成碱式盐。

$$Hg_2(NO_3)_2 + H_2O \longrightarrow HNO_3 + Hg_2(OH)NO_3$$

$$Hg(NO_3)_2 + H_2O \longrightarrow HNO_3 + Hg(OH)NO_3$$

在 $Hg(NO_3)_2$ 溶液中，加入 KI 可产生红色 HgI_2 沉淀。

$$Hg(NO_3)_2 + 2KI \longrightarrow HgI_2\downarrow + 2KNO_3$$

HgI_2 可溶于过量 KI 中，形成配合物。

$$HgI_2 + 2KI \longrightarrow K_2[HgI_4]$$

在 $Hg_2(NO_3)_2$ 溶液中加入适量 KI，先生成淡绿色 Hg_2I_2 沉淀。

$$Hg_2(NO_3)_2 + 2KI \longrightarrow Hg_2I_2\downarrow + 2KNO_3$$

继续加入 KI 溶液，则形成 $K_2[HgI_4]$ 和析出黑色汞。

$$Hg_2I_2 + 2KI \longrightarrow K_2[HgI_4] + Hg\downarrow$$

12.2.3.3　汞的配合物

Hg^{2+} 为 18 电子构型，且半径较大，因而具有较强的极化力和变形性，其配合物较稳定。如 Hg^{2+} 与卤素离子、CN^-、SCN^- 等形成一系列配离子。

$$Hg^{2+} + 4Cl^- \longrightarrow [HgCl_4]^{2-}$$

$$Hg^{2+} + 4SCN^- \longrightarrow [Hg(SCN)_4]^{2-}$$

$$Hg^{2+} + 4CN^- \longrightarrow [Hg(CN)_4]^{2-}$$

配离子的组成随配体浓度变化而不同，例如 Hg^{2+} 与 Cl^- 存在以下平衡：

$$HgCl \xrightleftharpoons{Cl^-} HgCl_2 \xrightleftharpoons{Cl^-} HgCl_3^- \xrightleftharpoons{Cl^-} HgCl_4^{2-}$$

实验证明，当溶液中 Cl^- 过量时，主要是 $[HgCl_4]^{2-}$；而 Cl^- 浓度小时，$HgCl_2$、$[HgCl_3]^-$ 和 $[HgCl_4]^{2-}$ 都可能存在。

Hg^{2+} 与过量 KI 作用最后生成无色的 $[HgI_4]^{2-}$。它是较稳定的配离子，加入强碱也不会生成 HgO 沉淀。$K_2[HgI_4]$ 的 KOH 溶液称为奈斯勒试剂，该试剂与 NH_3 或 NH_4^+ 反应而生成显黄色或棕色的碘化氨基氧合二汞（Ⅱ）沉淀，其颜色随含 NH_4^+ 量增加而加深，可用于检验氨或 NH_4^+。

$$2[HgI_4]^{2-} + NH_4^+ + 4OH^- \longrightarrow HgO \cdot HgNH_2I\downarrow + 7I^- + 3H_2O$$

12.2.3.4　汞（Ⅰ）和汞（Ⅱ）的转化

在酸性溶液中，汞的电势图如下：

$E^{\ominus}/V$

$$Hg^{2+} \xrightarrow{+0.92} Hg_2^{2+} \xrightarrow{+0.797} Hg \qquad (Hg^{2+} \to Hg:\ 0.851)$$

由于 $E^{\ominus}(Hg^{2+}/Hg_2^{2+}) > E^{\ominus}(Hg_2^{2+}/Hg)$，故在溶液中，$Hg^{2+}$ 可氧化 Hg 生成 Hg_2^{2+}。

$$Hg^{2+} + Hg \rightleftharpoons Hg_2^{2+} \qquad K^{\ominus}(25℃) = \frac{[Hg_2^{2+}]}{[Hg^{2+}]} \approx 160$$

从反应的平衡常数来看，平衡时 Hg^{2+} 基本上都转变为 Hg_2^{2+}，但该反应依然存在可逆性。根据平衡移动原理，若 Hg^{2+} 生成难溶沉淀或难解离的配合物，就能降低溶液中 Hg^{2+} 的浓度，上述平衡便移向左方，发生歧化反应。例如：

$$Hg_2^{2+} + 2OH^- \longrightarrow HgO\downarrow + Hg\downarrow + H_2O$$

$$Hg_2^{2+} + S^{2-} \longrightarrow HgS\downarrow + Hg\downarrow$$

$$Hg_2^{2+} + 2CN^- \longrightarrow Hg(CN)_2 + Hg\downarrow$$

综上所述，在水溶液中，Hg_2^{2+} 比较稳定，Hg^{2+} 和 Hg 转化为 Hg_2^{2+} 的反歧化是主要倾向；如果加入某种沉淀剂或配位剂，使 Hg^{2+} 形成沉淀或更稳定的配合物，则 Hg_2^{2+} 也能发生歧化反应。

*12.2.4　含镉、汞废水的处理

镉和汞都是有毒的重金属，其中镉容易累积在人的肾脏和肝脏内，首先引起肾脏损害，导致肾功能不良。积累在人体内的镉能破坏人体内的钙，导致骨骼疏松和软化，使人患骨痛症。镉还可以通过置换锌酶里的锌而破坏锌酶的作用，引起高血压、心血管等疾病。

汞的毒性也很大，汞蒸气可通过呼吸道吸入，或经过消化道随饮食而误食，也可以经皮肤直接吸收而中毒。汞急性中毒症状表现为严重口腔炎、恶心呕吐、腹痛、腹泻、尿量减小或尿闭，很快死亡。慢性中毒以消化系统与神经系统症状为主，口腔黏膜溃烂、头痛、记忆力减退、语言失常，严重者可有各种精神障碍。有机汞化合物比金属汞或无机汞化合物中毒更危险。1952 年日本的“水俣灾害”造成 52 人丧生，其病因是甲基汞离子 $HgMe^+$ 中毒。

随着化学、冶炼、电镀等工业生产的不断发展，所需镉、汞及其化合物的用量也日趋增多，随之排放出来含镉、汞的废水也愈加严重，现已成为世界上危害较大的工业废水之一。为了保护环境，造福人类，需要对含镉、汞的废水处理后才能排放。下面简单介绍含镉、汞废水处理方法的一般原理。

12.2.4.1 含镉废水的处理

（1）中和沉淀法　在含镉废水中投入石灰或电石渣，使镉离子变为难溶的 $Cd(OH)_2$ 沉淀。

$$Cd^{2+} + 2OH^- \longrightarrow Cd(OH)_2 \downarrow$$

此法适用于处理冶炼含镉废水和电镀含镉废水。

（2）离子交换法　基本原理是利用 Cd^{2+} 比水中其他离子与阳离子交换树脂有较强的结合力，能优先交换。

含镉废水的处理还有气浮法、碱性氯化法等。

12.2.4.2 含汞废水的处理

（1）化学还原法　可以用铜屑、铁屑、锌粒、硼氢化钠等作还原剂处理含汞废水，这种方法的最大优点是可以直接回收金属汞。

铜屑置换。用废料——紫铜屑、铅黄铜屑、铝屑。可回收电池车间排放出的强酸性含汞废水中的汞。反应式为：

$$Cu + Hg^{2+} \longrightarrow Cu^{2+} + Hg \downarrow$$

电池车间废水中还含有硫酸亚汞等，进水含汞浓度为 $1\sim400mg \cdot L^{-1}$，经过三组铜屑，一组铝屑过滤置换，出水含汞量小于 $0.05mg \cdot L^{-1}$，回收率达 99%。

也可用硼氢化钠进行还原。

$$BH_4^- + Hg^{2+} + 2OH^- \longrightarrow BO_2^- + 3H_2 \uparrow + Hg \downarrow$$

（2）化学沉淀法　此法适用于不同浓度、不同种类的汞盐。缺点是含汞泥渣较多，后处理麻烦。该法一般又分为：硫氢化钠、硫酸亚铁共沉淀；电石渣、氯化铁沉淀等。现以硫氢化钠沉淀为例，用硫氢化钠加明矾凝聚沉淀，可以处理多种汞盐洗涤废水，除汞率可达 99%，反应式为：

$$Hg^{2+} + S^{2-} \longrightarrow HgS \downarrow$$

经过滤后，可使 Hg^{2+} 达到国家允许排放标准（Hg 不超过 $0.05mg \cdot L^{-1}$）。

含汞废水处理方法还有活性炭吸附法、电解法、离子交换法、微生物法等。

思 考 题

1. 试从原子结构的观点，说明铜族和碱金属元素性质的差异。
2. 锌族和碱土金属元素的原子结构和性质有何异同？
3. 试比较 Cu(Ⅰ) 和 Cu(Ⅱ) 的化合物在水溶液和在固体状态时的稳定性，并举例说明。
4. 试总结 Cu(Ⅰ) 和 Cu(Ⅱ) 相互转化的规律，并用元素电势图和平衡移动原理加以说明。
5. 总结 Cu^{2+}、Ag^+ 分别与过量的 NaCN 溶液反应的情况。用反应方程式来表示。
6. 总结 Cu^{2+}、Zn^{2+}、Ag^+、Hg^{2+} 分别与氨水或氢氧化钠溶液反应的情况。用反应方程式来表示。
7. 总结 Cu^{2+} 盐和 Hg_2^{2+} 盐进行歧化反应的规律。并用电势图和平衡移动原理来说明。
8. 用平衡移动原理解释 AgI 沉淀为什么会溶于 NaCN 溶液，所得的溶液加入 Na_2S 又会生成 Ag_2S 沉淀。
9. 银溶于氰化钠溶液的必要条件是什么？
10. $CuCl_2$ 的浓溶液逐渐加水稀释时，溶液的颜色是如何变化的？为什么？
11. 用什么方法可以实现下列变化？

① $Zn(OH)_2 \downarrow \longrightarrow [Zn(NH_3)_4]^{2+}$

② $[Zn(NH_3)_4]^{2+} \longrightarrow [Zn(H_2O)_4]^{2+}$

③ $[Zn(H_2O)_4]^{2+} \longrightarrow Zn(OH)_2 \downarrow$

④ $Zn(OH)_2 \downarrow \longrightarrow [Zn(OH)_4]^{2-}$

12. 在含有 Zn^{2+}、Mg^{2+}、Al^{3+} 的混合溶液中，分别加入过量 NaOH 和过量的氨水各有何变化？

13. 试总结 Hg(Ⅰ) 和 Hg(Ⅱ) 相互转化的规律，并用元素电势图和平衡移动原理加以说明。

14. 在硝酸汞的溶液中，依次加入过量的 KI 溶液、NaOH 溶液和铵盐溶液，有什么现象？写出反应方程式。

15. 如何用化学方法区别 Hg^{2+} 盐和 Hg_2^{2+} 盐？

16. 用适当的方法区别下列物质：

① 镁盐与锌盐　　② 锌盐与铝盐　　③ 甘汞和升汞

17. 铁能被 Cu^{2+} 腐蚀，而铜又能被 Fe^{3+} 腐蚀。两者是否矛盾？试说明之。

18. 选用适当的配位剂，使下列沉淀分别溶解，写出反应方程式。

CuCl　$Cu(OH)_2$　AgI　HgS

AgBr　$Zn(OH)_2$　HgI_2　CuS

习　　题

1. 从下列电势图判断下列反应进行的方向：

$Cu_2SO_4(aq) \longrightarrow CuSO_4(aq) + Cu$

$E^{\ominus}/V \quad Cu^{2+} \xrightarrow{+0.17} Cu^{+} \xrightarrow{+0.521} Cu$

2. 写出下列反应方程式：

① $Cu + H_2SO_4$(浓)$\longrightarrow$

② $Cu + NaCN + H_2O \longrightarrow$

③ $CuO \xrightarrow{1000℃}$

④ $Cu_2O + H_2SO_4 \longrightarrow$

⑤ $CuSO_4 + NaI \longrightarrow$

⑥ $Cu^{2+} + CN^-$(过量)$\longrightarrow$

⑦ $Cu^{2+} + NH_3$(过量)$\longrightarrow$

⑧ $Ag^+ + OH^- \longrightarrow$

⑨ $Ag^+ + NH_3$(过量)$\longrightarrow$

⑩ $AgCl + Na_2S_2O_3$(过量)$\longrightarrow$

3. 试用简便的方法区别以下三种白色固体：CuCl、AgCl、Hg_2Cl_2。

4. 在含有大量 NaF 的 $0.1mol \cdot L^{-1}$ $CuSO_4$ 和 $0.1mol \cdot L^{-1}$ $Fe_2(SO_4)_3$ 的混合溶液中，加入$0.1mol \cdot L^{-1}$ KI 溶液。问有何现象发生？为什么？写出反应方程式。

5. 在硫酸铜溶液中加入适量碘化钾，问将会发生什么反应？试通过计算说明，并写出反应方程式。

6. 以 $Cu_2(OH)_2CO_3$ 为原料制备 CuCl，写出有关的化学反应方程式。

7. 解释以下事实：

① 铜器在含有 CO_2 的潮湿空气中表面会产生一层铜绿；

② 焊接金属时用浓 $ZnCl_2$ 溶液来处理金属的表面；

③ 将 H_2S 气体通入 $ZnSO_4$ 溶液中 ZnS 不能沉淀完全；

④ $AgNO_3$ 溶液应保存在棕色瓶中；

⑤ 在含有 H_2S 的空气中银器的表面会慢慢变黑；

⑥ 将 H_2S 气体通入 $Hg_2(NO_3)_2$ 溶液中得不到 Hg_2S 沉淀。

8. 在含有 Ag^+ 的溶液中，先加入少量的 $Cr_2O_7^{2-}$，再加入适量的 Cl^-，最后加入足量的 $S_2O_3^{2-}$，估计每一步有什么现象出现，写出有关的离子反应方程式。

9. 写出下列反应方程式：

① $Zn+NaOH$(过量)$\longrightarrow$

② $Zn+NH_3\cdot H_2O$(过量)$\longrightarrow$

③ $Zn+CO_2\longrightarrow$

④ $Hg+HNO_3$(浓)$\longrightarrow$

⑤ $HgCl_2+Hg\xrightarrow{\text{研磨混合}}$

⑥ $Hg(NO_3)_2+KI$(适量)$\longrightarrow$

⑦ $Hg(NO_3)_2+KI$(过量)$\longrightarrow$

⑧ $HgCl_2+NH_3\cdot H_2O\longrightarrow$

10. 为何“王水”比浓硝酸具有更强的反应能力？分别写出王水与金及硫化汞的化学反应方程式。

11. 试仅用一种试剂鉴别下列七种溶液：

KCl、$CrCl_3$、$FeCl_3$、$Cu(NO_3)_2$、$AgNO_3$、$ZnCl_2$、$Hg(NO_3)_2$

12. 有一无色溶液 A：

① 在 A 中加入氨水时有白色沉淀生成；

② 在 A 中加入稀的强碱则有黄色沉淀；

③ 在 A 中滴加 KI 溶液，先析出橘红色沉淀，KI 过量时，橘红色沉淀消失；

④ 若在 A 中加入数滴汞并振荡，汞逐渐消失。此时再加氨水得灰黑色沉淀。问此无色溶液 A 中含有哪种化合物？写出有关的反应方程式。

13. 某一化合物 A 溶于水得一浅蓝色溶液。在 A 溶液中加入 NaOH 可得蓝色沉淀 B。B 能溶于 HCl 溶液，也能溶于氨水。A 溶液中通入 H_2S，有黑色沉淀 C 生成。C 难溶于 HCl 溶液而易溶于热 HNO_3 中。A 溶液中加入 $Ba(NO_3)_2$ 溶液，无沉淀产生，而加入 $AgNO_3$ 溶液时，有白色沉淀 D 生成。D 溶于氨水。试判断 A、B、C、D 各是什么物质？写出有关的反应方程式。

14. 有一黑色固体 A，不溶于水和氢氧化钠，但易溶于热盐酸，并生成绿色溶液 B。B 与铜粉一起煮沸，逐渐变为土黄色溶液 C。C 用大量水稀释时出现白色沉淀 D。白色沉淀 D 溶于氨水成无色溶液 E。E 在空气中转变成蓝色溶液 F。向 F 中加入 KCN，蓝色消失，生成溶液 G。向 G 中撒入锌粉，生成红色沉淀 H。H 溶于热硝酸中生成蓝色溶液 I。用碱处理 I，生成浅蓝色沉淀 J。将 J 滤出后强热，又变成 A。试确定 A、B、C、D、E、F、G、H、I、J 所代表的物质，并写出反应方程式。

15. 为防止 $Hg_2(NO_3)_2$ 溶液被氧化，可在溶液中加入少量汞。试从化学平衡的观点加以说明，并根据热力学数据计算下列反应的平衡常数 $K^\ominus$：

$$Hg^{2+}+Hg\rightleftharpoons Hg_2^{2+}$$

16. 设计实验方案分离下列混合离子：

① Cu^{2+}、Zn^{2+}、Mn^{2+}；

② Ag^+、Pb^{2+}、Hg^{2+}；

③ Cu^{2+}、Ag^+、Zn^{2+}、Hg^{2+}。

13 f 区元素

f 区元素的价电子层结构为 $(n-2)f^{0\sim14}(n-1)d^{0\sim2}ns^2$。在常用的周期表中镧系元素❶包括第六周期从 57 号 La 到 70 号 Yb，共 14 个元素，以 Ln 表示；锕系元素包括第七周期从 89 号 Ac 到 102 号 No，共 14 个元素，以 An 表示。

13.1 镧系元素

镧系元素的通性如下。

（1）电子层结构　镧系元素原子的价电子层结构见表 13-1。

表 13-1　镧系元素的价电子层结构和性质①

原子序数	名称	符号	价电子层结构	金属原子半径/pm	M^{3+}半径/pm	$(I_1+I_2+I_3)$/kJ·mol^{-1}	氧化态	电负性	熔点/℃
57	镧	La	$5d^16s^2$	188	106	3493	+3	1.10	921
58	铈	Ce	$4f^15d^16s^2$	183	103	3512	+3，+4	1.12	799
59	镨	Pr	$4f^36s^2$	183	101	3623	+3，+4	1.13	931
60	钕	Nd	$4f^46s^2$	182	100	3705	+3	1.14	1021
61	钷	Pm	$4f^56s^2$	181	98	—	+3	—	1168
62	钐	Sm	$4f^66s^2$	180	96	3898	+2，+3	1.17	1077
63	铕	Eu	$4f^76s^2$	204	95	4033	+2，+3	—	822
64	钆	Gd	$4f^75d^16s^2$	180	94	3744	+3	1.20	1313
65	铽	Tb	$4f^96s^2$	178	92	3792	+3，+4	—	1356
66	镝	Dy	$4f^{10}6s^2$	178	91	3898	+3，+4	1.22	1412
67	钬	Ho	$4f^{11}6s^2$	177	89	3937	+3	1.23	1474
68	铒	Er	$4f^{12}6s^2$	177	88	3908	+3	1.24	1529
69	铥	Tm	$4f^{13}6s^2$	176	87	4038	+2，+3	1.25	1545
70	镱	Yb	$4f^{14}6s^2$	194	86	4197	+2，+3	—	824
(71)	(镥)	Lu	$4f^{14}5d^16s^2$	173	85	3898	+3	1.27	1663

① 为了便于比较，表 13-1、表 13-2 和图 13-1、图 13-2、图 13-3 也列出了 71 号镥的相关性质。

由表 13-1 可见，镧系元素的外层和次外层的电子构型基本相同，从 Ce 开始，电子逐一填充在 4f 轨道上。

（2）氧化态　从表 13-1 所示镧系元素的氧化态数据可以看出，镧系元素的特征氧化态为+3。镧系元素的价电子层结构为 $4f^x5d^{0\sim1}6s^2$，它们可失去最外层 6s 电子、次外层 5d 电子和部分 4f 亚层的电子。对于 La、Gd 两种元素，由于具有 $5d^16s^2$ 电子层结构，失去 3 个电子后形成稳定的结构（La 为 $4f^0$，Gd 为 $4f^7$），所以，它们的氧化态只有+3。其他镧系元素也有形成 f^0、f^7、f^{14} 稳定结构的趋势。其中某些元素还能表现出其他氧化态。例如，铈、

❶ 有关镧系和锕系元素的分类见 1.4.2 节。镧原子基态不存在 f 电子，因此，有人主张镧不在镧系元素之列，但由于镧与它后面的元素性质很相似，所以本章把 La 作为镧系元素讨论。

镨、铽可形成+4氧化态的化合物；钐、铕、镱可形成+2氧化态的化合物。

(3) 原子半径和离子半径　从表13-1中可见，镧系金属原子的半径随原子序数从$_{57}$La增加到$_{70}$Yb，再到第3族的$_{71}$Lu，收缩了近15pm。这种半径收缩体现在Ln^{3+}上更有规律，如图13-1(b)所示。这种镧系元素的原子半径和离子半径随着原子序数的增加而逐渐减小的现象称为镧系收缩。

镧系收缩的结果，使得镧系以后的铪(Hf)、钽(Ta)、钨(W)等的原子半径相应缩小，而分别与第五周期的同族元素锆(Zr)、铌(Nb)、钼(Mo)的半径非常接近，造成锆和铪、铌和钽、钼和钨的性质非常相似。镧系收缩也使得第五周期第3(ⅢB)族钇的原子半径和Y^{3+}半径落在镧系元素的中间，造成钇的性质与镧系元素也非常相似。

从图13-1(a)可知：镧系元素的原子半径，随着原子序数的增加，不是逐渐地变化，而是在铕(Eu)和镱(Yb)处出现骤升的峰值或陡降的谷值，这种现象叫做镧系元素性质递变的"双峰效应"。这种双峰效应也表现在镧系金属的熔点和电负性等性质上(见图13-2)。在镧系金属晶体中，5d和6s电子是自由电子(4f电子不是自由电子)。而Eu和Yb没有5d电子，具有比较稳定的f^7和f^{14}电子构型，仅能用2个6s电子参与形成金属键，故其金属键不及其他镧系金属牢固。导致它们的原子半径异常大，性质也和其他镧系金属有较显著的差别。

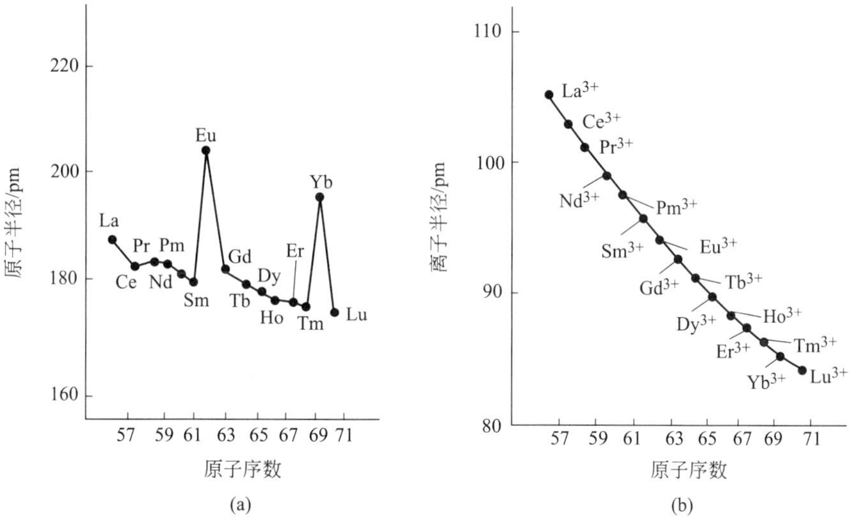

图13-1　镧系元素的金属原子半径(a)和离子半径(b)随原子序数的变化

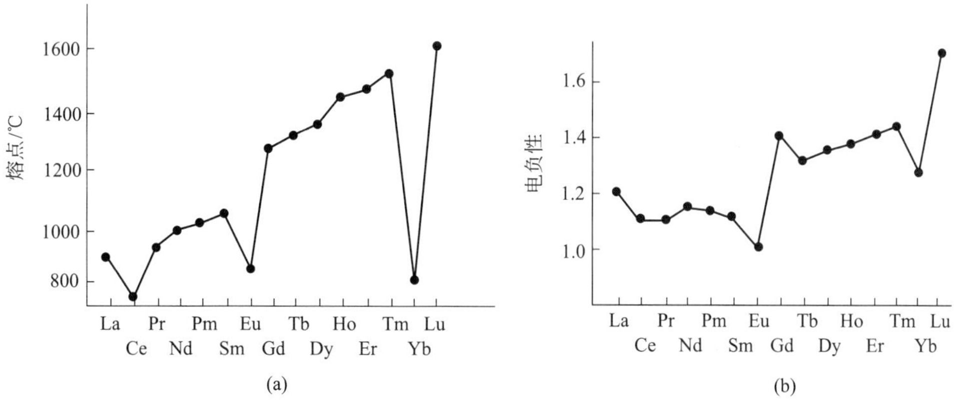

图13-2　镧系元素的熔点(a)和电负性(b)随原子序数的变化

观察镧系元素的电离能，Eu 和 Yb 原子第三个电子是从稳定的 f^7 和 f^{14} 亚层中电离的，所需能量较大，故第一、二、三总电离能在 Eu 和 Yb 处出现两个极大值（见表 13-1）。

（4）离子的颜色　镧系元素的 Ln^{3+} 大多是有颜色的，见表 13-2 所示。离子的颜色与未成对的 f 电子数有关。f^0、f^7 和 f^{14} 或邻近的电子构型因较稳定，f^0 电子构型无 f 电子被激发，f^7 和 f^{14} 电子构型不被可见光激发，故相应的离子是无色的，如 La^{3+}、Ce^{3+}、Gd^{3+}、Yb^{3+}、Lu^{3+}。

表 13-2　镧系元素离子 Ln^{3+} 的颜色

原子序数	Ln^{3+}	未成对电子数（4f 电子构型）	颜色	颜色	未成对电子数（4f 电子构型）	Ln^{3+}	原子序数
57	La^{3+}	0($4f^0$)	无色	无色	0($4f^{14}$)	Lu^{3+}	(71)
58	Ce^{3+}	1($4f^1$)	无色	无色	1($4f^{13}$)	Yb^{3+}	70
59	Pr^{3+}	2($4f^2$)	绿色	绿色	2($4f^{12}$)	Tm^{3+}	69
60	Nd^{3+}	3($4f^3$)	淡紫色	淡紫色	3($4f^{11}$)	Er^{3+}	68
61	Pm^{3+}	4($4f^4$)	粉红色	黄色	4($4f^{10}$)	Ho^{3+}	67
62	Sm^{3+}	5($4f^5$)	黄色	黄色	5($4f^9$)	Dy^{3+}	66
63	Eu^{3+}	6($4f^6$)	极浅粉红色	极浅粉红色	6($4f^8$)	Tb^{3+}	65
64	Gd^{3+}	7($4f^7$)	无色		7($4f^7$)	Gd^{3+}	64

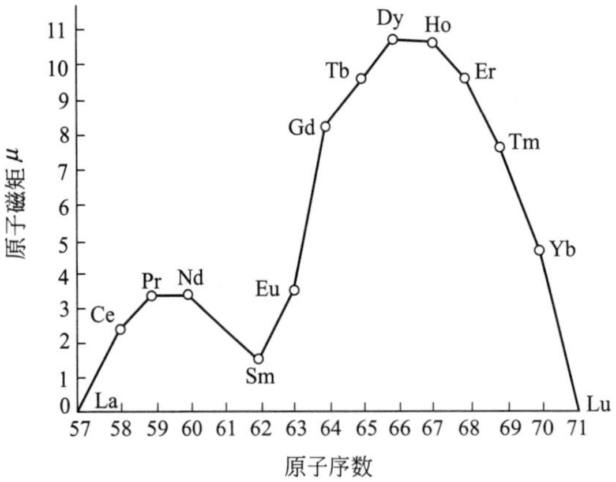

图 13-3　三价镧系元素的磁矩

其余的 Ln^{3+} 的颜色呈现与 $4f^x$ 和 $4f^{14-x}$ 的每对元素的 Ln^{3+} 颜色相同的或者相近。这是由于这两种离子的成单电子基态能量相近。

（5）磁性　镧系元素，由于外层 $5s^2 5p^2$ 的屏蔽作用，4f 电子受晶体场或配位场的影响较小，它们的轨道矩和自旋矩都参加了磁化。除了 La^{3+}（f^0）和 Lu^{3+}（f^{14}）无未成对电子，为反磁性外，其余具有 f^1～f^{13} 电子构型的离子都有顺磁性，见图 13-3。实践证明，一些镧系元素，例如 Dy、Ho、Er 等具有铁磁性，可以利用这些金属作为生产磁性材料的原料。

13.2　稀 土 元 素

稀土元素是指周期表中镧系的 14 种元素和ⅢB 族中的钇（Y）、镥（Lu）共 16 种元素。"稀土"原指类似于土壤中不溶于水的氧化物（如 ThO_2、CaO 等），限于当时技术条件，发现并提取这些物质很稀少而得名。事实上，稀土元素并不稀少。只是由于这些金属在自然界中分布很稀散，提取和分离比较困难，所以至今还沿用"稀土"这个名称。稀土元素常用"RE"表示。

13.2.1　稀土元素的存在及分组

稀土元素的性质很相似，它们往往共生于同种矿物中。按照它们在自然界中存在的形态，主要有三种类型的矿源：

① 稀土共生构成独立的稀土元素矿物，例如独居石就是一种 La、Th、Ln 的混合磷酸盐；氟碳铈镧矿是一种 La、Ln 的氟碳酸盐（$M^{III}CO_3F$）。

② 以类质同晶的形式分散在方解石、磷灰石等矿物中。

③ 呈吸附状态存在于黏土矿、云母矿等矿物中，如铈硅石（$(Ce,Y,Pr\cdots)_2Si_2O_7\cdot H_2O$）、褐帘石等。

根据稀土元素性质的递变情况，将稀土元素分为两组：铈组和钇组。

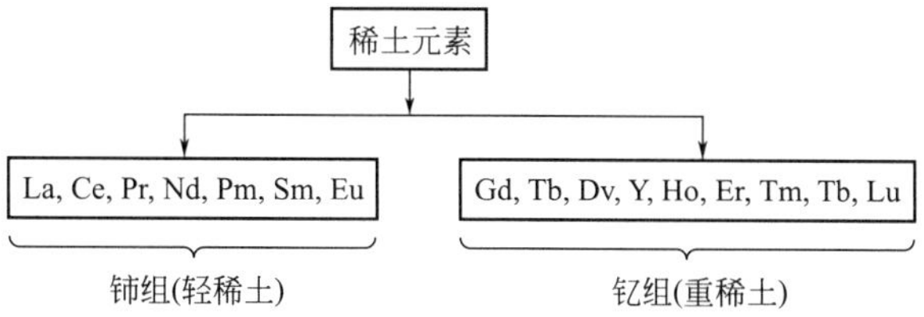

按照稀土硫酸复盐溶解度的大小，稀土又可分为轻、中、重三组：难溶的铈组或轻稀土（La、Ce、Pr、Nd、Pm、Sm）；微溶的铽组或中重稀土（Eu、Gd、Tb、Dy）；钇组或重稀土（Y、Ho、Er、Tm、Tb、Lu）。

13.2.2 稀土元素的提取和分离

13.2.2.1 稀土元素的提取

根据矿物性质的不同，可采用酸法、碱法、氯化法和电解质溶液浸泡提取法等，从稀土矿中提取混合稀土化合物。图 13-4 所示为从离子吸附型稀土矿提取混合稀土氧化物的工艺流程。

从露天开采出的风化-淋积型稀土矿，直接放入浸矿池（池的底部有过滤隔板），用 $(NH_4)_2SO_4$ 溶液浸泡，使被吸附的 RE^{3+} 被 NH_4^+ 交换出来。浸出液用草酸沉淀为难溶的稀土草酸盐，然后过滤、洗涤沉淀，最后在 850～900℃进行灼烧得混合稀土氧化物（REO[1]），其质量分数大于 92%，可用作稀土分离的原料。

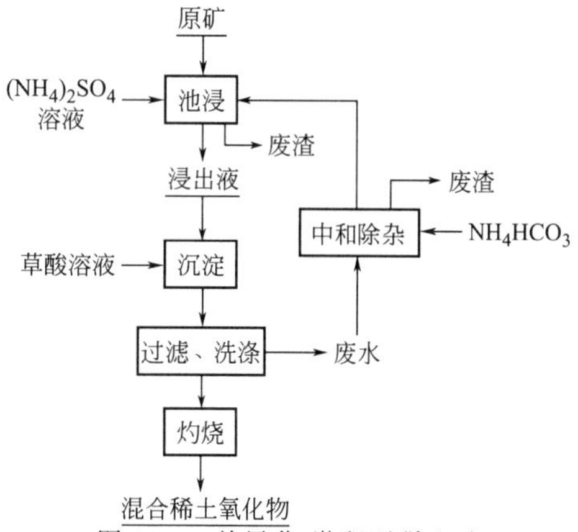

图 13-4 从风化-淋积型稀土矿提取稀土氧化物的流程

13.2.2.2 稀土元素的分离

由于稀土元素的化学性质极其相似，彼此分离很困难，过去工业生产上，即使经过上千次分级沉淀或分级结晶的操作，也难于达到现代高科技中所需要的单一稀土的纯度要求。目前，国内外稀土分离采用近代分离技术中的溶剂萃取法和离子交换法。

(1) 溶剂萃取法 RE^{3+} 具有稀有气体最外电子层构型，电荷多，因而不易被极化变形。它们对氧和氮的配位能力较强，所以绝大多数的稀土萃取剂是含氧配体。如磷酸三丁酯（TBP）、二（2-乙基己基）磷酸（P204）、环烷酸、2-乙基己基膦酸单 2-乙基己酯（P507）等。

其中 P204、P507 是有机弱酸，能在酸性溶液中进行萃取。其分配比和萃取性能随稀土原子序数的增加而增加。它们是目前稀土工业生产上应用最广的萃取剂，主要用于稀土分

---

[1] REO 只代表混合稀土氧化物，不代表化学式。

组、制取二元或多元富集物和纯单一稀土。例如，把混合稀土氧化物溶于盐酸后作为萃取用的料液（水相），用P507-磺化煤油作为萃取的有机相，用混合澄清槽作串级分馏萃取流程，使两相逆流动，经萃取、洗涤、反萃等历程，最后得到La、Ce、Pr、Nd、Sm、Gd、Dy七种单一稀土和富Eu、富Tb、富Y三种稀土。

溶剂萃取法具有处理量大，工艺过程连续化，产品成本低等特点，因此发展较快。

（2）离子交换法　20世纪50年代中期，离子交换法已成为最有效的、唯一能将所有稀土元素制成高纯单一稀土化合物的分离方法。目前，离子交换法在生产上仍不失为重要手段之一。

离子交换反应是在固相和液相中进行的。首先使稀土离子吸附于阳离子交换树脂的上部，接着用配位剂依次淋洗出个别稀土离子。

离子交换剂一般采用磺基苯乙烯阳离子交换树脂，根据淋洗时采用的配合剂的种类，选用H^+型、NH_4^+型、Cu^{2+}、Zn^{2+}型或其他。用于淋洗的配位剂大都是柠檬酸的NH_4^+盐或Na^+盐、EDTA的NH_4^+盐或Na^+盐、氮三乙酸。

离子交换剂的吸附顺序主要决定于水合稀土离子半径的大小。离子半径最小的Lu^{3+}有最大的水合离子半径；最大的La^{3+}有最小的水合离子半径。因此，水合的La^{3+}和树脂结合得较牢，而水合的Lu^{3+}和树脂结合得较弱。所以，当用配位剂淋洗时，Lu^{3+}首先被配合剂淋洗出来（在适当的pH范围内）。因为稀土离子和配位剂生成的配阴离子的稳定常数一般随原子序数的增加而增加，淋洗的顺序是从Lu^{3+}到La^{3+}。

由于离子交换法的生产周期较长，间断操作，生产成本较高，但它有可得到高纯度产品的特点，因此它适用于萃取法粗分离制得的富集物或萃取法难于分离的稀土对。

为了克服或改善离子交换法的缺点，目前也采用高压离子交换法来强化生产过程，或把萃取剂分子接枝（或吸附）在人工合成树脂上做成萃淋树脂，以提高分离效率，均取得可喜的进展。例如用P507萃淋树脂，从富Tb溶液中制取纯$TbCl_3$，已用于生产。

13.2.3　稀土金属

稀土元素原子的第一、二、三电离能的总和比较低（3500～4200kJ·mol^{-1}）以及稀土元素RE^{3+}/RE电对的标准电极电势的代数值很小（见表13-3），说明它们都是化学性质活泼的金属，或者说是较强的还原剂，其还原能力随原子序数的增加而减弱。

表13-3　稀土元素的电极电势

RE^{3+}	La^{3+}	Ce^{3+}	Pr^{3+}	Nd^{3+}	Pm^{3+}	Sm^{3+}	Eu^{3+}	Gd^{3+}
$E^{\ominus}(RE^{3+}/RE)/V$	−2.52	−2.48	−2.46	−2.43	−2.42	−2.41	−2.41	−2.40
Ln^{3+}	Tb^{3+}	Dy^{3+}	Ho^{3+}	Er^{3+}	Tm^{3+}	Yb^{3+}	Lu^{3+}	Y^{3+}
$E^{\ominus}(RE^{3+}/RE)/V$	−2.39	−2.35	−2.32	−2.30	−2.28	−2.27	−2.26	−2.37

13.2.4　稀土元素的重要化合物

13.2.4.1　氧化物和氢氧化物

稀土元素氧化物RE_2O_3的颜色基本上和RE^{3+}的颜色一致。所有稀土元素氧化物RE_2O_3具有很高的化学稳定性。它们在2000℃左右才熔化，而且不分解。它们不溶于水，但能和水反应生成水合氧化物。RE_2O_3都具有碱性，易溶于酸，并能从空气中吸收CO_2生成碱式碳酸盐，但它们的碱性随原子序数递增而递减，碱性越小，溶于酸的反应越难。

稀土元素的氧化物通常是由焙烧相应的氢氧化物、草酸盐、碳酸盐等制得。但焙烧铈盐时，生成的不是 Ce_2O_3 而是淡黄色 CeO_2。在空气中焙烧镨和铽的盐类时，也生成高氧化物(棕色)，如 $Pr_6O_{11}(Pr_2O_3\cdot 4PrO_2)$ 和 $Tb_4O_7(Tb_2O_3\cdot 2TbO_2)$。如果用强氧化剂作用，可以制得黑色氧化物 PrO_2 和 TbO_2。

稀土元素的氢氧化物，都不溶于水和碱液中。在稀土盐溶液中加入氨水即可得到稀土氢氧化物沉淀。

13.2.4.2 盐类

稀土元素的硫酸盐、硝酸盐和氯化物可溶于水。稀土硫酸盐在水中的溶解是放热的，所以其溶解度随温度的升高而降低。利用这种现象可分离稀土元素和其他金属元素。

稀土硫酸盐与碱金属硫酸盐可形成硫酸复盐。其溶解度由镧至镥依原子序数的增加而增大。因此，稀土工业常根据其硫酸盐在饱和的硫酸钠或硫酸钾溶液中溶解度的差别把稀土元素分为轻、中、重三组。

稀土硝酸盐可以和 Na^+、K^+、NH_4^+、Mg^{2+} 等的硝酸盐形成复盐。其中最重要的是铵和镁的硝酸复盐，它们的溶解度随原子序数的增加而增加，见表 13-4。并随温度的升高而大幅度地增大。

表 13-4 稀土元素和铵及镁硝酸复盐的相对溶解度（以 La^{3+} 为 1）

复　盐	La^{3+}	Ce^{3+}	Pr^{3+}	Nd^{3+}	Sm^{3+}
$RE(NO_3)_3\cdot 2NH_4NO_3\cdot 4H_2O$	1	1.5	1.7	2.2	4.6
$2RE(NO_3)_3\cdot 3Mg(NO_3)_2\cdot 24H_2O$	1	1.2	1.2	1.5	3.8

硝酸复盐的稳定性随原子序数的增加而减小。铈组可以生成很多种稳定的结晶态的硝酸复盐，而钇组除 Tb 外，实际上不形成硝酸复盐。因此，可以在硝酸介质中用分步结晶法分离铈组稀土元素。

稀土元素碳酸盐、氟化物、草酸盐、磷酸盐在水中溶解度很小。

当稀的可溶性碳酸盐溶液加到稀土盐溶液中时，即析出碳酸盐沉淀 $RE_2(CO_3)_3\cdot nH_2O$。在过量的碱金属碳酸盐的作用下，即生成可溶性碳酸复盐 $M_2CO_3\cdot RE_2(CO_3)_3\cdot 12H_2O$。钇组稀土元素的碳酸复盐比铈组更容易生成，并且溶解度也较大。

稀土元素草酸盐难溶于水和稀的无机酸中。当草酸加到稀土盐和含游离的无机酸溶液时，便析出草酸盐沉淀 $RE_2(C_2O_4)_3\cdot nH_2O$。利用这种性质可分离稀土离子和与其共存的非稀土离子。

草酸盐不溶于过量草酸中。草酸铵以及草酸钾能溶解钇组稀土草酸盐，生成 $(NH_4)_3[RE_2(C_2O_4)_3]$，而铈组稀土元素则不生成这种配合物。利用稀土草酸盐的这一性质，在进行稀土草酸盐沉淀时，多在中性或微酸性溶液中用草酸来进行。

工业上生产稀土化合物多是通过沉淀成草酸盐，然后经过烘干灼烧得到氧化物。加热稀土草酸盐时，一般 300℃时就可完全脱去结晶水，此时草酸盐开始氧化转变为碳酸盐，至 700～800℃则分解为氧化物。

13.2.4.3 配合物

RE^{3+} 形成配合物的能力不如 d 区过渡元素。因为 RE^{3+} 的 4f 电子位于内层，被外层 5s、5p 轨道上的电子有效地屏蔽起来，成为一种稀有气体构型的离子，成键能力弱。它们一般通过静电引力吸引配体，在金属与配体之间的作用力具有相当程度的离子性。其配位能力与 Ca^{2+}、Mg^{2+} 相接近，只有某些强场配体或螯合剂所形成的配合物才是稳定的。虽然稀土元素配合物不多，但却在稀土元素的分离和分析中起着重要的作用。

(1) 含氧配体的稀土金属配合物　稀土元素具有较强的亲氧性，因而可与很多含氧的配体如羧酸、β-二酮类、含氧的磷类萃取剂等生成配合物。如β-二酮类与Ln^{3+}能形成很稳定的螯合物。常见的有如 $[Ln(RCOCHCOR)_3(H_2O)_n]$($n=1$，2 等)、$[Ln(RCOCHCOR)_4]^-$ 和 $[Ln(ROCHCOR)_3L]$ 等。其中 R 代表烷基、芳基和氟代烷等取代基，L 代表任一中性配体，如吡啶、联吡啶、菲啰啉等。配位数常为 7 或 8，但也有 6 配位的。

(2) 含氮配体的配合物　稀土与氮的亲和力小于氧，因此，很难制得单纯含氮的稀土配合物。利用具有适当极性的非水溶剂作为介质，可合成一系列含氮的配合物。例如，稀土与 1,10-邻菲啰啉 (phen)、2,2′-联吡啶 (dipy) 和酞菁 (pc) 等形成的配合物。如八配位的 $[Ln(phen)_4](ClO_4)_3$ 等。

(3) 稀土与同时含 N 和 O 原子配体生成的配合物　氨基酸根是一个含 N 和 O 配位原子的多齿配体，如甘氨酸、α-丙氨酸等。无论是对亲氧的还是亲氮的金属离子都能较好地配位。如稀土金属离子与 α-氨基酸根形成五元环螯合物与 β-氨基酸根形成六元环螯合物。

广泛应用于离子交换分离与分析的 EDTA 是一类氨羧配位剂，常用于稀土分离和分析的配位滴定。

(4) 稀土与大环配体生成的配合物　大环配体是一类种类十分繁多的配体，具有很高的选择性，形成的配合物很稳定。例如，18-冠-6 与 Gd 形成的配合物是已知配合物中最稳定的，因此常被用作对人体安全的核磁成像的造影剂。再如穴状配体 (2，2，1) 与 Gd 形成的配合物可用做^{15}N、^{89}Y、^{111}Cd 和^{183}W 在水中测量核磁共振时的弛豫试剂；与 Eu^{3+} 和 Tb^{3+}形成的配合物具有强的荧光和长的激发态寿命，可用做化学和生物化学问题时的荧光探针和抗体的荧光分析，并应用于稀土的色层及萃取分离。

(5) 稀土与碳 σ 键金属有机配合物　稀土金属有机配合物的研究是目前非常活跃的领域，它们可用作烯烃的均相聚合的催化剂，如环辛二烯基钕配合物 $Nd(C_8H_{11})Cl_2 \cdot 3THF$ 与不同烷基铝组成的催化体系催化丁二烯聚合，得到产率为 98% 的顺聚丁二烯。这类配合物的合成方法如下：

稀土金属在液氨中直接反应，例如稀土与环戊二烯的配合物的合成。

$$6C_5H_6 + 2RE \xrightarrow{\text{液氨}} 2(C_5H_5)_3RE + 3H_2$$

稀土无水卤化物与配体的金属衍生物 (RM) 反应。

$$3RM + REX_3 \xrightarrow[\text{或苯}]{\text{四氢呋喃}} R_3RE + 3MX$$

$$(M=Li，Na，K；R 为 C_5H_5^-)$$

13.2.5 稀土元素的应用

(1) 在石油化工方面的应用　在石油工业中，稀土化合物广泛用作催化剂。稀土 Y 型分子筛催化剂用于石油裂化，与原硅铝催化剂相比，在相同转化率条件下，可使装置能力提高到 1.3～1.5 倍或在相同焦炭产率下，可多生产 1.15～1.2 倍的汽油。在化学工业中，稀土可用作合成氨、合成橡胶的催化剂等。此外，复合稀土氧化物用作内燃机尾气净化剂时，可使尾气中的有害成分 CO、碳氢化合物氧化成 CO_2 和水蒸气，把部分氮氧化物还原成氮和氧，从而达到治理环境污染的目的。

(2) 在玻璃陶瓷工业中的应用　混合稀土氧化物广泛用作玻璃抛光材料，及玻璃的脱色剂、着色剂、澄清剂，还可以用来制造国防工业中用的耐辐射玻璃和激光玻璃等。在陶瓷方面，目前以氧化钇、氧化镝为主，再配以其他氧化物，能制造出比日用陶瓷、无线电陶瓷性能优良得多的耐高温透明陶瓷。这种透明陶瓷可用作火箭的红外窗和高温炉窗，还可在微波技术、电真空技术、激光技术、红外光学以及陀螺仪上使用。

(3) 在新材料方面的应用　稀土在激光材料上的应用发展非常迅速，已成为激光材料中一类很重要的部分。最常用的稀土激光材料有掺钕的钇铝石榴石和钕玻璃。稀土作为荧光材料已用于彩色电视和油漆的荧光剂。稀土永磁材料的发展也极为迅速，用钐-钴合金或钕-铁-硼合金制成的永磁体是重要的永磁材料。

稀土贮氢材料具有吸氢量大，吸、放氢速度快，而且可以反复使用的优点，并可在常温条件下使用，既方便又安全，是一种很有前途的贮氢材料。已经发现 $LaNi_5$ 合金，在常温下，1kg 合金可吸收 172L 氢气。

稀土在超导材料方面的应用也极引人注目。科学家们一直致力于有实用价值的高温超导的研究，直至 1986 年贝德奥兹（J. D. Bednorz）和摩罗利亚（K. A. Miiller）用共沉淀法制得临界温度高达－238℃含有稀土的陶瓷超导材料 $Ba_xLa_{5-x}Cu_5O_{5(3-y)}$（$x=10.75$，$y>0$）才有所突破。他们因此也获得了 1987 年诺贝尔物理学奖。

此外稀土也可用于冶金工业中，如在炼钢过程中的作用主要是精炼、脱氧、变性、中和低熔点有害杂质以及固溶体合金化和形成新的化合物，从而强化钢的性能。在农业上作为微量化肥，施于农田可以使田间作物增产。在医药上稀土药物的研究也很活跃。

13.3 锕系元素

13.3.1 锕系元素的通性

锕系元素包括：锕(Ac)、钍(Th)、镤(Pa)、铀(U)、镎(Np)、钚(Pu)、镅(Am)、锔(Cm)、锫(Bk)、锎(Cf)、锿(Es)、镄(Fm)、钔(Md)、锘(No) 14 种元素。由于历史原因，铹（Lr）并入一起讨论。它们都具有放射性。在铀以后的元素是在 1940 年以后通过人工核反应合成的，称为超铀元素。

13.3.1.1 电子构型

锕系元素的价电子层结构为 $5f^{0\sim14}6d^{0\sim2}7s^2$，与镧系元素类似。其区别在于镧系元素的 4f 与 5d 轨道能量相差较大，但锕系元素 5f 轨道的能量以及在空间的伸展范围都比 4f 轨道大，因而使得 5f 与 6d 轨道能量更接近，f 电子易于从 5f 向 6d 轨道跃迁，有利于 f 电子参与成键。表 13-5 列出了锕系元素原子的价电子层结构。

表 13-5 锕系元素原子的价电子层结构和性质

原子序数	名称	符号	价电子层结构	半径/pm			熔点/℃	$E^\ominus(M^{3+}/M)$/V
				M	M^{3+}	M^{4+}		
89	锕	Ac	$6d^17s^2$	189.8	111	—	1047±50	−2.20
90	钍	Th	$6d^27s^2$	179.8	108	99	1750	—
91	镤	Pa	$5f^26d^17s^2$	164.2	105	96	1840	−1.34
92	铀	U	$5f^36d^17s^2$	154.2	103	93	1132	−1.798
93	镎	Np	$5f^46d^17s^2$	150.3	101	92	640	−1.856
94	钚	Pu	$5f^67s^2$	152.3	100	90	641	−2.031
95	镅	Am	$5f^77s^2$	173.0	99	89	994	−2.048
96	锔	Cm	$5f^76d^17s^2$	174.3	98.6	88	1340	−2.04
97	锫	Bk	$5f^97s^2$	170.4	98.1	87	986	—
98	锎	Cf	$5f^{10}7s^2$	169.4	97.6		900	−1.94

续表

原子序数	名称	符号	价电子层结构	半径/pm			熔点/℃	$E^{\ominus}(M^{3+}/M)/V$
				M	M^{3+}	M^{4+}		
99	锿	Es	$5f^{11}7s^2$	169	97		860±30	−1.91
100	镄	Fm	$5f^{12}7s^2$	194	97		—	−1.89
101	钔	Md	$5f^{13}7s^2$	194	96		—	−1.65
102	锘	No	$5f^{14}7s^2$	194	95		—	−1.20
(103)	(铹)	Lr	$5f^{14}6d^17s^2$	171	94		—	−1.96

13.3.1.2 氧化态

表 13-6 列出了锕系元素常见的氧化态。由表 13-6 看出，锕系头几种元素，特别是铀(U)、镎(Np)、钚(Pu)、镅(Am) 有几种氧化态，这是由于其 5f 和 6d 电子的能量相差极小，电子容易由 5f 能级激发到 6d 能级成为成键电子的缘故。锕系后半部元素的电子从 5f 跃迁到 6d 所需要的能量大，因而显低氧化态。

表 13-6 锕系元素的氧化态

Ac	Th	Pa	U	Np	Pu	Am	Cm	Bk	Cf	Es	Fm	Md	No	Lr
						+2			+2	+2	+2	+2	+2	
+3	+3	+3	+3	+3	+3	+3	+3	+3	+3	+3	+3	+3	+3	+3
	+4	+4	+4	+4	+4	+4	+4	+4						
		+5	+5	+5	+5	+5			+5(?)					
			+6	+6	+6	+6								
				+7	+7									

13.3.1.3 原子半径和离子半径

和镧系收缩现象相似，随着核电荷的增加，锕系元素的离子半径也顺序减小，这种现象称为锕系收缩，见表 13-5。

13.3.1.4 离子颜色

锕系元素不同价态的离子在水溶液中的颜色列于表 13-7 中。可以看出，除 Ac^{3+}、Cm^{3+}、Th^{4+}、Pa^{4+} 和 PaO_2^+ 等少数离子无色外，大多数锕系离子都显示出一定的颜色。

表 13-7 An^{n+} 在水溶液中的颜色

元素	An^{3+}	An^{4+}	AnO_2^+	AnO_2^{2+}	元素	An^{3+}	An^{4+}	AnO_2^+	AnO_2^{2+}
Ac	无色	—	—	—	Np	紫	黄绿	绿	粉红
Th	—	无色	—	—	Pu	深蓝	黄褐	红紫	橙
Pa	—	无色	无色	—	Am	粉红	粉红	黄	棕
U	粉红	绿	—	黄	Cm	无色	—	—	—

13.3.2 单质

锕系元素中的 Ac、Pa、Np、Pu 虽然在自然界中存在，但含量极微，而 Th、U 则是锕系元素中发现最早和地壳中储量较多的两种放射性元素。其余都是铀自然衰变的次生元素和人工合成的元素。

锕系元素放射性强，半衰期很短，一般不易制得金属单质。目前制得的只有 Ac、Th、Pa、U、Np、Am、Cm、Bk、Cf 等。

锕系元素外观像银，具有银白色光泽，都是有放射性的金属，在暗处遇到荧光物质能发光。

从标准电极电势（见表13-5）看出，Ac、U、Pa、Np、Pu、Am、Cm都是还原剂，在酸性介质中容易形成M^{3+}，其中以Ac的还原性最强。

13.3.3 钍和铀的化合物

在锕系元素的化合物中，最常见的是钍和铀的化合物。

13.3.3.1 钍的化合物

钍的价电子层结构是$6d^27s^2$，它的主要氧化态是+4。在水溶液中，钍只以Th(Ⅳ)的氧化态存在。

在钍盐溶液中加入碱或氨可得白色无定形$Th(OH)_4$沉淀。它不溶于碱，新析出的$Th(OH)_4$易溶于硫酸、硝酸和盐酸，但放置一段时间或经干燥后溶于酸的能力减小。灼烧$Th(OH)_4$得二氧化钍。ThO_2为白色粉末，经灼烧过的ThO_2几乎不溶于酸。

可溶性钍盐有硝酸盐、硫酸盐和氯化物等。硝酸钍$Th(NO_3)_4 \cdot 5H_2O$易溶于水、醇、酮和酯等溶剂中。硝酸钍与碱金属（M^+）或碱土金属（M^{2+}）的硝酸盐可生成$Th(NO_3)_4 \cdot 2M(\text{I})NO_3$或$Th(NO_3)_4 \cdot M(\text{II})(NO_3)_2 \cdot 8H_2O$型的复盐。

钍的难溶盐有草酸钍、碳酸钍、磷酸钍、氟化钍等。在Th(Ⅳ)盐溶液中加入草酸就能析出$Th(C_2O_4)_2 \cdot 6H_2O$沉淀。草酸钍不溶于水和稀酸，但却能溶于草酸钠或草酸铵溶液中生成配合物$M(\text{I})_4[Th(C_2O_4)_4]$（$M^+$为$Na^+$、$NH_4^+$等）。在500～600℃灼烧草酸钍所得的$ThO_2$相对密度较小，它在稀酸中可形成溶胶。

在Th(Ⅳ)盐溶液中加入碱金属的碳酸盐或碳酸铵就沉淀出碱式碳酸钍$ThOCO_3 \cdot 8H_2O$，它能溶在过量沉淀剂中生成$M(\text{I})_6[Th(CO_3)_5]$配盐。

13.3.3.2 铀的化合物

铀的价电子层结构是$5f^36d^17s^2$，其氧化态可从+2到+6，在水溶液中最稳定的是U(Ⅵ)的化合物。

铀的主要氧化物有UO_3（橙黄色）、U_3O_8（暗绿色）和UO_2（暗棕色）。三氧化铀UO_3具有两性，溶于酸生成铀酰阳离子UO_2^{2+}，例如：

$$UO_3 + 2HNO_3 \longrightarrow UO_2(NO_3)_2 + H_2O$$

溶液中可析出柠檬黄色的硝酸铀酰晶体$UO_2(NO_3) \cdot 6H_2O$。它易溶于水、乙醚、丙酮等溶剂中。它与碱金属（M）硝酸盐生成组成为$MNO_3 \cdot UO_2(NO_3)_2$的复盐。硝酸铀酰溶于水中时因水解而显酸性。

$UO_2(NO_3)_2$加热到350℃，分解生成UO_3，进一步加热至约700℃则生成U_3O_8。沥青铀矿的主要成分就是U_3O_8。

$UO_2(NO_3)_2$溶液中加NaOH，生成黄色的重铀酸钠$Na_2U_2O_7 \cdot 6H_2O$沉淀。

$$2UO_2(NO_3)_2 + 2NaOH + H_2O \longrightarrow Na_2U_2O_7\downarrow + 4HNO_3$$

$Na_2U_2O_7 \cdot 6H_2O$加热脱水后得无水盐，叫做铀黄，可作为黄色颜料用于瓷釉或玻璃工业中。

铀的氟化物中最重要的是UF_6。UF_6在常温是无色固体，在56.5℃即升华。利用UF_6的挥发性，及$^{238}UF_6$和$^{235}UF_6$蒸气扩散速度的差别，可分离^{238}U和^{235}U，达到富集核燃料^{235}U的目的。

13.4 放射性同位素

原子核由一定数目的带正电荷的质子（p）和中子（n）组成。组成核的质子和中子统称为核子，核内质子数 Z 和中子数 N 的总和等于其质量数 A。

具有确定质子数和中子数的原子核所对应的原子称为核素，用 $^{A}_{Z}X$ 表示，其中 X 为元素符号。

元素的同位素是指同一元素原子核中质子数相同而中子数不同的原子。同种元素的同位素具有相同的化学性质，但由于中子数不同，使得其原子核性能相差很大。例如，$^{1}_{1}H$（氢）和 $^{2}_{1}H$（氘）的原子核是稳定的，属于稳定同位素，在自然界中，多数是这一类同位素。而 $^{3}_{1}H$（氚）则不稳定，会自发地从原子核放出射线，变成氦同位素 $^{3}_{2}He$。$^{3}_{1}H$ 就属于放射性同位素。

锕（Ac）、钍（Th）、镤（Pa）、铀（U）是重要的天然放射性同位素。超铀元素是人工放射性同位素，其中钚已经和铀在一起作为获取原子能来源的重要元素。

天然放射性元素可从原子核中不断地、自发地发出 α 或 β 射线，有时还伴随着 γ 射线放出。α 射线是带正电的高速粒子流（α 粒子），用 $^{4}_{2}He$ 或 $^{4}_{2}\alpha$ 表示，带两个单位正电荷，其速度为 $20Mm \cdot s^{-1}$。α 射线只能穿透十几微米厚的铝箔，在穿透空气时能使空气变为导电体。β 射线是高速运动的电子流，用 $^{0}_{-1}e$ 或 $^{0}_{-1}\beta$ 表示，其速度为 $200Mm \cdot s^{-1}$。β 射线能穿透的厚度为 α 射线的 100 倍，但电离能力则不及 α 射线。γ 射线是光子流（波长很短的电磁波），用 $^{0}_{0}\gamma$ 表示，光子不带电，其速度在真空中为 $300Mm \cdot s^{-1}$，穿透能力最强，且不受电磁场的影响。

放射性同位素放出射线（核衰变），就变成另一种同位素。放射性同位素不同，衰变的速率也不一样。通常用半衰期表示放射性同位素的衰变速率。半衰期就是放射性同位素放出射线后，其原子数目减少到原来一半所经历的时间。表 13-8 列出了一些常用放射同位素的半衰期。

表 13-8 常用放射同位素的半衰期

放射性同位素	符号	半衰期	放射性同位素	符号	半衰期
铀 238	$^{238}_{92}U$	4.5×10^{9} 年	铁 59	$^{59}_{26}Fe$	46.3 日
磷 32	$^{32}_{15}P$	14.3 日	钴 60	$^{60}_{27}Co$	5.26 年
钙 43	$^{43}_{20}Ca$	152 日	镭 226	$^{226}_{88}Ra$	1622 日
硫 35	$^{35}_{16}S$	37.1 日	氡 222	$^{222}_{86}Rn$	3.8 日

13.5 原子核反应

原子核反应常涉及原子核里质子和中子的增减，经过核反应后，一种元素转变为另一种元素（有时元素种类不变，只是由一种同位素变成另一种同位素）。因此，在写核反应方程式时，要写出反应前后各种元素原子的原子序数和质量数。例如：

$$^{238}_{92}U \xrightarrow[4.5\times10^{9}\text{ 年}]{\text{半衰期}} {}^{234}_{90}Th + {}^{4}_{2}He(\alpha\text{-衰变})$$

$$^{234}_{90}Th \xrightarrow[24.1\text{ 日}]{\text{半衰期}} {}^{234}_{91}Pa + {}^{0}_{-1}e(\beta\text{-衰变})$$

由上可见，当放射性元素从原子核里放射 α 粒子时，质量数减少 4，核电荷（原子序数）减少 2，生成的新元素在周期系中的位置向左移了两格；从原子核里放射 β 粒子时，质量数不变，核电荷（原子序数）增加 1，生成的新元素在周期系中的位置向右移了一格。这种因放射出 α 粒子或 β 粒子而引起元素在周期系中移位的规律，叫做放射位移定律。

13.5.1 放射性蜕变

它包括天然放射性和人工放射性。例如铀放射系的蜕变：

$$^{238}_{92}U \xrightarrow{\alpha} {}^{234}_{90}Th \xrightarrow{\beta} {}^{234}_{91}Pa \xrightarrow{\beta} {}^{234}_{92}U \xrightarrow{\alpha} {}^{230}_{90}Th \xrightarrow{\alpha} {}^{226}_{88}Ra \xrightarrow{\alpha} {}^{222}_{86}Rn \xrightarrow{\alpha} {}^{218}_{84}Po \xrightarrow{\alpha} {}^{214}_{82}Pb \xrightarrow{\beta}$$

$$^{214}_{83}Bi \xrightarrow{\alpha} {}^{210}_{81}Tl \xrightarrow{\beta} {}^{210}_{82}Pb$$

$$^{214}_{83}Bi \xrightarrow{\beta} {}^{214}_{84}Po \xrightarrow{\alpha} {}^{210}_{82}Pb \xrightarrow{\beta} {}^{210}_{83}Bi \xrightarrow{\beta} {}^{210}_{84}Po \xrightarrow{\alpha} {}^{206}_{82}Pb\text{（稳定）}$$

13.5.2 粒子轰击原子核

用高速粒子（如质子 p、中子 n 等）或简单原子核（如氘 d、氦 α 等）轰击原子核使之变为另一种原子核，与此同时放出另一种粒子的核反应，称为人工核反应。这些高速粒子可以是天然的粒子，但主要是经过加速器的质子流、氘核流等带电粒子流及反应堆产生的中子流等。例如，用重氢粒子（^2_1H）轰击原子核，作用后放出中子（n）的反应：

$$^6_3Li + {}^2_1H \longrightarrow {}^7_4Be + {}^1_0n$$

通过人工核反应可合成新的元素。1940 年用中子轰击$^{238}_{92}U$，首次合成了 93 号元素 Np：

$$^{238}_{92}U + {}^1_0n \longrightarrow {}^{239}_{93}Np + {}^{0}_{-1}e$$

自此以后，通过人工方法已先后合成了 93 号以后的 20 余种新元素。

13.5.3 核裂变反应

核裂变反应是用中子轰击较重原子核使之分裂成较轻原子核的反应。核裂变反应会释放出巨大能量。如 1g$^{235}_{92}U$ 裂变所放出的能量约 8.5×10^7kJ，相当于约 2.7t 标准煤燃烧时所放出的能量。

首先发现的是^{235}U 的裂变反应。^{235}U 是自然界仅有的能由慢中子（热中子）引起裂变的核素。用慢中子轰击^{235}U 时，引起的裂变反应可用通式表示：

$$^{235}_{92}U + {}^1_0n \xrightarrow{\text{裂变}} {}^c_bX + {}^{235+1-c-d}_{92-b}X + d\,{}^1_0n \quad (d=2,3,4)$$

^{235}U 裂变反应产物非常复杂，已发现的裂变反应产物有 36 种元素（从 Zn 到 Tb），其放射性同位素有 200 种以上。如：

$$^{235}_{92}U + {}^1_0n = [{}^{236}_{92}U] \longrightarrow {}^{144}_{56}Ba + {}^{89}_{36}Kr + 3{}^1_0n$$

$$\longrightarrow {}^{90}_{38}Sr + {}^{143}_{54}Xe + 3{}^1_0n$$

$$\longrightarrow {}^{137}_{52}Fe + {}^{97}_{70}Zr + 2{}^1_0n$$

考虑各种不同类型可能的裂变方式，平均一次裂变放出 2～4 个中子（第二代中子）；第二代中子又能使其他^{235}U 发生裂变，同时再产生几个中子，并再使^{235}U 裂变，这样就形成了链式反应，如图 13-5 所示。

由于核裂变反应产生的中子数多于消耗的中子数，所以通过对中子数的控制就会产生不同的效果。后一代中子数与前一代中子数之比为倍增系数 k。若 $k<1$，链式反应就会越来越弱；若 $k>1$，链式反应就会越来越强，最后则可在瞬间酿成巨大的爆炸，如原子弹爆炸；当 $k=1$，链式反应可连续平稳的进行下去，释放的能力就能够加以利用，如利用核能发电的核电站。

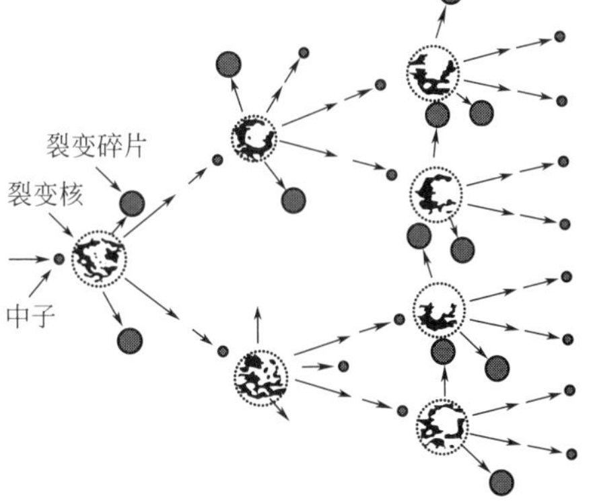

图 13-5 中子诱发^{235}U 裂变形成链式反应

13.5.4 热核反应

由很轻的原子核在极高温度（2×10^7℃）下，

聚合成较重核的反应叫做热核反应或聚变反应。如氘核和氚核合并成氦核的热核反应（氢弹爆炸时发生的核反应）：

$$^{2}_{1}H + ^{3}_{1}H \longrightarrow ^{4}_{2}He + ^{1}_{0}n$$

引起这类核反应所需的高温是由原子弹爆炸时产生的。在太阳内部就进行着这一类型的核反应。与重核裂变相比，轻核聚变时放出的能量更为巨大。有效的控制聚变反应，并使这些能量作为实际能源加以利用，使反应成为受控核聚变反应，就需要解决引发反应所需的高温、耐高温的容器材料和限制反应的问题等。

思 考 题

1. 什么叫做“镧系收缩”？讨论镧系收缩的原因和它对第 6 周期中镧系后面元素的性质所发生的影响。
2. 镧系元素的特征氧化态是多少？它们的氢氧化物的酸碱性如何？
3. 什么是稀土元素？
4. 从 Ln^{3+} 的电子构型、离子的电荷和离子半径来说明它们在性质上的相似性。
5. 简述稀土元素的主要用途。
6. 锕系元素中有哪些是在自然界中存在的？
7. 何为超铀元素？
8. 比较镧系和锕系元素氧化态的变化。
9. 比较过渡元素与镧系元素形成配合物倾向的大小，并简要说明原因。

习 题

1. 为什么铈、镨、铽常呈现+4 氧化态，而钐、铕、镱却能呈现+2 氧化态？
2. 稀土元素草酸盐有什么特性？其在稀土化合物的分离、制备过程中有什么作用？
3. 25℃时 $La_2(C_2O_4)_3$ 的溶解度为 $1.1\times10^{-6}\,mol\cdot L^{-1}$，试求它的溶度积 $K_{sp}^{\ominus}$。
4. 写出下列方程式：

① $Th(OH)_4 \xrightarrow{\triangle}$

② $Th(NO_3)_4 + NH_3 \cdot H_2O \longrightarrow$

③ $Th(NO_3)_4 + Na_2CO_3 \longrightarrow$

④ $UO_3 + HNO_3 \longrightarrow$

⑤ $UO_2(NO_3)_2 + NaOH + H_2O \longrightarrow$

5. 钚是一种重要的核燃料，它可以由用处不大的 $^{238}_{92}U$ 在反应堆里产生。用中子轰击 ^{238}U，产生 ^{239}U，后者放出 2 个 β 粒子后变成 ^{239}Pu，写出有关核反应。

6. 完成下列核反应式：

① $^{228}_{88}Ra \longrightarrow ? + ^{0}_{-1}e$

② $^{7}_{4}Be + ? \longrightarrow ^{7}_{3}Li$

③ $^{238}_{92}U \longrightarrow ^{234}_{90}Th + ?$

④ $^{3}_{1}H + ^{2}_{1}H \longrightarrow ^{4}_{2}He + ?$

⑤ $^{24}_{12}Mg + ^{1}_{0}n \longrightarrow ^{1}_{1}H + ?$

附　　录

附录Ⅰ　有关计量单位

国际单位制（SI）是1960年第11届国际计量大会通过的并决定推广的一种单位制，也是我国法定计量单位的基础。1984年2月27日，国务院发布了《关于在我国统一实行法定计量单位的命令》。规定我国的计量单位一律采用《中华人民共和国的法定计量单位》。1993年12月27日国家技术监督局发布了中华人民共和国国家标准（GB 3100～3102—93）。为了贯彻执行国家标准，本书全部采用我国法定计量单位。

（1）国际单位制基本单位（列于表1）

表1　国际单位制基本单位

量的名称	单位名称	单位符号	量的名称	单位名称	单位符号
长度	米	m	热力学温度	开[尔文]	K
质量	千克(公斤)	kg	物质的量	摩[尔]	mol
时间	秒	s	光强度	坎[德拉]	cd
电流	安[培]	A			

注：方括弧中的字，在不引起混淆、误解的情况下，可以省略。去掉方括弧中的字即为其名称的简称。圆括弧中的名称是它前面名称的同义词（下同）。

（2）国际单位制中具有专门名称的导出单位（摘录于表2）

表2　国际单位制导出单位（摘录）

量的名称	单位名称	符号	SI导出单位表示	SI基本单位表示
压力(压强)	帕[斯卡]	Pa	N/m^2	$kg \cdot m^{-1} \cdot s^{-2}$
能、功、热量	焦[耳]	J	$N \cdot m$	$kg \cdot m^2 \cdot s^{-2}$
力、重力	牛[顿]	N	—	$kg \cdot m \cdot s^{-2}$
功率	瓦[特]	W	J/s	$kg \cdot m^2 \cdot s^{-3}$
频率	赫[兹]	Hz	—	s^{-1}
电量、电荷	库[仑]	C	—	$s \cdot A$
电位、电压、电动势	伏[特]	V	W/A	$kg \cdot m^2 \cdot s^{-3} \cdot A^{-1}$
电容	法[拉]	F	C/V	$kg^{-1} \cdot m^{-2} \cdot s^4 \cdot A^2$
电阻	欧[姆]	Ω	V/A	$kg \cdot m^2 \cdot s^{-3} \cdot A^{-2}$
电导	西[门子]	S	A/V	$kg^{-1} \cdot m^{-2} \cdot s^3 \cdot A^2$
摄氏温度	摄氏度	℃	—	K

（3）国家选定的非国际单位制单位（摘录于表3）

表3　国家选定的非国际单位制单位（摘录）

量的名称	单位名称	单位符号	换算关系和说明
时间	分	min	1分＝60秒　　1min＝60s
	[小]时	H	1h＝60min＝3600s
	天(日)	d	1d＝24h＝86400s

续表

量的名称	单位名称	单位符号	换算关系和说明
平面角	度 分 秒	(°) (′) (″)	$1°=(\pi/180)$rad $1'=(1/60)°=(\pi/10800)$rad $1''=(1/60)'=(\pi/648000)$rad
体积	升	L,(l)	$1L=1dm^3=10^{-3}m^3$
质量	吨 原子质量单位	t u	$1t=10^3kg$ $u\approx1.6605655\times10^{-27}kg$
能	电子伏	eV	$1eV\approx1.6021892\times10^{-19}J$

(4) 用于构成十进倍数和分数单位的词头（列于表4）

表4 表示倍数和分数单位的词头

因数	词头名称	词头符号	因数	词头名称	词头符号
10^{24}	尧[它] (yotta)	Y	10^{-1}	分 (deci)	D
10^{21}	泽[它] (zetta)	Z	10^{-2}	厘 (centi)	C
10^{18}	艾[克萨] (exa)	E	10^{-3}	毫 (milli)	M
10^{15}	拍[它] (peta)	P	10^{-6}	微 (micro)	μ
10^{12}	太[拉] (tera)	T	10^{-9}	纳[诺] (nano)	n
10^{9}	吉[咖] (giga)	G	10^{-12}	皮[可] (pico)	p
10^{6}	兆 (mega)	M	10^{-15}	飞[姆托] (femto)	f
10^{3}	千 (kilo)	k	10^{-18}	阿[托] (atto)	a
10^{2}	百 (hecto)	h	10^{-21}	仄[普托] (zepto)	z
10^{1}	十 (deca)	da	10^{-24}	幺[科托] (yocto)	y

(5) 几种单位的换算

① 压力

单位名称	帕斯卡 Pa	巴 bar	标准大气压 atm	毫米汞柱(托) mmHg(Torr)
帕斯卡 Pa	1	1×10^{-5}	9.86923×10^{-6}	7.50062×10^{-3}
巴 bar	10^5	1	0.986923	750.062
标准大气压 atm	101325	1.01325	1	760
毫米汞柱(托)mmHg(Torr)	133.322	1.33322×10^{-8}	1.31579	1

② 能量

单位名称	焦耳 J	热化学卡 cal_{th}	尔格 erg	大气压升 atm·l	电子伏 eV
焦耳 J	1	0.239006	10^7	9.86923×10^{-3}	6.242×10^{18}
热化学卡 cal	4.184	1	4.184×10^7	4.12929×10^{-2}	2.612×10^{19}
尔格 erg	10^{-7}	2.390×10^{-3}	1	9.869×10^{-4}	6.242×10^{11}
大气压升 atm·L	101.325	24.2173	1.013×10^8	1	6.325×10^{20}
电子伏 eV	1.602×10^{-19}	3.829×10^{-20}	1.602×10^{-12}	1.581×10^{-15}	1

(6) 一些物理和化学的基本常数（见表5）

表5 一些物理和化学的基本常数

量的名称	符号	数值	单位	备注
光速	c	299792458	$m\cdot s^{-1}$	准确值
真空磁导率	μ_0	$4\pi\times10^{-7}$ $1.2566370614\times10^{-6}$	$H\cdot m^{-1}$	准确值

续表

量的名称	符号	数值	单位	备注
真空电容率 $\varepsilon_0=1/\mu_0c^2$	ε_0	$8.854187817\times10^{-12}$	$F\cdot m^{-1}$	准确值
牛顿引力常数	G	$6.67259(85)\times10^{-11}$	$m^3\cdot kg^{-1}\cdot s^{-1}$	
普朗克常数	h	$6.6260755(40)\times10^{-34}$	$J\cdot s$	
$h/2\pi$	$\hbar$	$1.05457266(63)\times10^{-34}$	$J\cdot s$	
基本电荷	e	$1.60217733(49)\times10^{-19}$	C	
电子质量	m_e	$9.1093897(54)\times10^{-31}$	kg	
质子质量	m_p	$1.6726231(10)\times10^{-27}$	kg	
阿伏加德罗常数	N_A	$6.0221367(36)\times10^{23}$	mol^{-1}	
法拉第常数	F	96485.309(29)	$C\cdot mol^{-1}$	
摩尔气体常数	R	8.314510(70)	$J\cdot mol^{-1}\cdot K^{-1}$	
玻耳兹曼常数	k	$1.380658(12)\times10^{-23}$	$J\cdot K^{-1}$	
原子质量常数	m_u	$1.6605402(10)\times10^{-27}$	kg	原子质量单位 $1u=1.6605402(10)\times10^{-27}kg$
标准压力	$p^{\ominus}$	100	kPa	
标准压力和 273.15K 摩尔理想气体的体积	$V_m^{\ominus}$	2.241383×10^{-2}	$m^3\cdot mol^{-1}$	

注：圆括弧中的数字表示前面给定值的一个标准差的不确定度。

附录Ⅱ　一些物质的热力学数据（25℃，100kPa）

物质(状态①)	$\Delta_fH_m^{\ominus}/kJ\cdot mol^{-1}$	$\Delta_fG_m^{\ominus}/kJ\cdot mol^{-1}$	$S_m^{\ominus}/J\cdot mol^{-1}\cdot K^{-1}$
Ag(cr)	0	0	42.55
Ag_2O(cr)	−31.05	−11.20	121.3
AgF(cr)	−204.6	—	—
AgCl(cr)	−127.068	−109.789	96.2
AgBr(cr)	−100.37	−96.9	107.1
AgI(cr)	−61.84	−66.19	115.5
$AgNO_3$(cr)	−124.39	−33.41	140.92
Al(cr)	0	0	28.83
Al_2O_3(cr,刚玉)	−1675.7	−1582.3	50.92
AlF_3(cr)	−1504.1	−1425.0	66.44
$AlCl_3$(cr)	−704.2	−628.8	110.64
Ar(g)	0	0	154.843
As(cr)	0	0	35.1
$AsCl_3$(l)	−305.0	−259.4	216.3
AS_2S_3(cr)	−169.0	−168.6	163.6
Au(cr)	0	0	47.40
B(cr)	0	0	5.86
B_2O_3(cr)	−1272.77	−1193.65	53.97
B_2H_6(g)	35.6	86.7	232.11
H_3BO_3(cr)	−1094.33	−968.92	88.83

续表

物质(状态①)	$\Delta_f H_m^{\ominus}$/ kJ·mol^{-1}	$\Delta_f G_m^{\ominus}$/ kJ·mol^{-1}	$S_m^{\ominus}$/ J·mol^{-1}·K^{-1}
BF_3(g)	−1137.00	−1120.33	254.12
BCl_3(l)	−427.2	−387.4	206.3
BBr_3(l)	−239.7	−238.5	229.7
BN(cr)	−254.4	−228.4	14.81
Ba(cr)	0	0	62.8
BaO(cr)	−553.5	−525.1	70.42
$BaCl_2$(cr)	−858.6	−810.4	123.68
$BaSO_4$(cr)	−1473.2	−1362.2	132.2
$BaCO_3$(cr)	−1216.3	−1137.6	112.1
$BaCrO_4$(cr)	−1446.0	−1345.22	158.6
$Ba(NO_3)_2$(cr)	−992.07	−796.59	213.8
Be(cr)	0	0	9.50
Bi(cr)	0	0	56.74
$BiCl_3$(cr)	−379.1	−315.0	177.0
BiOCl(cr)	−366.9	−322.1	120.5
Br_2(l)	0	0	152.231
Br_2(g)	30.907	3.110	245.463
HBr(g)	−36.40	−53.45	198.695
C(cr,石墨)	0	0	5.740
C(cr,金刚石)	1.895	2.900	2.377
CO(g)	−110.525	−137.168	197.674
CO_2(g)	−393.509	−394.359	213.74
CH_4(g)	−74.81	−50.72	186.264
C_2H_6(g)	−84.68	−32.82	229.6
C_2H_4(g)	52.26	68.15	219.56
C_2H_2(g)	226.73	209.20	200.94
C_6H_6(l)	49.1	124.5	173.4
CH_3OH(l)	−238.66	−166.27	126.8
CH_3OH(g)	−200.66	−161.96	239.81
C_2H_5OH(l)	−277.6	−174.8	160.7
$(CH_3)_2O$(g)	−184.05	−112.59	266.38
CH_3CHO(g)	−166.19	−128.86	250.3
HCOOH(l)	−424.72	−361.35	128.95
CH_3COOH(l)	−484.3	−389.9	159.8
$(NH_2)_2CO$(cr)	−333.51	−197.33	104.60
CCl_4(l)	−135.44	−65.21	216.40
CS_2(l)	89.70	65.27	151.34
HCN(g)	135.1	124.7	201.78
Ca(cr)	0	0	41.42
CaH_2(cr)	−186.2	−147.2	42.
CaO(cr)	−635.09	−604.03	39.75
$Ca(OH)_2$(cr)	−986.09	−898.49	83.39
CaF_2(cr)	−1219.6	−1167.3	68.87
$CaCl_2$(cr)	−795.8	−748.1	104.6
$CaCO_3$(cr,方解石)	−1206.92	−1128.79	92.9
$CaSO_4$(cr,无水石膏)	−1434.11	−1321.79	106.7

续表

物质(状态[①])	$\Delta_f H_m^\ominus$/ kJ·mol^{-1}	$\Delta_f G_m^\ominus$/ kJ·mol^{-1}	$S_m^\ominus$/ J·mol^{-1}·K^{-1}
$CaSO_4\cdot 2H_2O$(cr,透石膏)	−2022.63	−1797.28	194.1
$CaC_2O_4\cdot H_2O$(cr)	−1674.86	−1513.87	156.5
Cd(cr,γ)	0	0	51.76
CdO(cr)	−258.2	−228.4	54.8
CdS(cr)	−161.9	−156.5	64.9
$CdCO_3$(cr)	−750.6	−669.4	92.5
Cl_2(g)	0	0	223.066
HCl(g)	−92.307	−95.299	186.908
Co(cr,α)	0	0	30.04
$Co(OH)_2$(cr,桃红色,沉淀的)	−539.7	−454.3	79.0
$CoCl_2$(cr)	−312.5	−269.8	109.16
Cr(cr)	0	0	23.77
Cr_2O_3(cr)	−1139.7	−1058.1	81.2
Ag_2CrO_4(cr)	−731.74	−641.76	217.6
Cs(cr)	0	0	85.23
Cu(cr)	0	0	33.150
CuO(cr)	−157.3	−129.7	42.63
Cu_2O(cr)	−168.6	−146.0	93.14
CuCl(cr)	−137.2	−119.86	86.2
$CuCl_2$(cr)	−220.1	−175.7	108.07
CuI(cr)	−67.8	−69.5	96.7
CuS(cr)	−53.1	−53.6	66.5
Cu_2S(cr)	−79.5	−86.2	120.9
$CuSO_4$(cr)	−771.36	−661.8	109.
$CuSO_4\cdot 5H_2O$(cr)	−2279.65	−1879.745	300.4
CuCN(cr)	96.2	111.3	84.5
F_2(g)	0	0	202.78
HF(g)	−271.1	−273.1	173.779
Fe(cr)	0	0	27.28
Fe_2O_3(cr,赤铁矿)	−824.2	−742.2	87.40
Fe_3O_4(cr,磁铁矿)	−1118.4	−1015.4	146.4
$Fe(OH)_2$(cr,沉淀的)	−569.0	−486.5	88.0
$Fe(OH)_3$(cr,沉淀的)	−823.0	−696.5	106.7
$FeCl_3$(cr)	−399.49	−334.00	142.3
FeS_2(cr,黄铁矿)	−178.2	−166.9	52.93
FeS(cr)	−100.0	−100.4	60.29
$FeSO_4$(cr)	−928.4	−820.8	107.5
$FeSO_4\cdot 7H_2O$(cr)	−3014.57	−2509.87	409.2
$Fe(CO)_5$(l)	−774.0	−705.3	338.1
H_2(g)	0	0	130.684
H_2O(l)	−285.830	−237.129	69.91
H_2O(g)	−241.818	−228.572	188.825
H_2O_2(l)	−187.78	−120.35	109.6
He(g)	0	0	126.15
Hg(l)	0	0	76.02
Hg(g)	61.317	31.820	174.96

续表

物质(状态[①])	$\Delta_f H_m^{\ominus}$/ kJ·mol^{-1}	$\Delta_f G_m^{\ominus}$/ kJ·mol^{-1}	$S_m^{\ominus}$/ J·mol^{-1}·K^{-1}
HgO(cr,黄)	−90.46	−58.409	71.1
HgO(cr,红)	−90.83	−58.539	70.29
$HgCl_2$(cr)	−224.3	−178.6	146.0
Hg_2Cl_2(cr)	−265.22	−210.745	192.5
HgI_2(cr,红)	−105.4	−101.7	180.
Hg_2I_2(cr)	−121.34	−111.00	233.5
HgS(cr,红)	−58.2	−50.6	82.4
HgS(cr,黑)	−53.6	−47.7	88.3
I_2(cr)	0	0	116.135
I_2(g)	62.438	19.327	260.69
HI(g)	26.48	1.70	206.594
K(cr)	0	0	64.18
KH(cr)	−57.74	—	—
K_2O(cr)	−361.5	—	—
KO_2(cr)	−284.93	−239.4	116.7
K_2O_2(cr)	−494.1	−425.1	102.1
KOH(cr)	−424.764	−379.08	78.9
KF(cr)	−567.27	−537.75	66.57
KCl(cr)	−436.747	−409.14	82.59
KBr(cr)	−393.798	−380.66	95.90
KI(cr)	−327.900	−324.892	106.32
$KClO_3$(cr)	−397.73	−296.25	143.1
$KClO_4$(cr)	−432.75	−303.09	151.0
K_2SO_4(cr)	−1437.79	−1321.37	175.56
$K_2S_2O_8$(cr)	−1916.1	−1697.3	278.7
KNO_3(cr)	−494.63	−394.86	133.05
K_2CO_3(cr)	−1151.02	−1063.5	155.52
$KHCO_3$(cr)	−963.2	−863.5	115.5
KCN(cr)	−113.0	−101.86	128.49
$KMnO_4$(cr)	−837.2	−737.6	171.71
K_2CrO_4(cr)	−1403.7	−1295.7	200.12
$K_2Cr_2O_7$(cr)	−2061.5	−1881.8	291.2
$KAl(SO_4)_2 \cdot 12H_2O$(cr)	−6061.8	−5141.0	687.4
Kr(g)	0	0	164.082
Li(cr)	0	0	29.12
LiH(cr)	−90.54	−68.35	20.008
Li_2O(cr)	−597.94	−561.18	37.57
LiOH(cr)	−484.93	−438.95	42.80
LiF(cr)	−615.97	−587.71	35.65
LiCl(cr)	−408.61	−384.37	59.33
Li_2CO_3(cr)	−1215.9	−1132.06	90.37
Mg(cr)	0	0	32.68
MgH_2(cr)	−75.3	−35.09	31.09
MgO(cr,方镁石)	−601.70	−569.43	26.94
$Mg(OH)_2$(cr)	−924.54	−833.51	63.18
MgF_2(cr)	−1123.4	−1070.2	57.24

续表

物质(状态[①])	$\Delta_f H_m^{\ominus}$/ kJ・mol^{-1}	$\Delta_f G_m^{\ominus}$/ kJ・mol^{-1}	$S_m^{\ominus}$/ J・mol^{-1}・K^{-1}
$MgCl_2$(cr)	−641.32	−591.79	89.62
$MgCO_3$(cr)	−1095.8	−1012.1	65.7
Mn(cr)	0	0	32.01
MnO_2(cr)	−520.03	−465.14	53.05
$MnCl_2$(cr)	−481.29	−440.50	118.24
$MnSO_4$(cr)	−1065.25	−957.36	112.1
Mo(cr)	0	0	28.66
N_2(g)	0	0	191.61
NO(g)	90.25	86.55	210.761
NO_2(g)	33.18	51.31	240.06
N_2O(g)	82.05	104.20	219.85
N_2O_3(g)	83.72	139.46	312.28
N_2O_4(g)	9.16	97.89	304.29
N_2O_5(g)	11.3	115.1	355.7
NH_3(g)	−46.11	−16.45	192.45
HNO_3(l)	−174.10	−80.71	155.60
N_2H_4(l)	50.63	149.34	121.21
NH_4NO_3(cr)	−365.56	−183.87	151.08
NH_4Cl(cr)	−314.43	−202.87	94.6
NH_4ClO_4(cr)	−295.31	−88.75	186.2
$(NH_4)_2SO_4$(cr)	−1180.85	−901.67	220.1
$(NH_4)_2S_2O_8$(cr)	−1648.1	—	—
Na(cr)	0	0	51.21
NaH(cr)	−56.275	−33.46	40.016
Na_2O(cr)	−414.22	−375.46	75.06
Na_2O_2(cr)	−510.87	−447.7	95.0
NaO_2(cr)	−260.2	−218.4	115.9
NaOH(cr)	−425.609	−397.494	64.455
NaF(cr)	−573.647	−543.494	51.46
NaCl(cr)	−411.153	−384.138	72.13
NaBr(cr)	−361.062	−348.983	86.82
NaI(cr)	−287.78	−286.06	98.53
$NaNO_2$(cr)	−358.65	−284.55	103.8
$NaNO_3$(cr)	−467.85	−367.00	16.52
Na_3PO_4(cr)	−1917.40	−1788.80	173.8
Na_2HPO_4(cr)	−1748.1	−1608.2	150.50
Na_2CO_3(cr)	−1130.68	−1044.44	134.98
$NaHCO_3$(cr)	−950.81	−851.0	101.7
Na_2SO_4(cr)	−1387.08	−1270.16	149.58
$Na_2SO_4 \cdot 10H_2O$(cr)	−4327.26	−3646.85	592.0
$Na_2S_2O_3 \cdot 5H_2O$(cr)	−2607.93	−2229.8	372.
$Na_2B_4O_7 \cdot 10H_2O$(cr)	−6288.6	−5516.0	586.
Ne(g)	0	0	146.328
Ni(cr)	0	0	29.87
$Ni(OH)_2$(cr)	−529.7	−447.2	88.
NiS(cr)	−82.0	−79.5	52.97

续表

物质(状态[①])	$\Delta_f H_m^{\ominus}$/ kJ·mol^{-1}	$\Delta_f G_m^{\ominus}$/ kJ·mol^{-1}	$S_m^{\ominus}$/ J·mol^{-1}·K^{-1}
O_2(g)	0	0	205.138
O_3(g)	142.7	163.2	238.93
P(cr,白磷)	0	0	41.09
P(cr,红磷)	−17.6	−12.1	22.80
P_4O_{10}(cr,六方晶的)	−2984.0	−2697.7	228.86
PH_3(g)	5.4	13.4	210.23
PCl_3(l)	−319.7	−272.3	217.1
PCl_5(cr)	−443.5	—	—
H_3PO_4(l)	−1271.7	−1123.6	150.8
Pb(cr)	0	0	64.81
PbO(cr,黄)	−217.32	−187.89	68.70
PbO_2(cr)	−277.4	−217.33	68.6
Pb_3O_4(cr)	−718.4	−601.2	211.3
$PbCl_2$(cr)	−359.41	−314.10	136.0
$PbBr_2$(cr)	−278.7	−261.92	161.5
PbI_2(cr)	−175.48	−173.64	174.85
PbS(cr)	−100.4	−98.7	91.2
$PbSO_4$(cr)	−919.94	−813.14	148.57
$PbCO_3$(cr)	−699.1	−625.5	131.0
Rb(cr)	0	0	76.78
S(cr,正交)	0	0	31.80
SO_2(g)	−296.830	−300.194	248.22
SO_3(g)	−395.72	−371.06	256.76
H_2S(g)	−20.63	−33.56	205.79
H_2SO_4(l)	−814.0	−690.0	156.9
SF_6(g)	−1209.0	−1105.3	291.82
$SbCl_3$(cr)	−382.17	−323.67	184.1
Sc(cr)	0	0	34.64
Se(cr,黑,六方晶)	0	0	42.442
Si(cr)	0	0	18.83
SiO_2(cr,石英)	−910.94	−856.64	41.84
SiO_2(无定形)	−903.49	−850.70	46.9
SiF_4(g)	−1614.94	−1572.65	282.49
$SiCl_4$(l)	−687.0	−619.84	239.7
$SiBr_4$(l)	−457.3	−443.9	277.8
Sn(cr,白)	0	0	51.55
Sn(cr,灰)	−2.09	0.13	41.14
SnO(cr)	−285.8	−256.9	56.5
SnO_2(cr)	−580.7	−519.6	52.3
$SnCl_4$(l)	−511.3	−440.1	258.6
SnS(cr)	−100.0	−98.3	77.0
Sr(cr,α)	0	0	52.3
Ti(cr)	0	0	30.63
TiO_2(cr,锐钛矿)	−939.7	−884.5	49.92
TiO_2(cr,金红石)	−944.7	−889.5	50.33
$TiCl_4$(l)	−804.2	−737.2	252.34

续表

物质(状态①)	$\Delta_f H_m^\ominus$/ kJ·mol^{-1}	$\Delta_f G_m^\ominus$/ kJ·mol^{-1}	$S_m^\ominus$/ J·mol^{-1}·K^{-1}
V(cr)	0	0	28.91
V_2O_5(cr)	−1550.6	−1419.5	131.0
W(cr)	0	0	32.64
WO_3(cr)	−842.87	−764.03	75.90
Xe(g)	0	0	169.683
Zn(cr)	0	0	41.63
ZnO(cr)	−348.28	−318.30	43.64
$ZnCl_2$(cr)	−415.05	−369.398	111.46
ZnS(cr,闪锌矿)	−205.98	−201.29	57.7
$ZnCO_3$(cr)	−812.78	−731.52	82.4

① 括号内的英文字母表示物质的聚集状态。cr 表示结晶固态，l 表示液态，g 表示气态。

注：本表数据取自 D. D. Wagman，W. H. Evans，V. B. Parker，et al. NBS 化学热力学性质表．刘天和，赵梦月译．北京：中国标准出版社，1998。

附录Ⅲ　弱酸、弱碱在水中的电离常数（25℃）

酸或碱	电离方程式	电离常数 $K^\ominus$	$pK^\ominus$
HAc	$CH_3COOH \rightleftharpoons H^+ + CH_3COO^-$	1.76×10^{-5}	4.75
HCN	$HCN \rightleftharpoons H^+ + CN^-$	4.93×10^{-10}	9.31
HF	$HF \rightleftharpoons H^+ + F^-$	3.53×10^{-4}	3.45
H_3BO_3	$H_3BO_3 + H_2O \rightleftharpoons H^+ + [B(OH)_4]^-$	5.8×10^{-10}	9.24
HNO_2	$HNO_2 \rightleftharpoons H^+ + NO_2^-$	5.1×10^{-4}	3.29
HClO	$HClO \rightleftharpoons H^+ + ClO^-$	2.95×10^{-8}(291K)	7.53
$H_2C_2O_4$	$H_2C_2O_4 \rightleftharpoons H^+ + HC_2O_4^-$	$K_1^\ominus$ 5.9×10^{-2}	1.23
	$HC_2O_4^- \rightleftharpoons H^+ + C_2O_4^{2-}$	$K_2^\ominus$ 6.4×10^{-5}	4.19
H_2S	$H_2S \rightleftharpoons H^+ + HS^-$	$K_1^\ominus$ 9.1×10^{-8}(291K)	7.04
	$HS^- \rightleftharpoons H^+ + S^{2-}$	$K_2^\ominus$ 1.1×10^{-12}(291K)	11.96
H_2O_2	$H_2O_2 \rightleftharpoons H^+ + HO_2^-$	$K_1^\ominus$ 2.4×10^{-12}	11.62
	$HO_2^- \rightleftharpoons H^+ + O_2^{2-}$	$K_2^\ominus$ 1.0×10^{-25}	25.00
H_2SO_3	$H_2SO_3 \rightleftharpoons H^+ + HSO_3^-$	$K_1^\ominus$ 1.54×10^{-2}(291K)	1.81
	$HSO_3^- \rightleftharpoons H^+ + SO_3^{2-}$	$K_2^\ominus$ 1.02×10^{-7}(291K)	6.91
H_2CO_3	$CO_2 + H_2O \rightleftharpoons H^+ + HCO_3^-$	$K_1^\ominus$ 4.4×10^{-7}	6.36
	$HCO_3^- \rightleftharpoons H^+ + CO_3^{2-}$	$K_2^\ominus$ 5.61×10^{-11}	10.25
H_3PO_4	$H_3PO_4 \rightleftharpoons H^+ + H_2PO_4^-$	$K_1^\ominus$ 7.52×10^{-3}	2.12
	$H_2PO_4^- \rightleftharpoons H^+ + HPO_4^{2-}$	$K_2^\ominus$ 6.23×10^{-8}	7.21
	$HPO_4^{2-} \rightleftharpoons H^+ + PO_4^{3-}$	$K_3^\ominus$ 4.4×10^{-13}	12.36
$NH_3 \cdot H_2O$	$NH_3 \cdot H_2O \rightleftharpoons NH_4^+ + OH^-$	1.79×10^{-5}	4.75
$Ca(OH)_2$	$CaOH^+ \rightleftharpoons Ca^{2+} + OH^-$	$K_2^\ominus$ 3.1×10^{-2}	1.50
$Ba(OH)_2$	$BaOH^+ \rightleftharpoons Ba^{2+} + OH^-$	$K_2^\ominus$ 2.3×10^{-1}	0.64
$Pb(OH)_2$	$Pb(OH)_2 \rightleftharpoons PbOH^+ + OH^-$	$K_1^\ominus$ 9.6×10^{-4}	3.02
	$PbOH^+ \rightleftharpoons Pb^{2+} + OH^-$	$K_2^\ominus$ 3.0×10^{-8}	7.52
$Zn(OH)_2$	$Zn(OH)_2 \rightleftharpoons ZnOH^+ + OH^-$	$K_1^\ominus$ 4.4×10^{-5}	4.36
	$ZnOH^+ \rightleftharpoons Zn^{2+} + OH^-$	$K_2^\ominus$ 1.5×10^{-9}	8.82

附录Ⅳ 难溶电解质的溶度积（18～25℃）

难溶电解质	溶度积 $K_{sp}^{\ominus}$	难溶电解质	溶度积 $K_{sp}^{\ominus}$	难溶电解质	溶度积 $K_{sp}^{\ominus}$
AgBr	5.2×10^{-13}	β-CoS	2.0×10^{-25}	β-NiS	1.0×10^{-24}
AgCl	1.8×10^{-10}	$Cr(OH)_3$	6.3×10^{-31}	$PbBr_2$	6.6×10^{-6}
AgCN	1.2×10^{-16}	CuBr	6.3×10^{-9}	$PbCO_3$	1.5×10^{-13}
Ag_2CO_3	8.1×10^{-12}	CuCl	1.2×10^{-6}	PbC_2O_4	8.5×10^{-10}
$Ag_2C_2O_4$	5.4×10^{-12}	CuCN	3.2×10^{-20}	$PbCl_2$	1.6×10^{-5}
Ag_2CrO_4	2.0×10^{-12}	CuI	1.1×10^{-12}	$PbCrO_4$	2.8×10^{-13}
AgI	8.2×10^{-17}	$Cu(OH)_2$	2.2×10^{-20}	PbI_2	7.1×10^{-9}
Ag_2S	6.3×10^{-50}	CuOH	1.0×10^{-14}	$Pb(IO_3)_2$	3.7×10^{-13}
$Al(OH)_3$	1.3×10^{-33}	$Cu_2(OH)_2CO_3$	1.7×10^{-34}	$Pb(OH)_2$	2.0×10^{-15}
$BaCO_3$	5.1×10^{-9}	CuS	6.3×10^{-36}	PbS	1.08×10^{-28}
BaC_2O_4	1.6×10^{-7}	Cu_2S	2.5×10^{-48}	$PbSO_4$	1.6×10^{-8}
$BaCrO_4$	1.2×10^{-10}	$Fe(OH)_2$	8.0×10^{-16}	$Sb(OH)_3$	4.0×10^{-42}
$BaSO_4$	1.1×10^{-10}	$Fe(OH)_3$	4.0×10^{-38}	Sb_2S_3	1.5×10^{-93}
$Bi(OH)_3$	4.0×10^{-31}	FeS	6.3×10^{-18}	$Sn(OH)_2$	1.4×10^{-28}
Bi_2S_3	1×10^{-97}	Hg_2Cl_2	1.3×10^{-18}	$Sn(OH)_4$	1.0×10^{-56}
$CaCO_3$	2.8×10^{-9}	HgI_2	2.8×10^{-29}	SnS	1.0×10^{-25}
$CaC_2O_4\cdot H_2O$	2.3×10^{-9}	Hg_2I_2	5.3×10^{-29}	SnS_2	2.0×10^{-27}
CaF_2	5.3×10^{-9}	HgS(黑)	1.6×10^{-52}	$SrCO_3$	1.1×10^{-10}
$Ca_3(PO_4)_3$	2.0×10^{-29}	Hg_2S	1.0×10^{-47}	SrC_2O_4	5.6×10^{-8}
$Ca(OH)_2$	5.6×10^{-6}	$MgCO_3$	3.5×10^{-8}	$SrCrO_4$	2.2×10^{-5}
$CaSO_4$	9.1×10^{-6}	$Mg(OH)_2$	1.8×10^{-11}	$SrSO_4$	3.4×10^{-7}
$CdCO_3$	6.2×10^{-12}	$MnCO_3$	2.2×10^{-11}	$TiO(OH)_2$	1.0×10^{-29}
CdS	8.0×10^{-27}	$Mn(OH)_2$	1.9×10^{-13}	$Zn(OH)_2$	1.2×10^{-17}
$Co(OH)_2$(新析出)	1.6×10^{-15}	MnS(无定形)	2.5×10^{-10}	α-ZnS	1.6×10^{-24}
$Co(OH)_3$	1.6×10^{-44}	$Ni(OH)_2$(新析出)	2.0×10^{-15}		
α-CoS	4.0×10^{-21}	α-NiS	3.2×10^{-19}		

附录Ⅴ 标准电极电势（25℃）

（1）在酸性溶液中

氧化还原电对	电极反应		$E^{\ominus}/V$
	氧化型	$+ne \rightleftharpoons$ 还原型	
Li^+/Li	Li^+	$+e \rightleftharpoons Li$	−3.0401
Cs^+/Cs	Cs^+	$+e \rightleftharpoons Cs$	−3.026
Rb^+/Rb	Rb^+	$+e \rightleftharpoons Rb$	−2.98
K^+/K	K^+	$+e \rightleftharpoons K$	−2.931
Ba^{2+}/Ba	Ba^{2+}	$+2e \rightleftharpoons Ba$	−2.912
Sr^{2+}/Sr	Sr^{2+}	$+2e \rightleftharpoons Sr$	−2.89
Ca^{2+}/Ca	Ca^{2+}	$+2e \rightleftharpoons Ca$	−2.868
Na^+/Na	Na^+	$+e \rightleftharpoons Na$	−2.71
Mg^{2+}/Mg	Mg^{2+}	$+2e \rightleftharpoons Mg$	−2.372
H_2/H^-	$1/2H_2$	$+e \rightleftharpoons H^-$	−2.23
Sc^{3+}/Sc	Sc^{3+}	$+3e \rightleftharpoons Sc$	−2.077
$[AlF_6]^{3-}/Al^-$	$[AlF_6]^{3-}$	$+3e \rightleftharpoons Al+6F^-$	−2.069
Be^{2+}/Be	Be^{2+}	$+2e \rightleftharpoons Be$	−1.847
Al^{3+}/Al	Al^{3+}	$+3e \rightleftharpoons Al$	−1.662
Ti^{2+}/Ti	Ti^{2+}	$+2e \rightleftharpoons Ti$	−1.630

续表

氧化还原电对	电极反应			$E^{\ominus}/V$
	氧化型	$+ne\rightleftharpoons$	还原型	
Ti^{3+}/Ti	Ti^{3+}	$+3e\rightleftharpoons$	Ti	−1.37
$[SiF_6]^{2-}/Si$	$[SiF_6]^{2-}$	$+4e\rightleftharpoons$	$Si+6F^-$	−1.24
Mn^{2+}/Mn	Mn^{2+}	$+2e\rightleftharpoons$	Mn	−1.185
V^{2+}/V	V^{2+}	$+2e\rightleftharpoons$	V	−1.175
Cr^{2+}/Cr	Cr^{2+}	$+2e\rightleftharpoons$	Cr	−0.913
H_3BO_3/B	$H_3BO_3+3H^+$	$+3e\rightleftharpoons$	$B+3H_2O$	−0.8698
Zn^{2+}/Zn	Zn^{2+}	$+2e\rightleftharpoons$	Zn	−0.7618
Cr^{3+}/Cr	Cr^{3+}	$+3e\rightleftharpoons$	Cr	−0.744
As/AsH_3	$As+3H^+$	$+3e\rightleftharpoons$	AsH_3	−0.608
Ga^{3+}/Ga	Ga^{3+}	$+3e\rightleftharpoons$	Ga	−0.549
H_3PO_2/P	$H_3PO_2+H^+$	$+e\rightleftharpoons$	$P+2H_2O$	−0.508
TiO_2/Ti^{2+}	TiO_2+4H^+	$+2e\rightleftharpoons$	$Ti^{2+}+2H_2O$	−0.502
H_3PO_3/P	$H_3PO_3+3H^+$	$+3e\rightleftharpoons$	$P+3H_2O$	−0.454
Fe^{2+}/Fe	Fe^{2+}	$+2e\rightleftharpoons$	Fe	−0.447
Cr^{3+}/Cr^{2+}	Cr^{3+}	$+e\rightleftharpoons$	Cr^{2+}	−0.407
Cd^{2+}/Cd	Cd^{2+}	$+2e\rightleftharpoons$	Cd	−0.4030
PbI_2/Pb	PbI_2	$+2e\rightleftharpoons$	$Pb+2I^-$	−0.365
$PbSO_4/Pb$	$PbSO_4$	$+2e\rightleftharpoons$	$Pb+SO_4^{2-}$	−0.3588
Co^{2+}/Co	Co^{2+}	$+2e\rightleftharpoons$	Co	−0.28
H_3PO_4/H_3PO_3	$H_3PO_4+2H^+$	$+2e\rightleftharpoons$	$H_3PO_3+H_2O$	−0.276
Ni^{2+}/Ni	Ni^{2+}	$+2e\rightleftharpoons$	Ni	−0.257
CuI/Cu	CuI	$+e\rightleftharpoons$	$Cu+I^-$	−0.180
AgI/Ag	AgI	$+e\rightleftharpoons$	$Ag+I^-$	−0.1522
Sn^{2+}/Sn	Sn^{2+}	$+2e\rightleftharpoons$	Sn	−0.1375
Pb^{2+}/Pb	Pb^{2+}	$+2e\rightleftharpoons$	Pb	−0.1262
P(红)/PH_3(g)	P(红)$+3H^+$	$+3e\rightleftharpoons$	PH_3(g)	−0.111
WO_3/W	WO_3+6H^+	$+6e\rightleftharpoons$	$W+3H_2O$	−0.090
Fe^{3+}/Fe	Fe^{3+}	$+3e\rightleftharpoons$	Fe	−0.037
H^+/H_2	$2H^+$	$+2e\rightleftharpoons$	H_2	0.0000
$AgBr/Ag$	$AgBr$	$+e\rightleftharpoons$	$Ag+Br^-$	0.07133
$S_4O_6^{2-}/S_2O_3^{2-}$	$S_4O_6^{2-}$	$+2e\rightleftharpoons$	$2S_2O_3^{2-}$	0.08
S/H_2S	$S+2H^+$	$+2e\rightleftharpoons$	H_2S(水溶液)	0.142
Sn^{4+}/Sn^{2+}	Sn^{4+}	$+2e\rightleftharpoons$	Sn^{2+}	0.151
Sb_2O_3/Sb	$Sb_2O_3+6H^+$	$+6e\rightleftharpoons$	$2Sb+3H_2O$	0.152
Cu^{2+}/Cu^+	Cu^{2+}	$+e\rightleftharpoons$	Cu^+	0.153
SO_4^{2-}/H_2SO_3	$SO_4^{2-}+4H^+$	$+2e\rightleftharpoons$	$H_2SO_3+H_2O$	0.172
$AgCl/Ag$	$AgCl$	$+e\rightleftharpoons$	$Ag+Cl^-$	0.2223
Hg_2Cl_2/Hg	Hg_2Cl_2	$+2e\rightleftharpoons$	$2Hg+2Cl^-$	0.2681
Bi^{3+}/Bi	Bi^{3+}	$+3e\rightleftharpoons$	Bi	0.308
VO^{2+}/V^{3+}	$VO^{2+}+2H^+$	$+e\rightleftharpoons$	$V^{3+}+H_2O$	0.337
Cu^{2+}/Cu	Cu^{2+}	$+2e\rightleftharpoons$	Cu	0.3419
$[Fe(CN)_6]^{3-}/[Fe(CN)_6]^{4-}$	$[Fe(CN)_6]^{3-}$	$+e\rightleftharpoons$	$[Fe(CN)_6]^{4-}$	0.358
$H_2SO_3/S_2O_3^{2-}$	$2H_2SO_3+2H^+$	$+4e\rightleftharpoons$	$S_2O_3^{2-}+3H_2O$	0.4101
Ag_2CrO_4/Ag	Ag_2CrO_4	$+2e\rightleftharpoons$	$2Ag+CrO_4^{2-}$	0.447
H_2SO_3/S	$H_2SO_3+4H^+$	$+4e\rightleftharpoons$	$S+3H_2O$	0.449
Cu^+/Cu	Cu^+	$+e\rightleftharpoons$	Cu	0.521
I_2/I^-	I_2	$+2e\rightleftharpoons$	$2I^-$	0.5355
MnO_4^-/MnO_4^{2-}	MnO_4^-	$+e\rightleftharpoons$	MnO_4^{2-}	0.558
H_3AsO_4/H_3AsO_3	$H_3AsO_4+2H^+$	$+2e\rightleftharpoons$	$H_3AsO_3+H_2O$	0.560
$S_2O_6^{2-}/H_2SO_3$	$S_2O_6^{2-}+4H^+$	$+e\rightleftharpoons$	$2H_2SO_3$	0.564
Sb_2O_5/SbO^+	$Sb_2O_5+6H^+$	$+4e\rightleftharpoons$	$2SbO^++3H_2O$	0.581
O_2/H_2O_2	O_2+2H^+	$+2e\rightleftharpoons$	H_2O_2	0.695
Fe^{3+}/Fe^{2+}	Fe^{3+}	$+e\rightleftharpoons$	Fe^{2+}	0.771
Hg_2^{2+}/Hg	Hg_2^{2+}	$+2e\rightleftharpoons$	$2Hg$	0.7973
Ag^+/Ag	Ag^+	$+e\rightleftharpoons$	Ag	0.7996
NO_3^-/N_2O_4	$2NO_3^-+4H^+$	$+2e\rightleftharpoons$	$N_2O_4+2H_2O$	0.803
Hg^{2+}/Hg	Hg^{2+}	$+2e\rightleftharpoons$	Hg	0.851
SiO_2/Si	SiO_2+4H^+	$+4e\rightleftharpoons$	$Si+2H_2O$	0.857
N_2O_4/NO_2^-	N_2O_4	$+2e\rightleftharpoons$	$2NO_2^-$	0.867

续表

氧化还原电对	电极反应		$E^{\ominus}/V$
	氧化型	$+ne \rightleftharpoons$ 还原型	
Hg^{2+}/Hg_2^{2+}	$2Hg^{2+}$	$+2e \rightleftharpoons Hg_2^{2+}$	0.920
NO_3^-/HNO_2	$NO_3^-+3H^+$	$+2e \rightleftharpoons HNO_2+H_2O$	0.934
NO_3^-/NO	$NO_3^-+4H^+$	$+3e \rightleftharpoons NO+2H_2O$	0.957
HNO_2/NO	HNO_2+H^+	$+e \rightleftharpoons NO+H_2O$	0.983
HIO/I^-	$HIO+H^+$	$+2e \rightleftharpoons I^-+H_2O$	0.987
N_2O_4/NO	$N_2O_4+4H^+$	$+4e \rightleftharpoons 2NO+2H_2O$	1.035
N_2O_4/HNO_2	$N_2O_4+2H^+$	$+2e \rightleftharpoons 2HNO_2$	1.065
Br_2/Br^-	Br_2	$+2e \rightleftharpoons 2Br^-$	1.066
IO_3^-/I^-	$IO_3^-+6H^+$	$+6e \rightleftharpoons I^-+3H_2O$	1.085
SeO_4^{2-}/H_2SeO_3	$SeO_4^{2-}+4H^+$	$+2e \rightleftharpoons H_2SeO_3+H_2O$	1.151
ClO_3^-/ClO_2	$ClO_3^-+2H^+$	$+e \rightleftharpoons ClO_2+H_2O$	1.152
ClO_4^-/ClO_3^-	$ClO_4^-+2H^+$	$+2e \rightleftharpoons ClO_3^-+H_2O$	1.189
IO_3^-/I_2	$IO_3^-+6H^+$	$+5e \rightleftharpoons 1/2I_2+3H_2O$	1.195
MnO_2/Mn^{2+}	MnO_2+4H^+	$+2e \rightleftharpoons Mn^{2+}+2H_2O$	1.224
O_2/H_2O	O_2+4H^+	$+4e \rightleftharpoons 2H_2O$	1.229
$Cr_2O_7^{2-}/Cr^{3+}$	$Cr_2O_7^{2-}+14H^+$	$+6e \rightleftharpoons 2Cr^{3+}+7H_2O$	1.232
$ClO_2/HClO_2$	ClO_2+H^+	$+e \rightleftharpoons HClO_2$	1.277
HNO_2/N_2O	$2HNO_2+4H^+$	$+4e \rightleftharpoons N_2O+3H_2O$	1.297
$HBrO/Br$	$HBrO+H^+$	$+2e \rightleftharpoons Br^-+H_2O$	1.331
Cl_2/Cl^-	Cl_2	$+2e \rightleftharpoons 2Cl^-$	1.3583
ClO_4^-/Cl^-	$ClO_4^-+8H^+$	$+8e \rightleftharpoons Cl^-+4H_2O$	1.389
ClO_4^-/Cl_2	$ClO_4^-+8H^+$	$+7e \rightleftharpoons 1/2Cl_2+4H_2O$	1.39
BrO_3^-/Br^-	$BrO_3^-+6H^+$	$+6e \rightleftharpoons Br^-+3H_2O$	1.423
HIO/I_2	$2HIO+2H^+$	$+2e \rightleftharpoons I_2+2H_2O$	1.439
ClO_3^-/Cl^-	$ClO_3^-+6H^+$	$+6e \rightleftharpoons Cl^-+3H_2O$	1.4531
PbO_2/Pb^{2+}	PbO_2+4H^+	$+2e \rightleftharpoons Pb^{2+}+2H_2O$	1.455
ClO_3^-/Cl_2	$ClO_3^-+6H^+$	$+5e \rightleftharpoons 1/2Cl_2+3H_2O$	1.47
$HClO/Cl^-$	$HClO+H^+$	$+2e \rightleftharpoons Cl^-+H_2O$	1.482
BrO_3^-/Br_2	$BrO_3^-+6H^+$	$+5e \rightleftharpoons 1/2Br_2+6H_2O$	1.482
Au^{3+}/Au	Au^{3+}	$+3e \rightleftharpoons Au$	1.498
MnO_4^-/Mn^{2+}	$MnO_4^-+8H^+$	$+5e \rightleftharpoons Mn^{2+}+4H_2O$	1.507
$HClO_2/Cl^-$	$HClO_2+3H^+$	$+4e \rightleftharpoons Cl^-+2H_2O$	1.570
NO/N_2O	$2NO+2H^+$	$+2e \rightleftharpoons N_2O+H_2O$	1.591
$NaBiO_3/Bi^{3+}$	$NaBiO_3+6H^+$	$+2e \rightleftharpoons Bi^{3+}+Na^++3H_2O$	1.60
H_5IO_6/IO_3^-	$H_5IO_6+H^+$	$+2e \rightleftharpoons IO_3^-+3H_2O$	1.601
$HClO/Cl_2$	$2HClO+2H^+$	$+2e \rightleftharpoons Cl_2+2H_2O$	1.611
NiO_2/Ni^{2+}	NiO_2+4H^+	$+2e \rightleftharpoons Ni^{2+}+2H_2O$	1.678
Au^+/Au	Au^+	$+2e \rightleftharpoons Au$	1.692
MnO_4^-/MnO_2	$MnO_4^-+4H^+$	$+3e \rightleftharpoons MnO_2+2H_2O$	1.696
H_2O_2/H_2O	$H_2O_2+2H^+$	$+2e \rightleftharpoons 2H_2O$	1.776
Co^{3+}/Co^{2+}	Co^{3+}	$+e \rightleftharpoons Co^{2+}$	1.92
$S_2O_8^{2-}/SO_4^{2-}$	$S_2O_8^{2-}$	$+2e \rightleftharpoons 2SO_4^{2-}$	2.010
O_3/O_2	O_3+2H^+	$+2e \rightleftharpoons O_2+H_2O$	2.076
F_2/F^-	F_2	$+2e \rightleftharpoons 2F^-$	2.866
F_2/HF	F_2+2H^+	$+2e \rightleftharpoons 2HF$	3.053

（2）在碱性溶液中

氧化还原电对	电极反应		$E^{\ominus}/V$
	氧化型	$+ne \rightleftharpoons$ 还原型	
$Ca(OH)_2/Ca$	$Ca(OH)_2$	$+2e \rightleftharpoons Ca+2OH^-$	−3.02
$Ba(OH)_2/Ba$	$Ba(OH)_2$	$+2e \rightleftharpoons Ba+2OH^-$	−2.99
$Sr(OH)_2/Sr$	$Sr(OH)_2$	$+2e \rightleftharpoons Sr+2OH^-$	−2.88
$Mg(OH)_2/Mg$	$Mg(OH)_2$	$+2e \rightleftharpoons Mg+2OH^-$	−2.690
$[Al(OH)_4]^-/Al$	$[Al(OH)_4]^-$	$+3e \rightleftharpoons Al+4OH^-$	−2.328
$Al(OH)_3/Al$	$Al(OH)_3$	$+3e \rightleftharpoons Al+3OH^-$	−2.31
SiO_3^{2-}/Si	$SiO_3^{2-}+3H_2O$	$+4e \rightleftharpoons Si+6OH^-$	−1.697
$Mn(OH)_2/Mn$	$Mn(OH)_2$	$+2e \rightleftharpoons Mn+2OH^-$	−1.56

续表

氧化还原电对	电极反应		$E^{\ominus}$/V
	氧化型	$+ne \rightleftharpoons$ 还原型	
$Cr(OH)_3/Cr$	$Cr(OH)_3$	$+3e \rightleftharpoons Cr+3OH^-$	−1.48
ZnO/Zn	$ZnO+H_2O$	$+2e \rightleftharpoons Zn+2OH^-$	−1.260
$Zn(OH)_2/Zn$	$Zn(OH)_2+H_2O$	$+2e \rightleftharpoons Zn+2OH^-$	−1.249
$SO_3^{2-}/S_2O_4^{2-}$	$2SO_3^{2-}+2H_2O$	$+2e \rightleftharpoons S_2O_4^{2-}+2OH^-$	−1.12
PO_4^{3-}/HPO_3^{2-}	$PO_4^{3-}+2H_2O$	$+2e \rightleftharpoons HPO_3^{2-}+3OH^-$	−1.05
$[Sn(OH)_6]^{2-}/HSnO_2^-$	$[Sn(OH)_6]^{2-}$	$+2e \rightleftharpoons HSnO_2^-+3OH^-+H_2O$	−0.93
SO_4^{2-}/SO_3^{2-}	$SO_4^{2-}+H_2O$	$+2e \rightleftharpoons SO_3^{2-}+2OH^-$	−0.93
$Fe(OH)_2/Fe$	$Fe(OH)_2$	$+2e \rightleftharpoons Fe+2OH^-$	−0.8914
P/PH_3	$P+3H_2O$	$+3e \rightleftharpoons PH_3+3OH^-$	−0.87
NO_3^-/N_2O_4	$2NO_3^-+2H_2O$	$+2e \rightleftharpoons N_2O_4+4OH^-$	−0.85
H_2O/H_2	$2H_2O$	$+2e \rightleftharpoons H_2+2OH^-$	−0.8277
$Co(OH)_2/Co$	$Co(OH)_2$	$+2e \rightleftharpoons Co+2OH^-$	−0.73
$Ni(OH)_2/Ni$	$Ni(OH)_2$	$+2e \rightleftharpoons Ni+2OH^-$	−0.72
AsO_4^{3-}/AsO_2^-	$AsO_4^{3-}+2H_2O$	$+2e \rightleftharpoons AsO_2^-+4OH^-$	−0.71
AsO_2^-/As	$AsO_2^-+2H_2O$	$+3e \rightleftharpoons As+4OH^-$	−0.68
SO_3^{2-}/S^{2-}	$SO_3^{2-}+3H_2O$	$+6e \rightleftharpoons S^{2-}+6OH^-$	−0.61
SbO_3^-/SbO_2^-	$SbO_3^-+H_2O$	$+2e \rightleftharpoons SbO_2^-+2OH^-$	−0.59
$SO_3^{2-}/S_2O_3^{2-}$	$2SO_3^{2-}+3H_2O$	$+4e \rightleftharpoons S_2O_3^{2-}+6OH^-$	−0.571
$Fe(OH)_3/Fe(OH)_2$	$Fe(OH)_3$	$+e \rightleftharpoons Fe(OH)_2+OH^-$	−0.56
S/S^{2-}	S	$+2e \rightleftharpoons S^{2-}$	−0.4763
NO_2^-/NO	$NO_2^-+H_2O$	$+e \rightleftharpoons NO+2OH^-$	−0.46
$Cu(OH)_2/Cu$	$Cu(OH)_2$	$+2e \rightleftharpoons Cu+2OH^-$	−0.222
$CrO_4^{2-}/Cr(OH)_3$	$CrO_4^{2-}+4H_2O$	$+3e \rightleftharpoons Cr(OH)_3+5OH^-$	−0.13
$Cu(OH)_2/Cu_2O$	$2Cu(OH)_2$	$+2e \rightleftharpoons Cu_2O+2OH^-+H_2O$	−0.08
O_2/HO_2^-	O_2+H_2O	$+2e \rightleftharpoons HO_2^-+OH^-$	−0.076
$MnO_2/Mn(OH)_2$	MnO_2+2H_2O	$+2e \rightleftharpoons Mn(OH)_2+2OH^-$	−0.0514
NO_3^-/NO_2^-	$NO_3^-+H_2O$	$+2e \rightleftharpoons NO_2^-+2OH^-$	0.01
$[Co(NH_3)_6]^{3+}/[Co(NH_3)_6]^{2+}$	$[Co(NH_3)_6]^{3+}$	$+e \rightleftharpoons [Co(NH_3)_6]^{2+}$	0.108
IO_3^-/IO^-	$IO_3^-+2H_2O$	$+4e \rightleftharpoons IO^-+4OH^-$	0.15
$Mn(OH)_3/Mn(OH)_2$	$Mn(OH)_3$	$+e \rightleftharpoons Mn(OH)_2+OH^-$	0.15
NO_2^-/N_2O	$2NO_2^-+3H_2O$	$+4e \rightleftharpoons N_2O+6OH^-$	0.15
$Co(OH)_3/Co(OH)_2$	$Co(OH)_3$	$+e \rightleftharpoons Co(OH)_2+OH^-$	0.17
IO_3^-/I^-	$IO_3^-+3H_2O$	$+6e \rightleftharpoons I^-+6OH^-$	0.26
Ag_2O/Ag	Ag_2O+H_2O	$+2e \rightleftharpoons 2Ag+2OH^-$	0.342
ClO_4^-/ClO_3^-	$ClO_4^-+H_2O$	$+2e \rightleftharpoons ClO_3^-+2OH^-$	0.36
O_2/OH^-	O_2+2H_2O	$+4e \rightleftharpoons 4OH^-$	0.401
BrO^-/Br_2	$2BrO^-+2H_2O$	$+2e \rightleftharpoons Br_2+4OH^-$	0.45
IO^-/I^-	IO^-+H_2O	$+2e \rightleftharpoons I^-+2OH^-$	0.485
$NiO_2/Ni(OH)_2$	NiO_2+2H_2O	$+2e \rightleftharpoons Ni(OH)_2+2OH^-$	0.490
MnO_4^-/MnO_2	$MnO_4^-+2H_2O$	$+3e \rightleftharpoons MnO_2+4OH^-$	0.595
MnO_4^{2-}/MnO_2	$MnO_4^{2-}+2H_2O$	$+2e \rightleftharpoons MnO_2+4OH^-$	0.60
BrO_3^-/Br^-	$BrO_3^-+3H_2O$	$+6e \rightleftharpoons Br^-+6OH^-$	0.61
ClO_3^-/Cl^-	$ClO_3^-+3H_2O$	$+6e \rightleftharpoons Cl^-+6OH^-$	0.62
ClO_2^-/ClO^-	$ClO_2^-+H_2O$	$+2e \rightleftharpoons ClO^-+2OH^-$	0.66
$H_3IO_6^{2-}/IO_3^-$	$H_3IO_6^{2-}$	$+2e \rightleftharpoons IO_3^-+3OH^-$	0.7
ClO_2^-/Cl^-	$ClO_2^-+2H_2O$	$+4e \rightleftharpoons Cl^-+4OH^-$	0.76
NO/N_2O	$2NO+H_2O$	$+2e \rightleftharpoons N_2O+2OH^-$	0.76
BrO^-/Br^-	BrO^-+H_2O	$+2e \rightleftharpoons Br^-+2OH^-$	0.761
ClO^-/Cl^-	ClO^-+H_2O	$+2e \rightleftharpoons Cl^-+2OH^-$	0.841
HO_2^-/OH^-	$HO_2^-+H_2O$	$+2e \rightleftharpoons 3OH^-$	0.878
O_3/O_2	O_3+H_2O	$+2e \rightleftharpoons O_2+2OH^-$	1.24

附录Ⅵ 一些配离子的不稳定常数（25℃）

配离子	$K^{\ominus}_{不稳}$值 ($pK^{\ominus}_{不稳}$)	配离子	$K^{\ominus}_{不稳}$值 ($pK^{\ominus}_{不稳}$)
$[Ag(CN)_2]^-$	7.9×10^{-22} (21.10)	$[FeF_6]^{3-}$	1.0×10^{-16} (16.00)
$[Ag(NH_3)_2]^+$	9.1×10^{-8} (7.04)	$[Hg(CN)_4]^{2-}$	4.0×10^{-42} (41.40)
$[Ag(SCN)_2]^-$	2.7×10^{-8} (7.57)	$[HgCl_4]^{2-}$	8.5×10^{-16} (15.07)
$[Ag(S_2O_3)_2]^{3-}$	3.5×10^{-11} (10.46)	$[HgI_4]^{2-}$	1.5×10^{-30} (29.82)
$[Au(CN)_2]^-$	5.01×10^{-39} (38.30)	$[Ni(CN)_4]^{2-}$	5.0×10^{-32} (31.3)
$[Cd(NH_3)_4]^{2+}$	7.6×10^{-8} (7.12)	$[Ni(NH_3)_4]^{2+}$	1.1×10^{-8} (7.96)
$[Cu(CN)_2]^-$	1.0×10^{-24} (24.00)	$[PbCl_4]^{2-}$	2.51×10^{-2} (1.60)
$[CuCl_2]^-$	3.1×10^{-6} (5.51)	$[PbI_4]^{2-}$	3.39×10^{-5} (4.47)
$[Cu(NH_3)_4]^{2+}$	4.8×10^{-14} (13.32)	$[PtCl_4]^{2-}$	1.0×10^{-16} (16.00)
$[Co(NH_3)_6]^{2+}$	7.7×10^{-6} (5.11)	$[Pt(NH_3)_6]^{2+}$	5.01×10^{-36} (35.30)
$[Co(NH_3)_6]^{3+}$	6.3×10^{-36} (35.20)	$[SnCl_4]^{2-}$	3.3×10^{-2} (1.48)
$[Co(SCN)_4]^{2-}$	1.0×10^{-3} (3.00)	$[Zn(CN)_4]^{2-}$	2.0×10^{-17} (16.70)
$[Fe(CN)_6]^{4-}$	1.26×10^{-37} (36.90)	$[Zn(NH_3)_4]^{2+}$	3.5×10^{-10} (9.46)
$[Fe(CN)_6]^{3-}$	1.3×10^{-44} (43.89)	$[Zn(OH)_4]^{2-}$	2.2×10^{-18} (17.66)

附录Ⅶ 一些无机化合物的商品名或俗名

商品名或俗名	化学名称	主要成分的化学式
苛性碱、烧碱、火碱	氢氧化钠	$NaOH$
芒硝、皮硝	十水合硫酸钠	$Na_2SO_4\cdot10H_2O$
元明粉	无水硫酸钠	Na_2SO_4
硫化碱	硫化钠	Na_2S
大苏打、海波	硫代硫酸钠	$Na_2S_2O_3\cdot5H_2O$
智利硝石、钠硝石	硝酸钠	$NaNO_3$
食盐	氯化钠	$NaCl$
水玻璃、泡花碱	硅酸钠	Na_2SiO_3
红矾钠	重铬酸钠	$Na_2Cr_2O_7$
硼砂	四硼酸钠	$NA_2B_4O_7\cdot10H_2O$
山柰	氰化钠	$NaCN$
苏打、纯碱	碳酸钠	Na_2CO_3

续表

商品名或俗名	化学名称	主要成分的化学式
小苏打、重碱	碳酸氢钠	$NaHCO_3$
冰晶石	氟化铝钠	Na_3AlF_6
苛性钾	氢氧化钾	KOH
红矾钾	重铬酸钾	$K_2Cr_2O_7$
赤血盐	铁氰化钾	$K_3[Fe(CN)_6]$
黄血盐	亚铁氰化钾	$K_4[Fe(CN)_6]$
灰锰氧	高锰酸钾	$KMnO_4$
明矾	硫酸铝钾	$K_2SO_4 \cdot Al_2(SO_4)_3 \cdot 24H_2O$
钾碱、草碱	碳酸钾	K_2CO_3
光卤石	氯化镁钾	$MgCl_2 \cdot KCl \cdot 6H_2O$
绿长石	三硅酸铝钾	$KAlSi_3O_8$
盐卤砂	氯化铵	NH_4Cl
摩尔盐	硫酸亚铁铵	$(NH_4)_2SO_4 \cdot FeSO_4 \cdot 6H_2O$
苦土	氧化镁	MgO
苦盐、泻盐	硫酸镁	$MgSO_4$
熟石灰、消石灰	氢氧化钙	$Ca(OH)_2$
石膏	硫酸钙	$CaSO_4 \cdot 2H_2O$
萤石、氟石	氟化钙	CaF_2
方解石、石灰石	碳酸钙	$CaCO_3$
天青石	硫酸锶	$SrSO_4$
重土	氧化钡	BaO
重晶石	硫酸钡	$BaSO_4$
立德粉、锌钡白	硫化锌＋硫酸钡	$ZnS+BaSO_4$
笑气	一氧化二氮	N_2O
金刚砂	碳化硅	SiC
砒霜	三氧化二砷	As_2O_3
雌黄	三硫化二砷	As_2S_3
硅石、石英、燧石	二氧化硅	SiO_2
锡石	二氧化锡	SnO_2
密陀僧、黄丹	一氧化铅	PbO
铅丹、红铅	四氧化三铅	Pb_3O_4
矾土、刚玉	三氧化二铝	Al_2O_3
铁红	氧化铁	Fe_2O_3
赤铁矿	氧化铁	Fe_2O_3
铁黑	四氧化三铁	Fe_3O_4
磁铁矿	四氧化三铁	Fe_3O_4
孔雀石	碱式碳酸铜	$Cu_2(OH)_2CO_3$
钛白粉	二氧化钛	TiO_2
金红石、锐钛矿	二氧化钛	TiO_2
绿矾、铁矾	硫酸亚铁	$FeSO_4 \cdot 7H_2O$
胆矾、蓝矾	硫酸铜	$CuSO_4 \cdot 5H_2O$
皓矾	硫酸锌	$ZnSO_4 \cdot 7H_2O$
锌白	氧化锌	ZnO
朱砂、辰砂、丹砂	硫化汞	HgS
甘汞	氯化亚汞	Hg_2Cl_2
升汞	氯化汞	$HgCl_2$
软锰矿	二氧化锰	MnO_2
铬酐	三氧化铬	CrO_3
铬黄	铬酸铅	$PbCrO_4$
铬绿	三氧化二铬	Cr_2O_3

附录Ⅷ 本书使用的符号意义

符号	意义	单位或定义
E	量子的能量	J 或 eV
h	普朗克常数	$h=6.626\times10^{-34}$J·s
ν	频率	s^{-1}
n	量子数或主量子数	
r	轨道半径	pm
a_0	玻尔半径	$a_0=52.92$pm
B	里德堡常数	$B=13.6$eV 或 2.179×10^{-18}J
λ	波长	nm
ψ	波函数	
l_i	轨道角动量量子数	
m_i	磁量子数	
s_i	自旋角动量量子数	
Z	原子序数，核电荷	
Z^*	有效核电荷	
σ	屏蔽常数	
I	电离能	kJ·mol^{-1}
Y	电子亲和能	kJ·mol^{-1}
χ	电负性	
E_B	键能	kJ·mol^{-1}
$D^\ominus$	键解能	kJ·mol^{-1}
l	键长	pm
θ	键角	(°)
μ_B	键矩	C·m
l	偶极长度	pm
q	偶极极上电荷	C
μ	偶极矩	C·m
r_+	正离子半径	pm
r_-	负离子半径	pm
d	核间距	pm
U	晶格能	kJ·mol^{-1}
n	物质的量	mol
ν_B	物质 B 的化学计量系数	
$\sum_B$	数学符号，表示式中各项相加	
ξ	反应进度	mol
c_B	B 物质的量的浓度	mol·L^{-1}
p	压力	Pa
V	体积	L
R	摩尔气体常数	$R=8.31$J·mol^{-1}·K^{-1}
T	热力学温度	K
p_B	气体 B 的分压	Pa
x_B	B 物质的量分数	
V_B	气体 B 的分体积	L
U	热力学能	kJ
Q	热量	kJ
W	功	kJ
W_V	体积功	kJ
Q_V	恒容热效应	kJ

续表

符号	意义	单位或定义
Q_p	恒压热效应	kJ
$p^{\ominus}$	标准压力	$p^{\ominus}=100kPa$
$c^{\ominus}$	溶质的标准物质的量浓度	$c^{\ominus}=1mol \cdot L^{-1}$
$m^{\ominus}$	溶质的标准质量摩尔浓度	$m^{\ominus}=1mol \cdot kg^{-1}$
H	焓	kJ
$\Delta_r H$	反应焓变	kJ
$\Delta_r H_m^{\ominus}$	标准摩尔反应焓变	$kJ \cdot mol^{-1}$
$\Delta_f H_m^{\ominus}$	标准摩尔生成焓	$kJ \cdot mol^{-1}$
S	熵	$J \cdot K^{-1}$
$S_m^{\ominus}$	标准摩尔熵	$J \cdot mol^{-1} \cdot K^{-1}$
$\Delta_r S_m^{\ominus}$	标准摩尔反应熵变	$J \cdot mol^{-1} \cdot K^{-1}$
G	吉布斯函数	kJ
$\Delta_r G$	反应吉布斯函数变	kJ
$\Delta_r G_m^{\ominus}$	标准摩尔反应吉布斯函数变	$kJ \cdot mol^{-1}$
$\Delta_f G_m^{\ominus}$	标准摩尔生成吉布斯函数	$kJ \cdot mol^{-1}$
v	恒容条件下均相反应的速率	$mol \cdot L^{-1} \cdot s^{-1}$
$\dot{\xi}$	反应速率	$mol \cdot L^{-1} \cdot s^{-1}$
k	反应速率常数	单位视表达式而定
E_a	活化能	$kJ \cdot mol^{-1}$
A	指前因子	
n	反应级数	
c	溶质的物质的量浓度	$mol \cdot L^{-1}$
m	溶质的质量摩尔浓度	$mol \cdot kg^{-1}$
K_c	浓度平衡常数	单位视表达式而定
K_p	压力平衡常数	单位视表达式而定
$K^{\ominus}$	标准平衡常数	
Q	反应商	
[B]	物质B的相对浓度	
$[p(B)]$	物质B的相对分压	
$K_w^{\ominus}$	水的离子积常数	
$K_i^{\ominus}$	电离平衡的平衡常数	
$K_a^{\ominus}$	弱酸的电离常数	
$K_b^{\ominus}$	弱碱的电离常数	
α	电离度	
a	离子的有效浓度(活度)	
f	活度系数	
I	离子强度	单位与 c 或 m 相同
Z	离子的电荷数	
$K_h^{\ominus}$	水解平衡的平衡常数	
h	水解度	
$K_{sp}^{\ominus}$	溶度积常数(溶度积)	
S	溶解度	$mol \cdot L^{-1}$
Q	离子积	
E	原电池的电动势	V
$E^{\ominus}$	原电池的标准电动势	V
E	电极电势	V
$E^{\ominus}$	标准电极电势	V
F	法拉第常数	$F=96485C \cdot mol^{-1}$
n	电极反应中电子的计量系数	

续表

符号	意义	单位或定义
$E_A^{\ominus}$	酸性介质中的标准电极电势	V
$E_B^{\ominus}$	碱性介质中的标准电极电势	V
μ	磁矩	B. M.
n	未成对电子的数目	
Δ_o	八面体场的分裂能	cm^{-1}
Δ_t	四面体场的分裂能	cm^{-1}
E_p	电子成对能	cm^{-1}
CFSE	晶体场稳定化能	cm^{-1}
$K_{不稳}^{\ominus}$	配离子的不稳定常数	
$K_{稳}^{\ominus}$	配离子的稳定常数	
Φ	离子势	
en	乙二胺	
EDTA	乙二胺四乙酸	
Y^{4-}	乙二胺四乙酸根	
Π_n^m	n 中心 m 电子大Π键	
s	固态	
l	液态	
g	气态	
aq	水合离子状态	
Ln	镧系元素	
RE	稀土元素	
e	电子	
p	质子	
n	中子	
α	α射线(粒子)	
β	β射线(粒子)	

部分习题参考答案

绪论

1. ① 0.5mol
   ② 2.0mol
   ③ 0.33mol
   ④ 1.0mol
2. ① $5.42mol \cdot L^{-1}$
   ② $6.14mol \cdot kg^{-1}$
   ③ 0.10
3. $p(O_2)=33.3kPa$，$p(N_2)=125kPa$，$V(O_2)=0.260L$，$V(N_2)=0.978L$
4. 300kPa
5. 18.02kPa
6. ① 97.67kPa
   ② 1.95L
7. ① $p_{总}=132kPa$，$x(O_2)=0.45$，$x(CO_2)=0.55$
   ② $p_{总}=330kPa$，$x(O_2)=0.45$，$x(CO_2)=0.55$

1　原子结构与元素周期系

1. ① $n=3$，4，…
   ② $l_i=1$
   ③ $s_i=+1/2$，$-1/2$
   ④ $m_i=0$，-1，$+1$
2. ① 合理
   ② 合理
   ③ 合理
   ④ 合理
   ⑤ 不合理
   ⑥ 不合理
3. 提示：4s、4p、4d、4f 四个能级

2　分子结构

3. 键角由大到小的顺序：$HgCl_2$、BF_3、PCl_4^+、NH_3、H_2S

15. 9.2×10^{-11}m，1.27×10^{-10}m，1.41×10^{-10}m，1.61×10^{-10}m

3　晶体结构与性质

8. 虽然 $r(Mg^{2+})=78pm$，$r(Mn^{2+})=91pm$，但 Mn^{2+} 属于 9～17 电子构型，极化作用和变性都比 Mg^{2+} 大

9. 提示：① Ge^{4+} 氧化态高，半径小，极化作用强
   ② Zn^{2+}，属于 18 电子构型，极化作用和变性都比 Ca^{2+} 大
   ③ Fe^{3+} 氧化态高，半径小，因此具有更强的极化作用

④ 分子量：二硫化碳大于二氧化碳，二氧化硅为原子晶体

⑤ Hg^{2+}，属于18电子构型，极化作用和变性都比 Ba^{2+} 大

10. 提示：$r(Mg^{2+})<r(Ba^{2+})$，故 MgO 的晶格能更大

4 化学反应速率和化学平衡

1. ① $\Delta_r H_m^{\ominus}=180.50kJ \cdot mol^{-1}$；$\Delta_r S_m^{\ominus}=24.774J \cdot mol^{-1} \cdot K^{-1}$

② $\Delta_r H_m^{\ominus}=-65.17kJ \cdot mol^{-1}$；$\Delta_r S_m^{\ominus}=-26.27J \cdot mol^{-1} \cdot K^{-1}$

③ $\Delta_r H_m^{\ominus}=-1169.54kJ \cdot mol^{-1}$；$\Delta_r S_m^{\ominus}=-532.99J \cdot mol^{-1} \cdot K^{-1}$

④ $\Delta_r H_m^{\ominus}=-24.75kJ \cdot mol^{-1}$；$\Delta_r S_m^{\ominus}=15.36J \cdot mol^{-1} \cdot K^{-1}$

2. ①$-828.44kJ \cdot mol^{-1}$ ②$-131.24kJ \cdot mol^{-1}$

3. ①$682.44kJ \cdot mol^{-1}$ ②$-657.01kJ \cdot mol^{-1}$ ③$-625.63kJ \cdot mol^{-1}$；生产 2.00kg 纯硅的总反应热为 $-4.27\times10^4 kJ$

4. $\Delta_f H_m^{\ominus}(C_2H_2)=226.6kJ \cdot mol^{-1}$

5. $\Delta_r H_m^{\ominus}=-373.23kJ \cdot mol^{-1}$，$\Delta_r G_m^{\ominus}(298K)=-343.74kJ \cdot mol^{-1}$，$\Delta_r S_m^{\ominus}=-98.89J \cdot mol^{-1} \cdot K^{-1}$，可利用该反应净化汽车尾气。

6. ① $\Delta_r G_m^{\ominus}=-514.382kJ \cdot mol^{-1}$，自发；

② $\Delta_r G_m^{\ominus}=-959.432kJ \cdot mol^{-1}$，自发；

③ $\Delta_r G_m^{\ominus}=3283kJ \cdot mol^{-1}$，非自发。

7. 25℃时，反应不能自发进行；温度大于708℃时，反应可自发进行。

8. $\Delta_r G_m^{\ominus}(298K)=-58.539kJ \cdot mol^{-1}$，HgO 稳定；$\Delta_r G_m^{\ominus}(873K)=3.73kJ \cdot mol^{-1}$，HgO 不稳定

9. $T=1874K$

10. $v=kc(H_2)[c(Cl_2)]^{-1/2}$

11. ① $v=kc^2(NO)c(Cl_2)$

② 为原反应速率的1/8

③ 为原反应速率的9倍

12. ① $v=kc^2(A)$

② $k=4.8mol^{-1} \cdot L \cdot min^{-1}$

③ $c(A)=0.71mol \cdot L^{-1}$

13. $v=kc^2(NO)c(O_2)$ $n=3$

14. $53.6\sim107.2kJ \cdot mol^{-1}$

15. 3.4×10^{17}倍；$304kJ \cdot mol^{-1}$

16. $24.94L \cdot mol^{-1}$

17. $K_c=2.0$；$c(CO)=0.3mol \cdot L^{-1}$，$c(H_2O)=0.4mol \cdot L^{-1}$；66.7%

18. 3.15mol

19. 0.16mol

20. $p(CO)=274kPa$；$p(H_2)=548kPa$

21. $p(CO)=24.8kPa$；$p(Cl_2)=2.3\times10^{-6}kPa$；$p(COCl_2)=83.7kPa$；77.1%

22. $Q=0.16<K^{\ominus}$，有更多 HI 生成

23. ① $K^{\ominus}(400K)=1.24\times10^{-2}$

② $p(N_2)=35.5kPa$；$p(O_2)=35.5kPa$；$p(NO)=4kPa$；

24. 0.617

25. ① $K^{\ominus}=0.32$

② 19.6%

26. 65.5%；65.5%

27. ① $1.64\times10^{-14}Pa^{-2}$ ② $1.57\times10^6 Pa$

28. 67.2kJ·mol^{-1}；159.4J·mol^{-1}·K^{-1}
29. ① 0.88 ② 6.0×10^{3}kPa
30. 1760℃时 $K^{\ominus}=2.6\times10^{-4}$；2727℃时 $K^{\ominus}=8.9\times10^{-3}$
31. $K^{\ominus}=1.99\times10^{-18}$；$Q=1.125\times10^{-3}$；朝逆反应方向进行
32. $K^{\ominus}$(25℃)=0.15，$K^{\ominus}$(77℃)=4.44
33. 25℃，$p(O_2)=1.18\times10^{-2}$kPa；136℃
34. 吸热，$\Delta_r H_m^{\ominus}=178.2$kJ·$mol^{-1}$

5 酸碱和离子平衡

2. ① 1.3
   ② 7.0
   ③ 12.7
3. 1.74×10^{-5}，1.32%
5. 稀释前：$c(H^+)=5.75\times10^{-3}$mol·L^{-1}，pH=2.24，电离度为5.75%
   稀释后：$c(H^+)=4.03\times10^{-3}$mol·L^{-1}，pH=2.39，电离度为8.06%
6. 4L
7. $c(H^+)=6.9\times10^{-3}$mol·L^{-1}，pH=2.16
8. $c(S^{2-})=5.0\times10^{-19}$mol·$L^{-1}$
9. pH=5.6
10. 1.33%，0.0176%
11. 5.35g
12. pH=4.97
    ① pH=4.53
    ② pH=5.60
    ③ 不变
13. 20.2mL，26.75g
14. pH=8.95，无变化
15. ① pH=4.97
    ② pH=8.53
    ③ pH=11.62
17. ① 1.66×10^{-10}
    ② 9×10^{-6}
    ③ 1.0×10^{-6}
18. ① 7.2×10^{-7}mol·L^{-1}
    ② 4.8×10^{-5}mol·L^{-1}
    ③ 1.2×10^{-3}mol·L^{-1}
19. ① 1.1×10^{-3}mol·L^{-1}
    ② 5.3×10^{-5}mol·L^{-1}
    ③ 3.6×10^{-4}mol·L^{-1}
20. ① 1.65×10^{-4}mol·L^{-1}
    ② $c(Mg^{2+})=1.65\times10^{-4}$mol·$L^{-1}$，$c(OH^-)=3.3\times10^{-4}$mol·$L^{-1}$
    ③ 1.8×10^{-7}mol·L^{-1}
    ④ 6.7×10^{-6}mol·L^{-1}
21. 有
22. 1.05×10^{-5}mol·L^{-1}

23. 0.64g

24. 0.91mol·L^{-1}

25. 3.20～9.13

27. 1.26×10^{6} mol·L^{-1}，不能

28. SO_4^{2-}，无可能

29. 有，完全

30. ① 3.5×10^{2}

② 2.5×10^{11}

③ 6.6×10^{19}

31. 0.47mol

6 氧化还原反应 电化学基础

9. ③ 0.0286V

10. ① 1.65V

② 0.46V

③ 0.33V

11. 0.25mol·L^{-1}

12. pH=3.75，$K_a^\ominus(HA)=1.78\times10^{-4}$

13. ① 不能

② 能

14. ① 逆向

② 正向

③ 6.7

15. 0.0716V，5.04×10^{-13}

16. 1.39×10^{-8}

18. −0.56V

19. 1.41×10^{-41}

20. ④ 8.97×10^{33}

21. ② 1.51V

22. ① 正向

② 1.44×10^{5}

7 配位化合物

12. ① $c(Ag^+)=1.1\times10^{-7}$ mol·L^{-1}，$c[Ag(NH_3)_2^+]=0.10$mol·L^{-1}，$c(NH_3)=0.30$mol·L^{-1}

② 有沉淀

13. 后一反应的转化更完全

15. KCN 可溶解较多的 AgI

16. ① $K^\ominus=5.7\times10^{14}$，正向

② $K^\ominus=1.3\times10^{-22}$，逆向

17. 0.05mol

18. 0.36mol·L^{-1}

19. 20.3mL

20. −1.04V

21. 4.2×10^{-39}

22. 4.9×10^{-14}

8　s 区元素

8. 稳定性

9. ① 837℃

　② $p(CO_2)=1.4\times10^{-18}$ Pa

15. 160L

9　p 区元素（1）

14. ②$K^{\ominus}=2.18$

22. 提示：从平衡移动的角度解释。沉淀析出后溶液的酸性增强

10　p 区元素（2）

3. $c(H_2S)=0.10mol\cdot L^{-1}$

6. 提示：Ag^+ 可与 $Na_2S_2O_3$ 生成 $Ag_2S_2O_3$ 沉淀，在过量的 $Na_2S_2O_3$ 溶液中又会有 $[Ag(S_2O_3)_2]^{3-}$ 生成

7. SO_2 水溶液

11　d 区元素（1）

5. $[CrCl_2(H_2O)_4]Cl\cdot2H_2O$

12　d 区元素（2）

1. 反应正向进行

4. 提示：Fe^{3+} 与大量 NaF 生成 $[FeF_6]^{3-}$ 配离子，氧化性降低。

15. $K^{\ominus}=80.7$

13　f 区元素

3. 1.7×10^{-28}

索　　引

A

阿伏加德罗常数 Avogadro constant　5
阿仑尼乌斯公式 Arrhenius formula　92
锕系元素 actinides　297
锕系元素通性 general characteristics of actinides　297
氨 ammonia　216
氨的分子结构 molecular structure of ammonia　42
氨的加合反应 addition reaction of ammonia　216
氨的性质 properties of ammonia　216
氨氧化反应 oxidation reactions of ammonia　216
铵盐 ammonium　216
螯合物 chelates　163

B

八面体 octahedra　43
八隅体规则 octet rule　35
钯 palladium　271
白磷 white phosphorus　221
白云母 muscovite　211
半电池 half-cell　140
半电池反应 half-cell reaction　140
半反应 half-reaction　137
半径比规则 radius ratio rule　69
半衰期 half-life period　298
饱和溶液 saturated solution　119
铋 bismuth　213
铋酸钠 sodium bismuthate　264
标准电极电势 standard electrode potential　142
标准氢电极 standard hydrogen electrode　142
标准摩尔反应吉布斯函数变 standard mole reactive Gibbs function variavle　87
标准摩尔反应焓变 standard mole reactive enthalpy variavle　82
标准摩尔反应熵变 standard mole reactive entropy variavle　86
标准摩尔生成吉布斯函数 standard mole formative Gibbs function　87
标准摩尔生成焓 standard mole formative enthalpy　83
标准浓度 standard concentration　82
标准平衡常数 standard equilibrium constant　95
标准摩尔熵 standard mole entropy　86
标准压力 standard pressure　82
标准状态 standard state　82
冰晶石 cryolite　240
玻尔理论 Bohr theory　14
玻尔半径 Bohr radius　11
玻尔磁子 Bohr magneton　168
波函数 wave function　13
波粒二象性 wave-particle duality　12
铂 platinum　272
铂电极 platinum electrode　142
铂系元素 platinum-group elements　271
不等性杂化 nonequivalent hybridization　42
不可逆反应 irreversible reaction　94
不稳定常数 instability constant　175

C

参比电极 reference electrode　143
超电压 overvoltage　152
超分子 supramolecule　2
超分子化学 supramolecular chemistry　1
超临界流体 supercritical fluid　207
超氧化物 superoxides　194
超铀元素 transuranium elements　297
成键电子 bonding electron　42
成键轨道 bonding orbit　43
赤血盐 potassium ferricyanide　267
重铬酸盐 dichromates　261
臭氧 ozone　229
臭氧性质 properties of ozone　229
臭氧结构 structure of ozone　229
臭氧层 ozonosphere　229
臭氧空洞 hole in ozone layer　230
氚 tritium　185

磁矩 magnetic moment 167
磁量子数 magnetic quantum number 13
磁性 magnetism 255
次氯酸 hypochlorous acid 245
次氯酸盐 hypochlorite 246
次卤酸 hypohalous acid 242
催化 catalysis 90
催化反应 catalytic reaction 104
催化作用 catalytic action 93
催化剂 catalyst 93

D

大苏打(海波)sodium thiocarbonate 238
单晶体 monocrystal 74
单晶硅 monocrystalline silicon 209
单电子键 one-electron bond 47
单键 single bond 35
氮 nitrogen 215
氮分子结构 molecular structure of nitrogen 215
氮化物 nitride 216
氮氧化物 oxides of nitrogen 217
氮族元素 nitrogen group element 214
氘 deuterium 185
德布罗依波 de Broglie wave 12
等电子体 isoelectronic body 201
等价轨道 equivalent orbital 17
等性杂化 equivalent hybridization 42
低自旋配合物 low-spin complexes 172
电动势 electromotive force 141
电镀 electroplate 152
电负性 electronegativity 24
电化学 electrochemistry 137
电极电势 electrode potential 141
电解 electrolysis 145
电解池 electrolytic bath 145
电解质 electrolyte 109
电离度 degree of ionization 109
电离常数 ionization constant 116
电离能 ionization energy 24
电离平衡 ionization equilibrium 116
电子 electron 1
电子云 electron cloud 14
电子自旋 electron spin 15
电子亲和能 electron affinity 24
电子衍射 electron diffraction 12
电子构型 electron configuration 19
碘 iodine 241
钝化 inactivation 219
多重平衡规则 polyfunctional equilibrium rule 96
多电子原子 polyelectronic atom 12
多硫化物 polysulfides 233
多晶 polycrystal 74
多相系统 heterogeneous system 79
多相离子平衡 heterogeneous equilibrium rule 127
多中心键 polycentral bond 200
多元酸 polybasic acids 134
惰性电子对效应 inert electron pair effect 205
惰性电极 inert electrode 141

E

二茂铁 ferrocene 268
二元酸 dibasic acids 118
二氧化硅 silicon dioxide 210
二氧化硫 sulphur dioxide 232
二氧化氮 nitrogen dioxide 217
二氧化碳 carbon dioxide 207

F

钒 vanadium 259
钒酸 vanadic acid 259
钒酸盐 vanadate 259
反磁性 diamagnetism 47
反键电子 anti-bonding electron 47
反键轨道 anti-bonding orbital 47
反馈键 back bond 264
反极化作用 anti-polarization 220
反应级数 order of reation 91
反应速率 reaction rate 79
反应速率方程 reaction rate equation 91
反应速率常数 reaction rate constant 90
反应温度系数 temperature coefficient of reaction 92
反应进度 extent of reaction 80
反应商 reaction quotient 97
范德华半径 van der Waals radius 25
范德华力 van der Waals force 50
方解石 calcite 208

放射性同位素 radioactive displacement 299
放射性元素 radioactive elements 240
非基元反应 non unitary reaction 90
非极性分子 nonpolar molecule 50
非极性键 nonpolar bond 50
非晶体 non-crystals 59
非整比化合物 nonstoichiometric compound 75
废水 waste water 262
废水处理 waste water treatment 262
分步沉淀 fractional precipitation 133
分步电离 fractional ionization 118
分步水解 fractional hydrolysis 126
分裂能 splitting energy 170
分体积 partial volume 7
分压定律 law partial pressure 7
分子的变形性 deformability of molecule 52
分子的定向极化 molecular sterospecific polarization 52
分子的极性 molecular polarity 50
分子轨道 molecular orbitals 47
分子轨道理论 molecular orbital theory 46
分子轨道的形成 molecular orbital formation 47
分子轨道能级图 energy level diagrams of molecular orbital 48
分子极化 molecular polarization 51
分子间力 intermolecular force 35
分子结构 molecular structrue 35
分子晶体 molecular crystal 61
丰度 abundance 30
复盐 double salt 236
负极 negative pole 140
负离子 anion 59
氟 fluorine 241
氟化氢 hydrogen fluoride 243

G

概率 probability 12
概率密度 probability density 14
盖斯定律 Hess low 83
干冰 dry ice 207
干电池 dry cell 153
甘汞 calomel 285
甘汞电极 calomel electrode 143
刚玉 corundum 204
高氯酸 perchloric acid 246
高氯酸盐 perchlorate 246
高卤酸 perholoid acid 245
高锰酸钾 potassium permanganate 317
高自旋配合物 high-spin complexes 171
各向异性 anisotropy 74
铬 chromium 256
铬的氧化物 chromic oxide 262
铬盐 chromic salts 261
铬酸盐 chromates 261
功 work 80
汞 mercury 282
汞齐 amalgam 283
汞的化合物 compounds of mercury 284
共轭酸碱 conjugated acid-base 110
共价半径 covalent radius 25
共价键 covalent bond 35
共价键理论 covalent bond theory 35
共价型卤化物 covalent halide 244
钴 cobalt 265
钴的化合物 compound of cobalt 268
孤电子对 lone electron pair 42
固有偶级 intrinsic dipole 52
光谱化学序 spectrochemical series 171
硅 silicon 209
硅的卤化物 silicon halide 210
硅胶 silica gel 211
硅酸 silica acid 211
硅酸盐 silicates 210
硅烷 silicane 209
轨道角动量量子数 orbital azimuthal momentum quantum number 13
贵金属 noble metal 188
过渡金属 transition metal 253
过渡元素 transition elements 253
过渡状态 transition state 89
过渡状态理论 transition-state theory 89
过硫酸 peroxosulfuric acid 237
过氧化氢 hydrogen peroxide 230
过氧化物 peroxide 192

H

焓 enthalpy 82
核外电子排布 electron configuration of outer atomic

nuclear 16
核电荷 nuclear charge 22
核反应 nuclear reaction 297
核裂变 nuclear fission 301
核聚变 nuclear fusion 302
核素 nuclide 300
合金 alloy 187
洪特规则 Hund rule 19
化学电源 chemical power source 151
化学动力学 chemical kinetics 79
化学键 chemical bond 35
化学平衡 chemical equilibrium 99
化学平衡移动 shifting of chemical equilibrium 99
化学热力学 chemical thermodynamics 79
还原电势 reaction potential 143
还原反应 reduction reaction 137
还原剂 reductant 137
还原型 reduction type 141
缓冲溶液 buffer solution 120
缓冲作用 buffer action 120
黄铁矿 pyrite 264
黄血盐 potassium ferrocyanide 264
混乱度 chaotic degree 85
活度 activity 114
活度系数 activity coefficient 114
活化分子 activated molecule 89
活化能 activated energy 89
活性炭 activated carbon 205

J

奇电子分子 odd-electron molecule 217
基态 ground state 11
基元反应 unitary reaction 90
激发态 excited state 11
吉布斯函数 Gibbs function 86
极化(作用)polarization 153
极性分子 polar molecule 50
极性键 polar bond 50
几何构型 geometry 38
价层电子对互斥理论 valence shell electron pair repulsion theory 43
价电子层结构 valence electron shell structure 23
价键理论 valence bond theory 35
碱金属 alkali metal 190
碱土金属 alkaline-earth metal 190
键参数 bond parameter 37
键长 bond length 37
键级 bond order 49
键角 bond angle 37
键能 bond energy 37
焦磷酸 pyrophosphoric acid 222
焦硫酸 pyrosulfuric acid 237
角度分布图 angle distribution diagram 16
金刚石 diamond 62
金刚砂 emery 204
金红石 rutile 257
金属半径 metallic radius 25
金属固溶体 metallic solid solution 189
金属键 metallic bond 66
金属晶体 metallic crystal 59
金属硫化物 metallic sulfides 231
金属氢化物 metallic hydrogenated 185
近似能级图 approximate energy level diagram 18
晶胞 unit cell 62
晶胞参数 cell parameter 63
晶格 crystal lattice 62
晶体 crystal 59
晶格能 lattice energy 70
晶体场理论 crystal fiddle theory 164
晶体场稳定化能 crystal field stabilization energy 173
晶体缺陷 crystal defect 75
均相 homogeneous phase 79

K

可逆反应 reversible reaction 93
苛性钾 potassium hydroxide 194
苛性钠 sodium hydroxide 194

L

镧系收缩 lanthanide contraction 25
镧系元素 lanthanoid 290
勒夏特列原理 Le Chatelier principle 102
类氢离子 hydrogen-like ion 16
离子半径 ionic radius 69
离子变形性 ionic deformability 72
离子电荷 ionic charge 70

离子-电子法 ion-electron method 138
离子氛 ion atmosphere 113
离子积 ionization product 114
离子极化 ionic polarization 71
离子键 ionic bond 65
离子交换 ion-exchange 263
离子交换树脂 ion exchange resin 263
离子晶体 ionic crystal 62
离子型卤化物 ionic halide 244
理想气体 ideal gas 6
理想气体状态方程 ideal gas equation of state 6
锂离子电池 lithium ion battery 154
立方晶系 cubic system 63
量子化 quantization 10
量子数 quantum number 13
磷 phosphorus 221
磷的氯化物 chloride of phosphorus 221
磷灰石 apatite 215
磷酸 phosphoric acid 215
磷酸盐 phosphate 223
膦 phosphine 221
硫 sulfur 231
硫代硫酸钠 sodium thiosulfate 238
硫的氧化物 oxides of sulfur 234
硫化氢 hydrogen sulfide 232
硫酸 sulfuric acid 235
硫酸盐 sulfate 236
卤化氢 hydrogen halide 243
卤化物 halide 240
卤素 halogen 240
铝 aluminum 203
铝的化合物 compound of aluminum 204
铝矾土 bauxite 200
氯 chlorine 241
氯化物 chloride 244
氯酸 chloric acid 245
氯酸盐 chlorate 246

M

锰 manganese 263
锰的化合物 compound of manganese 264
密堆积 hexagonal close packing 59
面心立方 face-center cubic 60
摩尔分数 molarfraction 5
摩尔气体常数 molar gas constant 6

N

难溶电解质 insoluble electrolyte 113
内轨型配合物 inner orbital coordination compound 167
内界 inner sphere 163
能级分裂 splitting of energy levels 169
能量守恒定律 low of conservation of energy 81
能量最低原理 lowest energy principle 18
能斯特方程 Nernst equation 143
拟卤素 pseudohalogen 247
镍 nikel 270
镍的化合物 compound of nikel 270
镍-氢电池 nikel-hydrogen storage battery 154
浓度平衡常数 concentration equilibrium constant 95

O

偶极矩 dipole moment 35

P

pH pH value 115
泡利不相容原理 Pauli exclusion principle 18
配合物 complexe 169
配合物的命名 nomenclature of complexe 164
配离子 complexion 164
配位催化 complex catalysis 179
配位反应 complex reaction 176
配位键 coordinate bond 162
配位数 coordination number 163
配位体 ligand 162
配位原子 coordination atom 162
配位异构体 coordination isomer 167
硼 boron 200
硼的卤化物 boron halide 202
硼砂 borax 200
硼砂珠试验 borax head test 225
硼酸 boric acid 201
硼烷 borane 201
硼族元素 boron group element 200
碰撞理论 collision theory 89
砒霜 arsenic 224

漂白粉 bleaching powder 243
氕 protium 185
平衡常数 equilibrium constant 94
普朗克常数 Planck constant 11

Q

歧化反应 disproportionation reaction 150
铅 lead 212
铅的化合物 compound of lead 212
铅蓄电池 lead storage battery 154
强电解质 strong electrolyte 113
氢 hydrogen 185
氢化物 hydride 185
氢键 hydrogen bond 54
氢桥 hydrogen bridge 201
氢原子光谱 hydrogen atom 10
氰 cyanogen 247
氰化物 cyanide 247
取向力 orientation force 52
缺电子化合物 electron deficient compounds 200

R

燃料电池 fuel battery 153
热化学方程式 thermochemical equation 82
热力学能 thermodynamic energy 80
人工放射性 artificial radioactivity 300
人工合成元素 artificial element 298
溶度积 solubity product 127
溶度积规则 solubity product rule 128
溶解度 solubility 113
弱电解质 weak electrolyte 113
弱碱 weak base 111
弱酸 weak acid 111

S

三中心两电子键 three center two electron bond 200
三电子键 three-electron bond 47
三键 triple bond 37
色散力 dispersion force 53
熵 entropy 85
砷 arsenic 224
砷的化合物 compound of arsenic 224
胂 arsine 224
升汞 corrosive sublimate 285
生物无机化学 bioinorganic chemistry 1
石膏 gypsum 191
石墨 graphite 62
石墨烯 Graphene 206
石英 quartz 205
实验平衡常数 experiment equilibrium constant 94
双电层 electric double layer 142
双峰效应 doublet effect 291
双键 double bond 37
双聚分子 dimermolecule 205
水玻璃 water glass 211
水的离子积常数 ionization product constant of water 115
水合离子 hydrated ion 114
水合氢离子 hydronium ion 114
水解常数 hydrolysis constant 123
水解度 degree of hydrolysis 124
水解反应 hydrolysis 123
顺磁性 paramagnetism 47
顺反异构体 *cis-trans* isomer 167
瞬时偶极 instantaneous dipole 53
瞬时速率 instantaneous rate 88
四面体 tetrahedron 39
酸碱电离理论 ionization theory of acid-base 109
酸碱电子理论 electronic theory of acid-base 112
酸碱反应 acid-base reaction 109
酸碱质子理论 proton theory of acid-base 109
酸雨 acid rain 239

T

钛 titanium 257
钛的化合物 compound of titanium 257
碳 carbon 205
碳的氧化物 oxide of carbon 206
碳化物 carbide 209
碳酸 carbonic acid 208
碳酸盐 carbonate 208
碳纤维 carbon fiber 206
碳族元素 element of the carbon group 205
羰基化合物 carbonyl compound 180
体积分数 volume fraction 7
体积功 volume work 80

体心立方 body centred cubic 65
天然放射性元素 natural radioactive elements 300
铁 iron 265
铁的化合物 compound of iron 266
铁系元素 iron group element 265
铁氧体 ferrite 262
铁磁性 ferromagnetism 255
铜 copper 278
铜的化合物 compound of copper 278
铜族元素 copper group element 277
同离子效应 common ion effect 118
同素异形体 allotropy 206
同位素 isotope 299
钍 thorium 299
钍的化合物 compound of thorium 299

W

外轨型配合物 outer orbital coordination 167
外界 outer sphere 163
微观粒子 microscopic particle 12
"唯自旋"公式 spin-only formula 167
温室气体 greenhouse gas 207
稳定常数 stability constant 175
无定形物质 amorphous substance 59
无机固体化学 inorganic solid chemistry 2
物质的量 amount of substance 4

X

稀释定律 dilute law 116
稀土元素 rare earth element 292
稀有气体 rare gas 241
稀有金属 rare metal 188
锡 tin 211
锡的化合物 compound of tin 212
线状光谱 line spectrum 10
相 phase 79
硝酸 nitric acid 213
硝酸盐 nitrate 218
锌 zine 283
锌的化合物 compound of zine 283
锌族元素 zine-group element 282
溴 bromine 241
薛定谔方程 Schrödinger equation 13

Y

亚磷酸 phosphorous acid 222
亚硫酸 sulfurous acid 234
亚硫酸盐 sulfite 234
亚硝酸 nitrous acid 217
亚硝酸盐 nitrite 217
压力平衡常数 pressure equilibrium constant 95
盐桥 salt bridge 140
盐酸 hydrochloric acid 233
盐效应 salt effect 118
阳极 anode 151
阳离子 cation 65
氧 oxygen 228
氧化 oxidation 137
氧化反应 oxidation reaction 138
氧化还原电对 redox couple 141
氧化还原反应 redox reaction 137
氧化剂 oxidizer 137
氧化型 oxidation type 141
氧化态 oxidation number 137
氧族元素 element of the oxygen 228
阴极 cathode 151
阴极射线 cathode ray 10
阴离子 anion 70
乙二胺 ethylenediamine 163
乙二胺四乙酸 ethylenediamine tetraacetic acid 163
银 silver 278
银的化合物 compound of siler 281
萤石 fluorite 191
铀 uranium 297
铀的化合物 compound of uranium 299
有机金属化合物 organometallic compound 3
有效碰撞 effective collision 89
诱导 induction 51
诱导力 induction force 52
诱导偶极 inductive dipole 51
元素电势图 electrode potential diagram 149
元素周期律 periodic law of the elements 23
原电池 primary cell 140
原子序数 atomic number 10
原子半径 atomic radii 24
原子光谱 atomic spectrum 10
原子轨道 atomic orbital 11

原子轨道线形组合 linear combination of atomic 51
原子晶体 atomic crystal 62
原子结构 atomic structure 1

Z

杂化 hybridization 40
杂化轨道 hybrid orbital 40
杂化轨道理论 hybrid orbital theory 39
正极 positive electrode 140
正离子 positive ion 69
指前因子 pre-exponential 92
质量摩尔浓度 molality 5
质量作用定律 law of mass action 90
质子 proton 109
质子碱 protonic base 109
质子酸 protonic cid 109
质子传递反应 proton-transfer reaction 110
重晶石 barite 191
重稀土元素 heavy rare earth element 293
周期系 periodic system 10
主量子数 principal quantum number 13
状态 state 79
状态函数 function of state 79
准金属 metalloid 205
准晶体 quasicrystal 75
自发反应 spontaneous reaction 86
自旋角动量量子数 spin azimuthal momentum quantum number 15
自由电子 free electron 66
总反应 overall reaction 90
最大重叠原理 principle of maximum overlap 36

参 考 文 献

[1] 古国榜，李朴. 无机化学. 第 2 版. 北京：化学工业出版社，2007.
[2] 华南理工大学无机化学教研室. 无机化学. 第 3 版. 北京：高等教育出版社，1994.
[3] 朱裕贞等. 现代基础化学. 第 3 版. 北京：化学工业出版社，2010.
[4] 吉林大学等. 无机化学. 第 3 版. 北京：高等教育出版社，2015.
[5] 宋天佑. 无机化学教程. 北京：高等教育出版社，2012.
[6] 武汉大学等. 无机化学. 第 3 版. 北京：高等教育出版社，2010.
[7] Ralph H. Petrucci，William S. Harwood，F. Geoffrey Herring. 普通化学——原理与应用（General Chemistry—Principles and Modern Applications）（第 8 版，英文版）. 北京：高等教育出版社，2004.
[8] 苏小云，臧祥生. 工科无机化学. 第 3 版. 上海：华东理工大学出版社，2004.
[9] 天津大学无机化学教研室. 无机化学. 第 4 版. 北京：高等教育出版社，2010.
[10] 傅献彩. 无机化学. 北京：高等教育出版社，1999.
[11] 大连理工大学无机化学教研室. 无机化学. 第 5 版. 北京：高等教育出版社，2006.
[12] 刘新锦，朱亚先，高飞. 无机元素化学. 北京：科学出版社，2005.
[13] 张兴晶，常立民. 无机化学. 北京：北京大学出版社，2016.
[14] 李瑞祥，曾红梅，周向葛等. 无机化学. 北京：化学工业出版社，2013.
[15] 王书民. 无机化学. 北京：科学出版社，2013.
[16] 北京师范大学无机化学教研室. 无机化学. 第 4 版. 北京：高等教育出版社，2002.
[17] 车云霞，申泮文. 化学元素周期系. 天津：南开大学出版社，1999.
[18] 戴安邦等. 配位化学. 北京：科学出版社，1987.
[19] 徐如人等. 无机合成与制备化学. 第 2 版. 北京：高等教育出版社，2012.
[20] 洪茂椿，陈荣. 21 世纪的无机化学. 北京：科学出版社，2005.
[21] 戴树桂. 环境化学. 北京：高等教育出版社，1997.
[22] 陈军，袁华堂. 新能源材料. 北京：化学工业出版社，2003.
[23] [法] J . M. Lehn. 超分子化学—概念和展望. 沈兴海等译. 北京：北京大学出版社，2002.
[24] 唐有祺等. 化学与社会. 北京：高等教育出版社，1997.
[25] 唐宗薰. 中级无机化学. 第 2 版. 北京：高等教育出版社，2009.
[26] 贡长生等. 新型功能材料. 北京：化学工业出版社，2001.
[27] 冯瑞，师昌绪，刘治国. 材料科学导论. 北京：化学工业出版社，2002.
[28] 江玉和等. 非金属材料化学. 北京：科学技术文献出版社，1992.
[29] 李华昌，符斌. 实用化学手册. 北京：化学工业出版社，2006.
[30] 王佛松等. 展望 21 世纪的化学. 北京：化学工业出版社，2000.
[31] 沈敦瑜等. 生物无机化学. 成都：成都科技大学出版社，1993.
[32] 周公度. 化学词典. 第 2 版. 北京：化学工业出版社，2015.
[33] 唐小真等. 材料化学导论. 北京：高等教育出版社，1997.
[34] 朱裕贞等. 化学原理史实. 北京：高等教育出版社，1992.
[35] 刘英俊. 元素地球化学. 北京：科学出版社，1984.
[36] 江焕峰等. 金属有机化学. 北京：科学出版社，2012.
[37] 郭子建，孙为银. 生物无机化学. 北京：科学出版社，2006.

元素周期表

IUPAC 2013

+2 +3 +4 +5 +6	95 Am 镅▲ $5f^7 7s^2$ 243.06138(2)✦

95 —— 原子序数
Am —— 元素符号(红色的为放射性元素)
镅▲ —— 元素名称(注▲的为人造元素)
$5f^7 7s^2$ —— 价层电子构型
+2 +3 +4 +5 +6 —— 氧化态(单质的氧化态为0，未列入；常见的为红色)
243.06138(2)✦ —— 以 ^{12}C=12为基准的原子量(注✦的是半衰期最长同位素的原子量)

s区元素	p区元素
d区元素	ds区元素
f区元素	稀有气体

周期＼族	1 ⅠA	2 ⅡA	3 ⅢB	4 ⅣB	5 ⅤB	6 ⅥB	7 ⅦB	8 ⅧB(Ⅷ)	9 ⅧB(Ⅷ)	10 ⅧB(Ⅷ)	11 ⅠB	12 ⅡB	13 ⅢA	14 ⅣA	15 ⅤA	16 ⅥA	17 ⅦA	18 ⅧA(0)	电子层
1	−1 +1 1 H 氢 $1s^1$ 1.008																	2 He 氦 $1s^2$ 4.002602(2)	K
2	+1 3 Li 锂 $2s^1$ 6.94	+2 4 Be 铍 $2s^2$ 9.0121831(5)											+3 5 B 硼 $2s^2 2p^1$ 10.81	−4 +2 +4 6 C 碳 $2s^2 2p^2$ 12.011	−3 −2 −1 +1 +2 +3 +4 +5 7 N 氮 $2s^2 2p^3$ 14.007	−2 −1 8 O 氧 $2s^2 2p^4$ 15.999	−1 9 F 氟 $2s^2 2p^5$ 18.998403163(6)	10 Ne 氖 $2s^2 2p^6$ 20.1797(6)	L K
3	−1 +1 11 Na 钠 $3s^1$ 22.98976928(2)	+2 12 Mg 镁 $3s^2$ 24.305											+3 13 Al 铝 $3s^2 3p^1$ 26.9815385(7)	−4 +2 +4 14 Si 硅 $3s^2 3p^2$ 28.085	−3 −2 +1 +3 +5 15 P 磷 $3s^2 3p^3$ 30.973761998(5)	−2 +2 +4 +6 16 S 硫 $3s^2 3p^4$ 32.06	−1 +1 +3 +5 +7 17 Cl 氯 $3s^2 3p^5$ 35.45	18 Ar 氩 $3s^2 3p^6$ 39.948(1)	M L K
4	−1 +1 19 K 钾 $4s^1$ 39.0983(1)	+2 20 Ca 钙 $4s^2$ 40.078(4)	+3 21 Sc 钪 $3d^1 4s^2$ 44.955908(5)	−1 0 +2 +3 +4 22 Ti 钛 $3d^2 4s^2$ 47.867(1)	0 ±1 +2 +3 +4 +5 23 V 钒 $3d^3 4s^2$ 50.9415(1)	−3 0 ±1 ±2 +3 +4 +5 +6 24 Cr 铬 $3d^5 4s^1$ 51.9961(6)	−2 0 ±1 +2 ±3 +4 +5 +6 +7 25 Mn 锰 $3d^5 4s^2$ 54.938044(3)	−2 0 ±1 +2 +3 +4 +5 +6 26 Fe 铁 $3d^6 4s^2$ 55.845(2)	0 ±1 +2 +3 +4 +5 27 Co 钴 $3d^7 4s^2$ 58.933194(4)	0 ±1 +2 +3 +4 28 Ni 镍 $3d^8 4s^2$ 58.6934(4)	+1 +2 +3 +4 29 Cu 铜 $3d^{10} 4s^1$ 63.546(3)	+1 +2 30 Zn 锌 $3d^{10} 4s^2$ 65.38(2)	+1 +3 31 Ga 镓 $4s^2 4p^1$ 69.723(1)	+2 +4 32 Ge 锗 $4s^2 4p^2$ 72.630(8)	−3 +3 +5 33 As 砷 $4s^2 4p^3$ 74.921595(6)	−2 +2 +4 +6 34 Se 硒 $4s^2 4p^4$ 78.971(8)	−1 +1 +3 +5 +7 35 Br 溴 $4s^2 4p^5$ 79.904	+2 +4 36 Kr 氪 $4s^2 4p^6$ 83.798(2)	N M L K
5	−1 +1 37 Rb 铷 $5s^1$ 85.4678(3)	+2 38 Sr 锶 $5s^2$ 87.62(1)	+3 39 Y 钇 $4d^1 5s^2$ 88.90584(2)	+1 +2 +3 +4 40 Zr 锆 $4d^2 5s^2$ 91.224(2)	0 ±1 +2 +3 +4 +5 41 Nb 铌 $4d^4 5s^1$ 92.90637(2)	0 ±1 ±2 +3 +4 +5 +6 42 Mo 钼 $4d^5 5s^1$ 95.95(1)	0 ±1 +2 +3 +4 +5 +6 +7 43 Tc 锝▲ $4d^5 5s^2$ 97.90721(3)✦	0 +1 ±2 +3 +4 +5 +6 +7 +8 44 Ru 钌 $4d^7 5s^1$ 101.07(2)	0 ±1 +2 +3 +4 +5 +6 45 Rh 铑 $4d^8 5s^1$ 102.90550(2)	0 +1 +2 +3 +4 46 Pd 钯 $4d^{10}$ 106.42(1)	+1 +2 +3 47 Ag 银 $4d^{10} 5s^1$ 107.8682(2)	+1 +2 48 Cd 镉 $4d^{10} 5s^2$ 112.414(4)	+1 +3 49 In 铟 $5s^2 5p^1$ 114.818(1)	+2 +4 50 Sn 锡 $5s^2 5p^2$ 118.710(7)	−3 +3 +5 51 Sb 锑 $5s^2 5p^3$ 121.760(1)	−2 +2 +4 +6 52 Te 碲 $5s^2 5p^4$ 127.60(3)	−1 +1 +3 +5 +7 53 I 碘 $5s^2 5p^5$ 126.90447(3)	+2 +4 +6 +8 54 Xe 氙 $5s^2 5p^6$ 131.293(6)	O N M L K
6	−1 +1 55 Cs 铯 $6s^1$ 132.90545196(6)	+2 56 Ba 钡 $6s^2$ 137.327(7)	57~71 La~Lu 镧系	+1 +2 +3 +4 72 Hf 铪 $5d^2 6s^2$ 178.49(2)	0 ±1 +2 +3 +4 +5 73 Ta 钽 $5d^3 6s^2$ 180.94788(2)	0 ±1 ±2 +3 +4 +5 +6 74 W 钨 $5d^4 6s^2$ 183.84(1)	0 ±1 +2 +3 +4 +5 +6 +7 75 Re 铼 $5d^5 6s^2$ 186.207(1)	0 +1 +2 +3 +4 +5 +6 +7 +8 76 Os 锇 $5d^6 6s^2$ 190.23(3)	0 ±1 +2 +3 +4 +5 +6 77 Ir 铱 $5d^7 6s^2$ 192.217(3)	0 +2 +3 +4 +5 +6 78 Pt 铂 $5d^9 6s^1$ 195.084(9)	+1 +2 +3 +5 79 Au 金 $5d^{10} 6s^1$ 196.966569(5)	+1 +2 +3 80 Hg 汞 $5d^{10} 6s^2$ 200.592(3)	+1 +3 81 Tl 铊 $6s^2 6p^1$ 204.38	+2 +4 82 Pb 铅 $6s^2 6p^2$ 207.2(1)	−3 +3 +5 83 Bi 铋 $6s^2 6p^3$ 208.98040(1)	−2 +2 +3 +4 +6 84 Po 钋 $6s^2 6p^4$ 208.98243(2)✦	±1 +5 +7 85 At 砹 $6s^2 6p^5$ 209.98715(5)✦	+2 86 Rn 氡 $6s^2 6p^6$ 222.01758(2)✦	P O N M L K
7	+1 87 Fr 钫▲ $7s^1$ 223.01974(2)✦	+2 88 Ra 镭 $7s^2$ 226.02541(2)✦	89~103 Ac~Lr 锕系	104 Rf 𬬻▲ $6d^2 7s^2$ 267.122(4)✦	105 Db 𬭊▲ $6d^3 7s^2$ 270.131(4)✦	106 Sg 𬭳▲ $6d^4 7s^2$ 269.129(3)✦	107 Bh 𬭛▲ $6d^5 7s^2$ 270.133(2)✦	108 Hs 𬭶▲ $6d^6 7s^2$ 270.134(2)✦	109 Mt 鿏▲ $6d^7 7s^2$ 278.156(5)✦	110 Ds 𫟼▲ 281.165(4)✦	111 Rg 𬬭▲ 281.166(6)✦	112 Cn 鿔▲ 285.177(4)✦	113 Nh 鿭▲ 286.182(5)✦	114 Fl 𫓧▲ 289.190(4)✦	115 Mc 镆▲ 289.194(6)✦	116 Lv 𫟷▲ 293.204(4)✦	117 Ts 鿬▲ 293.208(6)✦	118 Og 鿫▲ 294.214(5)✦	Q P O N M L K

★ 镧系	+3 57 La★ 镧 $5d^1 6s^2$ 138.90547(7)	+2 +3 +4 58 Ce 铈 $4f^1 5d^1 6s^2$ 140.116(1)	+3 +4 59 Pr 镨 $4f^3 6s^2$ 140.90766(2)	+2 +3 +4 60 Nd 钕 $4f^4 6s^2$ 144.242(3)	+3 61 Pm 钷▲ $4f^5 6s^2$ 144.91276(2)✦	+2 +3 62 Sm 钐 $4f^6 6s^2$ 150.36(2)	+2 +3 63 Eu 铕 $4f^7 6s^2$ 151.964(1)	+3 64 Gd 钆 $4f^7 5d^1 6s^2$ 157.25(3)	+3 +4 65 Tb 铽 $4f^9 6s^2$ 158.92535(2)	+3 +4 66 Dy 镝 $4f^{10} 6s^2$ 162.500(1)	+3 67 Ho 钬 $4f^{11} 6s^2$ 164.93033(2)	+3 68 Er 铒 $4f^{12} 6s^2$ 167.259(3)	+2 +3 69 Tm 铥 $4f^{13} 6s^2$ 168.93422(2)	+2 +3 70 Yb 镱 $4f^{14} 6s^2$ 173.045(10)	+3 71 Lu 镥 $4f^{14} 5d^1 6s^2$ 174.9668(1)
★ 锕系	+3 89 Ac★ 锕 $6d^1 7s^2$ 227.02775(2)✦	+3 +4 90 Th 钍 $6d^2 7s^2$ 232.0377(4)	+3 +4 +5 91 Pa 镤 $5f^2 6d^1 7s^2$ 231.03588(2)	+2 +3 +4 +5 +6 92 U 铀 $5f^3 6d^1 7s^2$ 238.02891(3)	+3 +4 +5 +6 +7 93 Np 镎 $5f^4 6d^1 7s^2$ 237.04817(2)✦	+3 +4 +5 +6 +7 94 Pu 钚 $5f^6 7s^2$ 244.06421(4)✦	+2 +3 +4 +5 +6 95 Am 镅▲ $5f^7 7s^2$ 243.06138(2)✦	+3 +4 96 Cm 锔▲ $5f^7 6d^1 7s^2$ 247.07035(3)✦	+3 +4 97 Bk 锫▲ $5f^9 7s^2$ 247.07031(4)✦	+2 +3 +4 98 Cf 锎▲ $5f^{10} 7s^2$ 251.07959(3)✦	+2 +3 99 Es 锿▲ $5f^{11} 7s^2$ 252.0830(3)✦	+2 +3 100 Fm 镄▲ $5f^{12} 7s^2$ 257.09511(5)✦	+2 +3 101 Md 钔▲ $5f^{13} 7s^2$ 258.09843(3)✦	+2 +3 102 No 锘▲ $5f^{14} 7s^2$ 259.1010(7)✦	+3 103 Lr 铹▲ $5f^{14} 6d^1 7s^2$ 262.110(2)✦